有 机 化 学

主　编　朱仙弟　蒋华江

副主编　吴家守　郭海昌　金正能　王传峰　姚武冰

ZHEJIANG UNIVERSITY PRESS

浙江大学出版社

内容简介

全书共21章，按官能团分章编排，在选材时注重直观性和实用性，以各类化合物结构和性质为主线，由浅入深地介绍有机化学基本原理和基本理论，力求文字简明扼要，通俗准确，可读易懂，突出知识的应用。本书每一章篇首编有知识点与要求，篇中插有知识点达标题，篇尾编有重要知识小结和精选的习题，对重要化学概念、典型化学反应、重要知识结论等采用双色设计，直观效果好。

本书可作为应用型高等本科院校化学化工类各专业、生物类及医学类等相关专业少学时有机化学课程的教材。

图书在版编目（CIP）数据

有机化学／朱仙弟，蒋华江主编．—杭州：浙江大学出版社，2019.9(2023.7重印)

ISBN 978-7-308-19504-1

Ⅰ.①有… Ⅱ.①朱… ②蒋… Ⅲ.①有机化学—高等学校—教材 Ⅳ.①062

中国版本图书馆CIP数据核字(2019)第180981号

有机化学

主　编　朱仙弟　蒋华江

责任编辑　徐　霞

责任校对　王　波

封面设计　春天书装

出版发行　浙江大学出版社

（杭州市天目山路148号　邮政编码310007）

（网址：http://www.zjupress.com）

排　　版　杭州青翊图文设计有限公司

印　　刷　浙江省邮电印刷股份有限公司

开　　本　787mm×1092mm　1/16

印　　张　25.25

字　　数　631千

版 印 次　2019年9月第1版　2023年7月第5次印刷

书　　号　ISBN 978-7-308-19504-1

定　　价　79.00元

前　言

2014年3月教育部提出全国1200所普通本科高等院校中，将有600多所逐步向应用技术型大学转变，随后部分省属本科院校开始开展转型试点工作。应用型本科不同于一般的普通本科，应用型本科培养的不是学科型、学术型、研究型人才，而是以社会需要为目标，以技术应用能力为主线，培养适应生产、建设、管理、服务第一线的高级技术应用型人才。应用型本科也有别于培养大量一线需求技术人才的高职专科。

目前，应用型本科所用的有机化学教材大多是原有普通本科的教材，该类教材对应用型本科而言，存在“系统化、学科化过重”的弊端。过于系统化使得授课学时数严重不足，无法完成课程培养目标；过于学科化使得课程变得重“传授知识”而轻“应用取向”。因此，凝练内容，兼顾学科性、系统性和应用性，知识的取舍成了本教材编写的最大问题。编者在对近几年国内外主要有机化学教材开展调研的基础上，结合培养目标、教学对象和多年教学体会，在选材时注重直观性和实用性。本着既要减少篇幅，又要能有效地阐明有机化学基本概念、理论、知识和方法的原则，为了使学生能在较少学时的情况下学好有机化学，本教材在编写时以有机化合物结构和性质为主线，由浅入深地介绍有机化学基本原理和基本理论，力求文字简明扼要、通俗准确、可读易懂，做到教材内容丰富、不缺系统性而又避免包罗万象、面面俱到，既重视基本知识和基本理论应用，也不乏学科特色。

本教材每一章篇首编有知识点与要求，篇中插有知识点达标题，让学生明确每章的学习目标和目标达成度；篇尾编有重要知识小结和精选的习题，使学生能在学习完一章内容后，对核心知识点有较好的理解和把握，以启发学生积极思考，并能举一反三、触类旁通。对重要化学概念、典型化学反应、重要知识结论等采用双色设计，增强直观效果，以提高教材可读性和学习效率。力争克服“一听就懂，一看就会，一做就忘，一写就错”的学习怪象。

为了配合本教材，编者借助浙江省高等学校在线开放课程共享平台(http://zjedu.moocollege.com)构建了有机化学课程网站。学生可以登录该网站，获取相关章节中的知识视频、文本、测验等内容，同时学生也可在该网站上探讨学习中遇到的问题、交流学习信息及资源等。

本教材由蒋华江老师负责全书的编排和部分章节的编写，朱仙弟老师负责主要章节的编写和全书的统稿工作，吴家守、郭海昌、金正能、王传峰、姚武冰老师参与部分章节的编写和全书的校对工作。此外，韩得满、杨建国、陈定奔和沈阳老师在本教材编写过程中提出了宝贵的意见并给予了一定的支持，在此向他们表示衷心的感谢。

限于编者的水平，书中难免存在错误和不妥之处，恳请同行和广大读者批评、指正。

编者

2019 年 5 月

目　　录

第1章　绪论

【知识点与要求】

✧ 了解有机化学与有机化合物的含义。

✧ 了解有机化合物的特点。

✧ 熟悉共价键的本质和键参数，熟悉诱导效应概念。

✧ 掌握共价键的断裂方式与有机反应类型，熟悉自由基、碳正离子和碳负离子概念。

✧ 理解有机化学中的酸碱概念及应用。

✧ 掌握有机化合物的结构式、结构简式和键线式的写法。

✧ 了解有机化合物的分类和有机化学与人类生活及相关学科的联系。

1.1　有机化学和有机化合物

有机化学是化学的一个重要分支，它是研究有机化合物的组成、结构、性质和制备的一门学科。有机化合物是指碳氢化合物及其衍生物，即烃和烃的衍生物。

有机化学不仅在化学领域中占有绝对重要的中心地位，而且深刻地影响着生物、环境、医学、药物、材料等学科的发展。有机化学的发展推动了有机合成工业的突飞猛进，人们利用石油、天然气、煤、煤焦油等为有机合成的初始原料，合成出众多自然界中不存在而且性能较天然化合物更优良的有机化合物，有力地促进了医药、农药、纺织、染料、食品、特种功能材料、日用生活品等领域的发展，极大地推动了国民经济的发展，为农业、工业、国防和现代化建设做出贡献的同时，也促进了人类社会的进步和人们生活质量的提高。

近几十年，伴随有机化学的理论及研究方法的新突破，尤其是仪器的进步和分析手段的提高，有机化学正进入富有活力的发展新时代。

1.2　有机化合物的特点

相对无机化合物，有机化合物在结构、物理性质和化学性质方面具有显著的特点。

1. 结构方面

(1)含碳原子。有机化合物都含有碳原子，并且碳原子均以四个价键与碳原子或其他原子相结合。如：

$$\begin{array}{ccccccc} & \mathrm{H} & & \mathrm{H} & & & \\ & | & & | & & & \\ \mathrm{H}- & \mathrm{C} & - & \mathrm{C} & -\mathrm{H} & & \\ & | & & | & & & \\ & \mathrm{H} & & \mathrm{H} & & & \end{array} \qquad \begin{array}{ccccccc} & \mathrm{H} & & \mathrm{H} & & & \\ & | & & | & & & \\ \mathrm{H}- & \mathrm{C} & - & \mathrm{C} & - & \mathrm{O} & -\mathrm{H} \\ & | & & | & & & \\ & \mathrm{H} & & \mathrm{H} & & & \end{array} \qquad \begin{array}{ccccccc} & \mathrm{H} & & \mathrm{O} & & & \\ & | & & \| & & & \\ \mathrm{H}- & \mathrm{C} & - & \mathrm{C} & - & \mathrm{O} & -\mathrm{H} \\ & | & & & & & \\ & \mathrm{H} & & & & & \end{array}$$

乙烷　　　　乙醇　　　　乙酸

(2)碳原子强的成键能力。碳原子与碳原子之间自身成键能力很强,能以碳碳单键、碳碳双键和碳碳三键结合成链状或环状的化合物。如:

$CH_3CH_2CH_2CH_3$　　$CH_3CH{=}CHCH_3$　　$CH_3CH_2C{\equiv}CH$　　环状 $(CH_2)_5$

正丁烷　　2-丁烯　　1-丁炔　　环戊烷

(3)同分异构现象。有机化合物数量庞大除了碳原子相互结合能力很强外,另一原因是有机化合物普遍存在同分异构现象。分子式相同而结构和性质不同的化合物,称为同分异构体,这种现象叫作同分异构现象。如分子式为 C_2H_6O 有乙醇和甲醚两种不同的结构,它们互为同分异构体。

$$H-\overset{H}{\underset{H}{C}}-\overset{H}{\underset{H}{C}}-O-H \qquad H-\overset{H}{\underset{H}{C}}-O-\overset{H}{\underset{H}{C}}-H$$

乙醇　　甲醚

2. 物理性质方面

(1)熔点、沸点低。大部分有机化合物在常温下是气体、液体。固体的有机化合物熔点一般也很低,熔点超过 300℃的有机化合物很少。这是因为有机化合物分子之间只存在较弱的范德华力。

(2)难溶于水,易溶于有机溶剂。多数有机化合物极性较弱或没有极性,而水的极性很强,根据“相似相溶”原理,有机化合物大多难溶于水,易溶于非极性或弱极性的有机溶剂。

3. 化学性质方面

(1)易燃性。大多数有机化合物可以燃烧,如甲烷、乙炔、乙醚等。

(2)稳定性差。一般有机化合物热稳定性差,受热易分解,许多化合物在 200℃～300℃时开始分解。

(3)反应时间长。有机反应大多不是离子反应,而是分子间的反应,反应速率慢,需要较长时间才能完成。所以有机反应,往往需要以加热、光照或加催化剂等手段来提高反应速率。

(4)产物复杂。有机反应往往不是单一的反应,反应物之间同时进行着若干不同的副反应,因此得到的产物复杂,反应后需要对混合产物进行复杂而烦琐的分离提纯工作。

1.3 有机化合物中的共价键

碳原子电负性为 2.5,介于电负性最大的氟(4.0)与活泼金属铯(0.8)之间,当碳与其他原子形成化合物时,它不容易得电子,也不容易失电子,而总是与其他原子通过共用电子对以共价键方式结合。如,碳原子与四个氢原子以四个共价键形成甲烷。

1-1

$$\cdot\dot{\underset{\cdot}{C}}\cdot + 4H\cdot \longrightarrow H:\overset{H}{\underset{H}{\ddot{C}}}:H \qquad H-\overset{H}{\underset{H}{C}}-H$$

电子式(路易斯式)　　凯库勒式

用“∶”表示原子之间形成共价键的结构式叫电子式，或叫路易斯式(Lewis)。用“—”表示一个共价键的结构式叫凯库勒式(Kekulé)。

1.3.1 共价键的键参数

共价键的键长、键角、键能、键的极性和键的极化度可以反映共价键的性质，属于键的参数。

1. 键长

两个成键原子核之间的距离称为键长。键长可用光谱法、X射线衍射法、电子衍射法等手段准确测定。键长长短取决于成键两个原子的大小及原子轨道的重叠程度。不同原子共价键具有不同的键长，同一共价键在不同分子环境中，键长也有所差异。如乙炔、乙烯、乙烷中的C—H的键长分别为0.106nm、0.108nm、0.110nm。表1-1为常见共价键的键长与键能。

表1-1 常见共价键的键长与键能

共价键	键长/nm	键能/kJ·mol^{-1}	共价键	键长/nm	键能/kJ·mol^{-1}
C—H	0.106～0.110	415.2	C—C	0.154	345.6
C—N	0.147	304.6	C═C	0.134	610.0
C—O	0.143	357.7	C≡C	0.120	835.0
C—F	0.141	485.3	C═O	0.122	736.4
C—Cl	0.177	338.6	O—H	0.096	462.8
C—Br	0.191	284.5	N—H	0.104	390.8
C—I	0.213	217.6	S—H	0.135	347.3

2. 键角

多原子共价键中键与键之间的夹角称为键角。键角的大小与分子的空间构型有关。如，正四面体构型的甲烷，∠HCH＝109.5°；平面构型的乙烯∠HCH或∠HCC接近于120°；直线构型的乙炔，∠HCC＝180°。

甲烷　　乙烯　　乙炔

3. 键能

一个气态A—B分子解离为气态A、B原子时，所吸收的能量叫作解离能。在双原子分子中，解离能即为键能；在多原子分子中，同一类型共价键的解离能是不同的。如甲烷分子中解离四个C—H的解离能各不相等。

$$CH_4 \longrightarrow \cdot CH_3 + H\cdot \qquad 解离能=435.1\text{kJ}\cdot\text{mol}^{-1}$$

$$\cdot CH_3 \longrightarrow \cdot\dot{C}H_2 + H\cdot \qquad 解离能=443.5\text{kJ}\cdot\text{mol}^{-1}$$

$$\cdot\dot{C}H_2 \longrightarrow \cdot\dot{C}H + H\cdot \qquad 解离能=443.5\text{kJ}\cdot\text{mol}^{-1}$$

$$\cdot\dot{C}H \longrightarrow \cdot\dot{C}\cdot + H\cdot \qquad 解离能=338.9\text{kJ}\cdot\text{mol}^{-1}$$

$$C—H 的键能=(435.1+443.5+443.5+338.9)/4=415.3\text{kJ}\cdot\text{mol}^{-1}$$

此时 C—H 的键能为四个解离能的平均值。因此，键能是指分子中共价键断裂或生成时所吸收或放出能量的平均值。

4. 键的极性

相同原子之间形成的共价键，由于成键原子对共用电子对的吸引能力相同，电子云对称分布在两个原子核之间，这种共价键称为非极性键。不同原子之间形成的共价键，由于两个原子的电负性不同，电子云偏向电负性较大的原子一侧，使其带部分电荷（用 δ^- 表示），偏离电负性较小的原子，使其带等量的部分正电荷（用 δ^+ 表示），这种共价键称为极性键。

H—H　　　　$\overset{\delta^+}{H}$—$\overset{\delta^-}{Cl}$

非极性键　　　　极性键

两个成键原子的电负性相差越大，键的极性越强。

极性键中，由于电子云的偏移，产生了正电荷中心和负电荷中心，两个电荷中心大小相等、符号相反构成一个偶极。正电荷中心或负电荷中心的电荷 q 与两个电荷中心之间的距离 d 的乘积称为偶极矩 μ，单位为 C·m（库仑·米）。

$$\mu = q \times d$$

偶极矩是一个矢量，既有大小又有方向，其方向用"$\longmapsto$"表示，意为正电荷指向负电荷。在双原子分子中，键的偶极矩就是分子的偶极矩，而在多原子组成的分子中，分子的偶极矩则为分子中各个键偶极矩的矢量和。如：

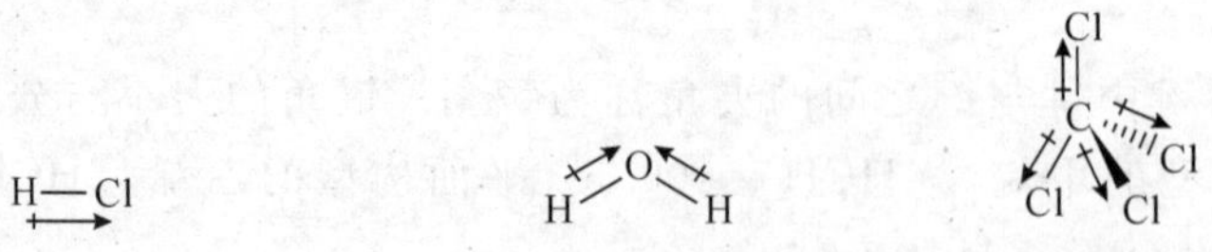

H—Cl　　$\mu=3.43\times10^{-30}\text{C}\cdot\text{m}$

H—O—H　　$\mu=6.13\times10^{-30}\text{C}\cdot\text{m}$

CCl_4　　$\mu=0$

偶极矩矢量和大小反映分子极性强弱，偶极矩矢量和为零的分子是非极性分子，不为零的分子是极性分子，且偶极矩矢量和越大，分子的极性就越强。

5. 键的极化度

极化是指在外加电场作用下，共价键的电子云分布发生变化，从而引起共价键极性发生变化的现象。如，在外加电场作用下，极性键 H—Cl 的极性增强，非极性键 Br—Br 变为极性键。

$\underset{\delta^+}{H}$—$\underset{\delta^-}{Cl}$　E^+　　　　$\underset{\delta^+}{Br}$—$\underset{\delta^-}{Br}$　E^+

这种因极化产生的键的极性是暂时的，当外加电场移去后，极性消除恢复原状。

不同共价键在外加电场作用下而产生的极化能力大小差异称为极化度。原子半径越小、电负性越大的原子对外围电子的束缚能力越强，该原子形成的共价键极化度就越小。相反，原子半径越大、电负性越小的原子形成的共价键极化度就越大。

1.3.2　诱导效应

当成键两个原子的电负性不同时，共用电子对偏向电负性较大的原子一侧，使其带部分的负电荷，电负性较小的原子带部分的正电荷。这种影响还可以通过共价键传递到相邻的原子上。如：

$$\overset{\delta\delta\delta^+}{—C_3} \rightarrow \overset{\delta\delta^+}{C_2} \rightarrow \overset{\delta^+}{C_1} \rightarrow \overset{\delta^-}{Br}$$

上述碳链中，溴原子电负性比碳原子大，C_1—Br 之间的共用电子对偏向溴，使溴带 δ^-（部分负电荷），C_1 带 δ^+。C_1 上的 δ^+ 使 C_1—C_2 之间的共用电子对偏向 C_1，致使 C_2 带上比 C_1 少一些的正电荷（$\delta\delta^+$），同样，C_2 又使 C_3 带上比 C_2 更少一些的正电荷（$\delta\delta\delta^+$）。溴原子的影响经过 C_1 传递到 C_2，又由 C_2 传递到 C_3，这种由于分子中原子或基团的电负性不同而引起的成键电子云沿着碳链向某一方向移动的现象称为诱导效应（inductive effect），用 I 表示。

诱导效应是一种永久的电子效应，诱导效应强度沿碳链传递时很快减弱，一般在传递到三个碳原子后可忽略不计。

比较原子或基团的诱导效应时常以氢原子为标准。如果原子或基团的吸电子能力大于氢原子，该原子或基团引起的是吸电子诱导效应（−I），表示为→ A。如—F、—Cl、—Br、—I、$—NO_2$、—COOH 等。如果基团的吸电子能力小于氢原子，该基团引起的是给电子诱导效应（+I），表示为← A。如$—CH_3$、$—CH_2CH_3$ 等。

知识点达标题 1-1　由强到弱排列下列基团的吸电子能力。

(1)F、Cl、Br、I　　(2)$—CH_3$、$—OCH_3$、—OH、—F

1-2

1.3.3　共价键的断裂方式与有机反应基本类型

化学反应的本质是旧键断裂和新键形成的过程，共价键断裂方式通常有均裂和异裂两种。

1-3

1. 均裂

均裂是指共价键断裂时，共用电子对平均分配给两个原子的断裂方式。共价键均裂时产生的带有单个电子的原子或基团称为自由基。如：

$$H_3C \vdots H \longrightarrow \underset{\text{甲基}}{H_3C\cdot} + H\cdot$$

自由基具有很高的能量，寿命很短，是活泼的反应中间体，容易和其他分子继续反应，生成稳定的八隅体结构。这种以自由基为中间体发生的反应称为自由基反应。一般高温、光照或自由基引发剂能促进自由基的生成。

2. 异裂

当共价键断裂时，共用电子对完全转移到其中一个原子上的断裂方式称为异裂。共价键异裂产生带正电荷的离子和带负电荷的离子，一般电负性大的原子形成负离子，电负性小的原子形成正离子。如：

$$H_3C-\overset{CH_3}{\underset{CH_3}{C}}:)H \longrightarrow H_3C-\overset{CH_3}{\underset{CH_3}{C}}{}^{-}: + H^+ \qquad H_3C-\overset{CH_3}{\underset{CH_3}{C}}(:Cl \longrightarrow H_3C-\overset{CH_3}{\underset{CH_3}{C^+}} + Cl^-$$

碳负离子　　　　碳正离子

碳正离子和碳负离子的能量很高，只能在瞬间或极短时间内存在于反应过程中，是活泼的反应中间体。碳正离子容易与富电子的物质结合，碳负离子则容易与缺电子的物质结合，生成稳定的八隅体结构。这种以正离子或负离子为中间体发生的反应称为离子型反应。一般酸、碱或极性溶剂能促进共价键异裂产生正、负离子。

除了自由基反应和离子型反应外，还有一类反应是旧键断裂和新键形成同时发生，反应过程中没有自由基或正、负离子中间体生成，该反应称为协同反应，或称周环反应。这类反应不多，如双烯合成反应。协同反应不受溶剂极性和酸碱催化的影响，只受光或热反应条件的影响。

1-2

知识点达标题 1-2　写出下列共价键断裂后形成的结构。

(1)CH_3CH_3 碳碳键均裂　(2)CH_3-H 碳氢键异裂　(3)CH_3CH_2Br 碳溴键异裂

1.4 有机化学中的酸碱概念

有机反应中，常伴随着酸碱反应，而有机化学对酸碱概念的理解更为宽广。通常有两种酸碱定义。

1.4.1 酸碱质子理论

酸碱质子理论又称布朗斯特(Brønsted)酸碱理论。该理论认为能够给出质子的物质是酸，能够接受质子的物质是碱。酸给出质子后余下的部分称为该酸的共轭碱，碱接受质子后形成的新化合物称为该碱的共轭酸，酸碱反应的本质是酸将质子传递给碱的过程。如：

$$\underset{碱}{NH_3} + \underset{酸}{H_2O} \rightleftharpoons \underset{共轭酸}{NH_4^+} + \underset{共轭碱}{OH^-}$$

酸给出质子的能力越强，说明酸性越强，相应共轭碱的碱性则越弱。碱接受质子的能力越强，说明碱性越强，相应共轭酸的酸性则越弱。如：

酸的酸性强弱为：$HCl > CH_3COOH > H_2CO_3 > C_6H_5OH > H_2O > C_2H_5OH$。

共轭碱的碱性强弱为：$Cl^- < CH_3COO^- < HCO_3^- < C_6H_5O^- < OH^- < C_2H_5O^-$。

1.4.2 酸碱电子理论

酸碱电子理论即路易斯(Lewis)酸碱理论。该理论认为能够接受电子对的分子或离子称为路易斯酸，能够给出电子对的分子或离子称为路易斯碱。路易斯酸碱反应的本质是碱提供一对电子给酸，形成酸碱络合物。如：

$$\mathrm{H{-}\ddot{O}{:}{-}H + HCl \longrightarrow \left[H{-}\ddot{O}(H){-}H\right]^{+} Cl^{-}}$$

$$\mathrm{H_3N{:} + BF_3 \longrightarrow H_3N{-}BF_3}$$

路易斯碱　路易斯酸　　酸碱络合物

其中⌒表示电子对转移方向。

路易斯酸的电子层结构特点是具有空轨道，能够接受一对电子。如正离子(H^+、H_3C^+等)、缺电子的分子(BF_3、$AlCl_3$、$FeCl_3$ 等)。路易斯碱的电子层结构特点是具有孤对电子。如负离子(OH^-、CH_3O^-、H_3C^-等)、含孤对电子的分子(NH_3、H_2O、$C_2H_5OC_2H_5$ 等)。

路易斯酸缺电子，在反应时，都有亲近负电荷中心来获得电子，具有亲电性，所以路易斯酸称为亲电试剂。路易斯碱含有孤对电子，在反应时，都有亲近正电荷中心给出电子对，具有亲核性，所以路易斯碱称为亲核试剂(“核”意为原子核，带正电荷含义)。

知识点达标题 1-3　下列化合物中，哪些是路易斯酸，哪些是路易斯碱？
Ag^+、NH_3、$AlCl_3$、H_2O、CH_3COOH、SO_4^{2-}

1-2

1.5 有机化合物的分类

有机化合物数目繁多，为了有效与方便学习，必须对众多的有机化合物进行科学合理的分类。目前，按照有机化合物的结构主要有两种分类方法。

1.5.1 按碳骨架分类

按照碳原子之间连接方式(碳骨架)的不同，有机化合物分为开链化合物、碳环化合物和杂环化合物三大类。

1. 开链化合物

开链化合物是指分子中碳原子通过单键、双键或三键相互连接成链状的化合物。如：

$CH_3CH_2CH_2CH_2CH_3$　正戊烷

$CH_2{=}CHCH(CH_3)CH_3$　3-甲基-1-丁烯

$CH_3CH_2OCH_2CH_3$　乙醚

开链化合物最初是从脂肪中分离获取的，因此，开链化合物又称脂肪族化合物。

2. 碳环化合物

分子中含有完全由碳原子连接而成的环状化合物称为碳环化合物。根据碳环的结构特点，又可分为以下两类：

(1)脂环化合物。脂环化合物可以看作开链化合物连接闭合成环而成，它们的性质与脂肪族化合物相似。如：

环丙烷　　环戊烯　　1,3-环已二烯

(2)芳香族化合物。芳香族化合物是指分子中含有一个由碳原子组成的同平面闭合环的共轭体系。它们中大多数含有苯环的结构，性质与脂肪族化合物有较大的差别，具有“芳香性”。“芳香性”意为具有稳定的环结构、难起氧化和加成反应、易发生取代反应的性质。如：

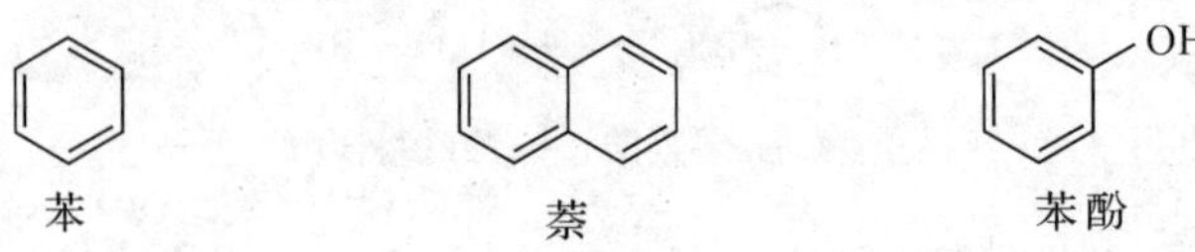

3. 杂环化合物

杂环化合物是指分子中含有由碳原子和其他原子(如 O、N、S 等)连接而成的环。如：

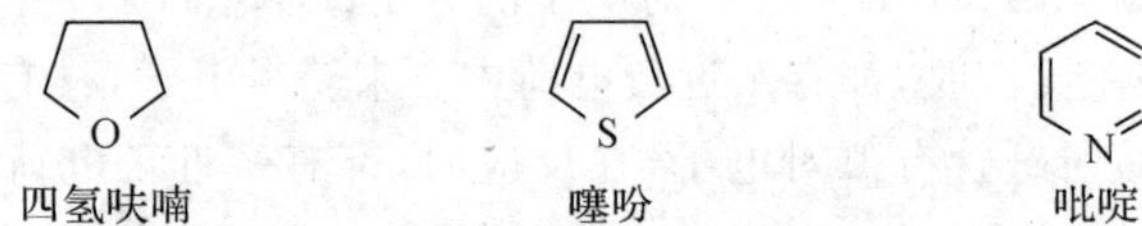

1.5.2 按官能团分类

官能团是指决定化合物主要性质的原子或原子团。一般来说，含有相同官能团的化合物具有相似的性质，所以按官能团可以将化合物进行分类。常见官能团和名称如表 1-2 所示。

表 1-2 常见官能团

类别	官能团名称	实例
烯烃	$>C=C<$ (双键)	$CH_2=CH_2$(乙烯)
炔烃	$-C\equiv C-$(三键)	$CH_3C\equiv CH$(丙炔)
卤代烃	—X(F、Cl、Br、I)(卤原子)	CH_3CH_2Br(溴乙烷)
醇和苯酚	—OH(羟基)	CH_3CH_2OH(乙醇) C_6H_5-OH(苯酚)
醚	C—O—C(醚基)	$C_2H_5-O-C_2H_5$(乙醚)
醛	$-\overset{O}{\overset{\|}{C}}-H$(醛基)	$CH_3-\overset{O}{\overset{\|}{C}}-H$(乙醛)
酮	$>C=O$(酮基)	$CH_3-\overset{O}{\overset{\|}{C}}-CH_3$(丙酮)
羧酸	—COOH(羧基)	CH_3COOH(乙酸)
胺	$-NH_2$(氨基)	CH_3NH_2(甲胺)
硝基化合物	$-NO_2$(硝基)	$C_6H_5-NO_2$(硝基苯)

续表

类别	官能团名称	实例
腈	—CN(氰基)	CH_3CN(乙腈)
磺酸	—SO_3H(磺酸基)	⌬—SO_3H(苯磺酸)

1.6 有机化合物构造式写法

能表明分子中各原子间连接次序和结合方式的式子称为构造式。表达有机化合物的构造式通常有电子式、凯库勒式、结构简式和键线式四种。

1-4

1. 电子式

电子式又称路易斯式，使用元素符号和电子符号来表示分子的构造。一对电子表示单键，两对电子表示双键，三对电子表示三键，未成键的最外层电子全部写出。如：

```
   H          H        H  H
H:C:H       H:O:     H:C::C:H      H:C:::C:H
   H
  甲烷        水        乙烯          乙炔
```

2. 凯库勒式

凯库勒式又称蛛网式，在电子式中用“—”表示两原子之间的一对共用电子，略去未成键电子。如：

```
  H  H  H  H  H          H  H  H  H              H  H
  |  |  |  |  |          |  |  |  |              |  |
H—C—C—C—C—C—H          H—C—C—C—C—O—H          H—C=C—H
  |  |  |  |  |          |  |  |  |
  H  H  H  H  H          H  H  |  H
                              H—C—H
                                |
                                H
```

3. 结构简式

将凯库勒式中的单个共价键省去(双键、三键保留)，按相同连接顺序缩写得到的式子称为结构简式。书写时可以将侧链单键保留，也可以写入括号内。如上述三种蛛网式相应的结构简式如下：

```
CH3CH2CH2CH2CH3    CH3CH2CHCH2OH 或 CH3CH2CH(CH3)CH2OH    CH2=CH2
                         |
                         CH3
```

结构简式能简明表示有机化合物中原子的连接次序和方式，书写也比较方便，是表示有机化合物最常用的构造式。

4. 键线式

在凯库勒式中，省去碳氢元素符号，保留碳原子的锯齿形骨架(每个端点及每个拐点都代表一个碳原子)，其他元素符号及官能团上的氢应保留。如：

凯库勒式	结构简式	键线式
	$CH_3—CH(CH_3)—CH_2—CH_2—CH_3$ $(CH_3)_2CH(CH_2)_2CH_3$	
	$CH_3—CH=CH—COOH$	COOH
	NH_2—CH(H_2C—CH_2)(H_2C—O—CH_2)	NH_2, O

知识点达标题 1-4　将下列结构简式改写成键线式。

(1) $CH_3CH_2CH(Cl)CH(CH_3)CH_3$　　(2) $CH_3CH=C(CH_3)CH_2CH(C_2H_5)CH_2OH$

1-2

【重要知识小结】

1. 有机化学是研究有机化合物的组成、结构、性质和制备的一门学科，碳氢化合物及其衍生物称为有机化合物。有机化合物种类繁多、易燃、熔沸点低、难溶于水、易溶于有机溶剂、反应速率慢、副反应多、产物复杂是它有别于无机化合物的特点。

2. 有机化合物中碳均以四个共价键与其他原子或自身结合，键长、键角、键能、键的极性及键的极化度是共价键的属性。

3. 共价键有均裂和异裂两种断裂方式。均裂生成带一个单电子的自由基中间体，经过自由基中间体完成的反应称为自由基反应。异裂生成正、负离子中间体，通过正离子或负离子中间体完成的反应称为离子型反应。协同反应是旧键断裂和新键形成同时进行的一类反应，反应过程不产生自由基、正离子和负离子中间体。

4. 能给出孤对电子的物质称为路易斯碱，能接受孤对电子的物质称为路易斯酸。路易斯碱具有亲核性，是亲核试剂；路易斯酸具有亲电性，是亲电试剂。

习　　题

1-5

1. 相对于无机化合物，有机化合物有哪些特点？

2. 用 δ^+ 和 δ^- 表示下列共价键的极性。

(1) $CH_3—Cl$　(2) $CH_3—OH$　(3) $CH_3C(CH_3)=O$　(4) $CH_3Mg—Br$

3. 将下列化合物按极性大小排序。

(1) CH_3F　(2) CH_3Cl　(3) CH_3Br　(4) CH_3I　(5) CH_4

4. 写出下列共价键断裂的产物。

(1) Cl—Cl 均裂　(2) HO—H 均裂　(3) CH_3—MgBr 异裂　(4) $(CH_3)_2CH$—Br 异裂

5. 指出下列分子中哪些具有偶极，并画出方向。

(1) HCl　(2) H_2O　(3) CHF_3　(4) CCl_4　(5) CH_3OH

6. 将下列键线式改成结构简式。

(1) 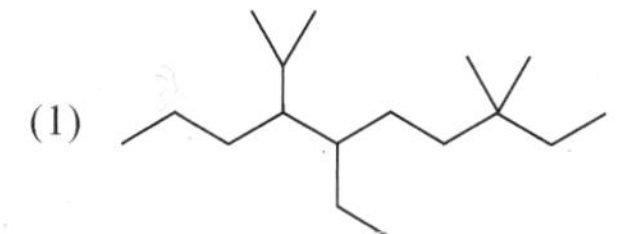

(2)
Cl
O
O

(3) 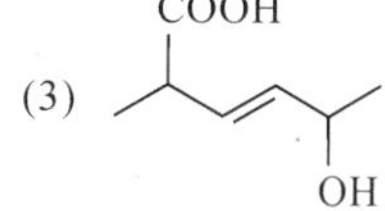

7. 将下列化合物按路易斯酸、碱加以分类。

(1) CH_3OCH_3　(2) $AlCl_3$　(3) CH_3NH_2　(4) H_3C^+　(5) H_3C^-

(6) CH_3OH　(7) CH_3COOH

➢ PPT 课件
➢ 自测题
➢ 维勒——第一个合成尿素的化学家
➢ 有机化学发展简史
➢ 中国古代化学发展史与成就

1-6

第 2 章　烷烃

【知识点与要求】

- ✧ 了解烷烃碳的结构特点、碳原子种类和构造异构体。
- ✧ 掌握乙烷、丁烷构象的透视式、纽曼投影式的写法，熟悉各构象的能量高低与稳定性。
- ✧ 掌握烷烃的系统命名法，熟悉正、异、新的含义和常见烷基的名称。
- ✧ 了解烷烃的物理性质，理解熔点、沸点与结构的关系。
- ✧ 掌握烷烃的卤代反应和不同氢原子的活性大小，了解烷烃的氧化、异构化和裂化反应。
- ✧ 熟悉烷烃卤代反应历程，理解烷基自由基结构与稳定性的关系。

烃是由 C、H 两种元素组成的化合物，它是最简单的有机物，用符号 R 表示。当烃分子中的 H 原子被其他原子或原子团取代后，可以衍生出一系列不同的有机物。根据烃分子中碳原子间的连接方式不同，一般作如下分类：

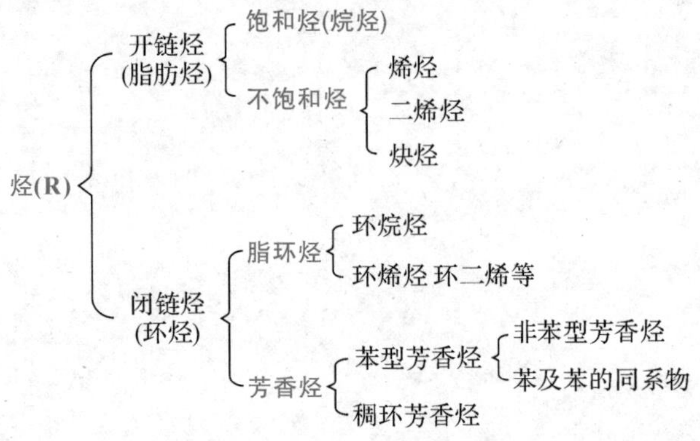

通常，将烃分为饱和烃、不饱和烃、脂环烃和芳香烃四类。

2.1　烷烃的通式、同系列、同分异构和碳原子类型

2.1.1　通式和同系列

烷烃又称饱和烃，结构中碳与碳均以单键相连，其余价键全部与氢原子相连。如：

凯库勒式：

```
   H        H  H         H  H  H          H  H  H  H          H  H  H  H  H
   |        |  |         |  |  |          |  |  |  |          |  |  |  |  |
H—C—H   H—C—C—H   H—C—C—C—H   H—C—C—C—C—H   H—C—C—C—C—C—H
   |        |  |         |  |  |          |  |  |  |          |  |  |  |  |
   H        H  H         H  H  H          H  H  H  H          H  H  H  H  H
```

结构简式：CH_4　CH_3CH_3　$CH_3CH_2CH_3$　$CH_3CH_2CH_2CH_3$　$CH_3CH_2CH_2CH_2CH_3$

分 子 式：CH_4　C_2H_6　C_3H_8　C_4H_{10}　C_5H_{12}

可以看出，两种烷烃分子式之间相差一个或几个 CH_2，故烷烃的通式为 C_nH_{2n+2}，其中 CH_2 为系差。把通式相同，组成上相差一个或多个 CH_2 的一系列化合物称为同系列。同系列中的各个化合物互称为同系物。同系物之间具有相似的化学性质，物理性质一般随着碳原子数的增加呈规律性的变化。

2.1.2　同分异构

把分子式相同而结构不同的化合物，称为同分异构体。烷烃的同分异构有构造异构和构象两种（详见 2.4），其中构造异构是指烷烃分子中碳原子之间的连接次序和方式不同。如 C_5H_{12} 有三种构造异构体。

$CH_3—CH_2—CH_2—CH_2—CH_3$

正戊烷（戊烷）

$CH_3—CH(CH_3)—CH_2—CH_3$

异戊烷（2-甲基丁烷）

$CH_3—C(CH_3)_2—CH_3$

新戊烷（2,2-二甲基丙烷）

2.1.3　碳原子类型

烃分子中的碳原子，按照其所连接的碳原子数目的不同，分为四种类型：

$\overset{1°}{CH_3}—\overset{2°}{CH_2}—\overset{3°}{CH}(\underset{1°}{CH_3})—\overset{2°}{CH_2}—\overset{4°}{C}(\overset{1°}{CH_3})(\underset{1°}{CH_3})—\overset{1°}{CH_3}$

伯碳：只连一个碳原子，又称一级碳，用 1°C 表示，其连接的氢叫伯氢（或 1°H）；

仲碳：连有二个碳原子，又称二级碳，用 2°C 表示，其连接的氢叫仲氢（或 2°H）；

叔碳：连有三个碳原子，又称三级碳，用 3°C 表示，其连接的氢叫叔氢（或 3°H）；

季碳：连有四个碳原子，又称四级碳，用 4°C 表示，没有季氢。

> 知识点达标题 2-1　写出符合下列条件的烷烃的结构简式。
> (1)只含有伯氢的戊烷　(2)只含有伯氢和叔氢的己烷
> (3)含有伯、仲、季碳原子的己烷

2-1

2.2　烷烃的结构

2.2.1　甲烷结构

2-2

甲烷为正四面体的结构（见图 2-1），4 个 C—H 的键长均为 0.110nm，∠HCH 为 109.5°。

甲烷的结构可用 sp^3 杂化轨道理论来解释。

C 原子的 1 个 s 轨道与 3 个 p 轨道进行杂化，形成 4 个完全相同的 sp^3 杂化轨道，其中每个 sp^3 杂化轨道中 s 成分占 1/4，p 成分占 3/4，如图 2-2 所示。这 4 个 sp^3 杂化轨道呈正四面体分布，夹角为 109.5°，这样轨道与轨道之间最远，排斥力最小。4 个 sp^3 杂化轨道分别与 4 个氢原子的 1s 轨道沿对称轴方向重叠，形成 4 个等同的 C—H σ 键。

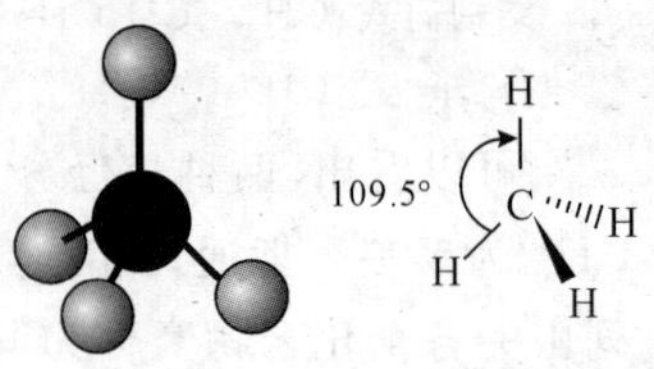

图 2-1 甲烷的结构

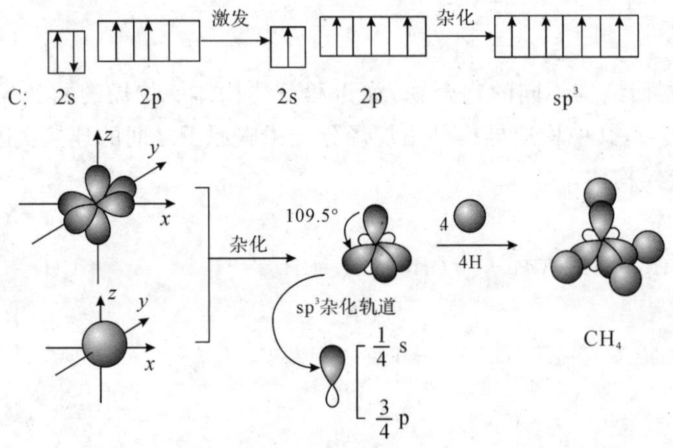

图 2-2 碳的 sp^3 杂化及甲烷的形成

2.2.2 烷烃结构

如图 2-3 所示，在乙烷分子中，两个碳原子均为 sp^3 杂化，两个碳原子各以一个 sp^3 杂化轨道沿对称轴方向重叠，形成 C—C σ 键，其余的 sp^3 杂化轨道分别与氢原子的 1s 轨道重叠，形成六个 C—H σ 键。

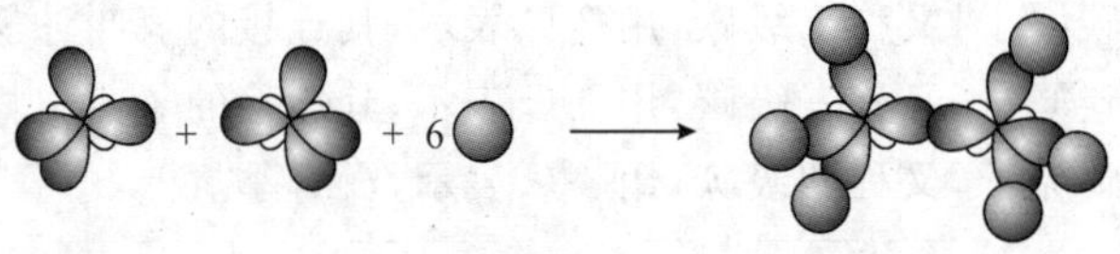

图 2-3 乙烷分子中 σ 键

σ 键是原子轨道沿对称轴方向正面重叠形成的共价键。σ 键重叠部分多，化学键稳定，σ 键的成键电子云呈圆柱形对称分布，沿键轴任意相对旋转，电子云形状不变，即 σ 键相连的两个原子可以相对旋转而不发生断裂。

与乙烷相似，其他烷烃分子中的碳原子也都采取 sp^3 杂化，碳与碳之间各以一个 sp^3 杂化轨道沿对称轴方向重叠，以 σ 键相连，其余以 C—H σ 键相连。因∠CCC 接近 109.5°，所以直链烷烃中碳原子之间呈锯齿形排列（如戊烷）。为了方便书写，仍以直链式或键线式表示。

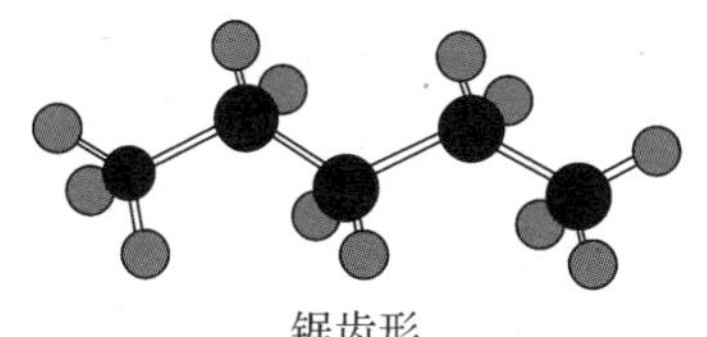

锯齿形

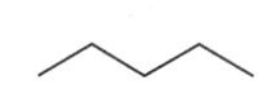

直链式

键线式

知识点达标题 2-2　关于烷烃的结构，下列叙述错误的是(　　)。

A. 烷烃中所有碳原子均为 sp^3 杂化，键角接近于 109.5°

B. 烷烃中 C—C 与 C—H 均为很稳定的 σ 键，成键两个原子相对可以自由旋转

C. 直链烷烃是指碳与碳之间联结成一条直线

D. sp^3 杂化的四个轨道能量相等，电子云形状相同，其中每一个 sp^3 杂化轨道含有 1/4 s 成分和 3/4 p 成分

2-1

2.3 烷烃的命名

2.3.1 普通命名法

普通命名法又称习惯命名法，仅用于碳原子数少且带有特殊结构化合物的命名。命名方法如下：

1. 碳原子数与名称的对应关系

碳原子总数在 1～10 个时，依次用甲、乙、丙、丁、戊、己、庚、辛、壬、癸来表示，10 以上碳原子用中文数字十一、十二、十三……来表示。

2. 正、异、新的名称与结构的对应关系

全部是直链不含支链的，称为正某烷(通常略去“正”字，称为某烷)；若第二个碳上只有一个甲基支链而不再有其他支链的，称为异某烷；若第二个碳上有两个甲基支链而不再有其他支链的，称为新某烷。如：

$CH_3CH_2CH_2CH_2CH_3$

正戊烷(戊烷)

$CH_3(CH_2)_{16}CH_3$

正十八烷(十八烷)

$$\begin{array}{l}CH_3CHCH_3\\ \quad\;\;|\\ \quad\;CH_3\end{array}$$

异丁烷

$$\begin{array}{l}CH_3CHCH_2CH_3\\ \quad\;\;|\\ \quad\;CH_3\end{array}$$

异戊烷

$$\begin{array}{c}CH_3\\ |\\ CH_3—C—CH_3\\ |\\ CH_3\end{array}$$

新戊烷

$$\begin{array}{l}\qquad\quad CH_3\\ \qquad\quad\;|\\ CH_3—C—CH_2CH_3\\ \qquad\quad\;|\\ \qquad\quad CH_3\end{array}$$

新己烷

3. 烷基命名

烷烃碳原子上去掉一个氢原子后，剩余的一价原子团称为烷基，用 R— 表示。简单的烷基常用“正某基、异某基和新某基”的普通命名法来命名。常见烷基结构、名称及缩写如表 2-1 所示。

表 2-1 常见烷基名称

烷基	名称	缩写
$CH_3—$	甲基	Me
$CH_3CH_2—$	乙基	Et
$CH_3CH_2CH_2—$	正丙基	n-Pr
$CH_3—CH—$ | CH_3	异丙基	i-Pr
$CH_3CH_2CH_2CH_2—$	正丁基	n-Bu
$CH_3CH_2CHCH_3$ |	仲丁基	s-Bu
$CH_3CHCH_2—$ | CH_3	异丁基	i-Bu
CH_3 | $CH_3—C—$ | CH_3	叔丁基	t-Bu
CH_3 | $CH_3—C—CH_2—$ | CH_3	新戊基	neo-Pentyl

2.3.2 系统命名法

2-3

系统命名法又称 IUPAC 命名法，是国际上普遍适用的一种命名方法。其步骤和规则如下。

1. 选主链

选择构造式中连续最长的碳链作为主链，由主链碳原子数命名为“某烷”，其他作为支链，看成取代基。如果最长碳链有多条，则选择其中带有最多支链一条为主链。如：

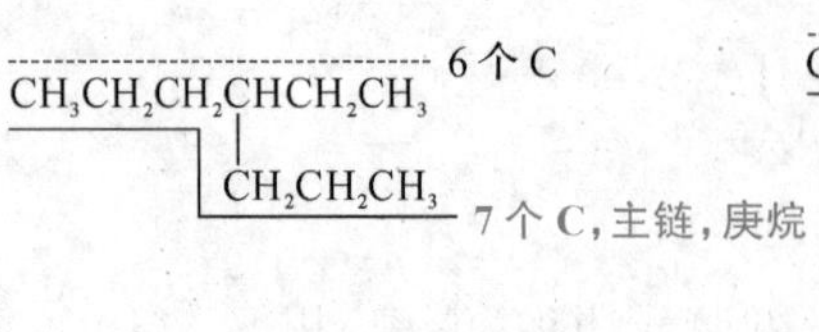

$CH_3CH_2CH_2CHCH_2CH_3$ ······ 6个C
　　　　　|
　　　　$CH_2CH_2CH_3$ —— 7个C，主链，庚烷

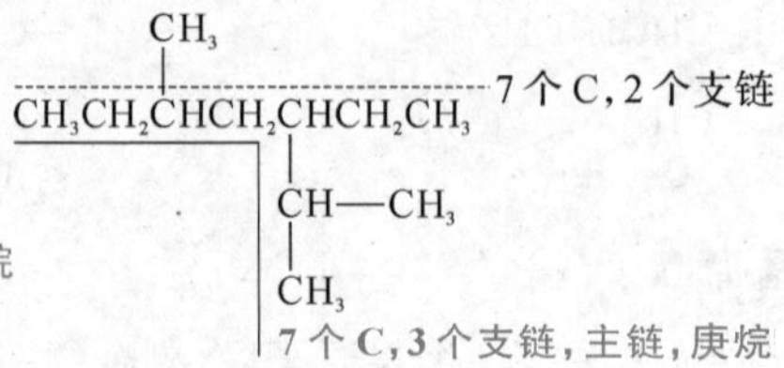

　　　　CH_3
　　　　|
$CH_3CH_2CHCH_2CHCH_2CH_3$ ······ 7个C，2个支链
　　　　　　|
　　　　　$CH—CH_3$
　　　　　　|
　　　　　CH_3
7个C，3个支链，主链，庚烷

2. 编号

从靠近取代基的一端开始，将主链碳用 1，2，3，…，依次编号。如：

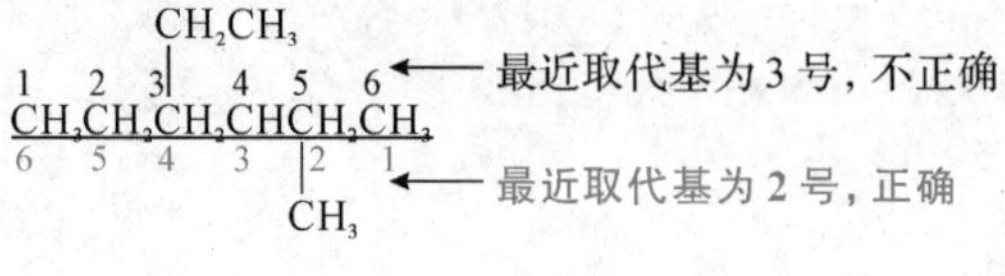

　　CH_2CH_3
1 2 3 4 5 6 ← 最近取代基为3号，不正确
$CH_3CH_2CH_2CH_2CHCH_2CH_3$
6 5 4 3 2 1 ← 最近取代基为2号，正确
　　　　　|
　　　　CH_3

若主链编号有几种可能，则采取“最低系列”编号原则，即逐个比较几种编号方法中取代基位置的数字，最先遇到的位次最小者，为正确编号，或取代基位次数之和最小者为正确编号。如：

$$\overset{6}{C}H_3\overset{5}{C}H(CH_3)\overset{4}{C}H\overset{3}{C}H_2\overset{2}{C}H(CH_3)\overset{1}{C}H_3$$

(上方编号 6 5 4 3 2 1；5、2 位连有 CH_3；下方编号 1 2 3 4 5 6，3 位连有 CH_3)

$CH_3CHCHCH_2CHCH_3$ ← 2,4,5(第 2 个支链为 4 号或总和为 11，非最低系列，不正确)

← 2,3,5(第 2 个支链为 3 号或总和为 10，符合最低系列，正确)

如果逐个比较取代基位次均相同，则应按“次序规则”(详见 3.3.2)，以不优基团为小号原则进行编号。如：

$CH_3CH_2CHCH_2CHCH_2CH_3$（5 位/3 位连 CH_3，3 位/5 位连 CH_2CH_3）

1 2 3 4 5 6 7 ← 3,5(不优甲基为 3 号，正确)

7 6 5 4 3 2 1 ← 3,5(不优甲基为 5 号，不正确)

3. 取代基书写

在主链名称前面写出取代基的位次、数目和名称，位次之间用“,”分隔，位次与名称之间用短线“-”隔开，数目用汉字二、三……表示(略去一)。若有不同取代基，则按“次序规则”，不优的先列出，优的后列出，中间用“-”隔开，常见烷基的优先次序为：

异丙基＞丙基＞乙基＞甲基

如下列化合物的命名：

$\overset{1}{C}H_3\overset{2}{C}H(CH_3)\overset{3}{C}H_2\overset{4}{C}H(CH_2CH_3)\overset{5}{C}H_2\overset{6}{C}H_3$

2-甲基-4-乙基己烷

$\overset{1}{C}H_3—\overset{2}{C}(CH_3)_2—\overset{3}{C}H_2—\overset{4}{C}H(C_2H_5)—\overset{5}{C}H[\overset{6}{C}H(\overset{7}{C}H_3)CH_3]—CH_2—CH_3$

2,2,6-三甲基-4,5-二乙基庚烷

4. 含复杂支链的命名

如果支链为表 2-1 以外的较复杂的取代基，则从支链碳开始用 1,2,3,…对支链进行二次编号，支链名称加上括号。如：

$\overset{1}{C}H_3\overset{2}{C}H(CH_3)\overset{3}{C}H_2\overset{4}{C}H_2\overset{5}{C}H\overset{6}{C}H_2\overset{7}{C}H(CH_3)\overset{8}{C}H_2\overset{9}{C}H_3$

5 位支链：$H_3C—\overset{1}{C}(C_3H)—\overset{2}{C}H_2—\overset{3}{C}H_3$

2,7-二甲基-5-(1,1-二甲基丙基)辛烷

知识点达标题 2-3　下列化合物命名有否错误，请改正。

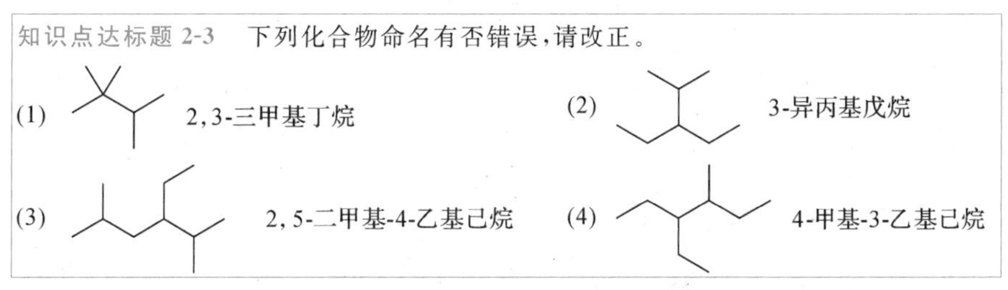

2-1

2.4 烷烃的构象

2.4.1 乙烷的构象

2-4

因为C—C σ键可以相对自由旋转而不断裂，如果使乙烷分子中一个碳原子固定，另一个碳原子绕C—C轴旋转，结果前后两个碳原子上的H原子相对位置将不断变化，产生无数种不同的空间排列，即构象。这种通过单键旋转（或扭曲）而引起分子中各原子或原子团在空间的不同排列方式称为构象。乙烷有交叉式和重叠式两种极端构象。

构象可用透视式（也称锯架式）和纽曼（Newman）投影式表示。透视式从侧面观察分子中各原子的空间排列情况，直观但难以书写。纽曼投影式将C—C σ键垂直于纸面观察，前面碳用圆点表示，后面碳用绕着该点的圆圈表示，氢原子分别用连在圆点和圆圈上的三条120°夹角的向外伸展线表示。如乙烷构象：

乙烷交叉式构象（能量低，优势构象）

乙烷重叠式构象（能量高，不稳定构象）

透视式　　纽曼投影式

在乙烷交叉式构象中，前后两个碳原子上所连氢原子距离最远，相互排斥力最小，分子能量最低，是最稳定的构象（或称优势构象）。在重叠式构象中，前后两个碳原子上所连氢原子距离最近，相互排斥力最大，分子能量最高，是最不稳定的构象。两种极端构象能量相差很小，只有12.5kJ·mol^{-1}，在室温下，分子间碰撞可产生83.8kJ·mol^{-1}的能量，足以克服重叠式构象和交叉式构象相互转变的能量差，所以乙烷分子是交叉式、重叠式及介于它们之间的许多构象异构体的动态平衡混合体，不能将某一构象单独“分离”。

2.4.2 丁烷的构象

丁烷（$CH_3CH_2CH_2CH_3$）相当于乙烷（CH_3CH_3）的两个碳原子上各有一个氢原子被甲基取代而来。以C_2—C_3轴旋转时，会产生无数种不同的构象，其中有全重叠式、邻对交叉式、部分重叠式和对位交叉式四种极端构象。

全重叠式　　邻位交叉式　　部分重叠式　　对位交叉式　　部分重叠式

在对位交叉式中，两个—CH_3相距最远，基团之间排斥力最小，是最稳定的优势构象。在邻位交叉式中，两个—CH_3相距较近，稳定性稍差。部分重叠式的—CH_3和H相距最近，稳定性较邻位交叉式差。而在全重叠式中，两个—CH_3 相距最近，基团之间排斥力最大，是最不稳定的构象。因此，四种极端构象能量高低次序为：

全重叠式＞部分重叠式＞邻位交叉式＞对位交叉式

丁烷的全重叠式构象与对位交叉式构象的能量差约为 22kJ・mol^{-1}，因此，室温下各构象之间能快速相互转变，组成一种平衡的混合体，不能分离出其中任一构象。

知识点达标题 2-4　下列结构表示的各对化合物中，属于同一种物质的是(　　)。

A. 与　　B. 与

C. 与　　D. 与

知识点达标题 2-5　用 Newman 投影式画出 1,2-二溴乙烷的四种极端构象，并比较它们的稳定性大小。

2-1

2.5　烷烃的物理性质

有机化合物的物理性质通常包括状态、沸点、熔点、相对密度、溶解度、折射率、比旋光度和波谱性质等。在一定条件下，纯净的单一有机化合物的物理性质都有相对应的数值，称为物理常数。通过测定物理常数，可以鉴定有机化合物和有机化合物的纯度。

1. 状态

常温常压下，C_1～C_4 的烷烃为气体，C_5～C_{16} 的直链烷烃为液体，C_{17} 及以上的直链烷烃为固体。

2. 沸点

烷烃是非极性分子，分子间吸引力主要是范德华力，而范德华力大小与分子中原子数目和体积成正比。随着碳原子数的增加，范德华力增大，烷烃的沸点相应升高。由于范德华力只有在很近距离内才起有效作用，支链增多，阻碍了分子间紧密接触，范德华力减弱。因此，在同分异构体中，直链烷烃的沸点比支链烷烃高，支链越多，沸点越低。表 2-2 为部分直链烷烃的物理常数。

表 2-2　部分直链烷烃的物理常数

名称	熔点/℃	沸点/℃	相对密度(d_4^{20})
甲烷	−182.6	−161.7	
乙烷	−172.0	−88.6	
丙烷	−187.1	−42.2	0.501
丁烷	−135.0	−0.5	0.579
戊烷	−129.8	36.1	0.626

续表

名称	熔点/℃	沸点/℃	相对密度(d_4^{20})
己烷	−94.0	68.7	0.659
庚烷	−90.6	98.4	0.684
辛烷	−56.8	125.7	0.703
壬烷	−53.7	150.8	0.718
癸烷	−29.7	174.1	0.730
十二烷	−9.6	216.3	0.749
十四烷	6	253.5	0.763
十六烷	18.1	287.1	0.773
十八烷	28.0	317.4	0.777

3. 熔点

烷烃熔点的高低除与相对分子质量有关外，还与分子对称性有关。分子对称性越高，在晶格中排列越紧密，分子间吸引力越大，熔点越高。总体趋势是，直链烷烃的熔点随着相对分子质量的增加而升高，其中，偶数碳增到奇数碳较奇数碳增到偶数碳，熔点升高得要多(见图 2-4)，构成两条熔点曲线，偶数在上，奇数在下。这是因为偶数碳原子烷烃的两个端点碳位于异侧，奇数碳原子烷烃的两个端点碳位于同侧，异侧的对称性高于同侧，含偶数碳原子的烷烃在晶格中排列更加紧密，熔点高。

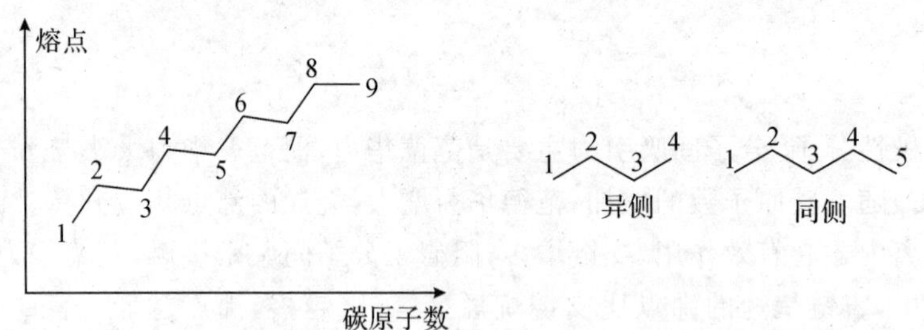

图 2-4 直链烷烃熔点随碳原子数变化

在同分异构体中，直链烷烃的熔点高于支链，但当分子趋于球形结构高度对称时，熔点反而更高。如，戊烷三种同分异构体中，新戊烷熔点最高，正戊烷次之，异戊烷最低。

$$CH_3CH_2CH_2CH_2CH_3$$

正戊烷

mp：−129.8℃

$$CH_3\underset{\displaystyle CH_3}{\underset{|}{C}H}CH_2CH_3$$

异戊烷

mp：−159.9℃

$$CH_3-\overset{\displaystyle CH_3}{\overset{|}{\underset{\displaystyle CH_3}{\underset{|}{C}}}}-CH_3$$

新戊烷

mp：−16.8℃

4. 相对密度

烷烃较水轻，相对密度随着相对分子质量的增加而增加，最后接近于 0.8 左右。

5. 溶解度

烷烃是非极性分子，不溶于强极性溶剂水，易溶于非极性或极性弱的有机溶剂，如四氯化碳、苯、乙醚等。

2-1

知识点达标题 2-6　将下列物质按沸点由低到高排序。

A. 2,3-二甲基戊烷　B. 正庚烷　C. 2-甲基己烷　D. 2-甲基庚烷　E. 正己烷

2.6　烷烃的化学性质

烷烃的 C—C 和 C—H 都是牢固的 σ 键，键能很大，所以烷烃具有很高的稳定性。在常温下，烷烃与强酸（如 H_2SO_4、浓 HNO_3）、强碱（如 NaOH、KOH）、强氧化剂（如 $KMnO_4$、$K_2Cr_2O_7$）及强还原剂（如 Zn/HCl、Na/C_2H_5OH）都不发生反应。但在光照、高温或催化剂作用下，烷烃也能发生共价键均裂的自由反应。

2.6.1　卤代反应

2-5

烷烃与卤素单质在光照、高温或催化剂存在下，烷烃中的氢原子可以被卤原子取代，生成卤代烷和卤化氢，该反应称为卤代反应。如：

$$CH_4 + Cl_2 \xrightarrow{\text{光照}} \underset{\text{一氯甲烷}}{CH_3Cl} + HCl$$

$$CH_3CH_2CH_3 + Br_2 \xrightarrow{\text{光照}} \underset{\text{1-溴丙烷}}{CH_3CH_2CH_2Br} + \underset{\text{2-溴丙烷}}{CH_3\underset{\substack{|\\Br}}{C}HCH_3}$$

1. 烷烃氢卤代反应活性

由于 C⩾3 的烷烃分子中，含有不同类型的氢原子，所以，卤代反应产物比较复杂。如，正丁烷发生氯代反应时，其一氯代产物有两种：

$$CH_3CH_2CH_2CH_3 + Cl_2 \xrightarrow{\text{光照}} \underset{\text{1-氯丁烷(28\%)}}{CH_3CH_2CH_2CH_2Cl} + \underset{\text{2-氯丁烷(72\%)}}{CH_3CH_2\underset{\substack{|\\Cl}}{C}HCH_3}$$

正丁烷中有 6 个伯氢、4 个仲氢，个数比伯氢∶仲氢＝3∶2，按概率，相应氯代产物的比例应为 3∶2，但实际产物比 28∶72＝7∶18，这说明仲氢比伯氢容易被取代，即仲氢取代活性高。若以实际的产物量除以相应氢原子数作为氢的反应活性，则正丁烷中，仲氢与伯氢的活性比计算如下：

$$\frac{\text{仲氢}}{\text{伯氢}} = \frac{72/4}{28/6} = \frac{3.9}{1}$$

又如，异丁烷氯代反应时，也得到两种一氯代产物：

$$CH_3-\underset{}{\overset{CH_3}{\overset{|}{C}H}}-CH_3 + Cl_2 \xrightarrow{光照} CH_3-\overset{CH_3}{\overset{|}{C}H}-CH_2Cl + CH_3-\underset{\underset{Cl}{|}}{\overset{\overset{CH_3}{|}}{C}}-CH_3$$

异丁基氯(64%)　　叔丁基氯(36%)

叔氢与伯氢的活性比：

$$\frac{叔氢}{伯氢}=\frac{36/1}{64/9}=\frac{5.1}{1}$$

由此可得，烷烃氯代反应时，不同氢原子的活性次序为：

叔氢＞仲氢＞伯氢

其原因是烷烃中不同类型的 C—H 发生均裂时，解离能不同。伯氢解离能最大，难断裂，叔氢解离能最小，容易断裂。

C—H 解离键

伯氢　$CH_3CH_2CH_2CH_2-H \longrightarrow CH_3CH_2CH_2\dot{C}H_2 + H\cdot$　　$405.8kJ\cdot mol^{-1}$

仲氢　$CH_3CH_2\underset{\underset{H}{|}}{C}HCH_3 \longrightarrow CH_3CH_2\underset{\cdot}{C}HCH_3 + H\cdot$　　$393.3kJ\cdot mol^{-1}$

叔氢　$H_3C-\underset{\underset{CH_3}{|}}{\overset{\overset{CH_3}{|}}{C}}-H \longrightarrow H_3C-\underset{\underset{CH_3}{|}}{\overset{\overset{CH_3}{|}}{C}}\cdot + H\cdot$　　$376.6kJ\cdot mol^{-1}$

2. 卤素单质反应活性

研究发现，不同卤素单质与烷烃的取代反应活性为 $F_2>Cl_2>Br_2>I_2$，其中氟代反应最激烈，放出大量热，不易控制反应；碘代反应吸热，活性很低，难以进行，因此，烷烃卤代反应通常指氯代和溴代。虽然氯代反应活性高于溴代，但溴原子对伯、仲、叔氢原子取代的选择性比氯高（常温下，溴代相对活性比为伯氢∶仲氢∶叔氢≈1∶80∶1600）。如，异丁烷溴代产物几乎是叔氢被取代。

$$CH_3-\underset{\underset{CH_3}{|}}{C}H-CH_3 + Br_2 \xrightarrow{光照} CH_3-\overset{CH_3}{\overset{|}{C}H}-CH_2Br + CH_3-\underset{\underset{Br}{|}}{\overset{\overset{CH_3}{|}}{C}}-CH_3$$

痕量　　>99%

> 知识点达标题 2-7　假设伯、仲、叔氢在溴代反应时相对活性比为 1∶80∶1600，试计算 2-甲基丁烷发生溴代反应时各一溴代产物的百分比。

2-1

2.6.2　氧化反应

1. 完全氧化

在氧气充足的条件下，烷烃完全燃烧生成 CO_2 和 H_2O，并放出大量热。因此，烷烃广泛用作燃料。

$$C_nH_{2n+2}+\frac{3n+1}{2}O_2 \xrightarrow{点燃} nCO_2+(n+1)H_2O$$

2. 部分氧化

在催化剂作用下，烷烃也可以发生部分氧化，生成含氧化合物。如：

$$RCH_2CH_2R' + O_2 \xrightarrow[1.5\sim3MPa]{MnO_2\ 120℃} RCOOH + R'COOH$$

因此，工业上常用高级烷烃制备高级脂肪酸，来代替由动、植物油制备肥皂。

2.6.3 异构化反应

由一种化合物转变为其异构体的反应叫作异构化反应。直链烷烃通过异构化反应转变为支链烷烃，如正丁烷的异构化反应：

$$CH_3CH_2CH_2CH_3 \underset{27℃}{\overset{AlBr_3\ HBr}{\rightleftharpoons}} CH_3—\underset{\displaystyle CH_3}{\underset{|}{CH}}—CH_3$$

工业上常利用烷烃异构化反应来提高汽油的质量。

2.6.4 裂化反应

在高温及无氧条件下，发生 C—C 或 C—H 键断裂的反应，称为裂化反应。如：

$$CH_3CH_2CH_2CH_3 \xrightarrow{500℃} \begin{cases} H_2 + CH_3CH_2CH{=}CH_2 + CH_3CH{=}CHCH_3 \\ CH_4 + CH_3CH{=}CH_2 \\ CH_3CH_3 + CH_2{=}CH_2 \end{cases}$$

由此可见，烷烃通过裂化反应生成相对分子质量较小的烷烃和烯烃的复杂混合物。工业上常利用烷烃的催化裂化，将高沸点的重油转变为低沸点的汽油，以提高汽油的产量。

2.7 烷烃卤代反应机理

2.7.1 甲烷氯代反应机理

2-6

甲烷的氯代反应必须在高温或光照下才能发生，实验事实表明，甲烷的卤代反应是按共价键均裂的自由基历程进行的。自由基反应历程分为链引发、链增长和链终止三步。

1. 链引发

在光照或高温条件下，Cl—Cl 共价键容易发生均裂，生成两个氯原子(或氯自由基 Cl·)。

$$Cl_2 \xrightarrow{h\nu} 2Cl\cdot \qquad \Delta H = +242.7\text{kJ}\cdot\text{mol}^{-1} \qquad (1)$$

> 知识点达标题 2-8　为什么链引发不是下列反应？
>
> $$H_3C—H \xrightarrow{h\nu} H_3C\cdot + H\cdot$$
>
> (已知键能：C—H，435kJ·mol^{-1})

2-1

2. 链增长

氯自由基有一个单电子，非常活泼，当与 CH_4 分子碰撞时，夺取一个氢原子形成 HCl，同时产生一个新的甲基自由基(·CH_3)。甲基自由基也非常活泼，与 Cl_2 分子碰撞时，夺取一个氯原子生成 CH_3Cl 和另一新的氯自由基。

$$CH_4 + Cl\cdot \longrightarrow \cdot CH_3 + HCl \quad (定速步骤) \qquad \Delta H_1 = +4.1kg \cdot mol^{-1} \qquad (2)$$

$$\cdot CH_3 + Cl_2 \longrightarrow CH_3Cl + Cl\cdot \qquad \Delta H_2 = -109.1kg \cdot mol^{-1} \qquad (3)$$

新生的 Cl·重复反应(2)生成新的·CH_3 后又重复反应(3)，如此连锁的反复循环反应称为自由基链式反应，反应(2)和反应(3)称为链的增长。

> **知识点达标题 2-9** 为什么反应(2)不是下列反应？
>
> $$CH_4 + Cl\cdot \longrightarrow CH_3Cl + H\cdot$$
>
> (已知键能：C—H，435kJ·mol^{-1}；C—Cl，338.6kJ·mol^{-1}；H—Cl，431.8kJ·mol^{-1})

2-1

3. 链终止

当自由基链式反应进行到一定阶段时，自由基之间相遇的概率增加，自由基之间彼此结合生成稳定的中性分子，自由基链式反应中断，称为链终止。

$$\cdot CH_3 + Cl\cdot \longrightarrow CH_3Cl \qquad (4)$$

$$Cl\cdot + Cl\cdot \longrightarrow Cl_2 \qquad (5)$$

$$\cdot CH_3 + \cdot CH_3 \longrightarrow CH_3CH_3 \qquad (6)$$

2.7.2 甲烷氯代链增长过程能量变化

化学反应是一个由反应物逐渐变为产物的连续过程。在反应(2)中，Cl·与 CH_4 中的一个氢逐渐靠近，H 与 Cl 间逐渐开始成键，C—H 键被拉长变弱，体系能量逐渐上升，至过渡态时能量达到最高。然后 H—Cl 键进一步形成，C—H 键断裂，体系能量降低，生成 HCl 和·CH_3。

$$CH_4 + Cl\cdot \longrightarrow \underset{过渡态}{[Cl\cdots H\cdots CH_3]^{\neq}} \longrightarrow \cdot CH_3 + HCl$$

同样，反应(3)也经过能量最高的过渡态，反应连续过程中的能量变化如图 2-5 所示。

$$\cdot CH_3 + Cl_2 \longrightarrow \underset{过渡态}{[CH_3\cdots Cl\cdots Cl]^{\neq}} \longrightarrow CH_3Cl + Cl\cdot$$

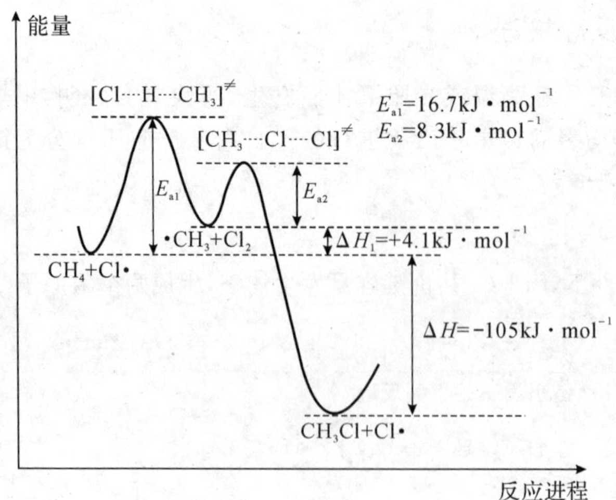

图 2-5 甲烷氯代链增长过程能量变化

其中，过渡态与反应物的能量差即为活化能。反应(2)的活化能(16.7kJ·mol^{-1})比反应(3)的活化能(8.3kJ·mol^{-1})高，说明链增长过程中，反应(2)是速率较慢的一步，对整个反应速率快慢起决定作用，故把反应(2)称为定速步骤。

2.7.3 烷基自由基的结构与稳定性

其他烷烃卤代反应机理与甲烷相似，也是自由基取代历程。其链增长过程如下：

2-7

$$\cdot X + R—H \longrightarrow R\cdot + HX \quad (定速步骤) \tag{7}$$

$$\cdot R + X_2 \longrightarrow RX + X\cdot \tag{8}$$

其中反应(7)为决定整个卤代反应速率快慢的定速步骤，即生成的烷基自由基(R·)越稳定，该氢原子越容易被取代，表明氢原子活性越大。烷基自由基的稳定性与它的结构有关。

知识点达标题 2-10　写出叔丁烷与 Br_2 反应机理中的链增长反应。

2-1

1. 烷基自由基的结构

烷烃去掉一个氢原子后余下的部分叫作烷基自由基，自由基碳原子为 sp^2 杂化。甲基(·CH_3)的结构如图 2-6 所示。碳的三个 sp^2 杂化轨道，组成 120°夹角的同平面结构，分别与三个氢 1s 轨道形成三个 C—H σ 键，未杂化的 p 轨道含有一个单电子，且垂直于三个 C—H σ 键所构成的平面。

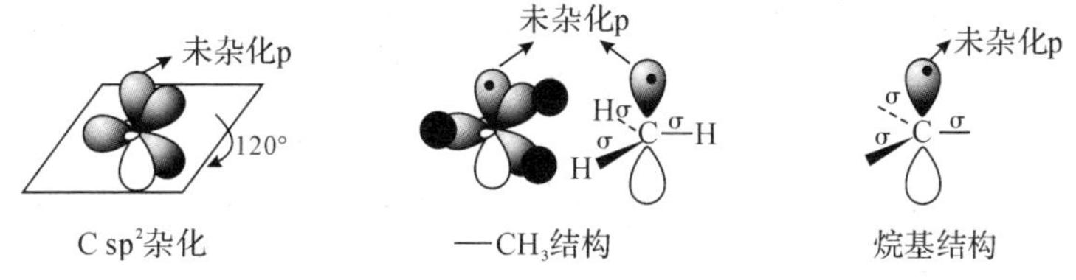

图 2-6　甲基和烷基的结构

其他烷基结构与甲基相似，未杂化的 p 轨道垂直于三个 σ 键所构成的平面(见图 2-6)。

2. 烷基自由基的稳定性

在乙基结构(见图 2-7)中，因 C—C σ 单键相对可以自由旋转，结果会使邻位的一个 C—H σ 键电子云与未杂化的 p 轨道处于平行而发生部分重叠作用，称为 **σ-p** 超共轭。σ-p 超共轭使自由基电子的活动范围扩大到邻位的一个 C—H σ 键上，导致能量降低，体系稳定。甲基则没有 σ-p 超共轭作用，故乙基要比甲基稳定。

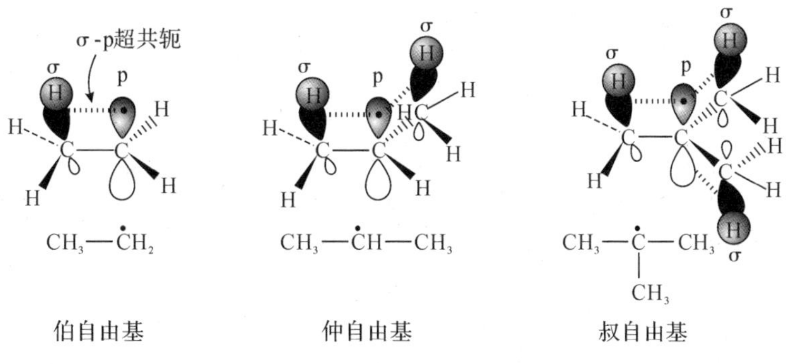

图 2-7　烷基中的 σ-p 超共轭

与乙基结构相似，异丙基中有两个σ-p超共轭，叔丁基中则有三个σ-p超共轭。**σ-p超共轭数目越多，体系能量越低，自由基就稳定，所以自由基稳定次序为：**

叔自由基＞仲自由基＞伯自由基＞甲基

知识点达标题 2-11　从大到小排列下列自由基的稳定次序。

A. $(CH_3)_2CH\dot{C}HCH_3$　　B. $\cdot CH_3$

C. $(CH_3)_2\dot{C}CH_2CH_3$　　D. $(CH_3)_2CHCH_2\dot{C}H_2$

2-1

【重要知识小结】

1. 烷烃碳是 sp^3 杂化，以稳定的四个σ单键以四面体构型与氢原子和碳原子相连，形成锯齿形的链状结构。由于σ键两个原子相对可以自由旋转，所以丁烷有无数个构象，构象可以用透视式和纽曼投影式来表示，其中四种极端构象及稳定性为：对位交叉式＞邻位交叉式＞部分重叠式＞全重叠式，构象之间能量差很小，相互之间快速转变，不能分离出其中任一种构象。

2. 对于特殊的烷烃结构可用“正、异、新”某烷的普通命名法命名。系统命名法的关键是找主链和编号，找主链时，先找最长碳链，如果等长碳链有多条，则以支链多的最长碳链为主链；编号时，逐个比较主链两种编号方法中，每个支链均要小号，或取支链位号总和最小的编号。熟记 $C_1 \sim C_4$ 烷基的名称。

3. 烷烃的沸点随着碳原子数的增加而升高，同分异构体的支链越多，沸点越低。熔点随着碳原子数增加呈升高趋势，但偶数碳烷烃熔点高于相邻两种奇数碳烷烃，同分异构体的，分子对称性越好，熔点越高。

4. 在光照或高温条件下，烷烃与氯、溴单质发生取代反应，烷烃分子中氢原子被取代的活性大小为：叔氢＞仲氢＞伯氢。

5. 烷烃卤代反应机理为共价键均裂的自由基反应，其反应过程为：

链引发：$X_2 \xrightarrow[\text{或}\triangle]{h\nu} X\cdot + X\cdot$

链增长：$X\cdot + R—H \longrightarrow R\cdot + HX$　（定速步骤）

$R\cdot + X_2 \longrightarrow R—X + X\cdot$

链终止：$X\cdot + \cdot X \longrightarrow X_2$

$R\cdot + \cdot R \longrightarrow R—R$

$X\cdot + \cdot R \longrightarrow R—X$

其中生成烷基自由基（R·）的反应为定速步骤，烷基自由基越稳定，反应速率越快，该氢的活性也越大，烷基自由基稳定性大小为：叔自由基＞仲自由基＞伯自由基＞甲基，其原因是基碳原子为 sp^2 杂化，未杂化的p轨道与邻位C—H σ键发生σ-p超共轭，降低了体系能量，σ-p超共轭数目越多，体系越稳定。

习　题

2-8

1. 用系统命名法命名下列化合物。

(1) $(CH_3CH_2)_2C(CH_3)CH_2CH_2CH(CH(CH_3)_2)CH_2CH_3$

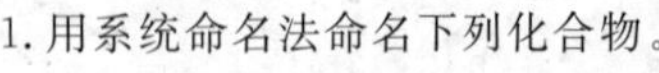

(2) $(CH_3)_3CCH_2CH(CH_2CH_3)_2$

(3) $(CH_3)_3CCH_2CH(CH_3)_2$

(4) $CH_3CH_2CH_2—C(CH(CH_3)CH(CH_3)_2)(CH_2CH_2CH_2CH_3)—CH_2CH(CH_3)_2$

(5) 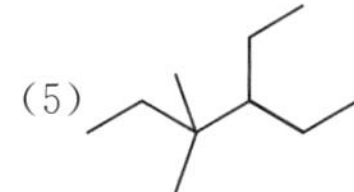　　　　(6)

2. 写出下列化合物的结构简式。

(1)丙基(n-Pr)　　　　(2)异丁基(i-Bu)

(3)仲丁基(s-Bu)　　　　(4)叔丁基(t-Bu)

(5)3,5-二甲基-4-异丙基庚烷　　　　(6)5-(3-甲基丁基)癸烷

3. 某烷烃的相对分子质量为 86,写出符合下列要求烷烃的结构简式。

(1)两种一溴取代物　　　　(2)三种一溴取代物

(3)四种一溴取代物　　　　(4)五种一溴取代物

4. 画出下列化合物的构象。

(1)正丁烷沿 C_2—C_3 旋转最稳定构象(透视式)　(2)$BrCH_2$—CH_2Cl 最稳定构象(纽曼投影式)

(3)Cl_2CH—$CHCl_2$ 最不稳定构象(纽曼投影式)

5. 假设伯、仲、叔氢在氯化反应中的活性比为 1∶4∶5,试计算异戊烷氯化时各种一氯代产物的百分比。

6. 用次氯酸叔丁酯(t-BuOCl)可对烷烃进行一元氯化反应:t-BuOCl＋RH ⟶ RCl＋t-BuOH

其链引发反应为:t-BuOCl ⟶ t-BuO・＋Cl・

写出该反应的链增长步骤。

7. 已知 C—H 在不同环境中的解离能是不同的,如:CH_3—H,435kJ・mol^{-1};C_2H_5—H,410kJ・mol^{-1};$(CH_3)_2CH$—H,397kJ・mol^{-1};$(CH_3)_3C$—H,381kJ・mol^{-1};CH_2═CH—H,461kJ・mol^{-1};CH_2═$CHCH_2$—H,368kJ・mol^{-1};$C_6H_5CH_2$—H,360kJ・mol^{-1}。

(1)比较下列自由基的稳定性:

CH_3・　　CH_3CH_2・　　$(CH_3)_2CH$・　　$(CH_3)_3C$・

CH_2═CH・　　CH_2═$CHCH_2$・　　$C_6H_5CH_2$・

(2)根据(1)结论,预测下列反应的主要产物:

$CH_2{=}CHCH_3 \xrightarrow[\text{高温}]{Cl_2}$　　　　$C_6H_5CH_3 \xrightarrow[\text{光照}]{Cl_2}$

➢ PPT 课件

➢ 自测题

➢ 肖莱马——共产主义化学家

2-9

第3章　烯烃

【知识点与要求】

- ✧ 了解烯烃的结构和物理性质，掌握烯烃及顺反异构体的命名。
- ✧ 了解烯烃催化氢化反应，掌握氢化热与烯烃稳定性的关系。
- ✧ 熟悉烯烃的亲电加成反应，理解亲电加成反应机理，能用烃基的电子效应、碳正离子稳定性阐明马氏规则的本质。
- ✧ 掌握烯烃的过氧化物效应和 α-H 取代反应，了解自由基加成与取代反应机理。
- ✧ 掌握烯烃的氧化反应，了解烯烃的聚合反应。
- ✧ 掌握烯烃的制备方法。

烯烃是一类含有碳碳双键(C═C)的不饱和烃，C═C 是烯烃的官能团。分子中含有一个碳碳双键称为单烯烃，其组成较相同碳原子数的烷烃少两个氢原子，所以单烯烃的通式为 C_nH_{2n}。

3.1　烯烃的结构

3-1

C═C 是烯烃的结构特征，近代物理方法研究表明，C═C 是由一个 σ 键和一个 π 键组成的。如最简单的烯烃乙烯(C_2H_4)分子中 2 个碳原子和 4 个氢原子都分布在同一平面上(见图 3-1)；键角接近于 120°，C═C 键长为 0.134nm，较C—C 键长(0.154nm)要短；C═C键能为 610kJ・mol^{-1}，较 C—C 键能(346kJ・mol^{-1})2 倍要小。

杂化轨道理论认为，乙烯中两个碳原子都是 sp^2 杂化，即由一个 s 轨道和两个 p 轨道进行杂化，三个 sp^2 杂化轨道位于同一平面内，它们之间的夹角为 120°，每个 sp^2 杂化轨道含有1/3 s成分，2/3 p成分，另一个未杂化的 p 轨道则垂直于三个 sp^2 杂化轨道所构成的平面，如图 3-2 所示。

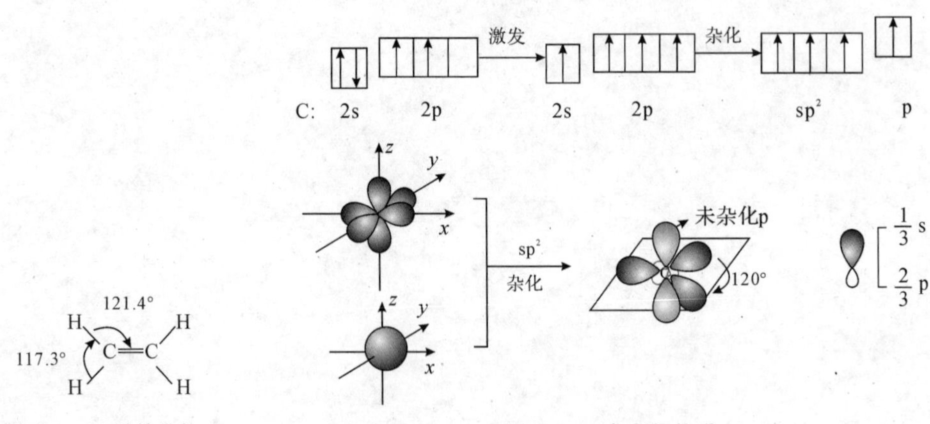

图 3-1　乙烯的结构

图 3-2　sp² 杂化轨道

形成乙烯时，两个碳原子各用 1 个 sp^2 杂化轨道沿键轴方向以“头碰头”方式重叠，形成一个 C—C σ 键，再各自用 2 个 sp^2 杂化轨道与两个氢原子的 1s 轨道重叠形成两个 C—H σ 键，这样 5 个 σ 键处于同一平面上，如图 3-3 所示。两个碳原子上未杂化的 p 轨道的对称轴均垂直于乙烯分子所在的平面，即相互平行，这两个 p 轨道可以“肩并肩”地从侧面相互重叠，在碳与碳之间形成另一个共价键——π 键，如图 3-4 所示。

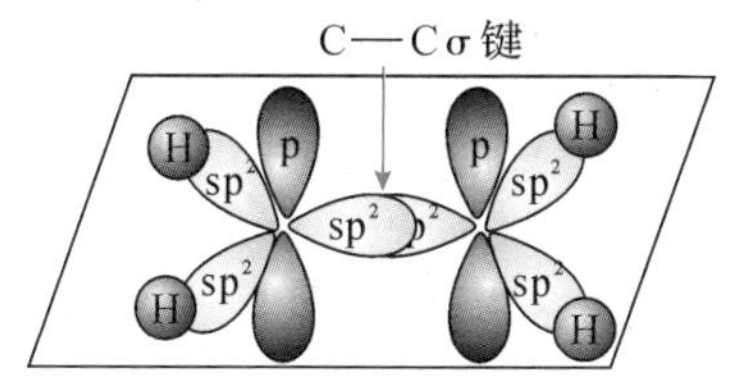

图 3-3　乙烯中的 σ 键

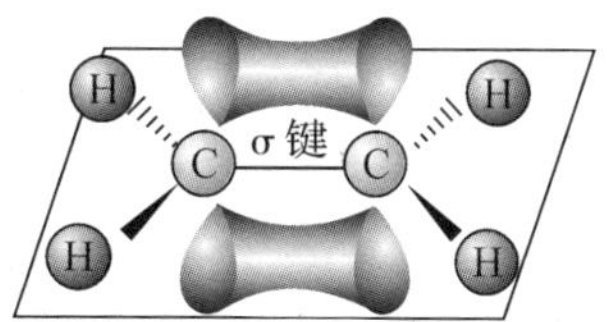

图 3-4　乙烯中的 π 键

由于 π 键是两个相互平行的 p 轨道从侧面重叠而形成的，π 电子云分布在乙烯分子平面的上、下方，因而以 C—C σ 键轴相对自由旋转时，两个 p 轨道会偏离平行位置不能从侧面重叠，导致 π 键断裂。另外 π 键电子云重叠程度比 σ 键低。所以与 σ 键相比，π 键不能相对旋转，键能小，不稳定，容易断裂。

知识点达标题 3-1　下列关于烯烃结构的叙述，错误的是（　　）。

A. 双键碳采取 sp^2 杂化，三个 sp^2 杂化轨道分布在同一平面内，夹角 120°，另一未杂化的 p 轨道则垂直于这一平面

B. 乙烯中的 π 键是两个相互平行的未杂化的 p 轨道从侧面发生重叠形成的一种共价键，电子键分布在乙烯平面的上、下方

C. π 键电子云重叠程度大于 σ 键，所以 π 键的键能和稳定性均高于 σ 键

D. 碳碳双键是由一个 σ 键和一个 π 键组成的，双键碳可以相对自由旋转

3-2

3.2　烯烃的同分异构

烯烃的同分异构有构造异构和顺反异构两种类型。

3.2.1　构造异构

因 C═C 为烯烃的官能团，所以烯烃的构造异构包括碳架异构和官能团位置不同的位置异构。如戊烯（C_5H_{10}）异构体：

（1）$CH_2{=}CHCH_2CH_2CH_3$　（2）$CH_2{=}C(CH_3)CH_2CH_3$　（3）$CH_2{=}CHCH(CH_3)CH_3$

（4）$CH_3CH{=}CHCH_2CH_3$　（5）$CH_3C(CH_3){=}CHCH_3$

其中，（1）与（4）、（2）或（3）与（5）是双键位置不同的位置异构，（1）、（4）与（2）、（3）、（5）是碳架异构。

知识点达标题 3-2　写出分子式为 C_4H_8 属于烯烃的构造异构。

3-2

3.2.2 顺反异构

因 $>C=C<$ 处于同一平面，且双键的两个碳原子相对不能自由旋转，所以当双键的两个碳原子各连接不同的原子或基团时，有两种不同的空间分布方式。如：

$$\underset{\text{2-溴-2-丁烯}}{CH_3CH=\underset{\displaystyle Br}{\overset{|}{C}}CH_3} \Longrightarrow \begin{cases} \begin{matrix} H_3C & & Br \\ & C=C & \\ H & & CH_3 \end{matrix} & \text{反式} \\ \begin{matrix} H_3C & & CH_3 \\ & C=C & \\ H & & Br \end{matrix} & \text{顺式} \end{cases}$$

2-溴-2-丁烯存在两个甲基在双键平面不同侧和在双键平面同一侧的两种不同化合物。这种由于双键碳原子连接不同基团而形成不同空间分布的异构现象叫作顺反异构，其中两个相同基团在双键平面同一侧的称为顺式，两个相同基团在双键平面不同侧的称为反式。顺反异构是一种相同构造式不同空间分布的构型异构，属于立体异构。注意，如果双键碳中任何一个碳原子上连有两个相同的原子或基团，就不会产生顺反异构。

知识点达标题 3-3　指出下列各化合物有否顺反异构，若有，写出它的两种异构体。	
(1)$CH_2=CHCH_3$	(2)$CH_3CH=CHCH_3$
(3)$(CH_3)_2C=CHCH_3$	(4)$CHBr=CCl(CH_3)$

3-2

3.3 烯烃的命名

3.3.1 系统命名法

3-3

系统命名法的关键是选主链和编号，烯烃选主链和编号的要点如下：

(1)选主链。选择含 C=C 在内的最长碳链为主链，按主链碳原子个数命名为“某烯”。

(2)编号。从靠近 C=C 一端开始将主链碳原子编号(即使双键碳小号)，把最小编号的双键碳写在“某烯”前面，之间用“-”隔开。

(3)取代基书写。与烷烃相似，按“次序规则”写出取代基位置、数目和名称，如：

$$\overset{7\;\;6\;\;5\;\;4\;\;3\;\;2\;\;1}{\underset{1\;\;2\;\;3\;\;4\;\;5\;\;6\;\;7}{CH_3\underset{\displaystyle CH_3}{\underset{|}{C}}HCH_2CH=CHCH_2CH_3}}$$

7 6 5 4 3 2 1 ← 双键位置3号，小号，正确编号

1 2 3 4 5 6 7　双键位置4号，不是小号，不正确编号

6-甲基-3-庚烯

$$CH_3\underset{CH_3}{\underset{|}{C}}HCH=\overset{CH_2CH_3}{\overset{|}{C}}-\underset{CH_3}{\underset{|}{C}}H-CH_3$$

CH_2CH_3 ← 等长碳链，支链2条，不是主链

1 2 3 4 5 6 ← 双键位置3号，支链位置2+4+5=11，不是最小，不正确编号

6 5 4 3 2 1 ← 等长碳链，支链3条，是主链

CH_3 ← 双键位置3号，支链位置2+3+5=10，支链位置和最小，正确编号

2,5-二甲基-3-乙基-3-己烯

知识点达标题 3-4　用系统命名法命名下列化合物。

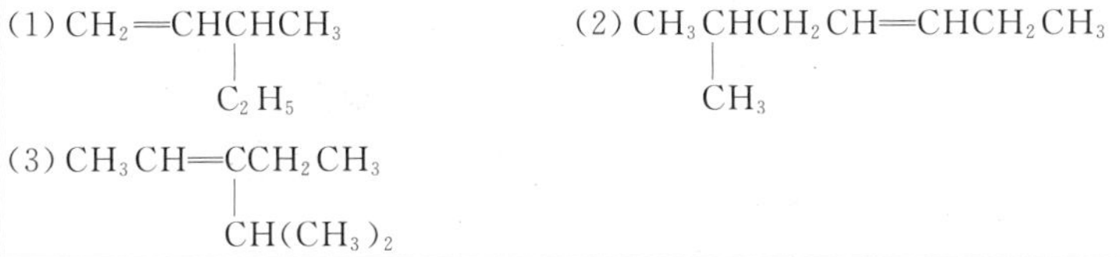

(1) $CH_2{=}CHCHCH_3$（支链 C_2H_5）　(2) $CH_3CHCH_2CH{=}CHCH_2CH_3$（支链 CH_3）

(3) $CH_3CH{=}CCH_2CH_3$（支链 $CH(CH_3)_2$）

3-2

3.3.2　顺反异构体命名

存在顺反异构体的烯烃，命名时在其系统名称前需标记其构型。构型标记有顺/反和 Z/E 两种方法。

1. 顺/反标记法

顺/反标记法的前提条件是双键两个碳原子上连接有相同的原子或基团。如果相同的原子或基团处于双键同一侧标记为顺，异侧标记为反。如：

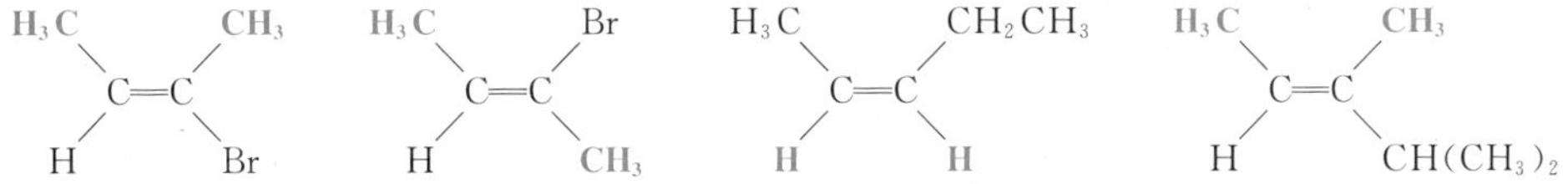

H_3C、H / C=C / CH_3、Br	H_3C、H / C=C / Br、CH_3	H_3C、H / C=C / CH_2CH_3、H	H_3C、H / C=C / CH_3、$CH(CH_3)_2$
顺-2-溴-2-丁烯	反-2-溴-2-丁烯	顺-2-戊烯	顺-3,4-二甲基-2-戊烯

当双键的两个碳原子上没有相同原子或基团时，则无法用顺、反标记其构型，此时用 Z/E法来标记顺反异构体。

2. Z/E 标记法

Z/E 标记法是按“次序规则”，先各自比较双键两个碳原子上连接的两个原子或基团的优先顺序，如果左右中较优基团在双键同一侧，标记为 Z，在异侧的标记为 E。

原子或基团优先顺序的比较方法即“次序规则”要点如下：

(1)先比较直接相连原子的原子序数，原子序数大者为优先基团(同位素的比较质量数)。如：

$$-Br > -Cl > -OH > -NH_2 > -CH_3 > -D > -H$$

(2)若直接相连原子的原子序数相同，则比较与它相连的其他原子的原子序数(从大到小排列)，大者为优。依此类推，直至比出大小为止。如：

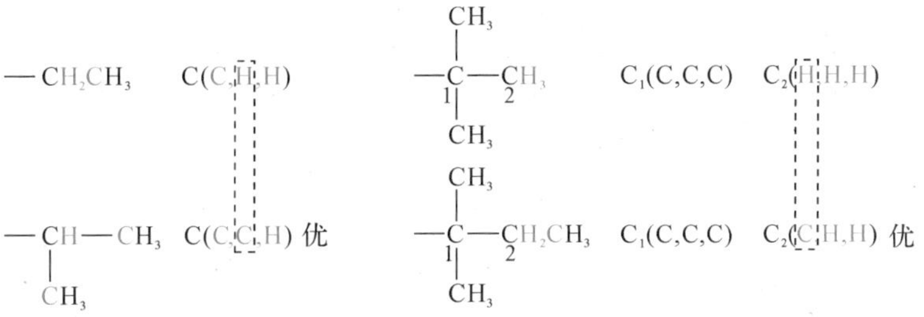

$-CH_2CH_3$　C(C,H,H)

$-CH(CH_3)-CH_3$　C(C,C,H) 优

$-C(CH_3)_2-CH_3$　C_1(C,C,C)　C_2(H,H,H)

$-C(CH_3)_2-CH_2CH_3$　C_1(C,C,C)　C_2(C,H,H) 优

(3)若含有双键和三键，可将其当作两次和三次单键看待，如：

$-CH{=}CH_2$　C(C,C,H)

$-C{\equiv}CH$　C(C,C,C) 优

如下列顺反异构体，按 Z/E 标记法命名：

$-CH_3 > -H$ $\quad$ $H_3\overset{1}{C}\ \overset{2}{C}=\overset{3}{C}(CH_2CH_3)\overset{4}{C}H(\overset{5}{C}H_3)_2$，H $\quad$ $-CH(CH_3)_2 > -CH_2CH_3$

两优在异侧，构型为E

(E)-4-甲基-3-乙基-2-戊烯

$-CH_2CH_3 > -CH_3$ $\quad$ H_3C、$H_3\overset{6}{C}H_2\overset{5}{C}$—$\overset{4}{C}=\overset{3}{C}$—$CH_2CH_3$、$\overset{2}{C}(\overset{1}{C}H_3)_3$ $\quad$ $-C(CH_3)_3 > -CH_2CH_3$

两优在同侧，构型为Z

(Z)-2,2,4-三甲基-3-乙基-3-己烯

注意 Z/E 标记法适用于所有顺反异构体的构型标记，顺/反标记法只适用于符合特定结构的顺反异构体的构型标记，它们之间没有任何的对应关系，即顺式的可能是 Z 构型，也可能是 E 构型。如：

$(H_3C)(Br)C=C(CH_3)(Br)$

顺-2,3-二溴-2-丁烯

(Z)-2,3-二溴-2-丁烯

$(H_3C)(H)C=C(CH_3)(CH(CH_3)_2)$

顺-3,4-二甲基-2-戊烯

(E)-3,4-二甲基-2-戊烯

3. 烯基的命名

烯烃去掉一个 H 原子后留下的一价基团称为烯基。烯基在命名时，编号从基碳原子开始。如：

$$CH_2{=}CH_2 \xrightarrow{-H} CH_2{=}CH-$$ 乙烯基

$$CH_2{=}CHCH_3 \xrightarrow{-H}$$

- $\overset{3}{C}H_2{=}\overset{2}{C}H\overset{1}{C}H_2-$ 2-丙烯基(烯丙基)
- $\overset{2}{C}H_2{=}\overset{1}{C}(CH_3)-$ 1-甲基乙烯基(异丙烯基)
- $-\underset{1}{C}H{=}\underset{2}{C}H\underset{3}{C}H_3$（印作 $-CH_2{=}CHCH_3$） 1-丙烯基(丙烯基)

知识点达标题 3-5　命名下列化合物，并标出构型。

(1) $(H_3C)(H)C=C(C(CH_3)_3)(CH_3)$　　(2) $(H_3C)(Br)C=C(CH_2CH_2CH_3)(Cl)$

3-2

3.4 烯烃的物理性质

在常温下，$C_2 \sim C_4$ 的烯烃为气体，$C_5 \sim C_{16}$ 的烯烃为液体，C_{17} 及以上的烯烃为固体。沸点、熔点随相对分子质量的增加而上升，相对密度都小于 1，比相应烷烃略大，无色难溶于水，易溶于非极性有机溶剂。

由于 sp^2 杂化轨道中的 s 成分(1/3)较 sp^3 杂化轨道中的 s 成分(1/4)高，所以 sp^2 杂化

碳的电负性比 sp^3 杂化碳的电负性要大，以致 $C_{sp^2}—C_{sp^3}$ 键电子云偏向 sp^2 杂化碳而显示极性。在烯烃的顺式和反式异构体结构中，顺式异构体的偶极矩大于反式，导致顺式异构体的分子极性大，分子间作用力强于反式异构体，所以顺式异构体的沸点高于反式；但反式异构体的对称性较顺式要好，晶格中排列更加紧密，所以反式异构体的熔点较顺式的高。常见烯烃的物理常数如表 3-1 所示。

顺式 (H)(H₃C)C=C(H)(CH₃)　　反式 (H)(H₃C)C=C(CH₃)(H)

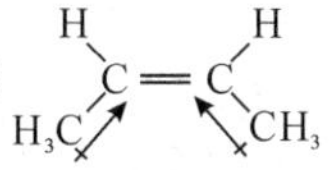

偶极矩总和不能抵消，分子极性大，沸点高；分子对称性低，晶格中排列不紧密，熔点低

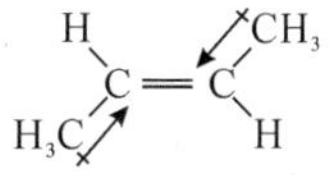

偶极矩总和可以抵消，分子极性小，沸点低；分子对称性高，晶格中排列紧密，熔点高

表 3-1　常见烯烃的物理常数

名称	熔点/℃	沸点/℃	相对密度(d_4^{20})
乙烯	−169.4	−102.4	
丙烯	−185.2	−47.7	
1-丁烯	−185.0	−6.5	
2-甲基丙烯	−141.0	−6.6	
顺-2-丁烯	−139.0	3.7	0.621
反-2-丁烯	−105.5	0.9	0.604
1-戊烯	−138.0	30.2	0.643
2-甲基-1-丁烯	−137.6	31.2	0.650
3-甲基-1-丁烯	−168.5	25.0	0.648
顺-2-戊烯	−151.4	36.9	0.655
反-2-戊烯	−136.0	36.4	0.648

3.5　烯烃的化学性质

由于 C═C 中的 π 键是较弱的富电子键，容易断裂，所以烯烃的大部分反应都发生在C═C上，此外，与 C═C 直接相连的碳原子称为 α-碳原子，所连的氢为 α-氢，α-氢受 C═C 的影响，也易发生取代反应。烯烃发生反应的类型与化学键断裂位置如图 3-5 所示。

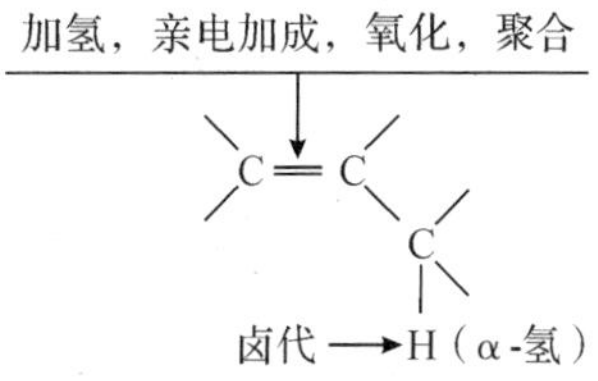

加氢，亲电加成，氧化，聚合

卤代 → H（α-氢）

图 3-5　烯烃反应类型与化学键断裂位置

3.5.1　催化氢化

烯烃在 Pt、Pd、Ni 等催化下，与 H_2 加成生成相应烷烃的反应称为催化氢化。如：

$$\underset{\text{1-丁烯}}{CH_2{=}CHCH_2CH_3} + H_2 \xrightarrow{\text{催化剂}} CH_3CH_2CH_2CH_3 \qquad \Delta H = -125.5\text{kJ}\cdot\text{mol}^{-1}$$

$$\underset{\text{顺-2-丁烯}}{\begin{matrix} H_3C & & CH_3 \\ & C{=}C & \\ H & & H \end{matrix}} + H_2 \xrightarrow{\text{催化剂}} CH_3CH_2CH_2CH_3 \qquad \Delta H = -119.6\text{kJ}\cdot\text{mol}^{-1}$$

$$\underset{\text{反-2-丁烯}}{\begin{matrix} H_3C & & H \\ & C{=}C & \\ H & & CH_3 \end{matrix}} + H_2 \xrightarrow{\text{催化剂}} CH_3CH_2CH_2CH_3 \qquad \Delta H = -115.6\text{kJ}\cdot\text{mol}^{-1}$$

烯烃催化氢化为放热反应，放出热量称为氢化热。氢化热大，说明烯烃分子能量高，不稳定。从上述反应氢化热可知，2-丁烯比1-丁烯稳定，反-2-丁烯比顺-2-丁烯稳定，即双键碳原子上的取代基越多，烯烃越稳定，反式比顺式稳定。不同结构烯烃稳定性次序如下：

$$R{-}\underset{R}{\underset{|}{C}}{=}\underset{R}{\underset{|}{C}}{-}R > R{-}\underset{R}{\underset{|}{C}}{=}CH{-}R > \begin{matrix} R & & H \\ & C{=}C & \\ H & & R \end{matrix} > \begin{matrix} R & & R \\ & C{=}C & \\ H & & H \end{matrix} > RCH{=}CH_2 > CH_2{=}CH_2$$

烯烃催化氢化是在催化剂表面上进行的，两个氢原子倾向于从C═C的同一侧加到碳原子上，主要得到顺式加成产物。如：

$$\text{1,2-二甲基环己烯 } (H_3C,\ CH_3) \xrightarrow[Pt]{H_2} \text{顺-1,2-二甲基环己烷 } (H\ H;\ CH_3\ CH_3)$$

知识点达标题 3-6　从高到低排列下列烯烃的稳定次序。

A. 反-3-己烯　B. 顺-3-己烯　C. 2,3-二甲基-2-丁烯　D. 2-甲基-2-戊烯

3-2

3.5.2 亲电加成反应

由于π电子云分布在C═C平面的上、下方，受碳原子核的束缚力较小，可极化性强，容易受到缺电子试剂(路易酸或亲电试剂)进攻而断裂，发生加成反应，形成更稳定的两个σ键，即发生亲电加成反应。其中亲电试剂通常是指带正荷的离子或带部分正电荷的分子。

3-4

1. 与卤素加成

烯烃与卤素(Cl_2、Br_2)的CCl_4溶液中，在常温下发生加成反应，生成反式的邻二卤代烷。如：

$$CH_3CH{=}CH_2 + Br_2 \xrightarrow{CCl_4} CH_3{-}\underset{Br}{\underset{|}{CH}}{-}\overset{Br}{\overset{|}{CH_3}}$$

$$\text{环己烯} + Br_2 \xrightarrow{CCl_4} \text{1,2-二溴环己烷 (Br, Br)}$$

烯烃与溴反应后，红棕色褪去，现象明显，因此，常用Br_2/CCl_4试剂来鉴别烯烃。

溴与烯烃的亲电加成反应机理分两步进行：

第一步，当Br_2与烯烃接近时，Br_2分子被π电子云极化为$Br^{\delta+}{-}Br^{\delta-}$，带正电荷的$Br^{\delta+}$进攻并结合π电子，生成环溴鎓离子中间体，同时$Br_2$异裂为$Br^-$离去。

环溴鎓离子

第二步，由于空间位阻，Br^- 只能从环溴鎓离子的背面进攻碳原子，得到反式加成产物。

第一步反应中，烯烃 π 键断裂和溴的 σ 键断裂都需要能量，速率较慢，是整个反应的定速步骤；第二步反应中，正、负离子结合，速率较快。

知识点达标题 3-7　用溴与烯烃的反应机理解释，乙烯通入含有氯化钠的溴水中，除主要生成 1,2-二溴乙烷外，还生成 1-氯-2-溴乙烷和 2-溴乙醇产物。

$$CH_2{=}CH_2+Br_2\xrightarrow[NaCl]{H_2O}\underset{Br}{CH_2}-\underset{Br}{CH_2}+\underset{Cl}{CH_2}-\underset{Br}{CH_2}+\underset{OH}{CH_2}-\underset{Br}{CH_2}$$

1,2-二溴乙烷　1-氯-2-溴乙烷　2-溴乙醇

3-2

2. 与卤化氢加成

烯烃与卤化氢气体反应生成相应的一卤代烃。

$$-\overset{|}{C}=\overset{|}{C}-+H-X\longrightarrow-\underset{H}{\overset{|}{C}}-\underset{X}{\overset{|}{C}}-$$

3-5

不同的卤化氢气体加成反应活性顺序为：HI>HBr>HCl。

(1)反应机理。烯烃与卤化氢的反应机理也分两步进行：

第一步，卤化氢解离出的质子作为亲电试剂进攻 C═C 中的 π 键，夺取 π 电子，形成碳正离子中间体。

碳正离子

第二步，卤素负离子从碳正离子平面的上方或下方与之结合，生成加成产物。

其中，第一步要发生 π 键断裂，反应慢，是决定整个反应速率的定速步骤。

(2)碳正离子的结构与稳定性。与碳自由基相似，碳正离子的碳原子也为 sp^2 杂化，三个 sp^2 杂化轨道与其他原子形成三个同平面的 σ 键，未参与杂化的不含电子的 p 轨道垂直于 σ 键所在的平面(见图 3-6)。

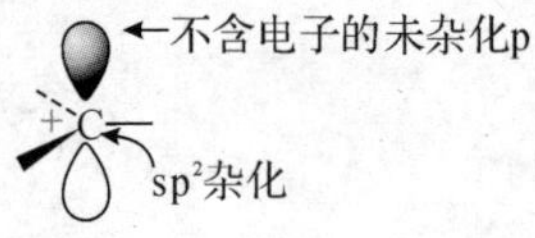

图 3-6　碳正离子结构

带电离子的相对稳定性取决于电荷的分散程度，电荷分散程度越高，带电离子越稳定。由于 sp^2 杂化碳原子的电负性略大于 sp^3 杂化碳原子，所以与碳正离子连接的烷基表现出给电子，使正电荷得到分散，即发生供电子诱导效应(+I)(见图 3-7)。

甲碳正离子	伯碳正离子	仲碳正离子	叔碳正离子
$^{+}CH_3$	$H_3C \rightarrow \overset{+}{C}H_2$	$H_3C \rightarrow \overset{+}{C}H$ (另一 $CH_3 \rightarrow$)	$H_3C \rightarrow \overset{+}{C}$ (另两个 $CH_3 \rightarrow$)

图 3-7　碳正离子中的供电子诱导效应

显然，碳正离子所连的烷基越多，正电荷越分散，碳正离子越稳定，故碳正离子稳定性次序为：

叔碳正离子＞仲碳正离子＞伯碳正离子＞甲碳正离子

碳正离子稳定性高低也可以从 σ-p 超共轭效应来解释。如图 3-8 所示，伯碳正离子中，未杂化的 p 轨道与邻位的一个 C—H σ 键从侧面发生重叠，发生 σ-p 超共轭，使得碳上的部分正电荷分散到邻位 C—H σ 键电子云中而趋向稳定。仲碳正离子有 2 个 σ-p 超共轭存在，叔碳正离子有 3 个 σ-p 超共轭存在，显然 σ-p 超共轭越多，电荷越分散，碳正离子越稳定。

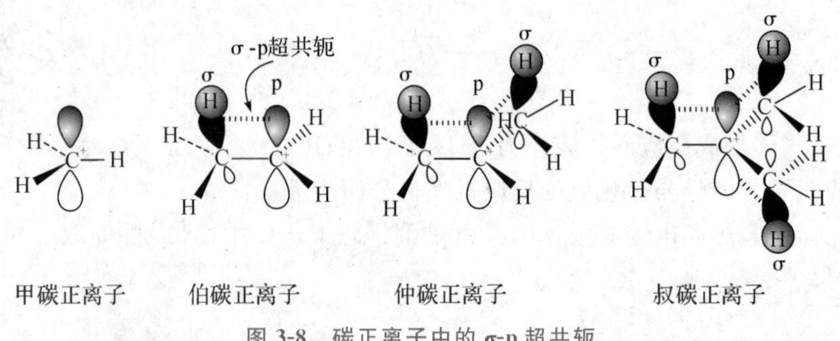

图 3-8　碳正离子中的 σ-p 超共轭

> 知识点达标题 3-8　从高到低排列下列碳正离子稳定性。
>
> A. $\overset{+}{C}H_3$　B. 环戊基正离子(环上连接碳带 +)—CH_3　C. 环戊基—$\overset{+}{C}H_2$　D. 环戊基(环上邻位碳带 +)—CH_3

3-2

(3)不对称烯烃的加成。结构不对称烯烃是指双键两个碳原子上取代基不相同的烯烃。当不对称烯烃与 HX 加成时，有两种产物生成。如：

$$CH_3-CH{=}CH_2 + \mathbf{HBr} \longrightarrow \underset{(A)}{CH_3-\underset{\mathbf{Br}}{\underset{|}{C}H}-\underset{\mathbf{H}}{\underset{|}{C}H_2}} + \underset{(B)}{CH_3-\underset{\mathbf{H}}{\underset{|}{C}H}-\underset{\mathbf{Br}}{\underset{|}{C}H_2}}$$

哪一种是主要产物？俄国化学家马尔科夫尼科夫(V. Markovnikov)在研究不对称烯烃的加成反应时，根据大量实验事实总结出一条经验规律：当不对称烯烃与卤化氢等试剂发生亲电加成反应时，试剂中带正电荷的部分总是加在含氢较多的双键碳原子上，试剂中带负电荷的部分则加在含氢较少的双键碳原子上。这个经验规律通常被称为马氏规则。据此，上述产物中(A)为主要产物。

马氏规则的本质是生成更稳定的碳正离子中间体。因为根据亲电加成机理,丙烯与 HBr 反应时,第一步生成了下列两种碳正离子中间体:

$$CH_3CH{=}CH_2 + H{-}Br \xrightarrow{-Br^-} \begin{cases} CH_3CH(H)\overset{+}{C}H_2 \ (\text{I}) \\ CH_3{-}\overset{+}{C}H{-}CH_2(H) \ (\text{II}) \xrightarrow{+Br^-} CH_3{-}CH(Br){-}CH_2(H) \end{cases}$$

较稳定

显然仲碳正离子(Ⅱ)较伯碳正离子(Ⅰ)稳定,(Ⅱ)更容易生成,所以丙烯与 HBr 加成时,主要经过中间体(Ⅱ),(A)为主要产物。

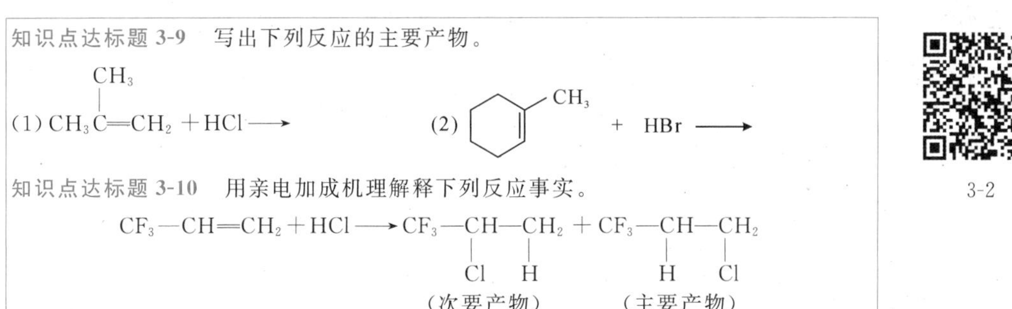

知识点达标题 3-9 写出下列反应的主要产物。

(1) $CH_3C(CH_3){=}CH_2 + HCl \longrightarrow$

(2) 1-甲基环己烯 (ring with CH_3) + HBr $\longrightarrow$

知识点达标题 3-10 用亲电加成机理解释下列反应事实。

$$CF_3{-}CH{=}CH_2 + HCl \longrightarrow \underset{\text{(次要产物)}}{CF_3{-}CH(Cl){-}CH_2(H)} + \underset{\text{(主要产物)}}{CF_3{-}CH(H){-}CH_2(Cl)}$$

3-2

(4)碳正离子中间体重排。由于不同类型的碳正离子稳定性不同,因此经碳正离子中间体的反应中,往往会发生碳正离子重排,即由不太稳定的碳正离子重排成相对较稳定的碳正离子,然后得到相应重排产物,且为主要产物。如:

$$CH_3{-}C(CH_3)(H){-}CH{=}CH_2 + H{-}Cl \xrightarrow{-Cl^-} CH_3{-}C(CH_3)(H){-}\overset{+}{C}H{-}CH_3 \ (\text{仲碳正离子}) \xrightarrow{Cl^-} CH_3{-}C(CH_3)(H){-}CH(Cl){-}CH_3$$

H迁移

$$CH_3{-}\overset{+}{C}(CH_3){-}CH(H){-}CH_3 \ (\text{叔碳正离子(更稳定)}) \xrightarrow{Cl^-} CH_3{-}C(CH_3)(Cl){-}CH_2{-}CH_3 \ (\text{重排产物(主要产物)})$$

$$H_3C{-}C(CH_3)_2{-}CH{=}CH_2 + H{-}Br \xrightarrow{-Br^-} H_3C{-}C(CH_3)_2{-}\overset{+}{C}H{-}CH_3 \ (\text{仲碳正离子}) \xrightarrow{Br^-} H_3C{-}C(CH_3)_2{-}CH(Br){-}CH_3$$

甲基迁移

$$H_3C{-}\overset{+}{C}(CH_3){-}CH(CH_3){-}CH_3 \ (\text{叔碳正离子(更稳定)}) \xrightarrow{Br^-} H_3C{-}C(Br)(CH_3){-}CH(CH_3){-}CH_3 \ (\text{重排产物(主要产物)})$$

在碳正离子中间体的重排过程中，往往是碳正离子邻位碳原子上的氢原子或烷基带着一对电子迁移到原来的碳正离子上，而正电荷则相应转移到被迁移的邻位碳原子，形成比原来碳正离子更稳定的新碳正离子中间体。

凡经过碳正离子中间体的反应，可能发生碳正离子重排现象，得到重排产物。如果重排后能生成更稳定的碳正离子中间体，则发生重排，否则，不发生重排。

知识点达标题 3-11　写出下列反应的主要产物，反应过程有否发生碳正离子的重排？

(1) $CH_3—\underset{}{\overset{CH_3}{\overset{|}{C}}}═CH—CH_3 + HBr \longrightarrow$　　(2) $CH_3—\overset{CH_3}{\overset{|}{C}H}—CH═CH_2 + HBr \longrightarrow$

3-2

(5)碳正离子中间体与负离子结合的立体化学。碳正离子为平面结构，负离子可以从碳正离子所在平面的上方或下方与之结合，生成相应立体结构可能不同的加成产物。若碳正离子上连有三个不同的基团，则得到两种旋光性相反（见第8章）的加成产物。如：

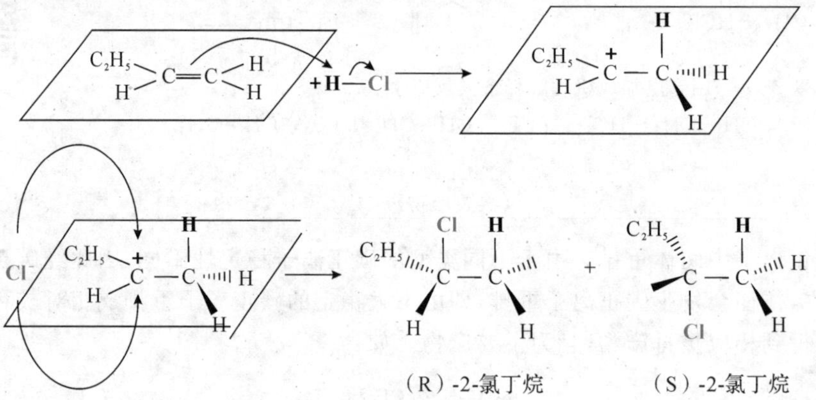

知识点达标题 3-12　写出下列反应主要产物的立体结构。

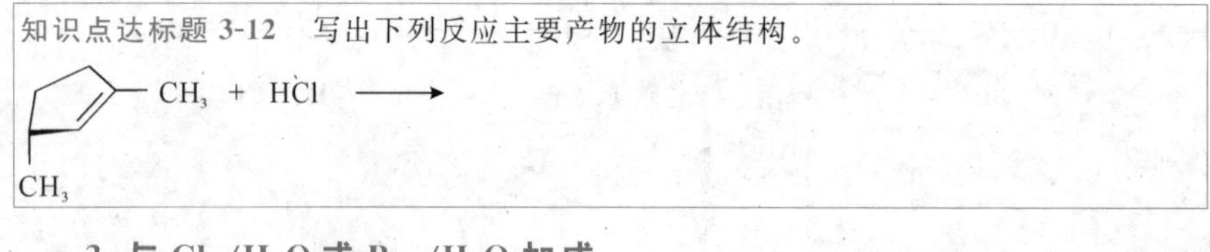

3-2

3. 与 Cl_2/H_2O 或 Br_2/H_2O 加成

烯烃与 Cl_2、Br_2 水溶液或稀的碱性溶液反应，生成β-卤代醇。如：

$$CH_2═CH_2 + X_2 + H_2O \longrightarrow \underset{X}{\underset{|}{CH_2}}—\underset{OH}{\underset{|}{CH_2}}$$

相当于C═C与一分子次卤酸(HO—X)的亲电加成，所以也称烯烃与次卤酸的加成。不对称烯烃加成的主要产物符合马氏规则。如：

$$CH_3—\overset{CH_3}{\overset{|}{C}}═CH_2 + H_2O + Br_2 \longrightarrow H_3C—\underset{OH}{\underset{|}{\overset{CH_3}{\overset{|}{C}}}}—\underset{Br}{\underset{|}{CH_2}}$$

知识点达标题 3-13　写出下列反应的主要产物。

$$\text{(环戊基亚甲基)}=CH_2 + Br_2 \begin{cases} \xrightarrow{CCl_4} \\ \xrightarrow{H_2O} \end{cases}$$

3-2

4. 与水加成

在酸催化下，烯烃可以与水发生加成反应生成醇。如：

$$CH_2{=}CH_2 + H_2O \xrightarrow{98\%\ H_2SO_4} CH_3CH_2OH$$

$$CH_3{-}CH{=}CH_2 + H_2O \xrightarrow{80\%\ H_2SO_4} CH_3{-}\underset{\displaystyle OH}{\underset{|}{CH}}{-}CH_3$$

不对称烯烃经酸催化加水可制备马氏规则的醇。

其反应机理与加卤化氢相同，是离子型的亲电加成历程。因为生成碳正离子是决定反应速率的定速步骤，双键碳原子上连接的烷基（给电子基）越多，越有利于碳正离子中间体的稳定，所以，不同烯烃亲电加成反应活性次序为：

$$(CH_3)_2C{=}C(CH_3)_2 > (CH_3)_2C{=}CHCH_3 > (CH_3)_2C{=}CH_2 > CH_3CH{=}CH_2 > CH_2{=}CH_2$$

5. 硼氢化-氧化反应

甲硼烷（BH_3）或乙硼烷（B_2H_6）作为亲电试剂与烯烃发生加成反应，生成的烷基硼烷在碱性条件下用 H_2O_2 氧化得到醇，称为硼氢化-氧化反应。如：

$$CH_3{-}CH{=}CH_2 + \overset{\delta^-}{H}{-}\overset{\delta^+}{B}H_2 \longrightarrow CH_3{-}\underset{\displaystyle H}{\underset{|}{CH}}CH_2BH_2 \xrightarrow{2CH_3{-}CH{=}CH_2} (CH_3{-}CH_2CH_2)_3B$$

$$\xrightarrow{H_2O_2/OH^-} CH_3CH_2CH_2OH$$

最终产物相当于 C═C 上以反马氏规则与一分子水（H—OH）加成，并且是顺式加成。如：

$$\text{1-甲基环己烯}\ (H_3C) \xrightarrow{B_2H_6} \xrightarrow{H_2O_2/OH^-} \text{(环己烷: } CH_3,\ H \,/\, H,\ OH) + \text{(环己烷: } H,\ OH \,/\, CH_3,\ H)$$

不对称烯烃经硼氢化-氧化反应可制备反马氏规则的醇。

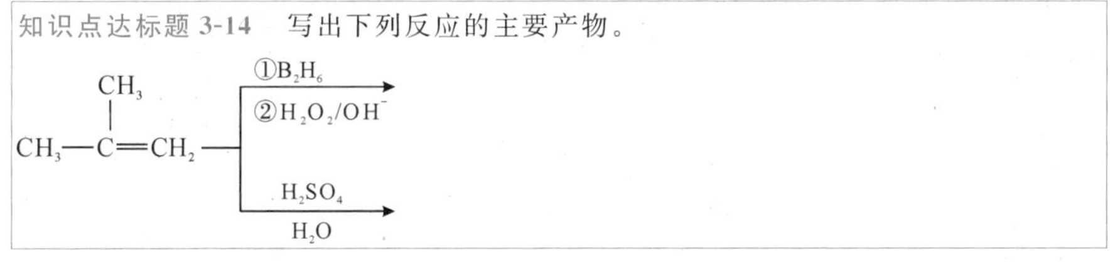

3-2

3.5.3　自由基加成反应——过氧化物效应

3-6

在光照或过氧化物（RO—OR）存在下，溴化氢与不对称烯烃加成反应，主要产物为反马氏规则。如：

$$CH_3—CH═CH_2 + HBr \longrightarrow CH_3—\underset{Br}{CH}—\underset{H}{CH_2} \quad \text{马氏规则}$$

$$CH_3—CH═CH_2 + HBr \xrightarrow[\text{或光照}]{ROOR} CH_3—\underset{H}{CH}—\underset{Br}{CH_2} \quad \text{反马氏规则}$$

这种由于过氧化物存在引起的不对称烯烃与HBr加成方向是反马氏规则的现象，称为过氧化物效应。注意只有**HBr**才有可能存在过氧化物效应。

过氧化物效应的反应机理不是离子型的亲电加成，而是按自由基机理进行。机理如下：

链引发 $RO—OR \longrightarrow 2RO\cdot$

$$RO\cdot + H—Br \longrightarrow ROH + Br\cdot$$

链增长 $CH_3—CH═CH_2 + Br\cdot \longrightarrow CH_3—\dot{C}H—CH_2Br$ 仲自由基（稳定）

$$CH_3—CH═CH_2 + Br\cdot \longrightarrow CH_3—\underset{Br}{CH}—\dot{C}H_2 \quad \text{伯自由基}$$

$$CH_3—\dot{C}H—CH_2Br + H—Br \longrightarrow CH_3CH_2CH_2Br + Br\cdot$$

由于在链增长阶段，仲自由基比伯自由基更稳定，容易生成，所以生成的仲自由基再与溴化氢作用，得到反马氏规则的加成产物。

3.5.4 α-H卤代反应

3-7

在高温(500～600℃)或光照下，烯烃与卤素反应，烯烃的α-H被卤素取代，生成α-卤代烯烃。如：

$$CH_3CH═CH + Cl_2 \xrightarrow{500\sim600℃} \underset{Cl}{CH_2}CH═CH_2 + HCl$$

与烷烃卤代反应相似，反应按自由基机理进行。

链引发 $Cl_2 \longrightarrow 2Cl\cdot$

链增长 $Cl\cdot + CH_3CH═CH_2 \longrightarrow \underset{\text{烯丙自由基}}{\dot{C}H_2CH═CH_2} + HCl$

$$\dot{C}H_2CH═CH_2 + Cl_2 \longrightarrow ClCH_2CH═CH_2 + Cl\cdot$$

其中，中间体烯丙自由基因存在p-π共轭作用(见图3-9)，稳定性显著提高(高于叔自由基)，所以烯烃的α-H活泼性比烷烃的叔氢高，容易发生自由基取代反应。

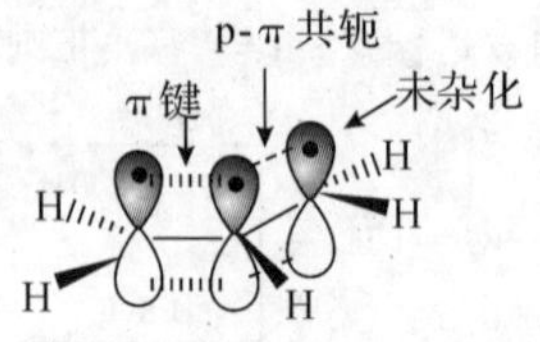

图3-9 烯丙基的p-π共轭

实验室常用N-溴代丁二酰亚胺(简称NBS)作为烯烃α-H的溴代试剂，在链引发剂过氧化苯甲酰引发下，能在较低温度下进行溴代。如：

$$CH_3CH_2CH═CH_2 + \underset{NBS}{\text{N—Br}} \xrightarrow[CCl_4]{\text{过氧化苯甲酰}} CH_3\underset{Br}{CH}CH═CH_2 + \text{N—H}$$

知识点达标题 3-15 写出下列反应的主要产物。

(1) $CH_2=CHCH_2CH_3 + Cl_2 \xrightarrow{高温}$ (2) 1-甲基环戊烯（环戊烯环上连 CH_3） $\xrightarrow[过氧化物]{NBS}$

3-2

3.5.5 氧化反应

烯烃容易发生氧化反应，氧化产物随氧化剂和反应条件不同而有所不同。

3-8

1. 臭氧氧化

烯烃经臭氧氧化，然后在还原剂（如锌粉）存在下水解，C=C 断裂生成两分子羰基化合物。

$$\rangle C=C\langle \xrightarrow{O_3} \xrightarrow{Zn/H_2O} \rangle C=O + O=C\langle$$

不同结构烯烃与产物的对应关系如下：

$$CH_2= \longrightarrow CH_2=O$$
$$RCH= \longrightarrow RCH=O$$
$$R-\underset{R'}{\underset{|}{C}}= \longrightarrow R-\underset{R'}{\underset{|}{C}}=O$$

因此，通过测定臭氧氧化-还原水解产物的结构，就可以反推出原来烯烃的双键位置和碳架构造。

知识点达标题 3-16 某烯烃经臭氧氧化-还原水解生成下列化合物，试推测原来烯烃的结构。

(1) $CH_3CH_2CHO + HCHO$ (2) $CH_3\overset{O}{\overset{\|}{C}}CH_2CH_2CH_2\underset{CH_3}{\underset{|}{C}}HCHO$

3-2

2. $KMnO_4$ 和 OsO_4 氧化

(1) 稀、冷 $KMnO_4$ 和 OsO_4 氧化。稀、冷 $KMnO_4$ 在中性或碱性条件下，及 OsO_4 于非质子溶剂（如乙醚、四氢呋喃）中，可将烯烃氧化经五元环中间体，水解生成顺式邻二醇。如：

环己烯 $\xrightarrow[冷]{KMnO_4/H_2O}$ 环状锰酸酯中间体 $\xrightarrow{H_2O}$ 顺-1,2-环己二醇 $\xleftarrow{H_2O}$ 环状锇酸酯中间体 $\xleftarrow[乙醚]{OsO_4}$ 环己烯

(2) 浓、热 $KMnO_4$ 氧化。浓、热 $KMnO_4$ 或酸性条件下，烯烃 C=C 断裂，烯烃结构与氧化产物的对应关系如下：

$$CH_2= \longrightarrow CO_2$$
$$RCH= \longrightarrow RCOOH$$
$$R-\underset{R'}{\underset{|}{C}}= \longrightarrow R-\underset{R'}{\underset{|}{C}}=O$$

如：

$$CH_3CH_2CH{=}CH_2 \xrightarrow{KMnO_4/H^+} CH_3CH_2COOH + CO_2$$

$$CH_3CH{=}\underset{\underset{CH_3}{|}}{C}{-}CH_3 \xrightarrow{KMnO_4/H^+} CH_3COOH + O{=}\underset{\underset{CH_3}{|}}{C}{-}CH_3$$

$KMnO_4$ 将烯烃氧化，溶液紫色褪去，也常用于烯烃鉴定。此外，利用氧化产物与烯烃结构的对应关系，此反应也能用来推测烯烃的结构。

(3)环氧化反应。烯烃被过氧酸（如过氧乙酸 CH_3COOOH、过氧苯甲酸 C_6H_5COOOH）氧化生成1,2-环氧化物的反应称为环氧化反应。环氧化反应是顺式加成，生成的环氧化物保持原来烯烃的构型。如：

$$\text{顺-2-丁烯 (H, H 同侧; H}_3\text{C, CH}_3\text{ 同侧)} \xrightarrow{CH_3{-}\overset{\overset{O}{\|}}{C}{-}O{-}OH} \text{顺-2,3-环氧丁烷}$$

$$\text{反-2-丁烯 (H, CH}_3\text{; H}_3\text{C, H)} \xrightarrow{CH_3{-}\overset{\overset{O}{\|}}{C}{-}O{-}OH} \text{反-2,3-环氧丁烷}$$

环氧乙烷是重要的化工原料，工业上采用银催化，空气氧化乙烯来制备。

$$CH_2{=}CH_2 + O_2 \xrightarrow[250℃]{Ag} H_2C\overset{O}{\diagdown\diagup}CH_2$$

3.5.6 聚合反应

烯烃在催化剂或引发剂作用下，π 键打开，按一定方式把众多的烯烃分子以 σ 键连接成长链大分子的反应，称为聚合反应。如：

$$CF_2{=}CF_2 \xrightarrow[ROOR]{80℃,100atm} {+}CF_2{-}CF_2{+}_n$$

聚四氟乙烯俗称塑料王，用作耐酸、耐碱、耐溶剂腐蚀、耐高温及电子绝缘和化工机械材料。

3.6 烯烃的制备

3.6.1 工业来源和制法

乙烯、丙烯和丁烯等低级烯烃都是重要的化工原料。过去主要是从炼厂气和热裂气中分离得到，随着石油化学工业的迅速发展，现在主要从石油的各种馏分裂解和原油直接裂解获得。如：

$$C_6H_{14} \xrightarrow[\text{隔绝空气}]{700\sim900℃} \underset{15\%}{CH_4} + \underset{40\%}{CH_2{=}CH_2} + \underset{20\%}{CH_2{=}CHCH_3} + \underset{25\%}{\text{其他}}$$

3.6.2 实验室制法

(1)卤代烃脱卤化氢。卤代烃在乙醇溶液中，于强碱（NaOH 或 KOH）作用下，脱去卤化氢生成烯烃。如：

$$\mathrm{CH_3CH_2\underset{\underset{\displaystyle Br}{|}}{C}HCH_3 \xrightarrow[C_2H_5OH]{KOH} \underset{主产物}{CH_3CH{=}CHCH_3} + CH_3CH_2CH{=}CH_2}$$

(2)醇脱水。醇在浓硫酸或氧化铝催化下，脱水消去生成烯烃。如：

$$\mathrm{CH_3CH_2{-}\overset{\overset{\displaystyle CH_3}{|}}{\underset{\underset{\displaystyle OH}{|}}{C}}{-}CH_3 \xrightarrow[\triangle]{H_2SO_4} \underset{主产物}{CH_3CH{=}\overset{\overset{\displaystyle CH_3}{|}}{C}{-}CH_3} + CH_3CH_2\overset{\overset{\displaystyle CH_3}{|}}{C}{=}CH_2}$$

(3)邻二卤代烷脱卤素。邻二卤代烷在乙醇溶液中，于锌粉存在下，脱去卤素生成烯烃。如：

$$\mathrm{CH_3\underset{\underset{\displaystyle Br}{|}}{C}H\underset{\underset{\displaystyle Br}{|}}{C}HCH_3 \xrightarrow[\triangle]{Zn,C_2H_5OH} CH_3CH{=}CHCH_3 + ZnBr_2}$$

【重要知识小结】

1. 碳碳双键(C═C)是烯烃的官能团，它由一个 σ 键和一个 π 键组成。π 键是未杂化的 p 轨道从侧面重叠形成的，相对不能旋转，不稳定，易断裂。

2. 烯烃命名时，主链是包含双键两个碳在内的最长碳链，编号从靠近双键碳原子一端开始，并标明双键位置。

3. 当双键两个碳原子上各自连接不同的原子或基团时，存在顺反异构。顺反异构体用 Z/E 法标记构型，用“次序规则”比较，两优在同侧为 Z，两优在异侧为 E。对于双键两个碳原子若连有相同的原子或基团，可用顺/反法标记构型。顺式分子极性大，沸点高，但对称性差，熔点低。

4. 卤代烃在碱的醇溶液或醇在浓硫酸催化下的消去反应是实验室制备烯烃的常用方法。而烯烃常用 Br_2/CCl_4 或 $KMnO_4/H^+$ 试剂，能否褪色来鉴别。

5. 不同结构烯烃稳定性次序为：

$$\mathrm{R{-}\underset{\underset{\displaystyle R}{|}}{C}{=}\underset{\underset{\displaystyle R}{|}}{C}{-}R > R{-}\underset{\underset{\displaystyle R}{|}}{C}{=}CH{-}R > \begin{matrix}R & & H\\ & C{=}C & \\ H & & R\end{matrix} > \begin{matrix}R & & R\\ & C{=}C & \\ H & & H\end{matrix} > RCH{=}CH_2 > CH_2{=}CH_2}$$

6. 烯烃的化学性质如下：

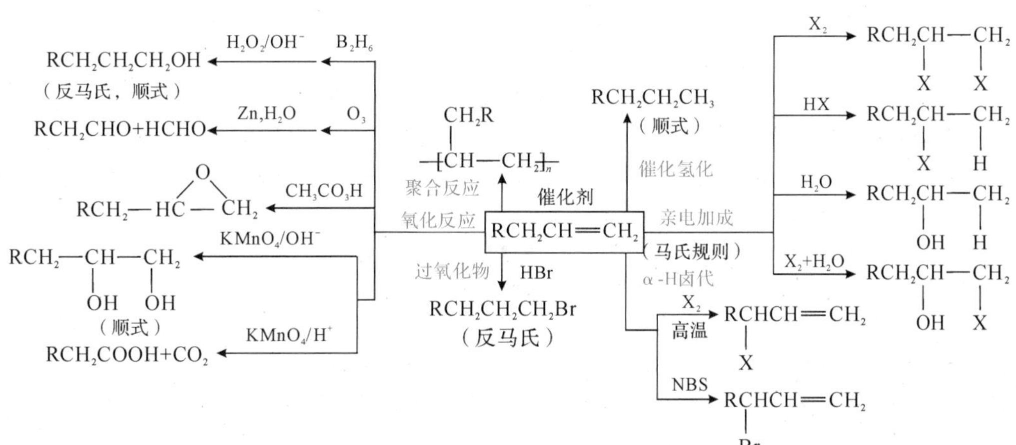

(1)烯烃的催化氢化是顺式加成，放出能量越多，烯烃越不稳定。

(2)烯烃加水、加卤化氢、加硫酸等是亲电加成反应，经过碳正离子中间体，机理如下：

第一步，卤化氢解离出的质子作为亲电试剂进攻 C═C 中的 π 键，夺取 π 电子，形成碳正离子中间体。

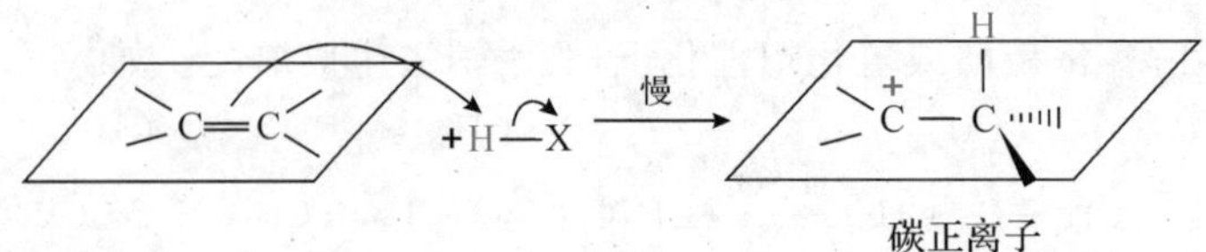

碳正离子

第二步，卤素负离子从碳正离子平面的上、下方与之结合，生成加成产物。

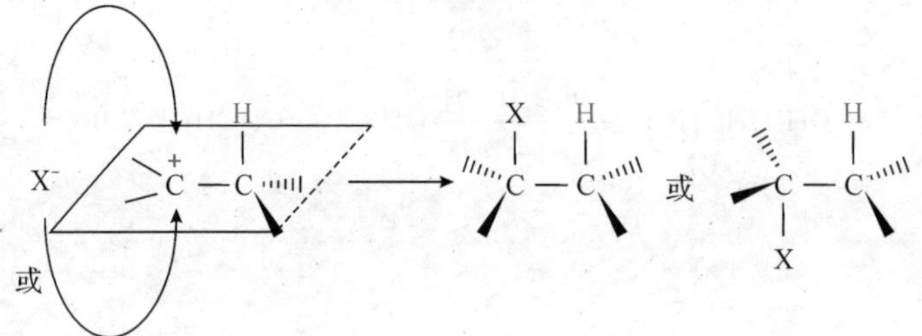

其中，第一步要发生 π 键断裂，反应慢，是决定整个反应速率的定速步骤。

碳正离子稳定性次序为：

叔碳正离子＞仲碳正离子＞伯碳正离子＞甲碳正离子

(3)烯烃加卤素、加次卤酸是经环卤鎓离子中间体，得到反式加成产物。如当 Br_2 与烯烃接近时，Br_2 分子被 π 电子云极化为 $Br^{\delta+}$—$Br^{\delta-}$，带正电荷的 $Br^{\delta+}$ 进攻并结合 π 电子，生成环溴鎓离子中间体，同时 Br_2 异裂为 Br^- 离去。

环溴鎓离子

第二步，由于空间位阻，Br^- 只能从环溴鎓离子的背面进攻碳原子，得到反式加成产物。

(4)在过氧化物存在下，烯烃与 HBr(仅限于 HBr)发生自由基加成反应，生成反马氏规则的卤代烃。

(5)烯烃的硼氢化-氧化反应是顺式加成，相当于在双键上以反马氏规则加上一分子水。

(6)烯烃在光照、加热或自由基引发剂作用下与卤素单质发生 α 位的自由基卤代反应，生成 α 卤代烯烃，NBS 是常用的 α-溴代试剂。

(7)高锰酸钾氧化：烯烃与稀、冷高锰酸钾的碱性溶液或 OsO_4 氧化-水解，生成顺式的邻二醇。在较高温度或酸性条件下氧化，碳碳双键断裂，根据烯烃结构不同，生成酸、酮或二氧化碳。

(8)臭氧氧化-还原：烯烃经臭氧氧化，再用锌-水还原，碳碳双键断裂，生成醛或酮。

(9)过氧酸氧化：烯烃经过氧乙酸或过氧苯甲酸氧化，生成 1,2-环氧化物。

习　　题

3-9

1. 命名下列化合物。

(1) $(CH_3CH_2CH_2C)(CH_3CH_2C)C=CH_2$

(2) $CH_3C(CH_3)_2CH=CHCH_3$

(3) $(H_3CH_2C)(H_3C)C=C(CH(CH_3)_2)(CH_3)$

(4) $(H_3C)(H)C=C(Br)(CH(CH_3)_2)$

2. 写出下列基团或化合物的结构简式。

(1)丙烯基　(2)烯丙基　(3)异丙烯基

(4)(顺)4-甲基-2 戊烯　(5)(反)3-甲基-4-溴-3-己烯

(6)(Z)3-甲基-4-异丙基-3-庚烯　(7)(E)1-氟-2-氯-1-溴-3 氯丙烯

3. 将下列化合物按指定性质从大到小排列。

(1)烯烃稳定性

A. $CH_3CH=CH_2$　B. $(CH_3)_2C=CHCH_3$

C. $(CH_3)_2C=C(CH_3)_2$　D. $CH_3CH=CHCH_3$

(2)碳正离子稳定性

A. CH_3^+　B. $CH_3CH_2CH_2^+$　C. $CH_3\overset{+}{C}HCH_3$　D. $(CH_3)_3C^+$

(3)与 HBr 反应的活性

A. $CH_2=CH_2$　B. $CH_3CH=CH_2$　C. $BrCH=CH_2$　D. $CH_3CH=CHCH_3$

4. 写出下列反应的主要产物。

(1) $CH_3CH_2C(CH_3)=CHCH_3 + HBr \longrightarrow$

(2) $CH_3CH=CH_2 + Br_2/H_2O \longrightarrow$

(3) 1-甲基环戊烯 $+ HBr \xrightarrow{\text{过氧化物}}$

(4) $(CH_3)_2C=CHCH_3 + H_2O \xrightarrow{H_2SO_4}$

(5) 亚甲基环己烷（环己烷$=CH_2$） $\xrightarrow{B_2H_6} \xrightarrow{H_2O_2/OH^-}$

(6) 1,5-二甲基环己烯（环上 H_3C、CH_3） $\xrightarrow{KMnO_4/H^+}$

(7) $(CH_3)_2C=CH_2 \xrightarrow{OsO_4/H_2O}$

(8) $CH_3CH=CHCH_2CH=C(CH_3)_2 \xrightarrow{O_3} \xrightarrow{Zn/H_2O}$

(9) $CH_3CH_2CH=C(CH_3)_2 \xrightarrow{CH_3CO_3H}$

(10) $CH_3CH_2CH=CH_2 + NBS \xrightarrow{CCl_4}$

5. 写出下列反应产物的立体结构。

(1) $(H_3C)(Cl)C=C(H)(CH_3) + H_2 \xrightarrow{Pt}$

(2) 环戊烯 $+ Br_2 \xrightarrow{CCl_4}$

(3) $(H_3C)(H)C=C(H)(CH_3) + HBr \longrightarrow$

(4) 1-甲基环己烯（CH_3） $\xrightarrow{B_2H_6} \xrightarrow{H_2O_2/NaOH}$

(5) 3-甲基环戊烯（CH_3 楔形键，H） $\xrightarrow{KMnO_4/OH^-}$

6. 对下列反应提出合理的反应机理。

(1) $(CH_3)_3CCH{=}CH_2 + HBr \longrightarrow (CH_3)_2\underset{\substack{|\\ Br}}{C}CH(CH_3)_2$

(2) 1-甲基-1-乙烯基环戊烷（环戊基上连 CH_3 和 $-CH{=}CH_2$）$+ HCl \longrightarrow$ 1-氯-1,2-二甲基环己烷（环己烷上连 CH_3、Cl 及相邻碳上 CH_3）

7. 以丙烯为起始原料，选用必要的无机试剂制备下列化合物。

(1) $CH_3\underset{\substack{|\\ CH_3}}{CH}{-}Br$　(2) $CH_3CH_2CH_2Br$　(3) $CH_3\underset{\substack{|\\ CH_3}}{CH}{-}OH$

(4) $CH_3CH_2CH_2OH$　(5) $\underset{\substack{|\\ Br}}{CH_2}{-}\underset{\substack{|\\ Br}}{CH}{-}\underset{\substack{|\\ Br}}{CH_2}$　(6) $H_2C\overset{O}{—}CH{-}\underset{\substack{|\\ Cl}}{CH_2}$（环氧）

8. 推导结构式。

(1) 化合物 A 分子式为 C_5H_{10}，能使溴水褪色，与过量的酸性高锰酸钾作用生成丁酮，试写出 A 的构造式。

(2) 某化合物 $A(C_{10}H_{18})$，催化加氢得到化合物 $B(C_{10}H_{22})$。A 经臭氧氧化-还原水解，得到下列三种化合物，试写出 A 可能的构造式。

$$CH_3CHO \qquad CH_3{-}\overset{\overset{O}{\|}}{C}{-}CH_3 \qquad CH_3{-}\overset{\overset{O}{\|}}{C}{-}CH_2CH_2CHO$$

➢ PPT 课件

➢ 自测题

➢ 李比希——有机化学之父

3-10

第 4 章　炔烃和二烯烃

【知识点与要求】

- ✧ 了解炔烃的结构、同分异构、命名和物理性质。
- ✧ 熟悉炔烃的炔氢、催化加氢、亲电加成和氧化反应。
- ✧ 掌握炔烃的制备方法。
- ✧ 了解二烯烃的分类和命名。
- ✧ 掌握共轭二烯烃的结构、共轭效应及共轭效应类型。
- ✧ 掌握共轭二烯烃的 1,2-与 1,4-加成反应、双烯合成(Diels-Alder)反应。

Ⅰ. 炔烃

分子中含有碳碳三键(—C≡C—)的不饱和烃称为炔烃，—C≡C— 是炔烃的官能团。炔烃比相同碳原子数的烷烃少四个氢原子，其组成通式为 C_nH_{2n-2}。

4-1

4.1　炔烃的结构

最简单的乙炔结构中，四个原子排布在同一直线上，键长和键角如图 4-1 所示。

杂化轨道理论认为，三键两个碳原子均以 sp 杂化，即一个 s 轨道和一个 p 轨道混合杂化，形成两个成同一直线分布的 sp 杂化轨道，两个未杂化的 p 轨道互相垂直，并且均垂直于两个 sp 杂化轨道，如图 4-2 所示。

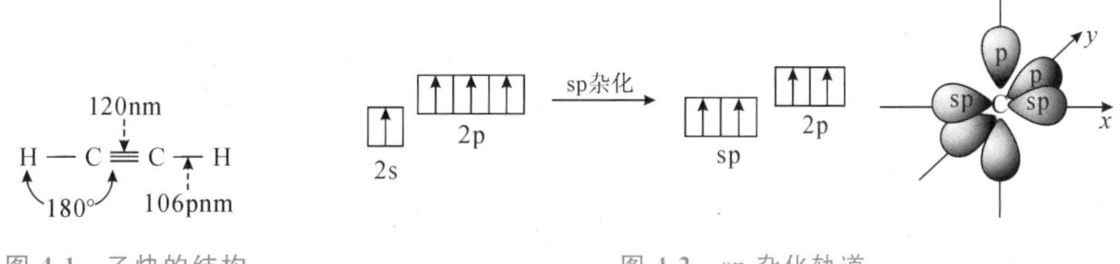

图 4-1　乙炔的结构　　　　图 4-2　sp 杂化轨道

当形成乙炔时，两个碳各以一个 sp 杂化轨道以"头碰头"方式重叠形成一个 C—C σ 键，另一个 sp 杂化轨道与两个氢原子 s 轨道重叠形成两个 C—H σ 键，这样三个 σ 键位于同一直线上，键角 180°。每个碳原子中留下的两个未杂化的互相垂直的 p 轨道，它们之间相互平行，可以从侧面"肩并肩"重叠，形成两个互相垂直的 π 键。所以 C≡C 是由一个 **σ**

键和两个互相垂直的π键组成的(见图 4-3)。

与 sp^3、sp^2 杂化轨道相比较，sp 杂化轨道中 s 成分最多(占 1/2)，碳原子核对 sp 杂化轨道中电子的束缚能力最大，所以三键碳原子的电负性最强。不同杂化类型碳原子的电负性大小次序为：

$$C_{sp} > C_{sp^2} > C_{sp^3}$$

图 4-3　乙炔中的σ键和π键

由此可得到 C—H 的极性强弱为：

$$\equiv C—H > =C—H > —C—H$$

知识点达标题 4-1　试比较 C—H 的键长大小。 ≡C—H，　=C—H，　—C—H

4-2

4.2　炔烃的同分异构和命名

4.2.1　炔烃的同分异构

由于碳碳三键是同一直线结构，所以炔烃的同分异构只有构造异构中的碳链异构和位置异构两种，没有立体异构。如戊炔的异构体如下：

$CH_3CH_2CH_2C{\equiv}CH$　　1-戊炔

$CH_3CH_2—C{\equiv}C—CH_3$　　2-戊炔

$CH_3—CH(CH_3)—C{\equiv}CH$　　异戊炔

其中，1-戊炔与 2-戊炔是三键位置不同的位置异构，而异戊炔与 1-戊炔、2-戊炔是碳架不同的碳链异构。

知识点达标题 4-2　试写出分子式为 C_6H_{10}，属于炔烃的同分异构体。

4-2

4.2.2　炔烃的命名

1. 系统命名法

炔烃的系统命名法与烯烃相似，即选择包含三键在内的最长碳链为主链，从距离三键最近的一端开始编号，标出三键的位置。如：

$\overset{7}{C}H_3—\overset{6}{C}H(CH_3)—\overset{5}{C}H_2—\overset{4}{C}{\equiv}\overset{3}{C}—\overset{2}{C}H_2\overset{1}{C}H_3$　　6-甲基-3-庚炔

$\overset{1}{C}H_3—\overset{2}{C}H(CH_3)—\overset{3}{C}{\equiv}\overset{4}{C}—\overset{5}{C}H_2\overset{6}{C}H_3$　　2-甲基-3-己炔

2. 同时含双键和三键的命名

分子中同时含有双键和三键的不饱和烃称为“烯炔”。命名时选择含双键和三键的最长碳链作为主链，命名为某烯-炔。书写时烯在炔之前，烯与炔之间空一格。编号从靠近双键或三键一端开始，标明双键和三键位置。如：

$\overset{5}{C}H_3\overset{4}{C}H=\overset{3}{C}H\overset{2}{C}\equiv\overset{1}{C}H$　　　$\overset{1}{C}H_2=\overset{2}{C}H\overset{3}{C}H_2\overset{4}{C}\equiv\overset{5}{C}\overset{6}{C}H_3$

3-戊烯-1-炔　　　1-己烯-4-炔

如果两种编号下，双键和三键位置相同，则选双键为小号的编号。如：

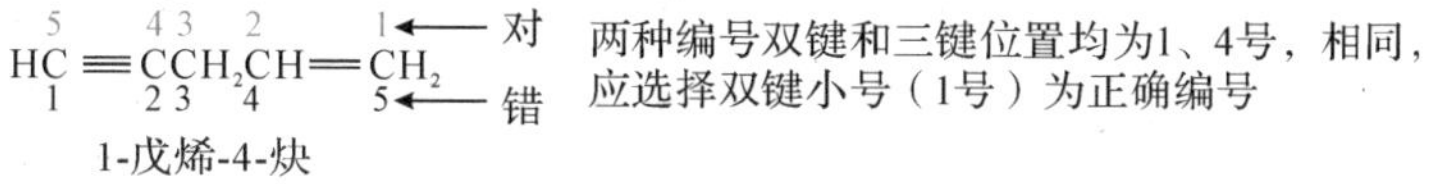

$\underset{1}{\overset{5}{HC}}\equiv\underset{2}{\overset{4}{C}}\underset{3}{\overset{3}{C}}H_2\underset{4}{\overset{2}{C}}H=\underset{5}{\overset{1}{C}}H_2$　1← 对　5← 错　两种编号双键和三键位置均为1、4号，相同，应选择双键小号（1号）为正确编号

1-戊烯-4-炔

知识点达标题 4-3　用系统命名法命名下列化合物。

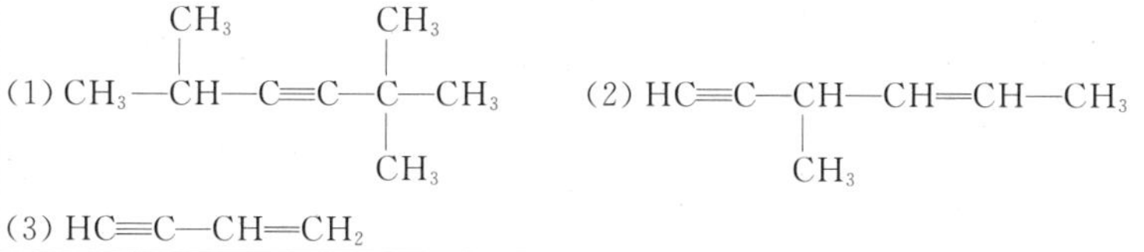

(1) $CH_3—CH(CH_3)—C\equiv C—C(CH_3)_2—CH_3$　　(2) $HC\equiv C—CH(CH_3)—CH=CH—CH_3$

(3) $HC\equiv C—CH=CH_2$

4-2

4.3　炔烃的物理性质

炔烃的物理性质和烷烃、烯烃基本相似。在常温下，乙炔、丙炔和 1-丁炔是气体，炔烃沸点、熔点和相对密度比相同碳原子数的烷烃和烯烃高，末端炔烃（≡CH）的沸点比三键在中间的同分异构体低。炔烃的相对密度小于 1，难溶于水，易溶于苯、四氯化碳、烷烃等有机溶剂。一些炔烃的熔点和沸点如表 4-1 所示。

表 4-1　一些炔烃的熔点和沸点

名称	熔点/℃	沸点/℃
乙炔	−81.8(在压力下)	−84.0(升华)
丙炔	−101.5	−23.2
1-丁炔	−125.9	8.1
2-丁炔	−32.3	27.0
1-戊炔	−106.5	40.0
2-戊炔	−109.5	56.1
3-甲基-1-丁炔	−89.7	29.0

4.4　炔烃的化学性质

因为炔烃官能团碳碳三键中含有 π 键，所以化学性质与烯烃相似，可以发生加氢还原、亲电加成、氧化和聚合反应（见图 4-4）。与三键相连的氢原子叫作炔氢（≡C—H），其 C—H 容易发生异裂，产生氢离子，具有一定的弱酸性。

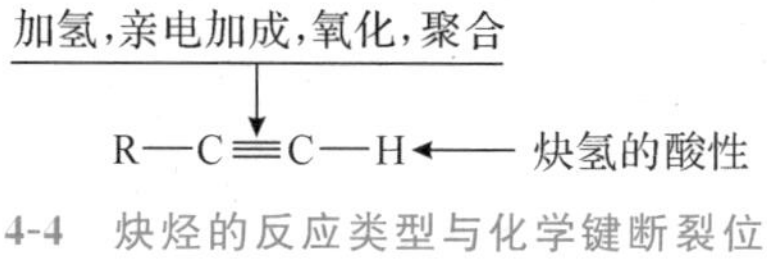

加氢，亲电加成，氧化，聚合

R—C≡C—H ← 炔氢的酸性

图 4-4　炔烃的反应类型与化学键断裂位置

4.4.1 炔氢的反应

1. 弱酸性

4-3

由于 sp 杂化的碳原子具有较大的电负性，≡C—H 中，C—H 的电子云偏向碳原子而远离氢原子，使 C—H 具有较强的极性，易发生异裂释放出 H^+，相对于烷烃和烯烃，炔氢具有酸性，其酸性强弱如下：

	HO—H	C_2H_5O—H	HC≡C—H	H_2N—H	CH_2═CH—H	CH_3CH_2—H
pKa	15.7	15.9	25	34	44	50

可知，炔氢的酸性比水、醇要弱，而比氨、烯烃、烷烃要强。

炔氢可与钠、钾等碱金属或氨基钠等强碱反应生成金属炔化物。如：

$$\text{HC≡CH} \xrightarrow[\text{熔融}]{\text{Na}} \underset{\text{乙炔钠}}{\text{HC≡CNa}} \xrightarrow[\text{熔融}]{\text{Na}} \underset{\text{乙炔二钠}}{\text{NaC≡CNa}}$$

$$\text{RC≡CH} + \text{NaNH}_2 \xrightarrow{\text{液氨}} \underset{\text{炔化钠}}{\text{RC≡CNa}} + \text{NH}_3$$

炔化钠能提供碳负离子，是很强的亲核试剂，可与伯卤代烷发生亲核取代反应生成碳链增长的炔烃。如：

$$\text{HC≡CNa} + \text{CH}_3\text{CH}_2\text{Br} \xrightarrow{\text{液氨}} \underset{\text{1-丁炔}}{\text{HC≡C—CH}_2\text{CH}_3} + \text{NaBr}$$

$$\text{NaC≡CNa} + 2\text{CH}_3\text{CH}_2\text{Br} \xrightarrow{\text{液氨}} \underset{\text{3-己炔}}{\text{CH}_3\text{CH}_2\text{—C≡C—CH}_2\text{CH}_3} + 2\text{NaBr}$$

这种炔化钠与卤代烷生成碳链增长炔烃的反应叫作炔烃的烷基化反应。炔烃的烷基化反应是由低级炔烃制备碳数增多高级炔烃的重要方法之一，在有机合成中有着重要的用途。

2. 炔氢的鉴别

炔氢不但可以与活泼金属反应，还可以与硝酸银氨溶液或氯化亚铜氨溶液快速发生反应，生成炔化银白色沉淀或炔化亚铜砖红色沉淀。

$$\text{R—C≡CH} \xrightarrow{\text{Ag(NH}_3)_2\text{NO}_3} \underset{\text{炔化银}}{\text{R—C≡CAg}}\downarrow(\text{白色}) + \text{NH}_3 + \text{NH}_4\text{NO}_3$$

$$\text{R—C≡CH} \xrightarrow{\text{Cu(NH}_3)_2\text{Cl}} \underset{\text{炔化亚铜}}{\text{R—C≡CCu}}\downarrow(\text{砖红色}) + \text{NH}_3 + \text{NH}_4\text{Cl}$$

因为反应快，现象明显，所以可用于鉴别炔氢结构，即鉴别乙炔和末端炔烃。注意，炔化银与炔化亚铜在受热、干燥或撞击下会发生强烈爆炸。因此，反应结束后，需立即加稀硝酸或盐酸使之分解。

$$\text{R—C≡CAg} + \text{HNO}_3 \longrightarrow \text{R—C≡CH} + \text{AgNO}_3$$

知识点达标题 **4-4**　用化学方法区别乙烷、乙烯和乙炔。

4-2

4.4.2 催化加氢反应

炔烃与氢气加成，不同催化剂得到不同的加成产物。

1. 铂、钯或镍催化

炔烃在铂、钯或镍催化下与氢气加成生成烷烃，反应很难停留在烯烃阶段。

4-4

$$R—C\equiv C—R' \xrightarrow[Pt、Pd或Ni]{H_2} R—CH=CH—R' \xrightarrow[Pt、Pd或Ni]{H_2} R—CH_2—CH_2—R'$$

2. 林德拉催化

炔烃在活性较低的林德拉(Lindlar)催化下，与一分子氢气加成主要生成顺式烯烃。

$$R—C\equiv C—R' + H_2 \xrightarrow{Lindlar\ Pd} \begin{matrix} R & & R' \\ & C=C & \\ H & & H \end{matrix}$$

顺式烯烃

其中 Lindlar 催化剂是将金属钯沉积在碳酸钙上，再用乙酸铅处理得到一种活性较低的选择性加氢催化剂。可催化炔烃加氢至顺式烯烃，不能催化烯烃加氢生成烷烃。

3. $Na\text{-}NH_3$(液)还原

炔烃在液氨中，用金属钠还原，主要生成反式烯烃。

$$R—C\equiv C—R' + H_2 \xrightarrow{Na\text{-}NH_3(液)} \begin{matrix} R & & H \\ & C=C & \\ H & & R' \end{matrix}$$

反式烯烃

炔烃利用 Lindlar 催化加氢和 $Na\text{-}NH_3$(液)还原，在有机合成中是制备顺、反式烯烃的重要方法。

知识点达标题 4-5　写出下列反应的主要产物。

(1) $CH_2=CH—C\equiv CH \xrightarrow[Pd]{H_2}$

(2) $CH_2=CH—C\equiv C—CH_3 \xrightarrow{Lindlar\ Pd}$

(3) $CH_3—C\equiv C—CH_2CH_3 \xrightarrow{Na\text{-}NH_3(液)}$

4-2

4.4.3　亲电加成反应

因为炔烃有两个 π 键，所以亲电加成分两步进行，三键先加成一分子生成双键，然后双键再加成另一分子生成单键；遇到不对称加成时，主要产物符合马氏规则。

4-5

1. 加卤化氢

炔烃与 HX(X=Cl、Br、I)加成分两步进行，先加一分子 HX，生成乙烯式卤代烃，后者再加一分子 HX，生成偕二卤代烷，加成产物遵循马氏规则。如：

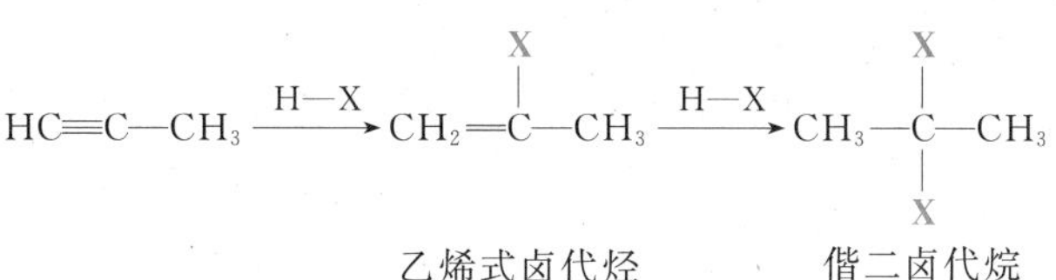

$$HC\equiv C—CH_3 \xrightarrow{H—X} CH_2=\underset{\displaystyle X}{C}—CH_3 \xrightarrow{H—X} CH_3—\overset{X}{\underset{X}{C}}—CH_3$$

乙烯式卤代烃　　偕二卤代烷

在乙烯式卤代烃中,因卤素原子吸电子使双键 π 电子云密度减少,π 键活性降低,亲电加成较烯烃难,所以控制条件可使炔烃只与一分子 HX 加成,生成卤代烯烃为止。如:

$$H_3C-C\equiv C-CH_3 + HCl \longrightarrow \underset{\text{反-2-氯-2-丁烯}}{\overset{H\qquad CH_3}{\underset{H_3C\qquad Cl}{C=C}}} + \underset{\text{顺-2-氯-2-丁烯}}{\overset{H\qquad Cl}{\underset{H_3C\qquad CH_3}{C=C}}}$$

其中反式是主要产物。

2. 加卤素

炔烃与卤素加成也分两步进行,先加一分子卤素生成二卤代烯烃,进一步反应生成四卤代烷。如:

$$CH\equiv CH \xrightarrow{Cl_2} \underset{\text{1,2-二氯乙烯}}{\underset{Cl\quad Cl}{HC=CH}} \xrightarrow{Cl_2} \underset{\text{1,1,2,2-四氯乙烷}}{\overset{Cl\quad Cl}{\underset{Cl\quad Cl}{H-C-C-H}}}$$

反应时,常用 $FeCl_3$ 或 $SnCl_2$ 作催化剂。

当分子中同时含有双键和三键时,双键优于三键先加成。因为 sp 杂化碳要比 sp^2 杂化碳的电负性大,所以三键的 π 电子云受核吸引力大,离核近,结合得更为紧密,因此亲电加成时比碳碳双键要慢,即亲电加成活性双键比三键高,亲电加成时首先发生在碳碳双键上。如:

$$HC\equiv C-CH_2-CH=CH_2 + Br_2 \longrightarrow HC\equiv C-CH_2-\underset{Br}{CH}-\underset{Br}{CH_2}$$

3. 加水

在硫酸汞-稀硫酸催化下,炔烃可与水发生加成反应,先生成不稳定的烯醇化合物,然后烯醇异构化转变为更稳定的羰基化合物。如:

$$HC\equiv CH + H-OH \xrightarrow[H_2SO_4]{HgSO_4} \left[\underset{\text{烯醇}}{H-\underset{H}{C}=\overset{HO}{C}-H}\right] \xrightarrow{\text{异构化}} \underset{\text{乙醛}}{CH_3-\overset{O}{\overset{\|}{C}}-H}$$

$$R-C\equiv CH + H-OH \xrightarrow[H_2SO_4]{HgSO_4} \left[\underset{\text{烯醇}}{R-\overset{OH}{C}=\underset{H}{C}-H}\right] \xrightarrow{\text{异构化}} \underset{\text{酮式}}{R-\overset{O}{\overset{\|}{C}}-CH_3}$$

炔烃加水反应产物遵循马氏规则,因此只有乙炔加水生成乙醛,其他炔烃加水都生成酮,在有机合成中常用炔烃与水反应来制备酮。

知识点达标题 **4-6** 写出下列反应的主要产物。

(1) $HC\equiv CH \xrightarrow{2HBr}$

(2) $HC\equiv C-CH=CH_2 + Cl_2 \longrightarrow$

(3) $HC\equiv C-CH_2CH_3 + H_2O \xrightarrow[H_2SO_4]{HgSO_4}$

4-2

4.4.4 氧化反应

炔烃也能被高锰酸钾或臭氧等氧化剂所氧化，反应时碳碳三键断裂，≡CH 生成 CO_2，—C≡生成—COOH。如：

$$H_3C—C≡CH \xrightarrow[H_2O]{KMnO_4} CH_3COOH + CO_2$$

$$H_3C—C≡C—CH_2CH_3 \xrightarrow[H_2O]{O_3} CH_3COOH + CH_3CH_2COOH$$

与烯烃相似，高锰酸钾可用于鉴别三键存在和推断炔烃中三键的位置。

4.4.5 聚合反应

乙炔在不同条件下可发生不同的聚合反应，比较重要的有二聚和三聚反应。如：

$$2\,HC≡CH \xrightarrow[NH_4Cl]{CuCl} \underset{\text{乙烯基乙炔}}{CH_2═CH—C≡CH}$$

$$3\,HC≡CH \xrightarrow[\text{催化剂}]{\text{高温}} \text{苯}$$

4.5 炔烃的制备

4.5.1 二卤代烷的消去反应

两个卤素处于相邻的邻二卤代烷或在同一个碳上的偕二卤代烷，在碱作用下，脱去两分子卤化氢生成炔烃。如：

$$\underset{\text{邻二卤代烷}}{CH_3CH_2\underset{|\atop Cl}{CH}—\underset{|\atop Cl}{CH_2}} \xrightarrow[-2HCl]{NaOH/\text{醇}} CH_3CH_2C≡CH$$

$$\underset{\text{偕二卤代烷}}{CH_3CH_2CH_2—\overset{Br\atop |}{\underset{|\atop Br}{CH}}} \xrightarrow[-2HBr]{NaOH/\text{醇}} CH_3CH_2C≡CH$$

4.5.2 炔化钠的烷基化反应

先用钠或氨基钠将炔氢转化为炔化钠，然后与卤代烷发生亲核取代生成碳链增长的炔烃。如：

$$CH≡CH \xrightarrow{NaNH_2} CH≡CNa \xrightarrow{CH_3CH_2Br} \underset{\text{1-丁炔}}{HC≡C—CH_2CH_3} \xrightarrow{NaNH_2}$$

$$NaC≡C—CH_2CH_3 \xrightarrow{CH_3Br} \underset{\text{2-戊炔}}{CH_3—C≡C—CH_2CH_3}$$

注意，由于炔化钠是强碱，因此进行烷基化反应时，所用的卤代烷只能是伯卤代烷，因为仲卤代烷和叔卤代烷在强碱作用下，易发生消去反应生成相应的烯烃（见 9.4.2）。

4-2

> 知识点达标题 4-7　以乙炔为唯一的有机原料，用必要的无机试剂合成下列化合物。
>
> (1) $CH_3CH_2CH{=}CH_2$　　(2) $CH_3CH_2{-}C({=}O){-}CH_3$

Ⅱ. 二烯烃

分子内含有两个 C═C 的烯烃称为二烯烃，通式为 C_nH_{2n-2}，它与炔烃是同分异构体，两类异构体之间所含的官能团不同，属于官能团异构。如 C_4H_6 异构体：

$HC{\equiv}C{-}CH_2CH_3$	$H_3C{-}C{\equiv}C{-}CH_3$	$CH_2{=}C{=}CHCH_3$	$CH_2{=}CH{-}CH{=}CH_2$
1-丁炔	2-丁炔	1,2-丁二烯	1,3-丁二烯

4.6　二烯烃的分类和命名

4.6.1　二烯烃的分类

根据两个 C═C 所处的相对位置不同，二烯烃分为三类。

1. 累积二烯烃

分子中两个 C═C 连在同一个碳原子上，如：

$CH_2{=}C{=}CH_2$	$CH_2{=}C{=}CHCH_3$
丙二烯	1,2-丁二烯

由于两个 π 键连在同一个碳原子上，因此累积二烯烃不稳定，易重排生成炔烃。

2. 共轭二烯烃

分子中两个 C═C 被一个单键隔开，如：

$CH_2{=}CH{-}CH{=}CH_2$	$CH_3{-}CH{=}CH{-}CH{=}CH{-}CH_3$	（环戊二烯结构式）
1,3-丁二烯	2,4-己二烯	1,3-环戊二烯

单、双键交替出现的结构称为共轭体系，因为共轭二烯烃在结构上比较特殊，所以共轭二烯烃具有与一般烯烃不同的化学性质。

3. 孤立二烯烃

分子中两个 C═C 被两个或两个以上单键隔开，如：

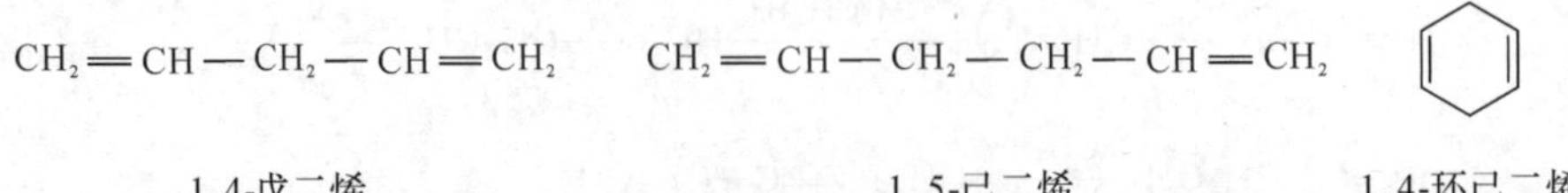

1,4-戊二烯　　1,5-己二烯　　1,4-环己二烯

由于两个 C═C 相距较远，彼此之间影响较小，所以孤立二烯烃的化学性质与一般的烯烃相似。

4.6.2　二烯烃的命名

二烯烃的系统命名方法如下：

(1)选主链。选择含两个 C═C 在内的最长碳链为主链，主链命名为“某二烯”。

(2)编号。从靠近双键的一端开始编号，把双键位置标在某二烯的前面。

(3)支链书写。在某二烯名称前面写出取代基的名称、位置及数目。

(4)顺反构型标记。如果双键用立体结构表示，用顺/反或 Z/E 在名称前面标出构型。如：

$$\overset{6}{CH_3}—\overset{5}{\underset{}{C}}(CH_3)═\overset{4}{CH}—\overset{3}{CH_2}—\overset{2}{CH}═\overset{1}{CH_2}$$

5-甲基-1,4-己二烯

（2顺，4反）-3-甲基-2,4-庚二烯
或（2E，4E）-3-甲基-2,4-庚二烯

（2Z，4Z）-2-溴-4,5-二甲基-2,4-庚二烯
不能命名为（2Z，4顺）-2-溴-4,5-二甲基-2,4-庚二烯

值得注意的是，在构型标记时，一个分子内只能用一种标记方法，不能既有 Z/E，又有顺/反。

在共轭二烯烃中，由于两个 C═C 被一个单键隔开，而 C—C 单键可以相对旋转，所以共轭二烯存在构象异构：一种是两个 C═C 位于单键同一侧的构象，用 s-顺表示；另一种是两个 C═C 位于单键不同侧的构象，用 s-反表示。如 1,3-丁二烯的两种构象：

s-顺-1,3-丁二烯　　　　s-反-1,3-丁二烯

s-顺与 s-反两种构象能量差很小，分子热运动足够提供它们之间转变的能量，所以，s-顺与s-反处于迅速互变的动态平衡，不能将它们分离开来。

4-2

> 知识点达标题 4-8　写出分子式为 C_6H_{10} 属于共轭二烯烃的异构体，并用系统命名法命名。

4.7　共轭二烯烃的结构和共轭效应

4.7.1　共轭二烯烃的结构

4-6

1,3-丁二烯是最简单的共轭二烯烃，其结构如图 4-5 所示。所有原子在同一平面内，键角接近 120°，C═C 键长比烯烃双键略长，C—C 键长比烷烃单键略短。

0.134nm
H C═C H 122.4° H
H C═C H
0.148nm H 119.8° H

正常
C—C
0.154nm
C═C
0.133nm

图 4-5 1,3-丁二烯的键长与键角

杂化轨道理论认为，1,3-丁二烯中每个碳原子均为 sp^2 杂化，相邻碳原子及碳与氢原子之间均以 sp^2 杂化轨道相互重叠形成 3 个 C—C σ 键和 6 个 C—H σ 键，因为 sp^2 杂化轨道分布为平面三角形，所以键角接近于 120°且所有 σ 键在同一平面内（见图 4-6）。每个碳原子都有一个未杂化的 p 轨道，它们都垂直于 σ 键所在平面，且相互平行，不仅在 $C_1—C_2$、$C_3—C_4$ 之间发生 p 轨道的侧面重叠，而且在 $C_2—C_3$ 之间也发生了一定程度的 p 轨道侧面重叠，但比 $C_1—C_2$ 或 $C_3—C_4$ 的重叠程度要弱一些（见图 4-7）。这样四个 p 电子不是分别在两个固定的 π 键中，而是分布在四个碳原子之间，即发生了“离域”，形成了四个碳原子共享四个 p 电子的大 π 键。

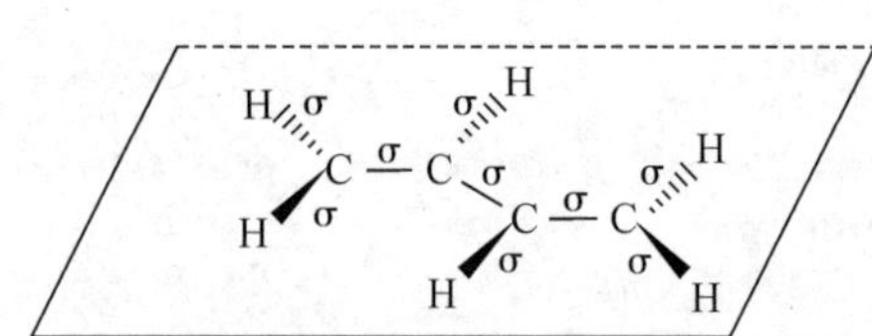

图 4-6 1,3-丁二烯中的 σ 键

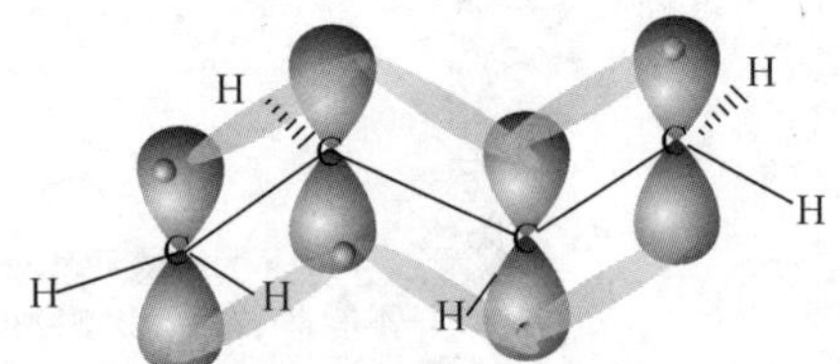

图 4-7 1,3-丁二烯中的共轭大 π 键

因此，共轭二烯烃具有如下特征：

(1)键长平均化。由于大 π 键存在，使双键键长变长，单键键长变短，键长趋于平均化（见图 4-5）。

(2)稳定性增强。烯烃的稳定性高低可用每个碳碳双键的平均氢化热大小来判断。平均氢化热越小，烯烃越稳定。三种戊烯与氢气反应的平均氢化热如下：

		平均氢化热
$CH_3CH_2CH_2CH═CH_2 + H_2 \longrightarrow CH_3CH_2CH_2CH_2CH_3$ 单烯烃	$\Delta H = -125.9kJ \cdot mol^{-1}$	$-125.9kJ \cdot mol^{-1}$
$CH_2═CH—CH_2—CH═CH_2 + 2H_2 \longrightarrow CH_3CH_2CH_2CH_2CH_3$ 孤立二烯烃	$\Delta H = -254.4kJ \cdot mol^{-1}$	$-127.25kJ \cdot mol^{-1}$
$CH_2═CH—CH═CH—CH_3 + 2H_2 \longrightarrow CH_3CH_2CH_2CH_2CH_3$ 共轭二烯烃	$\Delta H = -226kJ \cdot mol^{-1}$	$-113kJ \cdot mol^{-1}$

孤立二烯烃的氢化热（$254.4kJ \cdot mol^{-1}$）约是单烯烃的两倍（$125.9 \times 2 = 251.8kJ \cdot mol^{-1}$），表明孤立二烯烃相当于两个独立的单烯烃结构。共轭二烯烃的氢化热（$226kJ \cdot mol^{-1}$）小于孤立二烯烃（$254.4kJ \cdot mol^{-1}$），表明共轭二烯烃比孤立二烯烃更稳定。

4.7.2 共轭效应

4-7

在单、双键交替出现的共轭体系结构中，π 键的电子运动范围不局限于双键的两个碳原子之间，而是扩大到单、双键交替的整个共轭体系中，这种

现象称为电子离域。电子离域结果使分子能量降低，稳定性增加。这种共轭体系结构中电子离域的现象叫作共轭效应，用符号 C 表示，+C 表示给电子共轭效应，−C 表示吸电子共轭效应。共轭效应有三种类型。

1. π-π 共轭

单、双键交替排列的结构体系称为 π-π 共轭。如 1,3-丁二烯就是最简单的 π-π 共轭体系。大 π 键电子在整个体系中离域，任何一个原子受到外界影响，均会传递到分子中的其余部分。

2. p-π 共轭

π 键与邻位未杂化 p 轨道从侧面部分重叠的结构体系称为 p-π 共轭。根据共轭的电子数不同有以下三种情况：

(1)缺电子 p-π 共轭。在烯丙碳正离子结构中(见图 4-8)，空 p 轨道与 π 键电子从侧面相互重叠，形成 3 个碳原子共享 2 个电子的大 π 键，用 π_3^2 表示。

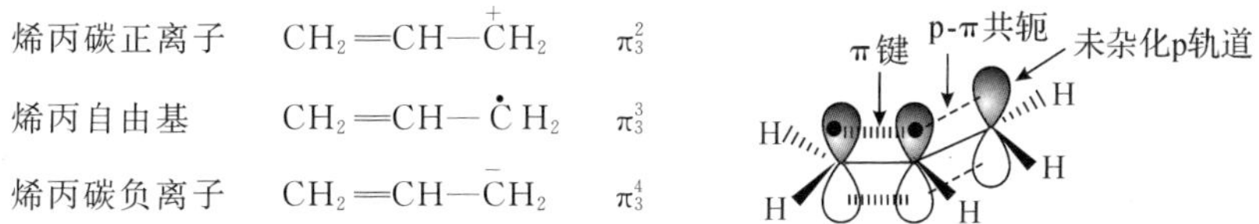

图 4-8　烯丙碳正离子(自由基、负离子)p-π 共轭效应

(2)等电子 p-π 共轭。在烯丙自由基结构中(见图 4-8)，带 1 个电子的 p 轨道与 π 键电子从侧面相互重叠，形成 3 个碳原子共享 3 个电子的大 π 键，用 π_3^3 表示。

(3)多电子 p-π 共轭。在烯丙碳负离子结构中(见图 4-8)，带 2 个电子的 p 轨道与 π 键电子从侧面相互重叠，形成 3 个碳原子共享 4 个电子的大 π 键，用 π_3^4 表示。

3. σ-π 和 σ-p 超共轭

(1)σ-π 超共轭。σ-π 超共轭是指 π 键电子与邻位一个 C—H σ 键电子从侧面部分重叠的结构体系。如丙烯分子中(见图 4-9)，甲基的一个 C—H σ 键与 π 键从侧重叠形成 σ-π 超共轭，使 π 键电子和 σ 键电子离域扩展到更多的原子周围，降低了分子的能量，使烯烃变得稳定。

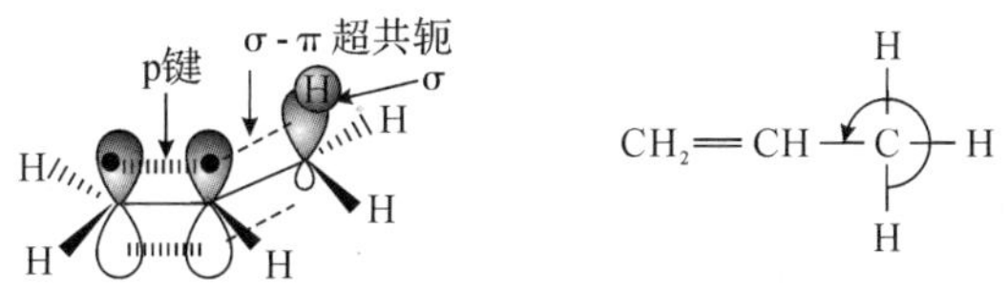

图 4-9　丙烯中的 σ-π 超共轭

如果双键上连接的甲基(烷基)越多，则 σ-π 超共轭个数就越多，烯烃就更稳定，所以烯烃的稳定性如下：

$(CH_3)_2C=C(CH_3)_2$　$(CH_3)_2C=CHCH_3$　$CH_3CH=CHCH_3$　$CH_3CH=CH_2$　$CH_2=CH_2$

稳定性降低 →

(2)σ-p 超共轭。σ-p 超共轭是指未杂化 p 轨道与邻位一个 C—H σ 键电子从侧面部分重叠的结构体系。如伯自由基或伯碳正离子中(见图 4-10)，甲基中的一个 C—H σ 键与未杂化的 p 轨道从侧面重叠,形成 σ-p 超共轭,结果使自由基电子或碳正电荷分散到更多的原子上,稳定性增加。

伯自由基　$CH_3-\dot{C}H_2$

伯碳正离子　$CH_3-\overset{+}{C}H_2$

图 4-10　σ-p 超共轭

同样地,σ-p 超共轭数目越多,自由基或碳正离子就越定。

$$\cdot CH_3 < H_3C-\dot{C}H_2 < H_3C-\dot{C}H(CH_3) < H_3C-\dot{C}(CH_3)_2$$

$$\overset{+}{C}H_3 < H_3C-\overset{+}{C}H_2 < H_3C-\overset{+}{C}H(CH_3) < H_3C-\overset{+}{C}(CH_3)_2$$

知识点达标题 4-9　指出下列结构中存在哪些类型的共轭效应。

(1)$CH_3-\dot{C}H-CH=CH-CH_3$　　(2)$CH_3-\overset{+}{C}H-CH=CH-CH_2=CH_2$

知识点达标题 4-10　比较下列碳正离子的稳定性大小。

A.（环己烯碳正离子,带 CH_3CH_2）　B.（环己烯碳正离子,带 CH_3）　C.（环己烯基 $\overset{+}{C}H_2$）　D.（环己烯碳正离子,带 CH_3）

4-2

4.8　共轭二烯烃的化学性质

4.8.1　1,2-加成与 1,4-加成

4-8

共轭二烯烃有两个 C=C,其化学性质与烯烃相似,能发生加成、氧化和聚合反应。当共轭二烯烃与卤素和卤化氢以等物质的量比发生亲电加成时,生成1,2-与 1,4-两种加成产物。如:

$$CH_2=CH-CH=CH_2 + Br_2 \longrightarrow \begin{cases} \underset{Br}{CH_2}-\underset{Br}{CH}-CH=CH_2 & \text{1,2-加成产物} \\ \underset{Br}{CH_2}-CH=CH-\underset{Br}{CH_2} & \text{1,4-加成产物} \end{cases}$$

其中,1,2-加成是在一个双键上加成,试剂的两部分加在相邻的两个碳原子上;1,4-加成是试剂的两部分加在共轭双键的两端碳原子上,同时在中间两个碳原子之间形成新的双键。又如:

$$CH_2{=}CH{-}CH{=}CH_2 + HBr \longrightarrow \begin{cases} CH_2(H){-}CH(Br){-}CH{=}CH_2 & \text{1,2-加成产物} \\ CH_2(H){-}CH{=}CH{-}CH_2(Br) & \text{1,4-加成产物} \end{cases}$$

共轭二烯烃的亲电加成也是分两步进行的。例如，1，3-丁二烯与溴化氢加成，第一步是亲电试剂 H^+ 进攻末端碳原子，生成较稳定的烯丙基碳正离子中间体（Ⅰ）。碳正离子（Ⅰ）存在着 p-π 共轭效应，其正电荷并不局限在某一个碳原子上，而是较多地分布在共轭体系两端碳原子上，即（Ⅰ）和（Ⅱ）结构。第二步，带负电的溴离子进攻 C_2 或 C_4，分别生成 1，2-加成和 1，4-加成产物。

$$\underset{1}{C}H_2{=}\underset{2}{C}H{-}\underset{3}{C}H{=}\underset{4}{C}H_2 + HBr \xrightarrow[-Br^-]{\text{进攻}C_2} \overset{+}{C}H_2{-}CH(H){-}CH{=}CH_2 \ \text{（一般伯碳正离子，不稳定）}$$

$$\xrightarrow[-Br^-]{\text{进攻}C_1} CH_2(H){-}\overset{+}{C}H{-}CH{=}CH_2\ (\text{Ⅰ}) \xrightarrow{Br^-} CH_2(H){-}CH(Br){-}CH{=}CH_2 \ \text{1,2-加成产物}$$

（p−π 共轭很稳定）

$$\updownarrow$$

$$CH_2(H){-}CH{=}CH{-}\overset{+}{C}H_2\ (\text{Ⅱ}) \xrightarrow{Br^-} CH_2(H){-}CH{=}CH{-}CH_2(Br) \ \text{1,4-加成产物}$$

1，2-与 1，4-加成产物的比例与反应条件有关。一般情况下，在较高温度（40℃）以 1，4-加成产物为主，在较低温度（0℃）以 1，2-加成产物为主。这是因为 1，2-加成反应的活化能要比 1，4-加成低，而 1，4-加成产物的热稳定性要比 1，2-加成产物高，所以在低温时，活化能低、反应速率快的 1，2-加成为主要产物（动力学控制），随着反应温度升高，对热不稳定的 1，2-加成产物转化为较稳定的 1，4-加成产物成为主要产物（热力学控制）。

4.8.2 双烯合成

双烯合成是指共轭二烯烃和某些具有碳碳双键或三键的不饱和化合物发生 1，4-加成生成六元环状化合物的反应。如：

$$\begin{matrix} HC{=}CH_2 \\ | \\ HC{=}CH_2 \end{matrix} + \begin{matrix} CH_2 \\ \| \\ CH_2 \end{matrix} \xrightarrow{\text{高温高压}} \text{环己烯}$$

因为这一反应是由两位德国化学家狄尔斯、阿尔德在 1928 年发现的，所以又叫狄尔斯-阿尔德反应。

在双烯合成反应中，共轭二烯烃称为双烯体，另一种称为亲双烯体。研究表明，双烯体上连有给电子基（如甲基—CH_3、甲氧基－OCH_3 等），亲双烯体上连有吸电子基（如硝基—NO_2、氰基—CN、醛基—CHO、酰基—COR、烷氧酰基—COOR 等），双烯合成反应更容易进行。如顺丁烯二酸酐在常温下就可发生双烯合成反应：

顺丁烯二酸酐　↓白色

生成物是一种白色物质，故可用顺丁烯二酸酐试剂来鉴别共轭二烯烃。

知识点达标题 4-11　写出下列反应的主要产物。

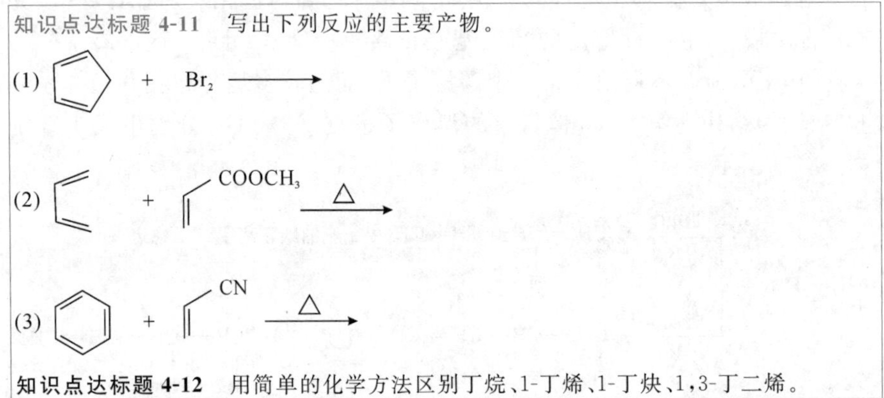

知识点达标题 4-12　用简单的化学方法区别丁烷、1-丁烯、1-丁炔、1,3-丁二烯。

【重要知识小结】

1. 三键碳原子是 sp 杂化，碳碳三键由一个 σ 键和两个互相垂直的 π 键组成，其稳定性高于碳碳双键。

2. 不同杂化类型的碳原子的电负性大小为 $C_{sp} > C_{sp^2} > C_{sp^3}$。

3. 炔烃命名与烯烃相似，当三键和双键同时出现时，主体是烯炔，编号先考虑不饱和键为小号，当两不饱和键位置相同时，应满足双键小号。

4. 炔烃的化学性质如下：

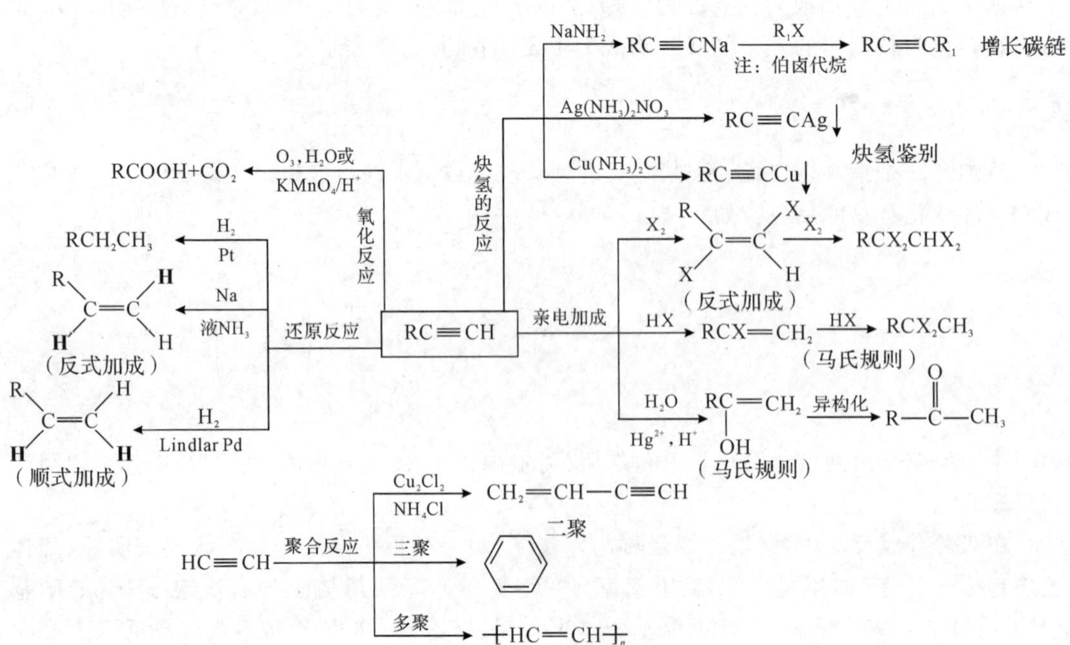

(1)炔氢具有一定的弱酸性，可与 Na、K 或 $NaNH_2$ 反应生成炔化钠，炔化钠是一种强亲核试剂，可与伯卤代烷反应生成碳链增长的炔烃。用 $CuCl/NH_3$ 或 $AgNO_3/NH_3$ 可鉴别炔氢的存在。

(2)炔烃用 Lindlar 催化加氢，得到顺式烯烃，用 Na-NH_3(液)还原得到反式烯烃，用 Pt、Ni、Pd 催化加氢，得到烷烃。

(3)三键亲电加成反应较双键慢，当两者同时存在时，双键先加成。三键亲电加成主要产物遵循马氏规则，在汞盐和酸催化下，炔烃与水加成，先生成不稳定的烯醇，然后互变为羰基化合物，除乙炔生成乙醛外，其他炔烃均生成酮。

(4)炔烃经臭氧、高锰酸钾等氧化剂氧化，三键断裂，除含炔氢端生成 CO_2 外，其他均生成羧酸。

5. 累积二烯烃不稳定，孤立二烯烃性质类似于单烯烃，双键、单键交替出现的共轭二烯烃存在电子离域的大 π 键，比较稳定，具有特殊的化学性质。

6. 共轭二烯烃化学性质如下：

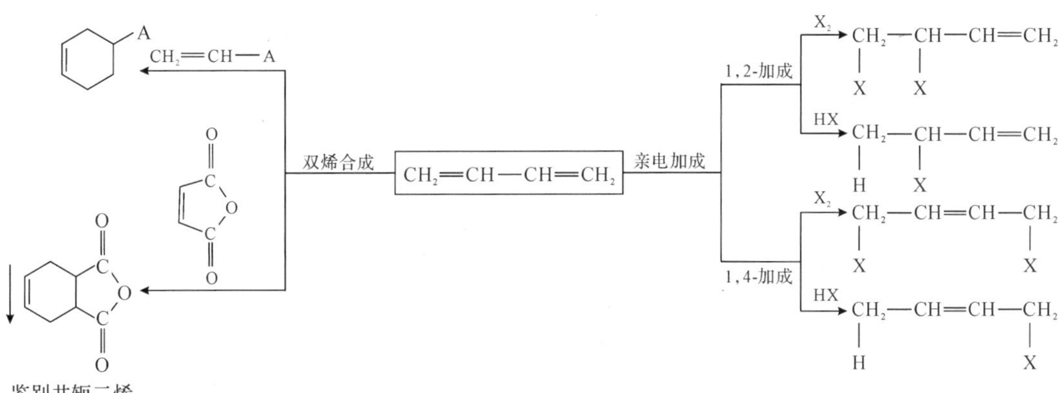

(1)共轭二烯烃亲电加成时，在低温下，主要得到动力学控制的 1,2-加成产物，在较高温度下，主要得到热力学控制的 1,4-加成产物。

(2)共轭二烯烃(双烯体)上连有给电子基，亲双烯体上连上吸电子基时，更易发生双烯合成反应。

7. 共轭效应是共轭体系中电子离域现象，有 π-π 共轭、p-π 共轭、σ-π 超共轭和 σ-p 超共轭。共轭链越长或数目越多，分子越稳定。

习　　题

4-9

1. 命名下列化合物。

(1) $(CH_3)_2CHC{\equiv}CC(CH_3)_3$　　(2) $CH_3CH{=}CH{-}C{\equiv}CH$

(3) $CH{\equiv}C{-}CH_2{-}CH{=}CH_2$

(4) $CH_3CH{=}CH{-}CH{=}CH{-}CH_2{-}CH{=}CH_2$

2. 将下列化合物按指定性质从大到小排序。

(1)酸性：

A. H_2O　　B. CH_3CH_3　　C. $CH_2{=}CH_2$　　D. $CH{\equiv}CH$

(2)碳正离子稳定性：

A. $\overset{+}{C}H_3$　　B. $CH_2{=}CH\overset{+}{C}H_2$　　C. $CH_3CH_2\overset{+}{C}H_2$　　D. $CH_2{=}CH{-}\overset{+}{C}H{-}CH_3$

(3)与乙烯发生双烯合成反应的活性：

A. 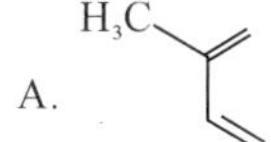

B. H₃C—O 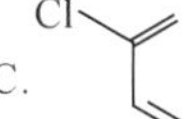

C. 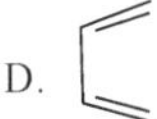

D.

(4)与 1,3-丁二烯发生双烯合成反应的活性：

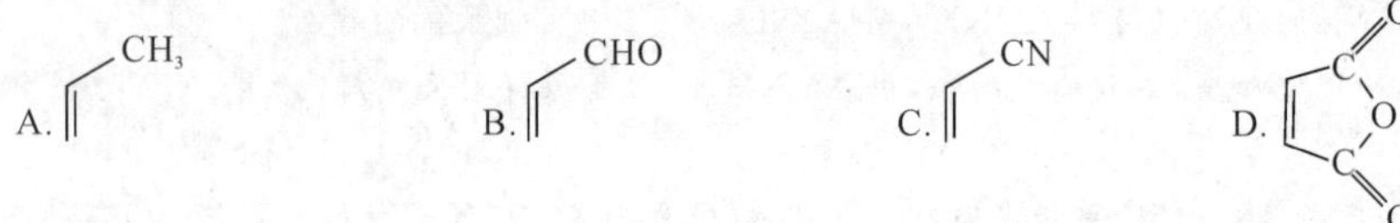

3.写出下列反应的主要产物。

(1) $CH_3C{\equiv}CH + 2HCl \longrightarrow$

(2) 环戊基$-C{\equiv}CH \xrightarrow[Hg^{2+},H_2SO_4]{H_2O}$

(3) $CH_3C{\equiv}C{-}C_2H_5 \xrightarrow[\text{Lindlar 催化剂}]{H_2}$

(4) $CH_3C{\equiv}CH \xrightarrow{NaNH_2} \xrightarrow{CH_3Cl} \xrightarrow{Na\text{-}NH_3(L)}$

(5) $CH_3CH_2C{\equiv}CH \xrightarrow{KMnO_4/H^+}$

(6) $CH{\equiv}C{-}CH{=}CH_2 \xrightarrow{1mol\ Br_2}$

(7) $CH_2{=}\underset{\displaystyle CH_3}{\underset{|}{C}}{-}CH{=}CH_2 \xrightarrow{1mol\ Br_2}$

(8) 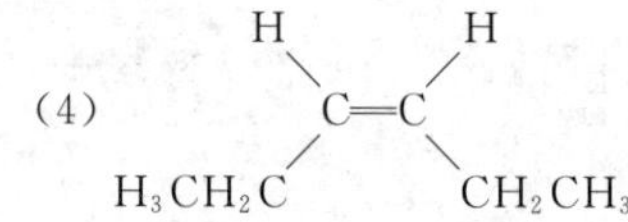

(9) 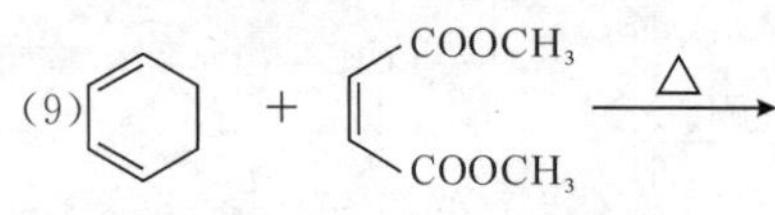

$\xrightarrow{\triangle}$

4.用化学方法区别下列各组化合物。

(1) $CH_3CH_2CH_2CH_2CH_3$； $CH_3CH_2CH{=}CHCH_3$； $CH_3CH_2CH_2C{\equiv}CH$

(2) $CH_3C{\equiv}C{-}CH_2CH_3$； $CH{\equiv}C{-}CH_2CH_2CH_3$； $CH_2{=}CH{-}CH{=}CHCH_3$

5.用化学方法提纯下列混合物。

(1)除去粗乙烷气体中含有少量的乙烯 (2)除去粗乙烯气体中含有少量的乙炔

(3)除去粗丁炔气体中含有少量的 1,3-丁二烯

6.以乙炔为唯一有机碳原料合成下列化合物。

(1) $HC{\equiv}C{-}CH_2CH_3$

(2) $CH_3CH_2CH_2CH_2OH$

(3) $CH_3CH_2{-}\overset{\displaystyle O}{\overset{\|}{C}}{-}CH_3$

(4)
$$\begin{matrix} H & & H \\ & C{=}C & \\ H_3CH_2C & & CH_2CH_3 \end{matrix}$$

8.结构推导。

(1)化合物 A(C_7H_{10})可发生下列反应：

①A 经催化加氢可生成 3-乙基戊烷；

②A 与 $AgNO_3/NH_3$ 溶液反应可产生白色沉淀；

③A 在 $Pd/BaSO_4$ 作用下吸收 1mol H_2 生成化合物 B,B 可以与顺丁烯二酸酐反应生成化合物 C。试推测 A、B、C 的构造式。

(2)化合物 A(C_8H_{12}),能使 $KMnO_4$ 溶液及 Br_2/CCl_4 溶液褪色,与 $HgSO_4/H_2SO_4$ 溶液反应得一羰基化合物 B,与 $Cu(NH_3)_2Cl$ 溶液反应生成砖红色沉淀,A 经臭氧氧化后,用水处理得环己基甲酸

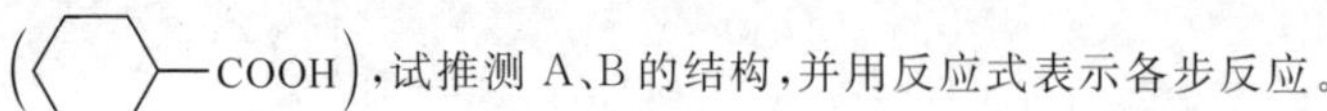

,试推测 A、B 的结构,并用反应式表示各步反应。

➤ PPT 课件

➤ 自测题

➤ 有机化学与诺贝尔化学奖

4-10

第 5 章　脂环烃

【知识点与要求】

✧　了解脂环烃的类型，掌握单环烃、螺环烃、桥环烃的命名方法。

✧　了解环烷烃的结构与环稳定性的关系，掌握脂环烃的化学性质。

✧　掌握环己烷和取代环己烷的稳定构象。

闭链烃又称环烃，是具有碳环结构的碳氢化合物，分为脂环烃和芳香烃两大类。其中脂环烃是指在结构上具有环状碳骨架，而性质上与脂肪烃相似的烃类。

5.1　脂环烃的分类和命名

5.1.1　脂环烃的分类

按照碳原子饱和程度，脂环烃分为饱和脂环烃和不饱和脂环烃，饱和脂环烃称为环烷烃。不饱和脂环烃又分为环烯烃、环炔烃和环二烯烃等。按照碳环的数目，脂环烃分为单环烃和多环烃。单环烃根据成环碳原子的数目，分为小环（$C_3\sim C_4$）、普通环（$C_5\sim C_7$）、中环（$C_8\sim C_{11}$）和大环（$C\geqslant 12$）。多环烃根据两个碳环之间共用碳原子数目，分为螺环烃和桥环烃。

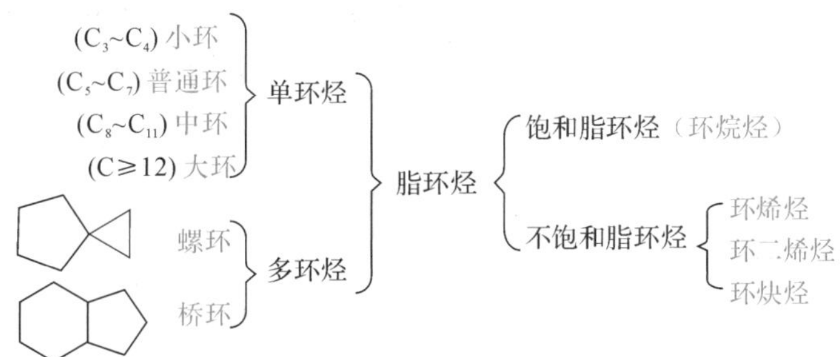

5.1.2　脂环烃的命名

1. 单环烃

(1)环烷烃的命名。

①找母体：以碳环为母体，侧链为取代基，母体命名为环某烷。

②编号：将碳环编号，先使取代基具有最小的位次；当有不同取代基时，以不优基团小号为原则。如：

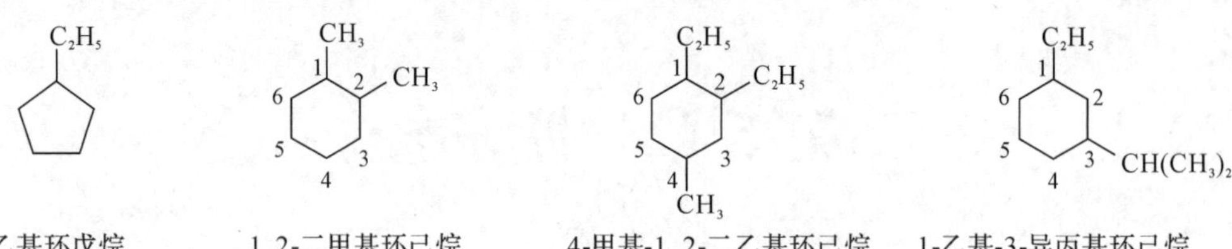

乙基环戊烷　　1,2-二甲基环己烷　　4-甲基-1,2-二乙基环己烷　　1-乙基-3-异丙基环己烷

因碳环存在限制了 C—C σ 键的相对自由旋转，因此，当环烷烃分子中有两个或两个以上取代基时，可能会有顺反异构现象。命名时，需要标明其构型。如 1,2-二甲基环己烷的顺反异构体：

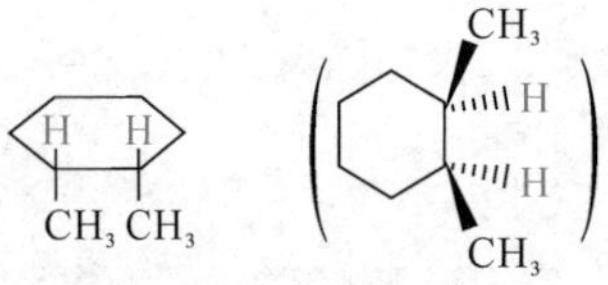

（顺）-1,2-二甲基环己烷 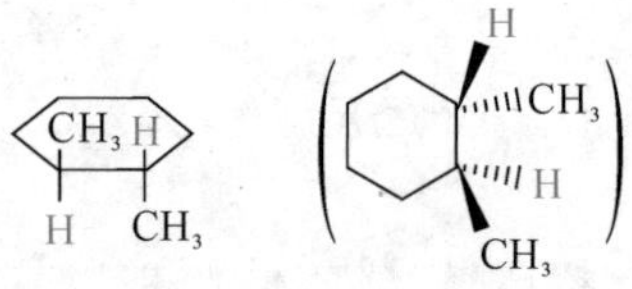　　（反）1,2-二甲基环己烷

③当环上有复杂支链时，可将环作为取代基来命名。如：

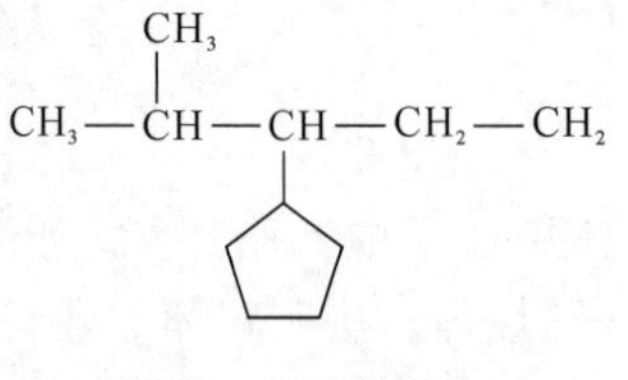

2-甲基-3-环戊基戊烷 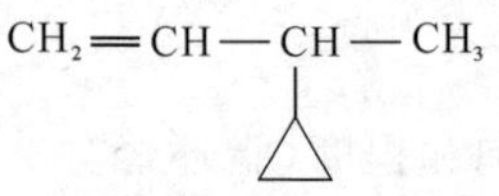　　3-环丙基-1-丁烯

(2)环烯烃、环炔烃和环二烯烃的命名。

①找母体：以不饱和碳环为母体，命名为环某烯、环某炔或环某二烯。

②编号：将碳环编号时，先满足不饱和键位置小号，后满足取代基位置小号为原则。环单烯、环单炔不需标出不饱和键位置，其他要标出不饱和键位置。如：

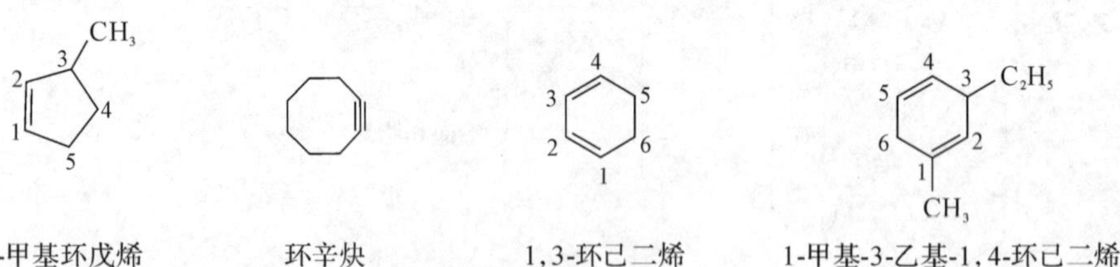

3-甲基环戊烯　　环辛炔　　1,3-环己二烯　　1-甲基-3-乙基-1,4-环己二烯

知识点达标题 5-1　用系统命名法命名下列化合物。

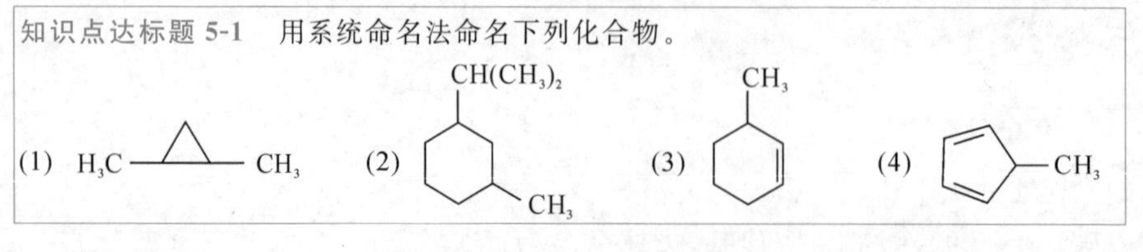

5-1

2. 多环烃

(1)桥环烃的命名。桥环是共用两个或两个以上碳原子的多环烃。其中共用的碳原子

称为桥头碳，两个桥头碳之间的碳链称为桥路，每条桥路中除桥头碳原子以外的所含碳原子数称为桥路碳数（括号内数字），将桥环转变为开链烃需要断开的桥路条数称为桥环的环数。如断开二条桥路变为开链的称为二环，断开三条桥路变为开链的称为三环。

5-2

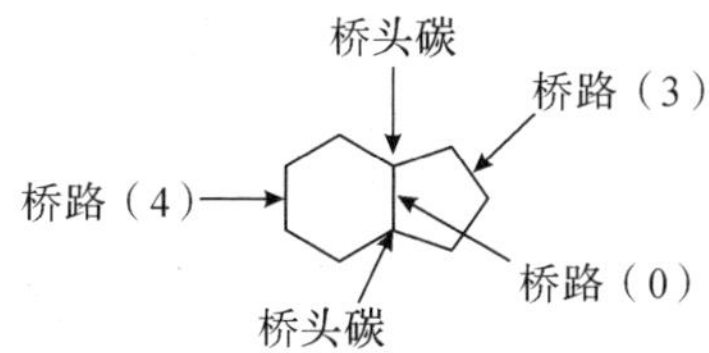

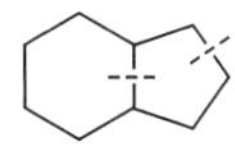
断开2条桥路成开链（二环）

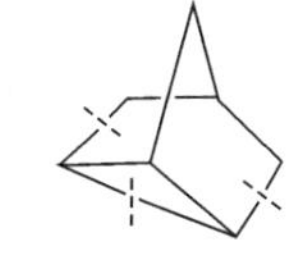
断开3条桥路成链（三环）

①找母体：以成环碳原子总数为母体，根据环数命名为几环[　]某某，在[　]内从大到小列出桥路碳原子数，并用圆点隔开。如：

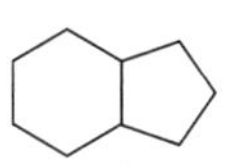
二环[4.3.0]壬烷

二环[3.1.1]庚烷

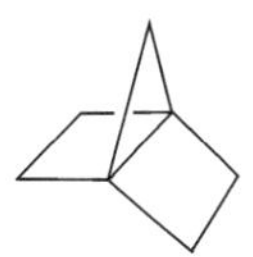
三环[2.2.1.0]庚烷

②编号：碳环编号时，从桥头碳开始，先经最长的桥路到另一个桥头碳，然后沿次长桥路回到原桥头碳，最后编最短桥路。在编号过程中要满足官能团和取代基位置最小原则。如：

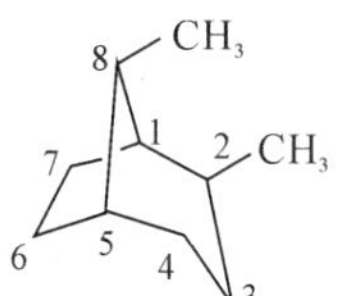

2,8-二甲基二环[3.2.1]辛烷

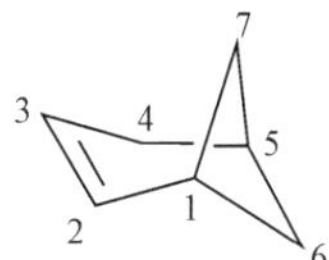

二环[3.1.1]-2-庚烯

二环[4.4.0]-2,8-癸二烯

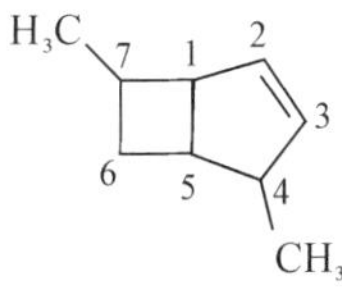

4,7-二甲基二环[3.2.0]-2-庚烯

（2）螺环烃的命名。螺环是指两个碳环共用一个碳原子的多环烃，其中共用的碳原子称为螺原子。

①找母体：以成环碳原子总数为母体，命名为螺[　]某某，[　]内从小到大列出两个环的碳原子数（螺原子除外），用圆点隔开。如：

螺[2.4]庚烷

螺[4.5]癸烷

②编号：从小环靠近螺原子的碳开始，先编小环，经过螺原子再编大环，在编号过程中要满足官能团和取代基位置最小原则。如：

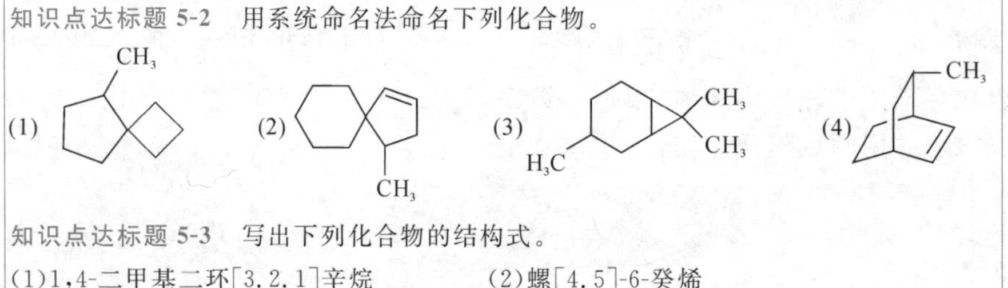

2-甲基螺[4.5]癸烷　　螺[2.4]-4-庚烯　　4-甲基螺[2.5]辛烷　　1-甲基螺[4.5]-6-癸烯

知识点达标题 5-2　用系统命名法命名下列化合物。

(1)　(2)　(3)　(4)

5-1

知识点达标题 5-3　写出下列化合物的结构式。

(1)1,4-二甲基二环[3.2.1]辛烷　　(2)螺[4.5]-6-癸烯

5.2　环烷烃的同分异构

环烷烃的同分异构有构造异构、官能团异构、顺反异构、构象异构和对映异构五种。其中环烷烃构象异构见本章 5.3，对映异构见第 8 章。

1. 构造异构

环烷烃构造异构有环的大小不同、侧链的种类和位置关系不同三种。如 C_5H_{10} 属于环烷烃的构造异构体有 5 种：

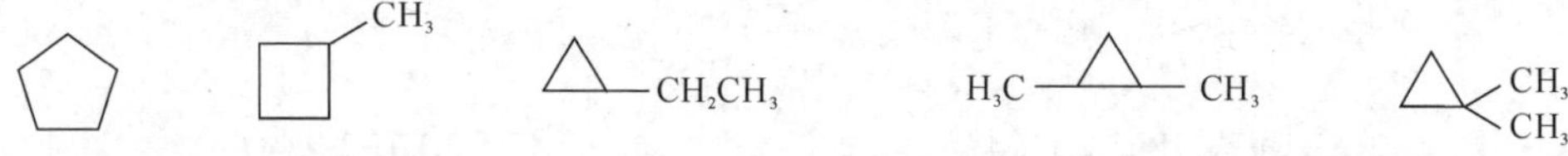

2. 官能团异构

相对开链烃，环烷烃多了一个成环的碳碳键，组成上少了两个氢原子，因此单环烃的通式为 C_nH_{2n}，与单烯烃相同，两者属于官能团异构。如丙烯和环丙烷互为同分异构体。

3. 顺反异构

因碳环存在限制了 C—C σ 键的相对自由旋转，因此，只要环上有两个碳原子各连有不同的基团时，就存在顺反异构体。命名时，两个相同原子或基团在碳环平面同一侧的称为顺式，在异侧的称为反式。如 1,2-二甲基环丙烷：

顺-1,2-二甲基环丙烷　　反-1,2-二甲基环丙烷

知识点达标题 5-4　写出分子式为 C_7H_{14}，含五元环的异构体，并用系统命名法命名。

5-1

5.3 环烷烃的结构与构象

烷烃碳是 sp^3 杂化，四个 sp^3 杂化轨道之间的夹角为 109.5°，成键时，sp^3 杂化轨道沿着对称轴与其他原子轨道重叠，形成键角接近于 109.5°的四面体结构。环烷烃中的碳原子也是 sp^3 杂化，为了构成环，∠CCC 的夹角就不一定是 109.5°，环的大小不同，键角不同，稳定性也不同。

5.3.1 环丙烷、环丁烷和环戊烷的结构

1. 环丙烷的结构

现代测试结构表明，环丙烷的键角∠CCC 是 105°，∠HCH 是 114°。这表明，sp^3 杂化轨道的碳原子在成环碳时，轨道之间重叠不是沿着键轴方向的“头碰头”成键，而是弯曲一定角度重叠成键，成键电子云分布在一条曲线上，这种键称为弯曲键(或香蕉键，见图 5-1)。

与正常 σ 键相比，弯曲键中轨道重叠程度比较小，电子云分布在环外，因此环丙烷 C—C 键比一般 σ 键弱，分子能量高，稳定性差，容易开环。这种由于键角偏离正常键角而引起的张力称为角张力。键角偏离角度越大，角张力越大，环越不稳定。

2. 环丁烷的结构

环丁烷的四个成环碳原子不在同一平面上，呈蝴蝶型(见图 5-2)。∠CCC 是 111.5°，偏离正常键角(109.5°)，也存在角张力，不稳定。但其偏离程度(2°)小于环丙烷(4°)，故环丁烷稳定性比环丙烷高。

3. 环戊烷的结构

环戊烷的四个碳原子基本在一个平面上，另一个碳原子在这个平面之外，呈信封型(见图 5-3)。∠CCC 是 108°，与 109.5°正常键角相近，角张力很小，所以环戊烷比较稳定。

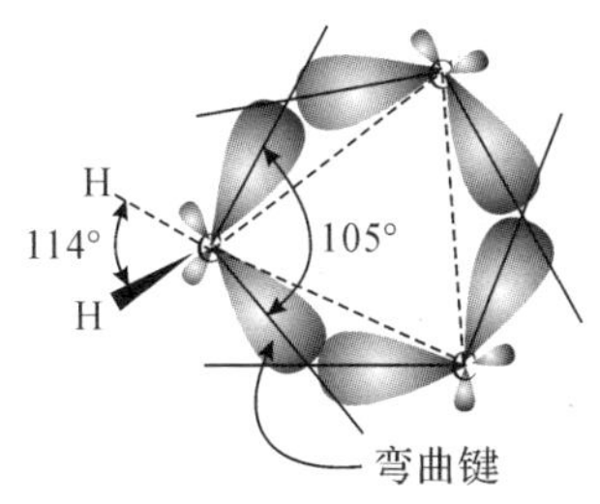

图 5-1 环丙烷中的弯曲键

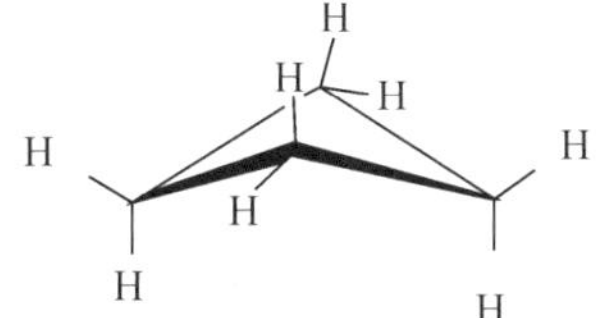

图 5-2 环丁烷的构象

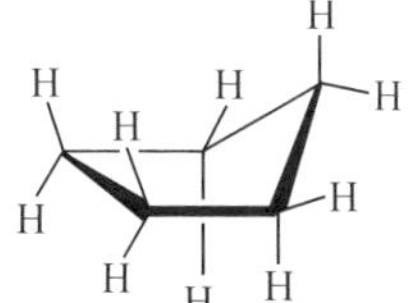

图 5-3 环戊烷的构象

5.3.2 环己烷的结构

1. 船式和椅式构象

在环己烷中，键角都接近于 109.5°，6 个碳原子不在同一平面内，没有角张力，是较为稳定的环状化合物。C—C 不能相对旋转，但可扭曲，结果环己烷有船式和椅式两种构象，如图 5-4 所示。

5-3

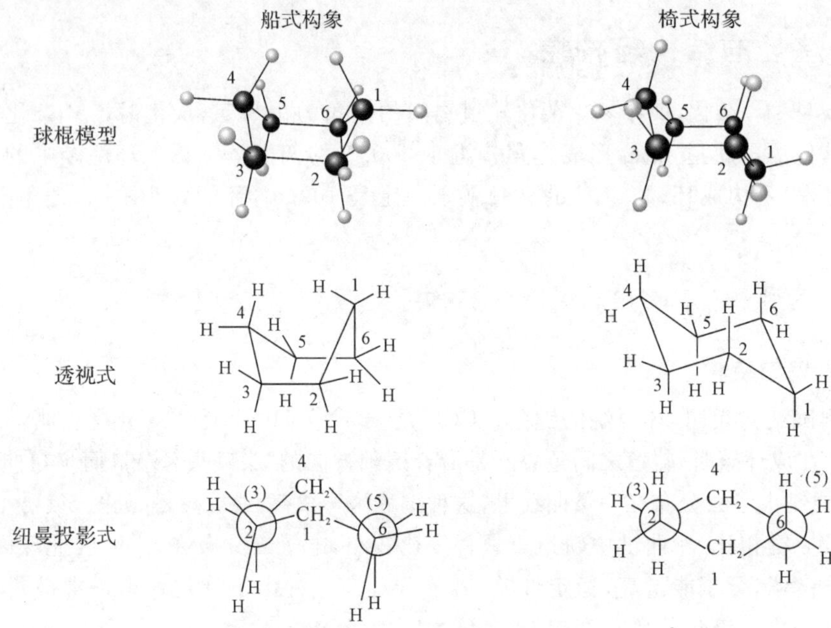

图 5-4 环己烷的船式和椅式构象

其中，C_1、C_4 同侧相对的叫船式构象，C_1、C_4 异侧相反的叫椅式构象。

环己烷船式和椅式构象常用透视式表示，也可用纽曼投影式表示，方法是从透视式右边向左边投影。在纽曼投影式中，船式构象的 C_1、C_4 距离最近，同时 C_2 与 C_3、C_5 与 C_6 的氢原子都处于全重叠式位置，因此存在较大的斥力；在椅式构象中，C_1、C_4 距离最远，C_2 与 C_3、C_5 与 C_6 的氢原子都处于全交叉式位置，斥力很小，所以，椅式构象要比船式构象稳定，是优势构象。

2. 椅式构象中的氢原子

椅式构象中，6 个碳原子分布于互相平行的两个平面上，C_1、C_3、C_5 在一个平面内，C_2、C_4、C_6 在另一个平面内。每个碳原子都连两个 C—H，其中一个 C—H 垂直于两平面，称为直立键，也叫 a 键，6 个直立键上、下交替排列，即 1、3、5 直立键向下，2、4、6 直立键向上；另一个 C—H 向下或向上倾斜，称为平伏键，也叫 e 键，6 个平伏键也是上、下交替排列。一个碳上若直立键向下，则它的平伏键向上倾斜；若直立键向上，则平伏键向下倾斜，如图 5-5 所示。

平伏键（e键）

直立键（a键）

图 5-5 环己烷椅式构象中的平伏键和直立键

3. 取代环己烷的稳定构象

(1)一取代环己烷。环己烷中的一个氢原子被其他基团(如甲基)取代后得到一取代环己烷，在稳定的椅式构象中，甲基可占在 a 键，也可以占在 e 键，两者之间处于动态平衡。

5-4

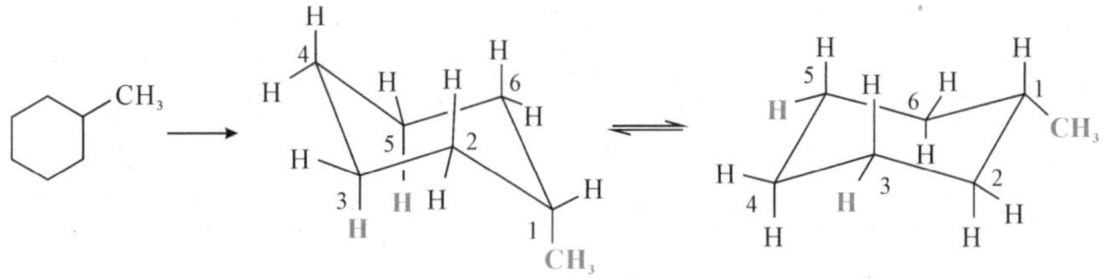

a-取代　　e-取代(稳定构象)

占 e 键的要比占 a 键的构象能量低，比较稳定。因为甲基占 a 键时，与环同侧的 C_3、C_5 a 键上的氢原子距离较近，排斥力大，分子能量高；甲基占 e 键时，向外伸，与 C_3、C_5 上的氢原子距离远，排斥力小，分子能量低。所以一取代环己烷都是取代基占 e 键位置时为稳定构象。

(2)二取代环己烷。二取代环己烷有 1,1-、1,2-、1,3-、1,4-四种位置异构体，其中 1,2-、1,3-、1,4-三种还存在两取代基是在碳环的同一侧或异侧的顺、反式的构型异构。如(顺)-1,2-二甲基环己烷两个甲基位于碳环的同一侧，其构象只有一种占位方式，即一个占e 键，另一个占 a 键。

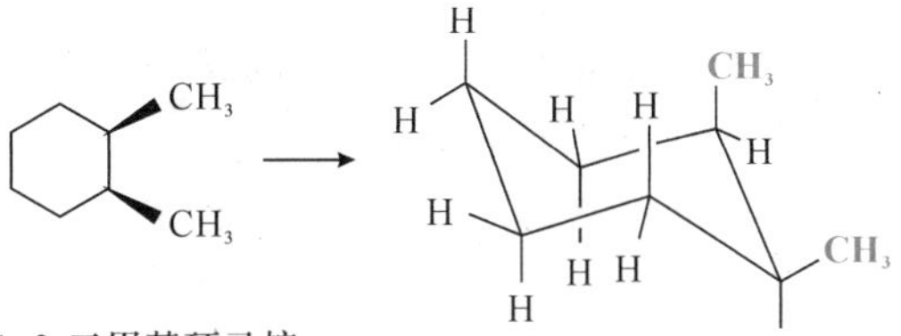

(顺)-1,2-二甲基环己烷

(反)-1,2-二甲基环己烷两个甲基位于碳环异侧的构象，这时有两种占位方式，一种是占 e、e 键，另一种是占 a、a 键，很明显，占 e、e 键是稳定构象。

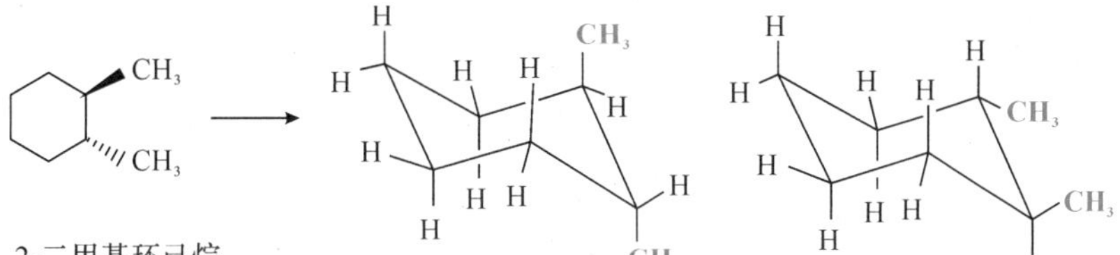

(反)-1,2-二甲基环己烷　　(a,a)　　(e,e) 稳定构象

当两个取代基不同时，如(顺)-1-甲基-2-异丙基环己烷，这时也有两种占位方式，一种是甲基占 a 键，异丙基占 e 键，另一种是甲基占 e 键，异丙基占 a 键，其中以大体积异丙基占 e 键是稳定构象。

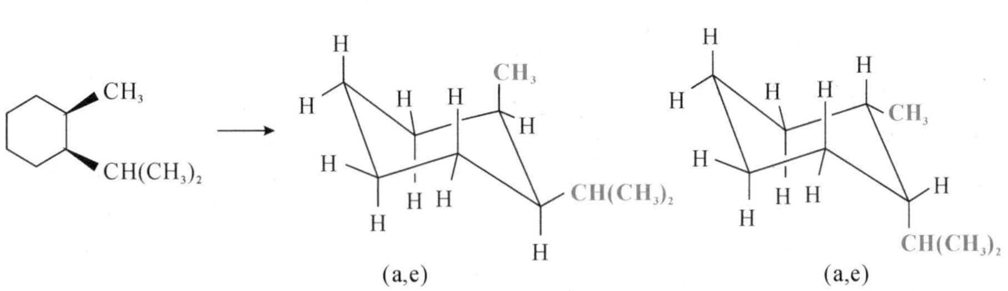

(顺)-1-甲基-2-异丙基环己烷　　(a,e) 稳定构象　　(a,e)

综上所述，环己烷和取代环己烷的稳定构象规律如下：

①椅式是环己烷的稳定构象，取代环己烷的环以椅式构象存在；

②一取代环己烷，以 e 键取代构象较为稳定，多取代环己烷，以 e 键取代多的为稳定构象；

③环上有不同取代基时，以大体积基团取代 e 键为稳定构象。

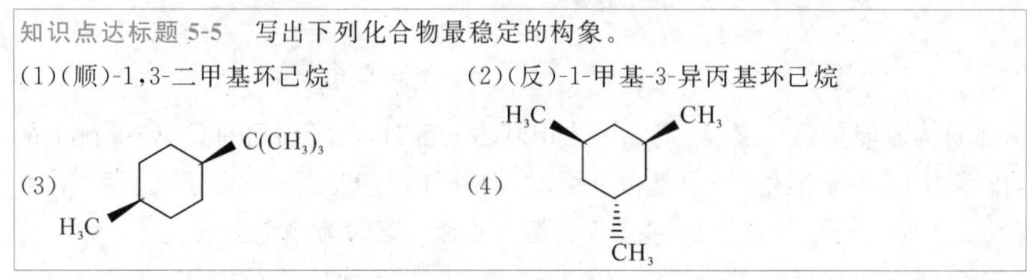

知识点达标题 5-5　写出下列化合物最稳定的构象。
(1)(顺)-1,3-二甲基环己烷
(2)(反)-1-甲基-3-异丙基环己烷
(3)
C(CH3)3
H3C
(4)
H3C
CH3
CH3

5-1

5.4　脂环烃的性质

5.4.1　物理性质

环丙烷和环丁烷在常温下是气体，$C_5 \sim C_{11}$ 的环烷烃是液体，C≥12 的高级环烷烃是固体。碳原子数相同的环烷烃与开链烷烃相比，具有较高熔点、沸点和相对密度(小于 1)，如表 5-1 所示。这是因为碳原子成环后，结构较为紧密，分子排列更加有序，分子间作用力大。

表 5-1　部分烷烃与环烷烃物理常数比较

化合物	熔点/℃	沸点/℃	相对密度(d_4^{20})
环丙烷	−127.6	−32.9	0.720(−79℃)
丙烷	−187.7	−42.2	0.5005(7℃)
环丁烷	−90	12.5	0.703(0℃)
丁烷	−138.5	−0.5	0.5788
环戊烷	−93.9	49.3	0.7457
戊烷	−129.7	36.1	0.6262
环己烷	6.6	80.7	0.7786
己烷	−95	68.9	0.6603

5.4.2　化学性质

1. 环烷烃的化学性质

5-5

(1)取代反应。对于稳定结构的五元、六元环烷烃，其化学性质与开链烷烃相似，在光照或高温条件下，与卤素单质可发生自由基取代反应，生成卤代环烷烃。如：

$$\text{环戊烷} + Cl_2 \xrightarrow{h\nu} \text{环戊基}-Cl + HCl$$

氯代环戊烷

$$\text{环己烷} + Br_2 \xrightarrow{\triangle} \text{环己基}-Br + HBr$$

溴代环己烷

(2)开环加成反应。环丙烷和环丁烷属于不稳定的小环,化学性质与烷烃差别较大,不发生自由基取代反应,易发生开环加成反应。

①加氢气:在催化剂存在下,环丙烷、环丁烷与氢气反应,开环加成生成链状的丙烷和丁烷。如:

$$\triangle + H_2 \xrightarrow[80℃]{Ni} CH_3CH_2CH_3$$

$$\square + H_2 \xrightarrow[200℃]{Ni} CH_3CH_2CH_2CH_3$$

$$\text{环戊烷} + H_2 \xrightarrow[300℃]{Ni} CH_3CH_2CH_2CH_2CH_3$$

从加氢反应条件可以看出,环戊烷较环丙烷、环丁烷稳定性都高,环丙烷的稳定性最低。。

②加卤素:环丙烷在常温下就能与氯、溴单质发生开环加成反应,而环丁烷则在加热下才能开环加成。如:

$$\triangle + Br_2 \xrightarrow[\text{常温}]{CCl_4} \underset{Br}{CH_2}CH_2\underset{Br}{CH_2}$$

$$\square + Br_2 \xrightarrow[\text{加热}]{CCl_4} \underset{Br}{CH_2}CH_2CH_2\underset{Br}{CH_2}$$

因此不能用 Br_2/CCl_4 区别小环烃与烯烃、炔烃,但可以区别小环烃与饱和烷烃,五元、六元环烷烃与不饱和烃。

③加卤化氢:环丙烷在常温下与溴化氢发生开环加成。如:

$$\triangle + HBr \xrightarrow{\text{常温}} \underset{H}{CH_2}CH_2\underset{Br}{CH_2}$$

取代环丙烷与卤化氢加成时,含氢最多与最少的碳碳键断开,加成产物符合马氏规则。如:

$$H_3C-\triangle + HBr \xrightarrow{\text{常温}} CH_3\underset{Br}{CH}CH_2\underset{H}{CH_2}$$

$$\text{1,1,2-三甲基环丙烷} + HBr \xrightarrow{\text{常温}} CH_3-\underset{Br}{\overset{CH_3}{C}}-\underset{CH_3}{CH}-\underset{H}{CH_2}$$

(3)氧化反应。环烷烃与烷烃一样，对氧化剂比较稳定。常温下，所有环烷烃与 $KMnO_4$、O_3 等氧化剂都不反应。如：

$$\triangleright\!-CH{=}C(CH_3)-CH_3 \xrightarrow{KMnO_4/H^+} \triangleright\!-COOH + CH_3-\overset{O}{\overset{\|}{C}}-CH_3$$

因此用 $KMnO_4$ 可以区别环烷烃与不饱和烃。

在加热条件下，环烷烃可与强氧化剂（如浓 HNO_3）发生氧化反应，碳环断裂，生成二元酸。如：

$$\text{环己烷} \xrightarrow[\triangle]{HNO_3\text{（浓）}} HOOC(CH_2)_4COOH$$

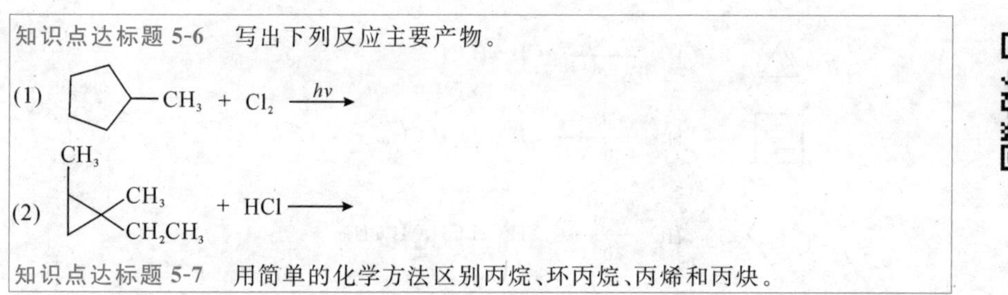

知识点达标题 5-6 写出下列反应主要产物。
(1) CH3 + Cl2 hv
(2) CH3 CH3 CH2CH3 + HCl
知识点达标题 5-7 用简单的化学方法区别丙烷、环丙烷、丙烯和丙炔。
5-1

2. 环烯烃和共轭环二烯烃的化学性质

(1)环烯烃。环烯烃的化学性质与烯烃相似，能发生催化加氢、亲电加成、氧化反应等。如：

1-甲基环戊烯（CH₃ 取代环戊烯）的反应：

- $\xrightarrow{H_2}$ 甲基环戊烷（—CH$_3$）
- $\xrightarrow{Br_2}$ 1,2-二溴-1-甲基环戊烷（CH$_3$, Br, Br）
- $\xrightarrow{HBr}$ 1-溴-1-甲基环戊烷（CH$_3$, Br）
- $\xrightarrow[ROOR]{HBr}$ 1-溴-2-甲基环戊烷（CH$_3$, Br）
- $\xrightarrow[H^+]{H_2O}$ 1-甲基环戊醇（CH$_3$, OH）
- $\xrightarrow{B_2H_6}\xrightarrow{H_2O_2/OH^-}$ 2-甲基环戊醇（CH$_3$, OH）
- $\xrightarrow{HOCl}$ 2-氯-1-甲基环戊醇（CH$_3$, OH, Cl）
- $\xrightarrow{KMnO_4/OH^-}$ 1-甲基环戊-1,2-二醇（CH$_3$, OH, OH）
- $\xrightarrow{KMnO_4/H^+}$ $CH_3CO(CH_2)_3COOH$
- $\xrightarrow{O_3}\xrightarrow{Zn/H_2O}$ $CH_3CO(CH_2)_3CHO$

(2)共轭环二烯烃。共轭环二烯烃的性质与共轭二烯烃相似,能发生1,2-加成、1,4-加成及双烯合成反应。如:

Br Br 1,2 Br₂ COOCH₃ ||| COOCH₃ △ COOCH₃ COOCH₃ Br 1,4 Br

【重要知识小结】

1.脂环烃是指在结构上具有环状碳骨架,而性质上与脂肪烃相似的烃类。脂环烃分为环烷烃、环烯烃、环二烯烃及环炔烃,又可分单环烃和多环烃,其中桥环烃和螺环烃为常见的多环烃。

2.单环烃命名以环为母体,环上支链作为取代基,将环碳原子编号时,先满足官能团小号,后满足取代基小号。桥环烃和螺环烃有其固定的编号方法。

3.环烷烃同分异构有环大小、支链种类和位置不同的构造异构,两取代基在环同侧或异侧的顺反异构和开链烯烃的官能团异构三类。

4.三元、四元小环结构中,角张力比较大,不稳定,容易发生开环加成反应,但不发生氧化反应。取代小环开环的边为含氢最多与最少的碳碳键断开,加成产物符合马氏规则。环丙烷化学性质如下:

$$\triangle + H_2 \xrightarrow[80℃]{Ni} CH_3CH_2CH_3$$

$$\triangle + Br_2 \xrightarrow[常温]{CCl_4} \underset{Br}{CH_2}CH_2\underset{Br}{CH_2}$$

$$H_3C-\triangle + HBr \xrightarrow{常温} CH_3\underset{Br}{CH}CH_2\underset{H}{CH_2}$$

$$\triangle \xrightarrow{KMnO_4/H^+} NR(不起反应)$$

5.五元、六元环结构中,角张力很小,很稳定,性质与开链的烷烃相似,在光照或高温下,发生自由基卤代反应。

$$环戊烷 + Cl_2 \xrightarrow{h\nu} 环戊基-Cl + HCl$$

氯代环戊烷

$$环己烷 + Br_2 \xrightarrow{\triangle} 环己基-Br + HBr$$

溴代环己烷

6.椅式构象为环己烷的最稳定构象,其中每个碳原子上都有一个直立键(a键)和平伏键(e键),6个a键交替分布在环的上下,6个e键也交替分布在环的上下侧面。取代环己烷以e键取代多的及大基团位于e键的为稳定构象。

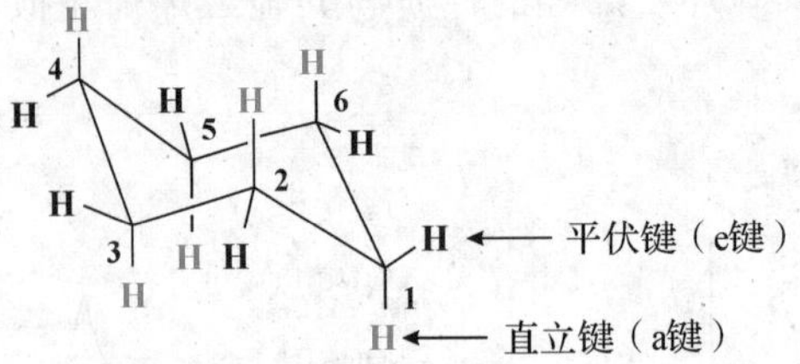

平伏键（e键）

直立键（a键）

7. 环烯烃、环二烯烃的性质与相应的开链烯烃、二烯烃相似。

习　　题

5-6

1. 命名下列化合物。

(1) 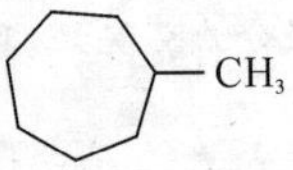 CH_3　　(2) 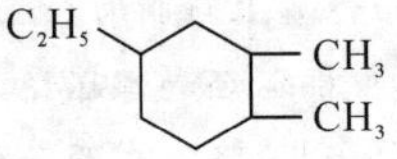 C_2H_5 CH_3 CH_3　　(3) CH_3

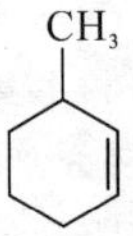

(4) 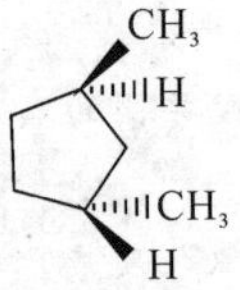 CH_3 H CH_3 H　　(5)

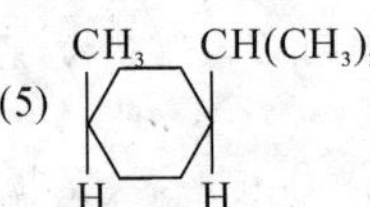

CH_3　$CH(CH_3)_2$ H　H　　(6) 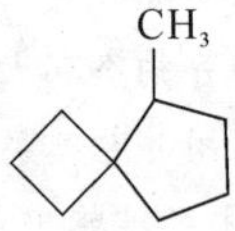 CH_3

(7)

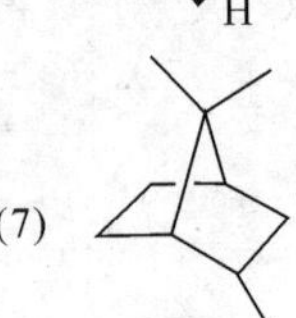

(8) 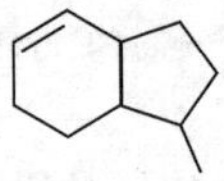　　(9) 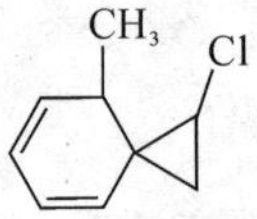 CH_3 Cl

2. 写出下列化合物的构造式。

(1)1-甲基-3-乙基环戊烷　　(2)1,6-二甲基环己烯

(3)顺-1-甲基-2-叔丁基环丁烷　　(4) 反-1,2-二甲基环丙烷

(5)1,4-二甲基二环[2.2.2]辛烷　　(6)螺[4.5]-6-癸烯

3. 写出下列化合物最稳定的构象。

(1)异丙基环己烷　　(2)顺-1-甲基-3-溴环己烷

(3)反-1-甲基-3-乙基环己烷　　(4) 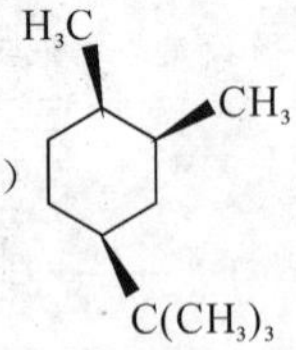 H_3C CH_3 $C(CH_3)_3$

4. 写出下列反应的主要产物。

(1) 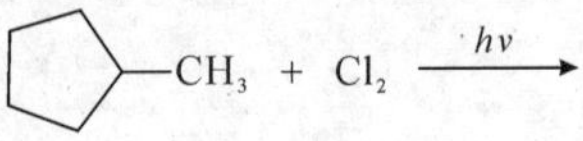 —CH_3 + Cl_2 $\xrightarrow{hv}$　　(2) —CH_3 + Br_2 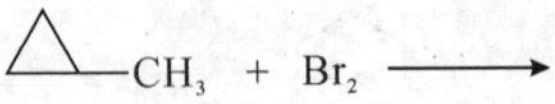 $\longrightarrow$

(3) 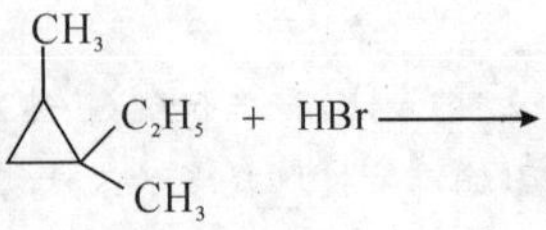 CH_3 C_2H_5 CH_3 + HBr $\longrightarrow$　　(4) 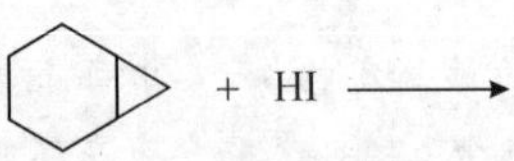 + HI $\longrightarrow$

(5) 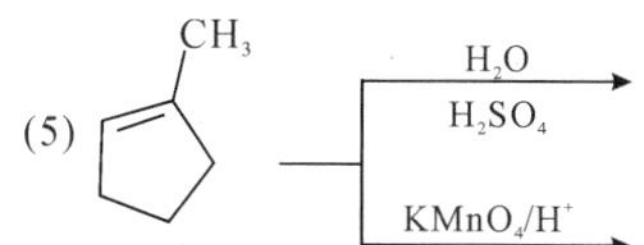

(6) 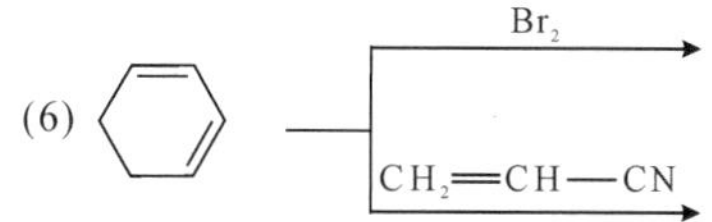

5. 用简单的化学方法区别下列化合物。

(1)甲基环丙烷、丁烷、1,3-丁二烯与 1-丁烯　　(2)环戊烷、环戊烯、乙基环丙烷与 1-戊炔

6. 结构推导。

(1)某烃 A($C_{10}H_{16}$),氢化时只吸收 1mol H_2 生成 B($C_{10}H_{18}$),A 用 O_3 处理后再用 Zn/H_2O 还原,得到一种对称结构的二元酮 C($C_{10}H_{16}O_2$)。试推测该烃的构造式。

(2)A、B、C 三种烃,分子式均为 C_6H_{12},在室温下都能使溴的四氯化碳溶液褪色,加入高锰酸钾时,A、B 不能使其褪色,C 能使其褪色,但无二氧化碳气体产生;在常温下与 HBr 反应时,A、C 主要生成 3-甲基-3-溴戊烷,B 则主要生成 3-甲基-2-溴戊烷。试推测 A、B、C 的构造式。

➢ PPT 课件

➢ 自测题

➢ 有机化学院士简介

5-7

第6章　单环芳烃

【知识点与要求】

- ✧ 了解苯的结构与性质的关系，掌握含苯环化合物的命名方法。
- ✧ 掌握苯环上的亲电取代反应（卤代、硝化、磺化、傅-克烷基化和酰基化），苯侧链 α-H 的卤代与氧化反应，了解亲电取代反应机理。
- ✧ 熟悉常见的邻、对位定位基和间位定位基，掌握苯环上亲电取代反应的定位规律及应用。

芳香烃简称芳烃，是芳香族化合物的母体，这是因为最初这类化合物从天然香树脂和香精油中提取，具有芳香气味。目前已知的芳香族化合物大多没有香味。芳烃是指具有芳香性的碳氢化合物，芳香性是指具有稳定的环结构，化学性质表现为易发生取代反应，难发生加成和氧化反应。根据分子结构中是否含有苯环及含苯环数目的多少，芳烃分为单环芳烃、多环芳烃和非苯芳烃3种。本章学习单环芳烃。

6.1　苯的结构和稳定性

6-1

6.1.1　苯的结构

苯环中六个碳原子均为 sp^2 杂化（见图6-1），其中一个 sp^2 杂化轨道与氢原子"头碰头"重叠形成 C—H σ 键，另外两个 sp^2 杂化轨道与相邻两个碳的 sp^2 杂化轨道"头碰头"重叠形成 C—C σ 键，这样所有 σ 键在同一平面内，键角为 120°。6个未杂化的 p 轨道垂直于 σ 键所构成的平面，且相互平衡，从侧面"肩并肩"重叠形成六个碳原子共用6个电子的闭合离域大 π 键（见图6-2）。

由于闭合大 π 键存在，使电子云完全平均化，C—C 键长相等，没有单、双键之分，所以苯环是很稳定的化合物。苯环结构到目前为止还没有一个完美的表达式，目前还用开库勒式或离域式来表示苯的结构（见图6-3）。

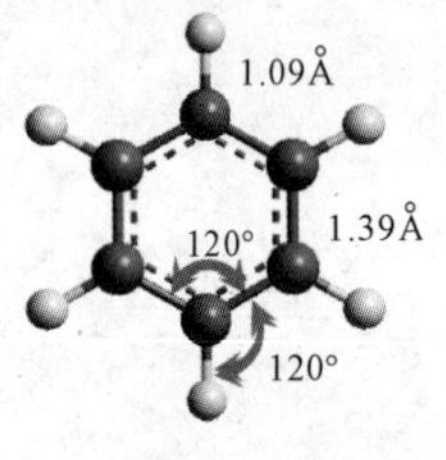

图6-1　苯环中的 σ 键

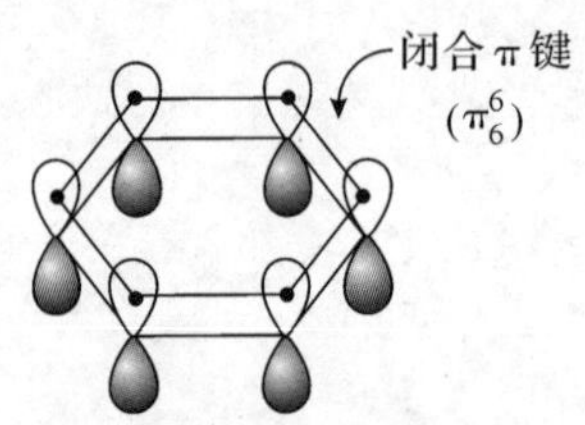

图6-2　苯环中的 π 键

凯库勒式

离域式

图6-3　苯环结构式

6.1.2　苯的稳定性

苯环结构的稳定性可以从氢化热值得到佐证(见表 6-1)。

表 6-1　环己烯、1,3-环己二烯和苯的氢化热

反应	氢化热/kJ・mol^{-1}	每个双键平均氢化热/kJ・mol^{-1}
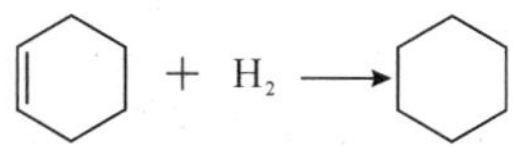 + H_2 →	−119.3	−119.3
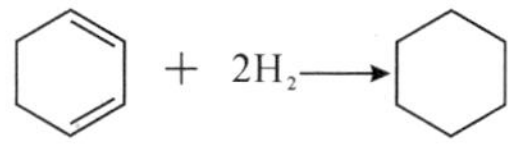 + $2H_2$ →	−231.8	−115.9
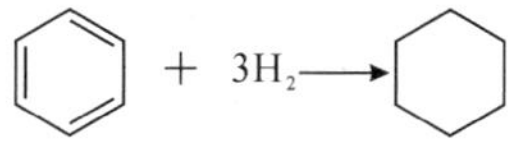 + $3H_2$ →	208.5	−69.5

从表 6-1 可知,苯的平均氢化热只有 69.5 kJ・mol^{-1},远小于环己烯及 1,3-环己二烯的平均氢化热,表明苯环的凯库勒式结构中,不是简单的环己三烯,而是 π 电子云完全离域,没有单、双键交替之分的大 π 键。因此,苯环表现为不易发生加成和氧化反应,容易发生取代反应的性质,即芳香性。

6.2　单环芳烃的异构和命名

6.2.1　单环芳烃的异构

由于苯环上 6 个 C—H 完全等同,若不考虑侧链烃基的构造异构,苯的一元取代物只有一种,苯的二元取代物有三种异构体,通常用邻(ortho,o)、间(meta,m)、对(para,p)加以区分。如:

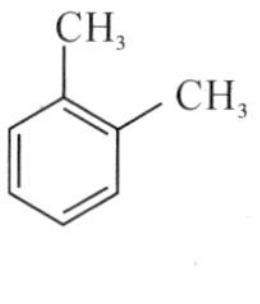

邻二甲苯 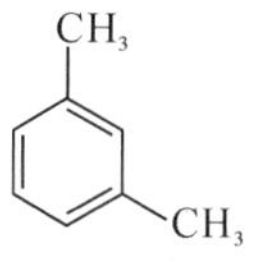　　间二甲苯 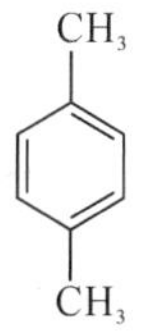　　对二甲苯

取代基相同的三元取代物也有三种异构体,通常用连、偏、均表示相对位置。如:

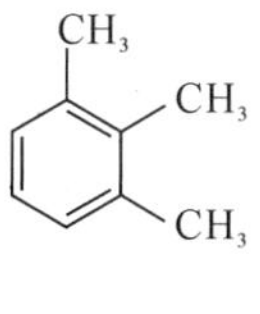

连三甲苯 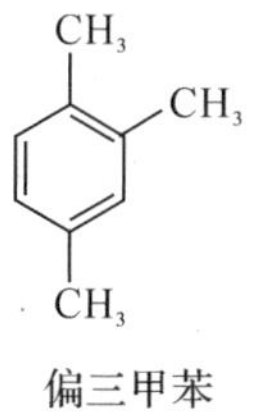　　偏三甲苯 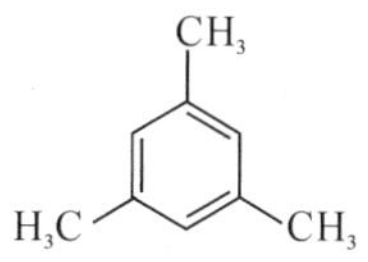　　均三甲苯

知识点达标题 6-1　写出分子式为 C_9H_{12} 的单环芳烃的同分异构体。

6-2

6.2.2 含苯环化合物的命名

1. 一元取代苯

当苯环侧链是简单饱和烷基、卤素、硝基、亚硝基四种时，以苯环为母体，侧链作为取代基，命名为“××苯”。如：

6-3

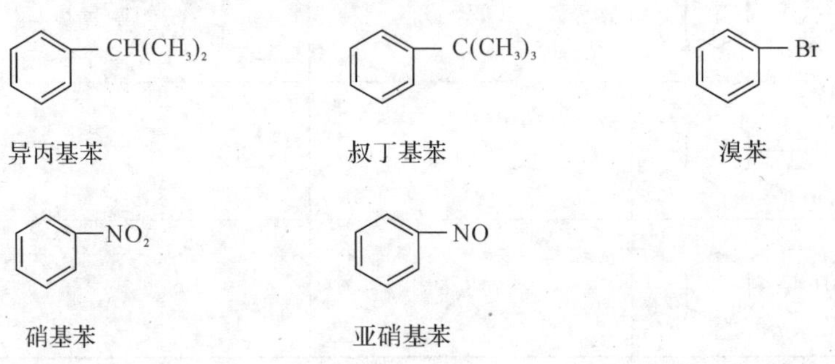

异丙基苯　叔丁基苯　溴苯

硝基苯　亚硝基苯

当苯环侧链是复杂烷基，及除卤素、硝基、亚硝基三种以外的基团时，以侧链为母体，苯作为取代基，命名为“苯××”。其中苯分子中去掉一个氢原子剩余的部分（C_6H_5—）称为苯基（phenyl，Ph-），甲苯甲基上去掉一个氢原子剩余的部分（$C_6H_5CH_2$—）称为苄基（bebzyl，Bz-）。如：

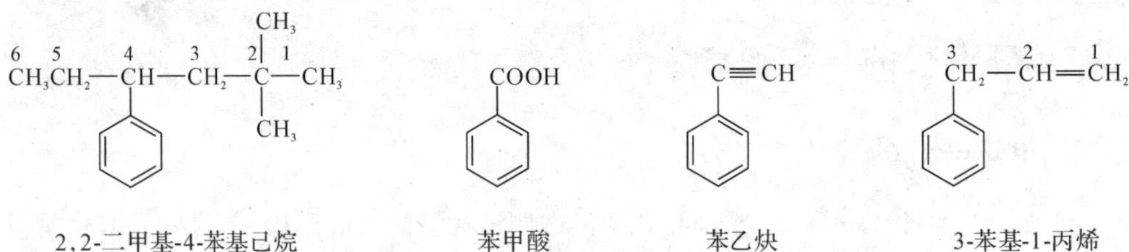

2,2-二甲基-4-苯基己烷　苯甲酸　苯乙炔　3-苯基-1-丙烯

2. 多元取代苯

当苯环上连有多个侧链时，先按官能团的顺序确定母体，然后按先使官能团位置小号，后使支链位置小号原则将苯环编号。

母体中官能团先后顺序为：

$-NO_2$ < —X < —R（烷基）< 苯 < —OR（烷氧基）< C═C < C≡C < $-NH_2$ < —OH < —COR < —CHO < —CN < $-CONH_2$（酰胺）< —COX（酰卤）< —COOR（酯）< $-SO_3H$ < —COOH

此顺序中越排在后面的基团越优先被选为母体官能团，其前面的作为取代基。如：

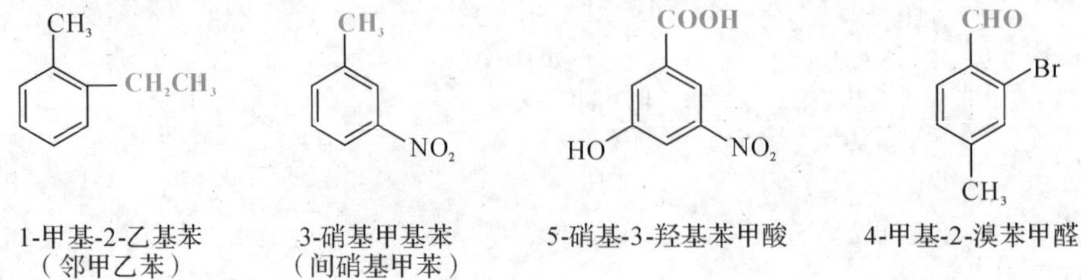

1-甲基-2-乙基苯（邻甲乙苯）　3-硝基甲基苯（间硝基甲苯）　5-硝基-3-羟基苯甲酸　4-甲基-2-溴苯甲醛

知识点达标题 6-2 命名下列化合物。

(1) 1-甲基-4-叔丁基苯结构：苯环上含 CH_3 与 $C(CH_3)_3$

(2) 苯环上含 CH_2CH_3 与 Br

(3) 苯环上含 CH_3 与 $CH_2CH_2C{\equiv}CH$

(4) 苯环上含 SO_3H、Cl 与 NO_2

(5) 苯环上含 CH_3CHCH_2OH

6-2

6.3 芳烃的物理性质

苯及苯的同系物多数是无色、有特殊香味、有毒的挥发性液体；相对密度比水小，但比相对分子质量相近的脂肪烃、环烷烃、环烯烃略大；不溶于水，易溶于乙醚、石油醚、四氯化碳等有机溶剂。像苯、甲苯、二甲苯等不仅是重要的有机原料，而且也是很好的有机溶剂。

在苯的同系列中，每增加一个 CH_2，沸点升高约 30℃，含相同碳原子数的各种同分异构体之间沸点相差不大，而结构对称的异构体却具有较高的熔点。如邻、间、对三种二甲苯中，对二甲苯对称性最好，熔点最高。常见单环芳烃的物理常数如表 6-2 所示。

表 6-2 常见单环芳烃的物理常数

名称	熔点/℃	沸点/℃	相对密度(d_4^{20})
苯	5.5	80.1	0.8786
甲苯	−95	110.6	0.8669
乙苯	−95	136.2	0.8670
正丙苯	−99.5	159.2	0.8620
异丙苯	−96	152.4	0.8618
邻二甲苯	−25.2	144.4	0.8802
间二甲苯	−47.9	139.1	0.8642
对二甲苯	13.3	138.2	0.8611
连三甲苯	−25.5	176.1	0.8942
偏三甲苯	−43.9	169.2	0.8758
均三甲苯	−44.7	164.6	0.8651

6.4 苯环的化学性质

由于苯环结构中存在完全离域的闭合大 π 键，特别稳定，所以在通常条件下难以发生加成反应和氧化反应。但大 π 键电子云密度较大，是一个富电子键，易被亲电试剂(带正电的离子或缺电子的分子)进攻,发生亲电取代反应。

6.4.1 亲电取代反应

6-4

苯环上亲电取代反应可用下列通式表示:

$$C_6H_5-H + \overset{\delta^+}{E}-\overset{\delta^-}{Nu} \longrightarrow C_6H_5-E + HNu$$

其反应历程如下:

在催化剂作用下,试剂异裂为 E^+、Nu^-,然后带正电的亲电试剂 E^+ 进攻苯环大 π 键,获取 2 个电子形成 C—E σ 键,闭合大 π 键破裂为五中心 4 电子、不稳定的碳正离子中间体(σ 络合物)。

$$E-Nu \xrightarrow{\text{催化剂}} E^+ + Nu^-$$

亲电试剂

$$C_6H_6 + E^+ \rightleftharpoons [C_6H_6E]^+$$

σ 络合物

σ 络合物中 C—E σ 键的碳为 sp^3 杂化,其共振结构式可表示为:

σ 络合物

由于 σ 络合物能量较高,不稳定,因此容易从 sp^3 杂化碳原子上失去一个 H^+,将 C—H 的 2 个电子补给苯环,重新形成具有稳定的六电子闭合大 π 键的取代产物。

$$[C_6H_6E]^+ \xrightarrow{Nu^-} C_6H_5-E + H-Nu$$

取代产物

碳正离子中间体之所以不与亲核试剂 Nu^- 结合生成加成产物,是因为加成的结果会破坏苯环的大 π 键,反应所需能量高,产物不稳定;而取代反应过程中失去 H^+ 恢复稳定的苯环结构所需能量较低,产物稳定,反应更容易进行。

1. 卤代反应

在铁粉或三卤化铁等催化下,苯与氯气或溴单质反应,生成氯苯或溴苯,同时放出卤化氢。如:

$$C_6H_6 + Br_2 \xrightarrow{FeBr_3} C_6H_5Br + HBr$$

其中 Lewis 酸 $FeBr_3$ 的作用是促使 Br_2 分子极化而离解,形成亲电试剂 Br^+。

$$Br-Br + FeBr_3 \rightleftharpoons Br^+ + FeBr_4^-$$

2. 硝化反应

在浓硫酸催化下，苯与浓硝酸反应，生成硝基苯。

$$C_6H_6 + HNO_3(浓) \xrightarrow[50\sim60℃]{H_2SO_4} C_6H_5NO_2 + H_2O$$

浓硫酸和浓硝酸的混合物称为混酸，亲电试剂是硝酰正离子 NO_2^+。硝酸被酸性更强的硫酸质子化，然后在浓硫酸作用下脱水生成 NO_2^+。

$$HNO_3 + 2H_2SO_4 \rightleftharpoons NO_2^+ + H_3O^+ + 2HSO_4^-$$

$$\left[HONO_2 \underset{-HSO_4^-}{\overset{H_2SO_4}{\rightleftharpoons}} H_2O^+NO_2 \underset{-H_2O}{\rightleftharpoons} NO_2^+ ;\quad H_2O \xrightarrow{H_2SO_4} H_3O^+ + HSO_4^- \right]$$

3. 磺化反应

在加热条件下，苯与浓硫酸或发烟硫酸（浓 $H_2SO_4+SO_3$）反应，生成苯磺酸。

$$C_6H_6 + H_2SO_4(浓) \overset{\triangle}{\rightleftharpoons} C_6H_5SO_3H + H_2O$$

亲电试剂是缺电子的三氧化硫，由发烟硫酸直接提供，或由两分子硫酸脱水生成。

$$2H_2SO_4 \rightleftharpoons SO_3 + H_3O^+ + HSO_4^-$$

与苯环卤代和硝化反应不同，磺化反应是可逆反应，将产物苯磺酸在稀硫酸溶液中加热回流，则发生水解脱去磺酸基，生成苯。

$$C_6H_5SO_3H + H_2O \xrightarrow[\triangle]{稀硫酸} C_6H_6 + H_2SO_4$$

这种苯环上接磺酸基和脱磺酸基的方法，在有机合成中，为了不让新引入的基团进入苯环上的某个位置，利用磺酸基先来占据这个位置，当反应完成后，再水解释放出这个位置。

4. 傅里德尔-克拉夫茨(Friedel-Crafts)反应

6-5

在无水氯化铝、无水氯化铁等 Lewis 酸催化下，在芳环上引入烷基和酰基的反应，称为傅里德尔-克拉夫茨，简称傅-克反应。傅-克反应在有机合成上具有很大的应用价值。

(1)傅-克烷基化反应。在无水 $AlCl_3$、$FeCl_3$ 等 Lewis 酸催化下，苯与卤代烷反应，苯环上的氢原子被烷基取代，生成烷基取代苯，称为傅-克烷基化反应。如：

$$C_6H_6 + CH_3CH_2Cl \xrightarrow{AlCl_3} C_6H_5CH_2CH_3 + HCl$$

亲电试剂是乙基碳正离子，由无水氯化铝与卤代烷反应生成。

$$AlCl_3 + CH_3CH_2Cl \longrightarrow CH_3CH_2^+ + AlCl_4^-$$

提供烷基的试剂(烷基化试剂)除卤代烷外,也可以是烯烃或醇。如:

$$C_6H_6 + CH_2{=}CH_2 \xrightarrow{H_2SO_4} C_6H_5CH_2CH_3$$

$$C_6H_6 + CH_3CH_2OH \xrightarrow{H_2SO_4} C_6H_5CH_2CH_3 + H_2O$$

因为烯烃或醇在酸催化下,也能形成乙基碳正离子的亲电试剂。

$$CH_2{=}CH_2 \xrightarrow{H^+} CH_3CH_2^+$$

$$CH_3CH_2OH \xrightarrow{H^+} CH_3CH_2\overset{+}{O}H_2 \xrightarrow{-H_2O} CH_3CH_2^+$$

由于傅-克烷基化反应的中间体是碳正离子,所以,当选用的烷基化试剂含有三个或三个以上碳原子,形成碳正离子不太稳定时,常伴随有重排反应生成重排产物。如:

$$C_6H_6 + CH_3CH{=}CH_2 \xrightarrow{H_2SO_4} \underset{30\%}{C_6H_5CH_2CH_2CH_3} + \underset{70\%(重排产物)}{C_6H_5CH(CH_3)_2}$$

$$C_6H_6 + (CH_3)_2CHCH_2Cl \xrightarrow{AlCl_3} \underset{很少}{C_6H_5CH_2CH(CH_3)_2} + \underset{100\%(重排产物)}{C_6H_5C(CH_3)_3}$$

碳正离子形成与重排过程如下:

$$H_2SO_4 + CH_3CH{=}CH_2 \xrightarrow{-HSO_4^-} CH_3CH_2CH_2^+ \xrightleftharpoons{重排} CH_3\overset{+}{C}H{-}CH_3$$

$$AlCl_3 + (CH_3)_2CHCH_2Cl \xrightarrow{-AlCl_4^-} CH_3{-}\underset{CH_3}{\underset{|}{C}H}{-}\overset{+}{C}H_2 \xrightleftharpoons{重排} CH_3{-}\underset{CH_3}{\underset{|}{\overset{+}{C}}}{-}CH_3$$

由于导入烷基的供电子诱导效应使苯环电子云密度增加,苯环变得更加活泼,生成的烷基苯比苯更容易发生亲电取代反应,因此,傅-克烷基化反应中,常伴随有二取代、三取代等多取代烷基苯生成。如:

$$C_6H_6 + CH_3Cl \xrightarrow[\triangle]{AlCl_3} C_6H_5CH_3 \xrightarrow[AlCl_3]{+CH_3Cl} \begin{cases} 邻二甲苯\ (o\text{-}C_6H_4(CH_3)_2) \longrightarrow \cdots\cdots \\ 对二甲苯\ (p\text{-}C_6H_4(CH_3)_2) \xrightarrow[AlCl_3]{+CH_3Cl} 1,2,4\text{-}C_6H_3(CH_3)_3 \longrightarrow \cdots\cdots \end{cases}$$

(2)傅-克酰基化反应。在无水氯化铝等 Lewis 酸催化下，苯与酰化剂(酰卤或酸酐)反应，苯环上的氢被酰基取代，生成酰基取代苯，称为傅-克酰基化反应。如：

$$C_6H_6 + \underset{\text{乙酰氯}}{CH_3-\overset{O}{\overset{\|}{C}}-Cl} \xrightarrow{AlCl_3} C_6H_5-\overset{O}{\overset{\|}{C}}-CH_3 + HCl$$

$$C_6H_6 + CH_3-\overset{O}{\overset{\|}{C}}-O-\overset{O}{\overset{\|}{C}}-CH_3 \xrightarrow{AlCl_3} C_6H_5-\overset{O}{\overset{\|}{C}}-CH_3 + CH_3-\overset{O}{\overset{\|}{C}}-OH$$

亲电试剂是乙酰基正离子，它是氯化铝夺取了乙酰氯中的氯离子后形成的。

$$AlCl_3 + CH_3-\overset{O}{\overset{\|}{C}}-Cl \longrightarrow \underset{\text{乙酰基正离子}}{CH_3-\overset{O}{\overset{\|}{C}}{}^{+}} + AlCl_4^-$$

傅-克酰基化反应是制备芳香酮(羰基直接与苯环相连的酮)的主要方法，但苯甲醛不能用苯与相应的酰化剂(甲酰氯或甲酸酐)反应来制备。在 $AlCl_3/CuCl$ 催化和一定压力下，将 CO 和 HCl 的混合气体与苯反应，可在苯环上导入甲酰基，生成苯甲醛。

$$C_6H_6 + CO + HCl \xrightarrow[\triangle]{AlCl_3/CuCl} C_6H_5-\overset{O}{\overset{\|}{C}}-H$$

该方法称为加特曼-科赫(Gattermann-Koch)反应。

由于酰基正离子不会发生重排。因此，傅-克酰基化反应中不会产生碳架重排的取代产物。如果要制备三个或三个以上碳原子的直链烷基取代苯，则可先进行酰基化反应制成芳香酮，然后将羰基用 Zn-Hg/HCl 还原来实现。如：

$$C_6H_6 + CH_3CH_2CH_2\overset{O}{\overset{\|}{C}}-Cl \xrightarrow{AlCl_3} C_6H_5-\overset{O}{\overset{\|}{C}}-CH_2CH_2CH_3 \xrightarrow[Zn\text{-}Hg]{HCl} C_6H_5-CH_2CH_2CH_2CH_3$$

酰基是吸电子取代基，它使苯环上的电子云密度降低，苯环变得不活泼，生成的酰基取代苯比苯更难发生亲电取代反应。因此，傅-克酰基化反应不会产生多酰基取代产物。

值得注意，当苯环上有$-NO_2$、$-SO_3H$、$-CN$ 等强吸电子取代基时，不能发生傅-克烷基化和傅-克酰基化反应。如硝基苯常用作傅-克反应的溶剂。

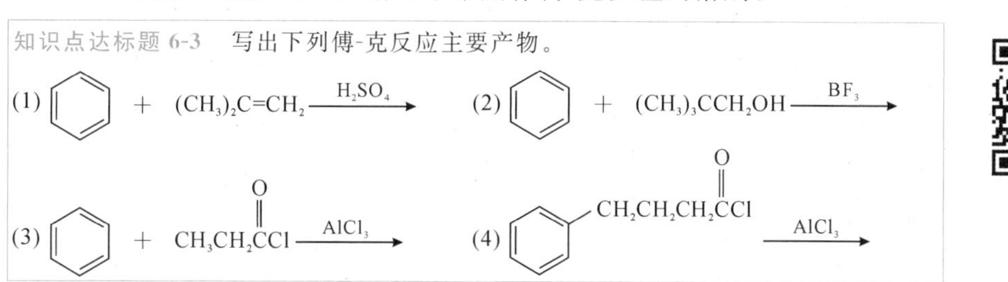

6-2

6.4.2 加成反应

苯环很稳定，一般条件下难以发生加成反应。但在特殊条件下，可与氢气、氯气等发生加成反应。

1. 加氯反应

工业上，苯与氯气在紫外线照射下发生加成反应生成六氯环己烷。

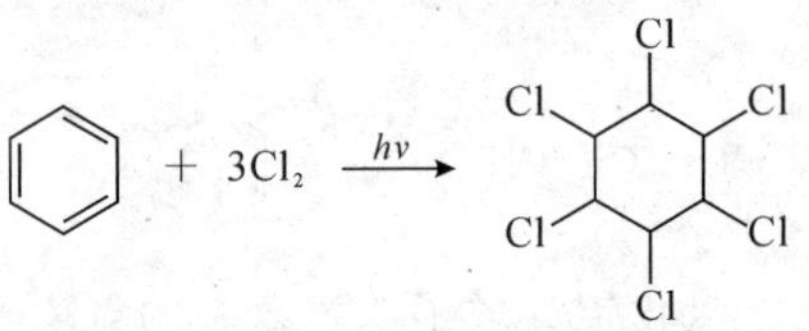

$$C_6H_6 + 3Cl_2 \xrightarrow{h\nu} C_6H_6Cl_6$$

六氯环己烷

六氯环己烷又称六六六，是一种杀虫能力很强的农药。由于六六六化学性质很稳定，在自然条件下不易降解，易累积危害生态环境，已被禁止生产和使用。

2. 加氢反应

在催化剂及高温高压条件下，苯与氢气加成生成环己烷。

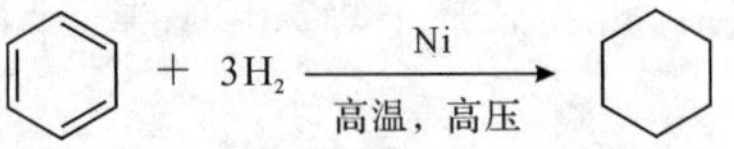

$$C_6H_6 + 3H_2 \xrightarrow[\text{高温，高压}]{Ni} C_6H_{12}$$

如果用 Na-NH_3(液)与乙醇混合物作还原剂，苯环被还原为 1,4-环己二烯，这一反应称为伯奇(**Birch**)还原。

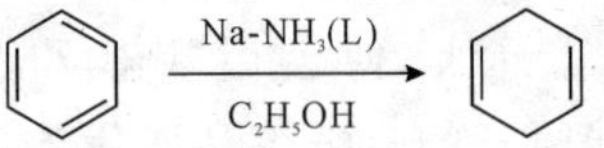

$$C_6H_6 \xrightarrow[C_2H_5OH]{Na\text{-}NH_3(L)} C_6H_8$$

1,4-环己二烯

6.4.3 氧化反应

苯环在一般条件下不容易发生氧化反应。常见的氧化剂如稀硝酸、酸性高锰酸钾、酸性重铬酸钾等均不能使苯环氧化。但在高温和五氧化二钒催化下，苯环可被空气氧化生成顺丁烯二酸酐。

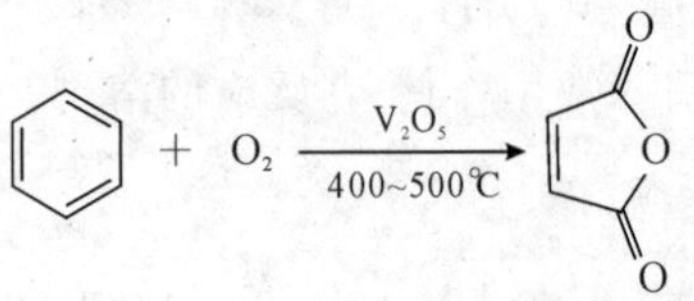

$$C_6H_6 + O_2 \xrightarrow[400\sim500℃]{V_2O_5} C_4H_2O_3$$

顺丁烯二酸酐

综上所述，苯环是一个很稳定的环，化学性质表现为易发生亲电取代反应，难发生加成和氧化反应，这一性质称为芳香性。

6.5　芳烃侧链的反应

6-6

在烷基苯中，直接与苯环相连的碳原子称为 α-碳，其上所连的氢称为 α-氢。受苯环稳定作用的影响，α-氢显得比较活泼，容易发生氧化和卤代反应。

H←α-H{氧化反应；卤代反应}，α-C

6.5.1　卤代反应

在高温或光照条件下，烷基苯与卤素反应，侧链 α-H 被卤素取代。如：

$$C_6H_5-CH_3 + Cl_2 \xrightarrow{h\nu} C_6H_5-CH_2Cl \xrightarrow[h\nu]{Cl_2} C_6H_5-CHCl_2 \xrightarrow[h\nu]{Cl_2} C_6H_5-CCl_3$$

苄氯

$$C_6H_5-CH(CH_3)_2 + Cl_2 \xrightarrow{h\nu} C_6H_5-C(Cl)(CH_3)_2 + HCl$$

反应机理与烷烃卤代反应类似，是自由基取代历程。如果是 α-溴代反应，常用 NBS 作溴化试剂。如：

$$C_6H_5-CH_2CH_3 + \text{NBS (N-Br)} \xrightarrow[\triangle]{CCl_4} C_6H_5-CH(Br)-CH_3 + \text{(N-H 丁二酰亚胺)}$$

6.5.2　氧化反应

含 α-H 的侧链烷基苯，无论烷基碳链多长，经酸性高锰酸钾、酸性重铬酸钾等氧化剂氧化，α-C 转变为 COOH。没有 α-H 的侧链则不被氧化。如：

$$C_6H_5-CH_3 \xrightarrow[H_2SO_4]{KMnO_4} C_6H_5-COOH$$

$$H_3C-C_6H_4-CH(CH_3)-CH_3 \xrightarrow[H_2SO_4]{K_2CrO_7} HOOC-C_6H_4-COOH$$

$$H_3C-C(CH_3)_2-C_6H_4-CH_2CH_3 \xrightarrow[H_2SO_4]{KMnO_4} H_3C-C(CH_3)_2-C_6H_4-COOH$$

6.6 苯环上亲电取代反应定位规律

当苯环上已有一个取代基时，如果再发生亲电取代反应，对新取代基的导入，需要考虑两种情况。一是取代位置，即亲电试剂取代邻、间、对位，哪一种是主要产物；二是取代反应活性，即再取代反应与苯环相比是比苯容易还是比苯难。这两种情况直接跟原有取代基有关，即原有取代基决定再取代反应的位置与活性，通常将苯环上原有取代基称为定位基。

6.6.1 定位基的类型(一取代苯定位规律)

1. 邻、对位定位基

6-7

邻、对位定位基是指使新引入的取代基主要进入它的邻位和对位，使苯环活化(卤素除外)，亲电取代较苯环容易的基团。常见邻、对位定位基如下：

$$\underbrace{-O^-,-NR_2,-NHR,-NH_2,-OH,}_{\text{强活化}}\ \underbrace{-NH-\overset{\overset{\large O}{\|}}{C}-R,-OR,}_{\text{中等活化}}\ \underbrace{-O-\overset{\overset{\large O}{\|}}{C}-R,-R,}_{\text{弱活化}}\ -H,\ \underbrace{-F,-Cl,-Br,-I}_{\text{弱钝化}}$$

从经验规律判断，在邻、对位定位基中，直接与苯环相连的原子大多以单键与其他原子相连(苯基、烯基等除外)，且具有未共用电子对。上述邻、对位基团中，活化及定位能力从左到右依次减弱，即亲电取代活性从易到难。注意，卤素是钝化苯环的邻、对位基，亲电取代较苯难。

2. 间位定位基

间位定位基是指使新引入的取代基主要进入它的间位，使苯环钝化，亲电取代较苯环难的基团。常见间位定位基如下：

$$-N^+R_3>-NO_2>-CF_3>-CN>-SO_3H>-CHO>-\overset{\overset{\large O}{\|}}{C}-R>$$
$$-COOH>-\overset{\overset{\large O}{\|}}{C}-OR>-\overset{\overset{\large O}{\|}}{C}-NH_2>-CCl_3$$

从经验规律判断，在间位定位基中，直接与苯环相连的原子大多含有重键或带正电荷($-CCl_3$、$-CF_3$ 除外)。上述间位基中，钝化及定位能力从左到右依次减弱，即亲电取代左边难，右边易，而定位能力左边强，右边弱。

值得注意的是，邻、对位基除了主要生成邻位和对位产物外，也有少量的间位产物生成。同样，间位基除了主要生成间位产物外，也有少量的邻、对位产物生成。

知识点达标题6-4 排列下列各组亲电取代反应活性大小。

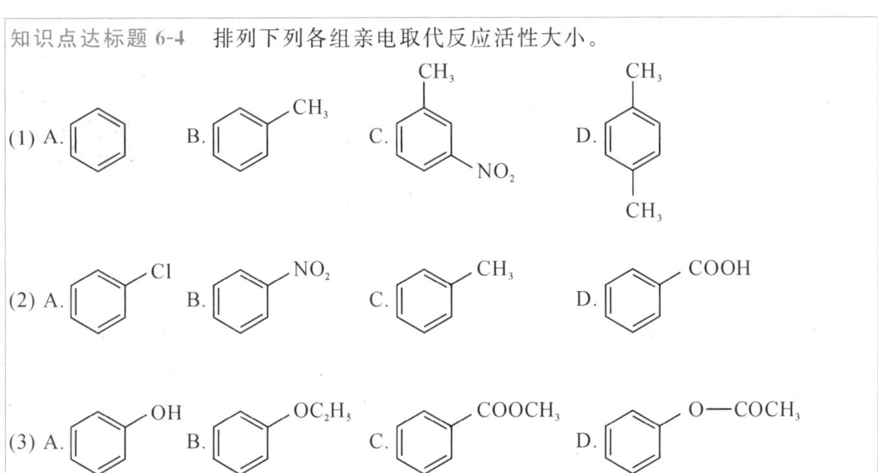

6-2

6.6.2 二取代苯定位规律

当苯环上已有两个取代基时，第三个取代基主要进入的位置，有三种情况：

(1)两个取代基定位作用一致时，第三个取代基进入指定的位置。如：

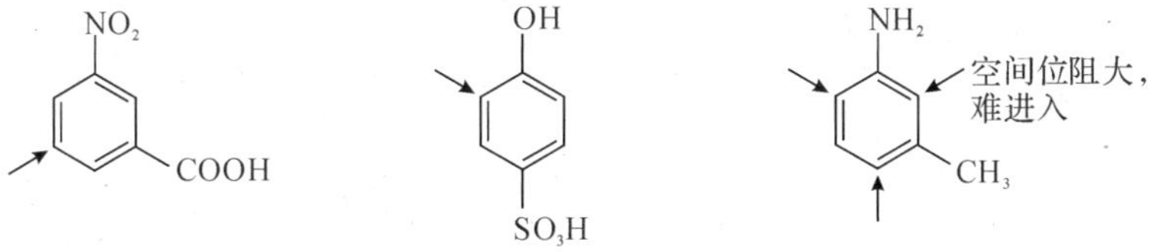

空间位阻大，难进入

其中间甲基苯胺中，氨基、甲基之间，由于空间位阻大，取代基难进入，取代反应很少发生。

(2)两个取代基定位作用不一致时，如果是同一类型定位基，第三个取代基进入位置主要由定位能力强的来决定。如：

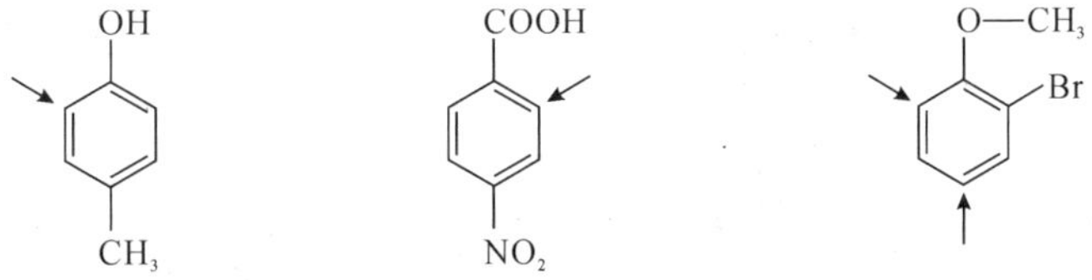

(3)两个取代基定位作用不一致时，如果是不同类型定位基，第三个取代基进入位置主要由邻、对位基来决定。如：

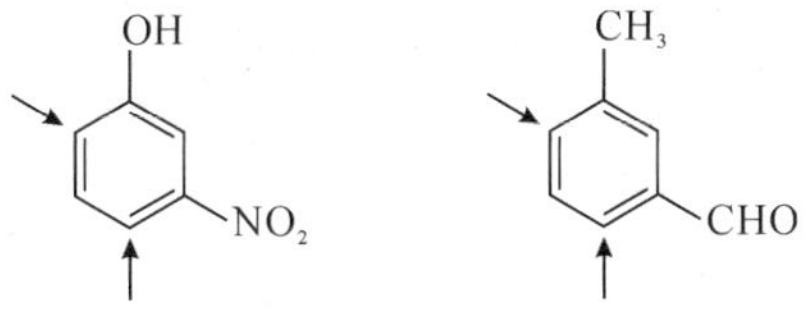

知识点达标题 6-5　用箭头表示下列化合物发生一硝化反应时，硝基进入苯环的位置。

(1) Cl、SO_3H　(2) $NHCOCH_3$、NO_2　(3) NO_2、$COCH_3$　(4) NH_2、CH_3

6-2

6.6.3　定位规律的解释

取代定位规律需要解释反应活性和取代位置，反应活性是活化作用还是钝化作用取决于苯环上电子云密度的高低。如果原有取代基能使苯环上电子云密度增加的则为活化作用，降低的则为钝化作用。取代位置则由亲电试剂进攻邻、对、间位后生成的碳正离子中间体是否稳定来决定，如果原有取代基能分散中间体正电荷的就稳定，不能分散中间体正电荷的就不稳定。

1. 反应活性的解释

6-8

(1)邻、对位定位基。在邻、对位基中，除卤素是弱钝化基外，其他都是给电子的活化基。如：甲苯中，甲基的给电子诱导效应(＋I)和给电子 σ-π 超共轭效应(＋C)协同作用，使苯环上电子云密度增大，亲电取代反应活性增大，是致活基团。而在苯酚、氯苯中，由于 O、Cl 电负性大于 C，吸电子诱导效应(－I)使苯环上电子云密度降低，但氧、氯上一对未共用的 p 电子与苯环发生 p-π 共轭效应(＋C)，会增加苯环上电子云密度。这两种相反作用除卤素是诱导效应强度大于共轭效应外(－I＞＋C)，其他均为共轭效应强度大于诱导效应(＋C＞－I)。所以苯酚中，由于供电子共轭效应强于吸电子诱导效应，使苯环上电子云密度增加，是活化基；氯苯中，因供电子共轭效应弱于吸电子诱导效应，使苯环上电子云密度降低，为弱致钝基团。

供电子σ-π超共轭效应（+C）　供电子p-π共轭效应（+C）　供电子p-π共轭效应（+C）

(+C＞-I)　(+C＜-I)

供电子诱导效应（+I）　吸电子诱导效应（-I）　吸电子诱导效应（-I）

(2)间位定位基。间位基都是使苯环上电子云密度降低的致钝基。如：硝基苯中，N 电负性大于 C，硝基吸电子诱导效应使苯环电子云密度降低，另外，N═O 中 π 键与苯环 π 键发生吸电子的 π-π 共轭效应，两种电子效应协同作用，使苯环上电子云密度降低，亲电取代反应活性降低。

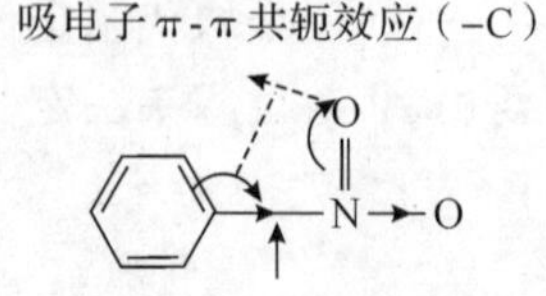

2. 取代位置的解释

在反应机理中，亲电试剂 E^+ 进攻 A 的邻位、对位和间位时，生成三种碳正离子中间体(σ络合物)。每种碳正离子间体各有三种极限共振式。

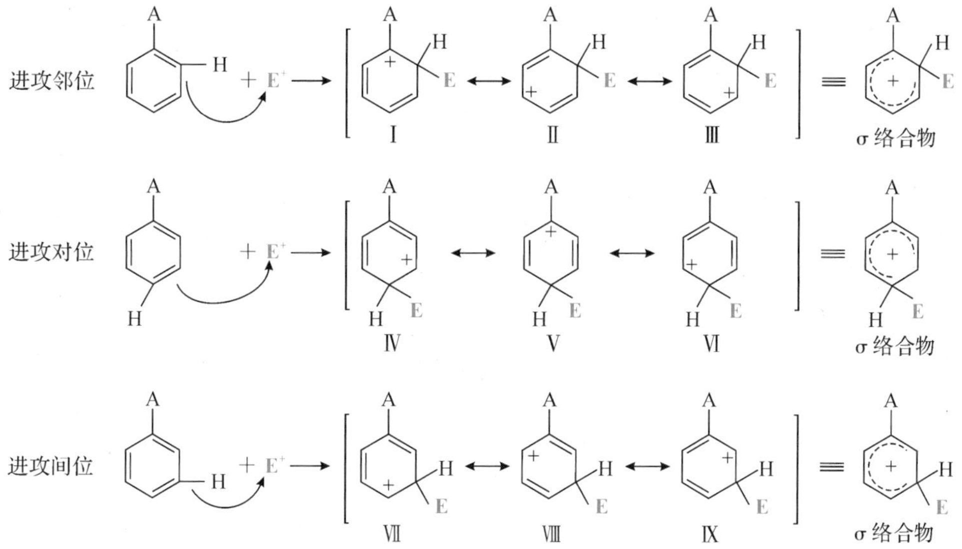

进攻邻位

进攻对位

进攻间位

其中，进攻 A 的邻位、对位时，生成的碳正离子中间体三种极限结构中，都有一个与基团 A 直接相连的碳正离子（Ⅰ、Ⅴ）。进攻间位时，生成的碳正离子中间体都不直接与 A 相连。

如果 A 是供电子基团（如甲基），碳正离子与甲基直接相连，能使Ⅰ或Ⅴ的正电荷得到分散，稳定性增加，而进攻间位的三种正电荷都不与甲基直接相连，分散程度小，稳定性差，所以，邻位或对位产物容易生成，间位产物难以生成。

如果 A 是吸电子基团（如硝基），碳正离子与硝基直接相连，能使Ⅰ或Ⅴ的正电荷更加集中，稳定性较差，不容易形成。而进攻间位，碳正离子不与硝基直接相连，正电荷集中较小，稳定性相对较高，所以，邻位或对位产物难以生成，间位产物容易生成。

6.6.4　定位规律的应用

取代苯环的定位规律用于设计和选择最合理的合成路线，以得到产率最高的主要产物，并力求避免复杂的分离工艺。

例 6-1　以甲苯为原料合成间硝基苯甲酸。

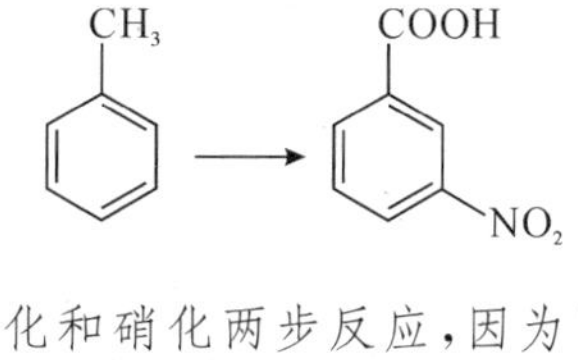

［解析］　目标物合成涉及氧化和硝化两步反应，因为甲基是邻、对位基，羧基是间位基，所以合成路线应是先氧化，后硝化。

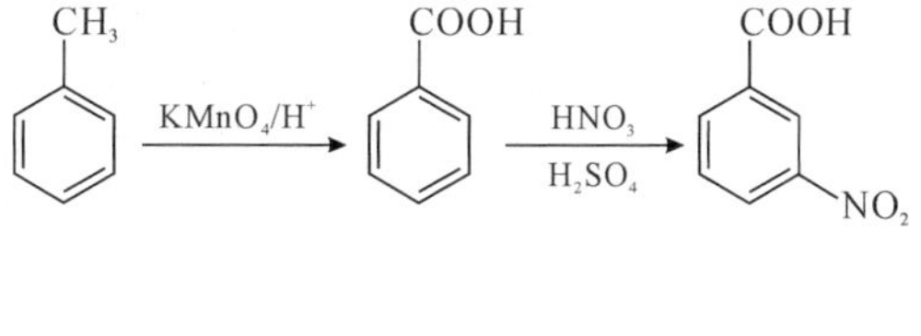

$\xrightarrow{KMnO_4/H^+}$　$\xrightarrow[H_2SO_4]{HNO_3}$

例 6-2 以苯为原料合成邻硝基乙苯。

$C_6H_6 \longrightarrow$ 邻硝基乙苯（CH_2CH_3，NO_2）

［解析］ 目标物合成涉及傅-克烷基化和硝化两步反应，因乙基是邻、对位基，硝基是间位基，应先进行傅-克烷基化反应，为了使硝基主要进入乙基的邻位，可利用磺化反应在较高温度下，磺酸基占据对位的特点，然后通过硝化硝基进入乙基的邻位，最后水解将磺酸基去除。

$C_6H_6 \xrightarrow[AlCl_3]{CH_3CH_2Cl} C_6H_5CH_2CH_3 \xrightarrow[\triangle]{浓H_2SO_4}$ 对乙基苯磺酸（CH_2CH_3，SO_3H）$\xrightarrow[H_2SO_4]{HNO_3}$（$CH_2CH_3$，$NO_2$，$SO_3H$）$\xrightarrow[\triangle]{稀H_2SO_4}$ 邻硝基乙苯（CH_2CH_3，NO_2）

例 6-3 以对硝基甲基为原料合成 4-硝基-2-溴苯甲酸。

对硝基甲苯（CH_3，NO_2）$\longrightarrow$ 4-硝基-2-溴苯甲酸（COOH，Br，NO_2）

［解析］ 目标物合成涉及溴代和氧化反应，由定位基定位规律可知，本合成可设计为先溴代后氧化，也可以先氧化后溴代，考虑到原有钝化基团存在时再发生亲电取代，反应活性低、条件高的缺点，则选择先溴代再氧化比较合理。

（CH_3，NO_2）$\xrightarrow[FeBr_3]{Br_2}$（COOH，Br，$NO_2$）$\xrightarrow{KMnO_4/H^+}$（COOH，Br，$NO_2$）

（CH_3，NO_2）$\xrightarrow{KMnO_4/H^+}$（COOH，NO_2）$\xrightarrow[FeBr_3]{Br_2}$（COOH，Br，$NO_2$） ⇨ 反应活性低、条件高

知识点达标题 6-6 以指定物质为原料，设计合理的合成路线。

(1) 甲苯（CH_3）$\longrightarrow$（COOH，Br）

(2) 苯 $\longrightarrow$（Cl，NO_2）

(3) 苯 $\longrightarrow$（CH_3，NO_2，SO_3H）

6-2

【重要知识小结】

1. 苯环所有原子位于同一平面内，环中闭合共轭大π键电子云完全平均化，没有单、双键之分，C—C键长、键能相同，苯是一种很稳定的分子，易发生亲电取代反应，难以发生加成和氧化反应，即具有芳香性。

2. 苯容易发生亲电取代反应，常见有卤代、硝化、磺化、傅-克烷基化和酰基化五种典型反应。其反应机理分两步，先是亲电试剂进攻π电子形成碳正离子中间体（σ络合物），破坏闭合共轭大π键，然后，碳正离子失去 H^+，恢复苯环结构，生成取代产物。

3. 受苯环的影响，含有α-H的烷基苯，不管侧链长、短，均被高锰酸钾氧化为羧基，没有α-H的则不氧化。同时，α-H可以与卤素发生自由基的取代反应，生成α-卤代产物。

卤代 X_2 / FeX_3 → C₆H₅—X (X=Cl、Br)

硝化 HNO_3 / H_2SO_4, 50~60℃ → C_6H_5—NO_2

$3H_2$ Ni 还原反应

磺化 H_2SO_4 / 70~80℃；$ClSO_3H$ → C_6H_5—SO_3H （可逆）

O_2 氧化反应 V_2O_5, △

亲电取代

烷基化 RX / AlX_3；ROH / BF_3 → C_6H_5—R （C≥3有重排现象）

$RCH{=}CH_2$ / H_2SO_4 → C_6H_5—CH—R (—CH_3)

氧化 $KMnO_4/H^+$ → C_6H_5—COOH

C_6H_5—CH—R （含α-H芳烃）

卤代 X_2 / hv → C_6H_5—CH(X)—R (X=Cl、Br)

酰基化 RCOCl, $AlCl_3$ 或 $(RCO)_2O$, $AlCl_3$；RCOOH / H_2SO_4 → C_6H_5—CO—R （无重排现象）

4. 取代苯发生亲电取代反应时，已有取代基影响苯环上发生亲电取代的活性和取代位置。邻、对位定位基能使亲电取代活性增强（卤素除外），主要产物进入它的邻、对位，间位定位基能使亲电取代活性减弱，主要产物进入它的间位。苯环上已有钝化基时，不能发生傅-克反应。常见邻、对位定位基及定位能力：

$-O^-$, $-NR_2$, $-NHR$, $-NH_2$, $-OH$（强活化）, $-NH-\overset{O}{\overset{\|}{C}}-R$, $-OR$（中等活化）, $-O-\overset{O}{\overset{\|}{C}}-R$, $-R$（弱活化）, $-H$, $-F$, $-Cl$, $-Br$, $-I$（弱钝化）

间位定位基及定位能力：

$$-N^+R_3 > -NO_2 > -CF_3 > -CN > -SO_3H > -CHO > -\overset{O}{\overset{\|}{C}}-R > -COOH > -\overset{O}{\overset{\|}{C}}-OR > -\overset{O}{\overset{\|}{C}}-NH_2 > -CCl_3$$

5. 二取代苯定位规律，当两个取代基定位作用一致时，第三个取代基进入指定位置为主要产物；当两个取代基定位作用不一致时，如果两个取代基属于同一类型，则主要产物由定位能力强的决定第三个取代基进入的位置，如果两个取代基不属于同一类型，则主要产物由邻、对位定位基决定第三个取代基进入的位置。

6-9

习　题

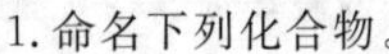

1. 命名下列化合物。

(1) 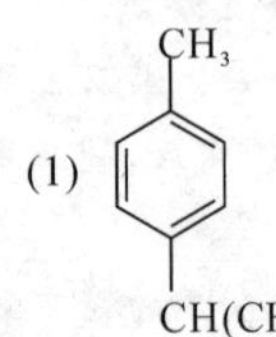

(2) 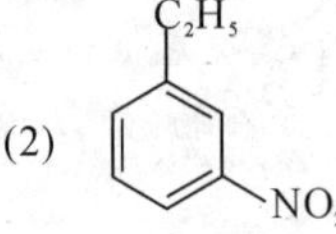

(3) 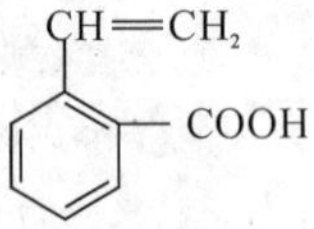 CH═CH₂　COOH

(4)

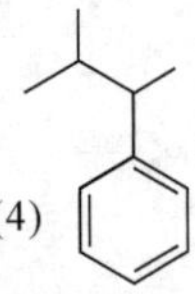

(5) 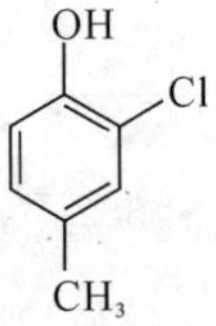 OH　Cl　CH₃

(6) 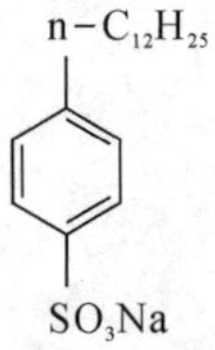 n-C₁₂H₂₅　SO₃Na

2. 写出下列化合物的构造式。

(1)苄溴　(2)对甲基苯乙烯　(3)2,4-二硝基氯苯

(4)环戊基苯　(5)1,4-二苯基-2-丁炔　(6)对羟基苯甲酸

3. 下列化合物进行一硝化时,用箭头表示硝基进入苯环的主要位置。

(1) 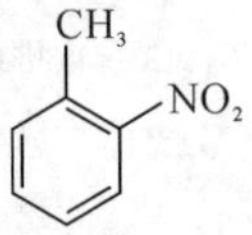 CH₃　NO₂

(2) 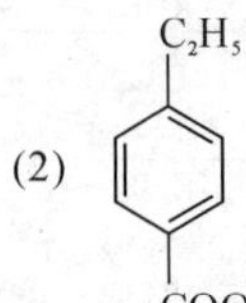

(3) 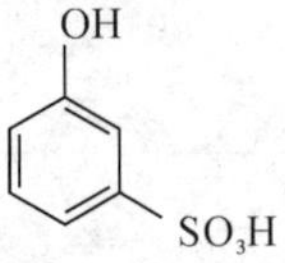 OH　SO₃H

(4) 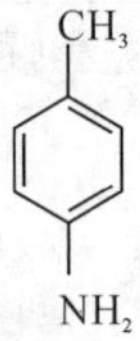 CH₃　NH₂

(5) 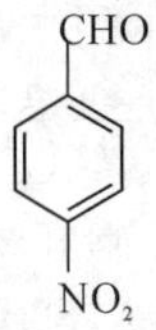 CHO　NO₂

(6) 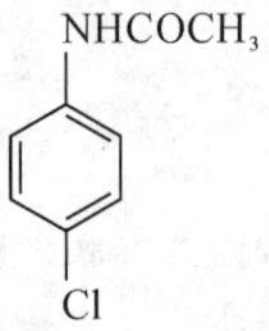 NHCOCH₃　Cl

4. 将下列化合物按苯环上亲电取代反应活性由大到小排列。

(1) A. 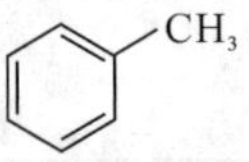 CH₃　B. 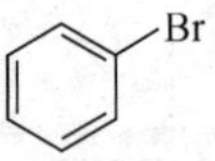 Br　C. 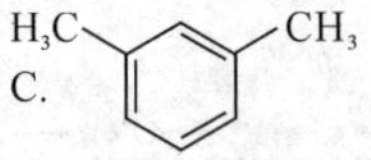 H₃C　CH₃　D. 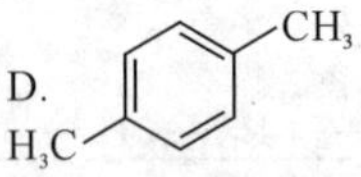 CH₃　H₃C　E.

(2) A. 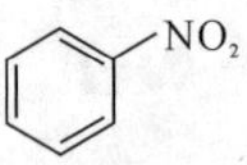 NO₂　B. 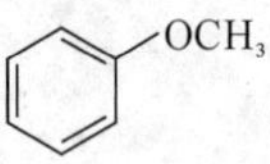 OCH₃　C. 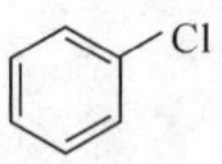 Cl　D. 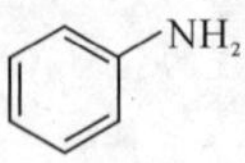 NH₂　E. 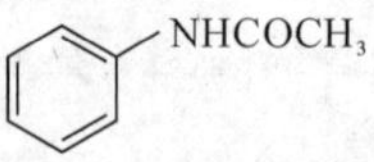 NHCOCH₃

(3) A. 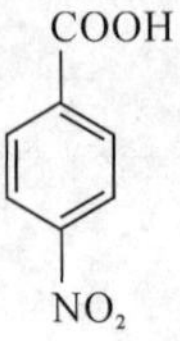 COOH　NO₂　B. 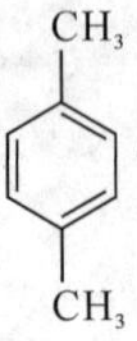 CH₃　CH₃　C. 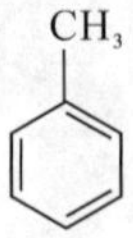 CH₃　D. 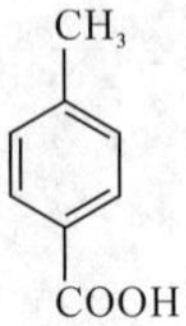 CH₃　COOH　E. 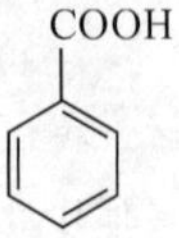 COOH

5. 指出下列化合物能否发生傅-克反应。

(1) 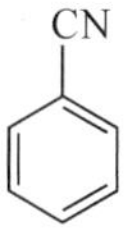 CN　(2) 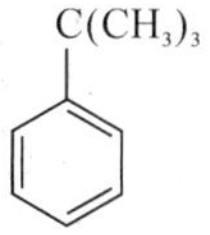 $C(CH_3)_3$　(3) 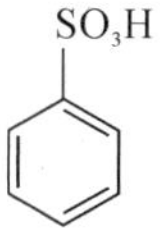 SO_3H　(4)  $COCH_3$

(5) 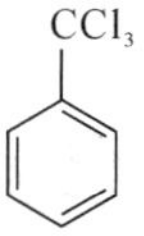 CCl_3　(6) 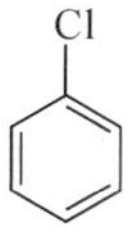 Cl　(7) 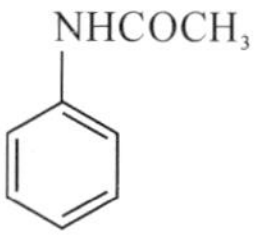 $NHCOCH_3$　(8)  COOH

6. 写出下列各步反应的主要产物。

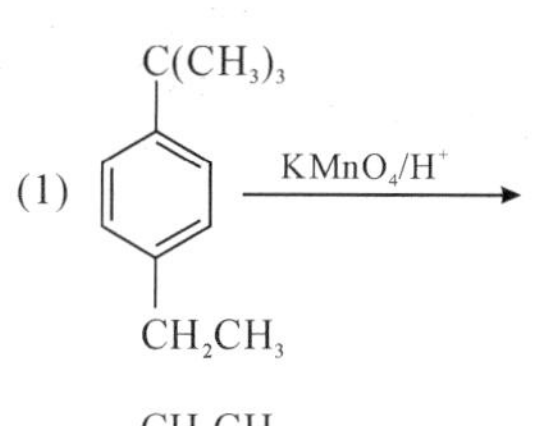

(2) 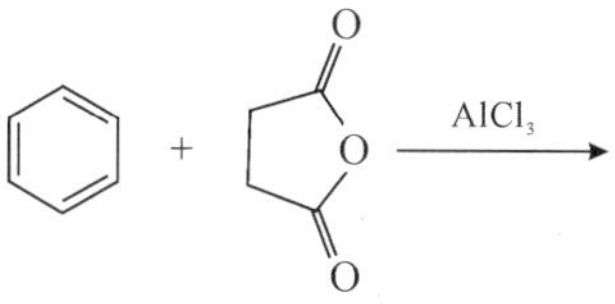 + (O, O, O) $\xrightarrow{AlCl_3}$

(3) CH_2CH_3 $\xrightarrow[Fe]{Br_2}$ $\xrightarrow[h\nu]{Cl_2}$

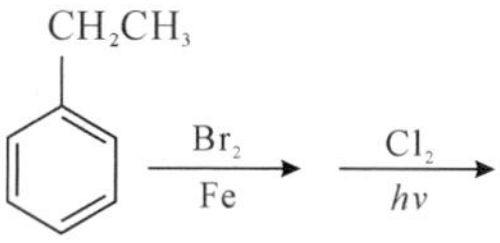

(4) 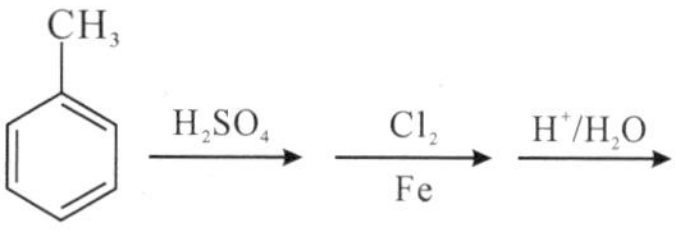 CH_3 $\xrightarrow{H_2SO_4}$ $\xrightarrow[Fe]{Cl_2}$ $\xrightarrow{H^+/H_2O}$

(5) 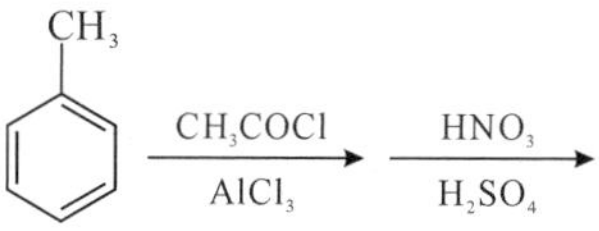 CH_3 $\xrightarrow[AlCl_3]{CH_3COCl}$ $\xrightarrow[H_2SO_4]{HNO_3}$

(6) 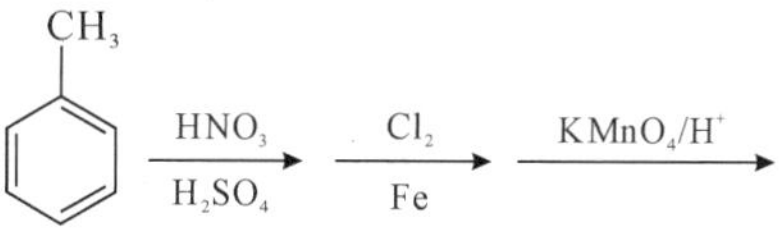 CH_3 $\xrightarrow[H_2SO_4]{HNO_3}$ $\xrightarrow[Fe]{Cl_2}$ $\xrightarrow{KMnO_4/H^+}$

(7)  + $CH_3CH_2CH_2OH$ $\xrightarrow{H_2SO_4}$

(8)  + $ClCH_2CH_2CH_2COCl$ $\xrightarrow{AlCl_3}$

(9) 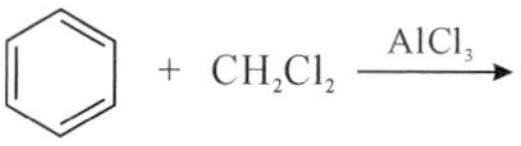 + CH_2Cl_2 $\xrightarrow{AlCl_3}$

7. 以指定物质为原料合成下列化合物。

(1) 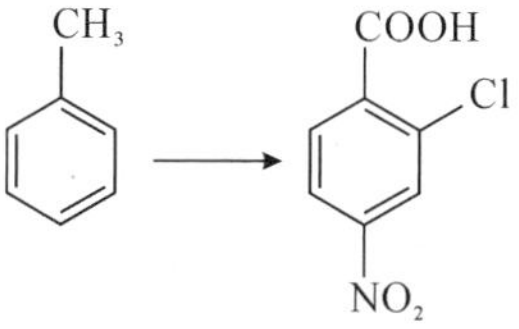 CH_3 ⟶ COOH, Cl, NO_2

(2) 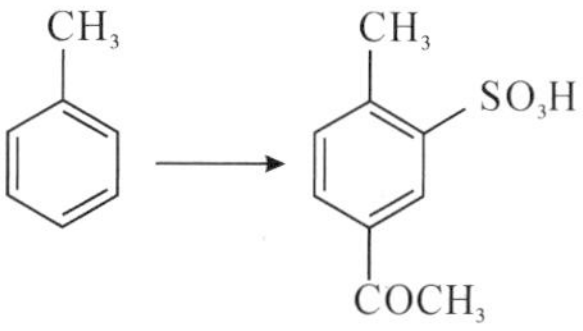 CH_3 ⟶ CH_3, SO_3H, $COCH_3$

(3) CH_3 ⟶ CH_3, Br, Br

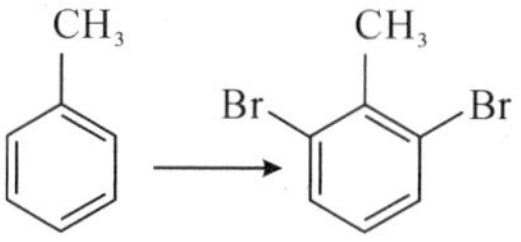

(4) 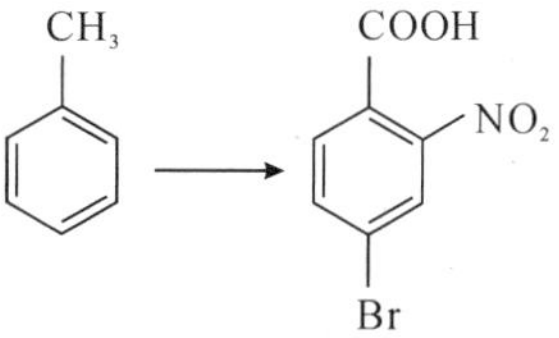 CH_3 ⟶ COOH, NO_2, Br

(5) 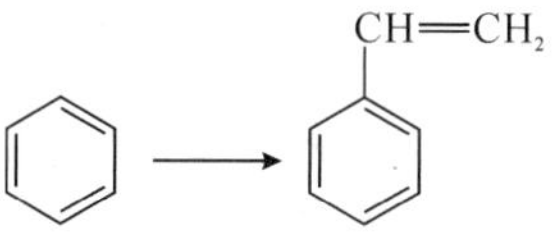 ⟶ $CH{=}CH_2$

(6) 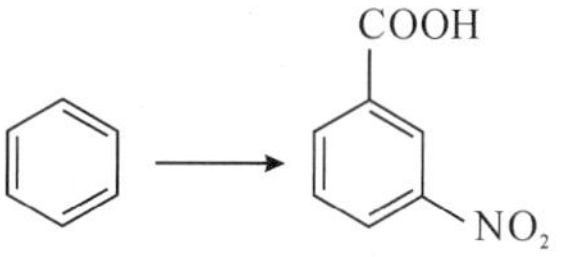 ⟶ COOH, NO_2

8. 化合物 A、B 分子式均为 $C_9H_{12}O$，A 和 B 与浓硫酸共热反应生成 C(C_9H_{10})，C 经温和催化加氢得到 D(C_9H_{12})，D 用混酸硝化只分离得到两种一硝基产物。试推测 A～D 的构造式。

9. 化合物 A($C_{16}H_{16}$)，有顺、反构型异构，在室温下能使 Br_2/CCl_4 溶液和稀、冷 $KMnO_4$ 溶液褪色，A 吸收 1mol H_2 生成 B($C_{16}H_{18}$)，A 和 B 经 $K_2Cr_2O_7/H_2SO_4$ 氧化，均生成C($C_8H_6O_4$)，C 在铁粉存在下与 Cl_2 反应，只能得到一种一氯代物 D。试推测 A～D 的构造式。

➢ PPT 课件
➢ 自测题
➢ 袁承业——中国核燃料萃取剂奠基人

6-10

第 7 章　多环芳烃和非苯芳烃

【知识点与要求】

✧ 了解多环芳烃的分类和命名。

✧ 了解萘的结构与苯环的异同，掌握萘的化学性质及一取代萘的定位规律。

✧ 了解蒽、菲的结构特点和化学性质。

✧ 掌握非苯芳烃的结构特征和休克尔规则。

7.1　多环芳烃的分类与命名

多环芳烃是指分子中含有两个或两个以上苯环的烃。根据苯环之间相互连接方式，多环芳烃分为以下三类。

1. 联苯型芳烃

联苯型芳烃是指分子中有两个或两个以上苯环之间以单键直接相连的烃类化合物。如：

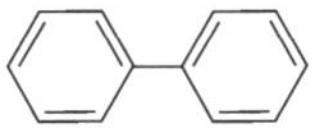

联苯

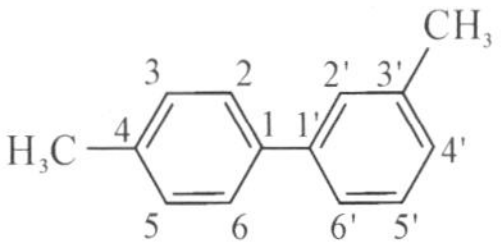

H_3C ... CH_3

3',4-二甲基联苯

命名时，以联苯为母体，从苯环连接处开始对各苯环用 1、1′独立编号，并满足取代基小号原则。

2. 多苯代脂肪烃

多苯代脂肪烃是指脂肪烃分子中的氢原子被两个或两个以上苯环取代的烃类化合物。如：

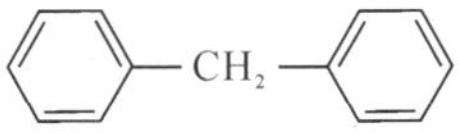

$C_6H_5-CH_2-C_6H_5$

二苯基甲烷

$C_6H_5-\overset{1}{C}H=\overset{2}{C}H-C_6H_5$

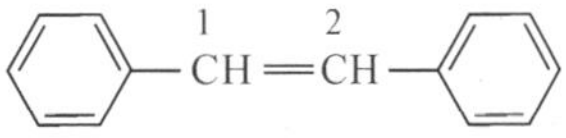

1,2-二苯基乙烯

命名时，以脂肪烃为母体，苯作为取代基。

3. 稠环芳烃

稠环芳烃是指分子中含有两个或两个以上苯环，彼此共用两个相邻碳原子稠合而成的烃类化合物。如：

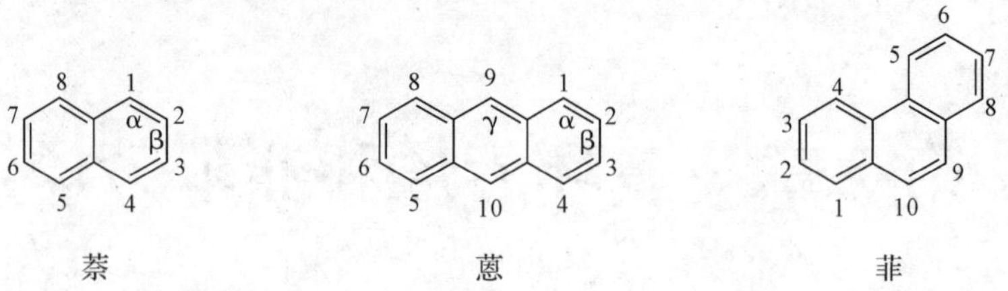

萘　　蒽　　菲

它们都有固定的编号方式，萘有两种氢类型，1、4、5、8 是等同的，叫 α 位；2、3、6、7 是等同的，叫 β 位。蒽有三种氢类型，1、4、5、8 是等同的，叫 α 位；2、3、6、7 是等同的，叫 β 位；9、10 是等同的，叫 γ 位。菲有五种氢类型，1、8，2、7，3、6，4、5，9、10 分别等同。命名时，环与侧链哪个作母体，其原则与含苯环化合物命名相同。如：

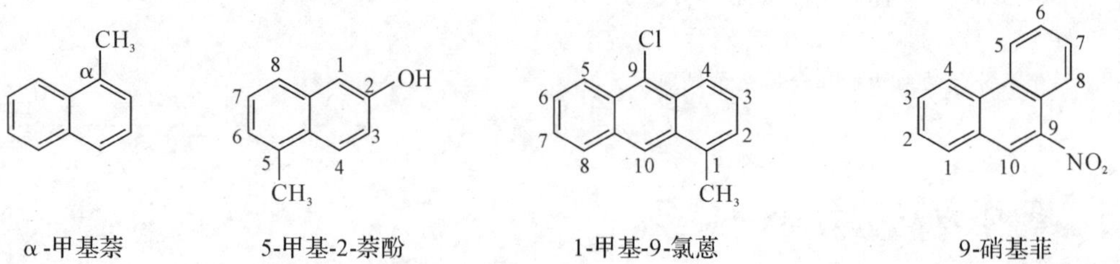

α-甲基萘　　5-甲基-2-萘酚　　1-甲基-9-氯蒽　　9-硝基菲

知识点达标题 7-1　命名下列化合物。

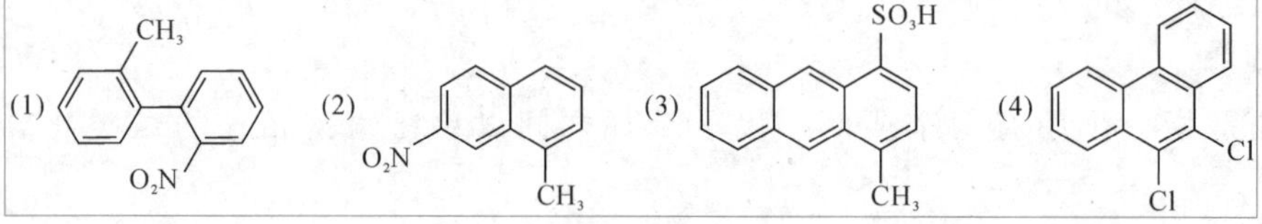

(1)　(2)　(3)　(4)

7-1

7.2 稠环芳烃

7.2.1 萘

萘是白色片状晶体，熔点 80.5℃，沸点 218℃，易升华，有特殊的气味，曾用作防蛀剂，不溶于水，易溶于热的乙醇、乙醚等有机溶剂。

1. 萘的结构

萘分子式为 $C_{10}H_8$，结构与苯相似，所有碳原子在同一平面内，碳原子均为 sp^2 杂化，10 个未杂化的 p 轨道从侧面重叠形成一个闭合的共轭大 π 键。

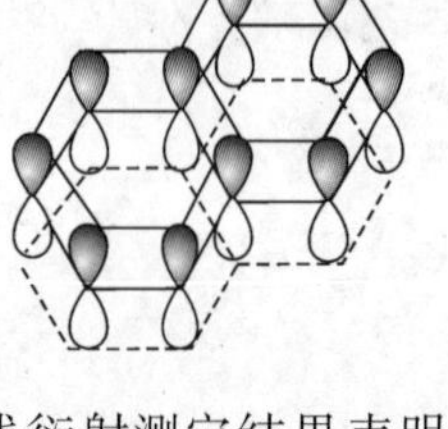

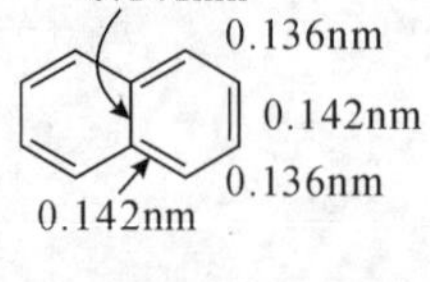

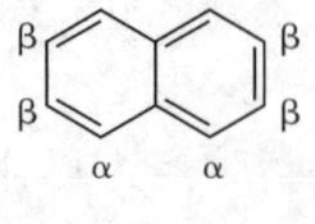

0.141mn　0.136nm　0.142nm　0.136nm　0.142nm

α　α　β　β　β　β　α　α

X 射线衍射测定结果表明，萘分子中 C—C 键长不完全相等，表明共轭大 π 键电子云没有完全平均化，其中电子云密度 **α>β**。所以，萘的稳定性较苯差。

2. 萘的化学性质

7-2

萘的化学性质与苯相似，但比苯更容易发生亲电取代、加成和氧化反应。

(1)亲电取代反应。由于萘的大 π 键电子云没有完全平均化，电子云密度 α>β，所以亲电取代主要发生在 α 位上。如：

$$萘 + Cl_2 \xrightarrow[\triangle]{FeCl_3} α\text{-氯萘} + HCl$$

α-氯萘

$$萘 + HNO_3 \xrightarrow{H_2SO_4} α\text{-硝基萘} + H_2O$$

α-硝基萘

萘的磺化反应主要产物与反应温度有关，在 80℃ 以下，主要生成 α-萘磺酸；当温度升到 165℃ 时，主要生成 β-萘磺酸。

$$萘 + H_2SO_4 \xrightleftharpoons{<80℃} α\text{-萘磺酸}$$

$$萘 + H_2SO_4 \xrightleftharpoons{165℃} β\text{-萘磺酸}$$

$$α\text{-萘磺酸} \xrightarrow[165℃]{H_2SO_4} β\text{-萘磺酸}$$

α-萘磺酸　β-萘磺酸

这是因为 α 位活性高于 β 位，在低温时，反应速度快，α-萘磺酸更容易生成。但是磺酸基体积较大，与异环 8 位上的氢距离近，存在较大的空间位阻，稳定性较差，而 β-萘磺酸中大体积的磺酸基与 8 位上的氢距离远，空间位阻小，比较稳定，且磺化反应是可逆反应。所以，当温度升高时，不稳定的 α-萘磺酸会转变为较稳定的 β-萘磺酸。

由于萘比苯活泼，发生傅-克烷基化时，生成多取代的复杂产物，实际应用不大。萘的傅-克酰基化反应的产物与溶剂的极性有关，用非极性溶剂(如 CS_2、CCl_4 等)，主要得到α 位产物，用极性溶剂(如 CH_3NO_2、$C_6H_5NO_2$ 等)，主要得到 β 位产物。

$$萘 + CH_3COCl \xrightarrow[CS_2]{AlCl_3} α\text{-萘乙酮}$$

$$萘 + CH_3COCl \xrightarrow[CH_3NO_2]{AlCl_3} β\text{-萘乙酮}$$

α-萘乙酮　β-萘乙酮

(2)还原反应。萘比苯容易还原，不同反应条件下，萘加氢还原得到不同的产物。如用铂催化，生成十氢萘；用钯-碳催化，生成四氢萘；用钠-液氨作还原剂，生成1,4-二氢萘。

$+H_2$，△ / Pt，加压　　$+H_2$，△ / Pd-C，加压

十氢萘　　四氢萘

$Na\text{-}NH_3(L)/C_2H_5OH$

1,4-二氢萘

(3)氧化反应。萘比苯容易氧化，不同条件下，得到不同的氧化产物。如常温下，萘用CrO_3的乙酸溶液氧化，生成1,4-萘醌；在V_2O_5催化、高温、空气强烈氧化下，开一个环生成邻苯二甲酸酐。

CrO_3 / 乙酸　　空气，V_2O_5 / 400~500℃

1,4-萘醌　　邻苯二甲酸酐

3. 萘环二取代规律

7-3

当萘环上已有一个取代基，再发生取代反应时，首先考虑亲电试剂是进攻同环还是异环，然后考虑是取代α位还是取位β位。

(1)邻、对位定位基。当原有基团是邻、对位基时，因为它总体是供电子，能使苯环活化，所以发生的是同环取代。如果邻、对位基位于**α**位，则第二个取代基主要进入同环的另一**α**位；如果邻、对位基位于**β**位，则第二个取代基主要进入同环的与它相邻的α位。如：

CH_3 —H_2SO_4, △→ CH_3, SO_3H

CH_3 —HNO_3, △→ NO_2, CH_3

(2)间位定位基。当原有基团是间位基时，因为它是吸电子基，钝化苯环，所以发生异环取代。无论原有基团位于 α 位还是 β 位，第二个取代基主要进入另一环的 α 位。如：

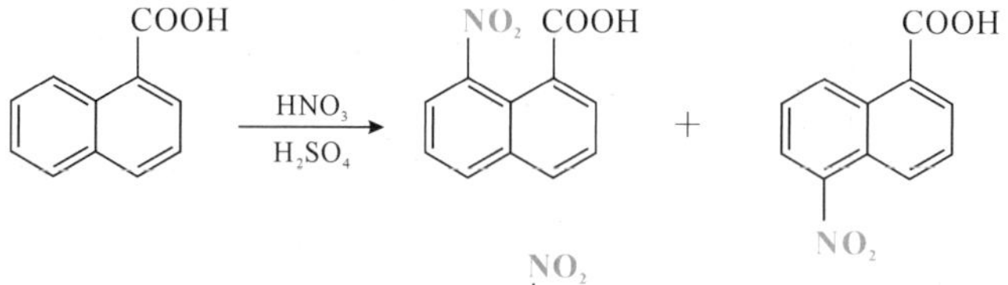

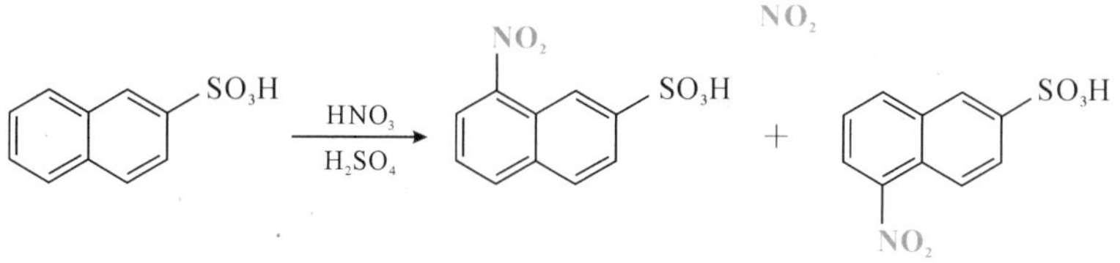

7.2.2　蒽和菲

蒽为无色具有蓝色荧光的片状晶体，熔点为 216℃，沸点为 340℃，溶于苯，难溶于乙醇和乙醚，不溶于水。菲为无色晶体，熔点为 101℃，沸点为 340℃，易溶于苯和乙醚，溶液呈蓝色荧光，不溶于水。

蒽、菲结构和萘相似，所有碳在同一平面内，14 个未杂化 p 轨道形成一个闭合的共轭大 π 键。大 π 键电子云没有完全平均化，分布不均匀，其中 9、10 位碳上电子云密度最高，性质最活泼，是取代、加成、氧化反应的发生部位。

(1)取代反应。如：

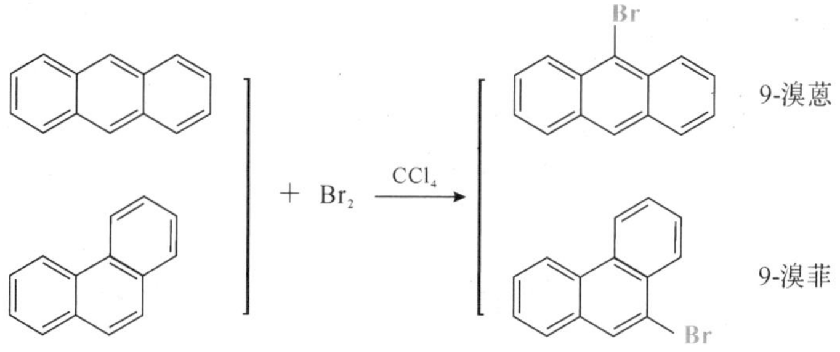

9-溴蒽

9-溴菲

(2)加氢还原。如：

9,10-二氢蒽

9,10-二氢菲

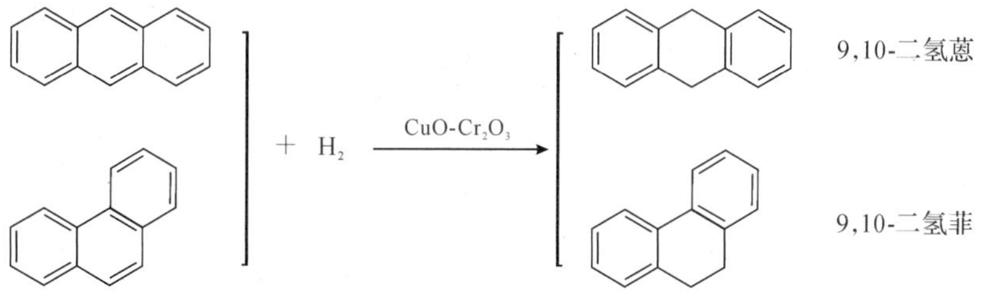

(3)氧化反应。如：

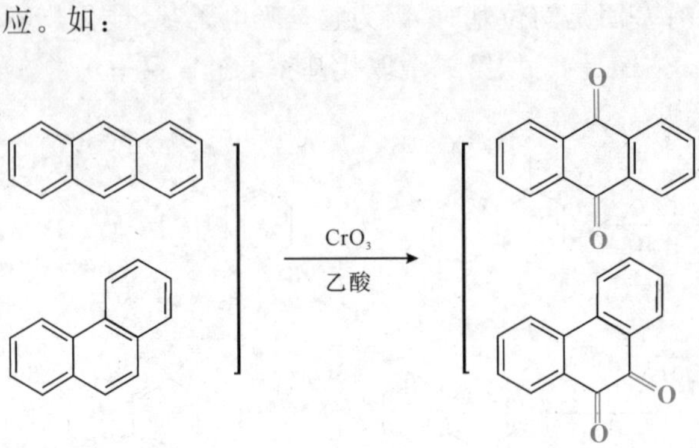

$\xrightarrow[\text{乙酸}]{CrO_3}$

9,10-蒽醌

9,10-菲醌

7.2.3 致癌芳烃

在20世纪初，人们已注意到长期从事煤焦油作业的人员中，有皮肤癌的病例。后来用动物试验方法（如在动物体上长期涂抹煤焦油），也证实了煤焦油中的某些高沸点馏分能引起癌肿，即具有致癌作用。致癌芳烃是以3,4-苯并芘为代表的含有四个及四个以上苯环、具有特征结构的一些稠环芳烃。如：

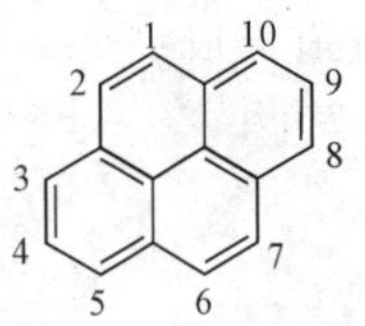

芘 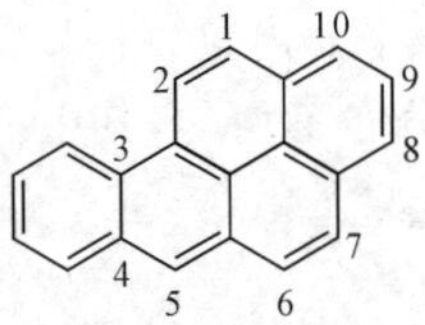　　3,4-苯并芘 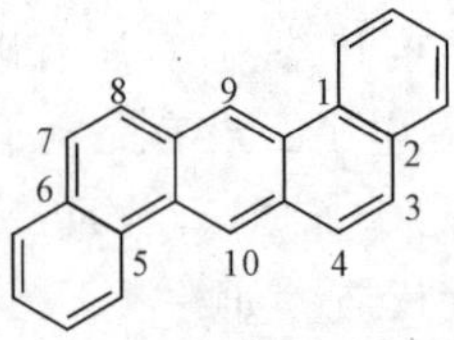　　1,2,5,6-二苯并蒽

3,4-苯并芘又称苯[a]并芘，具有强烈的致癌作用。它存在于没有完全燃烧的有机化合物中，如烟草烟雾、汽车尾气、烧烤食物等。

近年来的研究认为，致癌烃多为蒽和菲的衍生物。如：

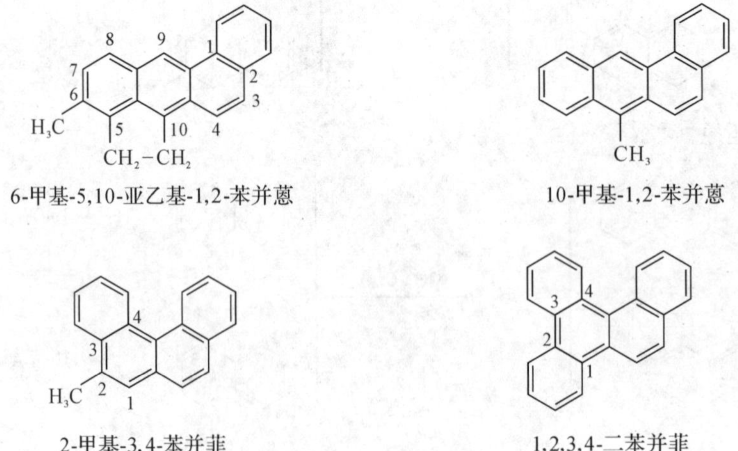

6-甲基-5,10-亚乙基-1,2-苯并蒽　　10-甲基-1,2-苯并蒽

2-甲基-3,4-苯并菲　　1,2,3,4-二苯并菲

多环芳烃的结构和致癌的关系，现在只有一些初步的经验规律。有关致癌机理以及和致癌物结构的关系还很不清楚，这方面的工作对于环境保护、癌病的治疗和预防都有极重要的意义。

知识点达标题 7-2　写出下列反应的主要产物。

(1) —CH_3 $\xrightarrow{H_2SO_4}$

(2) NO_2 $\xrightarrow[AlCl_3]{CH_3COCl}$

(3) Br $\xrightarrow[CCl_4]{Br_2}$

7-1

7.3　非苯芳烃

7-4

苯、萘、蒽、菲等是由苯环组成的苯型芳香烃，它们在结构上形成了环状的闭合共轭体系，在化学性质上表现为环稳定、易亲电取代、难以加成、难以氧化反应等，即芳香性。但是，有些不含有苯环组成的烃类化合物也具有一定的芳香性，这类化合物称为非苯型芳香烃。

7.3.1　休克尔规则

非苯型芳香烃应具备什么条件？1937 年，休克尔(Hückel)总结了单环多烯是否有芳香性的判断方法：

(1)成环原子共平面或接近于平面；

(2)有环状闭合的共轭大 π 键；

(3)共轭大 π 键的电子数等于 $4n+2(n=0,1,2,3,\cdots)$。

同时符合这三个条件的环状化合物，就有芳香性。这个判断规则称为休克尔规则。

7.3.2　非苯芳香烃

1. 芳香性离子

(1)环丙烯正离子。环丙烯三个碳原子构成同一平面环，因为 C_3 是 sp^3 杂化，没有形成闭合的共轭 π 键，所以没有芳香性。C_3 上去掉一个 H 原子形成环丙烯基，C_3 为 sp^2 杂化，形成了闭合的共轭 π 键，但 π 电子数为 3，不等于 $4n+2$，也没有芳香性。如果环丙烯基的 C_3 再失去一个电子，形成环丙烯正离子，则闭合 π 键电子数为 2，等于 $4n+2(n=0)$，所以，环丙烯正离子符合休克尔规则，具有芳香性。

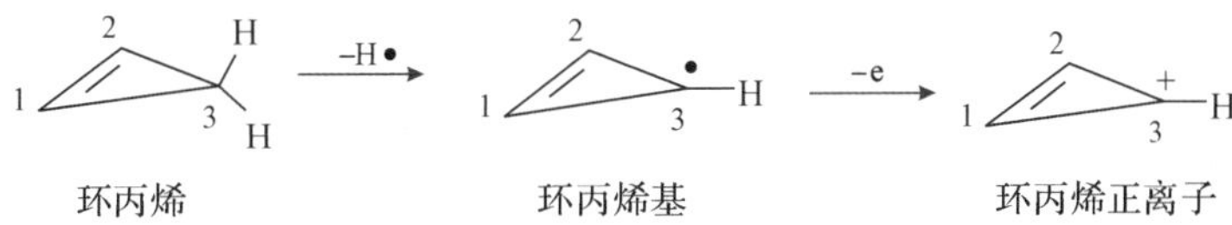

(2)1,3-环戊二烯负离子。1,3-环戊二烯五个碳原子位于同一平面，C_4 为 sp^3 杂化，没有形成闭合的共轭 π 键；1,3-环戊二烯基，闭合共轭 π 键的电子数为 5，不等于 $4n+2$，所以，1,3-环戊二烯和 1,3-环戊二烯基都不符合休克尔规则，没有芳香性。而 1,3-环戊二烯负离子，闭合共轭 π 键的电子数为 6，等于 $4n+2(n=1)$，符合休克尔规则，具有芳香性。

1,3-环戊二烯　　$\xrightarrow{-H\bullet}$　　1,3-环戊二烯基　　$\xrightarrow{+e}$　　1,3-环戊二烯负离子

(3)1,3,5-环庚三烯正离子。与环丙烯相似,1,3,5-环庚三烯和1,3,5-环庚三烯基不符合休克尔规则,没有芳香性,而1,3,5-环庚三烯正离子具有芳香性。

$\xrightarrow{-H\bullet}$　　$\xrightarrow{-e}$

1,3,5-环庚三烯正离子

(4)薁。薁是由一个五元环和一个七元环稠合而成的蓝色固体(又称蓝烃),熔点为99℃。10个碳原子同平面,闭合共轭π键的电子数为10,符合休克尔规则,具有芳香性。也可以将薁视为由环戊二烯负离子和环庚三烯正离子稠合而成。

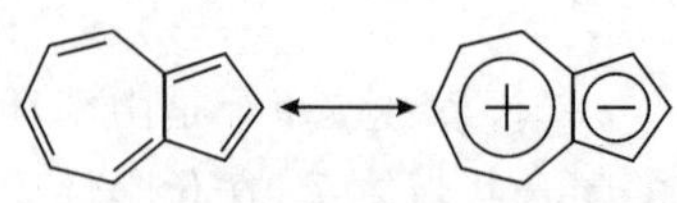

2. 轮烯

通常将$n\geqslant10$,具有单、双键交替的单环多烯烃(C_nH_n)称为轮烯。如:[10]轮烯(又称环癸五烯)、[14]轮烯(又称环十四碳七烯),存在闭合共轭π键,π电子数分别为10、14,满足$4n+2$,但环中碳原子不能在同一平面内,因为轮内H原子之间距离近,强烈的排斥作用使环发生扭转离开了同平面,所以不符合休克尔规则,没有芳香性。

[18]轮烯(又称环十八碳九烯),因为环内氢原子之间排斥作用较小,能形成单环共平面,环上π电子数符合$4n+2$,所以具有芳香性。

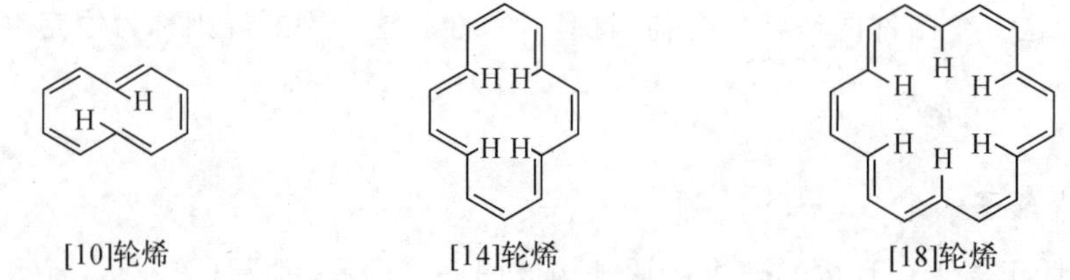

[10]轮烯　　[14]轮烯　　[18]轮烯

知识点达标题 7-3　判断下列结构哪些具有芳香性。

(1) 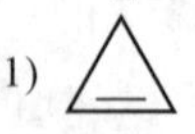　(2) 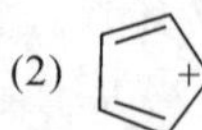　(3)

(4) 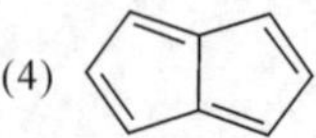　(5) 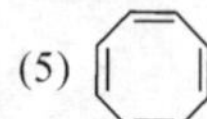　(6)

7-1

【重要知识小结】

1. 多环芳烃有联苯型、多苯代脂肪烃和稠环芳烃三类,萘、蒽、菲是常见的稠环芳烃,它们有固定的编号方法。

2. 萘环是同平面的结构,闭合的共轭π键电子云没有完全平均化,α位电子云密度高于β位,所以亲电取代反应主要发生在α位,但高温下磺化反应和极性溶剂下的酰基化反应主要发生在β位。

3. 萘的二取代规律，原有活化基团位于 α 位，第二基团进入同环的另一 α 位是主要产物，活化基团位于 β 位，第二基团进入同环的相邻 α 位是主要产物；原有钝化基团，无论位于 α 位还是 β 位，第二基团进入异环的任一 α 位是主要产物。

4. 蒽、菲碳环在同一平面内，9、10 位电子云密度高，亲电取代、还原和氧化反应主要发生在 9、10 位。

5. 单环同平面的多烯烃，闭合共轭 π 键电子数为 $4n+2(n=0,1,2,3,\cdots)$ 时，符合休克尔规则，则该化合物具有芳香性。环丙烯正离子、环戊二烯负离子、环庚三烯正离子、[14]轮烯、[18]轮烯是典型的非苯芳烃。

习　题

7-5

1. 命名下列化合物。

(1) 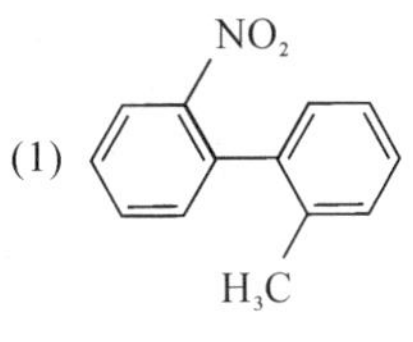

(2) 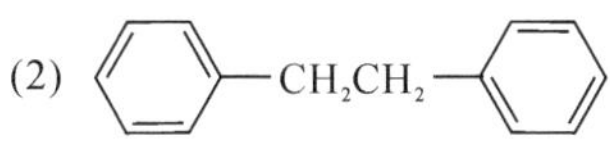

(3) 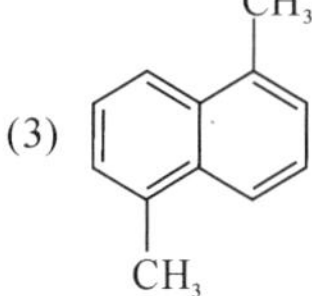

(4) 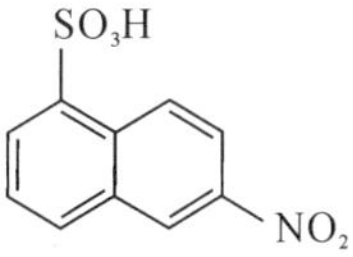 SO_3H, NO_2

(5) 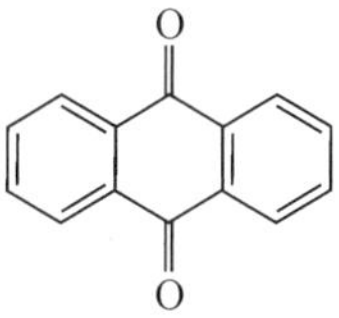 O, O

(6) 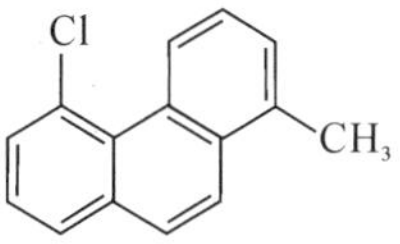 Cl, CH_3

2. 判断下列化合物是否具有芳香性。

(1)

(2)

(3) 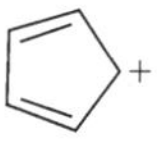 +

(4) 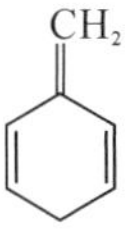 CH_2

(5)

(6) 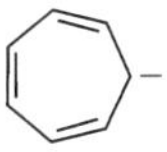 −

(7)

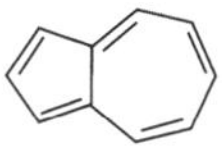

(8)

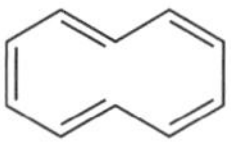

(9) 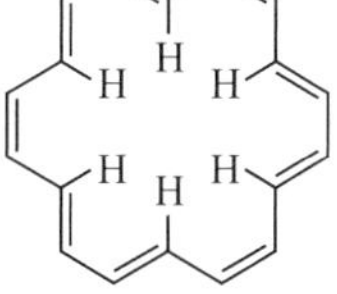 H H H H H H

3. 写出下列反应的主要产物。

(1) 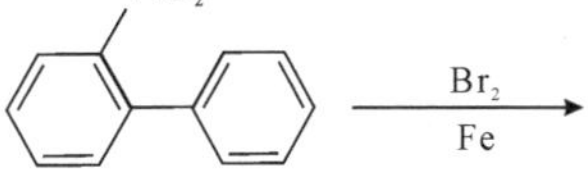 NO_2 $\xrightarrow[Fe]{Br_2}$

(2) O, C—NH $\xrightarrow[H_2SO_4]{HNO_3}$

(3) OCH_3 $\xrightarrow[AlCl_3]{CH_3COCl}$

(4) NO_2 $\xrightarrow{H_2SO_4}$

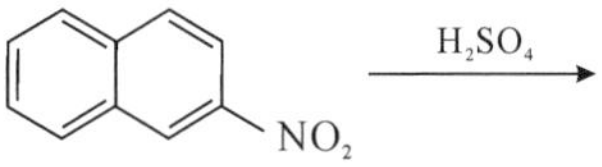

(5) 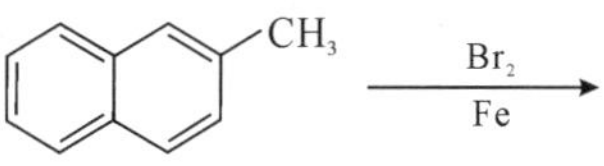 CH_3 $\xrightarrow[Fe]{Br_2}$

(6) 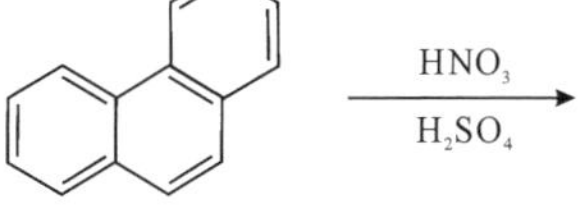 $\xrightarrow[H_2SO_4]{HNO_3}$

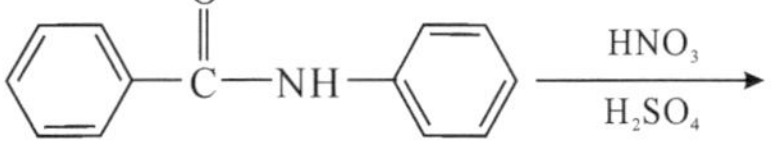

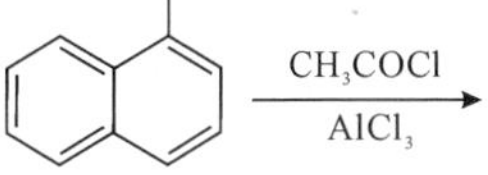

4. 用苯、甲苯及其他必要试剂合成下列化合物。

(1) 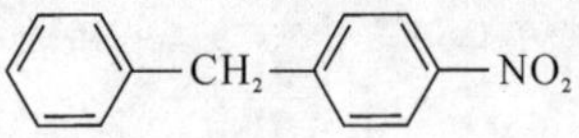 —CH_2— —NO_2　　(2)

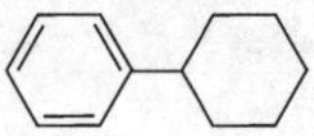

(3) 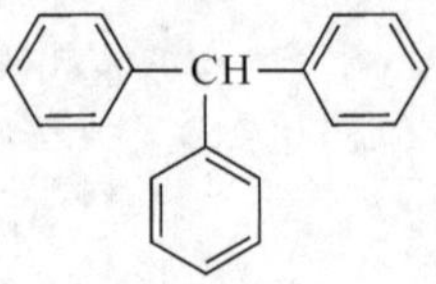 —CH—

5. 化合物茚(C_9H_8)存在于煤焦油中，能使 Br_2/CCl_4 溶液和酸性 $KMnO_4$ 溶液迅速褪色，温和条件下吸收 1mol H_2 生成茚满(C_9H_{10})，较剧烈还原时生成分子式为 C_9H_{16} 的化合物。茚经剧烈氧化生成邻苯二甲酸。试推测茚和茚满的构造式。

➢ PPT 课件

➢ 自测题

➢ 黄志镗——中国杯芳烃与超分子化学的先驱

7-6

第 8 章　对映异构

【知识点与要求】

✧ 了解比旋光度、光学纯度、对映体过量百分数的概念，并能进行简单的计算。

✧ 掌握对映体、非对映体、外消旋体和内消旋体的概念。

✧ 掌握手性分子与对称因素的关系。

✧ 熟练掌握手性分子的透视式、费歇尔投影式书写方法和构型的 D/L 与 R/S 标记方法。

✧ 了解环状化合物、联苯型、丙二烯型手性分子的结构条件。

有机化合物的同分异构分为构造异构和立体异构两大类。立体异构是指构造相同，原子或原子团在空间排列不同，立体异构包括构型异构和构象异构，而构型异构又分为顺反异构和对映异构。

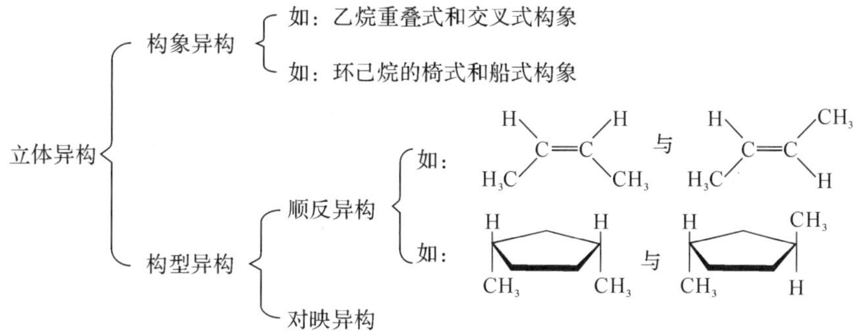

8.1　手性与对映异构

伸出我们的双手，发现左手与右手，它们相似，但彼此不能重合。如果中间放一镜面，如左手是实物，则镜面里的像就是右手（见图 8-1），即左、右手是实物与镜像关系，彼此不能重合，手的这种特征称为手性。在研究有机分子结构时，发现有些有机化合物分子，如 2-羟基丙酸，也存在两种结构相似的分子，它们不能重合，互为实物与镜像关系（见图 8-2）。这种互为实物与镜像关系、不能重合的异构称为对映异构。其中实物、镜像结构是一对对映异构体，简称对映体。

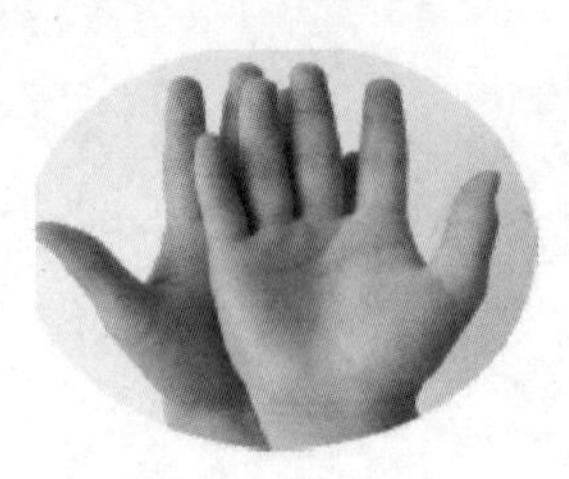

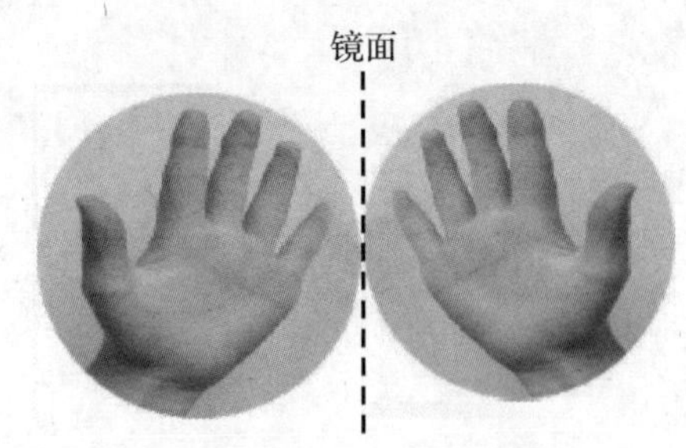

左右手不能重合　　　　左右手互为实物与镜像

图 8-1　左右手互为实物与镜像

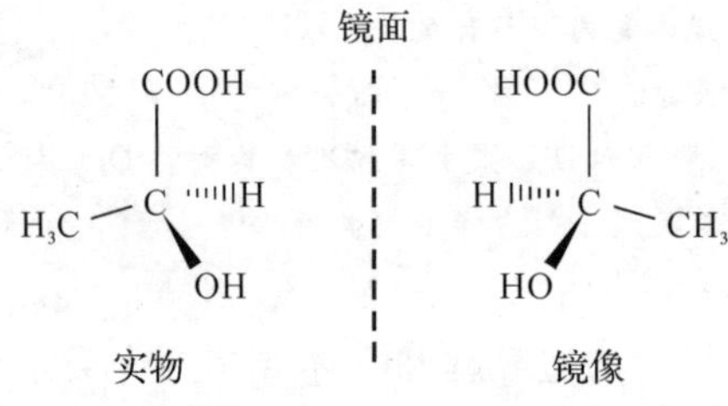

图 8-2　2-羟基丙酸的对映异构体

8.2　物质的旋光性

8.2.1　偏振光和物质的旋光性

8-1

光是一种电磁波，振动方向与传播方向垂直。普通光的光波在各个不同方向上振动，当普通光通过一个尼科尔(Nicol)棱镜时，结果与棱镜晶轴平行的光能通过，其他光则被阻挡不能通过(见图 8-3)。这种通过尼科尔棱镜后只在一个平面上振动的光称为平面偏振光，简称偏振光。

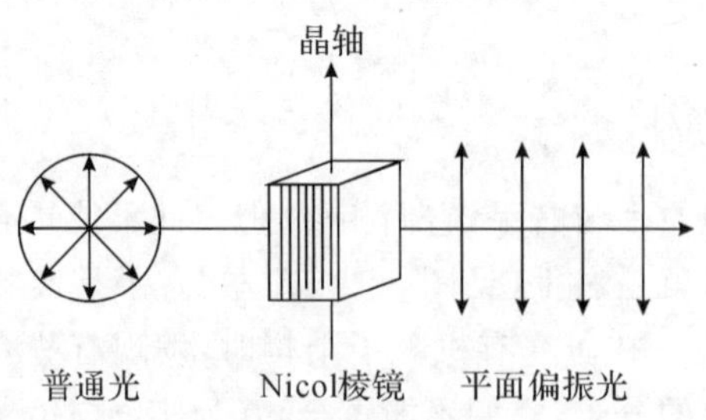

图 8-3　偏振光的形成

当偏振光通过水、乙醇等液体介质时，偏振光的振动方向不发生改变，这类物质称为非旋光性物质。当偏振光通过乳酸、葡萄糖等物质时，偏振光会发生旋转，这类物质称为旋光性物质，或叫光学活性物质(见图 8-4)。这种能使偏振光发生旋转的性质称为旋光性。其中能使偏振光向左旋转的，称为左旋体，用(－)或(l)表示；向右旋转的，称为右旋体，用(＋)或(d)表示。

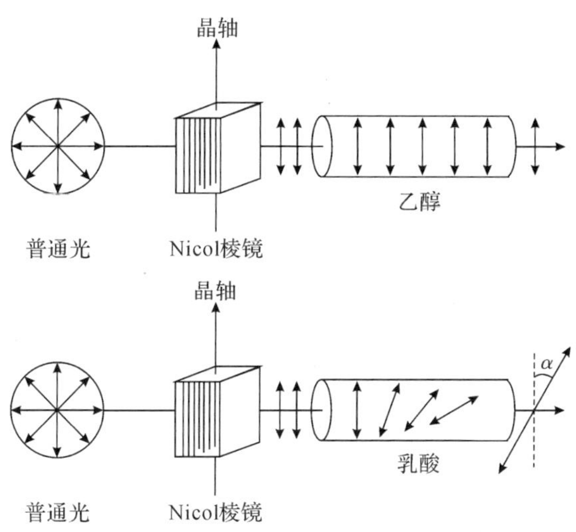

图 8-4　非旋光性物质与旋光性物质对偏振光的影响

8.2.2　旋光仪和比旋光度

旋光性物质能使偏振光旋转的角度，叫作旋光度，用 α 表示。旋转方向和旋转角度大小可用旋光仪进行测定。旋光仪（见图 8-5）主要由一个单色光源、两个尼科尔棱镜和一个盛液管组成。第一个尼科尔棱镜称为起偏镜，将光源变成偏振光；第二个尼科尔棱镜称为检偏镜，可以向左、向右旋动。当偏振光通过旋光性物质时，要将检偏镜旋转一定角度后才能看到光通过，检偏镜旋转的角度可由与之相连的刻度盘读出，其中旋转的角度即为所测样品的旋光度。

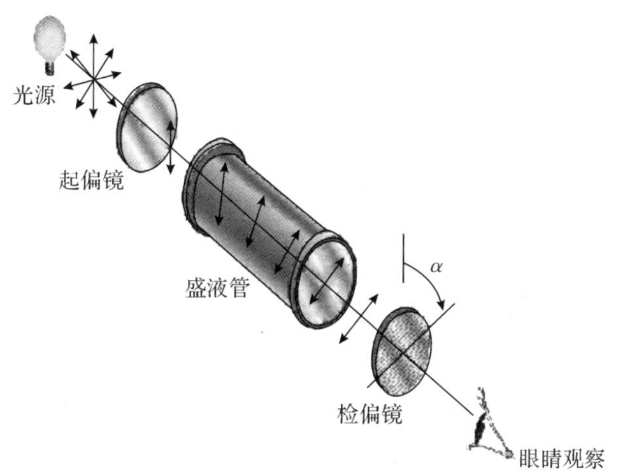

图 8-5　旋光仪示意图

每一种旋光性物质在一定条件下都有一定的旋光度，但测定的旋光度大小与溶液的浓度、盛液管的长度、测定的温度和波长有关。为了能比较不同物质的旋光性，常用比旋光度 $[\alpha]_D^t$ 来表示。其计算公式如下：

$$[\alpha]_D^t=\frac{\alpha}{l\times C}$$

式中，t 为测定时的温度(℃)；D 为钠光 D 线波长 589nm；α 为实验测定旋光度(°)；l 为盛液管的长度(dm)；C 为溶液浓度($g \cdot ml^{-1}$)(纯液体用密度)。

如葡萄糖$[\alpha]_D^{20}=+52.7°$(水)，表示在 20℃时，以钠光源测得葡萄糖水溶液的比旋光度为右旋 52.7°。

8.3 手性与分子结构的对称性

8.3.1 手性分子

8-2

2-羟基丙酸的立体结构有两种，它们之间互为实物与镜像关系，不能重合，这种性质称为手性，具有手性特征的分子称为手性分子。所以，2-羟基丙酸分子是手性分子，其对映体结构如下：

镜面
COOH　　HOOC
H_3C—C—H　　H—C—CH_3
OH　　HO

凡实物与镜像能相互完全重合的分子，称为非手性分子。此时，实物与镜像不是异构体，而是相同分子。

8.3.2 分子结构对称因素

分子是否具有手性，与分子结构的对称性有关，通常可以通过分析分子中是否存在对称面和对称中心来判断是否为手性分子。

1. 对称面

假如有一个平面可以将分子分成两部分，且两部分正好是实物与镜像关系，那么这个平面就是该分子的对称面。

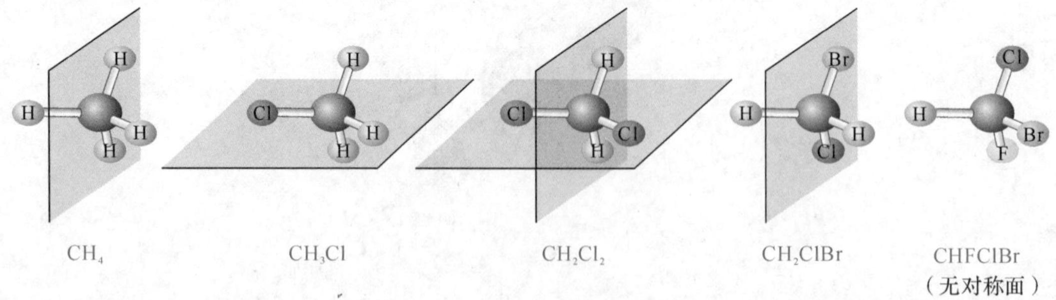

CH_4　CH_3Cl　CH_2Cl_2　CH_2ClBr　CHFClBr（无对称面）

如甲烷中，有 H—C—H 的对称面将分子分成实物与镜像两部分；CH_3Cl 中，存在 H—C—Cl 对称面；CH_2Cl_2 中，有 Cl—C—Cl 和 H—C—H 两个对称面；CH_2ClBr 中，存在 Br—C—Cl 对称面。而 CHFClBr 中，则没有对称面。凡是存在对称面的分子是非手性分子。

2. 对称中心

如果分子中能找到一个点，从分子任何一个原子或基团向该点连接，并在其等距离的延长线上都能找到相同的原子或基团，这个点称为对称中心。

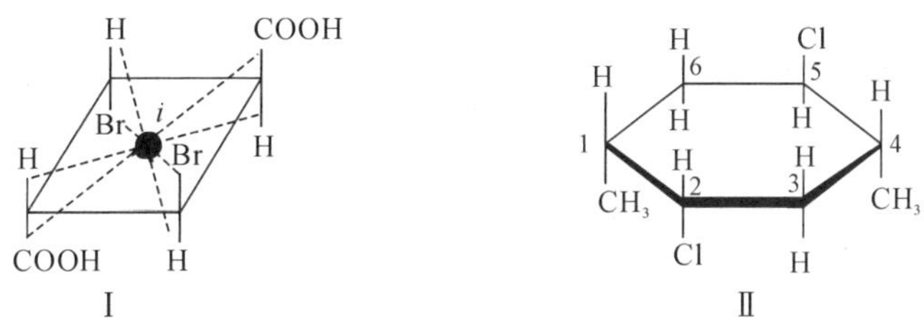

如：Ⅰ分子中存在对称中心 i，Ⅱ分子中六元环的中心，对于 2 与 5 号、3 与 6 号碳上原子是对称中心，而对于 1 与 4 号碳上的氢与甲基则不是对称中心，所以Ⅱ没有对称中心。

如果一个分子既没有对称面，也没有对称中心，该分子就具有手性，有光学活性，存在对映异构体；有对称面或者有对称中心的，就是非手性分子，没有光学活性，就没有对映异构体。

知识点达标题 8-1　判断下列分子有否对称面或对称中心，是否具有手性。

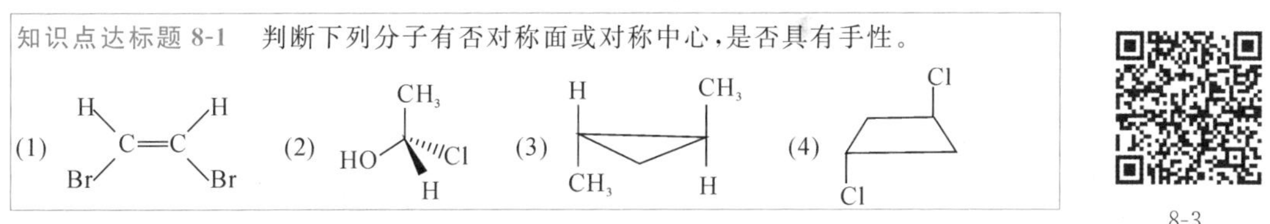

8.4　含一个手性碳原子的对映异构

8.4.1　手性碳原子

2-羟基丙酸中，2 号饱和碳原子连接的是四个不相同的原子或基团，这种碳原子称为手性碳原子，或叫不对称碳原子，用“C*”来标注。如：

$CH_3-\overset{*}{C}H(OH)-COOH$　　$CH_3CH_2\overset{*}{C}H(CH_3)CH=CH_2$　　1-甲基-1-甲基-3*-甲基环己烷（H_3C、CH_3、*$-CH_3$）　　$HOOC\overset{*}{C}H(OH)\overset{*}{C}H(OH)COOH$

含有一个手性碳原子的分子一定是手性分子，具有旋光性，有左旋体与右旋体两种结构，它们相似但不能重合，这两种构型可用透视式或费歇尔投影式来表示。

1. 透视式(或楔形式)

透视式是用碳的四面体结构来表示，其中实线表示在纸面上，虚线表示伸向纸内，楔线表示伸向纸外。如：

COOH, H_3C, H, OH ｜ HOOC, H, CH_3, HO

2. 费歇尔(Fischer)投影式

费歇尔投影式是用平面形式表示手性碳原子的立体结构。规定水平横线表示基团伸向纸外，竖线表示基团伸向纸内，交叉点表示手性碳原子。如：

COOH / H_3C—C—H / OH ≡ H_3C—┼—OH (COOH, H) ┆ HO—┼—CH_3 (COOH, H) ≡ H—C—CH_3 / HOOC / HO

费歇尔投影式书写方便，是对映异构体常用的表达方式，它是将立体结构用平面来表示，所以在书写时要注意：

(1)基团位置关系是“横外竖内”；

(2)将费歇尔投影式在纸面上旋转 180°后，构型不变，还是原物质；

(3)将费歇尔投影式离开纸面翻转 180°或在纸平面上旋转 90°或 270°时，则构型改变，成为它的镜像结构，即是另一异构体。

离开纸面翻转180°

构型改变（不同异构体）

在纸面顺时针旋转90°

在纸面顺时针旋转90°

构型改变（恢复原构型）

构型改变（不同异构体）

原构型（相同分子）

在纸面顺时针旋转180°

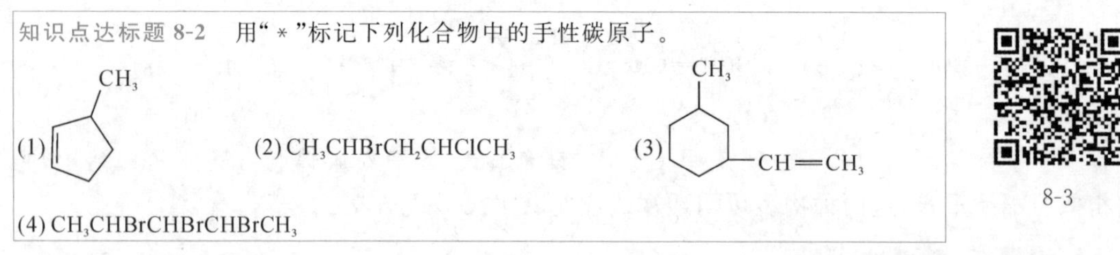

知识点达标题 8-2　用“*”标记下列化合物中的手性碳原子。

(1)

(2) $CH_3CHBrCH_2CHClCH_3$

(3)

(4) $CH_3CHBrCHBrCHBrCH_3$

8-3

8.4.2　构型的标记方法

1. D/L 标记法

8-5

D/L 标记法又称相对构型标记法。1951 年以前，人们一直无法确定手性分子的真实构型，当时费歇尔以甘油醛为标准物。在费歇尔投影式中，甘油醛主链放在竖线上，且醛基在上方，若氢在左边，羟基在右边，则人为规定为 D 型；若氢在右边，羟基在左边，则为 L 型。其他构型参照甘油醛来确定。如：

CHO / H—+—OH / CH_2OH D-甘油醛　　CHO / HO—+—H / CH_2OH L-甘油醛　　COOH / H—+—OH / CH_3 D-2-羟基丙酸　　COOH / HO—+—H / CH_3 L-2-羟基丙酸　　COOH / H_2N—+—H / CH_3 L-α-氨基酸

2. R/S 标记法

R/S 标记法是根据 IUPAC 命名法建议，目前广泛使用的一种方法。其标记方法为：

①按次序规则将手性碳原子上的四个基团进行大小排序。

②把排序最小的基团放在离观察者眼睛最远的位置，观察其余三个基团由大→中→小的顺序；若是顺时针方向，则其构型为 R，若是逆时针方向，则其构型为 S。

(S)-2-羟基丙酸　　(R)-2-羟基丙酸

注意：构型 D/L 或 R/S 与旋光方向的左旋、右旋没有任何对应关系。

对于用平面表示的费歇尔投影式，可用下列方法快速标记构型，方法为：

①按次序规则将手性碳原子上的四个基团进行大小排序。

②如果排序最小的基团在竖线位置，其余三个基团由大→中→小的顺序，若是顺时针方向，构型为 R；若是逆时针方向，构型为 S，即小竖位置旋转方向与构型相同。

③如果排序最小的基团在横线位置，其余三个基团由大→中→小的顺序，若是顺时针方向，构型为 S；若是逆时针方向，构型为 R，即小横位置旋转方向与构型相反。

可归纳为“横变竖不变”原则，当最小基团在横线位置时，实际构型与大→中→小排列方向相反，即变；当最小基团在竖线位置时，实际构型与大→中→小排列方向相同，即不变。如：

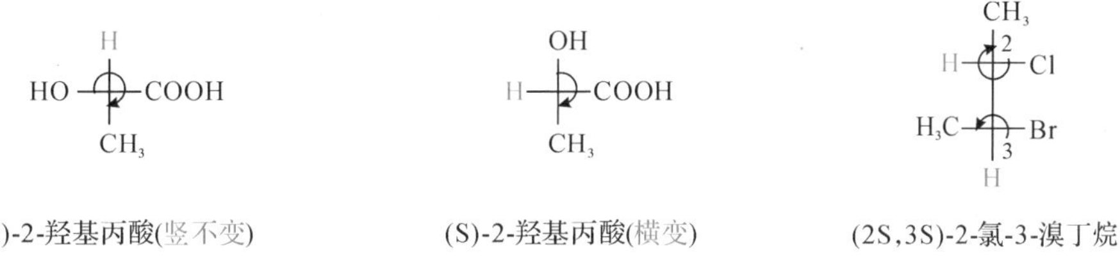

(R)-2-羟基丙酸(竖不变)　　(S)-2-羟基丙酸(横变)　　(2S,3S)-2-氯-3-溴丁烷

8.4.3 对映体性质与外消旋体

含有一个手性碳原子的化合物，有两个互为实物与镜像关系的异构体，其中一个为左旋体，另一个为右旋体，构成一对对映异构体，简称对映体。

对映体之间的旋光性能力相同，但旋光方向相反。如：从葡萄糖发酵得到的左旋乳酸比旋光度为$[\alpha]_D^{5}=-3.82$(水)，从肌肉中分离得到的右旋乳酸比旋光度为$[\alpha]_D^{5}=+3.82$(水)。此外，它们在非手性环境中的性质基本上没有区别，如它们的熔点、沸点、溶解度、反应速率等都相同。但在手性环境中，如与手性试剂作用、用手性催化剂催化、在手性溶剂中反应，它们的速率则不相同。在生物体内的酶和各种底物都是手性的，因此，对映体在生物体内的生理活性往往表现出很大的差别。如：左旋氯霉素有抗菌作用，而右旋氯霉素则没有疗效；左旋尼古丁的毒性比右旋尼古丁大得多；等等。

如果将对映体中的左旋体与右旋体等量混合，则旋光性刚好相互抵消，得到没有旋光性的混合物，这一混合物称为外消旋体（racemate），用（±）表示。外消旋体性质与单个左旋体或右旋体相比，除在非手性环境中化学性质相同外，物理性质不同。如：左、右旋乳酸的熔点为53℃，而外消旋体的熔点为18℃。外消旋体在生物体内各自发挥左、右旋体的相应生理效能。

知识点达标题 8-3 用 R/S 标记下列化合物中手性碳原子的构型。

(1) CH_3；H、Cl、C_2H_5 (2) CH_3；HO、COOH、H (3) Br；H—┼—C_2H_5；CH_3 (4) Br；HOOC—┼—C_2H_5；CH_3

8-3

8.5 含两个及两个以上手性碳原子的对映异构

8.5.1 含两个不相同手性碳原子化合物的对映异构

8-6

2-羟基-3-氯丁二酸中有 C_2、C_3 两个手性碳原子，这两个手性碳原子上所连的四个基团不完全相同。因为每个手性碳原子各有两种不同的构型，所以它们可以组合成四个不同的立体异构体。

HOOC—$\overset{*}{C}$H—$\overset{*}{C}$H—COOH（1, 2, 3, 4；C2 上 OH，C3 上 Cl）

2-羟基-3-氯丁二酸

	Ⅰ	Ⅱ	Ⅲ	Ⅳ
上	COOH	COOH	COOH	COOH
C2	H—┼—OH	HO—┼—H	H—┼—OH	HO—┼—H
C3	H—┼—Cl	Cl—┼—H	Cl—┼—H	H—┼—Cl
下	COOH	COOH	COOH	COOH
构型	(2S,3S)	(2R,3R)	(2S,3R)	(2R,3S)

Ⅰ与Ⅱ：对映体；Ⅲ与Ⅳ：对映体

其中Ⅰ与Ⅱ、Ⅲ与Ⅳ互为对映体，等量的Ⅰ和Ⅱ或Ⅲ和Ⅳ组成两个外消旋体。而Ⅰ与Ⅲ、Ⅳ之间和Ⅱ与Ⅲ、Ⅳ之间不是实物与镜像关系，它们彼此称为非对映异构体。非对映异构体之间的比旋光度值、物理性质、化学性质和生理活性均不相同。

含有 n 个不同手性碳原子的化合物，有 2^n 个对映异构体，可组成 2^{n-1} 个外消旋体。

8.5.2 含两个相同手性碳原子化合物的对映异构

2,3-二氯丁二酸中，C_2、C_3 两个手性碳原子所连的四个基团完全相同，按每个手性碳原子各有两种构型，也可以组成四个立体结构。

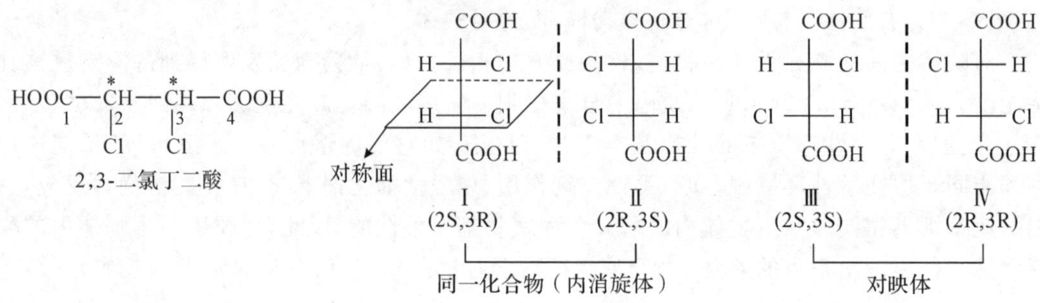

其中Ⅲ与Ⅳ是一对对映异构体，Ⅰ与Ⅱ实际上是同一个化合物。因为Ⅰ结构中在 C_2、C_3 之间存在一个对称面，将分子上、下分成实物与镜像两部分，因此没有旋光性，是非手性化合物，不存在对映体。所以，2,3-二氯丁二酸只有三种立体异构体。

Ⅰ构型为(2S,3R)，由此可知Ⅰ之所以没有旋光性，是因为分子内含有两个相同手性碳原子，旋光度值相等但方向相反，内部完全抵消，这种含有手性碳原子但没有旋光性的化合物称为内消旋体(**mesomer**)。内消旋体与外消旋体都是没有旋光性的物质，但两者不同，外消旋体是等量的一对对映体的混合物，可以通过适当的方法将左旋体与右旋体分开，而内消旋体是单一分子，没有对映异构体。

8.5.3 含三个手性碳原子化合物的对映异构

2,3,4,5-四羟基戊醛(戊醛糖)中，有三个不相同的手性碳原子，存在 8 种对映异构体，组成四个外消旋体。

$CH_2(OH)—\overset{*}{C}H(OH)—\overset{*}{C}H(OH)—\overset{*}{C}H(OH)—CHO$

CHO / H—OH / H—OH / H—OH / CH_2OH ¦ CHO / HO—H / HO—H / HO—H / CH_2OH 对映体

CHO / H—OH / H—OH / HO—H / CH_2OH ¦ CHO / HO—H / HO—H / H—OH / CH_2OH 对映体

CHO / H—OH / HO—H / H—OH / CH_2OH ¦ CHO / HO—H / H—OH / HO—H / CH_2OH 对映体

CHO / HO—H / H—OH / H—OH / CH_2OH ¦ CHO / H—OH / HO—H / HO—H / CH_2OH 对映体

如果将戊醛糖的两端氧化成羧基(戊糖二酸)，成为含两个相同的手性碳原子，有 4 种立体异构。

$HOOC—\overset{*}{C}H(OH)—CH(OH)—\overset{*}{C}H(OH)—COOH$

Ⅰ：COOH / H—OH / H—OH / H—OH / COOH（对称面）内消旋体

Ⅱ：COOH / H—OH / HO—H / H—OH / COOH（对称面）内消旋体

Ⅲ：COOH / H—OH / H—OH / HO—H / COOH ¦ Ⅳ：COOH / HO—H / HO—H / H—OH / COOH 对映体

其中，Ⅰ、Ⅱ分子中存在通过 C_3 及所连 H 和 OH 的对称面，是内消旋体。Ⅲ与Ⅳ是一对对映异构体。

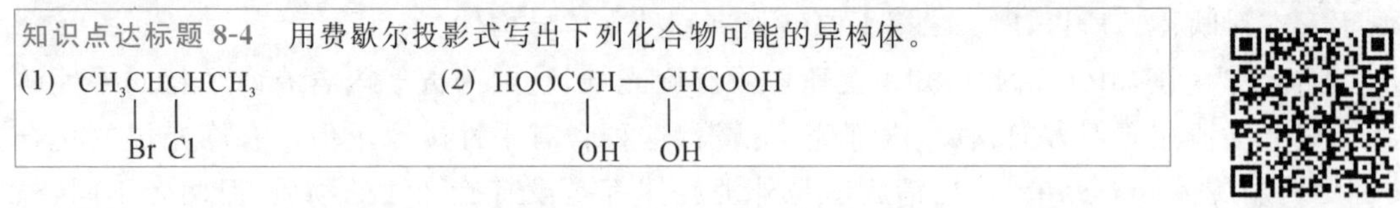

知识点达标题 8-4 用费歇尔投影式写出下列化合物可能的异构体。

(1) $CH_3CHCHCH_3$（Br、Cl 分别连在两个 CH 上）　(2) HOOCCH—CHCOOH（两个 CH 上各连 OH）

8-3

8.6 环状化合物的对映异构

对于二取代的环烷烃立体异构既有顺反异构，又有对映异构。如，1，2-环丙烷二甲酸，两个羧基可以在环的同侧，也可以在异侧，存在顺式和反式两种异构。同时 C_1 和 C_2 是两个相同的手性碳原子，顺式结构中存在着一个对称面，没有旋光性，属于内消旋体；而反式结构中没有对称面和对称中心，是手性分子，还有一个物像关系的对映异构体。

在分析环烃的顺反异构和对映异构时，可以将环视为平面结构来处理。如，分析 1，3-二甲基环己烷立体异构，将六元环视为平面六边形，先是两个甲基在环平面同侧的顺式与异侧的反式异构，再在顺、反式中分析对映异构。顺式结构中，有一对称面，没有手性，无异构体；反式结构中，没有对称面和对称中心，是手性分子，存在对映异构体。

知识点达标题 8-5　写出下列化合物的立体异构体，并用 R/S 标记手性碳原子构型。

(1) Br—(环丙烷)—CH_3　(2) H_3C、H_3C 取代环戊烷　(3) Cl、CH_3、CH_3 取代环己烷

8-3

8.7　不含手性碳原子化合物的对映异构

判断一个分子是否具有手性的标准是分子结构中是否存在对称面或对称中心，或者判断分子的实物与镜像是否重合。手性碳原子的存在不是判断分子手性的依据，因为内消旋体分子含有手性碳原子，但分子不具有手性，另外，具有手性的分子，也不一定含有手性碳原子，如丙二烯型化合物、单键旋转受阻的联苯型化合物等。

8-7

8.7.1　丙二烯型化合物

丙二烯分子（见图 8-6）中三个碳原子在同一直线上，C_1、C_3 为 sp^2 杂化，C_2 为 sp 杂化，两个 π 键平面相互垂直。因此，如果 C_3 与所连的两个 H 构成的平面在纸面上，C_1 与所连的两个 H 构成的平面则垂直于纸面。

$$\overset{1}{CH_2}=\overset{2}{CH}=\overset{3}{CH_2}$$

sp^2　sp　sp^2

相互垂直 π 键　　相互垂直平面

图 8-6　丙二烯结构

当 C_1 和 C_3 上各连接不同基团时，如，2,3-戊二烯分子没有对称面，也没有对称中心，具有手性，存在对映异构体。

2,3-戊二烯手性分子

如果 C_1 或 C_3 上连接相同基团，如 1,2-丁二烯分子，一端是两个相同的 H 原子，纸面即为对称面，实物与镜像完全重合，没有手性。

对称面

1,2-丁二烯非手性分子

与丙二烯型化合物结构相似的还有螺环化合物。在螺环中，连在同一螺原子上的两个

环组成的平面互相垂直。如 2,6-二甲基螺[3.3]庚烷,由于 C_2 和 C_6 上所连的基团不相同,分子内就没有对称面和对称中心,是手性分子,存在对映异构体。

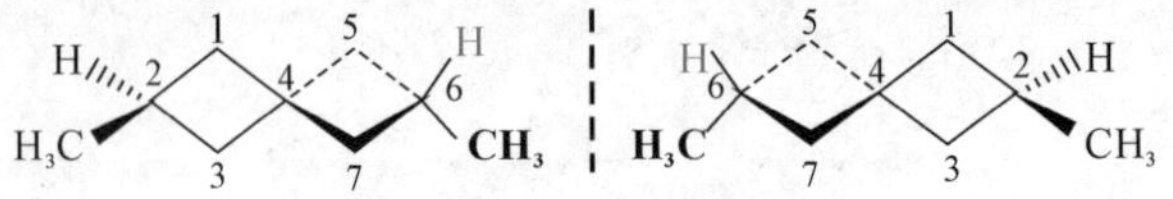

2,6-二甲基螺[3.3]庚烷手性分子

8.7.2 联苯型化合物

联苯是两个苯环通过碳碳单键连接,可以相对旋转。当每个苯环的两个邻位分别被不同基团取代,且基团体积足够大时,如硝基、羧基,由于基团的排斥,两个苯环不能共平面,旋转受阻,分子没有对称面和对称中心,具有手性。如 6,6′-二硝基-2,2′-联苯二甲酸对映异构体:

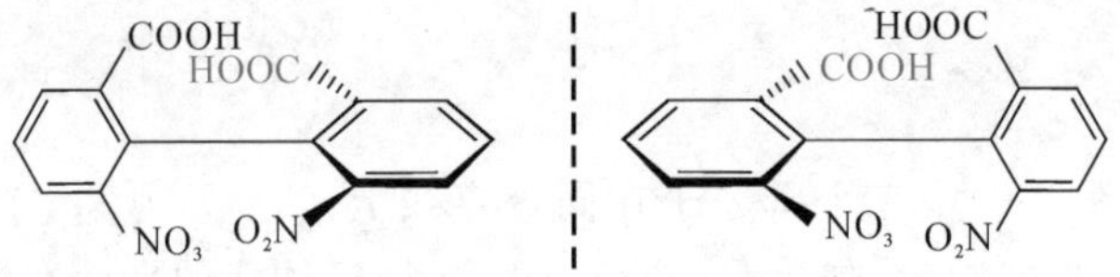

6,6′-二硝基-2,2′-联苯二甲酸手性分子

同理,若一个苯环上两个邻位取代基相同,如 2′,6′,6-三硝基-2-联苯甲酸,则分子存在一个对称面,实物与镜像完全重合,分子没有手性。

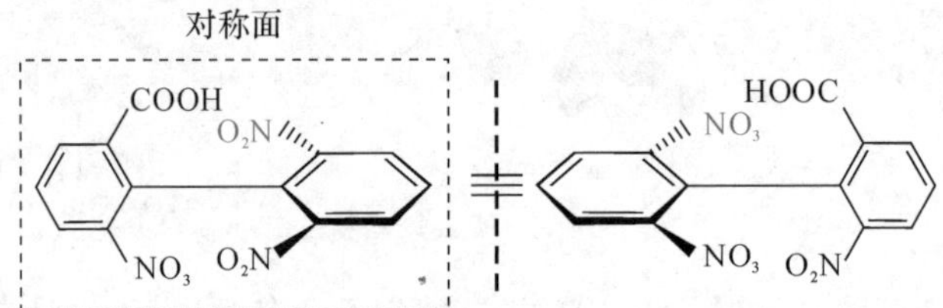

2′,6′,6-三硝基-2-联苯甲酸非手性分子

8.8 手性化合物的制备

手性化合物的制备通常可以用不对称合成和外消旋体拆分两种方法来实现。

8.8.1 不对称合成

不对称合成又叫手性合成,是指通过化学反应将分子中的一个对称结构单元转化为不对称结构单元,并产生不等量的对映异构体的过程。

1. 酶催化合成

酶催化合成手性化合物是以微生物和酶作为催化剂,选择性控制合成的方法。酶是一种生物催化剂,具有高的反应活性和高度的专一性(底物专一、活性专一和立体选择性专一)优点,即酶只对具有特定空间结构的某种或某类底物起作用。如麦芽糖酶只能水解 α-葡萄糖苷,而不能水解 β-葡萄糖苷;酵母中的酶只能对 D 构型糖发酵,而对 L 构型糖无效等。目

前酶催化剂用于有机反应的主要有水解反应、酯化反应、还原反应和氧化反应等。例如，脱脂杏仁粗粉中含有氰醇酶，可催化邻氯苯甲醛与氢氰酸的不对称加成反应，生成(R)-邻氯-α-羟基腈，继而水解得到(R)-邻氯扁桃酸。

邻氯苯甲醛 —HCN / 脱脂杏仁粗粉（氰醇酶）→ (R)-邻氯-α-羟基腈 —H_3O^+→ (R)-邻氯扁桃酸

2. 化学合成

化学合成是指分子中的潜手性单元通过化学反应转化为手性单元，并产生不等量的对映异构体的过程。主要方法有：

(1)手性源合成。手性源合成是以天然的手性物质为原料，经构型保持或构型转化等化学反应合成新的手性物质。糖类、有机酸、氨基酸、萜类化合物及生物碱等是很有用的手性合成起始原料，也可用于复杂分子的全合成。

(2)手性助剂合成。手性助剂法是利用手性辅助剂和底物作用生成手性中间体，经不对称反应后得到新反应中间体，回收手性辅助剂后得到目标手性分子。

(3)手性试剂合成。手性试剂法是利用手性试剂和前手性底物作用生成新的旋光性产物。

(4)手性催化合成。手性催化合成是在极少量的催化剂存在下，通过手性增殖作用获得大量的手性产物。该方法符合“高效、高选择性、排污少、副产物少”等绿色化学要求，尤其在烯烃的催化不对称氢化反应，具有典型的原子经济性特征。例如，治疗帕金森病的良药 L-多巴就是通过烯烃的不对称氢化反应制备的，所用手性催化剂为[Rh(R,R)-DiPAMB(COD)]$^+$ BF_4^-，其制备工艺的主要发明人诺尔斯(Knowles)2001 年获得诺贝尔化学奖。

H_2 / [Rh(R,R)-DiPAMB(COD)]$^+$$BF_4^-$ ⟶ ⟹ L-多巴

(R,R)-DiPAMB=　　COD=

8.8.2　外消旋体拆分

用经典的化学反应合成含有手性碳原子的化合物时，得到的产物通常是外消旋体。例如，乙醛和 HCN 加成，然后酸性水解得到外消旋体的乳酸。

$$CH_3CHO \xrightarrow{HCN} \left[\begin{array}{c} \text{OH} \\ H_3C\text{—}\text{+}\text{—}H \\ \text{CN} \\ \text{OH} \\ H\text{—}\text{+}\text{—}CH_3 \\ \text{CN} \end{array}\right] \xrightarrow{H_3O^+} \left[\begin{array}{c} \text{OH} \\ H_3C\text{—}\text{+}\text{—}H \\ \text{COOH} \\ \text{OH} \\ H\text{—}\text{+}\text{—}CH_3 \\ \text{COOH} \end{array}\right.$$

(S)-2-羟基丙酸(50%)

(R)-2-羟基丙酸(50%)

用物理或化学方法将外消旋体分离成左旋体和右旋体的过程称为外消旋体的拆分。常用的拆分方法有以下几种。

1. 诱导结晶法

将外消旋体制成相应的过饱和溶液，然后加入少量的外消旋体中的任意一种旋光性晶体作为晶种，冷却后诱导其相同旋光体优先结晶析出，过滤后再在滤液中加入外消旋体，重新制成过饱和溶液，这时溶液中另一种旋光体相对过量，冷却后优先析出。如此反复结晶，即可把外消旋体拆分为相应的对映异构体。

2. 形成非对映体法

在外消旋体中加入一种手性拆分剂，使它和左、右旋体反应，得到非对映体产物，利用非对映体的溶解度等性质不同，将它们分开，再除去拆分剂，达到拆分的目的。如：

$$\underset{\text{外消旋体}}{\begin{bmatrix} (+)\text{—}RCOOH \\ (-)\text{—}RCOOH \end{bmatrix}} \xrightarrow{(-)R'NH_2} \underset{\text{非对映体}}{\begin{bmatrix} (+)\text{—}RCOO^-\overset{+}{N}H_3R'(-) \\ (-)\text{—}RCOO^-\overset{+}{N}H_3R'(-) \end{bmatrix}} \xrightarrow{\text{分离}} \begin{cases} (+)\text{—}RCOO^-\overset{+}{N}H_3R'(-) \xrightarrow{HCl} \\ (-)\text{—}RCOO^-\overset{+}{N}H_3R'(-) \xrightarrow{HCl} \end{cases}$$

$$\underset{\text{右旋体}}{(+)\text{—}RCOOH} + (-)R'NH_3^+Cl^-$$

$$\underset{\text{左旋体}}{(-)\text{—}RCOOH} + (-)R'NH_3^+Cl^-$$

常用拆分剂为有旋光性的碱性（如奎宁、马钱子碱、麻黄碱等）和酸性（如酒石酸、苹果酸等）的天然产物。

3. 酶解法

酶是一种手性分子，具有高度的专一选择性，能选择性地分解或转化外消旋体中的某一种异构体，从而达到分离的目的。如：

$$\underset{\text{外消旋体}}{\begin{bmatrix} \begin{array}{c} COOH \\ H_2N\text{—}\text{+}\text{—}H \\ CH_3 \end{array} & \begin{array}{c} COOH \\ H\text{—}\text{+}\text{—}N_2H \\ CH_3 \end{array} \end{bmatrix}} \xrightarrow{(CH_3CO)_2O} \underset{\text{外消旋体}}{\begin{bmatrix} \begin{array}{c} COOH \\ CH_3CONH\text{—}\text{+}\text{—}H \\ CH_3 \end{array} & \begin{array}{c} COOH \\ H\text{—}\text{+}\text{—}NHCOCH_3 \\ CH_3 \end{array} \end{bmatrix}}$$

$$\xrightarrow{\text{蛋白水解酶}} \underset{\substack{\text{L-丙氨酸} \\ \text{溶于乙醇}}}{\begin{array}{c} COOH \\ H_2N\text{—}\text{+}\text{—}H \\ CH_3 \end{array}} + \underset{\substack{\text{D-乙酰丙氨酸} \\ \text{不溶于乙醇}}}{\begin{array}{c} COOH \\ H\text{—}\text{+}\text{—}NHCOCH_3 \\ CH_3 \end{array}}$$

4. 色谱法

选择具有旋光性的物质如淀粉、蔗糖、乳糖等作为柱色谱的手性固定相，当外消旋体经过色谱柱时，利用两个异构体与手性固定相的吸附力不同，使它们的洗脱速率不同而达到分离的目的。

8.8.3　对映体过量百分数和光学纯度

如果在不对称合成中生成的两个光活性物质是一对对映异构体，其构型用 R、S 表示，则手性合成(或拆分)的效率可采用对映体过量百分数(%ee)来表示。计算公式如下：

$$\text{对映体过量百分数(\%ee)}\begin{cases}\text{R 过量时}=\dfrac{[R]-[S]}{[R]+[S]}\times 100\% \\ \text{S 过量时}=\dfrac{[S]-[R]}{[R]+[S]}\times 100\%\end{cases}$$

手性合成(或拆分)的效率也可以用产物的光学纯度(OP)来表示。计算公式如下：

$$OP=\frac{\text{反应产物实测的比旋光度}}{\text{纯物质的比旋光度}}\times 100\%$$

例 8-1　某化合物经立体选择反应后得到一对新的对映体，经测定$[\alpha]_D^{20}=-10.14°$，已知纯左旋体的$[\alpha]_D^{20}=-50.72°$。求所得产物的：

(1)光学纯度　(2)左旋体与右旋体的含量　(3)左旋体过量百分数

[解析]　(1)反应后测定$[\alpha]_D^{20}=-10.14°$，表明左旋体量超过右旋体，则左旋体的光学纯度：

$$OP=\frac{\text{反应产物实测的比旋光度}}{\text{纯物质的比旋光度}}\times 100\%=\frac{10.14}{50.72}\times 100\%=20\%$$

(2) 左旋体光学纯度为 20%，表明所得产物中还有 80%的外消旋体，因此，产物中右旋体含量为 40%，左旋体含量为 20%+40%=60%。

(3)左旋体过量百分数为 60%−40%=20%。

【重要知识小结】

1. 两种结构互为实物与镜像关系，不能完全重合的异构称为对映异构，这种分子具有手性，能使平面偏振光发生旋转，旋转方向和旋转角度大小可用旋光仪来测定。其中使偏振光向左旋转的称为左旋体(−)，向右旋转的称为右旋体(+)。

2. 分子有否手性与其结构的对称因素有关，既没有对称面，也没有对称中心的分子一定是手性分子，有旋光性，存在对映异构体；含有对称面或者对称中心的分子，一定不是手性分子，没有旋光性，也没有对映异构体。

3. 连接的四个基团各不相同的饱和碳原子称为手性碳原子，含一个手性碳原子的分子一定是手性分子，含两个不相同手性碳原子的分子，有两对对映异构体(4 种)，含两个相同手性碳原子的分子，有一对对映异构体和一种内消旋体(3 种)。等量混合的左旋体与右旋体混合物称为外消旋体，没有旋光性。

4. 对映异构体结构可用透视式和费歇尔投影式来表示，费歇尔投影式是将立体用平面来表示，其含义可视为“横外竖内”对应关系。将费歇尔投影式在纸面上旋转 180°或四个基团两两对调偶数次，构型不变，若离开纸面翻转 180°或在纸面上旋转 90°，则构型发生改变。

5. 用 D/L 相对构型标记时，以甘油醛为参照物，手性碳上官能团在费歇尔投影式右边的为 D，左边的为 L。

6. 用 R/S 标记构型时，先按次序规则比较四个基团的大小，后将最小基团置于视线最远的位置，观察另三个基团从大→中→小，若顺时针的为 R 构型，逆时针的为 S 构型。费歇尔投影式标记 R/S 构型，可用“横变竖不变”规则，即最小基团处于横线位置，实际构型与另三个基团从大→中→小的旋转方向相反(变)，最小基团处于竖线位置，实际构型与另三个基团从大→中→小的旋转方向相同(不变)。

7. 二取代环烷烃除了顺反异构，可能还有对映异构。

8. 丙二烯型、联苯型结构为不含手性碳原子的分子，分子内存在阻碍旋转的因素，可能存在实物与镜像不能重合的对映异构体。

习　题

8-8

1. 下列叙述是否正确，不正确的请举例说明。

(1)具有手性碳原子的化合物一定具有手性

(2)R 构型的化合物一定是右旋(+)的分子

(3)手性分子一定含有手性碳原子

(4)非手性分子一定不含有手性碳原子

(5)互为实物与镜像结构关系的异构体称为一对对映体

(6)非手性分子结构中既有对称面，又有对称中心

(7)手性分子既没有对称面，又没有对称中心

2. 指出下列化合物有多少个立体异构体。

(1) 4-甲基环己醇（环己烷环，一端连甲基，对位连 OH）

(2) $CH_3CH{=}CH{-}CH(Cl){-}CH_3$

(3) 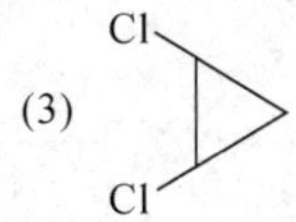

(4) $HOOC{-}CH(OH){-}CH(OH){-}CH(OH){-}COOH$

3. 指出下列化合物哪些有光学活性，哪些没有光学活性。

(1) H_3C Br（环戊烯）

(2) H_3C CH_3 ／ H_3C Cl（环己烷）

(3) H CH_3 ／ CH_3 H（环丙烷）

(4) COOH；H—C—Cl；H—C—Cl；COOH

(5) COOH；H—C—Cl；H—C—Cl；CH_3

(6) F，Cl，Cl，F（环己烷）

(7) $(H_3C)_2C{=}C{=}C(H)CH_3$

(8) H，H_3C ／ Cl，C_2H_5（螺环）

4. 用费歇尔投影式表示下列化合物的结构。

(1)(R)-2-氯丁烷　　(2)(S)-α-溴代乙苯

(3)(2R,3R)-2,3-二氯丁烷　　(4)(2S,3R)-2-溴-3-羟基丁二酸

5. 用 R/S 标记下列化合物的构型。

(1) 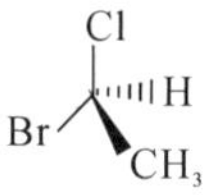　(2) 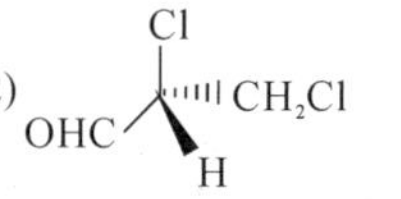　(3) 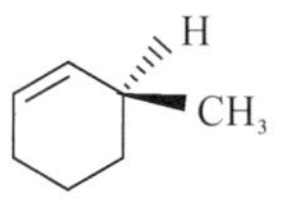　(4)

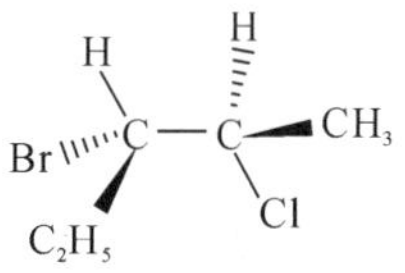

(5) 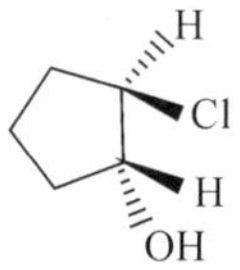　(6) 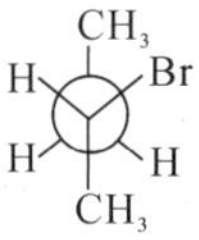　(7) 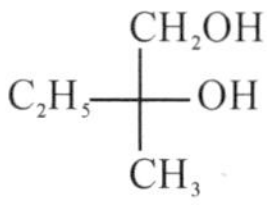　(8)

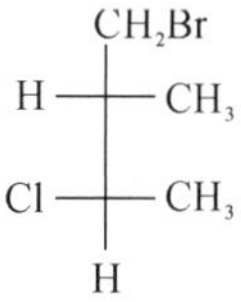

6. 下列各组化合物中，哪些是对映体、非对映体和同一化合物。

(1) 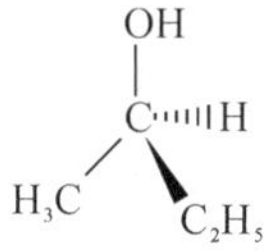 与 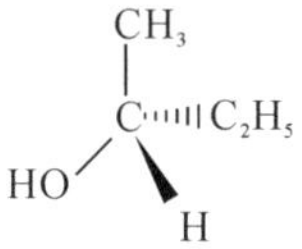　(2) 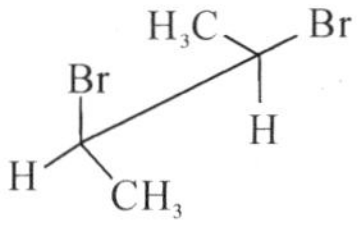 与

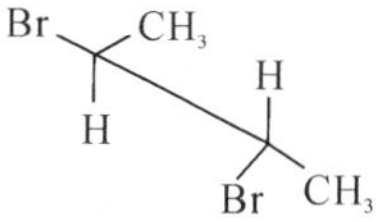

(3) 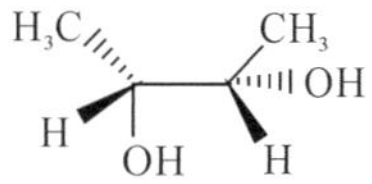 与 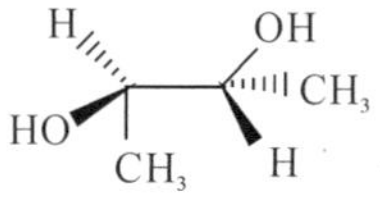　(4) 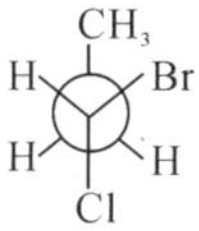 与

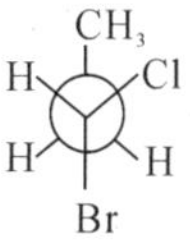

(5) 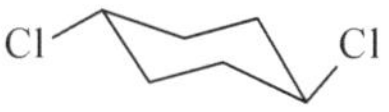 与 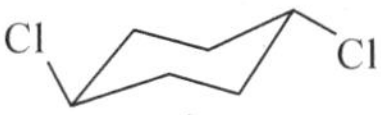　(6) 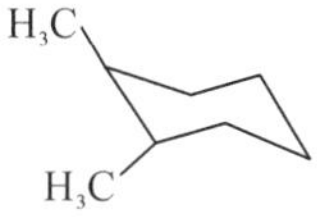 与

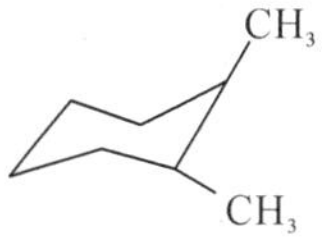

(7) 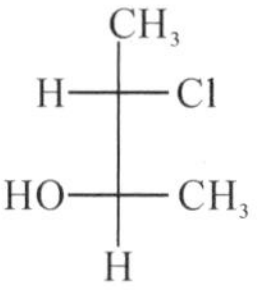 与 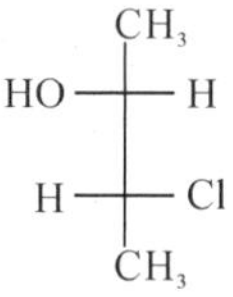　(8) 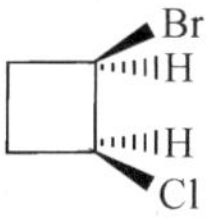 与

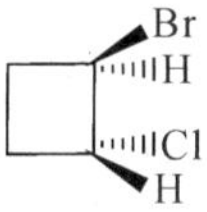

7. 某化合物经立体选择反应后得到一对新的对映体，经测定混合物的比旋光度为$[\alpha]_{测}=+21°$，其中 R 型占 85%，求对映体过量百分数及 R 型异构体的纯比旋光度$[\alpha]_{纯}$。

8. 某化合物 10g，溶于甲醇，稀释至 100mL，在 25℃时用 10cm 长的盛液管在旋光仪中观察到旋光度为 +2.3°。试计算该化合物的比旋光度。

9. 化合物 A(C_8H_{12})，有光学活性，在铂催化下加氢得到 B(C_8H_{18})，B 无光学活性。如用 Lindlar 催化 A 加氢生成 C(C_8H_{14})，C 有光学活性；如用 Na-NH_3(L)还原 A 得到D(C_8H_{14})，D 没有光学活性。试推测 A～D的结构。

➢ PPT 课件

➢ 自测题

➢ 埃米尔·费歇尔——一代化学巨匠

8-9

第 9 章　卤代烃

【知识点与要求】

- ✧ 了解卤代烃的结构、分类和命名。
- ✧ 掌握卤代烃的亲核取代反应、消去反应、与金属反应和还原反应的性质，掌握卤代烃的制备方法。
- ✧ 掌握并理解 S_N1、S_N2 和 E1、E2 反应历程、立体化学和影响因素。
- ✧ 掌握 Grignard 试剂（RMgX）的性质。
- ✧ 理解不同结构的卤代烃亲核取代反应活性不同的原因。

卤代烃是指烃分子中的一个或几个氢原子被卤素取代后生成的化合物，用 RX 表示，卤素是它的官能团。由于氟代烃的制备和性质比较特殊，通常卤代烃中的卤素是指氯、溴、碘，不包括氟。

9.1　卤代烃的分类和命名

9.1.1　卤代烃的分类

卤代烃通常有两种分类方法，一种是根据卤素连接的碳原子种类不同，分为伯卤代烃、仲卤代烃和叔卤代烃。另一种是根据卤素连接的烃基结构不同，分为饱和卤代烃、不饱和卤代烃和卤代芳烃，其中不饱和卤代烃，根据卤素与不饱和键的距离不同，又分为乙烯型卤代烃、烯丙型卤代烃和隔离型卤代烃。

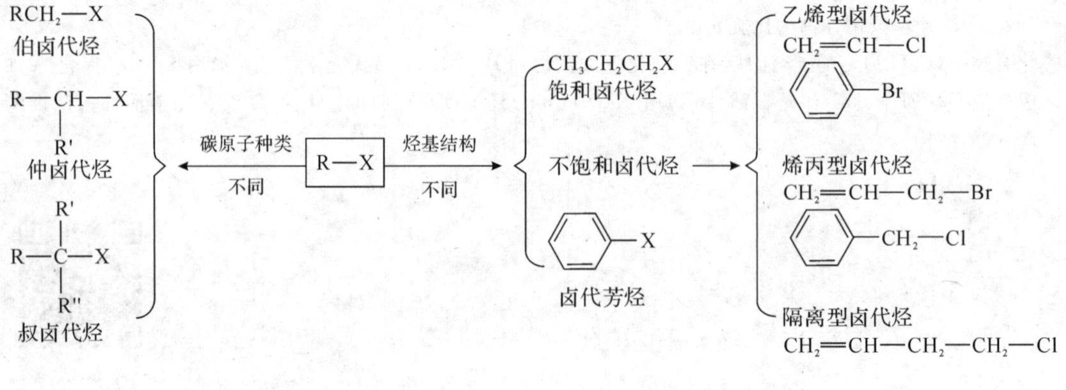

R—X：

碳原子种类不同 →
- RCH_2—X　伯卤代烃
- R—CH(R')—X　仲卤代烃
- R—C(R')(R'')—X　叔卤代烃

烃基结构不同 →
- $CH_3CH_2CH_2X$　饱和卤代烃
- 不饱和卤代烃 →
  - 乙烯型卤代烃：CH_2═CH—Cl；C_6H_5—Br
  - 烯丙型卤代烃：CH_2═CH—CH_2—Br；C_6H_5—CH_2—Cl
  - 隔离型卤代烃：CH_2═CH—CH_2—CH_2—Cl
- C_6H_5—X　卤代芳烃

9.1.2　卤代烃的命名

1. 习惯命名法

对于简单的卤代烃，可用习惯命名法来命名。命名时根据烃基的名称，命名为某基卤或卤某烃。如：

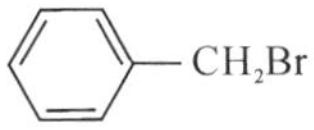

$C_6H_5CH_2Br$ 苄基溴

$CH_2{=}CH{-}CH_2{-}Cl$ 烯丙基氯

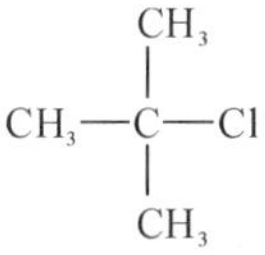

$(CH_3)_3C{-}Cl$ 叔丁基氯

$CHCl_3$ 三氯甲烷(氯仿)

$CH_2{=}CHCl$ 氯乙烯

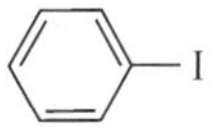

$C_6H_5{-}I$ 碘苯

2. 系统命名法

对于复杂的卤代烃，按照系统命名法命名。命名时，以烃为母体，卤素作为取代基。如：

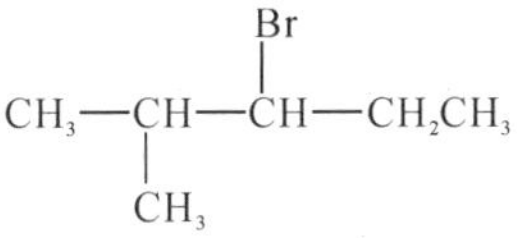

$CH_3{-}CH(CH_3){-}CH(Br){-}CH_2CH_3$ 2-甲基-3-溴戊烷

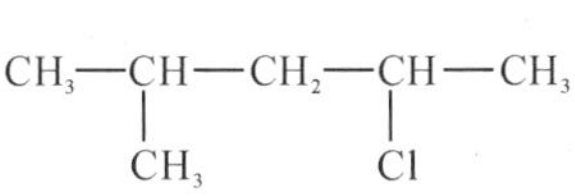

$CH_3{-}CH(CH_3){-}CH_2{-}CH(Cl){-}CH_3$ 2-甲基-4-氯戊烷

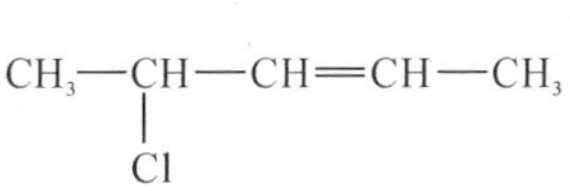

$CH_3{-}CH(Cl){-}CH{=}CH{-}CH_3$ 4-氯-2-戊烯

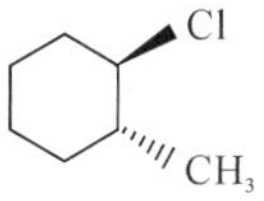

(反)1-甲基-2-氯环己烷

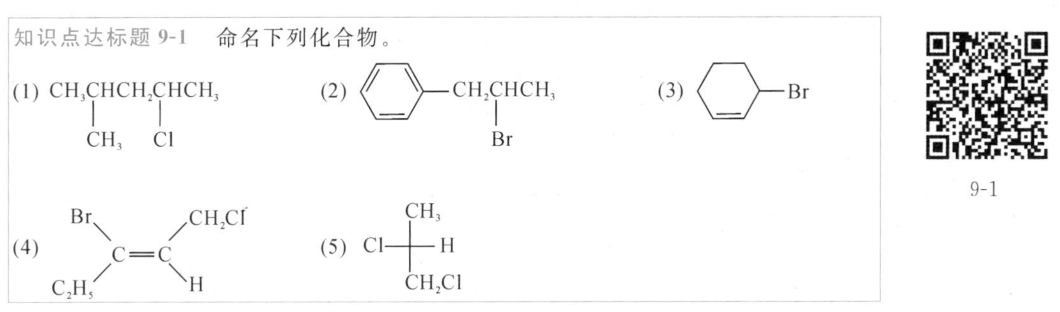

知识点达标题 9-1　命名下列化合物。

(1) $CH_3CHCH_2CHCH_3$（2位 CH_3，4位 Cl）

(2) $C_6H_5{-}CH_2CHCH_3$（Br）

(3) 环己烯基—Br

(4) Br(C₂H₅)C=C(CH₂Cl)H

(5) Cl—C(CH₃)(H)(CH₂Cl)

9-1

9.2　卤代烃的制备

9-2

9.2.1　以烃为原料

1. 烷烃的自由基卤代

在光照或高温条件下，烷烃、环烷烃与卤素反应得到卤代烃。如：

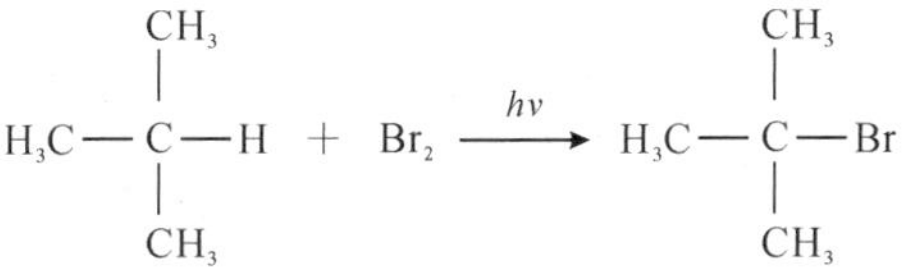

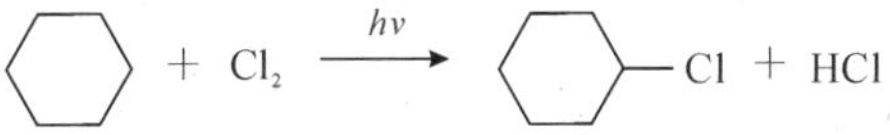

$$(CH_3)_3C{-}H + Br_2 \xrightarrow{h\nu} (CH_3)_3C{-}Br$$

$$C_6H_{12} + Cl_2 \xrightarrow{h\nu} C_6H_{11}{-}Cl + HCl$$

其中，溴自由基卤代反应的选择性比氯高得多。

2. 不饱和烃与卤素和卤化氢的亲电加成

烯烃与卤化氢加成，得到马氏规则产物；若用溴化氢，并有过氧化物催化，则得到反马氏规则产物。如：

$$CH_3CH{=}CH_2 \xrightarrow{HX} CH_3CH(X){-}CH_3 \quad (\text{马氏规则})$$

$$CH_3CH{=}CH_2 \xrightarrow[ROOR]{HBr} CH_3CH_2CH_2Br \quad (\text{反马氏规则})$$

烯烃与卤素加成，生成反式的邻二卤代烃。如：

$$\text{环己烯} + Br_2 \longrightarrow \text{反-1,2-二溴环己烷}$$

炔烃可与 2mol 的卤化氢加成，根据马氏规则得到两个卤素连同一碳的偕二卤代烃。炔烃与 2mol 卤素单质加成，则生成四卤代烃。如：

$$CH_3C{\equiv}CH \xrightarrow{2HX} CH_3{-}CX_2{-}CH_3 \quad (\text{偕二卤代烃})$$

$$CH_3C{\equiv}CH \xrightarrow{2Br_2} CH_3{-}CBr_2{-}CHBr_2$$

1,1,2,2-四溴丙烷

3. 不饱和烃的自由基卤代

烯烃、带侧链的芳烃在高温或光照下与卤素发生自由基取代反应，α-H 被卤代。若用 NBS 试剂，在常温下即可生成 α-溴代烃。如：

$$CH_3CH_2CH{=}CH_2 \xrightarrow[\text{高温}]{Cl_2} CH_3CH(Cl)CH{=}CH_2$$

$$CH_3CH_2CH{=}CH_2 \xrightarrow[\text{常温}]{NBS} CH_3CH(Br)CH{=}CH_2$$

$$C_6H_5{-}CH_3 + Cl_2 \xrightarrow{h\nu} C_6H_5{-}CH_2Cl + HCl$$

9.2.2 以醇为原料

醇分子中的羟基被卤素取代得到相应的卤代烃，常用氢卤酸、卤化磷和亚硫酰氯（二氯亚砜）等试剂。使用氢卤酸试剂时，仲醇、叔醇产率较低，伴有消除反应和重排产物生成。卤化磷和二氯亚砜试剂与醇反应基本无重排产物（详见 11.4.2）。

9.3　卤代烃的物理性质

在常温下，氯甲烷、溴甲烷、氯乙烷、氯乙烯、C≤4 的一氟代烃是气体，C≥15 是固体，其余是液体。一氟代烃、一氯代烃相对密度小于 1，其余一溴、一碘及多氯代烃均大于 1；如果烃基相同，相对密度按 F、Cl、Br、I 顺序增加，如果卤素相同，相对密度则随着烃基中碳原子数目增加而减小。卤代烃沸点随着相对分子质量增加而升高，同分异构体的支链越多，沸点越低。卤代烃均不溶于水，溶于弱极性或非极性的乙醚、苯和烃类等有机溶剂，某些卤代烃本身即是很好的有机溶剂，如二氯甲烷、三氯甲烷和四氯化碳等。

在卤代烃分子中，随着卤原子数目的增多，卤代烃的可燃性降低。如，甲烷、一氯甲烷有可燃性，二氯甲烷则不燃，而四氯甲烷可作为灭火剂。某些含氯和含溴的烃或其衍生物还可作为阻燃剂。许多卤代烃有累积性毒性，并可能有致癌作用，使用时必须注意防护。一些常见卤代烃的物理常数如表 9-1 所示。

表 9-1　常见卤代烃的物理常数

烃基	氯代烃		溴代烃		碘代烃	
	沸点/℃	相对密度	沸点/℃	相对密度	沸点/℃	相对密度
$CH_3—$	−24	0.92^{22}	3.5	1.73^{0}	42.5	2.28^{20}
$CH_3CH_2—$	12.2	0.91^{15}	38.4	1.46^{20}	72.3	1.93^{20}
$CH_3CH_2CH_2—$	46.2	0.89^{20}	71.0	1.35^{26}	102.4	1.74^{20}
$CH_2═CH—CH_2—$	45.0	0.94^{20}	71.0	1.40^{20}	103.0	1.84^{22}
$C_6H_5—$	132.0	1.11^{20}	156.0	1.52^{20}	188.5	1.83^{20}
$—CH_2—$	40.0	1.34^{20}	99.0	2.49^{20}	180.0(分解)	3.32^{20}
$>CH—$	61.2	1.49^{20}	151.0	2.89^{20}	升华	4.00^{20}
$>C<$	76.8	1.60^{20}	189.5	3.42^{20}	升华	4.32^{20}

9.4　卤代烃的化学性质

在卤代烃结构中，由于卤素的电负性大于碳，共用电子对偏向卤素，卤素原子带部分负电荷，α-碳带部分正电荷，同时 C—X 的键能较 C—C、C—H 小，所以 C—X 是比较活泼的极性键（$C^{\delta+}—X^{\delta-}$），易发生异裂，可发生多种化学反应。

9.4.1　亲核取代反应

在极性键 $C^{\delta+}—X^{\delta-}$ 中，α-碳原子具有正电性，容易被带有负电荷的离子

9-3

或带有孤对电子的中性分子进攻，而卤素带着 C—X 的一对电子以负离子形式离去。其中，带有负电荷的离子或带有孤对电子的中性分子称为亲核试剂(nucleophile，用 Nu 表示)。这种由亲核试剂进攻而发生的取代反应称为亲核取代反应(nucleophilic substitution reaction，用 S_N 表示)。反应通式为：

$$\underset{\text{底物}}{R-\overset{|}{\underset{|}{C}}-X} + \underset{\text{亲核试剂}}{Nu} \longrightarrow \underset{\text{产物}}{R-\overset{|}{\underset{|}{C}}-Nu} + \underset{\text{离去基团}}{X^-}$$

其中，卤代烃称为底物，卤素被亲核试剂 Nu 取代，以 X^- 形式离去，称为离去基团。常见亲核取代反应如下。

1. 水解反应

卤代烃在强碱(NaOH 或 KOH)水溶液中加热，羟基取代卤素生成醇的反应称为卤代烃的水解反应。

$$R-X + NaOH \xrightarrow{H_2O} \underset{\text{醇}}{R-OH} + NaX$$

通常不用此反应来制备醇，因为卤代烃一般是用醇来制备，只有在一些复杂分子上难以引入羟基时，才通过先引入卤素原子，然后水解来制备该醇。

2. 醇解反应

卤代烃与醇钠在相应醇溶液中作用，烷氧基取代卤素生成醚的反应称为卤代烃的醇解反应。

$$R-X + R'-ONa \xrightarrow{R'OH} \underset{\text{醚}}{R-O-R'} + NaX$$

这是制备不对称醚的常用方法，称为醚的威廉姆森(Williamson)合成法。采用该方法合成醚时，伯卤代烃效果最好，仲卤代烃较差，不能用叔卤代烃，因为叔代烃与强碱醇钠作用主要发生消除反应生成烯烃。

3. 氨解反应

卤代烃与过量的氨作用，氨基取代卤素生成伯胺的反应称为卤代烃的氨解反应。

$$R-X + H-NH_2\,(\text{过量}) \longrightarrow \underset{\text{胺}}{R-NH_2} + NH_4X$$

因为生成的伯胺氮原子上仍带有一对孤对电子，还是亲核试剂，可以继续与卤代烃反应，生成仲胺、叔胺及季铵盐的混合物，所以要用过量的氨才能生成伯胺。

4. 氰解反应

卤代烃与氰化钠(或氰化钾)的醇溶液作用，氰基取代卤素生成腈的反应称为卤代烃的氰解反应。

$$R-X + NaCN \xrightarrow{\text{醇}} \underset{\text{腈}}{R-CN} + NaX$$

生成物腈在酸性条件下水解则生成羧酸，在有机合成中常用于制备增加一个碳的羧酸。

$$R—CN \xrightarrow{H_3O^+} \underset{\text{羧酸}}{R—COOH}$$

5. 金属炔化物反应

卤代烃与炔钠作用，炔碳负离子取代卤素生成碳链增长炔烃的反应称为炔烃的烷基化反应。

$$R—X + R'—C\equiv CNa \longrightarrow \underset{\text{炔}}{R—C\equiv C—R'} + NaX$$

该反应在有机合成中用于低级炔烃制备高级炔烃。

6. 与硝酸银醇溶液反应

卤代烃与硝酸银乙醇溶液反应，硝酸根取代卤素生成硝酸酯和卤化银沉淀。

$$R—X + AgONO_2 \xrightarrow{\text{乙醇}} \underset{\text{硝酸酯}}{R—ONO_2} + AgX\downarrow$$

该反应主要用于鉴别不同类型的卤代烃，不同卤代烃出现沉淀的先后次序如下：

当烃基相同时，卤素不同的卤代烃反应活性次序为：

$$RI > RBr > RCl$$

当卤素相同时，烃基不同的卤代烃反应活性次序为：

烯丙型、苄卤、叔卤代烷>仲卤代烷>伯卤代烷

其中烯丙型、苄卤、叔卤代烷与硝酸银醇溶液混合立即反应生成沉淀，仲卤代烷反应较慢过几分钟生成沉淀，而伯卤代烷则需要加热后才有沉淀生成。

知识点达标题 9-2	写出 1-氯丙烷与下列试剂反应的主要产物。	
(1) $NaOH/H_2O$	(2) $(CH_3)_2CHONa/(CH_3)_2CHOH$	(3) KCN/C_2H_5OH
(4) $CH\equiv CNa$	(5) $NaNH_2/C_2H_5OH$	(6) $AgNO_3/C_2H_5OH$

9-1

9.4.2　消除反应

从分子中脱去一个小分子(如 HX、H_2O 等)生成不饱和键的反应称为消除反应(elimination reaction，用 E 表示)，又称消去反应。

9-4

1. 脱卤化氢

卤代烷和 NaOH(或 KOH)乙醇溶液加热，卤素与 β-碳上一个氢原子结合以卤化氢脱去，生成烯烃。

$$R—\overset{\beta}{\underset{H}{CH}}—\underset{X}{CH_2} + NaOH \xrightarrow{\text{乙醇}} R—CH=CH_2 + NaX + H_2O$$

消除反应是有机合成中引入双键或三键结构的重要方法。不同卤代烃消除反应活性为：

叔卤代烷>仲卤代烷>伯卤代烷

当有多个 β-氢原子时，实验证明，卤素与含氢较少 β-氢原子以卤化氢脱去，即主要生成

双键碳原子上取代基较多的烯烃，这一经验规律称为扎依采夫(Zaitsev)规则。如：

$$\underset{\underset{Br}{|}}{\overset{\beta\quad\ \ \beta}{CH_3CH_2CHCH_3}} \xrightarrow[乙醇]{KOH} \underset{71\%}{CH_3CH{=}CHCH_3} + \underset{29\%}{CH_3CH_2CH{=}CH_2}$$

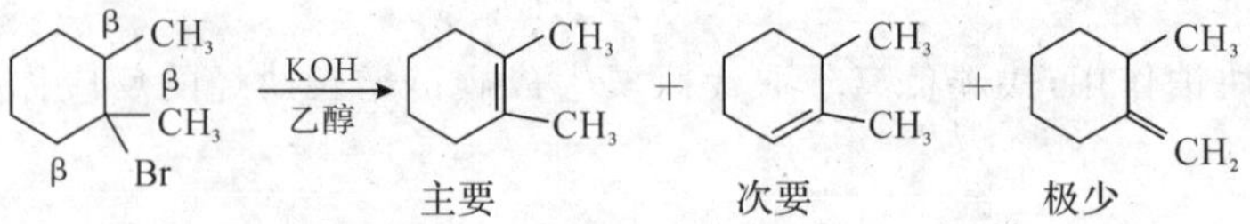

$$\text{(1-溴-1,2-二甲基环己烷, }\beta\text{)} \xrightarrow[乙醇]{KOH} \underset{主要}{\text{1,2-二甲基环己烯}} + \underset{次要}{\text{}} + \underset{极少}{\text{}}$$

两个卤素连在同一个碳原子上的偕二卤代烃可以脱去两分子卤化氢生成炔烃。如：

$$\underset{偕二卤代烃}{CH_3CH_2\overset{Br}{\underset{Br}{C}}CH_3} \xrightarrow[乙醇]{KOH} \underset{主要}{CH_3C{\equiv}CCH_3} + \underset{次要}{CH_3CH_2C{\equiv}CH}$$

而邻二卤代烃也可以脱去两分子卤化氢，生成共轭二烯烃或炔烃，以稳定的共轭二烯烃为主要产物。如：

$$\underset{邻二卤代烃}{CH_3—\underset{Cl}{\underset{|}{CH}}—\underset{Cl}{\underset{|}{CH}}—CH_3} \xrightarrow[乙醇]{KOH} \underset{主要}{CH_2{=}CH—CH{=}CH_2} + \underset{次要}{CH_3—C{\equiv}C—CH_3}$$

2. 脱卤素

邻二卤代烃的醇溶液在锌粉或镍粉存在下，脱去两个卤素原子生成烯烃。如：

$$CH_3—\underset{Cl}{\underset{|}{CH}}—\underset{Cl}{\underset{|}{CH}}—CH_3 \xrightarrow[C_2H_5OH]{Zn\ 或\ Ni} CH_3CH{=}CHCH_3 + ZnCl_2$$

知识点达标题 9-3　写出下列卤代烃消除反应的所有产物，并指出其主要产物。

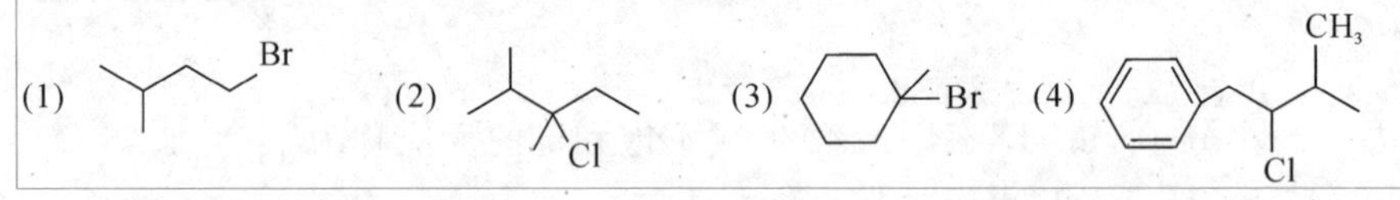

9-1

9.4.3 与金属反应

卤代烃能与 Li、Na、Mg 等活泼金属直接反应，生成含碳—金属(C—M)键的金属有机化合物。

9-5

1. 与镁反应

卤代烃与金属镁在无水乙醚(或四氢呋喃，THF)中反应，生成烃基卤化镁。

$$R—X + Mg \xrightarrow[或四氢呋喃]{无水乙醚} RMgX$$

RMgX 是 1901 年由法国化学家格林雅(Grignard)首先发现，所以又称为格林雅试剂，简称格氏试剂。格氏试剂非常活泼，能和很多物质发生反应，在有机合成上有着广泛的用途，1921 年格林雅因此获诺贝尔化学奖。格氏试剂主要反应如下：

(1)与含活泼氢的化合物反应。含活泼氢的化合物常见有水、醇、羧酸、炔氢、卤化氢及氨等。反应时，带负电的烃基与带正电的活泼氢结合生成烃。

$$\overset{\delta^-}{R}—\overset{\delta^+}{MgX} + \begin{cases} HO—H \longrightarrow R—H + Mg(OH)X \\ R'O—H \longrightarrow R—H + Mg(OR')X \\ R'COO—H \longrightarrow R—H + Mg(OOCR')X \\ R'—C\equiv C—H \longrightarrow R—H + R'C\equiv C—MgX \\ X—H \longrightarrow R—H + MgX_2 \\ H_2N—H \longrightarrow R—H + Mg(NH_2)X \end{cases}$$

水能使格氏试剂分解，所以在制备和使用格氏试剂时，所用的容器要干燥，试剂必须无水，且要防止空气湿气进入。

(2)与氧气反应。格氏试剂能被空气中的氧气慢慢氧化，生成烷氧基卤化镁，后者遇水分解生成醇。

$$R—MgX + \frac{1}{2}O_2 \longrightarrow \underset{\text{烷氧基卤化镁}}{ROMgX} \xrightarrow{H_2O} ROH$$

(3)与 CO_2、羰基化合物等反应。格氏试剂 RMgX 中的烃基带部分负电荷，可作为亲核试剂，与 CO_2、醛、酮等羰基化合物反应，生成羧酸、醇等一系列化合物(详见第 11、12 章)。如格氏试剂与 CO_2 反应，最后得到比原格氏试剂烃基多一个碳原子的羧酸。

$$\overset{\delta^-}{R}—\overset{\delta^+}{MgX} + O=\overset{\delta^+}{C}=\overset{\delta^-}{O} \longrightarrow R—\overset{O}{\overset{\|}{C}}—OMgX \xrightarrow{H_3O^+} R—\overset{O}{\overset{\|}{C}}—OH$$

因此制备和使用格氏试剂时，除了无水外，还要无氧、无二氧化碳。

2. 与 Li 反应

卤代烷与金属锂在非极性溶剂(无水乙醚、石油醚、苯)中反应，生成有机锂化合物。

$$C_4H_9Cl + 2Li \xrightarrow{\text{石油醚}} \underset{\text{正丁基锂}}{C_4H_9Li} + LiCl$$

有机锂试剂与格氏试剂相似，反应时 C—Li 断裂，烷基带负电，活性较格氏试剂强。一个重要反应是与碘化亚铜反应制备有机铜锂试剂——二烷基铜锂。

$$2RLi + CuI \xrightarrow{\text{无水乙醚}} \underset{\text{二烷基铜锂}}{R_2CuLi} + LiI$$

二烷基铜锂是一种很好的烷基化试剂，与卤代烃反应，生成碳链增长的烷烃。如：

$$(CH_3)_2CuLi + CH_3CH_2CH_2Cl \longrightarrow CH_3CH_2CH_2CH_3 + CH_3Cu + LiCl$$

$$(CH_3)_2CuLi + \text{环戊基}-Cl \longrightarrow \text{环戊基}-CH_3 + CH_3Cu + LiCl$$

二烷基铜锂与卤代烷反应制备烷烃的方法，称为科瑞-赫思(Corey-House)合成法。

9.4.4 还原反应

卤代烷在无水溶剂(无水乙醚或四氢呋喃)中，可以被氢化铝锂还原生成烷烃。

$$CH_3(CH_2)_6CH_2Cl \xrightarrow[THF]{LiAlH_4} CH_3(CH_2)_6CH_3$$

$$C_6H_5-CH(Br)-CH_3 \xrightarrow[THF]{LiAlH_4} C_6H_5-CH_2CH_3$$

其中，伯卤代烷还原时产率较高。

9.5 饱和碳原子上亲核取代反应历程

亲核取代反应是卤代烃的一类重要反应，通过该反应，卤素原子可转变为其他多种官能团，在有机合成中具有很广泛的用途。大量研究表明，卤代烷的水解反应有两种典型的历程，即单分子亲核取代反应(S_N1)历程和双分子亲核取代反应(S_N2)历程。

9.5.1 单分子亲核取代反应(S_N1)历程

9-6

1. S_N1 历程

实验证明，叔丁基溴在碱性溶液中的水解反应速率，只与叔丁基溴的浓度成正比，而与亲核试剂(碱的浓度)无关。这表明决定反应速率的一步仅取决于叔丁基溴的浓度及C—Br断裂的难易。

$$(CH_3)_3C-Br + OH^- \longrightarrow (CH_3)_3C-OH + Br^-$$

$$V=k[(CH_3)_3CBr]$$

由此认为该水解反应分为两步进行：

第一步，叔丁基溴在溶剂中 **C—Br** 异裂为叔丁基碳正离子中间体和溴负离子，在反应过程中，经历一个C—Br将断未断而能量较高的过渡态。

$$(CH_3)_3C-Br \xrightarrow{\text{慢}} \left[(CH_3)_3\overset{\delta^+}{C}\cdots\overset{\delta^-}{Br}\right] \longrightarrow (CH_3)_3C^+ + Br^-$$

过渡态　　叔丁基碳正离子

第二步，生成的叔丁基碳正离子中间体立即与亲核试剂 OH^- 结合，生成水解产物叔丁醇。

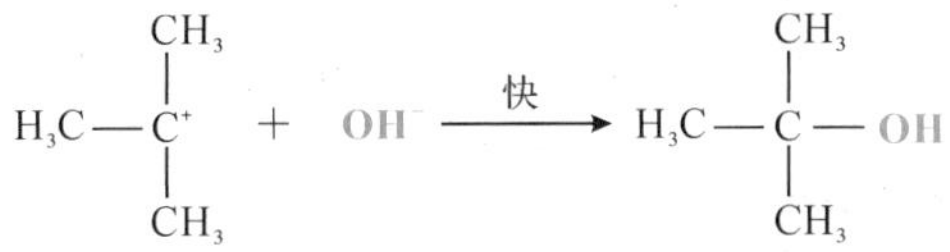

因为第二步正、负离子结合速率快，第一步 C—Br 断裂速率慢，因此第一步是决定整个反应速率的步骤，而第一步反应物只有卤代烃一种，所以整个水解反应速率只与卤代烃浓度有关，而与试剂浓度无关。这种只有一种分子参与决定反应速率的亲核取代反应称为单分子亲核取代反应，用 S_N1 表示。

2. S_N1 立体化学

假设原卤代烃为 R 构型，第一步异裂为碳正离子，因为碳正离子是平面结构，所以，当与 OH^- 结合时，OH^- 可以从平面的上方进攻碳正离子，得到 S 构型的 a 产物，也可以从平面的下方进攻碳正离子得到 R 构型的 b 产物。

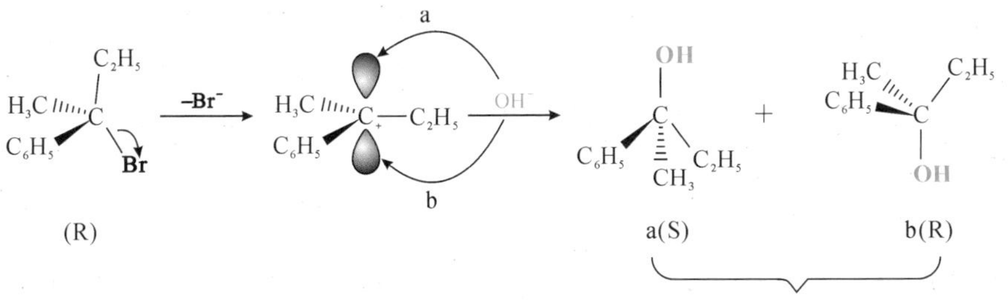

因为 OH^- 从平面上、下方进攻的概率相等，所以 a 和 b 各为 50%，旋光性完全抵消，即产物是一对等量的对映体的混合物(外消旋体)。

3. S_N1 重排产物

S_N1 第一步产生碳正离子中间体，如果该碳正离子中间体会发生重排生成一个更稳定的新碳正离子，则第二步亲核试剂与碳正离子结合就有两种选择，生成正常碳架结构产物和碳架结构重排的产物。如：

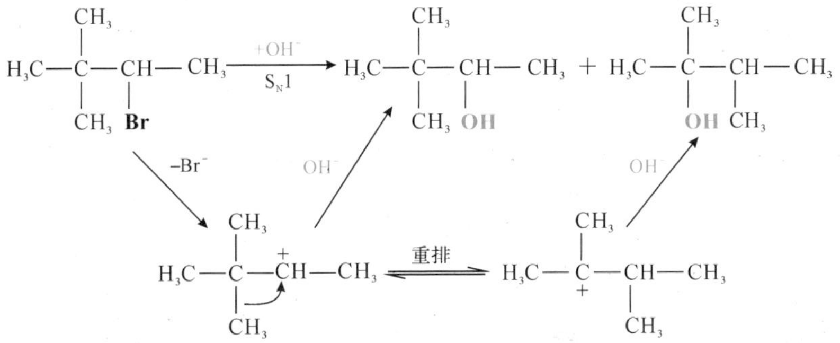

综上所述，S_N1 历程具有如下特征：①反应速率只与卤代烃浓度有关，与亲核试剂无关；②反应分两步，有碳正离子中间体生成；③如果卤代烃有手性，则产物是一对等量的对映体(外消旋体)；④可能有重排产物生成。

9.5.2 双分子亲核取代反应(S_N2)历程

1. S_N2 历程

9-7

实验证明，溴甲烷在碱性溶液中的水解反应速率与卤代烃浓度和碱的浓度均成正比。

$$CH_3-Br + OH^- \longrightarrow CH_3-OH + Br^-$$

$$V=k[CH_3Br][OH^-]$$

通过研究，认为溴甲烷的碱性水解反应历程是一步完成的。

$$HO^- + H_3C-Br \longrightarrow \left[\overset{\delta^-}{HO}\cdots CH_3\cdots\overset{\delta^-}{Br}\right] \longrightarrow HO-CH_3 + Br^-$$

亲核试剂 OH⁻ 从溴的背面进攻碳原子，经过一个过渡态，在过渡态中，C—O 的形成和 C—Br 的断裂同时进行。随着反应继续，C—O 全部形成，溴带着一对电子离去，原有三个氢原子完全偏向原溴原子一边。这种有两种分子参与决定反应速率的亲核取代反应称为双分子亲核取代反应，用 S_N2 表示。

2. S_N2 立体化学

亲核试剂从卤原子的背面进攻碳原子，形成的过渡态中，中心碳原子由 sp^3 杂化转变为 sp^2 杂化，这时亲核试(OH⁻)、中心碳原子和卤素原子(Br⁻)处于同一直线上，中心碳原子与它相连的其他三个原子处于同一平面内。随着反应的进行，这三个原子所含的基团由原来卤素背面的一边翻转到另一边，就像一把伞在大风作用下发生翻转，这种构型翻转称为瓦尔登(Walden)转化。如：

$$HO^- + \underset{sp^3杂化}{C(H)(C_2H_5)(H_3C)}-Br \longrightarrow \left[\overset{\delta^-}{HO}\cdots\underset{sp^2杂化}{C}\cdots\overset{\delta^-}{Br}\right] \longrightarrow HO-\underset{sp^3杂化}{C(C_2H_5)(H)(CH_3)} + Br^-$$

(S)-2-溴丁烷　　过渡态　　(R)-2-溴丁烷

因此，S_N2 历程的特征有：①反应速率与卤代烃和亲核试剂有关；②一步完成，经过一个过渡态；③如果卤代烃有手性，产物构型翻转(瓦尔登转化)；④没有碳正离子和重排产物生成。

9.6 影响亲核取代反应历程的因素

卤代烃亲核取代反应究竟是 S_N1 历程还是 S_N2 历程，取决于烃基结构、卤素种类、亲核试剂性质和溶剂的极性大小等因素。

9.6.1　烃基结构的影响

1. 对 S_N1 的影响

9-8

因为 S_N1 历程中，定速步骤是生成碳正离子，碳正离子越稳定，反应速率就越快。碳正离子稳定性次序如下：

$$R_3\overset{+}{C} > R_2\overset{+}{C}H > R\overset{+}{C}H_2 > \overset{+}{C}H_3$$

因此，不同卤代烃 S_N1 反应活性次序为：

$$R_3C—X > R_2CH—X > RCH_2—X > CH_3—X$$

通常易生成稳定碳正离子或有利于碳正离子形成的，按 S_N1 历程进行。如叔卤代烃、烯丙型卤代烃和苄卤代烃易形成稳定碳正离子；$AgNO_3$-C_2H_5OH 与卤代烃作用，因生成卤化银沉淀促进卤素离去，有利于碳正离子形成，故用 $AgNO_3$-C_2H_5OH 试剂根据出现沉淀的先后，可以区别伯、仲、叔代烃。

2. 对 S_N2 的影响

因为 S_N2 历程是亲核试剂从卤素原子背面进攻 α-碳，形成过渡态，当 α-碳上烃基越多，亲核试剂接近时空间位阻越大，过渡态难形成，反应速率慢。因此不同卤代烃 S_N2 反应活性次序为：

$$CH_3—X > RCH_2—X > R_2CH—X > R_3C—X$$

如果 α-碳上烃基数目相同，当 β-碳上支链越多，空间位阻也越大，S_N2 反应速率越低。如，下列卤代烃的 S_N2 反应活性次序为：

$$CH_3CH_2Br > CH_3CH_2CH_2Br > CH_3\underset{}{\overset{CH_3}{\overset{|}{C}}}HCH_2Br > CH_3—\underset{CH_3}{\underset{|}{\overset{CH_3}{\overset{|}{C}}}}—CH_2Br$$

卤代烃与 NaI-丙酮溶液发生的卤素交换反应，通常是按 S_N2 历程进行的。

$$RBr + NaI \xrightarrow[S_N2]{丙酮} RI + NaBr$$

因此，卤代烃与 NaI-丙酮的反应速率为伯卤代烃>仲卤代烃>叔卤代烃。由于 NaI 溶于丙酮，而 NaCl 和 NaBr 不溶于丙酮，所以，利用出现 NaCl 或 NaBr 沉淀的速率不同，用 NaI-丙酮试剂也可以区别不同卤素的卤代烃及伯、仲、叔卤代烃。

值得注意的是，如果卤原子连接在桥环化合物的桥头碳原子上，由于桥环的刚性，桥头碳既不易形成平面结构的碳正离子，也不利于亲核试剂从卤素背面的进攻和构型的翻转，所以桥头碳原子上的卤代烃，S_N1 和 S_N2 都不易，即难以发生亲核取代反应。如下列叔溴代烃的相对反应速率。

$$H_3C—\underset{CH_3}{\underset{|}{\overset{CH_3}{\overset{|}{C}}}}—Br$$

（另两个桥环溴代物结构式：桥头碳上连 Br）

相对反应速率　100　　10^{-4}　　10^{-11}

知识点达标题 9-4　将下列卤代烃按 S_N2 反应的活性由大到小排序。

(1)1-溴-2-甲基丁烷　　(2)1-溴-3-甲基丁烷

(3)2-溴-2-甲基丁烷　　(4)1-溴戊烷

知识点达标题 9-5　将下列卤代烃按 S_N1 反应的活性由大到小排序。

(1) 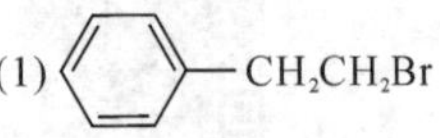 $-CH_2CH_2Br$　　(2) $C_6H_5-CH_2Br$

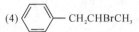

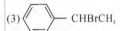

(3) $C_6H_5-CHBrCH_3$　　(4) $C_6H_5-CH_2CHBrCH_3$

9-1

9.6.2 卤素种类的影响

无论是 S_N1 还是 S_N2 都要发生 C—X 断裂，C—X 越易断裂，卤素离去能力越强，亲核取代反应活性就越高。C—X 的键能大小为 C－F＞C—Cl＞C—Br＞C－I，因此，对于不同卤素的卤代烃，S_N1、S_N2 反应活性均为：

$$RI > RBr > RCl > RF$$

卤素离子或其他离子离去能力的大小次序与它们的共轭酸的酸性强弱次序相同，即强酸负离子（如 I^-、o-CH_3—Ph—SO_3^-）是好的离去基团，易离去，弱酸的负离子（如 HO^-、RO^-、NH_2^-）是差的离去基团，难离去。也就是说，离去基团的碱性越弱越易离去。如下列离子的离去能力强弱次序：

$$p\text{-}NO_2C_6H_4SO_3^- > C_6H_5SO_3^- > p\text{-}CH_3C_6H_4SO_3^- > I^- > Br^- > Cl^- > F^- > OH^- > RO^- > NH_2^-$$

好的离去基团　　差的离去基团

9.6.3 亲核试剂的影响

1. 对 S_N1 的影响

因为 S_N1 的定速步骤是卤代烃中碳卤键的解离，亲核试剂没有参与定速步骤的反应，所以，亲核试剂的浓度大小及亲核性强弱对 S_N1 不产生显著的影响。

9-9

2. 对 S_N2 的影响

S_N2 的定速步骤是亲核试剂从卤素背面进攻 α-碳形成过渡态的难易，亲核试剂参与定速步骤反应，所以，亲该试剂浓度大或亲核性强，S_N2 反应活性就高。

试剂的亲核性是指试剂中亲核原子给出一对电子的能力，给出电子能力越易，试剂亲核性就越强。试剂亲核性的强弱与碱性强弱及可极化度等因素有关，有如下规律：

(1)亲核原子相同或位于同一周期时，试剂的亲核性与碱性强弱相一致。即碱性强，亲核性强。如下列分子或离子的亲核性次序与碱性强弱相同。

碱性及亲核性：$HO^- > H_2O$；　$RO^- > ROH$；　$NH_2^- > NH_3$；

$C_2H_5O^- > HO^- > C_6H_5O^- > CH_3COO^-$

(2)亲核原子位于同一主族时，试剂的亲核性与可极化度有关。原子半径大，电子云易变形，可极化度高，亲核性强，即试剂亲核性与碱性强弱相反。如下列离子的亲核性次序与碱性强弱相反。

碱　性：$I^- < Br^- < Cl^- < F^-$；　$RS^- < RO^-$

亲核性：$I^- > Br^- > Cl^- > F^-$；　$RS^- > RO^-$

(3)空间因素，空间位阻大的亲核试剂不利于接近卤代烃的 α-碳原子，表现为较低的亲核性。如，烷氧基负离子的亲核能力随着烷基体积的增大而减弱。

$$CH_3O^- > CH_3CH_2O^- > CH_3-\underset{}{\overset{CH_3}{\overset{|}{C}}}HO^- > CH_3-\underset{\underset{CH_3}{|}}{\overset{CH_3}{\overset{|}{C}}}O^-$$

9.6.4　溶剂的影响

1. 对 S_N1 的影响

溶剂极性越强，一方面有利于卤代烃中 C—X 的解离，另一方面极性溶剂对碳正离子的溶剂化作用，使碳正离子稳定性提高。因此，增加溶剂极性有利于 S_N1 反应。

$$(CH_3)_3C-Br \longrightarrow (CH_3)_3C^+ + Br^-$$

极性溶剂：　有利于C—Br的解离　　　溶剂化作用，使碳正离子更稳定

2. 对 S_N2 的影响

溶剂极性增加，对过渡态的稳定作用减弱，而对亲核试剂的溶剂化作用增强，降低了试剂的亲核性。因此，增加溶剂极性不利于 S_N2 反应。

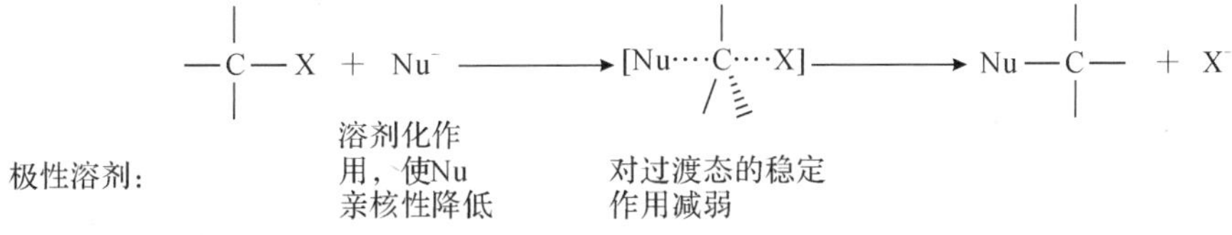

极性溶剂：

值得注意的是，极性质子溶剂和极性非质子溶剂对 S_N1、S_N2 的影响是不同的。极性质子溶剂(如水、醇、酸等)能与碳正离子及亲核试剂(负离子)发生溶剂化作用，因此，对 S_N1 反应有利，对 S_N2 反应不利；极性非质子溶剂(如 N,N-二甲基甲酰胺(DMF)、二甲基亚砜(DMSO)、乙腈、丙酮、硝基甲烷等)相对于极性质子溶剂不能很好地溶剂化亲核试剂，亲核试剂相对自由，活性较高，所以，对于 S_N2 反应，极性非质子溶剂比极性质子溶剂更为有利。

综上所述，影响 S_N1、S_N2 反应的各种因素归纳于表 9-2 中。

表 9-2 各种因素对 S_N1、S_N2 的影响

影响因素	S_N1	S_N2
烃基的结构	碳正离子越稳定，反应活性越高： 叔代烃＞仲卤代烃＞伯卤代烃＞CH_3X	α-C 空间位阻越小，反应活性越高(若 α-C 支链相同，则比较 β-C 空间位阻)： CH_3X＞伯卤代烃＞仲卤代烃＞叔代烃
亲核试剂	试剂的浓度大小和亲核性强弱影响不大	浓度大或亲核性强，反应活性高
离去基团	越易离去，反应活性越高： RI＞RBr＞RCl	越易离去，反应活性越高： RI＞RBr＞RCl
溶剂	极性溶剂＞非极性溶剂	非极性溶剂＞极性溶剂
	极性质子溶剂＞极性非质子溶剂	极性非质子溶剂＞极性质子溶剂

知识点达标题 9-6　下列各对 S_N2 反应中，哪一个反应速率较快？

(1) A. $CH_3CH_2CH_2Br + NaOH \longrightarrow CH_3CH_2CH_2OH + NaBr$

B. $(CH_3)_2CHBr + NaOH \longrightarrow (CH_3)_2CHOH + NaBr$

(2) A. $CH_3CH_2Cl + NaOH \longrightarrow CH_3CH_2OH + NaCl$

B. $CH_3CH_2Cl + NaHS \longrightarrow CH_3CH_2SH + NaCl$

(3) A. $CH_3I + CH_3CH_2ONa \xrightarrow{H_2O} CH_3OCH_2CH_3 + NaI$

B. $CH_3I + CH_3CH_2ONa \xrightarrow{\text{丙酮}} CH_3OCH_2CH_3 + NaI$

9-1

知识点达标题 9-7　下列各对 S_N1 反应中，哪一个反应速率较快？

(1) A. $(CH_3)_3CCl + CH_3ONa \longrightarrow (CH_3)_3COCH_3 + NaCl$

B. $(CH_3)_3CCl + NaOH \longrightarrow (CH_3)_3COH + NaCl$

(2) A. $(CH_3)_3CCl + NaOH \xrightarrow{H_2O} (CH_3)_3COH + NaCl$

B. $(CH_3)_3CCl + NaOH \xrightarrow{DMF} (CH_3)_3COH + NaCl$

(3) A. $(CH_3)_3CBr + NaOH \longrightarrow (CH_3)_3COH + NaBr$

B. $(CH_3)_3CCl + NaOH \longrightarrow (CH_3)_3COH + NaCl$

9.7 消除反应历程

卤代烃的消除为β-消除或 1,2-消除反应，它的反应历程与亲核取代反应相似，也分为单分子消除反应(E1)和双分子消除反应(E2)。

9.7.1 单分子消除反应(E1)历程

叔卤代烃的消除反应动力学显示为一级反应，其反应速率只与卤代烃的浓度成正比，反应机理为单分子消除历程。如，叔丁基溴与乙醇钠消除反应是两步反应。首先，C—Br 异裂生成叔碳正离子中间体，然后，强碱乙氧负离子进攻叔碳正离子的 β-H，使 C—H 发生异裂，C—H 上的一对电子转移至 α-C 与 β-C 之间，生成异丁烯。

9-10

$$\text{(1)}\quad (CH_3)_3C-Br \xrightarrow{\text{慢}} (CH_3)_3C^+ + Br^-$$

$$\text{(2)}\quad H_3\overset{\alpha}{C}-\overset{+}{C}(CH_3)-\overset{\beta}{C}H_2-H + {}^-OC_2H_5 \xrightarrow{\text{快}} H_3C-\underset{CH_3}{C}=CH_2 + C_2H_5OH$$

第一步反应慢，是定速步骤。在定速步骤中只涉及底物卤代烃分子，与碱无关，因此称为单分子消除反应，用 E1 表示。

由于单分子消除反应经过碳正离子中间体，因此，有时可能生成碳正离子重排后的消除产物。如：

$$(CH_3)_3C-CHBr-CH_3 \xrightarrow{-Br^-} (CH_3)_3C-\overset{+}{C}H-\overset{\beta}{C}H_3 \;(\text{仲碳正离子}) \xrightarrow[E1]{-H^+} (CH_3)_3C-CH=CH_2$$

$$\text{仲碳正离子} \xrightleftharpoons{\text{甲基迁移}} H_3\overset{\beta}{C}-\overset{+}{C}(CH_3)-\overset{\beta}{C}H(CH_3)-CH_3 \;(\text{叔碳正离子})$$

$$CH_2=C(CH_3)-CH(CH_3)-CH_3 \xleftarrow[E1]{-H^+} \text{叔碳正离子} \xrightarrow[E1]{-H^+} H_3C-C(CH_3)=C(CH_3)-CH_3$$

重排消除产物　　　　叔碳正离子　　　　重排消除产物（主要）

在 E1 反应中，如果有两个或两个以上不同的 β-H，主要产物是消去含氢最少的 β-H，得到碳碳双键上取代基最多的稳定烯烃，即主要生成扎依采夫产物。如果消除产物有顺反构型的异构体，则主要得到稳定性更高的 E 型异构体。如：

$$CH_3\underset{Br}{C}HCH_2CH_3 \xrightarrow[C_2H_5OH]{C_2H_5ONa} \underset{(Z)\text{-2-丁烯}}{\overset{H_3C\quad\;\; CH_3}{C=C}_{H\qquad\; H}} + \underset{(E)\text{-2-丁烯（主要）}}{\overset{H_3C\quad\;\; H}{C=C}_{H\qquad\; CH_3}}$$

综上所述，E1 反应特点如下：①反应分两步，有碳正离子中间体生成；②可能有重排烯烃产物生成；③含有多个 β-H，主要生成扎依采夫烯烃；④当产物烯烃有顺反异构体时，以稳定的 E 型产物为主。

9.7.2　双分子消除反应(E2)历程

9-11

大多数卤代烃在 $NaOH-C_2H_5OH$ 溶液或 $C_2H_5ONa-C_2H_5OH$ 溶液中发生消除反应的动力学是二级反应，其反应速率与卤代烃和碱的浓度成正比，其反应机理是双分子消去历程。如，2-溴丁烷在 $C_2H_5ONa-C_2H_5OH$ 溶液中的消除反应是一步反应。反应时，碱性试剂 $C_2H_5O^-$ 进攻 β-H 慢慢形成 O—H，同时 β-C—H 和 α-C—Br 逐渐减弱，α-C 和 β-C 之间的新键逐渐形成，直至达到能量最高的过渡态。最后，旧键完全断裂，新键完全形成，释放能量生成产物。

$$C_2H_5O^- + CH_3-CH(H)-CH(Br)-CH_3 \longrightarrow \left[\begin{array}{c} \overset{\delta^-}{C_2H_5O}\cdots H \\ CH_3-\overset{\beta}{C}H\cdots\overset{\alpha}{C}H-CH_3 \\ \overset{\delta^-}{Br} \end{array}\right] \longrightarrow H_3C(H)C{=}C(H)CH_3 + C_2H_5OH + Br^-$$

过渡态

因为定速反应有卤代烃和碱两种分子参与，因此称为双分子消除反应，用 **E2** 表示。

在双分子消除反应的过渡态中，为了使 α-C 和 β-C 的 p 轨道能从侧面平行重叠形成 π 键，要求 β-H—β-C—α-C—Br 四个原子必须在同一平面内，且 β-H 和 Br 处于反式位置，即 E2 消除反应立体化学要求为 **β-H—β-C—α-C—X** 处于反式共平面位置。如：

$$\text{(1-甲基-2-溴环己烷，1-H, 2-Br, 3-H(β))} \xrightarrow[C_2H_5OH]{C_2H_5ONa} \text{3-甲基环己烯(1-H, 2-}CH_3\text{)}$$

$Br—C_2—C_3—H$反式共平面

如果有两种反式共平面的构象，则选择稳定构象的为主要消除产物。如：

$Br—C_1—C_2—H$反式共平面（更稳定）

$$\xrightarrow[\text{E2}]{C_2H_5ONa/C_2H_5OH} \text{Ph(H)C}{=}\text{C(H)Ph}$$

$Br—C_1—C_2—H$反式共平面

$$\xrightarrow[\text{E2}]{C_2H_5ONa/C_2H_5OH} \text{Ph(H)C}{=}\text{C(Ph)H}$$

在 E2 反应中，如果有两个或两个以上不同的 β-H，主要生成扎依采夫产物。

值得注意的是，如果碱的体积较大(如$(CH_3)_3CONa$)，而 β-H 周围的空间位阻环境也不一样，此时，体积较大的碱有利于进攻空间位阻小的 β-H，主要产物不符合扎依采夫规则。如：

$$CH_3-CH(Br)-CH(CH_3)-CH_3 + CH_3-C(CH_3)_2-O^- \xrightarrow[\text{E2}]{(CH_3)_3COH} \underset{\text{（主要产物）}}{CH_2{=}CH-CH(CH_3)-CH_3} + CH_3CH{=}C(CH_3)CH_3 + CH_3-C(CH_3)_2-OH$$

综上所述，**E2** 反应特点如下：①反应一步完成，有过渡态生成；②含有多个 β-H，主要生成扎依采夫烯烃；③没有碳正离子中间体生成，也没有重排产物；④消除反应立体化学要求 H—C—C—X 处于反式同平面。

知识点达标题 9-8 对下列反应提出合理的反应机理。

$$\text{环丁基}-C(CH_3)(Br)-CH_3 \xrightarrow[C_2H_5OH]{C_2H_5ONa} \text{1,2-二甲基环戊烯}$$

9-1

知识点达标题 9-9　写出下列反应的主要产物。

$$\begin{array}{c} H_3C \quad\quad Br \\ H\cdots C - C\cdots H \\ Ph \quad\quad Ph \end{array} \xrightarrow[E2]{C_2H_5ONa/C_2H_5OH}$$

9-1

9.8　亲核取代与消除反应的竞争

亲核取代反应与消除反应是同一亲核试剂进攻同一反应物的不同部位引起的。进攻 α-C发生取代反应，进攻 β-H 发生消除反应，两种反应通常是同时发生和相互竞争。究竟以何种反应为主，取决于卤代烃结构、亲核试剂碱性、溶剂极性和反应温度等因素，其中最主要的是卤代烃结构和亲核试剂的碱性。

卤代甲烷、伯卤代烃与亲核试剂主要发生 S_N2 反应，E2 反应产物很少。只有在强碱（如叔丁醇钾）作用下，卤代烃的 E2 产物比例增加。

仲卤代烃及 β-C 上有侧链的伯卤代烃，由于空间位阻的增加和 β-H 的增多，S_N2 反应速率变慢。此时，主要考虑试剂的亲核性和碱性强弱，亲核性强的试剂主要发生 S_N2 反应，碱性强的试剂主要发生 E2 反应。

叔卤代烃无碱存在时，主要为 S_N1 和 E1 的混合产物，但在强碱甚至弱碱存在时，则主要发生 E2 反应。

因此，制备烯烃宜用叔卤代烃，制备醇、醚最好用伯卤代烃。如：

$$CH_3CH_2CH_2CH_2Br \xrightarrow[C_2H_5OH]{C_2H_5ONa} \begin{cases} \xrightarrow[55℃]{S_N2} CH_3CH_2CH_2CH_2OC_2H_5 \quad 90.2\% \\ \xrightarrow[55℃]{E2} CH_3CH_2CH{=}CH_2 \quad 9.8\% \end{cases}$$

$$(CH_3)_3C{-}Br \xrightarrow[C_2H_5OH]{C_2H_5ONa} \begin{cases} \xrightarrow[25℃]{S_N2} (CH_3)_3C{-}OC_2H_5 \quad 7\% \\ \xrightarrow[25℃]{E2} CH_3{-}C(CH_3){=}CH_2 \quad 93\% \end{cases}$$

伯、仲、叔卤代烃亲核取代和消除反应的竞争关系如表 9-3 所示。

表 9-3　伯、仲、叔卤代烃的 S_N1、S_N2、E1、E2 的竞争关系

CH_3X	RCH_2X	R_2CHX	R_3CX
只发生 S_N2	主要是 S_N2，在体积较大的强碱（如 $(CH_3)_3CO^-$）中，主要是 E2	弱碱（如 $RCOO^-$、CN^-）主要是 S_N2，强碱（如 RO^-）是 E2	不发生 S_N2，溶剂（无强碱）发生 S_N1 和 E1，碱性试剂（如 HO^-、RO^-）主要是 E2

知识点达标题 9-10　下列为制备甲基叔丁基醚的两种方案，请分析评价。

$$CH_3\text{—}\underset{CH_3}{\overset{CH_3}{\underset{|}{\overset{|}{C}}}}\text{—}Cl + CH_3ONa \xrightarrow{\text{方案A}} CH_3\text{—}\underset{CH_3}{\overset{CH_3}{\underset{|}{\overset{|}{C}}}}\text{—}O\text{—}CH_3 \xleftarrow{\text{方案B}} CH_3\text{—}\underset{CH_3}{\overset{CH_3}{\underset{|}{\overset{|}{C}}}}\text{—}ONa + CH_3Cl$$

甲基叔丁基醚

9-1

9.9　不饱和卤代烃

9-12

不饱和卤代烃含有不饱和键和卤原子两个官能团，属于复合官能团化合物。根据不饱和键与卤原子的相对位置不同，有乙烯型卤代烃、烯丙型卤代烃和隔离型卤代烃三种。其中隔离型卤代烃的化学性质与一般卤代烃性质相似，而乙烯型卤代烃和烯丙型卤代烃的化学活性与一般卤代烃有较大的差别。

9.9.1　乙烯型和卤苯型卤代烃

卤原子直接与双键碳原子相连的称为乙烯型卤代烃，卤原子直接与苯环相连的称为卤苯型卤代烃(或称卤代芳烃)。在乙烯型卤代烃或卤代芳烃中，由于卤原子上未共用的一对 p 电子与双键 π 键或苯环的大 π 键从侧面重叠形成 **p-π** 共轭体系(见图 9-1)，使 C—X 的键长变短，键能变大，难断裂，卤原子反应活性大为降低，难以发生亲核取代反应。如氯乙烯与硝酸银醇溶液长时间加热也观察不到反应的发生。

图 9-1　氯乙烯和氯苯中的 p-π 共轭

值得注意的是，乙烯型卤代烃和卤代芳烃虽然不活泼，但在 I_2 催化下于四氢呋喃溶剂中能与金属反应生成相应的格氏试剂。如：

$$CH_2\text{═}CHCl + Mg \xrightarrow{THF,60℃} CH_2\text{═}CHMgCl$$

氯苯不活泼，要在高温、高压、催化剂条件下，才能发生水解。如果氯原子的邻位或对位上连有强吸电子基(如—NO_2、—SO_3H、—CN、—N^+R_3、—COOH 等)时，水解反应就容易发生，且吸电子基越多，反应越容易。

$$C_6H_5\text{—}Cl \xrightarrow[370℃,20MPa]{NaOH,H_2O,Cu粉} C_6H_5\text{—}OH + NaCl$$

$$\text{邻-}O_2N\text{—}C_6H_4\text{—}Cl \xrightarrow[130℃]{Na_2CO_3,H_2O} \text{邻-}O_2N\text{—}C_6H_4\text{—}OH$$

$$O_2N-C_6H_3(NO_2)-Cl \xrightarrow[100℃]{Na_2CO_3,H_2O} O_2N-C_6H_3(NO_2)-OH$$

$$O_2N-C_6H_2(NO_2)_2-Cl \xrightarrow[常温下]{Na_2CO_3,H_2O} O_2N-C_6H_2(NO_2)_2-OH$$

这是邻位或对位的吸电子基与苯环大 π 键共轭和诱导效应的结果，增加了 C—Cl 碳原子的正电性，提高了对亲核试剂的接受能力。

9.9.2 烯丙型和苄基型卤代烃

卤原子连接在双键 α-C 上的卤代烃称为烯丙型卤代烃（如烯丙基氯），与芳烃 α-C 相连的称为苄基型卤代烃，简称苄卤（如苄氯）。这两类卤代烃中的卤原子非常活泼，极容易进行亲核取代反应和消除反应，如在常温下就能与硝酸银的醇溶液作用，很快出现卤化银沉淀。

进行 S_N1 反应时，C—Cl 异裂后，形成烯丙基碳正离子或苄基碳正离子，带正电荷 α-C 上未杂化的 p 轨道与碳碳双键或苯环的大 π 键形成 p-π 共轭体系（见图 9-2），使 α-C 上的正电荷得以分散而稳定，所以，对 S_N1 反应很有利。

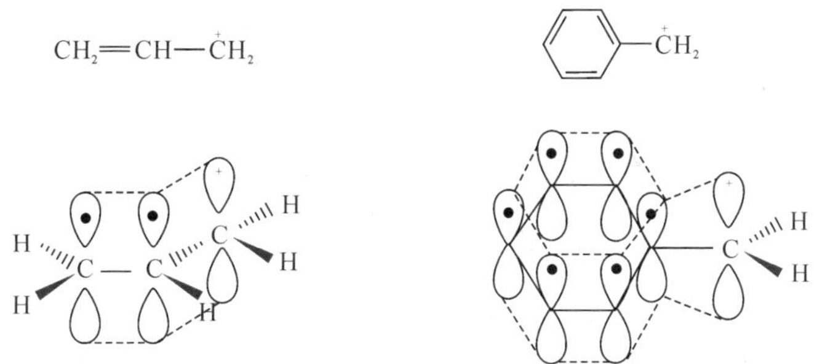

图 9-2 烯丙基与苄基碳正离子的 p-π 共轭

烯丙基碳正离子可以写出两个共振式，所以当它发生亲核取代反应时，得到两种取代产物。如：

$$CH_3CH_2{=}CHCH_2Cl \xrightarrow{S_N1} CH_3CH_2{=}CH{-}\overset{+}{C}H_2 \longleftrightarrow CH_3\overset{+}{C}H{-}CH{=}CH_2$$

$$CH_3CH_2{=}CH{-}\overset{+}{C}H_2 \xrightarrow{OH^-} CH_3CH_2{=}CH{-}CH_2OH \qquad CH_3\overset{+}{C}H{-}CH{=}CH_2 \xrightarrow{OH^-} CH_3CH_2(OH){-}CH{=}CH_2$$

当烯丙型卤代烃进行 S_N2 反应时，由于 α-C 相邻的 π 键存在，过渡态中亲核原子上的电子云和 π 键发生共轭，使过渡态能量降低趋于稳定，因此，对 S_N2 反应也有利。

$$HO^- + CH_2{=}CH{-}CH_2{-}Cl \longrightarrow [\text{过渡态}] \longrightarrow HO{-}CH_2{-}CH{=}CH_2 + Cl^-$$

综上所述，不同结构的卤代烃反应活性次序如下：

S_N1: $R_3C{-}X > R_2CH{-}X > RCH_2{-}X > CH_3{-}X >$ $\left\{ \begin{array}{l} RCH{=}CH{-}X \\ C_6H_5{-}X \end{array} \right.$

S_N2: $CH_3{-}X > RCH_2{-}X > R_2CH{-}X > R_3C{-}X >$ $\left\{ \begin{array}{l} RCH{=}CH{-}X \\ C_6H_5{-}X \end{array} \right.$

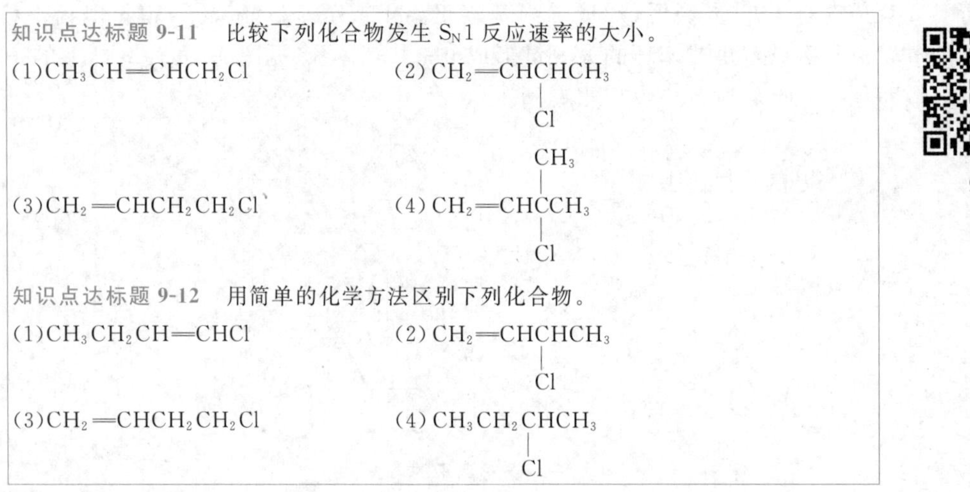

知识点达标题 9-11 比较下列化合物发生 S_N1 反应速率的大小。

(1) $CH_3CH{=}CHCH_2Cl$ (2) $CH_2{=}CHCH(Cl)CH_3$

(3) $CH_2{=}CHCH_2CH_2Cl$ (4) $CH_2{=}CHC(CH_3)(Cl)CH_3$

知识点达标题 9-12 用简单的化学方法区别下列化合物。

(1) $CH_3CH_2CH{=}CHCl$ (2) $CH_2{=}CHCH(Cl)CH_3$

(3) $CH_2{=}CHCH_2CH_2Cl$ (4) $CH_3CH_2CH(Cl)CH_3$

9-1

【重要知识小结】

1. 卤原子是卤代烃的官能团，卤代烃的主要反应是由 C—X 引起的亲核取代反应、消除反应及与金属反应。

$$RCH_2CH_2MgX \xleftarrow{Mg} RCH_2CH_2X \xrightarrow[S_N]{A:Nu} RCH_2CH_2Nu + AX$$

$(X{=}Cl、Br、I)$

$$RCH_2CH_2X \xrightarrow[E]{NaOH\text{-}C_2H_5OH} RCH{=}CH_2$$

$A:Nu = Na{-}OH、Na{-}CN、Na{-}OR、Na{-}C{\equiv}CR、H{-}NH_2$ 等

2. S_N2 为双分子亲核取代反应历程，反应速率与卤代烃、亲核试剂的浓度成正比；反应一步完成，亲核试剂从卤原子的背面进攻中心碳原子形成过渡态，过渡态中旧键断裂与新键形成同时进行，生成的取代产物构型发生瓦尔登转化；试剂亲核性强、溶剂极性小或非极性溶剂对 S_N2 反应有利，不同卤代烃 S_N2 反应活性取决于 α-C 或 β-C 上空间位阻的大小，空间位阻越小，S_N2 活性越高。S_N2 反应活性次序为：

$CH_3—X > RCH_2—X > R_2CH—X > R_3C—X >$ $\left[\begin{array}{l} RCH=CH—X \\ C_6H_5—X \end{array}\right.$

3. S_N1 为单分子亲核取代反应历程，反应速率只与卤代烃浓度成正比；反应分两步进行，首先是C—X异裂，生成具有平面结构的中间体碳正离子，然后亲核试剂再从碳正离子所在平面的两边与之结合，分别生成构型保持和构型翻转的两种产物；有时可以生成碳架重排的产物；溶剂极性大，对 S_N1 有利，不同卤代烃 S_N1 反应活性取决于形成碳正离子的稳定性，碳正离子越稳定，S_N1 反应活性越高。S_N1 反应活性次序为：

$R_3C—X > R_2CH—X > RCH_2—X > CH_3—X >$ $\left[\begin{array}{l} RCH=CH—X \\ C_6H_5—X \end{array}\right.$

与硝酸银的醇溶液作用是 S_N1 反应，根据出现沉淀的先后不同，可以区别不同类型的卤代烃。

4. E1 为单分子消除反应。反应分两步进行，首先生成碳正离子中间体，然后消除β-H，消除主要产物遵循扎依采夫规则；E1 反应可能有碳架重排的烯烃生成；不同卤代烃 E1 反应活性次序为：

$$R_3C—X > R_2CH—X > RCH_2—X$$

5. E2 为双分子消除反应。反应一步进行，β-消除时，要求 β-H—β-C—α-C—X 处于反式共平面，消除主要产物遵循扎依采夫规则；不同卤代烃 E2 反应活性次序为：

$$R_3C—X > R_2CH—X > RCH_2—X$$

6. 格氏试剂(RMgX)是一很重要的有机中间体，性质很活泼，能与含活泼氢的化合物、二氧化碳、氧气等多种物质发生反应。

习　　题

9-13

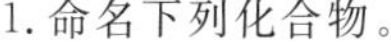

1. 命名下列化合物。

(1) 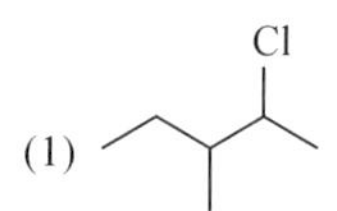

(2) Br

(3) 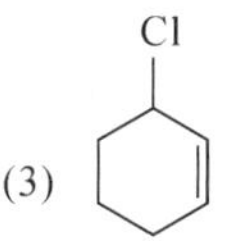

(4) 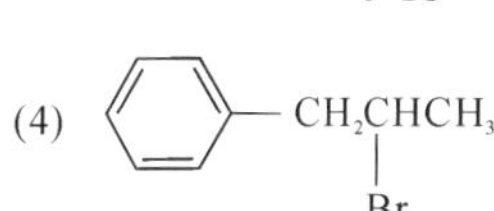

(5) 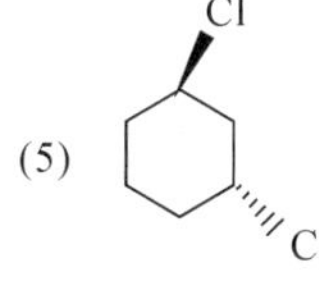

(6) 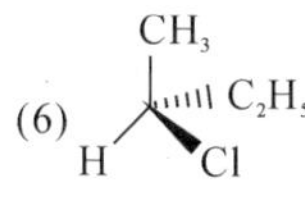

(7) 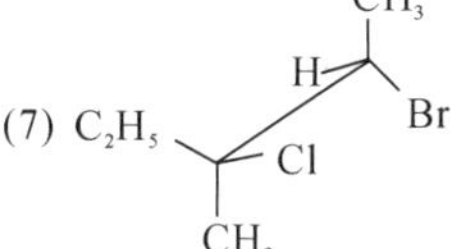

(8) 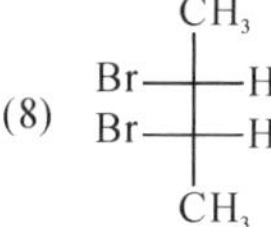

2. 写出 1-氯丁烷与下列试剂反应的主要产物。

(1) $NaOH/H_2O$　　(2) C_2H_5ONa/C_2H_5OH　　(3) $AgNO_3/C_2H_5OH$

(4) $NaCN/C_2H_5OH$　　(5) $CH_3C\equiv CNa/NH_3$(L)　　(6) NaI/丙酮

(7) KOH/C_2H_5OH　　(8) Mg，乙醚　　(9)(8)产物$+D_2O$

3. 写出下列反应的主要产物。

(1)  $\xrightarrow{Br_2}$ $\xrightarrow{KOH-C_2H_5OH}$ $\xrightarrow{}$ (O, O, O)

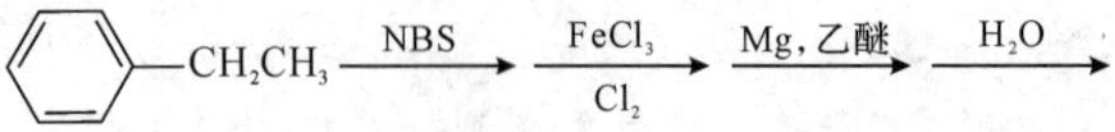

(2) $-CH_2CH_3$ $\xrightarrow{NBS}$ $\xrightarrow[Cl_2]{FeCl_3}$ $\xrightarrow{Mg,乙醚}$ $\xrightarrow{H_2O}$

(3) 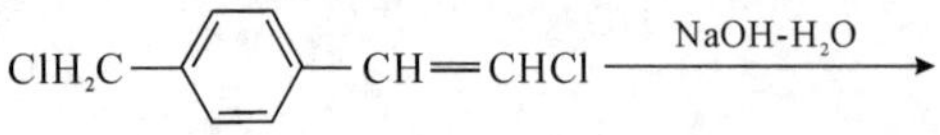 $ClH_2C-C_6H_4-CH{=}CHCl$ $\xrightarrow{NaOH-H_2O}$

(4) Cl, $-CH_3$ $\xrightarrow{C_2H_5ONa}$

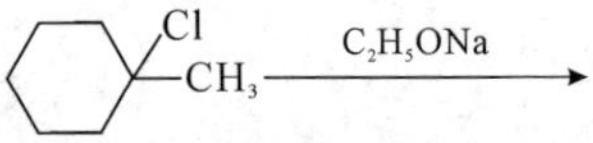

(5) 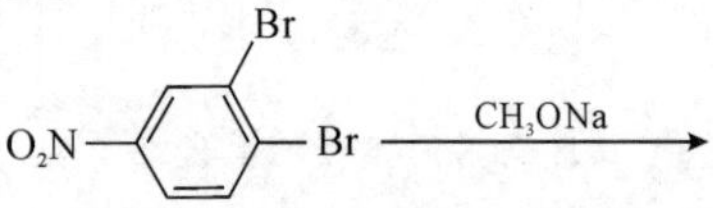 Br, O_2N-, $-Br$ $\xrightarrow{CH_3ONa}$

(6) $CH_3CH_2CHBrCH_3$ (S) + NaCN $\longrightarrow$

(7) 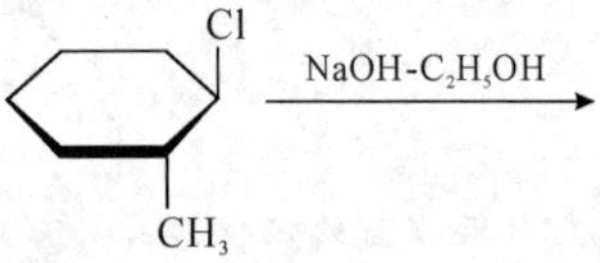 Cl, CH_3 $\xrightarrow{NaOH-C_2H_5OH}$

4. 按题意回答下列各问题，并扼要说明理由。

(1)下列化合物与 NaI 在丙酮溶液中，反应活性大小次序：

A. $CH_3CH_2CH_2CH_2Br$　　B. $CH_2{=}CHCHBrCH_3$

C. $BrCH{=}CHCH_2CH_3$　　D. $CH_3CHBrCH_2CH_3$

(2)下列化合物在 2% $AgNO_3$ 乙醇溶液中，反应活性大小次序：

A. $C_6H_5CH_2Cl$　　B. p-$CH_3OC_6H_5CH_2Cl$

C. p-$CH_3C_6H_5CH_2Cl$　　D. p-$O_2NC_6H_5CH_2Cl$

(3)S_N2 反应速率大小次序：

A. $(CH_3)_2CHCH_2CH_2Br$　　B. $(CH_3)_3CCl$

C. $CH_3CH_2CHClCH_3$　　D. $CH_3CH_2CHBrCH_3$

(4)S_N1 反应速率大小次序：

A. $CH_3CH_2OCH_2Cl$　　B. $CH_3CH_2CH_2Cl$

C. $CH_3OCH_2CH_2Cl$　　D. $CH_3CH_2CH_2I$

(5)亲核性大小次序：

A. Cl^-　　B. OH^-　　C. SH^-　　D. CH_3O^-　　E. H_2O

(6)下列原子或基团离去时的难易次序：

A. p-$CH_3C_6H_5SO_3^-$　　B. $C_6H_5SO_3^-$　　C. $CF_3SO_3^-$

D. Br^-　　E. Cl^-

(7)碳正离子稳定性大小次序：

A. 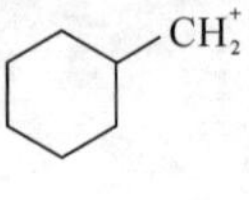 CH_2^+　　B. 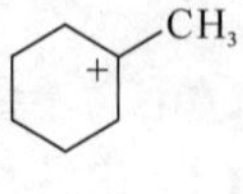 CH_3, +　　C. 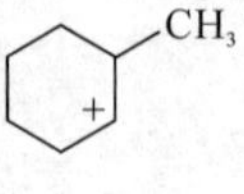 CH_3, +　　D. 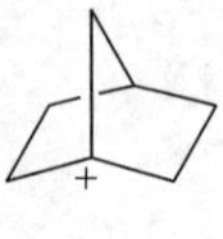 +

(8)下列化合物为什么只有 E 可以与 Mg 形成稳定的 Grignard 试剂：

A. $HOCH_2CH_2Br$　　B. $CH_3COCH_2CH_2Br$　　C. $CH_2BrCH_2CH_2Cl$

D. $HC\equiv CCH_2Br$　　E. $CH_3OCH_2CH_2Br$

5. 下列各对亲核取代反应，各按何种历程进行？哪一个更快？为什么？

(1) A. $(CH_3)_2CHBr + NaI \xrightarrow{丙酮} (CH_3)_2CHI + NaBr$

B. $CH_3CH_2CH_2Br + NaI \xrightarrow{丙酮} CH_3CH_2CH_2I + NaBr$

(2) A. $CH_3CH_2CH_2Cl + NaOH \longrightarrow CH_3CH_2CH_2OH + NaCl$

B. $CH_3CH_2CH_2Cl + NaOCH_3 \longrightarrow CH_3CH_2CH_2OCH_3 + NaCl$

(3) A. $CH_3CH_2CH_2Br + AgNO_3 \xrightarrow{C_2H_5OH} CH_3CH_2CH_2ONO_2 + AgBr$

B. $(CH_3)_2CHBr + AgNO_3 \xrightarrow{C_2H_5OH} (CH_3)_2CHONO_2 + AgBr$

(4) A. $CH_3CH_2-C(CH_3)_2-Br + (CH_3)_3COK \xrightarrow{(CH_3)_3COH} CH_3CH=C(CH_3)_2 + (CH_3)_3COH + KBr$

B. $CH_3CH_2-C(CH_3)_2-Br + (CH_3)_3COK \xrightarrow{(CH_3)_2SO} CH_3CH=C(CH_3)_2 + (CH_3)_3COH + KBr$

(5) A. 环丙基氯 (▷—Cl) + KI $\xrightarrow{丙酮}$ 环丙基碘 (▷—I) + KCl

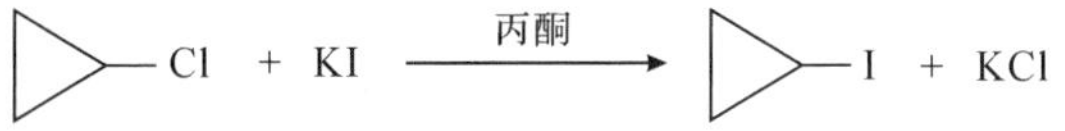

B. 环己基氯 + KI $\xrightarrow{丙酮}$ 环己基碘 + KCl

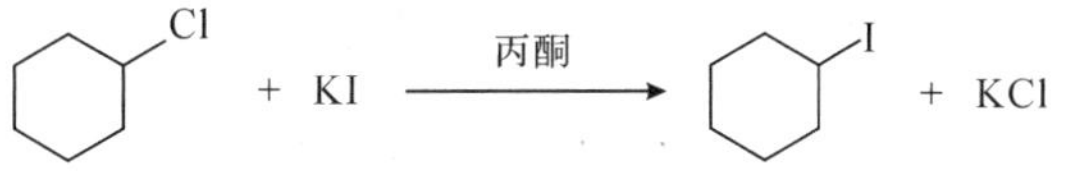

(6) A. 椅式环己烷（H_3C、CH_3、Br 取代）+ NaOH $\xrightarrow{S_N2}$ 椅式环己烷（H_3C、CH_3、OH 取代）+ NaBr

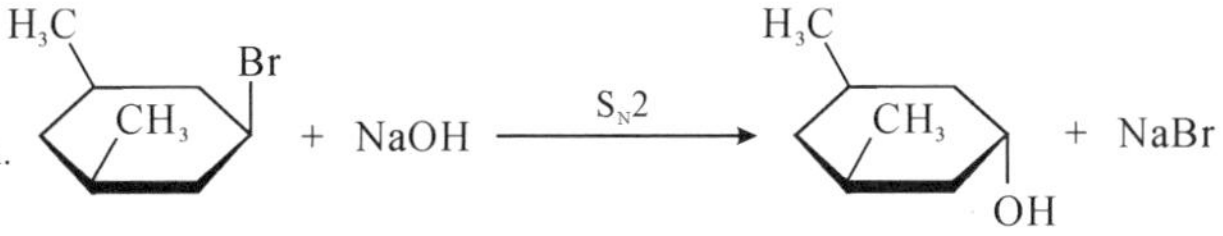

B. 椅式环己烷（CH_3、Br、CH_3 取代）+ NaOH $\xrightarrow{S_N2}$ 椅式环己烷（CH_3、OH、CH_3 取代）+ NaBr

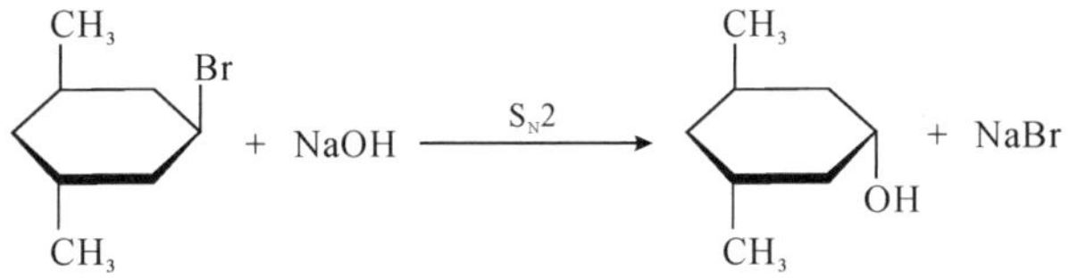

(7) A. 椅式环己烷（$(CH_3)_3C$、Br 取代）+ NaOH $\xrightarrow{S_N1}$ 椅式环己烷（$(CH_3)_3C$、—OH 取代）+ NaBr

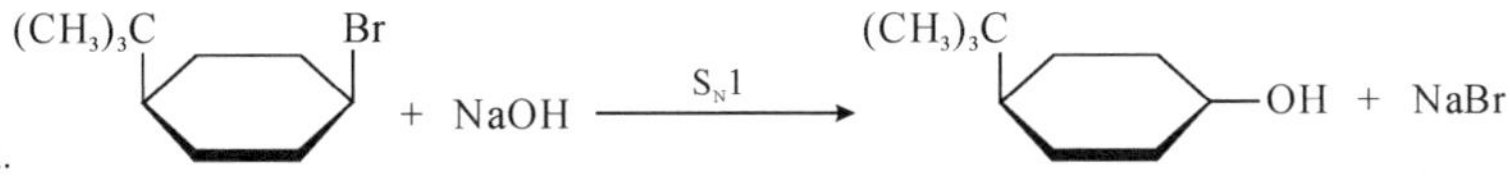

B. 椅式环己烷（$(CH_3)_3C$、Br 取代）+ NaOH $\xrightarrow{S_N1}$ 椅式环己烷（$(CH_3)_3C$、—OH 取代）+ NaBr

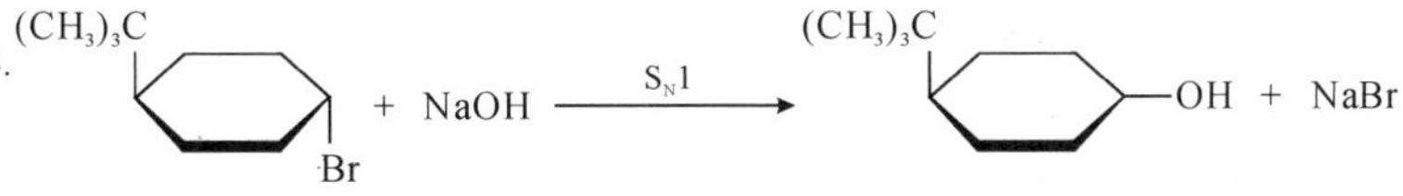

6. 卤代烷与 NaOH 在 H_2O-C_2H_5OH 混合物中反应，根据下列描述，何者为 S_N1 历程，何者为 S_N2 历程。

(1)碱浓度增加反应速率加快　　(2)增加含水量反应速率加快

(3)叔卤代烷反应速率小于仲卤代烷　　(4)反应不分阶段，一步完成

(5)用 $NaOCH_3$ 代替 NaOH 反应速率几乎不变　　(6)有重排产物

(7)用左旋物质反应时，所得产物为右旋物质　　(8)反应速率取决于离去基团性质

(9)用光活性物质反应时，产物构型部分转化　　(10)亲核试剂亲核性越强，反应速率越快

7. 用简单的化学方法区别下列各组化合物。

(1)2-氯-1-丙烯；3-氯-1-丙烯；1-氯丙烷；2-氯丙烷　　(2)苄溴；溴代环己烷；溴苯；苄氯

8. 用反应机理的解释下列结果。

(1) Cl (R) $\xrightarrow[\text{丙酮}]{\text{NaI}}$ I $\xrightarrow{\text{NaOH-}H_2O}$ OH (R)

(2) Cl (R) $\xrightarrow{OH^-\text{-}H_2O}$ OH (R) + OH (S)

9. 由指定原料合成下列化合物。

(1) $CH_3CH_2CH_2Br \longrightarrow CH_3CH(OH)CH_3$　　(2) $CH_3CH_2CH_2Cl \longrightarrow CH_3-CCl_2-CH_3$

(3) $HC\equiv CH \longrightarrow CH_2=CCl_2$　　(4) 溴代环己烷（Br） $\longrightarrow$ 2-环己烯-1-醇（OH）

(5) $CH_3CH_2CH_2Br \longrightarrow H_3C-C\equiv CCH_2CH_2CH_3$

10. 某烃 A(C_4H_8)，在较低温度下与氯作用生成 B($C_4H_8Cl_2$)，在较高温度下作用则生成 C(C_4H_7Cl)。C 与 NaOH 水溶液作用生成 D(C_4H_8O)，C 与 NaOH 醇溶液作用则生成E(C_4H_6)。E 能与顺丁烯二酸酐反应，生成 F($C_8H_8O_3$)。试推测 A～F 的构造式。

➢ PPT 课件

➢ 自测题

➢ 蒋锡夔——中国有机氟化学家

9-14

第 10 章　有机化合物的波谱分析

【知识点与要求】

✧ 了解紫外光谱产生原理、价电子跃迁类型，了解红移、生色团和助色团概念，掌握最大吸收波长与化合物结构的关系。

✧ 了解红外光谱产生原理、共价键的振动类型，熟悉常见官能团的特征吸收峰。

✧ 了解^{1}HNMR 产生原理、核自旋偶合与裂分、化学位移、屏蔽效应等概念，掌握^{1}HNMR 在推测有机化合物结构中的应用。

✧ 了解质谱产生原理、基峰、分子离子、碎片离子等概念，掌握质谱法在推测化合物的相对分子质量、分子式及结构中的应用。

有机化合物的性质是由结构决定的，对有机化合物结构的确证一直是有机化学研究的重要环节。早期对有机化合物结构进行确定主要依靠化学方法，即根据有机化合物表现出的各种化学性质来推测结构，它存在实验工作复杂、繁重，消耗样品多，实验时间长，结果可靠性低等缺点。现在大多运用物理方法，即借助物理仪器获取一些分析数据，来确定有机化合物的结构，相对于化学方法，物理方法具有过程简单、取样少、时间短、结果可靠性高的优点。

有机化合物结构确定中最常用的物理仪器有红外光谱仪、紫外光谱仪、核磁共振仪和质谱仪，统称为四大谱，它们不仅是有机化合物结构确证的强有力工具，也为生物化学、植物化学、药物学、病理学等领域的研究提供了新的手段。本章简单介绍四大谱技术的基本原理和应用。

10.1　紫外光谱

紫外光谱(ultraviolet spectroscopy，UV)是指分子吸收波长 100～400nm 的紫外光时，电子发生跃迁所产生的吸收光谱。其中波长 100～200nm 为远紫外区，200～400nm 为近紫外区，紫外光谱通常是指近紫外区的分子吸收光谱。波长 400～800nm 为可见光谱，常用的分光光度计一般包含紫外光和可见光两部分。

10.1.1　价电子跃迁类型

10-1

化合物吸收紫外光后，引起外层价电子能级跃迁。有机化合物中外层价电子有单键的 σ 电子，双键或三键的 π 电子，氧、硫、氮、卤素等杂原子上未成键的 n 电子三种，σ、π 电子位于成键轨道中，同时还各有一个空的反键轨道 σ^*、π^*。这五个轨道的能量高低为：

$$\sigma^* > \pi^* > n > \pi > \sigma$$

化合物吸收紫外光后，引起的价电子跃迁类型有以下四种(见图 10-1)。

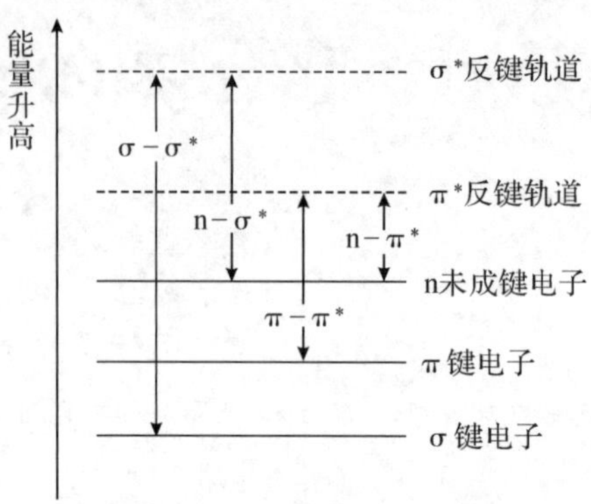

图 10-1　电子跃迁能量示意图

1. σ-σ* 跃迁

σ键电子由能级最低的σ成键轨道向能级最高的σ^*反键轨道跃迁，需要能量最高，在远紫外区(吸收波长<150nm)有吸收，在近紫外区无吸收。如饱和的烷烃。

2. n-σ* 跃迁

未成键的n电子向能级量最高的σ^*反键轨道跃迁，需要能量较高，在远紫外区(吸收波长<200nm)有吸收，在近紫外区无吸收。如含O、S、N、X等杂原子的饱和有机化合物。

3. π-π* 跃迁

π键电子向π^*反键轨道跃迁，对于孤立π键电子在远紫外区(吸收波长<200nm)有吸收，对研究分子结构意义不大。但含有共轭π键的电子跃迁在200～400nm的近紫外区有吸收，且吸收强度大，对研究分子结构中是否含有共轭体系有很大的意义。

4. n-π* 跃迁

未成键的n电子向π^*反键轨道跃迁，需要能量最低，在波长200～400nm近紫外区有吸收，但吸收强度弱。如含有π键和O、N、X等杂原子的有机化合物。

这四种电子跃迁需要能量高低为$\sigma\text{-}\sigma^* > n\text{-}\sigma^* > \pi\text{-}\pi^* > n\text{-}\pi^*$。对于波长在200～400nm近紫外区有吸收的只有$\pi\text{-}\pi^*$和$n\text{-}\pi^*$，即紫外光谱可用于确定含有π键及含有π键与杂原子有机物的结构信息。

知识点达标题 10-1　指出下列化合物中含有哪些外层价电子。

(1) CH_3CH_3　(2) $CH_2{=}CH_2$　(3) $CH_2{=}CH{-}Cl$

知识点达标题 10-2　指出下列化合物电子跃迁所需能量在近紫外区还是在远紫外区，为什么？

(1) CH_3CH_3　(2) $CH_2{=}CH_2$

(3) $CH_2{=}CH{-}CH{=}CH_2$　(4) C_6H_5OH

10-2

10.1.2　紫外光谱图

以波长为横坐标，吸光度为纵坐标，得到一条连续的曲线即为紫外光谱图（见图 10-2），其中吸光度是入射光强度比出射光强度的对数，吸收强度遵守朗伯-比耳定律。

$$A=\lg\frac{I_0}{I}=\lg\frac{1}{T}=\varepsilon Cl$$

其中，A 为吸光度；I_0 为入射光强度；I 为出射光强度；T 为透光率，用百分数表示；ε 为摩尔吸光系数（$L\cdot mol^{-1}\cdot cm^{-1}$）；$C$ 为溶液浓度（$mol\cdot L^{-1}$）；l 为吸收池厚度（cm）。

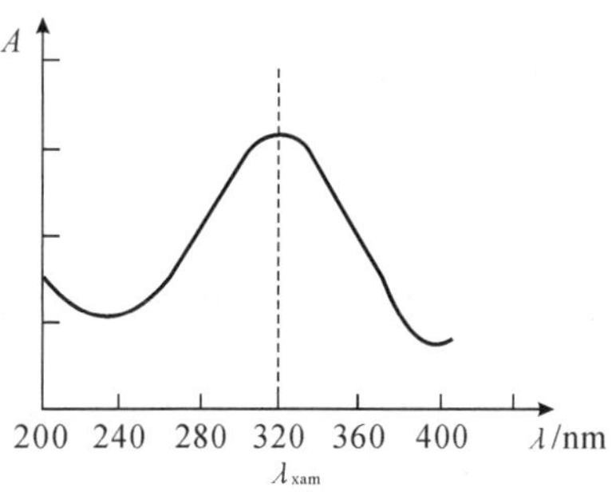

图 10-2　紫外光谱示意图

紫外光谱图所提供的重要信息是吸光度最大时所对应的吸收波长，称为最大吸收波长，用 λ_{max} 表示。

10-3

10.1.3　紫外光谱与有机化合物分子结构的关系

紫外光谱是测定含有 π 键及含有 π 键与杂原子有机化合物在 200～400nm 近紫外区吸收的结构信息，其中含有 π 键的基团称为生色团。如：

$$>C=C<\quad -C\equiv C-\quad -N=N-\quad -C\equiv N\quad >C=O\quad -\overset{\overset{\displaystyle O}{\uparrow}}{N}=O$$

（1）含有孤立双键或三键结构的有机化合物，在远紫外区有吸收，在近紫外区无吸收。如：

$$CH_2=CH_2,\lambda_{max}=162nm\qquad CH\equiv CH,\lambda_{max}=173nm$$

（2）含有共轭 π 键结构的有机化合物，近紫外区有吸收，并且最大吸收波长随着共轭链的增长向长波方向移动（称为红移），如表 10-1 所示。

表 10-1　共轭链的长度与最大吸收波长

化合物	结构简式	λ_{max}/nm
乙烯	$CH_2=CH_2$	162
1,3-丁二烯	$CH_2=CH-CH=CH_2$	217
1,3,5-己三烯	$CH_2=CH-CH=CH-CH=CH_2$	258
1,3,5,7-辛四烯	$CH_2=CH-(CH=CH)_2-CH=CH_2$	296

（3）含未成键电子对（n 电子）杂原子与 π 键形成 p-π 共轭体系结构，最大吸收波长向长波方向移动，即红移，如表 10-2 所示。

表 10-2　p-π 共轭体系与最大吸收波长

化合物	结构简式	λ_{max}/nm
苯	（苯环结构式）	162

续表

化合物	结构简式	λ_{max}/nm
苯酚	—OH	270
苯胺	—NH_2	280

其中含有未成键 p 电子的基团如—OH、—NO_2、—X、—OR 等本身在近紫外区无吸收，当与生色团相连时，使生色团的吸收波长向长波方向移动，这些基团称为助色团。

10.1.4 紫外光谱的应用

因为共轭体系在 200～400nm 有吸收峰，而孤立双键无吸收峰，所以可用于鉴别共轭双键和孤立双键的化合物。如 A、B 结构相似，用化学方法难以区别，在紫外光谱中，A 是孤立烯烃，在近紫外区内无吸收峰，B 是共轭体系，在近紫外区内有吸收峰。

=CH_2 {孤立烯烃 / 在近紫外区内 / 无吸收峰}

A

=CH_2 {共轭体系 / 在近紫外区内（232nm） / 有强吸收峰}

B

再如 C、D 结构和化学性质十分相似，都有 π-π 共轭体系，在近紫外区有吸收峰，但 D 共轭链长，吸收峰发生红移，最大吸收波长大于 C。

H_3C CH_3 CH═CH—C(═O)—CH_3 CH_3 λ_{max}= 227nm

C

H_3C CH_3 CH═CH—C(═O)—CH_3 CH_3 共轭链长，吸收峰发生红移 λ_{max}= 299nm

D

> 知识点达标题 10-3　排列下列化合物最大紫外吸收波长的大小次序。
>
> A. CH_3CH═CH—CH═$CHNH_2$　　B. CH_2═CH—CH_2—CH═$CHNH_2$
>
> C. CH_3CH═$CHCH_2CH_2NH_2$　　D. $CH_3CH_2CH_2CH_2CH_2NH_2$

10-2

10.2 红外光谱

红外光谱（infrared spectroscopy, IR）是用波长 2.5～25μm（或波数 4000～400cm^{-1}）的红外光照射有机化合物，引起分子振动能级跃迁所得到的吸收光谱。

10-4

10.2.1 分子振动类型

分子吸收红外光后产生的振动有伸缩振动和弯曲振动两种类型。

1. 伸缩振动

引起共价键键长变长或变短而键角不变的振动称为伸缩振动，用 γ 表示。伸缩振动有对称与不对称两种振动形式（见图 10-3）。

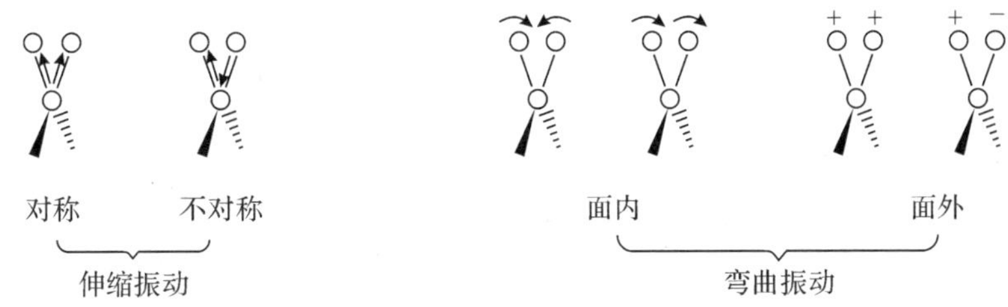

图 10-3　伸缩振动和弯曲振动示意图

"+"表示向纸外,"−"表示向纸内

2. 弯曲振动

引起键角改变而键长不变的振动称为弯曲振动,用 δ 表示。弯曲振动有面内与面外两种振动形式(见图 10-3)。

伸缩振动需要能量高,要求用波长短或波数高的红外光来激发;弯曲振动需要能量低,用波长长或波数低的红外光来激发。

10.2.2　红外光谱图

以波长(μm)或波数(cm^{-1})为横坐标,用透光率百分数($T\%$)为纵坐标,得到一条连续的曲线即为红外光谱图(见图 10-4)。红外吸收峰的强弱可定性分为强(s)、中(m)、弱(w)等。

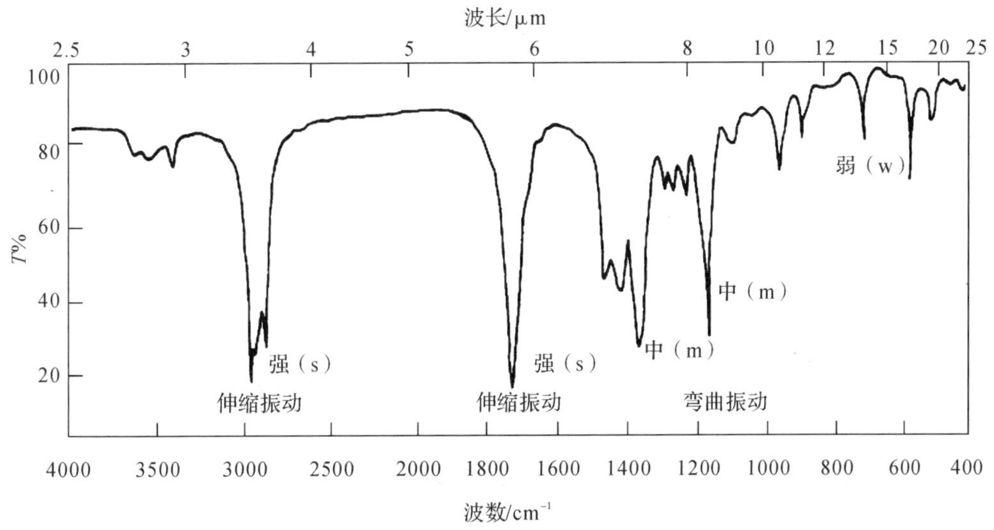

图 10-4　2-戊酮的红外光谱图

红外光谱图分为两个区,波数 4000~1350cm^{-1} 为官能团区,主要是一些伸缩振动吸收峰。这一区域吸收峰较少、吸收强度高,周围结构对其影响小,大部分官能团都在这一区域,并且相同官能团在谱图中的吸收频率基本相同,因此,对化合物结构鉴定作用大。波数 1350~400cm^{-1} 为指纹区,这一区域吸收峰多、复杂,周围结构对其影响大,不易归属于某一基团,对化合物鉴定作用不大,但对结构相似的化合物,如同系物的鉴定极为有用。表 10-3 为常见基团的特征红外吸收频率。

表 10-3　常见基团的特征红外吸收频率

基团结构(振动类型)	波数/cm^{-1}(峰强度)
A. 烷烃 C—H	
—CH_3(伸缩)	2872～2962(s)
—CH_3(弯曲)	1470～1430(m)； 1380～1370(s)
—CH_2—(伸缩)	2853～2962(s)
—CH_2—(弯曲)	1485～1445(m)
—CH—(弯曲)	1340(w)
B. 烯烃	
═C—H(伸缩)	3090～3010(m)
═C—H(弯曲)	
单取代烯	905～920(s)； 980～1000(s)
顺式取代烯	675～730(s)
反式取代烯	960～975(s)
同碳二取代烯	880～900(s)
三取代烯	840～790(s)
C═C(伸缩)	1620～1680(m)
C. 炔烃	
≡C—H(伸缩)	3300(s)
≡C—H(弯曲)	625～665(s)
C≡C(伸缩)	2100～2260(w)
D. 芳烃	
C═C	1450～1600(s)(3～4个吸收峰)
═C—H(伸缩)	3030(w)
═C—H(弯曲)	
一取代	640～710(s)； 730～770(s)
邻二取代	735～770(s)
间二取代	680～725(s)； 750～810(s)
对二取代	790～840(s)
E. 醇酚	
—OH(伸缩)	3500～3650(s)(游离)； 3200～3400(s,b)(缔合)
F. 醛	
C═O(伸缩)	1720～1740(s)
═C—H(伸缩)	2720～2820(s)
G. 酮 C═O(伸缩)	170～51725(s)
酰卤 C═O(伸缩)	1770～1815(s)
酯 C═O(伸缩)	1735～1750(s)
酸酐 C═O(伸缩)	1740～1790(s)； 1800～1850(s)
H. 羧酸	
C═O(伸缩)	1700～1725(s)
—OH	3500～3560(m)(游离)； 2500～3000(s,b)(缔合)
I. 酰胺	
C═O(伸缩)	1630～1690(s)
—N—H(伸缩)	3180～3350(m)(伯)
	一取代 3060～3320(m)(仲)
K. 醇、醚、酯、羧酸	
C—O(伸缩)	1000～1300(s)
L. 胺	
N—H(伸缩)	3400～3500(m)(伯胺)
	3300～3500(m)(仲胺)
M. 腈 C≡N(伸缩)	2220～2260(m)
N. 硝基 N═O(伸缩)	1300～1400(m)； 1500～1600(s)
O. 亚胺与肟 C═N(伸缩)	1640～1690(m)
P. 偶氮 N═N(伸缩)	1575～1630(m)

注：s—强，m—中，w—弱，b—宽。

知识点达标题 10-4　排列下列化学键伸缩振动吸收波数的大小次序。

A. N≡C　　B. C═C　　C. C═O　　D. C—H　　E. O—H

10-2

10.2.3　分子结构对特征吸收频率的影响

1. 电子效应

10-5

(1)诱导效应。吸电子基使吸收峰向高波数区域移动,供电子基使吸收峰向低波数区域移动。如,乙醛中羰基吸收峰为 $1730cm^{-1}$,当连接供电子基—CH_3 后为丙酮,波数减少至 $1715cm^{-1}$,若连接吸电子基 Cl、F,吸收峰波数则增加,且吸电子能力越强,波数增加越多。

$H_3C—C(=O)—F$　　$\gamma_{C=O}=1869cm^{-1}$

$H_3C—C(=O)—Cl$　　$\gamma_{C=O}=1780cm^{-1}$

$H_3C—C(=O)—H$　　$\gamma_{C=O}=1730cm^{-1}$

$H_3C—C(=O)—CH_3$　　$\gamma_{C=O}=1715cm^{-1}$

增加

(2)共轭效应。形成 π-π 共轭效应,吸收峰向低波数区域移动。如:

$H_3C—C(=O)—CH═CH_2$　　$\gamma_{C=O}=1675cm^{-1}$(π-π 共轭)

$H_3C—C(=O)—CH_2CH_3$　　$\gamma_{C=O}=1710cm^{-1}$

2. 空间效应

(1)环大小。环越小,角张力越大,吸收峰向高波数区域移动。如,下列化合物随着环中碳原子数的减小,羰基吸收峰的波数依次增加。

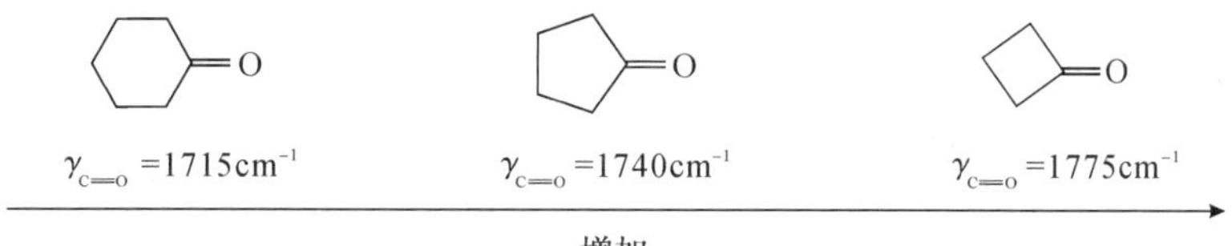

(2)空间位阻。空间位阻越大,吸收峰向高波数区域移动。如,下列 π-π 共轭体系中空间位阻依次增大,羰基吸收峰波数不断增加。

$\gamma_{C=O}=1663cm^{-1}$　　$\gamma_{C=O}=1686cm^{-1}$　　$\gamma_{C=O}=1693cm^{-1}$

增加

(3)氢键的影响。能形成氢键的基团,吸收峰向低波数区域移动。如,醇羟基游离时,吸收峰为 $3640cm^{-1}$,形成分子间氢键时,吸收峰降为 $3450\sim3550cm^{-1}$。

R—OH　　　　----H—O(R)----H—O(R)----

$\gamma_{O-H}=3640cm^{-1}$　　$\gamma_{O-H}=3450\sim3550cm^{-1}$

10.3 核磁共振谱

原子核是带正电的粒子,不断地发生自旋,当质子数或质量数是奇数(如 ^{1}H、^{13}C、^{19}F 等)的原子核自旋时,可产生磁性,可用于核磁共振(nuclear magnetic resonance,**NMR**)的研究。而质子数或质量数为偶数(如 ^{12}C、^{16}O 等)的原子核自旋时,则没有磁性,不能用于 NMR 研究。在有机化合物中,研究最多、应用最广的是 ^{1}H 和 ^{13}C 的核磁共振谱,分别称为核磁共振氢谱(^{1}**HNMR**)和核磁共振碳谱(^{13}**CNMR**)。本节只讨论核磁共振氢谱。

10.3.1 基本原理

10-6

氢原子核(质子)自旋产生磁矩。当把质子置于外加磁场中,结果存在两种磁场方向(见图 10-5)。一种磁场方向与外磁场相同,是低能态;另一种磁场方向与外磁场相反,是高能态。高能态与低能态的能量差(ΔE)与外磁场强度(B_0)成正比。

B_0　外磁场

$m_s=+1/2$ 低能态　　$m_s=-1/2$ 高能态

$$\Delta E=\frac{\gamma h}{2\pi}B_0$$

γ为磁旋比,是原子核的特征常数
h为普朗克常数
B_0为磁感应强度

图 10-5　质子在外加磁场中取向与能量差

若用一定频率的电磁波照射处于外加磁场中的低能态质子时,氢原子核就会吸收能量。当电磁波的能量刚好等于氢原子核两种自旋的能量差时,处于低能态的氢原子核就吸收电磁波的能量跃迁到高能态,这种现象称为核磁共振。即产生核磁共振现象的条件为:

$$hV=\Delta E=\frac{\gamma h}{2\pi}B_0$$

化简得：

$$V=\frac{\gamma}{2\pi}B_0$$

由此可见，要发生核磁共振现象，吸收电磁波是哪一种频率取决于原子核类别(γ)和外加磁场的强度(B_0)。

^1H 的磁旋比 γ 为 $2.675\times10^8\,T^{-1}\cdot s^{-1}$，如外加磁场的磁感应强度为 9.395T，则可计算出核磁共振仪需要的电磁波频率为 400MHz。如果外加磁场的磁感应强度为 14.092T，则需要 600MHz 工作频率的核磁共振仪。目前，常用的有 200MHz、400MHz、500MHz、600MHz 等不同型号的核磁共振仪。

在测量核磁共振谱时，为了使原子核发生共振，可以采用两种方式。一种是固定磁场强度，逐渐改变电磁波的照射频率，称为扫频；另一种是固定电磁波的照射频率，逐渐改变磁场强度，称为扫场。现在核磁共振仪一般采用扫场方法进行测量。扫场时，当磁感应强度达到一定值时，试样中某一类型的原子核发生能级跃迁，接收器就会接收到吸收信号，自动记录下来。

用吸收电磁波能量的强度为纵坐标，以磁场强度为横坐标绘制得到图即为核磁共振谱(见图 10-6)。

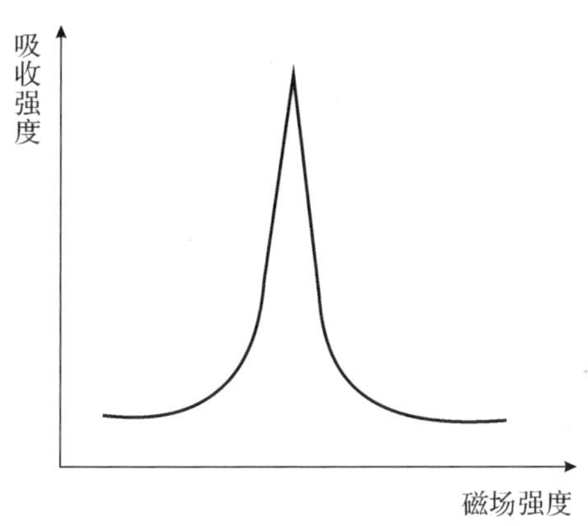

图 10-6　核磁共振谱

10.3.2　屏蔽效应与化学位移

10-7

1. 屏蔽效应

根据核磁共振条件，相同原子核应在同一个磁场强度下出现一个吸收峰。在乙醇的 ^1HNMR 谱图中，则有三个不同磁场强度下的质子吸收峰(见图 10-7)。这是因为氢原子核周围绕着电子，当置于外加磁场中时，可产生与外加磁场方向相反的感应磁场，这样氢原子核实际感受到的磁场强度就小于外加磁场。即核外电子产生的感应磁场抵消了部分外加磁场，这种现象称为屏蔽效应。此时要发生核磁共振，就需要增加外加磁场强度。

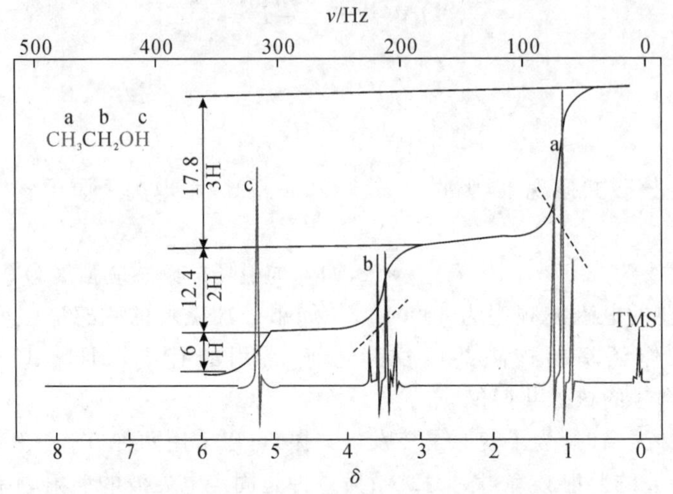

图 10-7 乙醇的[1]HNMR 谱图

化合物分子中质子所处的化学环境不同，质子周围电子云密度不同，由此产生的感应磁场强度也不同，发生核磁共振现象就需要不同的外加磁场强度，因此，在谱图的不同位置出现吸收峰。质子周围电子云密度越高，产生的感应磁场越高，屏蔽作用越强，核磁共振需要更强的外加磁场，吸收峰出现在高磁场区；质子周围电子云密度越低，核磁共振吸收峰出现在较低的磁场区。

在图 10-7 中，羟基氢(c)受氧吸电子影响最大，周围电子云密度最小，产生感应磁场最低，吸收峰出现在低场；甲基氢(a)受氧吸电子影响最小，周围电子云密度最大，产生感应磁场最高，吸收峰出现在高场；亚甲基氢(b)则介于两者之间。

2. 化学位移

由于屏蔽效应强弱不同，引起的吸收峰出现的位置不同，称为化学位移，用符号 δ 表示。化学位移的绝对值很小难以测定，通常用相对值来表示。通常用四甲基硅($(CH_3)_4Si$,TMS)作为内标物质，因为硅电负性比碳小，质子周围的电子云密度很高，受到屏蔽作用很大，吸收峰出现在很高的磁场位置，并规定它的化学位移为 0。这样有机化合物中质子吸收峰出现在 TMS 的左边，并规定 0 的左边是正值(见图 10-7)。

由此可知，质子周围电子云密度越高，屏蔽效应越强，核磁共振吸收峰出现在高磁场区，化学位移值越小(横坐标越右边)；质子周围电子云密度越低，核磁共振吸收峰出现在低磁场区，化学位移值越大(横坐标越左边)。表 10-4 为常见质子的化学位移值。

表 10-4 常见质子的化学位移值

质子类型	化学位移 δ/ppm	质子类型	化学位移 δ/ppm
伯氢：R—CH_3	0.9	氯化物：Cl—C—H	3～4
仲氢：R_2CH_2	1.3	醇 α-氢：HO—C—H	3.4～4
叔氢：R_3C—H	1.5	氟化物：F—C—H	4～4.5
烯丙氢：C═C—C—H	1.7	酯氧碳氢：RCOO—C—H	3.7～4.1

续表

质子类型	化学位移 δ/ppm	质子类型	化学位移 δ/ppm
碘化物：I—C—H	2～4	胺氢：R—NH_2	1～5
酯 α-氢：ROOC—C—H	2～2.2	醇羟基氢：RO—H	1～5.5
酸 α-氢：HOOC—C—H	2.2～2.6	烯氢：C═C—H	4.6～5.9
羰基 α-氢：—CO—C—H	2～2.7	芳氢：Ar—H	6～8.5
炔氢：—C≡C—H	2～3	醛基氢：R—CHO	9～10
苄氢：Ar—C—H	2.2～3	羧基氢：RCOO—H	10.5～12
醚 α-氢：R—O—C—H	3.3～4	酚羟基氢：ArO—H	4～12
溴化物：Br—C—H	2.5～4	烯醇氢：C═C—O—H	15～17

知识点达标题 10-5　排列每个化合物中质子的化学位移大小。

(1)CH_3CH_2OH　(2)$CH_3CH{=}CH_2$　(3)$CH_3CH_2COOCH_3$　(4)FCH_2CH_2Cl

10-2

10.3.3　峰面积与氢原子数目

在核磁共振谱图中，每一组吸收峰代表一种环境的质子氢，吸收峰的面积与产生信号的质子数成正比，因此根据吸收峰的积分面积可以推测各类型质子的数目比例。现在用的核磁共振仪都具有自动积分功能，可以直接在谱图上记录代表质子数比的积分曲线。在图 10-7 中，c 峰面积为 6，b 峰面积为 12.4，a 峰面积为 17.8，面积比 6∶12.4∶17.8≈1∶2∶3，与对应的—OH、—CH_2—、—CH_3 三种环境氢原子数比相等。即在核磁共振谱图中，吸收峰之间的面积比与分子结构中不同环境的氢原子数比相等。

10.3.4　峰的裂分和自旋偶合

10-8

有机分子中，化学环境相同的质子称为等价质子，如 $CH_3CH_2CH_3$ 中，有两种质子环境，其中两个甲基的 6 个氢是等价质子，亚甲基的 2 个氢是另一等价质子。等价质子具有相同的化学位移，在核磁共振谱图上应该是一组单峰。用分辨率较高的核磁共振仪测定时，有些等价质子得到的不是单峰，而是双峰、三峰、四峰等多重峰。在图 10-7 乙醇的^{1}HNMR 谱图中，CH_2 是四重峰，CH_3 是三重峰。这种吸收单峰分裂成多重峰的现象称为峰的裂分。

1. 自旋偶合

峰的裂分是由邻位碳原子上的不等价质子自旋相互干扰引起的。如 1,1-二溴乙烷分子中，有两种等价质子 H_a、H_b。

```
      Hb   Ha
      |    |
Hb — C — C — Br
      |    |
      Hb   Br
```

H_a 自旋可产生两种方向的磁场，一种与外加磁场方向相同，另一种与外加磁场方向相反。其中方向相同的使 H_b 实际感受到磁场比外加磁场稍强，这样核磁共振就需要外加磁场略小一些，化学位移略大；方向相反的使 H_b 实际感受到磁场比外加磁场稍弱，核磁共振时需要外加磁场略大一些，化学位移略小，结果使 H_b 吸收峰裂分为二重峰（见图 10-8）。同样，三个等价 H_b，每个 H_b 自旋可产生与外加磁场方向相同与相反的两种磁场，三个 H_b 自旋产生的磁场方向组合共有四种取向，使 H_a 感受到四种不同的磁场，即核磁共振出现四种化学位移偏差，导致 H_a 裂分为四重峰。这种分子中相邻质子之间的自旋影响称为自旋偶合，由于自旋偶合使吸收峰产生分裂的现象称为自旋裂分。一组裂分峰之间的距离叫作偶合常数，用 J 来表示，单位为 Hz。

H_a 对 H_b 吸收峰的影响：

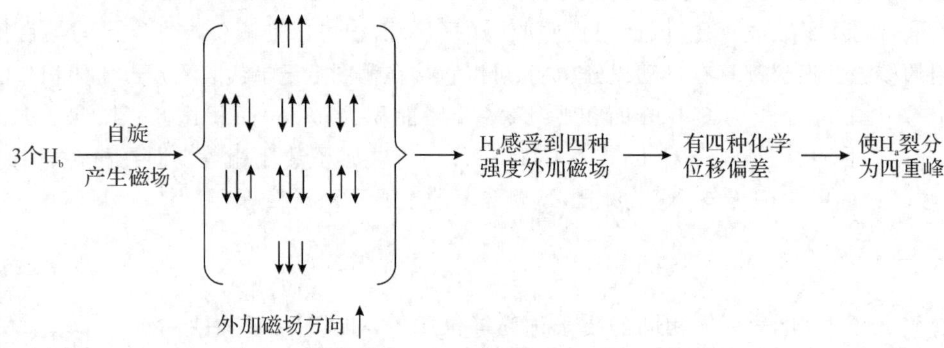

图 10-8 相邻质子吸收峰裂分示意图

2. 峰的裂分数规则

峰的裂分数目与邻近的质子数有关，^{1}HNMR 谱峰裂分有以下规律（n 为邻位不等价质子个数）：

（1）如果邻位不等价质子只有一组，那么其峰裂分数目符合 $n+1$ 规则。

（2）如果邻位不等价质子有多组，那么其峰裂分数目符合 $(n+1)\times(n'+1)\times(n''+1)$。如：

$CH_2(H_c)—C(H_b)(CH_3)—C(=O)—CH_2(H_a)$：$H_a$，0+1=1单峰；$H_b$，6+1=7重峰；$H_c$，1+1=2重峰

$\overset{a}{CH_3}—\overset{b}{CH_2}—\overset{c}{CH_2}—Br$：$H_a$，2+1=3重峰；$H_b$，(3+1)×(2+1)=12重峰；$H_c$，2+1=3重峰

峰裂分后各峰的相对面积（强度）比满足二项展开式的各项系数之比（见表 10-5）。五重峰以上一般可表示为多重峰，由于仪器的原因，实际谱图上观察不到理论上的裂分数。

表 10-5 峰的裂分数及峰的强度比

峰的裂分数	裂分后各峰的强度比
二重峰(d)	1∶1
三重峰(t)	1∶2∶1
四重峰(q)	1∶3∶3∶1
五重峰(m)	1∶4∶6∶4∶1
六重峰(m)	1∶5∶10∶10∶5∶1
七重峰(m)	1∶6∶15∶20∶15∶6∶1

知识点达标题 10-6 指出下列化合物各有几组峰，每组峰各被分裂为几重峰，峰面积比为多少。

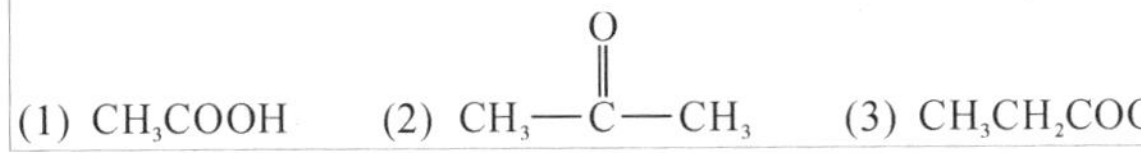

10-2

10.3.5 核磁共振谱的应用

核磁共振谱在有机化合物的结构鉴定中具有十分重要的用途，因为从核磁共振谱图中可以得到以下信息：①由吸收峰组数可知分子中氢原子的种类；②由各组峰的面积比可知各类氢原子的数目比；③由化学位移大小可知各类氢所处的化学环境；④由裂分峰数目大致可知邻位等价氢的数目。

例 10-1 某化合物分子式为 C_3H_6O，^{1}HMNR 谱图如下，试推测该化合物的结构。

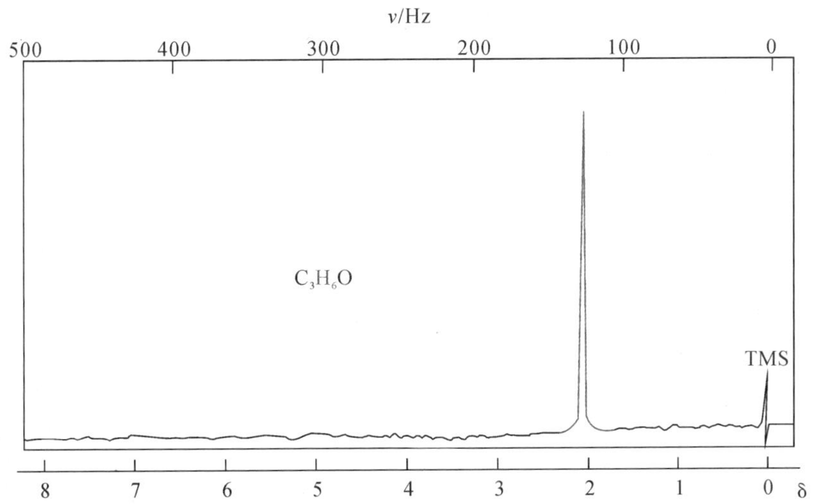

[解析] 化合物分子式与饱和化合物相比少两个氢原子，表明含有双键或一个环，^{1}HNMR 谱图中只有一组单峰，表示 6 个氢原子所处化学环境相同，且邻位碳上没有氢原子，所以它的结构为 CH_3COCH_3（丙酮）。

例 10-2　某硝基化合物分子式为 $C_3H_7NO_2$，^{1}HNMR 谱图如下，试推测其结构。

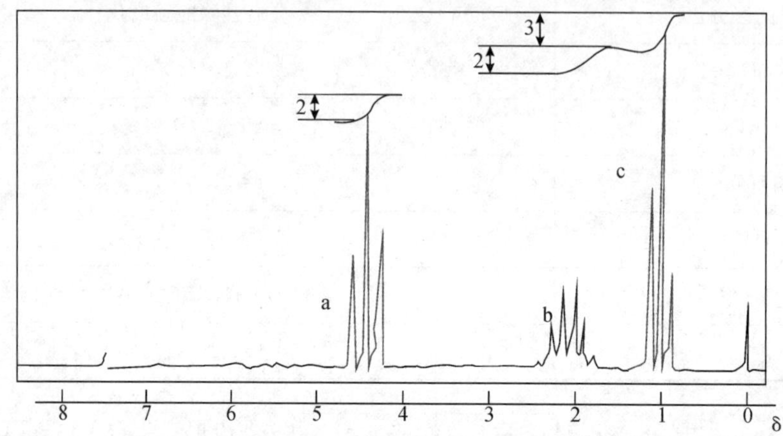

［解析］　由分子式可知，该硝基化合物是饱和化合物，^{1}HNMR 谱图有三组峰 a、b、c，说明有三种环境的氢原子，面积比为 2∶2∶3，即 a、b、c 三种氢原子个数比为 2∶2∶3。

a 是三重峰，表明其邻位有两个等价氢，c 是三重峰，其邻位也有两个等价氢，b 是多重峰，结合氢的个数比，可知含有 $CH_3CH_2CH_2$ 结构，所以该化合物为 $CH_3CH_2CH_2NO_2$（1-硝基丙烷）。

例 10-3　某分子式为 $C_5H_{12}O$ 的化合物，含有五组不等性质子，从^{1}HNMR 谱图中得到如下信息，试推测化合物的结构，并标出各吸收峰中氢的归属。

a 在 δ=0.9 处有一个二重峰(6H)　　b 在 δ=1.6 处有一个多重峰(1H)

c 在 δ=2.6 处有一个多重峰(1H)　　d 在 δ=3.6 处有一个单峰(1H)

e 在 δ=1.1 处有一个二重峰(3H)

［解析］

a 在 δ=0.9处有一个二重峰（6H）→ $(H_3C)_2CH—$ (a, a)

e 在 δ=1.1处有一个二重峰（3H）→ $—CH—CH_3$

→ $(H_3C)_2CH—CH—CH_3$ (a, a, e)

d 在 δ=3.6处有一个二重峰（1H）→ $—OH$

→ $(H_3C)_2CH—CH(OH)—CH_3$ (a: H_3C, b: CH, c: CH, d: OH, e: CH_3)

知识点达标题 10-7　某化合物分子式为 C_4H_9Cl，^{1}HNMR 谱数据如下：δ 1.04(6H，二重峰)，δ 1.95(1H，多重峰)，δ 3.35(2H，二重峰)。试写出该化合物结构式。

10-2

10.4　质谱

质谱与紫外光谱、红外光谱、核磁共振谱不同，它不属于吸收光谱。通过质谱分析可以得到有机化合物的相对分子质量、碎片离子的精确质量和分子式的相关信息。

10.4.1　基本原理

有机化合物分子在高真空条件下气化，然后在高能电子流的轰击下，失去电子或发生化学键断裂，生成分子离子、碎片阳离子、自由基、中性分子等离子源，然后在强磁场作用下，不同质量的阳离子按质量/电荷比得到分离，最后进入检测器检测、记录得到质谱图。

10-9

高能电子流轰击 ⇓

有机分子 → 高真空中气化 —失去电子或化学键断裂→ 分子离子、碎片阳离子、自由基、中性分子等 —阳离子按质量/电荷比分离，收集→ 检测器记录 → 质谱图

10.4.2　质谱图

质谱图横坐标是阳离子的质量/电荷比（m/z），纵坐标是阳离子的相对丰度（相对强度），它是以最高的离子峰（叫基峰）作为标准，将基峰的丰度定为 100%，其他峰的强度以基峰的百分比表示。如图 10-9 所示，m/z 以 $M-29$ 的峰为基峰。

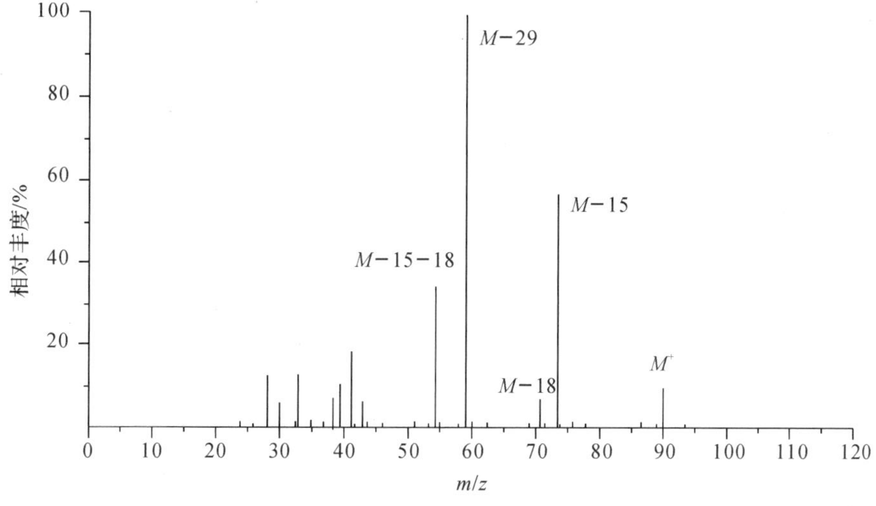

图 10-9　2-甲基-2-丁醇的质谱图

1. 分子离子峰

有机分子经高能电子流轰击，失去一个电子而形成的离子称为分子离子，它是一种自由基正离子，用 $M^{+}\cdot$ 表示。在有机化合物中，一般最容易失去的是孤对 n 电子，其次是 π 电子，再次是 σ 电子。

因为分子离子与原分子比较是少一个电子的正离子自由基，所以它的质/荷比就是原分子的相对分子质量，在质谱图中，是质/荷比最大的离子峰（见图 10-9 中 M^{+}）。大多数有机化合物在质谱图中都能够观察到分子离子峰，其相对丰度与分子离子的稳定性有关。分子离子稳定，相对丰度高；分子离子不稳定，相对丰度低或在质谱图中不显示。

2. 碎片离子峰

分子离子进一步发生化学键断裂而生成的离子称为碎片离子，由它们形成的峰称为碎片离子峰，如图 10-9 中的 $M-15$、$M-18$、$M-29$ 等碎片离子峰。

3. 同位素离子峰

质谱图中，在分子离子峰或碎片离子峰的右边往往还会出现质荷比为 M+1、M+2 的峰，这些峰称为同位素离子峰。同位素离子峰的相对强度由同位素的天然丰度决定。常见天然元素同位素和相对丰度见表 10-6。

表 10-6 常见天然同位素和相对丰度

元素	相对丰度/%	
H	^{1}H,99.98	^{2}H,0.015
C	^{12}C,98.89	^{13}C,1.108
F	^{19}F,100.00	/
Cl	^{35}Cl,75.4	^{37}Cl,24.6
Br	^{79}Br,50.57	^{81}Br,49.43
I	^{127}I,100.00	/

由表 10-6 可见，H、C 的 $M+1$ 同位素离子峰相对丰度很小，F、I 没有同位素离子峰，Cl、Br 的 $M+2$ 峰相对丰度很大。其中，$^{35}Cl : ^{37}Cl \approx 3 : 1$，$^{79}Br : ^{81}Br \approx 1 : 1$，因此在卤代烃的质谱图中，分子离子峰的右边出现 $M+2$ 峰，即为同位素离子峰。如果 $M+2$ 峰的相对强度为分子离子峰的 1/3，表明分子中可能含有一个氯原子；如果 $M+2$ 峰相对强度约等于分子离子峰，表明分子中可能含有一个溴原子。

10.4.3 质谱的应用

质谱图中分子离子峰的质/荷比为化合物的相对分子质量，质/荷比最大的离子峰是否属于分子离子，可按氮规则法和邻近碎片离子峰的质/荷差值合理性来确证。

1. 氮规则法

不含氮原子或含偶数个氮原子的有机化合物，分子离子峰的质/荷比一定是偶数；含奇数个氮原子的有机化合物，分子离子峰的质/荷比一定是奇数。

2. 邻近碎片离子的质/荷差值合理性

对于质谱图中峰不明显或不稳定的分子离子，可用邻近碎片离子质/荷差值的合理性来确证。分子离子峰与邻近碎片峰的质/荷差值为 15(CH_3)、18(H_2O)、29(C_2H_5)等是合理的；差值 3～14、21～26 等是不合理的。

例 10-4 根据质谱图确定化合物的相对分子质量。

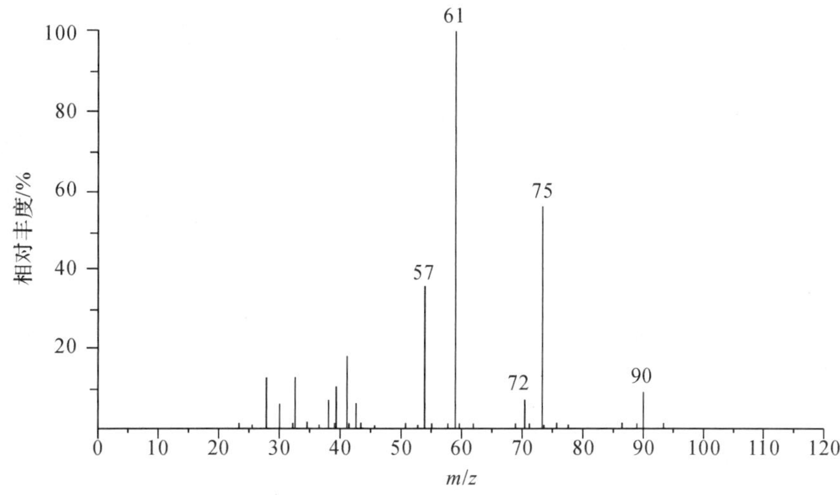

［解析］ 质谱图中最大的质/荷比是90，是否分子离子峰，根据邻近碎片峰的质量差值是否合理来确定。碎片质量75差15，72差18，61差29，57差15、18均合理，所以可以肯定90为分子离子峰，即化合物的相对分子质量为90。其裂解过程如下：

$$CH_3-\overset{\overset{CH_3}{|}}{\underset{\underset{\ddot{O}H}{|}}{C}}-CH_2-CH_3 \xrightarrow{-e} \left[CH_3-\overset{\overset{CH_3}{|}}{\underset{\underset{\cdot OH}{|}}{C}}-CH_2CH_3\right]^{+} \longrightarrow$$

$$M=90$$

$$\cdot CH_3+\overset{\overset{\overset{+}{O}H}{\|}}{\underset{\underset{CH_3}{|}}{C}}-CH_2CH_3 \quad M-15$$

$$CH_3\dot{C}H_2+CH_3-\overset{\overset{\overset{+}{O}H}{\|}}{\underset{\underset{CH_3}{|}}{C}} \quad M-29$$

$$\left[CH_3C=\overset{\overset{CH_3}{|}}{C}HCH_3\right]^{+} \text{或} \left[CH_2=\overset{\overset{CH_3}{|}}{C}CH_2CH_3\right]^{+} \quad M-18$$

$$\downarrow$$

$$\cdot CH_3 + CH_2=\overset{\overset{CH_3}{|}}{C}\dot{C}H_2$$

$$M-18-15$$

【重要知识小结】

1. 紫外光谱是分子中价电子跃迁而产生的吸收光谱。常见电子跃迁及所需能量 $\sigma\text{-}\sigma^* > n\text{-}\sigma^* > \pi\text{-}\pi^* > n\text{-}\pi^*$，其中，$\pi\text{-}\pi^*$、$n\text{-}\pi^*$ 跃迁在近紫外区(200～400nm)。共轭效应使紫外光谱的最大吸收波长发生红移，且共轭链越长，最大吸收波长越长。

2. 红外光谱是分子从一个振动能级跃迁到另一个振动能级产生的吸收光谱。红外光谱图分为官能团区(4000～1350cm^{-1})和指纹区(1350～400cm^{-1})，不同的官能团在官能团区都有相应的特征吸收波数，可用于官能团鉴定，指纹区的吸收峰比较密集，对鉴别是否为同一化合物十分有用。

3. 核磁共振谱是在外加磁场作用下，有磁距的原子核吸收电磁波能量，从低能态自旋跃迁到高能态自旋产生的吸收光谱。处于不同化学环境中的质子具有不同的化学位移。^{1}HNMR 谱图，利用化学位移可以推测化合物中所含质子种类和结构环境，各组峰的面积比可以推算各种质子的数目比，利用(n+1)规则可以推测邻位质子的数目。

4. 质谱是气态分子在高能电子束轰击下，产生带正电荷的分子离子和进一步裂解的碎片离子，然后在电场和磁场作用下，不同离子按质荷比排列的谱图。质谱图能提供相对分子质量和相关结构信息。

习　题

10-10

1. $CH_3CH{=}CH{-}CHO$ 分子中有几种类型的价电子？可发生哪几种电子跃迁？电子跃迁的能量高低如何？

2. 将下列化合物按紫外最大吸收波长由长到短排列。

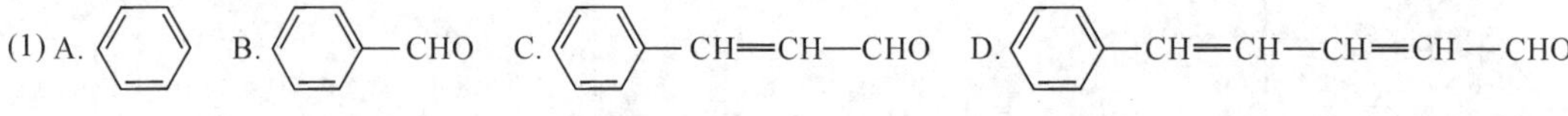

(2) A. 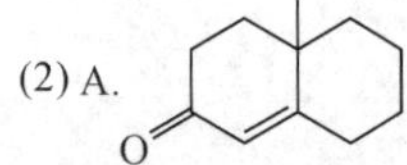

B. 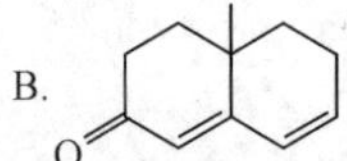

C. O

3. 用 a,b,c,…标出下列各化合物中有多少种等价质子。

(1) $ClCH_2CH_2Cl$　　(2) $CH_3CH_2CHCH_3$（Br 连在 CH 上）　　(3) 苯环—CH_3

(4) $CH_3CH{=}CH_2$　　(5) 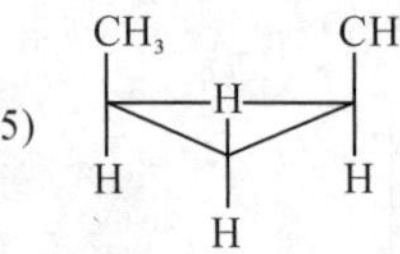

(6) CH_3CH_2COOH

4. 指出下列化合物各有几组峰，每组峰各被分裂为几重峰，峰面积比为多少。

(1) $CH_3{-}CH{-}CH_2Cl$（CH 上连 CH_3）　　(2) CH_3CH_2Br　　(3) $ClCH_2CH_2Br$

(4) $CH_3COOCH_2CH_3$　　(5) $CH_3CH_2{-}\overset{O}{\overset{\|}{C}}{-}CH_2CH_3$　　(6) $HC{\equiv}CCH_3$

5. 某饱和烷烃的质谱图如下，试推测其结构。

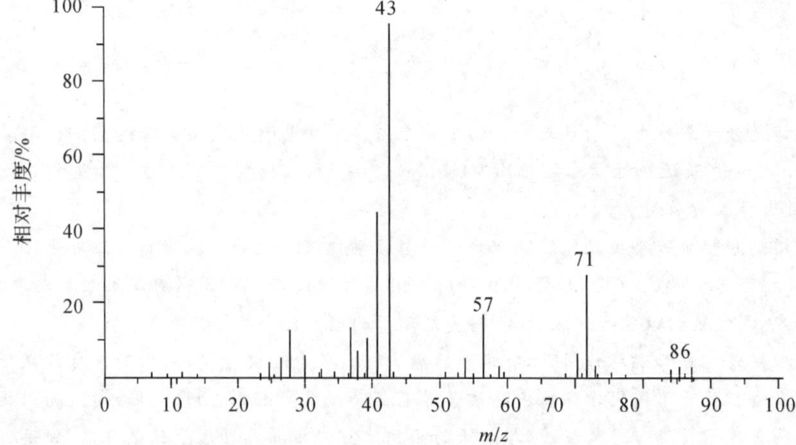

6. 根据下列各[1] HNMR 谱图，写出相符的结构式，并对每一信号的裂分提出解释。

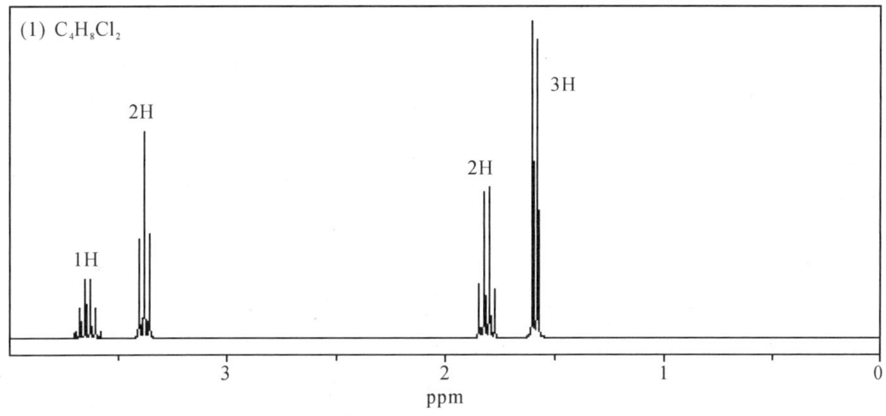

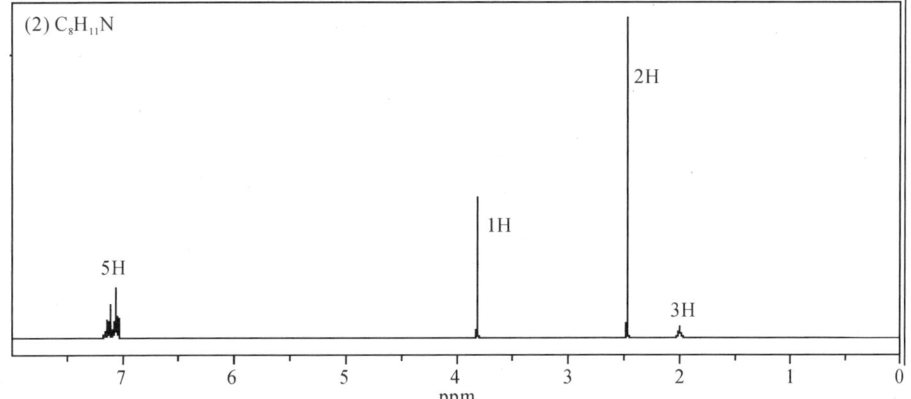

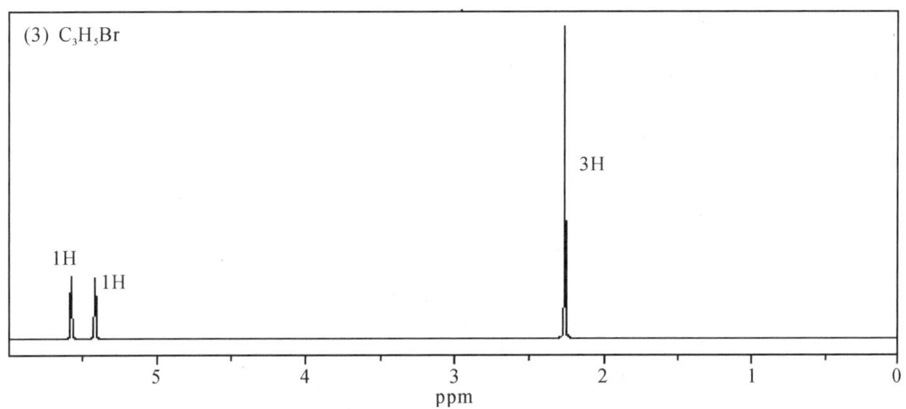

7. 根据所给的波谱数据，推测化合物的可能结构，并指出各数据的归属。

(1)分子式为 C_5H_{10}，IR：3100、2900、1650、1470、1375、990、905cm^{-1}处有吸收峰。

(2)分子式为 C_5H_8，IR：3300、2900、2100、1470、1375cm^{-1}处有吸收峰。

8. 某化合物分子式为 $C_9H_{10}O_2$，请根据下列红外光谱及核磁共振谱推断其结构。

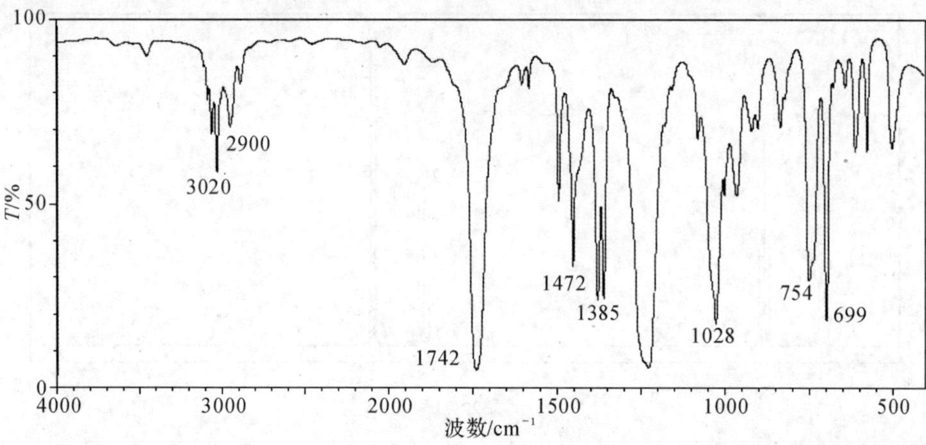

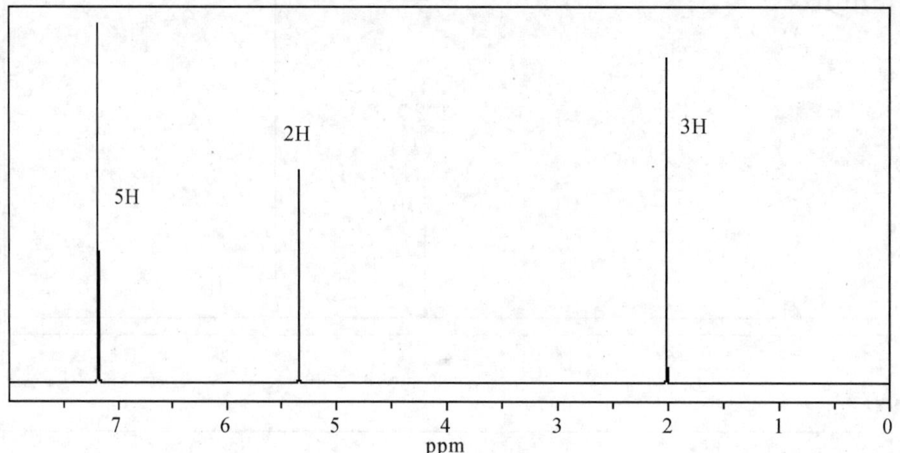

9. 有一化合物分子式为 $C_8H_{10}O$，其 IR 和 ^{1}HNMR 谱图如下，试推测其结构，并给出 IR 谱上指定波数吸收峰和 ^{1}HNMR 的归属。

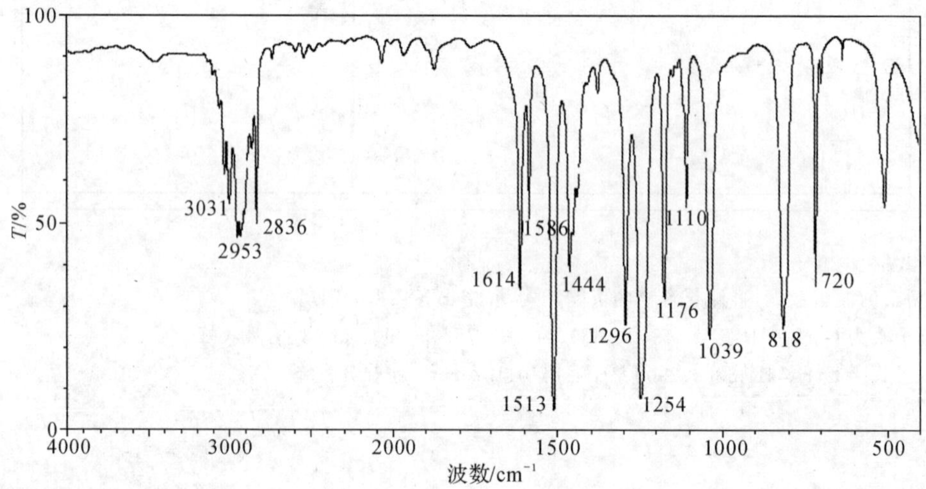

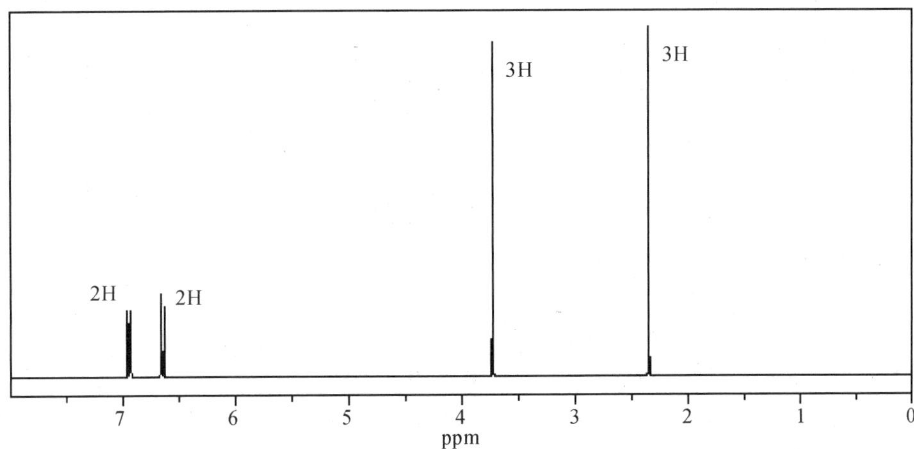

10. 解释下列事实。

(1)所有伯醇在 $m/z=31$ 处都有强碎片峰。

(2)3-甲基戊烷的质谱在 $M-15$ 处有一弱峰，而在 $M-29$ 处却有一强峰。

(3) $RCH_2CH=CH_2$ 型烯烃在 $m/z=41$ 处都有强碎片峰。

➢ PPT 课件

➢ 自测题

➢ 邢其毅——中国有机化学家、教育家，人工合成牛胰岛素参与者

10-11

第 11 章　醇、酚和醚

【知识点与要求】

- ✧ 了解醇的结构特征，氢键对醇物理性质的影响，醇的 IR 和 NMR 特征，掌握醇的命名方法。
- ✧ 熟练掌握醇的酸性、羟基取代反应及其机理、氧化反应、脱水反应及其机理。
- ✧ 掌握邻二醇的 HIO_4 氧化反应，掌握频哪醇重排反应及机理。
- ✧ 掌握醇的制备方法，尤其是烯烃制备醇和格氏试剂制备醇。
- ✧ 了解酚的结构特征、命名方法，掌握酚的制备方法。
- ✧ 理解酚羟基的酸性及其对苯环活性的影响，掌握酚羟基的成醚、成酯、显色、氧化及还原反应，掌握苯环上的卤代、磺化、硝化、烷基化和酰基化反应。
- ✧ 了解醚的结构、分类和物理性质，掌握醚的命名方法。
- ✧ 掌握醚的成盐、醚键断裂反应，烯丙基芳醚的克莱森(Claisen)重排反应。
- ✧ 理解环氧乙烷的开环反应及酸碱催化反应机理。
- ✧ 掌握醚的威廉姆森制备方法。

醇、酚和醚都是烃的含氧衍生物。醇可以看作脂肪烃、脂环烃、芳香烃侧链上的氢原子被羟基取代后的化合物，用通式 R—OH 表示。酚是苯环上的氢原子被羟基取代后的化合物，通式为 Ar—OH。醚是醇或酚的衍生物，可看作醇或酚羟基上的氢原子被烃基取代后的化合物，通式为 R—O—R′。

Ⅰ.醇

11.1　醇的结构、分类和命名

11-1

11.1.1　醇的结构

醇(alcohol)是脂肪烃、脂环烃、芳香烃侧链上的氢原子被羟基取代形成的衍生物，羟基(**—OH**)是醇的官能团。羟基氧原子是 sp^3 杂化，具有四面体的结构，C—O 和 O—H 都是 σ 键，由于氧原子上有两对孤对电子，分别占据另外两个 sp^3 杂化轨道，相互排斥，使键角∠COH 小于正四面体 109.5°的键角(见图 11-1)。

sp³　H　sp³　H　C　σ　O　108.9°　H　H

图 11-1　甲醇的结构

11.1.2 醇的分类

醇有三种分类方法：

(1)根据羟基所连的碳原子种类，将醇分为伯醇、仲醇和叔醇。

(2)根据羟基的数目，将醇分为一元醇、二元醇和多元醇。

(3)根据羟基所连的烃基种类，将醇分为饱和醇、不饱和醇、脂环醇和芳香醇，其中芳香醇是指羟基与苯环侧链相连。

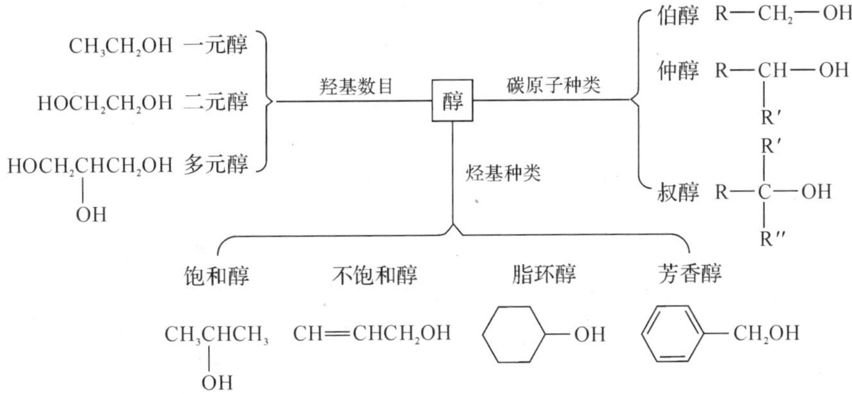

值得注意的是，有两种醇的结构不稳定：一种是饱和碳原子上同时连有两个羟基的偕二醇；另一种是羟基直接连在碳碳双键上的烯醇。偕二醇通过分子内羟基与羟基之间脱去一分子水生成稳定的羰基化合物，烯醇通过分子内重排生成稳定的酮式结构。

$$\text{—C(OH)}_2\text{—} \xrightarrow{-H_2O} \text{>C=O} \qquad \text{>C=C(OH)—} \overset{\text{重排}}{\rightleftharpoons} \text{—CH—C(=O)—}$$

偕二醇　　羰基　　烯醇式　　酮式

11.1.3 醇的命名

1. 普通命名法

对于结构简单的醇，通常用普通命名法命名。其方法是烃基名称+醇(略去基字)。如：

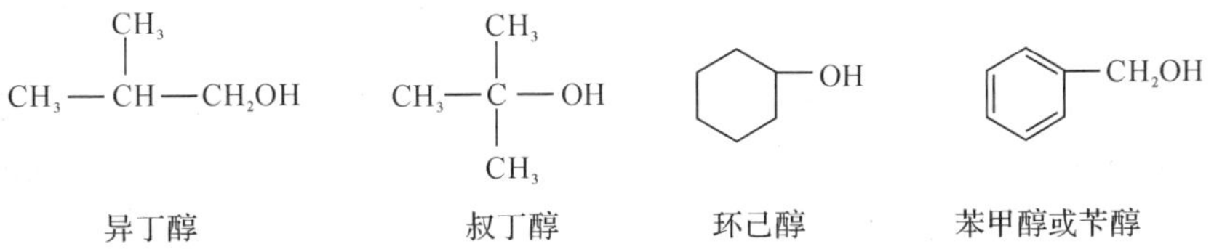

$CH_3—CH(CH_3)—CH_2OH$ 异丁醇

$CH_3—C(CH_3)_2—OH$ 叔丁醇

环己基—OH 环己醇

苯基—CH_2OH 苯甲醇或苄醇

2. 系统命名法

对于结构复杂的醇，则用系统命名法命名。方法如下：

(1)选主链。选择含羟基碳在内的最长碳链作为主链，并按主链碳原子数目命名为某醇。

(2)编号。从靠近羟基碳的一端开始编号，使羟基位置小号，并把羟基位置放在某醇的前面。如：

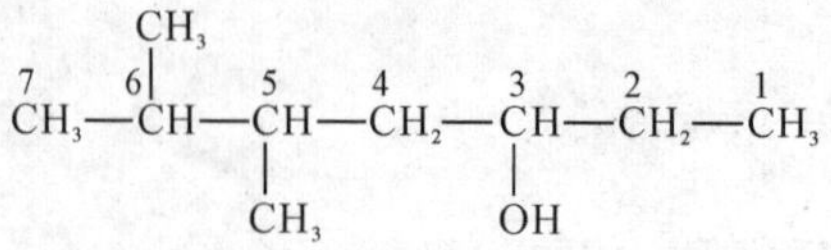

$$\overset{7}{CH_3}-\overset{6}{CH}(CH_3)-\overset{5}{CH}(CH_3)-\overset{4}{CH_2}-\overset{3}{CH}(OH)-\overset{2}{CH_2}-\overset{1}{CH_3}$$

5,6-二甲基-3-庚醇

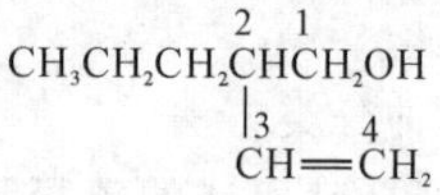

$$CH_3CH_2CH_2\overset{2}{C}H(\overset{3}{C}H=\overset{4}{C}H_2)\overset{1}{C}H_2OH$$

2-丙基-3-丁烯-1-醇

(3)多元醇。主链尽可能选择包含多个羟基在内的最长碳链,根据羟基数目称为二醇、三醇等,并标出羟基位置。如:

1,2-丙二醇　　1,2,3-丙三醇(俗称甘油)

(4)脂环醇。以环醇为母体,将环碳编号,使羟基位置为小号。如:

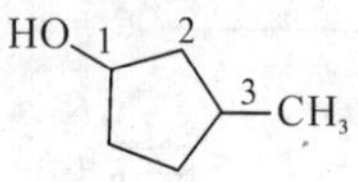

3-甲基环戊醇 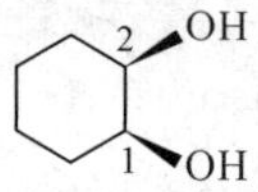　　(顺)-1,2-环己二醇

(5)芳香醇。以链醇为母体,把苯作为取代基。如:

1-苯基-1-乙醇(α-苯乙醇)　　3-苯基-2-丙烯-1-醇(肉桂醇)

知识点达标题 11-1　用系统命名法命名下列化合物。

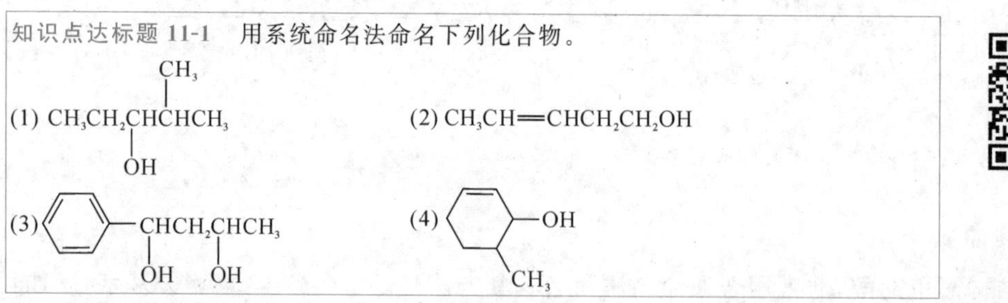

11-2

11.2 醇的制备

11-3

11.2.1 以烯烃为原料

1.烯烃水合反应

(1)直接水合。烯烃在高温、高压及催化剂条件下,与水直接加成生成马氏规则的醇。如:

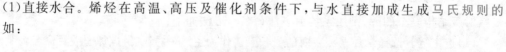

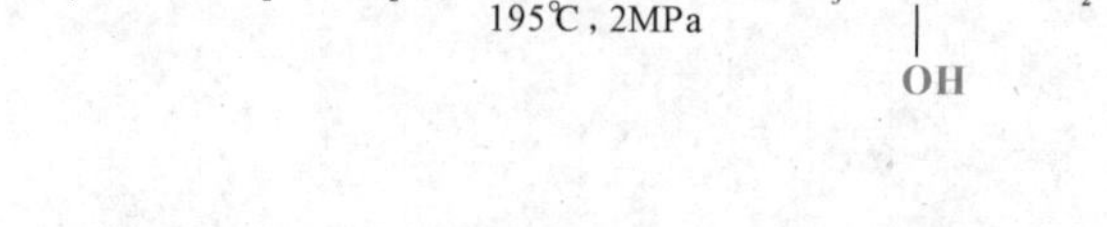

$$CH_3CH=CH_2 + H_2O \xrightarrow[195℃,2MPa]{H_3PO_4-硅藻土} CH_3-\underset{OH}{CH}-CH_3$$

(2)间接水合。烯烃先与浓硫酸加成生成烃基硫酸氢酯,然后水解得到马氏规则的醇。如:

$$CH_3-\underset{}{\overset{CH_3}{\overset{|}{C}}}=CH_2 \xrightarrow{98\%\ H_2SO_4} CH_3-\overset{CH_3}{\overset{|}{\underset{\underset{OSO_3H}{|}}{C}}}-CH_3 \longrightarrow CH_3-\overset{CH_3}{\overset{|}{\underset{\underset{OH}{|}}{C}}}-CH_3$$

叔丁基硫酸氢酯

2. 烯烃硼氢化-氧化反应

烯烃先与乙硼烷加成,然后在碱性条件下用过氧化氢氧化,生成反马氏规则的醇,反应的立体化学属于顺式加成,且没有重排产物。如:

$$CH_3-\overset{CH_3}{\overset{|}{C}}=CH_2 \xrightarrow{B_2H_6} \xrightarrow{H_2O_2/OH^-} CH_3-\overset{CH_3}{\overset{|}{CH}}-CH_2OH$$

$$\text{1-甲基环己烯} \xrightarrow{B_2H_6} \xrightarrow{H_2O_2/OH^-} \text{反-2-甲基环己醇(OH 与 H 顺式加成)}$$

11.2.2 卤代烃水解法

卤代烃在碱性条件下水解,可制备醇。但此法只适用于相应的卤代烃比醇更容易得到,因为许多卤代烃是由醇来制备的。如烯丙基氯和苄氯很容易从丙烯、甲苯高温氯化得到,可用水解法来制备烯丙醇和苄醇。

$$CH_2=CHCH_2Cl \xrightarrow{Na_2CO_3\text{水溶液}} CH_2=CH-CH_2OH$$

$$C_6H_5-CH_2Cl \xrightarrow{Na_2CO_3\text{水溶液}} C_6H_5-CH_2OH$$

11.2.3 醛、酮、羧酸及酯还原法

1. 醛、酮还原

(1)催化加氢还原。醛催化加氢还原生成伯醇,酮生成仲醇。

$$R-\overset{O}{\overset{\|}{C}}-H \xrightarrow[Pt]{H_2} R-CH_2OH \qquad R-\overset{O}{\overset{\|}{C}}-R' \xrightarrow[Pt]{H_2} R-\overset{OH}{\overset{|}{CH}}-R'$$

伯醇　　　仲醇

(2)金属氢化物还原。金属氢化物是指氢化铝锂和硼氢化钠,它们都可以将醛、酮还原为相应的伯醇、仲醇。

$$R-\overset{O}{\overset{\|}{C}}-H \xrightarrow[\text{或}LiAlH_4]{NaBH_4} R-CH_2OH \qquad R-\overset{O}{\overset{\|}{C}}-R' \xrightarrow[\text{或}LiAlH_4]{NaBH_4} R-\overset{OH}{\overset{|}{CH}}-R'$$

与催化加氢不同的是，金属氢化物不还原 C═C 和 C≡C 。如：

$$CH_2═CH—CHO \begin{cases} \xrightarrow[Pt]{H_2} CH_3CH_2CH_2OH \\ \xrightarrow[\text{或}LiAlH_4]{NaBH_4} CH_2═CH—CH_2OH \end{cases}$$

2. 羧酸还原

在有机化合物中，羧酸最难还原，与一般的还原剂不反应，只能用氢化铝锂还原，生成伯醇。

$$R—COOH \xrightarrow{LiAlH_4} R—CH_2OH$$

3. 酯还原

羧酸酯可以用金属钠和乙醇或氢化铝锂还原为两分子醇。

$$R—\overset{O}{\overset{\|}{C}}—OR' \xrightarrow[\text{或}LiAlH_4]{Na+C_2H_5OH} R—CH_2OH + R'OH$$

注意：羧酸酯不能用催化氢化或硼氢化钠还原。

知识点达标题 11-2　设计分别用(1)1-氯丁烷，(2)1-氯丙烷，(3)1-戊烯为原料合成1-丁醇的方法。

11-2

11.2.4　用格氏试剂制备

格氏试剂可与多种物质反应生成醇。

1. 格氏试剂与醛、酮的反应

格氏试剂与醛、酮的羰基发生加成反应，带负电的烃基(R—)加到带正电的羰基碳原子上，带正电的—MgX 则加到氧原子上得到加成产物，然后加成产物在酸性条件下水解生成醇。

$$\overset{\delta^-}{R}—\overset{\delta^+}{MgX} + \overset{\delta^+}{C}═\overset{\delta^-}{O} \xrightarrow{\text{无水乙醚}} —\underset{R}{\underset{|}{\overset{|}{C}}}—OMgX \xrightarrow{H_2O/H^+} —\underset{R}{\underset{|}{\overset{|}{C}}}—OH$$

用这种方法可以制备碳原子数增加的各类醇。

$$R—MgX + \begin{cases} H—\overset{O}{\overset{\|}{C}}—H \xrightarrow{\text{无水乙醚}} \xrightarrow{H_2O/H^+} R—CH_2OH & \text{增加一个碳的伯醇} \\ R'—\overset{O}{\overset{\|}{C}}—H \xrightarrow{\text{无水乙醚}} \xrightarrow{H_2O/H^+} R—\overset{OH}{\overset{|}{CH}}—R' & \text{碳原子数增加的仲醇} \\ R'—\overset{O}{\overset{\|}{C}}—R'' \xrightarrow{\text{无水乙醚}} \xrightarrow{H_2O/H^+} R—\underset{OH}{\underset{|}{\overset{R''}{\overset{|}{C}}}}—R' & \text{碳原子数增加的叔醇} \end{cases}$$

2. 格氏试剂与环氧乙烷的反应

格氏试剂与环氧乙烷反应时，环氧乙烷 C—O 开环与格氏试剂以正、负配对方式加成，生成醇盐，然后酸性水解，得到比原格氏试剂烃基多两个碳的伯醇。

$$\overset{\delta^-}{R}-\overset{\delta^+}{MgX} + H_2C\overset{O}{-}CH_2 \longrightarrow R-CH_2-CH_2(OMgX) \xrightarrow{H_3O^+} R-CH_2-CH_2(OH)$$

3. 格氏试剂与酯、酰卤的反应

格氏试剂与酯、酰卤的反应与醛、酮反应类似，先与羰基发生正、负配对的加成反应得到加成物，加成物脱去卤化镁醇盐、卤化镁生成酮，然后酮继续与格氏试剂加成、水解，最后生成叔醇。

$$\overset{\delta^-}{R}-\overset{\delta^+}{MgX} + \underset{\text{酯}}{R'-\overset{\delta^+}{C}(=\overset{\delta^-}{O})-OR''} \longrightarrow R'-C(OMgX)(R)-OR'' \xrightarrow{-R''OMgX} \underset{\text{酮}}{R'-C(=O)-R} \xrightarrow{R-MgX}$$

$$R'-C(OMgX)(R)-R \xrightarrow{H_3O^+} R'-C(OH)(R)-R$$

$$\overset{\delta^-}{R}-\overset{\delta^+}{MgX} + \underset{\text{酰卤}}{R'-\overset{\delta^+}{C}(=\overset{\delta^-}{O})-X} \longrightarrow R'-C(OMgX)(R)-X \xrightarrow{-MgX_2} \underset{\text{酮}}{R'-C(=O)-R} \xrightarrow{R-MgX}$$

$$R'-C(OMgX)(R)-R \xrightarrow{H_3O^+} R'-C(OH)(R)-R$$

用这两种反应可以制备两种烃相同的叔醇，其中相同烃基来自格氏试剂。

知识点达标题 11-3　设计用格氏试剂法来合成下列醇的方法。

$$C_6H_5-C(CH_3)(OH)-CH_3$$

11-2

11.3 醇的物理性质与波谱特征

1. 状态

常温下，$C_1 \sim C_4$ 的饱和一元醇是无色有酒香味的液体，$C_5 \sim C_{11}$ 的饱和一元醇是带有不愉快气味的黏稠液体，C_{12} 及以上的饱和一元醇为无嗅、无味的蜡状固体。

2. 沸点

低级直链饱和一元醇的沸点比相对分子质量相近的烷烃和卤代烃的沸点要高得多，这是因为醇分子间通过氢键缔合(见图 11-2)。直链饱和一元醇的沸点随着相对分子质量的增加而有规律地增加,每增加一个 CH_2,沸点升高 18～20℃。在醇的同分异构体中,支链越多,沸点越低;多元醇的沸点则随着—OH 数目的增多而升高。

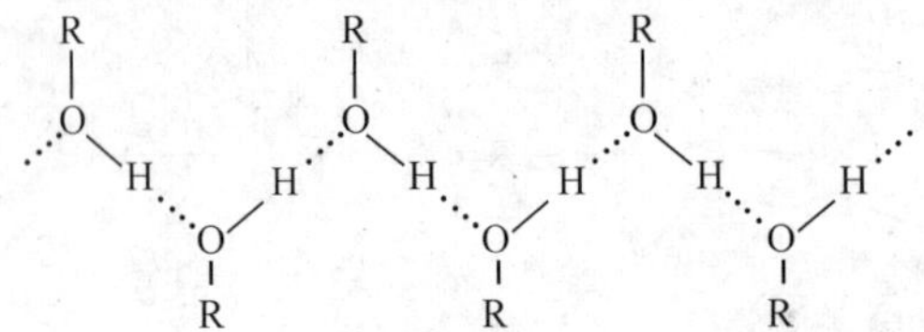

图 11-2 一元醇分子间氢键缔合

3. 溶解性

因为醇羟基可以与水形成氢键,所以醇在水中的溶解性与醇分子结构中烃基的大小和羟基数目有关。对于甲醇、乙醇和丙醇,由于烃基在分子中所占比例小,羟基在分子中所占比例较大,因此可以与水以任意比例混溶。从正丁醇开始,随着烃基增大,羟基在分子中所占比例越来越小,醇在水中溶解度降低,C_{10} 以上醇几乎不溶于水。多元醇羟基在分子中所占比例大,水中溶解度比一元醇大,且大多能溶于水。

4. 相对密度

饱和一元醇相对密度小于 1,大于同碳原子数的烷烃,芳香醇的相对密度大于 1。常见醇的物理常数如表 11-1 所示。

表 11-1 常见醇的物理常数

名称	熔点/℃	沸点/℃	相对密度(d_4^{20})	溶解度(25℃)/[g·(100g H_2O)$^{-1}$]
甲醇	97.8	64.7	0.7914	∞
乙醇	−117.3	78.3	0.7893	∞
丙醇	−126.0	97.8	0.8035	∞
异丙醇	−88.0	82.3	0.7855	∞
正丁醇	−90.0	117.8	0.8060	7.9
异丁醇	−108.0	107.0	0.7978	10
仲丁醇	−114.8	99.6	0.8026	12.5
叔丁醇	25.8	82.4	0.7812	∞
正庚醇	−36.0	176.0	0.8220	0.2
环己醇	−17.0	141.0	0.9480	3.6
苯甲醇	−15.3	205.3	1.0419	4
乙二醇	−12.6	197.5	1.113	∞
丙三醇	18	290	1.260	∞

5. 波谱特征

红外光谱：未形成分子间氢键的醇—O—H 伸缩振动吸收峰出现在 3650～3500cm^{-1}（尖峰，强度较弱），以分子间氢键缔合的—O—H 吸收峰出现在 3400～3200cm^{-1}（较宽，强峰）。另外，C—O 伸缩振动吸收峰：伯醇 1085～1050cm^{-1}，仲醇 1125～1100cm^{-1}，叔醇 1200～1150cm^{-1}。

核磁共振氢谱：醇羟基的质子由于受分子间氢键的影响，其化学位移与温度、浓度、溶剂有关，一般在 0.5～5.5ppm。若邻近没有干扰的质子，羟基质子峰为一个单峰。α-C 上质子的化学位移一般在 3.0～4.0ppm。

知识点达标题 11-4　从高到低排列下列化合物沸点。

A. $CH_3CH_2CH_2OH$　B. $CH_3CH_2CH_2CH_2OH$　C. $CH_3CH_2CH_3$

D. $CH_2(OH)CH_2CH_2OH$　E. $CH_2(OH)CH(OH)CH_2(OH)$

11-2

11.4　醇的化学性质

醇的化学性质主要由官能团羟基决定。由于氧电负性较大，C—O 和 O—H 都是极性很强的共价键，在发生反应时，O—H 断裂，表现为羟基氢具有一定的酸性，C—O 断裂，表现为羟基可以被其他基团取代，以及羟基与 β-H 发生消除反应，α-C 上的氢由于受氧原子的影响，容易发生氧化反应（见图 11-3）。

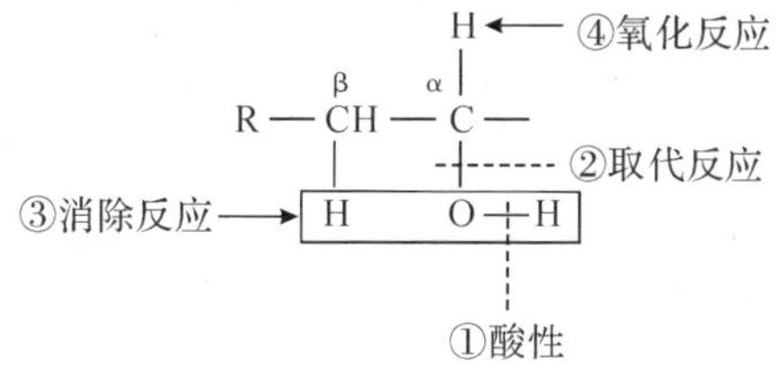

图 11-3　醇断裂位置与反应类型

11.4.1　醇羟基的酸性

醇羟基具有弱酸性，能和钠、钾等活泼金属反应，生成醇钠和氢气。

$$ROH + Na \longrightarrow RONa + 1/2\ H_2$$

不同醇的酸性强弱取决于 O—H 的极性强弱，如果 O—H 的共用电子对向氧原子方向偏移，则极性增加，酸性增强；如果 O—H 的共用电子对向氢原子方向偏移，则极性降低，酸性减弱。

极性增加，酸性增强

R — O — H

极性降低，酸性减弱

因为烷基是给电子基，所以水及不同醇的酸性强弱为：

$$H_2O > CH_3—OH > RCH_2—OH > R—\underset{}{\overset{R'}{\overset{|}{C}}}H—OH > R—\underset{\underset{R''}{|}}{\overset{R'}{\overset{|}{C}}}—OH$$

醇的酸性均比水弱，因此 RONa 是比 NaOH 碱性更强的碱，且醇钠遇水水解生成醇和氢氧化钠。

$$RONa + H_2O \longrightarrow ROH + NaOH$$

> 知识点达标题 11-5　从高到低排列下列化合物的碱性强弱。
> A. CH_3ONa　　B. NaOH　　C. CH_3CH_2ONa
> D. $(CH_3)_2CHONa$　　E. $(CH_3)_3CONa$

11-2

11.4.2 醇羟基的取代反应

1. 与氢卤酸反应

醇与氢卤酸反应，羟基被卤素取代生成卤代烃，这是由醇制备卤代烃的重要方法之一。

11-4

$$R—OH + HX \longrightarrow RX + H_2O$$

(1)反应机理。伯醇与氢卤酸反应一般按 S_N2 机理进行，仲醇、叔醇、烯丙醇、苄醇与氢卤酸反应，基本上按 S_N1 机理进行。首先—OH 中的 O 与酸中的 H^+ 质子化为醇盐，然后醇盐脱水生成碳正离子中间体，最后碳正离子与卤素离子结合生成卤代烃。如：

$$(CH_3)_3C—\ddot{O}—H \xrightarrow{H—Cl} (CH_3)_3C—\overset{+}{O}H_2 \xrightarrow{-H_2O} (CH_3)_3C^+ \xrightarrow{Cl^-} (CH_3)_3C—Cl$$

醇盐

(2)反应活性。因为生成碳正离子的反应为定速步骤，形成碳正离子越稳定，反应活性越高。所以不同醇与氢卤酸的反应活性次序为：烯丙式醇、苄醇＞叔醇＞仲醇＞伯醇＞甲醇。

氢卤酸的酸性强弱为 HI＞HBr＞HCl＞HF，卤素阴离子的亲核能力为 I^-＞Br^-＞Cl^-＞F^-，所以氢卤酸与醇的反应活性顺序为：**HI＞HBr＞HCl＞HF**。

(3)卢卡斯试剂。常温下醇与盐酸反应最慢，加无水氯化锌催化剂可提高反应速度，把浓盐酸和无水氯化锌配成的混合液称为卢卡斯(Lucas)试剂。当卢卡斯试剂与不同醇反应时，叔醇反应最快，立即生成卤代烃出现浑浊，仲醇反应较慢，需要数分钟后出现浑浊，而伯醇最慢，在常温下无变化，加热后才反应变浑浊。因此，卢卡斯试剂可用于鉴别 6 个碳以下的伯醇、仲醇、叔醇。

注意，C_6 以上的醇不溶于卢卡斯试剂，生成的卤代烃也不溶，反应前后无明显的现象变化。

(4)重排产物。因为 S_N1 机理有碳正离子中间体生成，所以当 β 位上有支链的伯醇、仲醇与 HX 反应时，主要生成重排产物。如：

$$(CH_3)_3C—CH_2OH \xrightarrow[-Br^-]{HBr} (CH_3)_3C—CH_2—\overset{+}{O}H_2 \xrightarrow{-H_2O} (CH_3)_3C—\overset{+}{C}H_2 \xrightarrow{Br^-} (CH_3)_3C—CH_2—Br$$

次要产物

$$(CH_3)_3C—\overset{+}{C}H_2 \xrightarrow{重排} (CH_3)_2\overset{+}{C}—CH_2CH_3 \xrightarrow{Br^-} (CH_3)_2CBr—CH_2—CH_3$$

主要产物

知识点达标题 11-6　写出下列反应的重排产物。

(1) 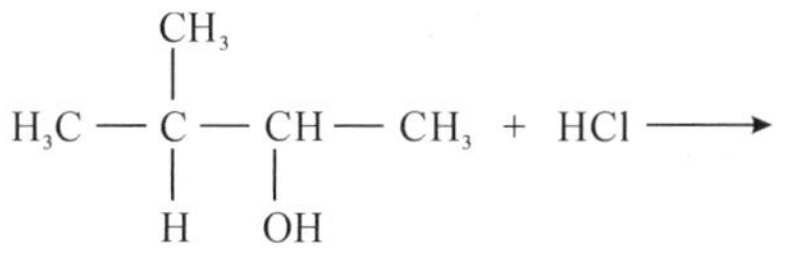 $H_3C-\underset{\underset{H}{|}}{\overset{\overset{CH_3}{|}}{C}}-\underset{\underset{OH}{|}}{CH}-CH_3 + HCl \longrightarrow$

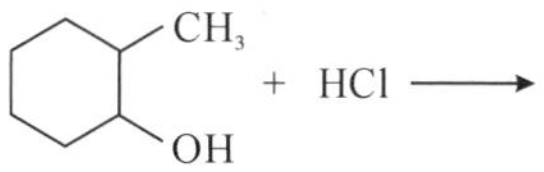

(2) 2-甲基环己醇（环己烷环上相邻碳分别连 CH_3 和 OH） $+ HCl \longrightarrow$

(3) 环丁基$-\underset{\underset{OH}{|}}{CH}-CH_3 + HCl \longrightarrow$

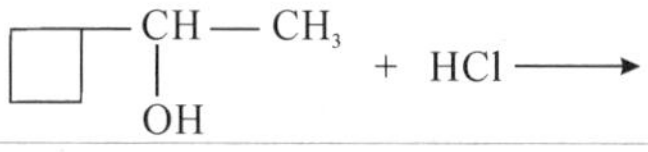

11-2

2. 与卤化磷反应

醇与三氯化磷、五氯化磷反应也是制备卤代烃的常用方法，与氢卤酸相比，该方法反应活性高，没有重排产物。

$$3ROH+PCl_3 \longrightarrow 3RCl+P(OH)_3$$

$$ROH+PCl_5 \longrightarrow RCl+POCl_3+HCl$$

3. 与二氯亚砜反应

二氯亚砜($SOCl_2$)，又称亚硫酰氯。醇与二氯亚砜反应生成氯代烷，是由醇制备氯代烃较好的方法。如：

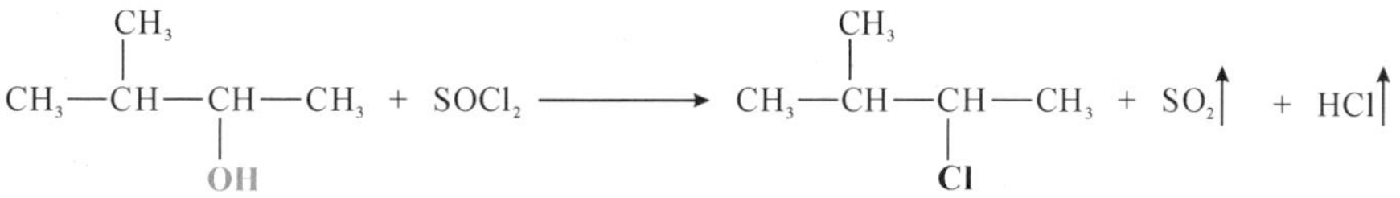

$$CH_3-\overset{\overset{CH_3}{|}}{CH}-\underset{\underset{OH}{|}}{CH}-CH_3 + SOCl_2 \longrightarrow CH_3-\overset{\overset{CH_3}{|}}{CH}-\underset{\underset{Cl}{|}}{CH}-CH_3 + SO_2\uparrow + HCl\uparrow$$

该反应条件温和、速率快、产率高、不重排，且副产物 SO_2、HCl 都是气体，产物容易分离和纯化。

11.4.3　与无机含氧酸反应

醇与硝酸、亚硝酸、硫酸、磷酸等无机含氧酸反应，脱去一分子水，生成无机酸酯。如：

$$CH_3OH+HOSO_2OH \longrightarrow \underset{\text{硫酸氢甲酯(酸性)}}{CH_3OSO_2OH} + H_2O$$

$$CH_3OSO_2OH+CH_3OH \longrightarrow \underset{\text{硫酸二甲酯(中性)}}{CH_3OSO_2OCH_3} + H_2O$$

硫酸二甲酯是无色油状的中性酯，在有机合成中是向分子中导入甲基的很好的烷基化试剂。但硫酸二甲酯有剧毒，使用时要特别注意。$C_8\sim C_{18}$ 的酸性酯的钠盐（如十二烷基磺酸钠、$C_{12}H_{25}OSO_2ONa$）是合成洗涤剂的主要原料。

磷酸是三元酸，与醇反应可以生成磷酸一烷基酯、磷酸二烷基酯和磷酸三烷基酯。

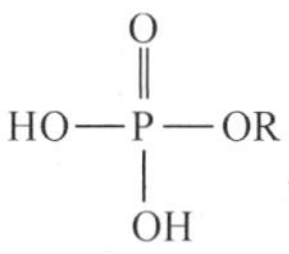

$$HO-\underset{\underset{OH}{|}}{\overset{\overset{O}{\|}}{P}}-OR \qquad HO-\underset{\underset{OR'}{|}}{\overset{\overset{O}{\|}}{P}}-OR \qquad RO-\underset{\underset{OR'}{|}}{\overset{\overset{O}{\|}}{P}}-OR''$$

磷酸一烷基酯 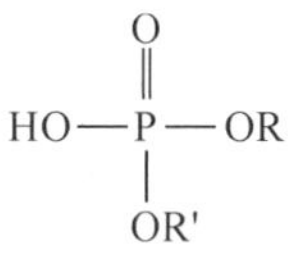　　磷酸二烷基酯 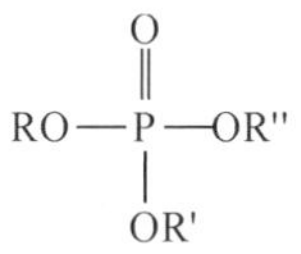　　磷酸三烷基酯

三元醇甘油可与三分子硝酸反应，生成甘油三硝酸酯。

$$\begin{matrix} CH_2OH \\ | \\ CHOH \\ | \\ CH_2OH \end{matrix} + 3HONO_2 \xrightarrow{H_2SO_4} \begin{matrix} CH_2ONO_2 \\ | \\ CHONO_2 \\ | \\ CH_2ONO_2 \end{matrix} + 3H_2O$$

甘油三硝酸酯

甘油三硝酸酯又称硝化甘油，是烈性炸药的主要成分，1867 年诺贝尔发明的安全炸药就是由硝化甘油和硅藻土等成分组成的。硝化甘油也有扩张血管的作用，目前在临床上用作缓解心绞痛的药物。

11.4.4 脱水反应

11-5

在不同反应条件下，醇可以发生分子内和分子间两种脱水反应。

1. 分子内脱水

在浓硫酸及高温条件下，醇羟基与 β-C 上的一个氢以水形式脱去生成烯烃，称为分子内脱水反应，又称为醇的 **β-消除反应**。

$$R-\underset{H}{\overset{|\,\beta}{C}}-\underset{OH}{\overset{|\,\alpha}{C}}- \xrightarrow[\text{高温}]{H_2SO_4(98\%)} R-\overset{|}{C}=\overset{|}{C}- + H_2O$$

（1）反应机理。醇分子内脱水反应主要按 **E1** 机理进行。首先是醇质子化为醇盐，然后脱水形成碳正离子中间体，最后碳正离子脱去一个 β-H 生成烯烃。如：

$$H_3C-\underset{CH_3}{\overset{\beta CH_3}{C}}-OH \xrightarrow{H^+} H_3C-\underset{CH_3}{\overset{\beta CH_3}{C}}-\overset{+}{O}H_2 \xrightarrow{-H_2O} H_3C-\underset{CH_3}{\overset{\beta CH_2-H}{\overset{+}{C}}} \xrightarrow{-H^+} CH_3-\underset{CH_3}{C}=CH_2$$

（2）消除反应活性。形成碳正离子越稳定，消除反应活性越高，不同醇的消除反应活性为：叔醇＞仲醇＞伯醇。

（3）消除反应取向。当醇有两种及以上不同的 β-H 时，消除反应符合扎依采夫规则，脱去 β-C 上含氢较少的氢，即生成双键碳上取代基较多的烯烃，若有顺反构型的，主要产物为 E 型。如：

$$CH_3CH_2\underset{OH}{CH}CH_3 \xrightarrow[\text{高温}]{H_2SO_4(98\%)} \underset{H_3C}{\overset{H}{\;}}C=C\underset{H}{\overset{CH_3}{\;}} + \underset{H_3C}{\overset{H}{\;}}C=C\underset{CH_3}{\overset{H}{\;}}$$

(E)-2-丁烯(主要)　　(Z)-2-丁烯(次要)

（4）重排产物。因为形成碳正离子中间体，所以当 **β** 位上有支链的伯醇、仲醇消去时可能有重排产物生成。如：

$$\text{(2-甲基环戊基)}-CH_2OH \xrightarrow{H^+} \text{(2-甲基环戊基)}-CH_2\overset{+}{O}H_2 \xrightarrow{-H_2O} \text{(2-甲基环戊基)}-CH_2^+ \xrightarrow{-H^+} \text{(2-甲基亚环戊基)}=CH_2$$

C迁移　　H迁移

重排产物　　重排产物

2. 分子间脱水

在浓硫酸及低温条件下，伯醇主要发生分子间脱水反应生成醚。如：

$$CH_3CH_2OH + HOCH_2CH_3 \xrightarrow[140℃]{H_2SO_4(98\%)} \underset{\text{乙醚}}{CH_3CH_2OCH_2CH_3} + H_2O$$

该反应是制备两个烃基相同醚(单醚)的重要方法，反应按 S_N2 机理进行。首先醇羟基质子化为醇盐，然后另一分子醇作为亲核试剂进攻醇盐的 α-C，并脱去水形成锌盐，最后锌盐脱去 H^+ 生成醚。

$$CH_3CH_2-\ddot{O}H \xrightarrow{H^+} CH_3CH_2-\overset{+}{O}H_2 \xrightarrow[-H_2O]{H\ddot{O}-CH_2CH_3} \underset{\text{锌盐}}{CH_3CH_2-\overset{H}{\underset{+}{O}}-CH_2CH_3} \xrightarrow{-H^+} CH_3CH_2-O-CH_2CH_3$$

仲醇、叔醇在同样条件下容易发生消除反应生成烯烃。如果用两种不同的伯醇发生分子间脱水反应，会得到三种不同醚的混合物，难以将它们分离，因此不能用分子间脱水反应来制备两个烃基不相同的醚(混醚)，应用卤代烃与醇钠亲核取代反应来制备。

因为五元环和六元环比较稳定，所以 1,4-二醇及 1,5-二醇在硫酸催化、受热条件下易发生分子内脱水，生成环醚。如：

$$\underset{\text{1,4-丁二醇}}{\underset{OH\qquad\qquad OH}{CH_2CH_2CH_2CH_2}} \xrightarrow[\triangle]{H_2SO_4} \underset{\text{1,4-环氧丁烷(四氢呋喃)}}{\text{(四氢呋喃)}} + H_2O$$

$$\underset{\text{1,5-戊二醇}}{\underset{OH\qquad\qquad\quad OH}{CH_2CH_2CH_2CH_2CH_2}} \xrightarrow[\triangle]{H_2SO_4} \underset{\text{1,5-环氧戊烷(六氢吡喃)}}{\text{(四氢吡喃)}} + H_2O$$

知识点达标题 11-7　对下列反应提出合理的反应机理。

$$\text{(环戊基)}-CH_2OH \xrightarrow{H_2SO_4} \text{(环己烯-1-基)}-CH_3 + H_2O$$

11-2

11.4.5 氧化和脱氢反应

11-6

1. 氧化反应

(1)强氧化剂氧化。含有 α-H 的醇可以被酸性高锰酸钾、酸性重铬酸钾、硝酸等强氧化剂氧化,其中含有两个 α-H 的伯醇先氧化为醛,然后醛继续被氧化为羧酸;含有一个 α-H 的仲醇被氧化为酮;叔醇不含 α-H,不能被氧化。

$$\underset{\text{伯醇}}{R-CH_2-OH} \xrightarrow{[O]} \underset{\text{醛}}{R-CHO} \xrightarrow{[O]} \underset{\text{羧酸}}{R-COOH}$$

$$\underset{\text{仲醇}}{R-CH(OH)-R'} \xrightarrow{[O]} \underset{\text{酮}}{R-C(=O)-R'} \qquad \underset{\text{叔醇}}{R-C(OH)(R'')-R'} \xrightarrow{[O]} NR$$

(2)选择性氧化剂氧化。将吡啶加入 CrO_3 的盐酸溶液中,得到橙红色晶体氯铬酸吡啶盐(**PPC**)。CrO_3-二吡啶络合物称为沙瑞特(**Sarrett**)试剂。用 PPC 或沙瑞特作为氧化剂,用二氯甲烷为溶剂,具有选择性,在室温条件下,可以将伯醇、仲醇氧化为醛、酮,伯醇只停留在醛的阶段,并且不氧化分子中的 **C═C**、**C≡C**。如:

$$CH_3CH_2CH_2OH \xrightarrow[CH_2Cl_2]{\text{PPC或沙瑞特}} CH_3CH_2CHO$$

$$CH_2{=}CHCH_2OH \xrightarrow[CH_2Cl_2]{\text{PPC或沙瑞特}} CH_2{=}CHCHO$$

(双环醇) —PPC或沙瑞特 / CH_2Cl_2→ (双环酮)

2. 脱氢反应

伯醇、仲醇在脱氢催化剂作用下,失去羟基氢和 α-C 上的一个氢生成醛或酮。

$$R-CH_2-OH \xrightarrow[300\sim500℃]{Cu} R-CHO$$

$$R-CH(OH)-R' \xrightarrow[300\sim500℃]{Cu} R-C(=O)-R'$$

$$R-C(OH)(R'')-R' \xrightarrow[300\sim500℃]{Cu} NR$$

常见的脱氢催化剂有活性铜、银、铜铬氧化物等,叔醇没有 α-H 故不发生脱氢反应。

知识点达标题 11-8　写出下列醇氧化反应主要产物。

(1) $C_6H_5-CH_2OH \xrightarrow{K_2Cr_2O_7/H^+}$　　(2) 环己醇 $-OH \xrightarrow{KMnO_4/H^+}$

(3) $CH_3C\equiv CCH_2CH(OH)CH_3 \xrightarrow[CH_2Cl_2]{沙瑞特}$　　(4) $C_6H_5-CH=CHCH_2OH \xrightarrow[CH_2Cl_2]{PPC}$

11-2

11.4.6 邻二醇的特殊反应

11-7

邻二醇除了具有一元醇的一般性质外，因两个羟基处于邻位，还表现出一些特殊的性质。

1. 与氢氧化铜反应

将含邻二醇结构的化合物加入 $Cu(OH)_2$ 沉淀中，可使沉淀溶解，生成一种绛蓝色溶液。如：

$$CH_2OH-CHOH-CH_2OH + Cu(OH)_2 \longrightarrow \text{(}CH_2-O-Cu-O-CH\text{)}-CH_2OH + 2H_2O$$

甘油铜

这一反应可以用来鉴别具有邻二醇结构的多元醇。

2. 高碘酸氧化反应

邻二醇可被高碘酸（HIO_4）氧化，两个羟基之间的 C—C 断裂，羟基则形成 C═O。如：

$$C_6H_5-C(OH)(CH_3)-CH(OH)-CH_3 \xrightarrow{HIO_4} C_6H_5-\overset{O}{\overset{\|}{C}}-CH_3 + H-\overset{O}{\overset{\|}{C}}-CH_3$$

苯乙酮　　乙醛

$$H_2C(OH)-CH(OH)-CH_2(OH) \xrightarrow{HIO_4} HCHO + HCOOH + HCHO$$

其中，甘油中间的碳原子被氧化两次，生成 HCOOH。

3. 频哪醇重排反应

四烃基乙二醇称为频哪醇。在酸催化下，频哪醇发生碳架重排生成相应的频哪酮，这一反应称为频哪醇重排反应。

$$R_2C(OH)-C(OH)R_2 \xrightarrow{H_2SO_4} R-\overset{O}{\overset{\|}{C}}-CR_3$$

频哪醇（四烃基乙二醇）　　频哪酮

反应机理为：频哪醇中的一个羟基先质子化为醇盐，脱水生成碳正离子中间体，然后邻位碳原子上的烷基带着一对电子迁移到碳正离子上，同时正电荷转移到邻位碳上重排为新的碳正离子中间体（新碳正离子中氧与碳的 p-p 共轭较原碳正离子的 σ-p 超共轭更稳定），最后羟基氧上的孤对电子转移给 C—O 并失去质子，得到产物频哪酮。

$$R-\underset{OH}{\overset{R}{C}}-\underset{OH}{\overset{R}{C}}-R \xrightarrow{H^+} R-\underset{OH}{\overset{R}{C}}-\underset{\overset{+}{O}H_2}{\overset{R}{C}}-R \xrightarrow{-H_2O} R-\underset{OH}{\overset{R}{C}}-\overset{R}{\overset{+}{C}}-R \xrightarrow{\text{烷基迁移}} R-\underset{:OH}{\overset{+}{C}}-\underset{R}{\overset{R}{C}}-R \xrightarrow{-H^+} R-\underset{O}{\overset{\|}{C}}-\underset{R}{\overset{R}{C}}-R$$

碳正离子（σ-p超共轭）　　新碳正离子（p-p共轭）

如果频哪醇中的四个烃基不相同，则优先生成比较稳定的碳正离子中间体。如：

$$Ph-\underset{OH}{\overset{Ph}{C^2}}-\underset{OH}{\overset{CH_3}{C^1}}-CH_3 \xrightarrow[-H_2O]{H_2SO_4} \left[\begin{array}{c} Ph-\overset{Ph}{\overset{+}{C^2}}-\underset{OH}{\overset{CH_3}{C^1}}-CH_3\ (\text{稳定}) \\ Ph-\underset{OH}{\overset{Ph}{C^2}}-\overset{CH_3}{\overset{+}{C^1}}-CH_3 \end{array}\right] \xrightarrow{\text{重排}} \xrightarrow{-H^+} Ph-\underset{CH_3}{\overset{Ph}{C^2}}-\overset{O}{\overset{\|}{C^1}}-CH_3$$

碳正离子重排时，富电子基团优先迁移，即基团迁移能力顺序为：含供电子基的芳基>苯基>烷基。如：

$$Ph-\underset{OH}{\overset{CH_3}{C}}-\underset{OH}{\overset{CH_3}{C}}-Ph \xrightarrow[-H_2O]{H_2SO_4} \left[Ph-\overset{CH_3}{\overset{+}{C}}-\underset{OH}{\overset{CH_3}{C}}-Ph\right] \xrightarrow{-H^+} Ph-\underset{Ph}{\overset{CH_3}{C}}-\overset{O}{\overset{\|}{C}}-CH_3$$

碳正离子重排时，质子化的羟基与迁移基团处于反式时，有利于重排。如：

（1,2-二甲基环己烷-1,2-二醇（反式） $\xrightarrow[-H_2O]{H_2SO_4}$ 2,2-二甲基环己酮）

知识点达标题 11-9　写出下列频哪醇重排反应的主要产物。

(1) $C_2H_5-\underset{OH}{\overset{C_2H_5}{C}}-\underset{OH}{\overset{C_2H_5}{C}}-C_2H_5 \xrightarrow{H_2SO_4}$

(2) $Ph-\underset{OH}{\overset{CH_3}{C}}-\underset{OH}{\overset{Ph}{C}}-Ph \xrightarrow{H_2SO_4}$

(3) 1,1'-二羟基联环戊烷（OH OH） $\xrightarrow{H_2SO_4}$

11-2

Ⅱ. 酚

11.5 酚的结构和命名

11.5.1 酚的结构

酚是羟基直接与苯环相连的化合物。与醇羟基不同的是，酚羟基中的氧原子是 sp^2 杂化，其中氧原子中一对孤对电子处于未杂化的 p 轨道上，与苯环的大 π 键从侧面重叠，形成供电子的 p-π 共轭体系(见图 11-4)。

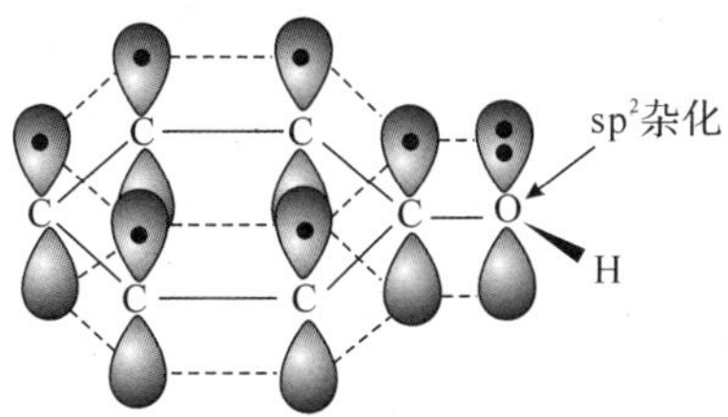

图 11-4 苯酚的 p-π 共轭体系

p-π 共轭的结果：①苯环上电子云密度升高，更易发生亲电取代；②C—O 键长变短，键能变大，不易断裂；③O—H 极性变大，酸性增强。

11.5.2 酚的命名

酚的命名要根据官能团命名先后次序原则(参见 6.2.2)。如果羟基是主官能团，则以芳环+酚为母体，其他基团为取代基；如果羟基不是主官能团，则将羟基作为取代基。如：

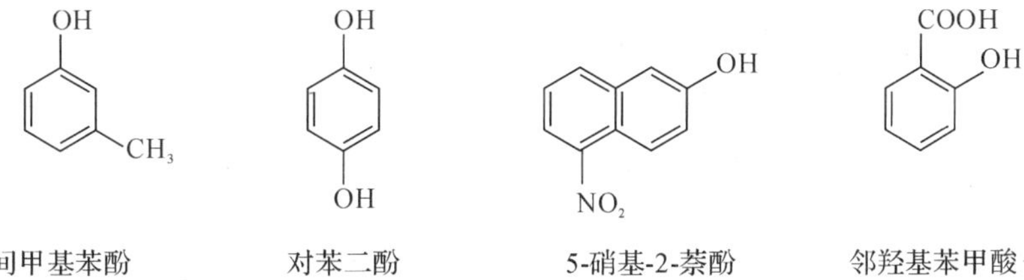

11.6 酚的制备

11-8

11.6.1 卤代苯水解法

因卤苯是乙烯型卤代烃，极不活泼，需要在高温、高压、催化剂条件下才能发生碱性水解生成酚钠，再经酸化制得苯酚。

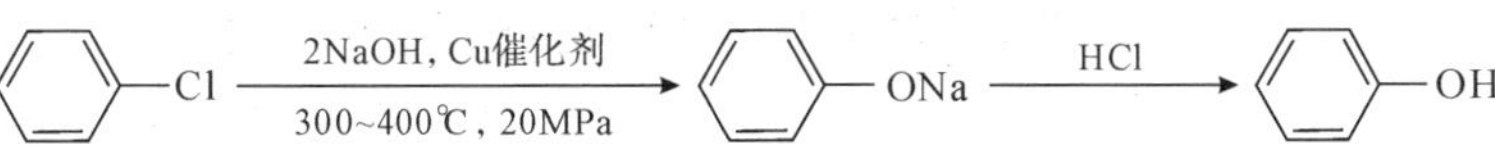

当卤原子的邻、对位有硝基等强吸电子基时，增加卤素碳的正电性，可在温和条件下水解，生成酚。如：

$$o\text{-}NO_2C_6H_4Cl \xrightarrow[130℃]{Na_2CO_3} o\text{-}NO_2C_6H_4ONa \xrightarrow{HCl} o\text{-}NO_2C_6H_4OH$$

$$2,4\text{-}(O_2N)_2C_6H_3Cl \xrightarrow[100℃]{Na_2CO_3} 2,4\text{-}(O_2N)_2C_6H_3ONa \xrightarrow{HCl} 2,4\text{-}(O_2N)_2C_6H_3OH$$

11.6.2 碱熔法

将苯磺酸钠或其他芳香族磺酸钠与氢氧化钠一起加热熔融，生成相应的酚钠，再经酸化得到酚。如：

$$C_6H_5SO_3Na \xrightarrow[300℃]{NaOH} \underset{(+Na_2SO_3)}{C_6H_5ONa} \xrightarrow{H^+} C_6H_5OH$$

$$\beta\text{-}C_{10}H_7SO_3Na \xrightarrow[300℃]{NaOH} \underset{(+Na_2SO_3)}{\beta\text{-}C_{10}H_7ONa} \xrightarrow{H^+} \beta\text{-}C_{10}H_7OH$$

11.6.3 异丙苯氧化法

在过氧化物存在下，用空气氧化异丙苯生成氢过氧化异丙苯，然后用稀硫酸分解生成苯酚和丙酮。

$$C_6H_5CH(CH_3)_2 \xrightarrow[\text{过氧化物}]{O_2\text{（空气）},\ 100\sim120℃} \underset{\text{氢过氧化异丙苯}}{C_6H_5C(CH_3)_2\text{—O—O—H}} \xrightarrow[75\sim85℃]{\text{稀 } H_2SO_4} C_6H_5OH + CH_3\text{—}\overset{O}{\overset{\|}{C}}\text{—}CH_3$$

苯酚和丙酮都是重要的工业原料，这是目前工业上生产苯酚的最合理方法。

11.7 酚的物理性质与波谱特征

1. 状态

大多数酚为结晶的固体，少数烷基酚（如间甲苯酚）为高沸点液体。

2. 熔、沸点

因为酚分子之间能形成氢键，所以酚的熔、沸点都比相对分子质量相近的芳烃和卤代芳烃高。但邻硝基苯酚能形成分子内氢键（见图 11-5），分子间不发生缔合，沸点相对较低。

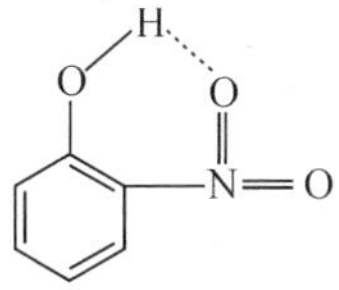

图 11-5　邻硝基苯酚的分子内氢键

3. 溶解性

酚微溶于水，能溶于乙醇、乙醚、苯等有机溶剂。多元酚随着分子中羟基数目增加，溶解度增大。

4. 相对密度

酚相对密度接近于 1。常见酚的物理常数如表 11-2 所示。

表 11-2　常见酚的物理常数

名称	熔点/℃	沸点/℃	溶解度(25℃)/[g·(100g H_2O)$^{-1}$]	pK_a
苯酚	43	182	8.2	9.98
邻甲苯酚	31	191	2.5	10.28
间甲苯酚	11	203	0.5	10.8
对甲苯酚	35	202	1.8	10.14
对氯苯酚	43	220	2.7	9.38
邻硝基苯酚	46	216	0.2	7.23
间硝基苯酚	97	分解	1.3	8.40
对硝基苯酚	115	分解	1.6	7.15
2,4-二硝基苯酚	113	分解	0.6	4.00
2,4,6-三硝基苯酚	122	分解	1.4	0.71
邻苯二酚	105	245	45.1(20℃)	9.48
间苯二酚	111	281	147.3(12.5℃)	9.44
对苯二酚	173	285	6(15℃)	9.96
α-萘酚	96	288	难溶	9.31
β-萘酚	123	295	0.1	9.55

5. 波谱特征

红外光谱：酚具有苯环和羟基的红外吸收特征，游离 O—H 的伸缩振动吸收峰在 3640～3600cm^{-1}，分子间缔合时 O—H 的伸缩振动在 3500～3200cm^{-1} 出现宽峰。酚的C—O的吸收峰在 1250～1200cm^{-1}。

核磁共振氢谱：酚羟基质子的化学位移值随溶剂、温度和酚浓度的不同有较大的差别，一般在 4～8ppm。

11.8 酚的化学性质

酚的化学性质主要涉及在酚羟基和苯环上的反应。

11-9

11.8.1 酚羟基的反应

1. 弱酸性

因羟基氧原子的未杂化 p 轨道中的一对孤对电子与苯环大 π 键形成供电子的 p-π 共轭，使 O—H 的极性增强，有利于质子的电离，所以酚羟基氢具有一定的酸性，能溶于 NaOH 水溶液，生成酚钠。如：

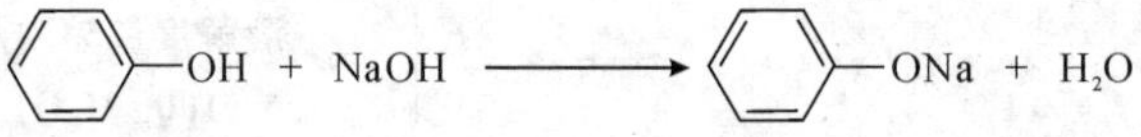

$$C_6H_5OH + NaOH \longrightarrow C_6H_5ONa + H_2O$$

但酚的酸性较碳酸（**pK_a=6.35**）弱，所以向苯酚钠水溶液中通入 CO_2，又生成苯酚。

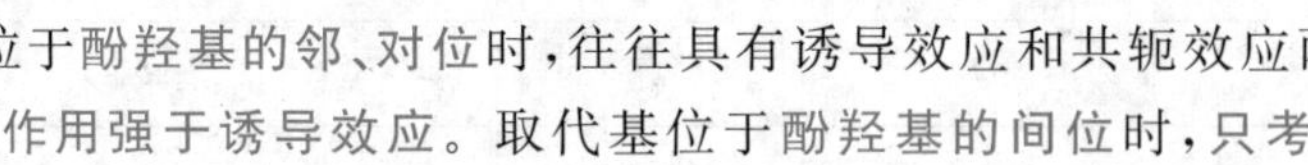

$$C_6H_5ONa + H_2O + CO_2 \longrightarrow C_6H_5OH + NaHCO_3$$

利用酚能溶于 NaOH 水溶液，而不溶于 $NaHCO_3$ 水溶液的性质，可用于酚的分离和鉴定。

取代酚的酸性强弱取决于取代基的性质和位置。当苯环上连有供电子基时，苯环上电子云密度增加，使 O—H 的极性降低，酸性减弱；当苯环上连有吸电子基时，苯环上电子云密度减少，增强了 O—H 的极性，酚的酸性增强。

对于取代基位于酚羟基的邻、对位时，往往具有诱导效应和共轭效应两种影响，除卤素外，都是共轭效应作用强于诱导效应。取代基位于酚羟基的间位时，只考虑诱导效应的影响。如：

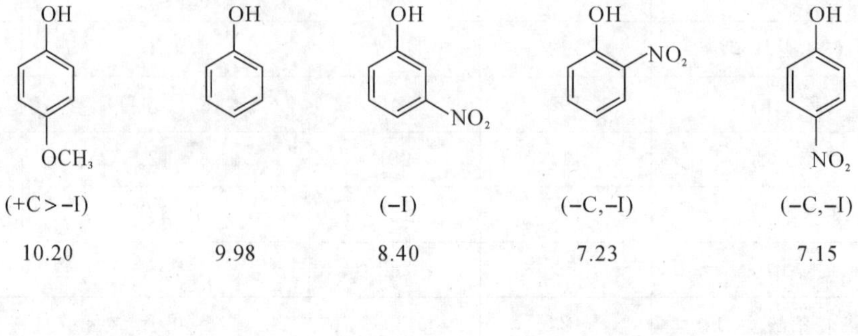

	对甲氧基苯酚（OCH_3）	苯酚	间硝基苯酚（NO_2）	邻硝基苯酚（NO_2）	对硝基苯酚（NO_2）
	(+C>−I)		(−I)	(−C,−I)	(−C,−I)
pK_a	10.20	9.98	8.40	7.23	7.15

知识点达标题 11-10 从强到弱排列下列化合物的酸性。

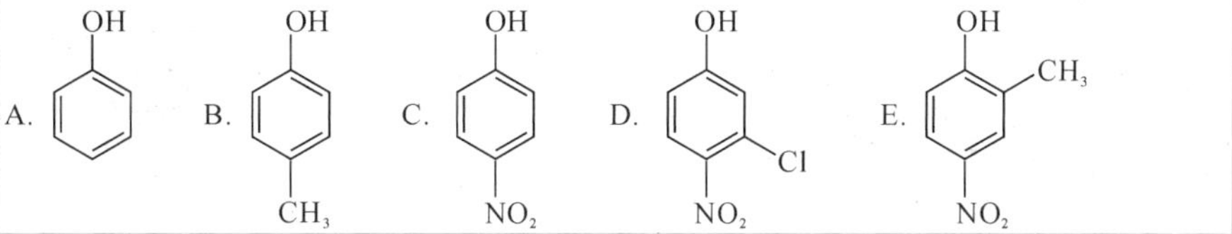

A. 苯酚（OH） B. 对甲基苯酚（OH，CH_3） C. 对硝基苯酚（OH，NO_2） D. 3-氯-4-硝基苯酚（OH，Cl，NO_2） E. 3-甲基-4-硝基苯酚（OH，CH_3，NO_2）

11-2

2. 酚醚的生成

因为酚羟基的C—O很牢固，不易断裂，所以酚醚不能通过分子间脱水来制备，通常由酚钠和伯卤代烃或硫酸二甲酯来制备。如：

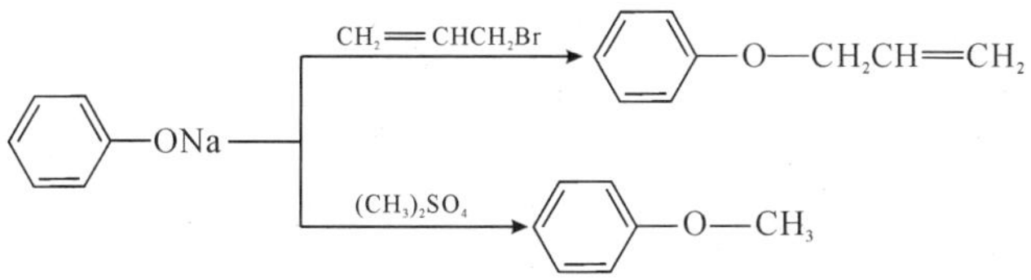

$$C_6H_5ONa \xrightarrow{CH_2=CHCH_2Br} C_6H_5-O-CH_2CH=CH_2$$

$$C_6H_5ONa \xrightarrow{(CH_3)_2SO_4} C_6H_5-O-CH_3$$

3. 酚酯的生成

酚和羧酸难以直接酯化生成酚酯，须用酰氯或酸酐在质子酸催化下与酚作用才能生成酚酯。如：

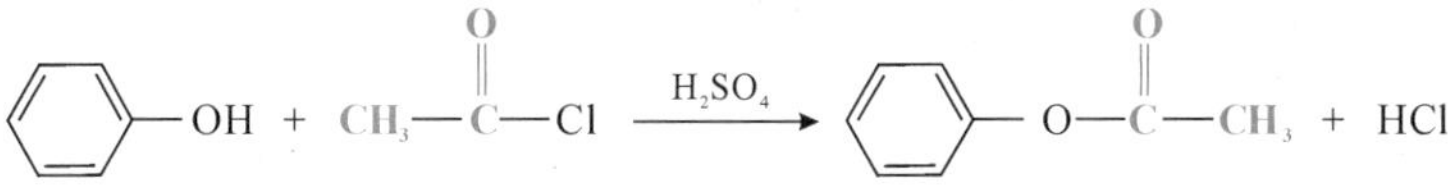

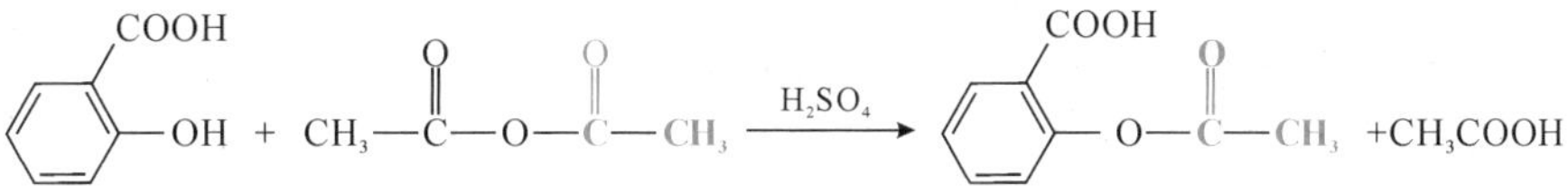

$$C_6H_5-OH + CH_3-\overset{O}{\overset{\|}{C}}-Cl \xrightarrow{H_2SO_4} C_6H_5-O-\overset{O}{\overset{\|}{C}}-CH_3 + HCl$$

$$\underset{\text{水杨酸}}{o\text{-}HOOC-C_6H_4-OH} + CH_3-\overset{O}{\overset{\|}{C}}-O-\overset{O}{\overset{\|}{C}}-CH_3 \xrightarrow{H_2SO_4} \underset{\text{乙酰水杨酸（阿司匹林）}}{o\text{-}HOOC-C_6H_4-O-\overset{O}{\overset{\|}{C}}-CH_3} + CH_3COOH$$

注意，如果用 Lewis 酸 $AlCl_3$ 催化，不是发生酚羟基酯化，而是发生苯环上的酰基化反应。

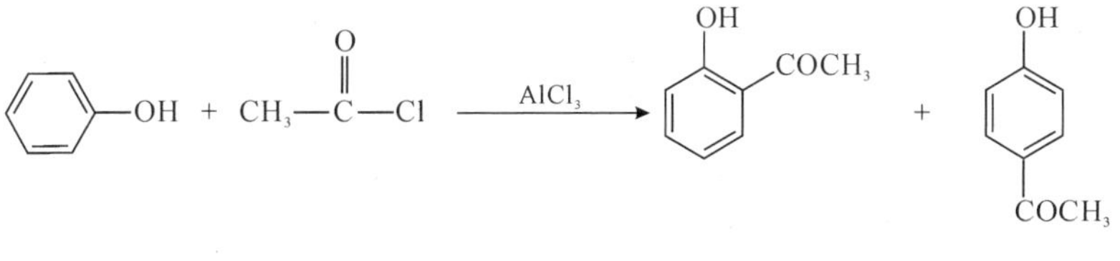

$$C_6H_5-OH + CH_3-\overset{O}{\overset{\|}{C}}-Cl \xrightarrow{AlCl_3} o\text{-}HO-C_6H_4-COCH_3 + p\text{-}HO-C_6H_4-COCH_3$$

4. 与 $FeCl_3$ 的显色反应

大多数酚能使 $FeCl_3$ 溶液发生显色反应，不同结构的酚与 $FeCl_3$ 溶液反应，可生成红、绿、蓝和紫等不同颜色的化合物。如苯酚显紫色，甲基苯酚显蓝色，邻苯二酚显绿色。一般认为酚与 $FeCl_3$ 溶液反应，可能生成了有色的络合物。

$$6ArOH + FeCl_3 \rightleftharpoons [Fe(OAr)_6]^{3-} + 6H^+ + 3Cl^-$$

除酚外，凡具有烯醇式（$-\overset{|}{C}=\overset{|}{C}-OH$）结构的化合物也能与 $FeCl_3$ 溶液发生显色反应，故用 $FeCl_3$ 溶液可检验烯醇式结构和酚羟基的存在。

11.8.2 芳环上的亲电取代反应

11-10

羟基是活化苯环的邻、对位定位基，苯酚很容易发生亲电取代反应，表现为反应条件低，易发生多元取代。

1. 卤代反应

苯酚在常温下，与过量的溴水可快速反应，生成2,4,6-三溴苯酚(白色沉淀)。

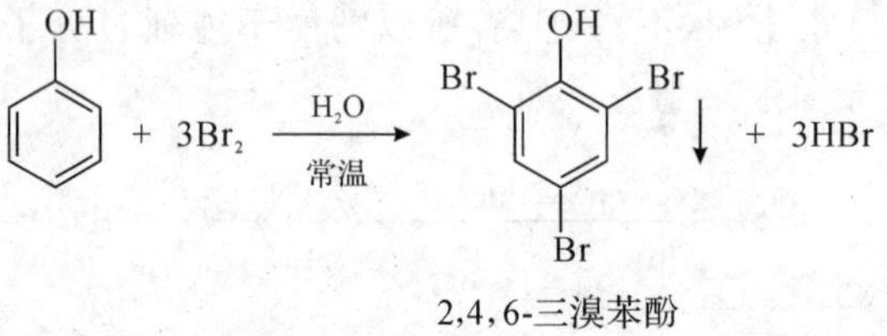

$$C_6H_5OH + 3Br_2 \xrightarrow[\text{常温}]{H_2O} 2,4,6\text{-}Br_3C_6H_2OH\downarrow + 3HBr$$

2,4,6-三溴苯酚

这一反应很灵敏，现象明显，常用于苯酚的鉴别与定量测定。

在低温下，于非极性溶剂(如 CS_2、CCl_4)中，控制溴不过量，则可生成一元取代物对溴苯酚。

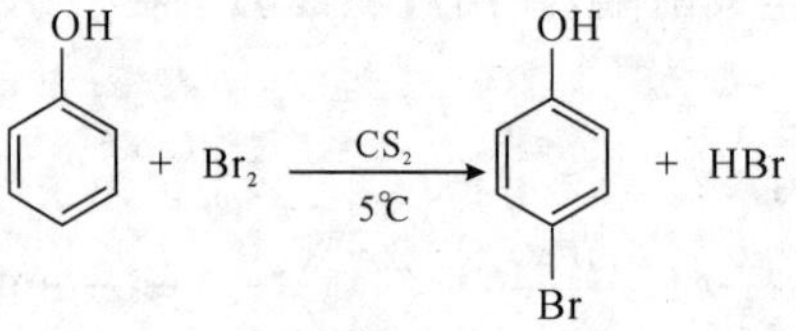

$$C_6H_5OH + Br_2 \xrightarrow[5℃]{CS_2} p\text{-}BrC_6H_4OH + HBr$$

2. 硝化反应

苯酚在常温下与稀硝酸反应，快速生成对硝基苯酚和邻硝基苯酚的混合物。若用浓硝酸，则生成2,4-二硝基苯酚和2,4,6-三硝基苯酚(苦味酸)。但由于酚羟基易被浓硝酸氧化，产率很低，一般用间接方法制备硝基酚。

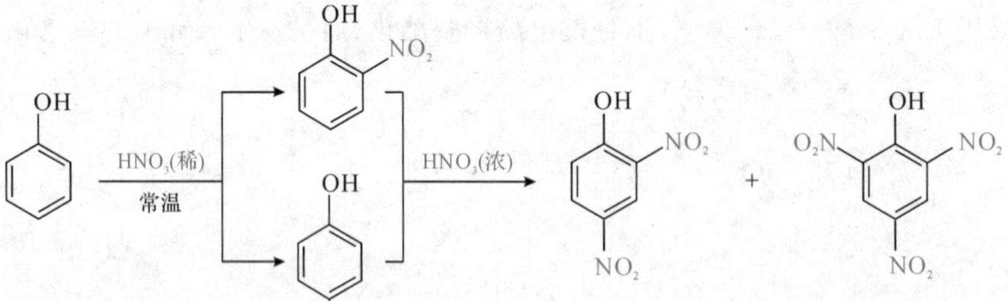

$$C_6H_5OH \xrightarrow[\text{常温}]{HNO_3(\text{稀})} o\text{-}O_2NC_6H_4OH + p\text{-}O_2NC_6H_4OH \xrightarrow{HNO_3(\text{浓})} 2,4\text{-}(O_2N)_2C_6H_3OH + 2,4,6\text{-}(O_2N)_3C_6H_2OH$$

苦味酸

对硝基苯酚分子间及与水能形成氢键，沸点高，溶解度大，邻硝基苯酚由于羟基和硝基之间形成分子内氢键(见图11-5)，使其沸点降低，溶解度减小。所以对硝基苯酚和邻硝基苯酚的混合物可用水蒸气蒸馏法加以分离。

3. 磺化反应

苯酚和浓硫酸在常温下反应，生成邻羟基苯磺酸，在加热下反应，则生成对羟基苯磺酸。如果继续再加热磺化，生成4-羟基-1,3-苯二磺酸。

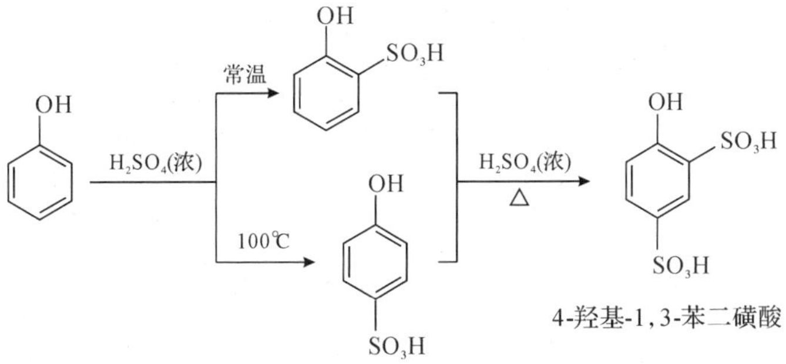

苯酚引入两个磺酸基后，苯环被钝化，酚羟基不易被氧化，再与浓硝酸反应，两个磺酸基可同时被硝基取代生成 2,4,6-三硝基苯酚。

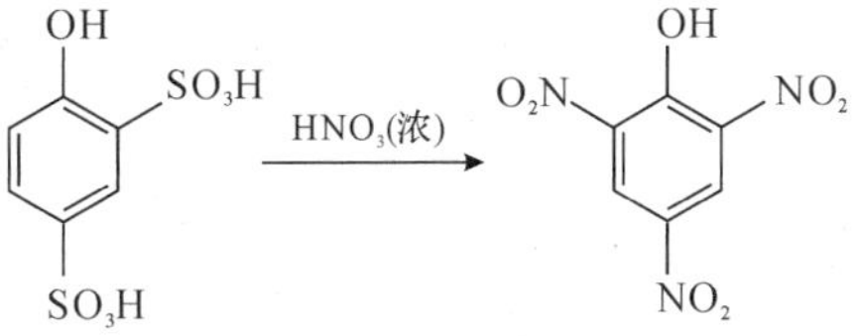

4-羟基-1,3-苯二磺酸

4. 烷基化和酰基反应

酚烷基化反应时，不用 $AlCl_3$ 作催化剂，因为酚羟基能与 $AlCl_3$ 形成络合物（$ArOAlCl_2$）。烷基化反应一般用醇或烯烃为烷基化试剂，以浓硫酸作催化剂。如：

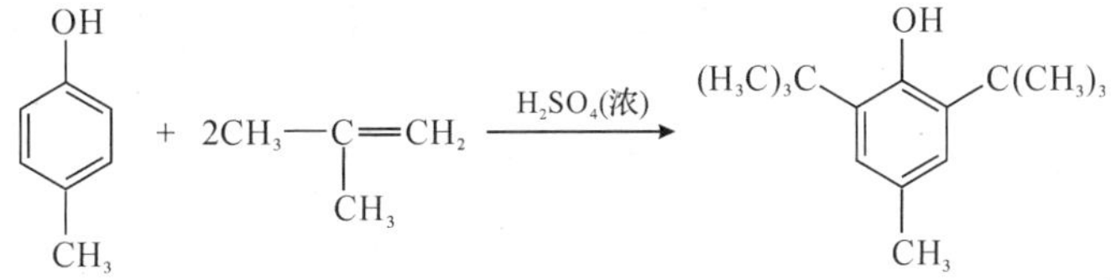

4-甲基-2,6-二叔丁基苯酚
（二六四抗氧剂）

酚酰基化反应时，如果用 BF_3、$ZnCl_2$ 为催化剂，则可以直接用羧酸作酰化剂。如：

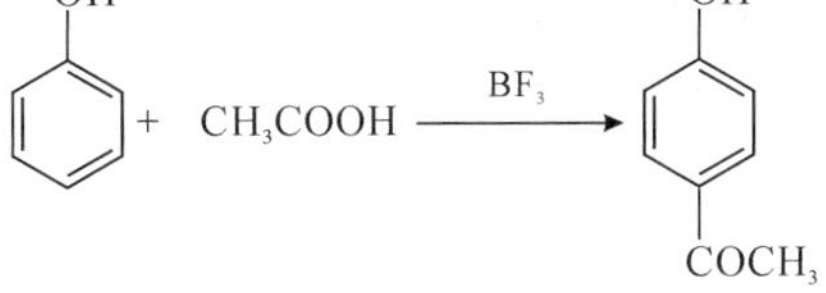

$$C_6H_5OH + CH_3COOH \xrightarrow{BF_3} p\text{-}CH_3COC_6H_4OH$$

11.8.3 氧化反应

酚很容易被氧化，如苯酚在空气中长时间放置被氧气氧化变色。不同氧化剂得到不同的氧化产物，通常酚被氧化为醌；多元酚可被弱氧化剂（如 Ag_2O）氧化。如：

$$\text{苯酚} \xrightarrow[H_2SO_4]{K_2Cr_2O_7} \text{对苯醌} \xleftarrow{Ag_2O} \text{对苯二酚}$$

对苯醌

$$\text{邻苯二酚} \xrightarrow{Ag_2O} \text{邻苯醌}$$

邻苯醌

Ⅲ. 醚

11.9 醚的结构、分类和命名

11-11

11.9.1 醚的结构和分类

醚可以看作醇或酚中羟基上的氢原子被烃基取代后的产物，其中 C—O—C 是醚的官能团，又称醚键，通式为 R—O—R′。氧为 sp^3 杂化，两对孤对电子处于两个 sp^3 杂化轨道中（见图 11-6）。

图 11-6 甲醚的结构

醚分为单醚、混醚和环醚三类。两个烃基相同为单醚；两个烃基不同为混醚，其中一个或者两个烃基是苯环的，称为芳醚；如果氧原子和烃基连接成环状的则称为环醚，又叫环氧化合物，以—CH_2CH_2O—结构单元重复的大环多醚，称为冠醚。

11.9.2 醚的命名

1. 习惯命名法

对于结构简单的醚，采用习惯命名法。单醚根据烃基名称命名为二某基醚（简称某醚）；混醚简单烃基在前，复杂烃基在后，命名为某基某基醚（简称某某醚）。注意，芳醚命名时，习惯将苯基放在前，脂肪烃基放在后。如：

$CH_3—O—CH_3$ 二甲基醚(甲醚)

$CH_3CH_2—O—CH_2CH_3$ 二乙基醚(乙醚)

$CH_3—O—CH(CH_3)_2$ 甲基异丙基醚

$CH_3CH_2—O—CHCH{=}CH_2$ 乙基烯丙基醚(乙烯丙醚)

$C_6H_5—O—CH_3$ 苯基甲基醚(苯甲醚)

$C_6H_5—O—C_6H_5$ 二苯基醚(二苯醚)

2. 系统命名法

对于结构复杂的醚，采用系统命名法。命名时以较大的烃基为母体，烷氧基作为取代基。如：

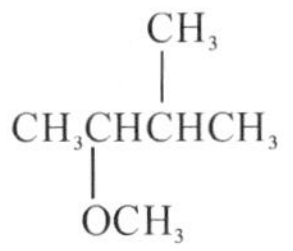

$CH_3CH(OCH_3)CH(CH_3)CH_3$　　$H_3CO-C_6H_4-CH{=}CHCH_3$　　$CH_3CH_2OCH_2CH_2OCH_2CH_3$

2-甲基-3-甲氧基丁烷 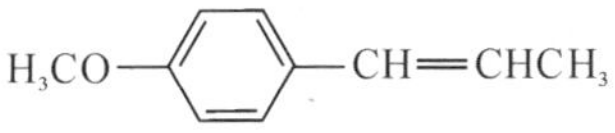　　对-甲氧基-1-苯基-1-丙烯　　1,2-二乙氧基乙烷

3. 环醚和冠醚命名

环醚根据环氧化合物命名为环氧某烷，并在前面标出环氧键所在碳原子的位置。如：

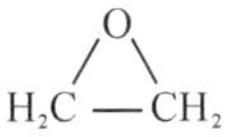

环氧乙烷 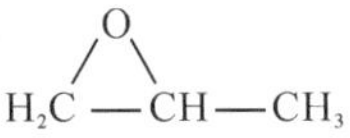　　1, 2-环氧丙烷 　　1, 4-环氧丁烷（四氢呋喃，THF）　　1, 4-二氧六环

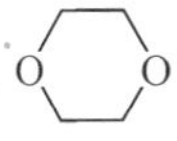

冠醚是重复—CH_2CH_2O—结构单元的大环多醚。采用特殊命名法，命名为 *m*-冠-*n*，*m* 为成环总原子数，*n* 为环中氧原子数。如：

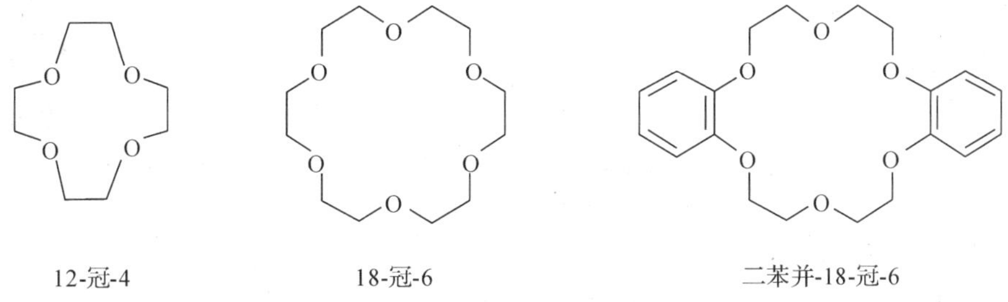

12-冠-4　　18-冠-6　　二苯并-18-冠-6

11.10　醚的制备

11.10.1　醇分子间脱水

11-12

在浓硫酸催化和一定温度下，两分子醇之间脱水生成醚。这种方法只适用于低级伯醇制备相应的单醚，及 1,4-二醇和 1,5-二醇制备环醚。如：

$$2CH_3CH_2OH \xrightarrow[140℃]{H_2SO_4（浓）} CH_3CH_2OCH_2CH_3 + H_2O$$

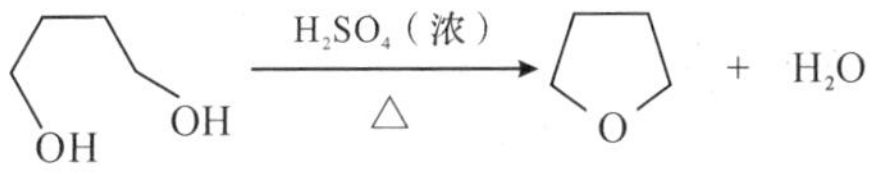

$$HOCH_2CH_2CH_2CH_2OH \xrightarrow[\triangle]{H_2SO_4（浓）} \text{四氢呋喃} + H_2O$$

11.10.2　卤代烃与醇钠或酚钠反应

卤代烷与醇钠或酚钠发生亲核取代反应制备醚的方法称为威廉森法，该方法可以制备单醚，但主要是用于制备混醚。

$$R—ONa + R'—X \longrightarrow R—O—R' + NaX$$

用威廉森法制备醚应注意：

(1)卤代烷最好选伯卤代烷。因为仲或叔卤代烷在强碱醇钠作用下易发生消除反应生成烯烃。如：

$$(CH_3)_3C—ONa + CH_3I \longrightarrow (CH_3)_3C—O—CH_3 + NaI$$

$$(CH_3)_3C—Cl + CH_3ONa \longrightarrow CH_2═C(CH_3)—CH_3 + CH_3OH + NaCl$$

(2)合成芳醚时选酚钠为原料。因为卤代苯是极不活泼的乙烯型卤代烃，难发生亲核取代反应。如：

$$C_6H_5—ONa + CH_3Cl \longrightarrow C_6H_5—O—CH_3 \;\not\longleftarrow\; C_6H_5—Cl + CH_3ONa$$

知识点达标题 11-11　用适当的原料合成下列醚。

(1) $CH_3CH_2CH_2OCH(CH_3)_2$　(2) 

11-2

11.11　醚的物理性质与波谱特征

1. 状态和相对密度

常温下，甲醚、甲乙醚是气体，其余醚大多为无色的液体，有特殊的气味，相对密度小于1。

2. 沸点

由于醚分子间不能形成氢键，所以醚的沸点与相对分子质量相当的烷烃相近，但远低于醇。低级醚极易挥发，所形成的蒸气易燃烧，使用时要特别注意安全。

3. 溶解性

醚能与水形成氢键，低级醚在水中的溶解度与相对分子质量相当的醇接近。相对分子质量大的高级醚难溶于水。有些环醚（如四氢呋喃、1,4-二氧六环），能与水形成更多的氢键，能与水以任意比例互溶，是常用的有机溶剂。常见醚的物理常数如表11-3所示。

表 11-3　常见醚的物理常数

名称	熔点/℃	沸点/℃	相对密度(d_4^{20})
甲醚	−138.5	−23	0.6610
乙醚	−116.6	34.5	0.7137
正丙醚	12.2	90.1	0.7360
异丙醚	−85.9	68	0.7241
正丁醚	−95.3	142	0.7689

续表

名称	熔点/℃	沸点/℃	相对密度(d_4^{20})
苯甲醚	−37.5	155	0.9961
环氧乙烷	−111.3	11	0.8824
四氢呋喃	−108	65.4	0.8892
1,4-二氧六环	11.8	101	1.0337

4. 波谱特征

红外光谱：C—O 的伸缩振动吸收峰在 1300～1060cm^{-1}，其中烷基醚 C—O 在1150～1050cm^{-1}，芳香醚 C—O 在 1275～1200cm^{-1}，强度比烷基醚大。注意，醇、羧酸和酯在这一区域也有 C—O 的伸缩振动吸收峰，但它们还有相应的羟基和羰基的特征吸收峰。

核磁共振氢谱：与氧原子直接相连的 α-C 上质子的化学位移在 3～4ppm。

11.12　醚的化学性质

11-13

醚的性质比较稳定，在常温下，醚与碱、氧化剂、还原剂和活泼金属钠等都不反应。但在酸性条件下，可发生醚键断裂反应。

11.12.1　生成𨦡盐

醚作为 Lewis 碱能溶于浓硫酸、浓盐酸等强酸生成𨦡盐。

$$\mathrm{R{-}O{-}R} + \mathrm{HCl} \longrightarrow [\mathrm{R{-}\overset{\overset{\large H}{|}}{O}{-}R}]^+\mathrm{Cl}^-$$

𨦡盐

𨦡盐是一种强酸弱碱盐，仅在浓酸中稳定存在，遇到水很快分解为原来的醚。

$$[\mathrm{R{-}\overset{\overset{\large H}{|}}{O}{-}R}]^+\mathrm{Cl}^- + \mathrm{H_2O} \longrightarrow \mathrm{R{-}O{-}R} + \mathrm{H_3O^+} + \mathrm{Cl^-}$$

而烷烃和卤代烃不溶于浓酸，利用这一性质，可将醚与烷烃或卤代烃区别开来，也可将醚从烷烃或卤代烃中分离出来。

11.12.2　醚键断裂

醚与氢卤酸（常用氢碘酸）在加热条件下反应，醚键断裂生成卤代烃和醇。过量氢卤酸与生成的醇进一步反应也生成卤代烃。

$$\mathrm{R{-}O{-}R'} + \mathrm{HI} \xrightarrow{\triangle} \mathrm{R{-}I} + \mathrm{R'{-}OH}$$

$$\mathrm{R'{-}OH} \xrightarrow{\mathrm{HI}} \mathrm{R'{-}I} + \mathrm{H_2O}$$

醚键断裂反应的实质是醚与强酸先形成𨦡盐，增加 C—O 的极性，使 C—O 变弱，然后根据醚中烃基种类不同发生 S_N1 或 S_N2 反应。伯烷基醚主要按 S_N2 历程进行，碘离子进攻

空间位阻小的 α-C，即 **α-C** 上取代基少的烷基形成卤代烃，另一烷基则生成醇。如：

$$CH_3—O—CH_2CH_3 \xrightarrow{H^+} CH_3—\overset{+}{\underset{}{O}}(H)—CH_2CH_3 \xrightarrow[S_N2]{I^-} CH_3—I + HO—CH_2CH_3$$

空间位阻小

叔烷基醚 C—O 断裂后，能形成稳定的碳正离子，主要以 S_N1 历程进行，除了生成卤代烃外，还可能发生消除反应生成烯烃。如：

$$CH_3—O—C(CH_3)_2—CH_3 \xrightarrow{H^+} CH_3—\overset{+}{O}(H)—C(CH_3)_2—CH_3 \longrightarrow CH_3OH + \overset{+}{C}(CH_3)_2—CH_3 \begin{cases} \xrightarrow{-H^+} CH_2{=}C(CH_3)—CH_3 \\ \xrightarrow{I^-} I—C(CH_3)_2—CH_3 \end{cases}$$

值得注意的是，烷基苯基醚因 Ar—O 很牢固，不易断裂，所以与 HI 反应时，总是烷氧键断裂，生成酚和碘代烃。

p-π，牢固

$$C_6H_5—O—\mathbf{R} + HI \longrightarrow C_6H_5—OH + \mathbf{R}—I$$

知识点达标题 **11-12** 写出下列反应的产物。

(1) $CH_3OCH(CH_3)_2 + HI \longrightarrow$ (2) $C_6H_5—O—CH(CH_3)_2 + HI \longrightarrow$

(3) 四氢呋喃 + HI(过量) ⟶

11-2

11.12.3 过氧化物生成

醚对氧化剂相对比较稳定，如果长期与氧化剂接触，则会被氧化。如乙醚在空气中长期存放，可被氧气氧化生成过氧化物。

$$CH_3CH_2—O—CH_2CH_3 + O_2 \longrightarrow CH_3CH_2—O—CH(O—O—H)CH_3$$

过氧化物

过氧化物是强氧化剂极不稳定，受热易发生爆炸。所以乙醚在使用前，先用淀粉-**KI** 试纸检验，若变蓝，表明含有过氧化物。除去过氧化物的方法：$FeSO_4$ 或 Na_2SO_3 等还原剂溶液充分洗涤醚，然后蒸馏，注意不能蒸干，以免发生爆炸事故。醚类化合物应存放在棕色瓶中密封于阴凉处，并尽量避免光照及与空气或氧化剂接触，必要时可加入抗氧剂（如二乙基氨基二硫代甲酸钠）。

11.12.4 克莱森重排反应

苯基烯丙基醚在加热条件下发生分子内重排，生成邻烯丙基酚的反应，称为克莱森

(Claisen)重排。重排时烯丙基进入酚羟基的邻位。如：

$$C_6H_5-\overset{1}{O}CH_2\overset{2}{C}H=\overset{3}{C}H_2 \xrightarrow{\triangle} o\text{-}HOC_6H_4-\overset{3}{C}H_2\overset{2}{C}H=\overset{1}{C}H_2$$

克莱森重排是一个周环反应，不形成活性中间体，而是通过电子迁移经六元环过渡态的协同反应。

重排中，烯丙基的 3 号碳原子连在苯环的邻位原子上。

如果酚羟基的两个邻位均有取代基，反应通过二次克莱森重排，先重排到邻位，再一次重排到对位，因此最后与苯环对位相连的还是 1 号碳。如：

$$2,6\text{-}(CH_3)_2C_6H_3-\overset{1}{O}CH_2\overset{2}{C}H=\overset{3}{C}H\overset{4}{C}H_3 \xrightarrow{\triangle} \text{(二烯酮中间体)} \xrightarrow{\triangle} 4\text{-}(\overset{1}{C}H_2-\overset{2}{C}H=\overset{3}{C}H\overset{4}{C}H_3)\text{-}2,6\text{-}(CH_3)_2C_6H_2OH$$

如果酚羟基的两个邻位和一个对位都有取代基，就不能发生克莱森重排反应。

知识点达标题 11-13　完成下列反应式。

(1) $C_6H_5-OCH(CH_3)CH=CH_2 \xrightarrow{\triangle}$

(2) $2,6\text{-}(CH_3)_2C_6H_3-OCH_2CH=C(CH_3)CH_3 \xrightarrow{\triangle}$

11-2

11.13 环氧乙烷

11.13.1 物理性质及制备

11-14

环氧乙烷在常温下为无色、有毒的气体，沸点 11℃，储存在钢瓶中。它可溶于水、乙醇、乙醚等有机溶剂，爆炸极限为 3.6%～78%（体积分数）。环氧乙烷是化学和制药工业的重要原料，工业上在金属银催化下，乙烯直接氧化法来制备。

$$CH_2=CH_2 + 1/2\ O_2 \xrightarrow[250℃]{Ag} H_2C\overset{O}{-}CH_2$$

实验室用 $Ca(OH)_2$ 或 NaOH 与氯乙醇作用可得到环氧乙烷。

$$\underset{\displaystyle OH}{\underset{|}{CH_2}}—\underset{\displaystyle Cl}{\underset{|}{CH_2}} \xrightarrow{Ca(OH)_2} H_2C\overset{O}{—}CH_2$$

11.13.2 化学性质

环氧乙烷是三元小环化合物,不稳定,化学性质很活泼。在酸、碱催化下,与亲核试剂发生 C—O 断裂的开环加成反应。如:

$$H_2C\overset{O}{—}CH_2 \begin{cases} \xrightarrow{H_2O/H^+} HOCH_2—CH_2OH \\ \xrightarrow{ROH/H^+} HOCH_2CH_2OR \\ \xrightarrow{H—X} HOCH_2CH_2X \\ \xrightarrow{R—MgX} XMgOCH_2CH_2R \xrightarrow{H_2O/H^+} HOCH_2CH_2R \end{cases}$$

不对称环氧乙烷,哪个 C—O 打开,与催化剂是酸还是碱有关。

1. 碱催化

当用碱为催化剂时,可增强亲核试剂的亲核能力,亲核试剂进攻空间位阻较小(含取代基较小)的碳原子,发生开环。如:

$$H_3C—\underset{H}{C}\overset{O}{—}CH_2 + CH_3O—H \xrightarrow{CH_3ONa} CH_3—\overset{OH}{\overset{|}{CH}}—CH_2—OCH_3$$

空间位阻小

2. 酸催化

当用酸为催化剂时,首先环氧乙烷中的氧原子质子化生成鎓盐,正电荷分布在两个碳原子上,因为开环后正电荷集中在取代基较多的碳原子上更加稳定,所以亲核试剂与取代基较多(空间位阻大)的碳原子结合生成开环产物。如:

空间位阻大

$$H_3C—\underset{H}{C}\overset{O}{—}CH_2 + CH_3O—H \xrightarrow{H_2SO_4} CH_3—\underset{OCH_3}{\underset{|}{CH}}—CH_2—OH$$

反应机理为:

$$H_3C—\underset{H}{C}\overset{O}{—}CH_2 \xrightarrow{H^+} H_3C—\underset{H}{C}\overset{\overset{H}{O^+}}{—}CH_2 \begin{cases} \longrightarrow H_3C—\underset{H}{\overset{+}{C}}—\overset{OH}{\overset{|}{CH_2}}\ (\text{稳定}) \xrightarrow[-H^+]{CH_3O—H} CH_3—\overset{OCH_3}{\overset{|}{CH}}—CH_2—OH \\ \longrightarrow H_3C—\underset{H}{\overset{OH}{\overset{|}{C}}}—\overset{+}{C}H_2 \end{cases}$$

知识点达标题 11-14　完成下列反应式。

(1) $(H_3C)_2\overset{O}{C{-}CH_2}$（环氧） $+ C_2H_5OH \xrightarrow{H_2SO_4}$　　(2) $(H_3C)_2\overset{O}{C{-}CH_2}$（环氧） $+ C_2H_5OH \xrightarrow{C_2H_5ONa}$

11-2

11.14　冠醚

冠醚是 20 世纪 60 年代合成得到的含有多氧大环的醚类化合物，结构中含有重复的—OCH_2CH_2—单元，因其立体结构像皇冠，故称为冠醚。

18-冠-6　　　　18-冠-6与K^+络合

冠醚具有特殊的大环孔状结构，由于环内侧的氧原子具有孤对电子，对金属离子有络合作用，且能使金属离子包裹在冠醚的空腔中，从而可将不溶于非极性有机溶剂的离子型化合物转移到有机相中进行化学反应，起到相转移催化剂的作用。如 18-冠-6 能与 K^+ 形成稳定的络合物。

不同结构冠醚的空腔大小不同，因此对半径不同的金属离子具有较高的选择性。如 12-冠-4只能容纳和络合 Li^+，15-冠-5 仅能容纳和络合 Na^+，18-冠-6 则容纳和络合 K^+，因此冠醚可用来分离金属离子。

【重要知识小结】

1. 醇是脂肪烃、脂环烃及芳香烃侧链上的氢原子被羟基取代的化合物，通式为 ROH，它的化学性质如下：

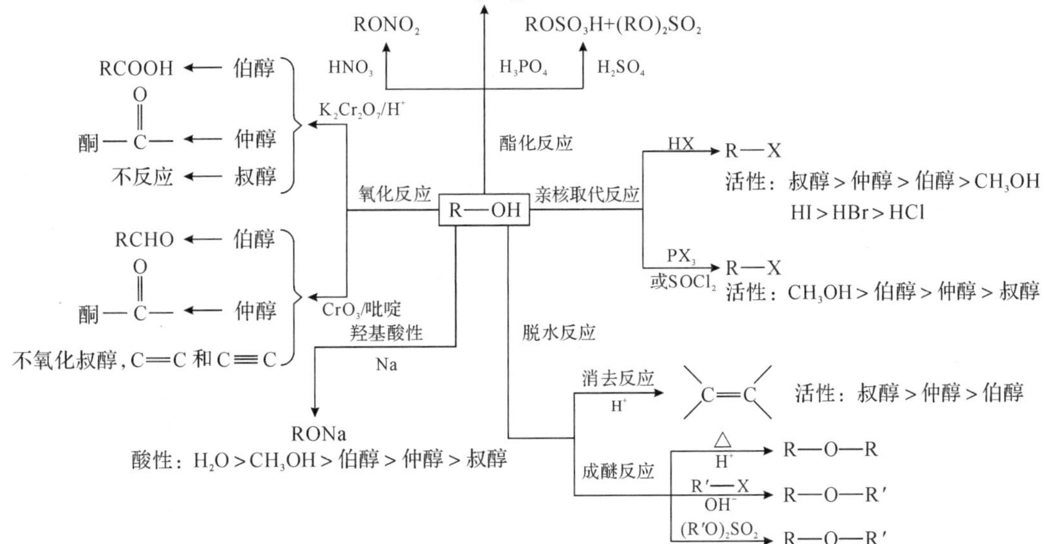

(1)无水氯化锌和浓盐酸的混合液称为卢卡斯试剂，根据出现浑浊先后不同，可以区别 C_6 以下的伯、仲、叔醇。

(2)烯丙基醇、苄基醇、叔醇与氢卤酸反应时，按 S_N1 机理进行；伯醇与氢卤酸反应时，主要按 S_N2 机理进行。

(3)在浓硫酸催化下，醇脱水消除反应主要按 E1 机理进行。

(4)用沙瑞特和 PPC 试剂，可以把伯醇氧化停留在醛阶段，且不氧化 C═C、C≡C。

(5)邻二醇在酸催化下，可发生频哪重排反应生成频哪酮，重排时一个羟基先质子化脱水形成较稳定的碳正离子，然后迁移能力强的邻位烃基迁移到正碳原子上形成新的碳正离子，再脱质子生成频哪酮，迁移能力苯基＞烷基。

(6)醇的制备包括烯烃水合反应、烯烃硼氢化-氧化反应，醛、酮、羧酸及羧酸酯还原，卤代烃水解，格氏试剂与醛、酮、酯、酰卤、环氧乙烷等试剂反应。其中格氏试剂可以制备各种不同结构的醇，是制备醇极为重要的方法。

2. 酚是羟基直接与苯环相连的化合物，通式为 ArOH，其主要化学性质如下：

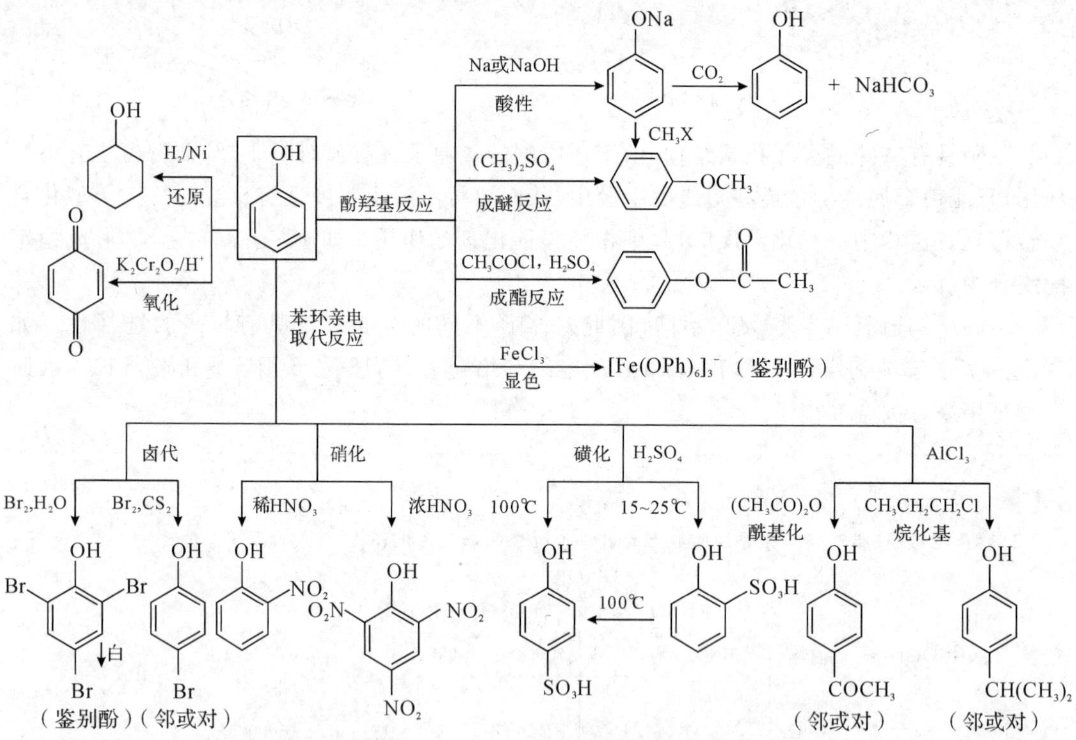

(1)酚中羟基氧与苯环的 p-π 共轭使 C—O 难以断裂，而 O—H 极性增强，具有弱酸性。当苯环上连吸电子基时，酸性增强，连供电子基时，酸性减弱。氯化铁溶液可检验酚羟基的存在。

(2)酚成醚反应时，用酚钠与卤代烃为反应物；酚成酯反应时，用酸酐或酰氯为反应物，酸为催化剂。

(3)酚羟基活化苯环的邻、对位，使苯环上的亲电取代更易进行，表现为反应条件低和易发生多元取代。

(4)酚制备的主要方法有磺化碱熔法、卤代苯水解法和异丙苯氧化法。

3. 醚是醇或酚羟基中的氢原子被烃基取代后的化合物，通式为 R—O—R，醚的化学性质如下：

$$\left[R-\overset{+}{\underset{H}{O}}-R'\right]Cl^- \xleftarrow{\text{浓HCl}} \xleftarrow{\text{碱性}} R-O-R' \xrightarrow{\text{醚键断裂}}$$

$$\left[R-\overset{+}{\underset{H}{O}}-R'\right]HSO_4^- \xleftarrow{\text{浓}H_2SO_4}$$

鉴别醚与卤代烃或烷烃

醚键断裂：

$\xrightarrow[\text{脂肪醚}]{HI} R-OH + R'I$（烃基小）$(S_N2)$；$R-OH \xrightarrow{\text{过量HI}} RI$

$\xrightarrow[\text{芳醚}]{HI} PhOH + RI$

$\xrightarrow{\text{叔醚}}$ 烯 + 醇 (S_N1)

$R-O-R' \xrightarrow[\text{氧化反应}]{\text{过量}O_2} R-O-\overset{|}{\underset{O-OH}{C}}-$

$C_6H_5-O-CH_2-CH=\overset{*}{C}H-R \xrightarrow{\text{克莱森重排}} o\text{-}HO-C_6H_4-\underset{R}{\overset{*}{C}H}-CH=CH_2$

(1)醚能溶于浓强酸，加水重新生成醚，可区别于卤代烃或烷烃。

(2)醚与氢碘酸发生醚键断裂，生成碘代烃和醇。

(3)烯丙基芳基醚在加热时，发生克莱森重排生成邻烯丙基酚。

(4)威廉姆森合成法是制备醚的重要方法，对于制备混醚，必须选伯卤代烃与醇钠(酚钠)。分子间脱水只适用于由低级的伯醇制备相应的简单醚。

习　题

11-15

(一)醇

1.用系统命名法命名下列化合物。

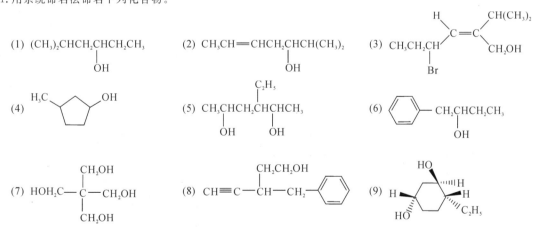

(1) $(CH_3)_2CHCH_2\underset{OH}{CH}CH_2CH_3$

(2) $CH_3CH=CHCH_2\underset{OH}{CH}CH(CH_3)_2$

(3) $CH_3CH_2\underset{Br}{CH}(H)C=C(CH(CH_3)_2)CH_2OH$

(4) 3-甲基环戊醇结构式（H_3C、OH 取代的环戊烷）

(5) $CH_3\underset{OH}{CH}CH_2\overset{C_2H_5}{C}H\underset{OH}{CH}CH_3$

(6) $C_6H_5-CH_2\underset{OH}{CH}CH_2CH_3$

(7) $HOH_2C-\overset{CH_2OH}{\underset{CH_2OH}{C}}-CH_2OH$

(8) $CH\equiv C-\overset{CH_2CH_2OH}{CH}-CH_2-C_6H_5$

(9) 环己烷椅式构象（取代基：HO、H、H、H、C_2H_5、HO）

2.将下列化合物按指定性能从大到小排列。

(1)水中溶解度：

A. $CH_3CH_2CH_2OH$　　B. $CH_2(OH)CH_2CH_2OH$

C. $CH_3OCH_2CH_3$　　D. $CH_3CH_2CH_3$

(2)与金属钠反应的速率：

A. CH_3OH　　B. $CH_3CH(OH)CH_3$

C. CH_3CH_2OH　　D. $HC\equiv CH$

(3)沸点：

A. $CH_3CH_2CH_2CH_3$　　B. CH_3CH_2OH

C. $CH_3CH(CH_3)OH$（CH_3CHOH，CH 上连 CH_3）　　D. $CH_3CH_2CH_2OH$

E. $HOCH_2CH_2OH$

(4)与卢卡斯试剂反应速率：

A. 正丁醇　　B. 异丁醇

C. 仲丁醇　　D. 叔丁醇

(5)在酸催化下脱水消去反应活性：

A. $(CH_3)_2CHCH_2OH$　　B. $(CH_3)_2C(OH)CH_2CH_3$

C. $(CH_3)_2CHCH(OH)CH_3$　　D. $CH_2=CH-C(OH)(CH_3)_2$

(6)与 HBr 反应的相对速率：

A. $C_6H_5CH(OH)CH_3$　　B. $C_6H_5CH_2OH$

C. $H_3C-C_6H_4-CH_2OH$（对位）　　D. $O_2N-C_6H_4-CH_2OH$（对位）

3. 为下列各转化反应给出合理的试剂。

(1) 环己-3-烯基甲醇（CH_2OH） $\xrightarrow{?}$ 环己-3-烯甲醛（CHO）

(2) $CH_3CH=CHCHO \xrightarrow{?} CH_3CH=CHCH_2OH$

(3) 环己醇（OH） $\xrightarrow{?}$ 环己酮 $\xrightarrow{?}$ 己二酸（COOH，COOH） $\xrightarrow{?}$ 己二醇（CH_2OH，CH_2OH）

(4) $CH_3CH_2CH(CH_3)CH_2OH \xrightarrow{?} CH_3CH_2CH(CH_3)CH_2Cl$

$CH_3CH_2CH(CH_3)CH_2OH \xrightarrow{?} CH_3CH_2CCl(CH_3)_2$

(5) 环己基甲醇（CH_2OH，H） $\xrightarrow{?}$ 环己基溴甲烷（CH_2Br，H）

4. 写出下列反应的主要产物。

(1) $H_3C-C_6H_4-CH_2OH \xrightarrow{KMnO_4/H^+}$

(2) $CH_3CH=CHCH(OH)CH_3 \xrightarrow[\text{吡啶}]{CrO_3}$

(3) $(CH_3)_2CHCH_2OH + C_6H_5-SO_2-Cl \longrightarrow$

(4) $CH_3CH_2CH(CH_3)CH_2OH \xrightarrow[\triangle]{H^+}$

(5) 环己基$-CH=CH-CH(OH)-CH_3 \xrightarrow[\triangle]{H^+}$

(6) $H_3C-C(CH_3)(OH)-CH(OH)-C_6H_5 \xrightarrow{H^+}$

(7) $C_2H_5-C(CH_3)(OH)-CH_2OH \xrightarrow{HIO_4}$

5. 用反应历程解释下列反应事实。

(1) 环丁基$-CH_2OH \xrightarrow[\triangle]{H^+}$ 亚甲基环丁烷（$=CH_2$） + 1-甲基环丁烯（$-CH_3$） + 环戊烯

(2) 1-[羟基二苯甲基]环戊醇（HO, OH, C_6H_5, C_6H_5） $\xrightarrow{H^+}$ 2,2-二苯基环己酮（O, C_6H_5, C_6H_5）

6. 由指定的原料合成下列化合物。

(1) $(CH_3)_3C-CH=CH_2 \longrightarrow (CH_3)_3C-CH(OH)-CH_3$

(2) $(CH_3)_3C-Cl \longrightarrow (CH_3)_2CHCH_2OH$

(3) 苯及两个碳以下 $\longrightarrow$ 亚乙基环己烷（$=CHCH_3$）

(4) 苯及三个碳以下 $\longrightarrow C_6H_5-CH_2CH_2-C(OH)(CH_3)-CH_3$

(二)酚

1. 命名下列化合物。

(1) 邻位带 $CH(CH_3)_2$ 与 OH 的苯环

(2) H_5C_2、HO、OH 取代的苯环

(3) 邻位带 OH 与 SO_3H 的苯环

(4) $HO-C_6H_4-CH=CH-CH_3$

(5) 萘环上带 CH_3 与 OH

2. 写出对甲基苯酚与下列各种试剂反应的主要产物。

(1) $NaOH/H_2O$　　(2) $C_6H_5CH_2Cl/NaOH$

(3) CH_3COCl/H_2SO_4　　(4) Br_2/H_2O

(5) 稀 HNO_3　　(6) 浓 H_2SO_4，25℃

(7) $(CH_3CO)_2O/AlCl_3$

3. 把下列化合物的酸性从强到弱排列。

(1) A. C_2H_5OH　B. H_2O　C. H_2CO_3　D. C_6H_5OH　E. C_6H_5COOH　F. $C_6H_5SO_3H$

(2) 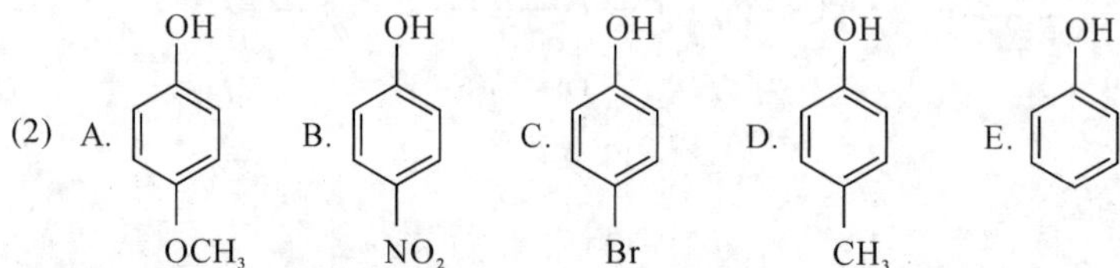

4. 由指定原料合成下列化合物。

(1) 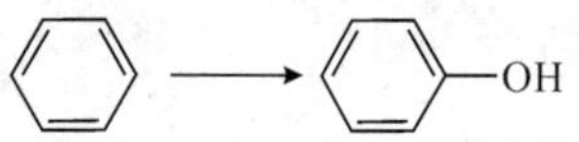 苯 ⟶ 苯酚（C₆H₅—OH）　(2) 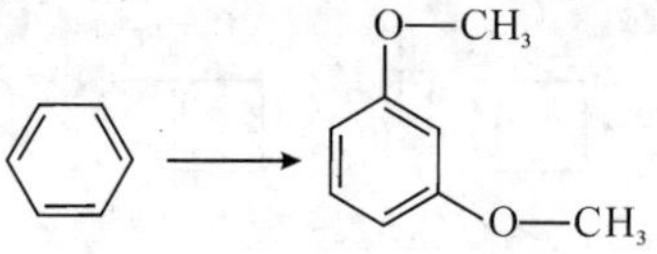 苯 ⟶ 1,3-二甲氧基苯（间位 O—CH₃，O—CH₃）

5. 化合物 A($C_{10}H_{14}O$)，溶于 NaOH 水溶液，但不溶于 $NaHCO_3$ 水溶液。用 Br_2/H_2O 与 A 反应得 B($C_{10}H_{12}Br_2O$)。红外光谱在 3250cm^{-1} 处有一宽峰，在 830cm^{-1} 也有吸收峰。A 的 NMR 数据如下：δ 1.3(单峰，9H)，δ 4.9(单峰，1H)，δ 7.0(多重峰，4H)。试推测 A 和 B 的结构式。

6. 如何将 C_6H_5OH、$C_6H_5CH_2OH$ 组成的混合物分离？

7. 用化学方法鉴别苯酚、苄醇、苄溴和环己烷。

(三)醚

1. 命名下列化合物。

(1) $CH_3CH_2—O—CH(CH_3)_2$　(2) 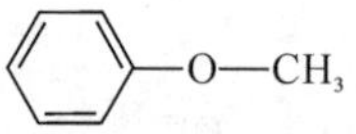 $C_6H_5—O—CH_3$　(3) $CH_3CH_2—\overset{O}{C}H—CH_2$（环氧）

(4) $C_6H_5—CH_2—O—CH_2CH═CH_2$　(5) 四氢呋喃（五元环，含 O）　(6) 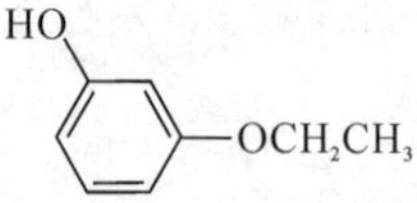 间位 HO—C₆H₄—OCH₂CH₃

2. 写出环氧乙烷与下列试剂反应的主要产物。

(1) H_2O/H^+　(2) HBr　(3) C_2H_5OH/H^+

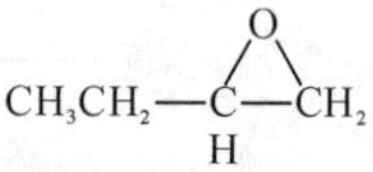

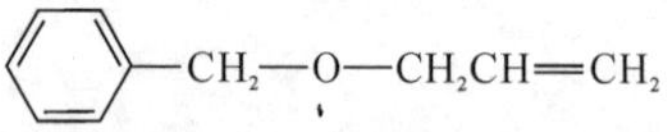

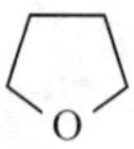

(4) C_2H_5MgCl，H_3O^+　(5) NH_3　(6) $HC≡CNa$

3. 完成下列反应。

(1) $CH_3CH_2CH(CH_3)—O—CH_3 \xrightarrow{HI}$　(2) 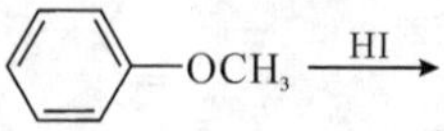 $C_6H_5—OCH_3 \xrightarrow{HI}$

(3) $(CH_3)_3C—O—CH_3 \xrightarrow[\triangle]{HI}$　(4) 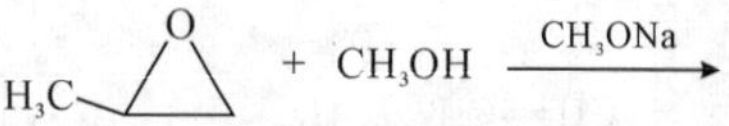 1,2-环氧丙烷（H_3C—环氧） + $CH_3OH \xrightarrow{CH_3ONa}$

(5) 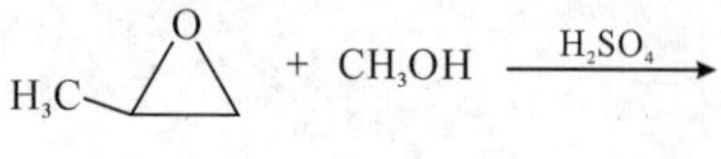 1,2-环氧丙烷（H_3C—环氧） + $CH_3OH \xrightarrow{H_2SO_4}$

4. 有 A、B、C 三种化合物，分子式均为 C_8H_9OBr，它们都不溶于水，不和 Br_2/CCl_4 作用，但能溶于冷浓 H_2SO_4。当用 $AgNO_3$ 醇溶液处理时，只有 B 产生沉淀。A、B、C 分别用热的碱性 $KMnO_4$ 氧化后再酸化，A 转变为酸 D($C_8H_7O_3Br$)，B 转变为酸E($C_8H_8O_3$)，而 C 无反应；用热的浓 HI 处理 A、B、C、E 时，A 生成 F(C_7H_7OBr)，B 生成G(C_7H_7OBr)，C 生成邻溴苯酚，E 生成邻羟基苯甲酸；在 NaOH 存在下，对羟基苯甲酸与$(CH_3)_2SO_4$ 反应，酸化得 H($C_8H_8O_3$)；H 与 Br_2/Fe 反应得到 D。试推测 A～H 的结构。

5. 由指定原料合成下列化合物。

(1) CH_3OH + $CH_3CH(CH_3)$—OH ⟶ CH_3—O—$CH(CH_3)CH_3$

(2) 苯 + CH_2=CH_2 ⟶ C_6H_5—OCH_2CH_3

(3) CH_2=CH—CH=CH_2 ⟶ 四氢呋喃（五元环醚）

(4) CH_3CH=CH_2 ⟶ $CH_3CH_2CH_2$—O—$CH(CH_3)CH_3$

➢ PPT 课件

➢ 自测题

➢ 黄宪——中国金属有机化学家

11-16

第 12 章　醛、酮和醌

【知识点与要求】

✧　了解醛、酮的结构特点和光谱特征，掌握醛、酮的命名方法和制备方法。

✧　熟悉醛、酮与氢氰酸、格氏试剂、醇、亚硫酸氢钠、氨衍生物的亲核加成反应及用途，理解醛、酮亲核加成反应的机理和立体化学特征。

✧　掌握醛、酮的氧化还原反应，α-H 的卤代和卤仿反应，醛的歧化反应。理解羟醛缩合反应、机理及应用。

✧　掌握 α，β-不饱和醛、酮的亲核加成反应、麦克尔加成反应、还原反应和插烯规则。

✧　了解醌的结构和命名，掌握醌的化学性质。

碳与氧以双键相连的基团称为羰基，羰基一端与氢原子连，另一端与烃基相连称为醛，官能团是醛基。羰基两端都与烃基相连称为酮，官能团是酮基。醌是一类含共轭环己二烯二酮基本结构的化合物。

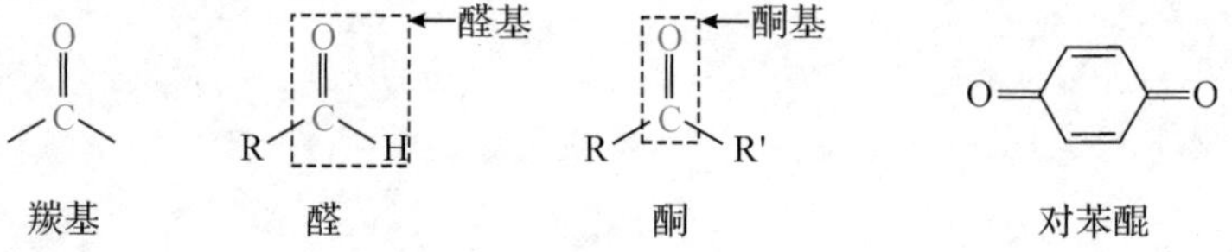

Ⅰ. 醛和酮

12.1　醛和酮的结构、分类与命名

12.1.1　羰基的结构

与碳碳双键结构相似，羰基是同平面结构，碳和氧原子均为 sp^2 杂化，碳氧双键中一个是 σ 键，另一个是 π 键（见图 12-1）。与 C═C 不同之处是氧电负性大于碳，π 电子云偏向氧一边，使碳带部分正电荷，氧带部分负电荷，羰基为极性基团，所以醛、酮是极性分子。

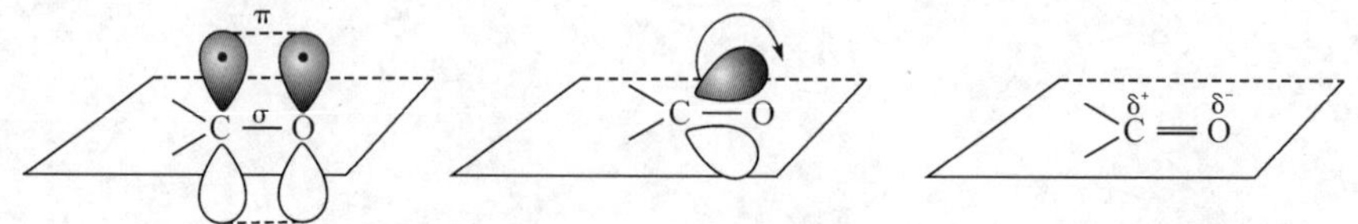

图 12-1　羰基结构

12.1.2 醛(酮)的分类

根据羰基所连的烃基种类不同分为饱和脂肪醛(酮)、不饱和脂肪醛(酮)、脂环醛(酮)和芳香醛(酮)四类。其中脂环醛要求醛基直接与脂环相连,脂环酮要求酮基碳参与成环,芳香醛要求醛基直接与苯环相连,芳香酮要求羰基至少一端与苯环相连。根据分子中羰基数目,可以分为一元醛(酮)、二元醛(酮)和多元醛(酮)等。

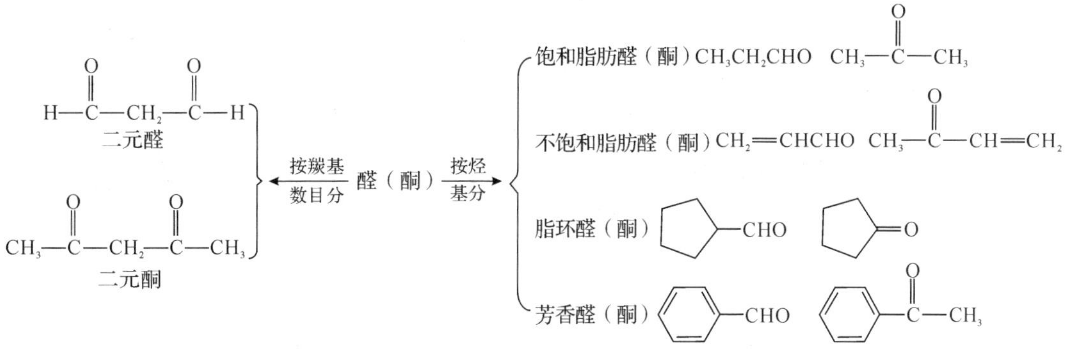

醛(酮) 按羰基数目分:
- 二元醛: $H-\overset{O}{\overset{\|}{C}}-CH_2-\overset{O}{\overset{\|}{C}}-H$
- 二元酮: $CH_3-\overset{O}{\overset{\|}{C}}-CH_2-\overset{O}{\overset{\|}{C}}-CH_3$

醛(酮) 按烃基分:
- 饱和脂肪醛(酮) CH_3CH_2CHO $CH_3-\overset{O}{\overset{\|}{C}}-CH_3$
- 不饱和脂肪醛(酮) $CH_2=CHCHO$ $CH_3-\overset{O}{\overset{\|}{C}}-CH=CH_2$
- 脂环醛(酮) 环戊基—CHO 环戊酮(环=O)
- 芳香醛(酮) 苯基—CHO 苯基—$\overset{O}{\overset{\|}{C}}-CH_3$

12.1.3 醛(酮)的命名

1. 系统命名法

醛(酮)系统命名法与醇相似,要点如下:

(1)主链应选择含有羰基的最长碳链,编号使羰基位置小号,醛基位置不必标出,酮基标出位置。如:

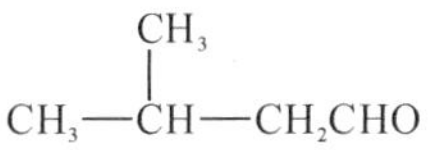

$CH_3-\underset{}{\overset{CH_3}{\overset{|}{CH}}}-CH_2CHO$

3-甲基丁醛

$CH_3-\overset{O}{\overset{\|}{C}}-CH_2-\overset{CH_3}{\overset{|}{CH}}-CH_3$

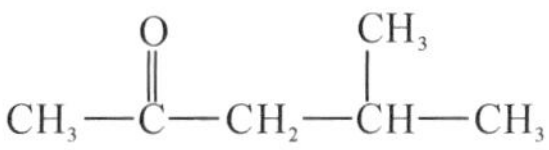

4-甲基-2-戊酮

(2)含有双键、三键,主体叫烯醛(酮)、炔醛(酮),并标出不饱和键的位置。如:

$CH_3CH=CH-CHO$

2-丁烯醛

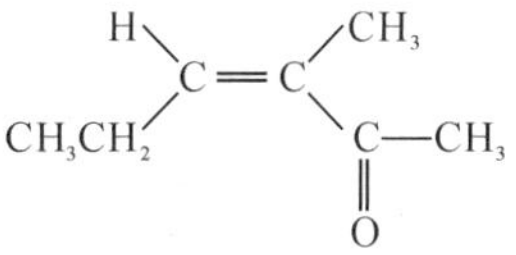

$(H)(CH_3CH_2)C=C(CH_3)(\overset{O}{\overset{\|}{C}}-CH_3)$

(Z)3-甲基-3-己烯-2-酮

(3)脂环醛,以甲醛为母体,将环作为取代基。脂环酮,以环酮为母体,环编号时考虑醛(酮)基位置小号。如:

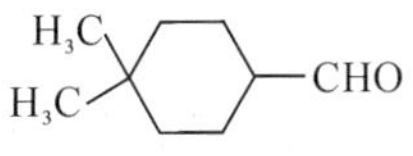

(4,4-二甲基环己基)—CHO

4,4-二甲基环己基甲醛

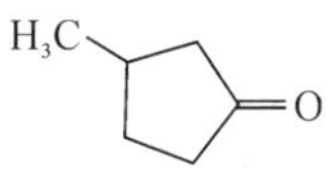

3-甲基环戊酮(环上 H_3C 取代,=O)

3-甲基环戊酮

(4)分子中含苯环的醛(酮)，以侧链脂肪醛(酮)为母体，将苯环作为取代基。如：

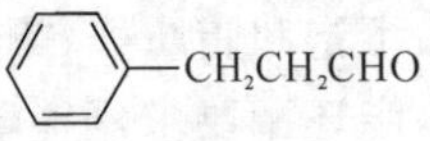

C_6H_5—CH_2CH_2CHO　　C_6H_5—CH_2—CO—CH_3

3-苯基丙醛 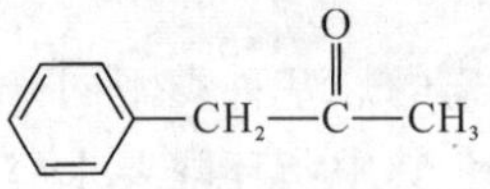　　1-苯基-2-丙酮

碳原子的编号也可用希腊字母 α,β,γ,…表示，其中与羰基相邻的碳原子为 α-C。如：

δ γ β α
—C—C—C—C·CHO　　C_6H_5—$\overset{\beta}{CH}$═$\overset{\alpha}{CH}$—CHO

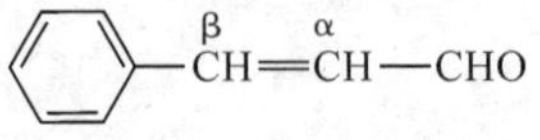

β-苯基-α-丙烯醛(肉桂醛)

(5)分子中同时含有醛基和酮基时，可以酮醛为母体，标出酮基位置，也可以醛为主链，酮的羰基氧原子作为取代基，用“氧代”表示。如：

CH_3—CO—CH_2CH_2CHO
4-戊酮醛(或4-氧代戊醛)

2. 酮的普通命名法

对于结构简单的酮，可用普通命名法。命名时根据羰基两端的烃基名称，简单烃基在前、复杂烃基在后，命名为某(基)某(基)酮。如：

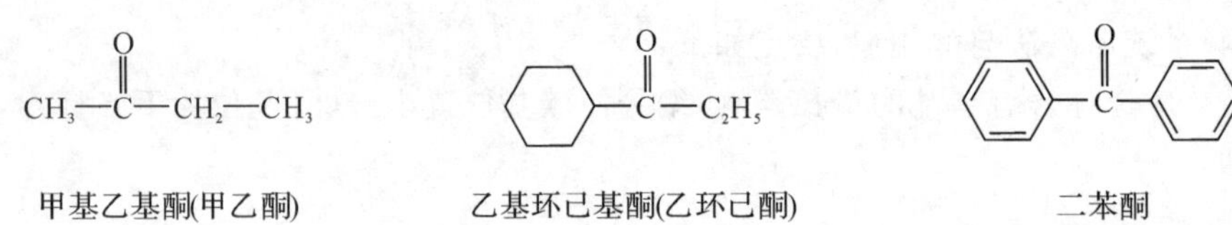

甲基乙基酮(甲乙酮)　　乙基环己基酮(乙环己酮)　　二苯酮

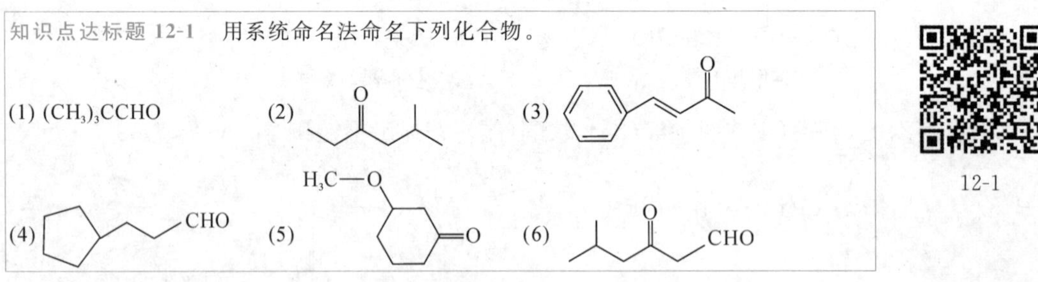
知识点达标题 12-1　用系统命名法命名下列化合物。

(1) $(CH_3)_3CCHO$　(2)　(3)

(4) CHO　(5) H_3C—O　(6) CHO

12-1

12.2 醛和酮的制备

12-2

12.2.1 以烯烃为原料

1. 臭氧氧化-还原反应

烯烃经臭氧氧化，然后用锌-水还原，C═C 断裂可以引入醛基或酮基。如：

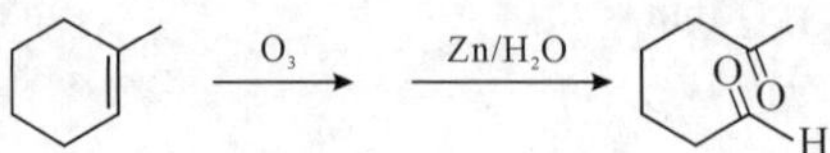

2. 醛基化反应

在一定压力下，以羰基钴为催化剂，烯烃与 CO 和 H_2 作用，在碳碳双键上加上一个醛基的反应称为烯烃的醛基化反应。如：

$$CH_3CH_2CH{=}CH_2 + CO + H_2 \xrightarrow{Co_2(CO)_8} CH_3CH_2CH(CHO){-}CH_3 + CH_3{-}CH_2{-}CH_2{-}CH_2CHO$$

12.2.2 以炔烃为原料

炔烃在汞盐催化下，与水加成，除乙炔生成乙醛外，其他炔烃均生成酮。如：

$$CH{\equiv}CH + H_2O \xrightarrow[H_2SO_4]{HgSO_4} CH_3CHO$$

$$R{-}C{\equiv}CH + H_2O \xrightarrow[H_2SO_4]{HgSO_4} R{-}\overset{\overset{\large O}{\|}}{C}{-}CH_3$$

12.2.3 以芳烃为原料

1. 偕二卤代物水解

芳烃的 α-H 在光照或加热下，与卤素或 NBS 反应制得同碳二卤代物（偕二卤代物），然后水解生成醛或酮。如：

$$C_6H_5{-}CH_3 \xrightarrow[光照]{Cl_2} C_6H_5{-}CHCl_2 \xrightarrow{NaOH/H_2O} C_6H_5{-}CHO$$

$$C_6H_5{-}CH_2CH_3 \xrightarrow[\triangle]{NBS} C_6H_5{-}CBr_2CH_3 \xrightarrow{NaOH/H_2O} C_6H_5{-}\overset{\overset{\large O}{\|}}{C}{-}CH_3$$

2. 傅-克酰基化

在无水氯化铝催化下，芳烃与酰卤或酸酐反应生成芳香酮。如：

$$C_6H_6 + \left\{\begin{array}{l} CH_3{-}\overset{\overset{\large O}{\|}}{C}{-}O{-}\overset{\overset{\large O}{\|}}{C}{-}CH_3 \\ CH_3{-}\overset{\overset{\large O}{\|}}{C}{-}Cl \end{array}\right. \xrightarrow{AlCl_3} C_6H_5{-}\overset{\overset{\large O}{\|}}{C}{-}CH_3 + \left\{\begin{array}{l} CH_3COOH \\ HCl \end{array}\right.$$

反应只停留在一酰基化阶段，不发生多酰基化和碳架重排，是制备芳香酮的重要方法。

12.2.4 以醇为原料

由于伯醇被 $KMnO_4$、$K_2Cr_2O_7$ 等强氧化剂氧化成羧酸，应用 PPC 或沙瑞特等选择性氧化剂。仲醇氧化生成酮，可以用 $K_2Cr_2O_7$ 等强氧化剂，也可用选择性氧化剂。

$$RCH_2OH \xrightarrow{CrO_3,吡啶} RCHO$$

$$R{-}\underset{\underset{\large OH}{|}}{CH}{-}R' \xrightarrow{K_2Cr_2O_7/H^+} R{-}\underset{\underset{\large O}{\|}}{C}{-}R'$$

12.3 醛和酮的物理性质与波谱特征

1. 状态

常温下，甲醛是气体，C_{12}以下脂肪醛、酮是无色液体，高级脂肪醛、酮是固体，芳香酮大多为固体。低级脂肪醛有刺激性气味，而有些醛、酮有特殊的香气，可用于化妆品的调制或制备食品添加剂。

2. 沸点

因为羰基是较强的极性基团，所以醛、酮的沸点比相对分子质量相近的烷烃和醚高，但醛、酮分子间不能形成氢键，故其沸点低于相对分子质量相近的醇。

3. 溶解性和相对密度

由于羰基可与水形成氢键，所以低级醛、酮（如甲醛、乙醛、丙酮）与水混溶，但随着相对分子质量的增加，水溶性降低。芳香醛（酮）微溶或不溶于水。所有醛、酮均能溶于有机溶剂，丙酮、丁酮本身是很好的有机溶剂。脂肪醛、酮的相对密度小于1，芳香族醛、酮的相对密度大于1。常见醛、酮的物理常数如表12-1所示。

表12-1 常见醛、酮的物理常数

名称	熔点/℃	沸点/℃	相对密度(d_4^{20})	溶解度/[(g·100g H_2O)$^{-1}$]
甲醛	−92	−21	0.815	易溶
乙醛	−121	20.8	0.7834	易溶
丙醛	−81	48.8	0.8085	20
正丁醛	−99	75.7	0.817	4
苯甲醛	−26	178.6	1.0415	0.33
丙酮	−94.5	56.2	0.7899	互溶
丁酮	−86.3	79.6	0.8054	35.3
2-戊酮	−77.8	102	0.8089	6.3
环己酮	−45	155	0.9478	2.4
苯乙酮	21	202.6	1.024	不溶

4. 波谱特征

红外光谱：羰基的伸缩振动在1850～1680cm^{-1}有一强的特征吸收峰，常用于羰基的鉴定。醛羰基的伸缩振动在1725cm^{-1}附近，醛基中的C—H伸缩振动在2720cm^{-1}和2850cm^{-1}附近有两个中等强度的吸收峰，可鉴别醛基的存在。酮羰基的伸缩振动在1710cm^{-1}附近。当羰基与碳碳双键共轭时，羰基吸收峰向低波数方向移动。

核磁共振氢谱：醛基中氢的化学位移为9～10ppm，这是醛基的特征。羰基α-H的化学位移为2～3ppm。

12.4　醛和酮的化学性质

羰基是醛、酮的官能团，碳氧双键是由一个 σ 键和一个 π 键组成的极性键，π 键不稳定，带正电荷的碳原子容易受到亲核试剂进攻发生亲核加成反应；由于羰基的诱导效应，使 α-H 极性增加，比较活泼，可发生卤代反应和羟醛缩合反应；羰基也可与氢气发生还原反应；此外醛基氢还可以发生氧化反应(见图 12-2)。

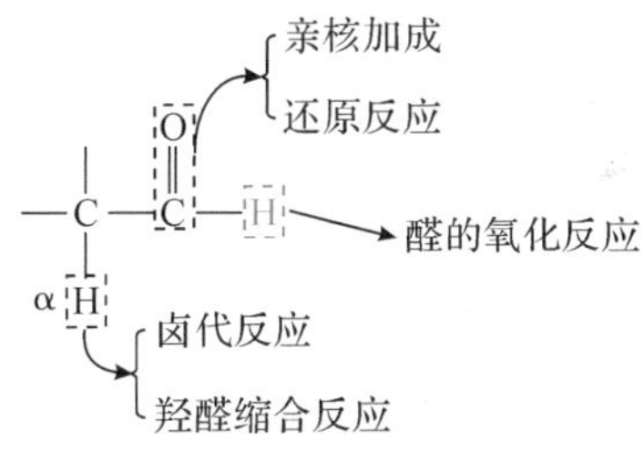

图 12-2　醛、酮断键位置与反应类型

12.4.1　亲核加成反应

12-3

1. 反应机理

醛、酮能与多种亲核试剂发生加成反应，反应通式为：

$$\underset{R}{\overset{R'}{>}}\overset{\delta^+}{C}=\overset{\delta^-}{O} + \overset{\delta^-}{Nu}-\overset{\delta^+}{E} \longrightarrow \underset{R}{\overset{R'}{>}}\underset{Nu}{\underset{|}{C}}-OE$$

反应机理分两步：第一步，亲核试剂进攻带正电荷的羰基碳形成氧负离子中间体；第二步，氧负离子与正离子结合生成加成产物。

$$\underset{R}{\overset{R'}{>}}C=O + \underset{\text{亲核试剂}}{Nu^-} \xrightarrow{\text{慢}} \underset{R}{\overset{R'}{>}}\underset{Nu}{\underset{|}{C}}-O^- \xrightarrow[\text{快}]{E^+} \underset{R}{\overset{R'}{>}}\underset{Nu}{\underset{|}{C}}-OE$$

这种由亲核试剂进攻引起的加成反应称为亲核加成反应。其中第一步反应慢，是定速步骤。

(1)反应活性。因为第一步反应慢，是决定整个亲核加成反应活性大小的关键步骤，所以不同醛、酮的亲核加成反应活性与羰基碳原子所带的正电荷高低以及羰基碳周围的空间位阻大小有关。羰基碳原子正电荷高、空间位阻小，亲核加成反应活性强，反应越容易进行。因与羰基相连时，烷基和芳基都是供电子基，芳基空间体积较大且和羰基存在共轭效应，所以不同结构醛、酮的亲核加成反应活性高低顺序为：

$$HCHO > RCHO > ArCHO > \underset{\text{甲基酮}}{CH_3COR} > RCOR > RCOAr$$

一般情况下，亲核加成反应活性：醛＞酮，脂肪醛＞芳香醛，甲基酮＞非甲基酮，脂肪酮＞芳香酮。

(2)反应立体化学。羰基是平面结构，亲核试剂可以从平面的上、下方进攻羰基碳原子，进攻概率是否相同，与两个 α-C 是否是手性碳原子有关。

如果两个 α-C 都不是手性碳原子，则羰基平面是分子的对称面，亲核试剂从羰基平面的上方与下方进攻的概率是相等的，产物为等量的一对对映体，即外消旋体。如：

$$\underset{C_2H_5}{\overset{H_3C}{>}}C{=}O + \overset{\delta^+}{H}-\overset{\delta^-}{CN} \xrightarrow{\text{概率相等}} \underset{(S)}{H_3C(C_2H_5)C(CN)(OH)} + \underset{(R)}{H_3C(C_2H_5)C(OH)(CN)}$$

等量对映体（外消旋体）

如果有一个 α-C 是手性碳原子，羰基平面不是分子的对称面，则亲核试剂从羰基平面上方与下方进攻的概率是不相等的，从空间位阻相对较小的一边进攻的概率较大，相应的加成产物是主要产物。假设 α 手性碳原子所连的三个基团分别用 L(大)、M(中)、S(小)表示，从空间位阻分析，与羰基相连的烃基 R 应与手性碳原子上的 S 基团处于重叠式位置比较稳定(见图 12-3)。这时亲核试剂从空间位阻较小的 S 和 M 之间进攻羰基碳原子，得到的产物是主要产物。

图 12-3　含 α 手性碳原子的羰基亲核加成立体化学

这种产物分布分析称为克拉姆(Cram)规则。如(S)-3-甲基-2-戊酮与 HCN 反应按克拉姆规则，主要产物为(2R，3S)-3-甲基-2-氰基-2-戊醇。

主要进攻方向　(2R,3S)-3-甲基-2-氰基-2-戊醇（主要产物）

2. 与 HCN 加成

12-4

醛、脂肪族甲基酮及 C_8 以下的环酮都能与 HCN 发生加成反应，生成 α-羟基腈(又称氰醇)。

$$>C{=}O + HCN \rightleftharpoons -\underset{|}{\overset{CN}{\overset{|}{C}}}-OH$$

α-羟基腈(氰醇)

反应时需要加入少量的碱催化，因为 HCN 与碱反应生成 CN^-，使亲核试剂 CN^- 浓度增大。由于 HCN 挥发性大，且有剧毒，使用不安全，实验室常先将醛、酮与 NaCN 或 KCN 溶液混合，再慢慢加入无机酸反应。

该反应在有机合成中用于合成增加一个碳的有机物。α-羟基腈酸性水解可以得到 α-羟基酸，如果先消除再水解则得到 α，β-不饱和羧酸，催化加氢还原可以得到 β-羟基胺。如：

$$(H_3C)_2C{=}O + HCN \xrightarrow{OH^-} H_3C-\underset{CH_3}{\overset{CN}{C}}-OH$$

$$H_3C-\underset{CH_3}{\overset{CN}{C}}-OH \xrightarrow{H_2O/H^+} H_3C-\underset{CH_3}{\overset{COOH}{C}}-OH$$

$$H_3C-\underset{CH_3}{\overset{CN}{C}}-OH \xrightarrow[\triangle]{H^+} H_2C{=}\underset{CH_3}{\overset{CN}{C}} \xrightarrow{H_2O/H^+} H_2C{=}\underset{CH_3}{\overset{COOH}{C}}$$

$$H_3C-\underset{CH_3}{\overset{CN}{C}}-OH \xrightarrow[\text{催化剂}]{H_2} H_3C-\underset{CH_3}{\overset{CH_2NH_2}{C}}-OH$$

知识点达标题 12-2　从大到小排列下列化合物与 HCN 反应的活性。

A. 乙醛　B. 苯甲醛　C. 丁酮　D. 3-戊酮　E. 苯乙酮　F. 二苯酮

12-1

3. 与格氏试剂加成

醛、酮与格氏试剂反应时，格氏试剂中的烃基负离子进攻带正电的羰基碳原子生成醇盐，然后酸性水解得到醇。

$$\overset{\delta^-}{R}-\overset{\delta^+}{Mg}X + \overset{\delta^+}{C}{=}\overset{\delta^-}{O} \xrightarrow{\text{无水乙醚}} -\underset{R}{\overset{|}{C}}-OMgX \xrightarrow{H_2O/H^+} -\underset{R}{\overset{|}{C}}-OH$$

该反应常用于合成碳链增加的醇。如格氏试剂与甲醛反应得到增加一个碳的伯醇，与一般醛反应得到碳链增加的仲醇，与酮反应则得到碳链增加的叔醇。

$$R-MgX + \begin{cases} H-\overset{O}{\overset{\|}{C}}-H \xrightarrow{\text{无水乙醚}} \xrightarrow{H_2O/H^+} R-CH_2OH \\ R'-\overset{O}{\overset{\|}{C}}-H \xrightarrow{\text{无水乙醚}} \xrightarrow{H_2O/H^+} R-\overset{OH}{\overset{|}{C}H}-R' \\ R'-\overset{O}{\overset{\|}{C}}-R'' \xrightarrow{\text{无水乙醚}} \xrightarrow{H_2O/H^+} R-\underset{OH}{\overset{R''}{C}}-R' \end{cases}$$

知识点达标题 12-3　写出下列反应的产物。

(1) $HCHO + PhMgBr \xrightarrow{(C_2H_5)_2O} \xrightarrow{H_2O/H^+}$

(2) $PhCHO + CH_3CH_2MgBr \xrightarrow{(C_2H_5)_2O} \xrightarrow{H_2O/H^+}$

(3) 环己酮 $+ CH_3MgBr \xrightarrow{(C_2H_5)_2O} \xrightarrow{H_2O/H^+}$

12-1

4. 与饱和 $NaHSO_3$ 溶液加成

醛、脂肪族甲基酮及 C_8 以下的环酮都能与饱和 $NaHSO_3$ 溶液发生加成反应，反应时亲核性较强的硫原子进攻羰基碳，形成加成产物，然后分子内发生强酸制弱酸反应，生成 α-羟基磺酸钠。

$$\rangle C{=}O + NaO{-}\overset{O}{\overset{\|}{S}}{-}OH \rightleftharpoons {-}\underset{|}{\overset{ONa}{\overset{|}{C}}}{-}\underset{\underset{O}{\|}}{\overset{\overset{O}{\|}}{S}}{-}OH \rightleftharpoons {-}\underset{|}{\overset{OH}{\overset{|}{C}}}{-}\underset{\underset{O}{\|}}{\overset{\overset{O}{\|}}{S}}{-}ONa$$

α-羟基磺酸钠

α-羟基磺酸钠溶于水，但不溶于饱和 $NaHSO_3$ 钠溶液，因此用饱和 $NaHSO_3$ 溶液可鉴别醛、脂肪族甲基酮及 C_8 以下的环酮。

该反应是可逆反应，由于 $NaHSO_3$ 是酸式盐，既可与酸反应，也可与碱反应，因此加入酸或碱可以使 α-羟基磺酸钠不断分解为原来的醛、酮，所以该反应还可以用来分离或提纯能与饱和 $NaHSO_3$ 反应的醛、酮。

5. 与醇加成

12-5

在干燥氯化氢的催化下，醛或酮与一分子醇加成生成不稳定的半缩醛或半缩酮，然后半缩醛或半缩酮中的羟基继续与另一分子醇发生分子间脱水反应，生成稳定的缩醛或缩酮。

$$\rangle C{=}O + H{-}OR \overset{\text{干燥HCl}}{\rightleftharpoons} \rangle C\langle^{OH}_{OR} \underset{\text{干燥HCl}}{\overset{H{-}OR}{\rightleftharpoons}} \rangle C\langle^{OR}_{OR} + H_2O$$

半缩醛（酮）　　缩醛（酮）

如，乙醛与两分子甲醇反应生成乙醛二甲基缩醛，环己酮与一分子乙二醇反应生成环状缩酮。

$$CH_3CHO + H{-}OCH_3 \overset{\text{干燥HCl}}{\rightleftharpoons} CH_3{-}\underset{\underset{OCH_3}{|}}{\overset{\overset{OH}{|}}{C}}{-}H \underset{\text{干燥HCl}}{\overset{HOCH_3}{\rightleftharpoons}} CH_3{-}\underset{\underset{OCH_3}{|}}{\overset{\overset{OCH_3}{|}}{C}}{-}H$$

乙醛二甲基缩醛

$$\text{环己酮} + \begin{matrix} HOCH_2 \\ | \\ HOCH_2 \end{matrix} \underset{-H_2O}{\overset{\text{干燥HCl}}{\rightleftharpoons}} \text{环己烷}\langle \begin{matrix} O{-}CH_2 \\ | \\ O{-}CH_2 \end{matrix}$$

环己酮乙二基缩酮

缩醛或缩酮结构中有两个醚键，性质与醚相似，与氧化剂、还原性和碱不反应，但遇酸不稳定，在酸性水溶液中分解为原来的醛、酮和醇。因此在有机合成中常利用生成缩醛(酮)的反应来保护醛、酮中的羰基或醇中的羟基。

例 12-1　设计下列合成路线。

$$CH_2{=}CH{-}CHO \longrightarrow \underset{OH}{\underset{|}{CH_2}}{-}\underset{OH}{\underset{|}{CH}}{-}CHO$$

[解析]　目标物与原料相比，将碳碳双键转化为邻二醇，这一转化反应可由碱性高锰酸钾氧化来实现，但醛基也要被氧化，所以在氧化之前先将醛基用缩醛方法加以保护。合成路线设计如下：

$$CH_2{=}CH{-}CHO \xrightarrow[\text{干燥HCl}]{HOCH_3} CH_2{=}CH{-}\overset{OCH_3}{\overset{|}{CH}}{-}OCH_3 \xrightarrow{KMnO_4/OH^-} \underset{OH}{\underset{|}{CH_2}}{-}\underset{OH}{\underset{|}{CH}}{-}\overset{OCH_3}{\overset{|}{CH}}{-}OCH_3$$

$$\xrightarrow{H_2O/H^+} \underset{OH}{\underset{|}{CH_2}}{-}\underset{OH}{\underset{|}{CH}}{-}CHO$$

例 12-2　设计下列合成路线。

$$\underset{OH}{\underset{|}{CH_2}}{-}\underset{OH}{\underset{|}{CH}}{-}\underset{OH}{\underset{|}{CH_2}} \longrightarrow \underset{OH}{\underset{|}{CH_2}}{-}\underset{OH}{\underset{|}{CH}}{-}COOH$$

[解析]　目标物与原料相比，将其中一个伯醇氧化为羧基，其他两个羟基不变，用醛或酮先将其中两个羟基生成缩醛或缩酮加以保护，然后再氧化。合成路线设计如下：

$$\underset{OH}{\underset{|}{CH_2}}{-}\underset{OH}{\underset{|}{CH}}{-}\underset{OH}{\underset{|}{CH_2}} \xrightarrow[\text{干燥HCl}]{CH_3{-}\overset{O}{\overset{\|}{C}}{-}CH_3} \text{(2,2-二甲基-1,3-二氧戊环: } CH_2{-}CH{-}CH_2OH\text{，两个 O 与 } (CH_3)_2C \text{ 相连)} \xrightarrow{KMnO_4} \text{(} CH_2{-}CH{-}COOH\text{，两个 O 与 } (CH_3)_2C \text{ 相连)} \xrightarrow{H_2O/H^+} \underset{OH}{\underset{|}{CH_2}}{-}\underset{OH}{\underset{|}{CH}}{-}COOH$$

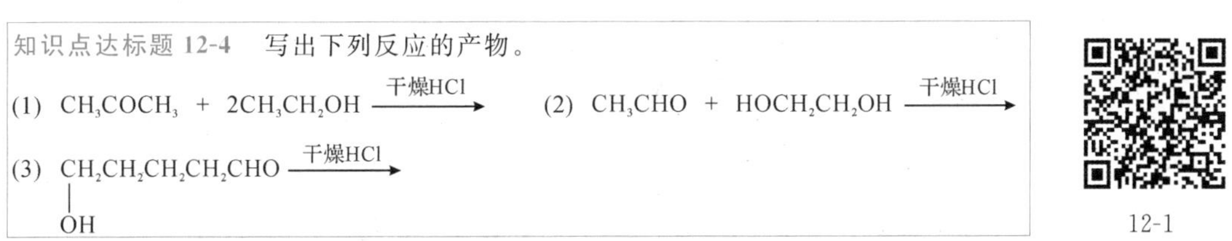

知识点达标题 12-4　写出下列反应的产物。

(1) $CH_3COCH_3 + 2CH_3CH_2OH \xrightarrow{\text{干燥HCl}}$　　(2) $CH_3CHO + HOCH_2CH_2OH \xrightarrow{\text{干燥HCl}}$

(3) $\underset{OH}{\underset{|}{CH_2}}CH_2CH_2CH_2CHO \xrightarrow{\text{干燥HCl}}$

12-1

6. 与 H_2O 加成

醛、酮可与水加成生成相应水合物（偕二醇）。

$$>C{=}O + H_2O \rightleftharpoons >C(OH)_2$$

偕二醇

偕二醇不稳定，所以大多数溶于水的醛、酮不以水合物形式存在，甲醛及少数的低级醛水溶液以水合物形式存在，但不能从溶液中分离出来。如果羰基碳原子上连有强的吸电子基，增加了羰基碳的正电性，则可形成稳定的水合物。如，三氯乙醛与水反应，能生成稳定的水合三氯乙醛。

$$Cl_3C{-}\overset{O}{\overset{\|}{C}}{-}H + H_2O \rightleftharpoons Cl_3C(H)C(OH)_2$$

水合三氯乙醛

水合三氯乙醛是较安全的催眠药及抗惊厥药，不易引起蓄积中毒，但对胃有刺激性，长期服用能成瘾。

7. 与氨衍生物加成

氨衍生物是指氨基与其他基团相连得到的化合物，常见的有羟氨、肼、苯肼、2,4-二硝基苯肼和氨基脲等。

12-6

$NH_2—OH$	$NH_2—NH_2$	$NH_2—NH—C_6H_5$	$NH_2—NH—C_6H_3(NO_2)_2$	$NH_2—NH—C(=O)—NH_2$
羟氨	肼	苯肼	2,4-二硝基苯肼	氨基脲

用 $NH_2—B$ 表示氨衍生物，它与醛、酮反应的通式如下：

$$\gt C=O + H—NH—B \xrightarrow[pH=4\sim5]{弱酸} —\underset{|}{\overset{OH}{\overset{|}{C}}}—NH—B \xrightarrow{-H_2O} —\underset{|}{C}=N—B$$

醇胺

醇胺很不稳定，易脱水生成含碳氮双键的亚胺，整个反应经历了先加成后消去的过程。醛、酮与氨衍生物的反应产物如下：

醛(酮) $\gt C=O$：

$$\gt C=O \xrightarrow[羟氨]{NH_2—OH} —\underset{|}{C}=N—OH \quad 肟$$

$$\gt C=O \xrightarrow[肼]{NH_2—NH_2} —\underset{|}{C}=N—NH_2 \quad 腙$$

$$\gt C=O \xrightarrow[苯肼]{NH_2—NH—C_6H_5} —\underset{|}{C}=N—NH—C_6H_5 \quad 苯腙$$

$$\gt C=O \xrightarrow[2,4-二硝基苯肼]{NH_2—NH—C_6H_3(NO_2)_2} —\underset{|}{C}=N—NH—C_6H_3(NO_2)_2 \quad 2,4-二硝基苯腙$$

$$\gt C=O \xrightarrow[氨基脲]{NH_2—NH—C(=O)—NH_2} —\underset{|}{C}=N—NH—C(=O)—NH_2 \quad 缩氨脲$$

上述氨衍生物称为羰基试剂，羰基试剂亲核性较弱，一般需要在弱酸（pH＝4～5）催化下反应，这些加成产物通常都有固定的熔点和晶形，可用于醛、酮的鉴别。其中 2,4-二硝基苯腙为黄色沉淀，现象明显，反应也快，所以 **2,4-**二硝基苯肼试剂常用来鉴别羰基的存在。

知识点达标题 12-5 写出下列反应的产物。

(1) $CH_3CHO + NH_2—NH—C_6H_3(NO_2)_2$（2,4-二硝基苯基）$\longrightarrow$

(2) $CH_3CH_2COCH_3 + NH_2—OH \longrightarrow$

(3) $C_6H_5—CHO + NH_2—NH—\overset{O}{\overset{\|}{C}}—NH_2$

12-1

12.4.2 α-H 的反应

12-7

1. 酮式与烯醇式互变

由于受羰基吸电子诱导效应的影响，α-C—H 电子云密度降低，具有较强的极性，使 α-H 有解离成质子的倾向。

$$-\overset{H}{\underset{|}{\overset{|}{C}}}-\underset{|}{C}=O \rightleftharpoons \left[-\underset{|}{\bar{C}}-\underset{|}{C}=O \leftrightarrow -\underset{|}{C}=\underset{|}{C}-O^-\right] + H^+$$

α-碳负离子　　烯醇负离子

因为 sp^2 杂化的 α-碳负离子与羰基组成 p-π 共轭体系，具有一定的稳定性，所以醛、酮的 α-H 具有一定的弱酸性（酸性弱于醇而强于炔氢）。α-碳负离子与烯醇负离子是共振体，解离出来的 H^+ 可以重新与 α-碳负离子结合得到醛、酮（酮式），也可以与烯醇负离子结合得到烯醇（烯醇式）。即含有 α-H 的醛、酮存在酮式和烯醇式两种异构体的平衡混合物。

$$-\overset{H}{\underset{|}{\overset{|}{C}}}-\underset{|}{C}=O \rightleftharpoons -\underset{|}{C}=\underset{|}{C}-OH$$

酮式　　烯醇式

一般情况下，在酮式与烯醇式的互变平衡体系中，烯醇式含量极少。

2. 卤代反应

在酸或碱催化下，醛、酮的 α-H 可被卤原子取代生成 α-卤代醛、酮。在酸催化时，卤代反应可控制生成一卤代物阶段。如：

$$C_6H_5-\overset{O}{\overset{\|}{C}}-CH_3 \xrightarrow[CH_3COOH]{Br_2} C_6H_5-\overset{O}{\overset{\|}{C}}-CH_2Br$$

在碱催化时，α-H 全部被取代得到多卤代物。

$$R-\overset{O}{\overset{\|}{C}}-CH_3 \xrightarrow[NaOH]{X_2} R-\overset{O}{\overset{\|}{C}}-CX_3$$

反应历程：首先碱夺取 α-H 生成碳负离子，碳负离子与烯醇负离子互变异构，然后卤素与烯醇负离子中的 C═C 发生亲电加成，得到一卤代产物。

$$R-\overset{O}{\overset{\|}{C}}-CH_3 \xrightarrow{OH^-} R-\overset{O}{\overset{\|}{C}}-\bar{C}H_2 \rightleftharpoons R-\overset{O^-}{\overset{|}{C}}=CH_2 \xrightarrow{X-X} R-\overset{O}{\overset{\|}{C}}-CH_2X$$

由于卤原子的吸电子诱导效应，α-卤代醛(酮)中 α-H 的酸性更强，更容易在碱作用下发生第二及第三卤代生成多卤代物。

乙醛和甲基酮结构($H_3C-\overset{O}{\overset{\|}{C}}-R$)分子都含有三个 α-H，它们与 X_2＋NaOH 溶液反应，生成 α-三卤代醛(酮)。而 α-三卤代醛(酮)在碱性溶液中不稳定，易发生碳碳键断裂，生成三卤甲烷(卤仿)和羧酸盐，该反应称为卤仿反应。反应过程如下：

$$R-\overset{O}{\overset{\|}{C}}-CX_3 \xrightarrow{OH^-} R-\underset{OH}{\overset{O^-}{C}}-CX_3 \longrightarrow R-\overset{O}{\overset{\|}{C}}-OH + {}^-CX_3 \longrightarrow R-\overset{O}{\overset{\|}{C}}-O^- + \underset{\text{卤仿}}{HCX_3}$$

氯仿和溴仿在常温下是液体，而碘仿是黄色的固体，并有特殊气味，现象明显，所以可以用碘仿反应鉴定乙醛和甲基酮结构的化合物的存在。由于碘仿反应所用的试剂 I_2＋NaOH 或 NaOI 具有氧化剂，能将乙醇和甲基醇氧化为乙醛和甲基酮结构，所以，乙醇和含甲基醇结构的化合物也可用碘仿反应来鉴别。此外，卤仿反应还可用于制备少一个碳原子的羧酸。如：

$$(H_3C)_3C-\overset{O}{\overset{\|}{C}}-CH_3 + NaOCl \longrightarrow (H_3C)_3C-\overset{O}{\overset{\|}{C}}-ONa + CHCl_3$$

知识点达标题 12-6 用简单的化学方法鉴别 1-丁醇、2-丁醇、正丁醛和 2-丁酮。

12-1

3. 羟醛缩合反应

在稀碱催化下，含有 α-H 的醛与另一分子醛的羰基发生亲核加成，生成 β-羟基醛的反应，称为羟醛缩合反应。α-碳上含氢原子的 β-羟基醛受热很容易脱去一分子水，生成具有共轭双键的 α，β-不饱和醛。如：

$$CH_3CH_2-\overset{O}{\overset{\|}{C}}-H + CH_3-\overset{H}{\overset{|}{C}H}-CHO \xrightarrow{\text{稀}OH^-} \underset{\beta\text{-羟基醛}}{CH_3CH_2-\overset{OH}{\overset{|}{C}H}-\underset{CH_3}{\underset{|}{C}H}-CHO} \xrightarrow[\triangle]{-H_2O} \underset{\alpha,\beta\text{-不饱和醛}}{CH_3CH_2-CH=\underset{CH_3}{\underset{|}{C}}-CHO}$$

碱催化下，反应历程如下：

$$CH_3-\underset{H}{\underset{|}{C}H}-\overset{O}{\overset{\|}{C}}-H \xrightarrow{OH^-} CH_3-\bar{C}H-\overset{O}{\overset{\|}{C}}-H \quad CH_3-CH_2-\overset{O}{\overset{\|}{C}}-H \longrightarrow CH_3-CH_2-\overset{O^-}{\overset{|}{C}H}-\underset{CH_3}{\underset{|}{C}H}-CHO \xrightarrow{H_2O}$$

$$CH_3-CH_2-\overset{OH}{\overset{|}{C}H}-\underset{CH_3}{\underset{|}{C}H}-CHO + OH^-$$

当两种都含有 α-H 的不同醛进行羟醛缩合反应时，则可生成四种不同的 β-羟基醛，因产物结构相似，难以分离，所以没有制备意义。如果选用一种醛含有 α-H，另一种醛没有 α-H，则可得到产率较高的单一缩合产物。如：

$$C_6H_5-\overset{O}{\overset{\|}{C}}-H + CH_3CHO \xrightarrow{10\%\ NaOH} C_6H_5-\overset{OH}{\overset{|}{CH}}-CH_2CHO \xrightarrow[\triangle]{-H_2O} C_6H_5-CH{=}CHCHO$$

这种芳香醛与含有 α-H 的醛(酮)在碱性条件下发生交叉羟醛缩合，失水后得到 α,β-不饱和醛(酮)的反应称为克莱森严-施密特(Claisen-Schmidt)缩合反应。

含有 α-H 的酮也可以发生羟醛缩合反应，但反应平衡远远偏向反应物这一边。如：

$$CH_3-\overset{O}{\overset{\|}{C}}-CH_3 + CH_3-\overset{O}{\overset{\|}{C}}-CH_3 \underset{}{\overset{Ba(OH)_2}{\rightleftharpoons}} CH_3-\overset{OH}{\overset{|}{\underset{CH_3}{\underset{|}{C}}}}-CH_2-\overset{O}{\overset{\|}{C}}-CH_3 \quad 5\%$$

羟醛缩合反应是一类很重要的反应，是有机合成中碳链增长的重要方法之一。

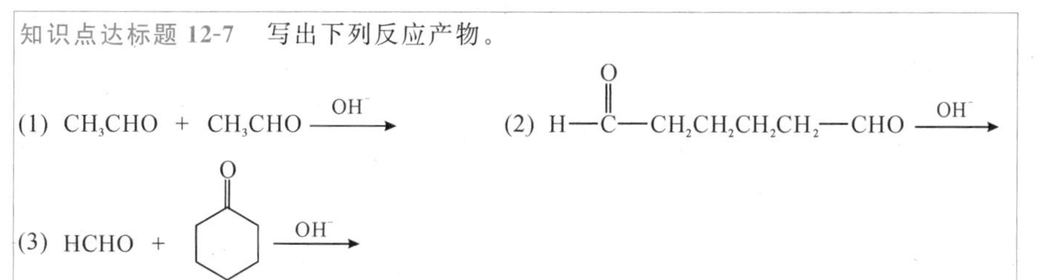
知识点达标题 12-7　写出下列反应产物。

(1) $CH_3CHO + CH_3CHO \xrightarrow{OH^-}$　　(2) $H-\overset{O}{\overset{\|}{C}}-CH_2CH_2CH_2CH_2-CHO \xrightarrow{OH^-}$

(3) HCHO + 环己酮 $\xrightarrow{OH^-}$

12-1

12.4.3　还原反应

12-8

醛、酮可以被多种还原剂还原，根据还原生成的产物，可分为两类。

1. 还原为羟基

(1)催化氢化。在 Pt、Pd、Ni 等金属催化下，醛、酮中的羰基被 H_2 还原为伯醇、仲醇。如果分子中含有 C═C、C≡C 、—NO_2、—CN 等不饱和基团，则这些基团也一起被还原。如：

$$CH_3CH_2CH_2CHO \xrightarrow[Pt、Pd或Ni]{H_2} CH_3CH_2CH_2CH_2OH$$

$$\text{(环己烯基)}-\overset{O}{\overset{\|}{C}}-CH_3 \xrightarrow[Pt、Pd或Ni]{H_2} \text{(环己基)}-\overset{OH}{\overset{|}{CH}}-CH_3$$

(2)金属氢化物还原。$NaBH_4$、$LiAlH_4$ 是选择性的还原剂，它们将醛、酮中的羰基还原为羟基，而分子中的C═C、C≡C 不受影响。如：

$$C_6H_5-CH{=}CHCHO \xrightarrow[②H_3O^+]{①LiAlH_4,\ 无水乙醚} C_6H_5-CH{=}CHCH_2OH$$

$$\text{(环己烯基)}-\overset{O}{\overset{\|}{C}}-CH_3 \xrightarrow[②H_3O^+]{①NaBH_4,\ C_2H_5OH} \text{(环己烯基)}-\overset{OH}{\overset{|}{CH}}-CH_3$$

由于 $LiAlH_4$ 极易水解，以 $LiAlH_4$ 为还原剂时通常用无水乙醚或四氢呋喃作溶剂，而 $NaBH_4$ 一般在甲醇或乙醇溶剂中进行。$NaBH_4$ 的选择性比 $LiAlH_4$ 高，**$LiAlH_4$** 还能还原—**COOH**、—**COOR**、—**NO_2**、—**CN** 等基团，而 **$NaBH_4$** 则不能还原—**COOH**、—**COOR**、—**NO_2**、—**CN**等基团。

2. 还原为亚甲基

(1)克莱门森还原。醛、酮与锌汞齐(Zn-Hg)和浓盐酸共热回流，羰基被还原为亚甲基(CH_2)，称为克莱门森(**Clemmensen**)还原。如：

$$C_6H_5-\overset{O}{\overset{\|}{C}}-CH_2CH_3 \xrightarrow[\text{HCl（浓）}]{\text{Zn-Hg}} C_6H_5-CH_2-CH_2CH_3$$

先将芳烃酰基化得到酰基苯，后经克莱门森还原，可制备带有直链的芳烃。该方法可以避免芳烃烷基化反应导致重排产物和多烷基化问题。

克莱门森还原法是在酸性环境中进行的，若醛、酮中含有对酸不稳定的结构因素，则用黄鸣龙还原法。

(2)沃尔夫-凯惜纳-黄鸣龙还原。沃尔夫-凯惜纳-黄鸣龙还原是将醛、酮、NaOH、水合肼和高沸点溶剂(如二甘醇)一起加热，将羰基还原为亚甲基。如：

$$\text{环己酮}=O \xrightarrow[(HOCH_2CH_2)_2O\text{（二甘醇）}]{NH_2NH_2\cdot H_2O,\ NaOH} \text{环己烷}$$

知识点达标题 12-8　写出下列化合物的还原产物。

$$O=\text{C}_6\text{H}_9\text{(环己酮-4-基)}-CH=CH_2$$

(1)H_2/Pd　　(2)$NaBH_4-C_2H_5OH/H_3O^+$

(3)Zn-Hg/HCl　　(4)$NH_2NH_2\cdot H_2O$，NaOH，$(HOCH_2CH_2)_2O$

12-1

12.4.4 氧化反应

由于醛的羰基碳原子上直接连有一个氢原子，因此醛不仅很容易被 HNO_3、$KMnO_4$、$K_2Cr_2O_7$、H_2O_2 和 Br_2 等强氧化剂氧化为羧酸，而且也能被托伦(Tollen)试剂、费林(Fehling)试剂等弱氧化剂所氧化。

12-9

1. 托伦试剂

托伦试剂是 $Ag(NH_3)_2OH$ 溶液，将醛基氧化为羧基，并在器壁上析出光亮的银，该反应又称为银镜反应。

$$R-CHO + 2Ag(NH_3)_2OH \xrightarrow{\triangle} R-COONH_4 + 2Ag\downarrow + H_2O + 3NH_3$$

托伦试剂能将所有醛氧化，而酮不反应，所以用托伦试剂可区别醛与酮。

2. 费林试剂

费林试剂是硫酸铜溶液、酒石酸钾钠和氢氧化钠溶液配制而成的深蓝色溶液，它将醛基氧化为羧基，并析出红色的氧化亚铜沉淀。

$$R—CHO + 2Cu^{2+} + NaOH + H_2O \xrightarrow{\triangle} R—COONa + Cu_2O\downarrow + 4H^+$$

费林试剂只能将脂肪醛氧化，而芳香醛和所有酮都不反应，所以费林试剂可区别脂肪醛与酮或脂肪醛与芳香醛。

酮不能被一般氧化剂所氧化，当与强氧化剂（如浓硝酸、酸性高锰酸钾）长时间加热时，酮可以被氧化，氧化时羰基左、右两边的碳碳键均可发生断裂，生成多种羧酸混合物，在有机合成上没有意义。

$$RCH_2 \overset{①}{|} \overset{O}{\overset{\|}{C}} \overset{②}{|} CH_2R' \xrightarrow[\text{或}KMnO_4/H^+]{HNO_3(\text{浓})} \begin{cases} ① RCOOH + R'CH_2COOH \\ ② RCH_2COOH + R'COOH \end{cases}$$

如果是氧化对称的环酮，则得到单一的二元羧酸，有机合成上常用于制备二元羧酸。如：

$$\text{环己酮} \xrightarrow{HNO_3(\text{浓})} HOOC(CH_2)_4COOH$$

12.4.5 醛的歧化反应

没有 α-H 的醛在浓碱（40% NaOH）催化下，发生自身氧化还原反应，其中一分子醛被氧化为羧酸，另一分子醛被还原为伯醇，这种歧化反应又称为康尼查罗（Cannizzaro）反应。如：

$$2\,C_6H_5—CHO \xrightarrow{40\%\ NaOH} C_6H_5—COONa + C_6H_5—CH_2OH$$

值得注意的是，该反应中的醛是没有 α-H 的醛，催化剂是浓碱。具有 α-H 的醛在浓碱作用下，发生羟醛缩合反应，不发生歧化反应。

两种没有 α-H 的醛之间的反应称为交叉歧化反应，如果一种是甲醛，由于甲醛还原性强，反应结果总是甲醛被氧化为甲酸，另一种醛被还原为醇。如：

$$C_6H_5—CHO + HCHO \xrightarrow{40\%\ NaOH} C_6H_5—CH_2OH + HCOONa$$

知识点达标题 12-9　用简单的化学方法鉴别下列各组化合物。

(1)丙醛、丙酮、1-丙醇和异丙醇　　(2)戊醛、2-戊酮、环戊酮和苯甲醛

12-1

12.5 α，β-不饱和醛、酮的反应

12-10

α，β-不饱和醛、酮具有 C═C 和 C═O 两个官能团的化学性质，但由于 C═C 和 C═O 之间形成 π-π 共轭体系，类似于共轭二烯烃的结构，因此，还具有一些特殊的化学性质。

12.5.1 亲核加成反应

由于羰基氧的电负性大于碳，共轭体系电子云发生交替极化，使 2 号碳

和 4 号碳的电子云密度降低而带部分正电荷，相应的 1 号氧和 3 号碳则带等量的部分负电荷。所以，当发生亲核加成反应时，亲核试剂可以进攻 2 号碳发生 1,2-加成反应，也可以进攻 4 号碳发生 1,4-加成反应。两种加成反应哪一种是主要产物，主要取决于试剂的亲核性强弱。

$$\overset{\delta^+}{\underset{4}{C}}=\overset{\delta^-}{\underset{3}{C}}-\overset{\delta^+}{\underset{2}{C}}=\overset{\delta^-}{\underset{1}{O}} + \overset{\delta^-}{Nu}-\overset{\delta^+}{E} \xrightarrow{1,2\text{-加成}} -C=C-C(Nu)-OE$$

$$\xrightarrow{1,4\text{-加成}} -C(Nu)-C=C-OE$$

1. 1,2-加成

通常，当采用强亲核试剂（如 RLi、$LiAlH_4$、RMgX 等）或 4 号碳原子上的烃基体积较大时，主要得到 **1,2-加成产物**。如：

$$C_6H_5-CH=CH-\overset{O}{\overset{\|}{C}}-H \xrightarrow{LiAlH_4} C_6H_5-CH=CH-CH_2OH$$

$$C_6H_5-CH=CH-\overset{O}{\overset{\|}{C}}-H \xrightarrow[\text{或}CH_3Li]{CH_3MgBr} C_6H_5-CH=CH-C(OMgBr(Li))(CH_3)-H \xrightarrow{H_3O^+} C_6H_5-CH=CH-C(OH)(CH_3)-H$$

2. 1,4-加成

当采用弱亲核试剂（如 HCN、RNH_2、R_2CuLi 等）时，主要得到 **1,4-加成产物**。如：

$$C_6H_5-CH=CH-\overset{O}{\overset{\|}{C}}-H \xrightarrow{HCN} \underset{\text{烯醇（不稳定）}}{C_6H_5-CH(CN)-CH=C(OH)-H} \xrightarrow{\text{异构}} C_6H_5-CH(CN)-CH_2-\overset{O}{\overset{\|}{C}}-H$$

12.5.2 麦克尔加成反应

在碱性（如 C_2H_5ONa/C_2H_5OH）条件下，能提供碳负离子的化合物与 α,β-不饱和醛、酮发生 1,4-亲核加成反应，称为**麦克尔(Michael)加成反应**。如：

$$\text{(环己-1,3-二酮，2-H)} + \underset{4}{CH_2}=\underset{3}{CH}-\underset{2}{\overset{O^1}{\overset{\|}{C}}}-CH_3 \xrightarrow{C_2H_5ONa/C_2H_5OH} \underset{\text{烯醇（不稳定）}}{\text{(环己-1,3-二酮-2-基)}-\underset{4}{CH_2}-\underset{3}{CH}=\underset{2}{\overset{^1OH}{C}}-CH_3} \xrightarrow{\text{异构}}$$

$$\text{(环己-1,3-二酮-2-基)}-\underset{4}{CH_2}-\underset{3}{CH_2}-\underset{2}{\overset{O^1}{\overset{\|}{C}}}-CH_3$$

碳负离子加在β-C(4 号碳)上，氢加到羰基氧上，先形成烯醇结构，然后互变异构为酮式。最后结果相当于发生在**α,β(3,4 号)C═C** 上的亲核加成反应。它的反应机理如下：

$$\text{1,3-环己二酮} \xrightarrow{C_2H_5O^-} \text{碳负离子} + \overset{4}{C}H_2{=}\overset{3}{C}H{-}\overset{2}{C}(=\overset{1}{O}){-}CH_3 \longrightarrow \text{环己二酮基}{-}\underset{4}{CH_2}{-}\underset{3}{CH}{=}\underset{2}{C}(\overset{1}{O^-}){-}CH_3 \xrightarrow{C_2H_5OH}$$

$$\text{环己二酮基}{-}\underset{4}{CH_2}{-}\underset{3}{CH}{=}\underset{2}{C}(\overset{1}{OH}){-}CH_3 \underset{}{\overset{\text{互变}}{\rightleftharpoons}} \text{环己二酮基}{-}\underset{4}{CH_2}{-}\underset{3}{CH_2}{-}\underset{2}{C}(=\overset{1}{O}){-}CH_3$$

在碱作用下，能提供碳负离子作为亲核试剂的化合物常见的有β-二酮、乙酰乙酸乙酯、丙二酸二乙酯、硝基化合物、氰基乙酸乙酯等，作为受体共轭二烯的化合物常见的有α,β-不饱和醛(酮)、α,β-不饱和酸酯、丙烯腈等。

$R{-}CO{-}CH_2{-}CO{-}R$　β-二酮

$CH_3{-}CO{-}CH_2{-}CO{-}OC_2H_5$　乙酰乙酸乙酯

$C_2H_5O{-}CO{-}CH_2{-}CO{-}OC_2H_5$　丙二酸二乙酯

$R{-}CH(R){-}NO_2$　硝基化合物

$CH_2(CN)COOC_2H_5$　氰基乙酸乙酯

$CH_2{=}CH{-}CO{-}OR$　α,β-不饱和酸酯

$CH_2{=}CH{-}CN$　丙烯腈

12.5.3　插烯规则

在α,β-不饱和醛、酮结构中，如$CH_3CH{=}CHCHO$，由于羰基的吸电子诱导效应可通过共轭π-π传递到链端的甲基上，这时甲基氢具有羰基α-H相同的性质，在稀碱作用下，能提供碳负离子，可发生羟醛缩合反应。如：

$$C_6H_5{-}CHO + CH_3CH{=}CHCHO \xrightarrow{OH^-} C_6H_5{-}CH(OH){-}CH_2{-}CH{=}CH{-}CHO \xrightarrow{\triangle} C_6H_5{-}CH{=}CH{-}CH{=}CH{-}CHO$$

即$CH_3{-}(CH{=}CH)_n{-}CHO$相当于CH_3CHO分子中的甲基和羰基之间插入n个乙烯基($-CH{=}CH-$)，由于共轭效应的影响，甲基上的氢不因插入不同个数的乙烯基而改变，依然是活泼氢，这种现象称为插烯规则。

知识点达标题 12-10 写出下列反应的主要产物。

(1) $CH_3-\overset{O}{\overset{\|}{C}}-CH_2-\overset{O}{\overset{\|}{C}}-OC_2H_5 + CH_2{=}CHCHO \xrightarrow[C_2H_5OH]{C_2H_5ONa}$

(2) $CH_2{=}CH-\overset{O}{\overset{\|}{C}}-OC_2H_5 + CH_3-\overset{O}{\overset{\|}{C}}-CH_2-\overset{O}{\overset{\|}{C}}-CH_3 \xrightarrow[C_2H_5OH]{C_2H_5ONa}$

(3) $CH_3CH{=}CHCHO + CH_3CH{=}CHCHO \longrightarrow \xrightarrow{\triangle}$

12-1

12.5.4 还原反应

α,β-不饱和醛、酮含有烯键和羰基,不同的还原剂,可实现选择性还原。用 $LiAlH_4$ 和 $NaBH_4$ 等金属氢化物作还原剂,选择还原羰基而不影响烯键;用钯-碳作催化剂,加氢还原,选择还原烯键而不影响羰基;用雷尼镍(Raney Ni)、Pt、Pd 等作催化剂,加氢还原,烯键和羰基均被还原。如:

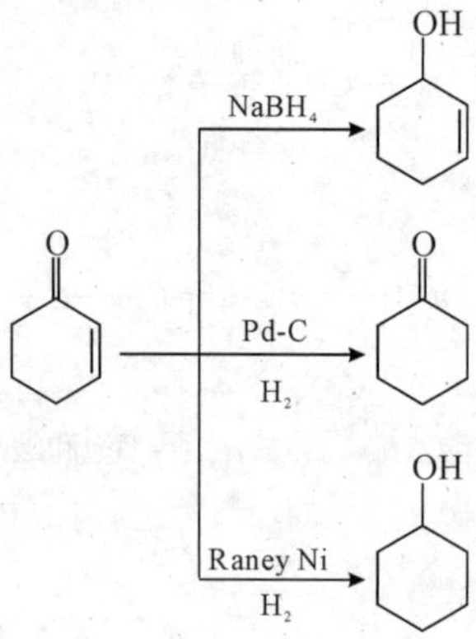

$NaBH_4$

Pd-C, H_2

Raney Ni, H_2

Ⅱ. 醌

12.6 醌的结构和命名

醌是具有共轭体系结构的环己二烯二酮类化合物。最简单是对苯醌和邻苯醌,常见的还有 1,4-萘醌和 9,10-蒽醌等。

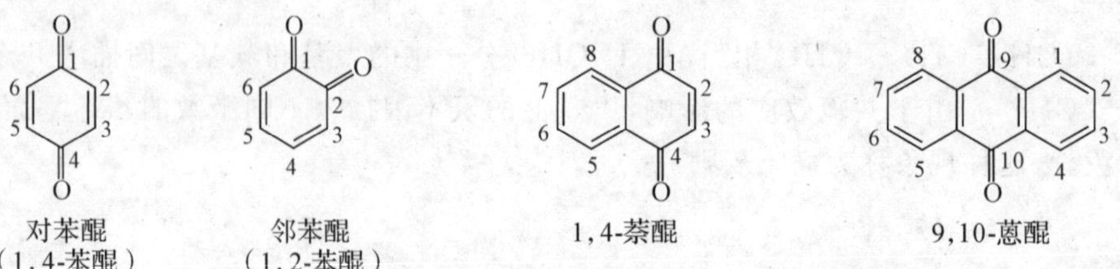
对苯醌(1,4-苯醌)　邻苯醌(1,2-苯醌)　1,4-萘醌　9,10-蒽醌

命名时,以芳环和醌为母体,按苯醌、萘醌和蒽醌固定的编号来确定取代基的位置。如:

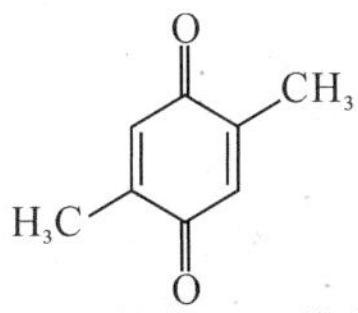

2,5-二甲基-1,4-苯醌 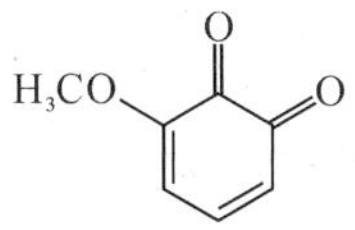　3-甲氧基-1,2-苯醌 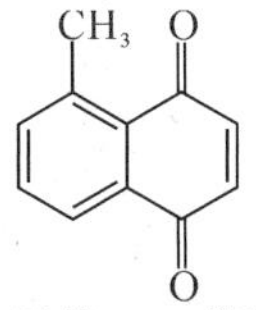　5-甲基-1,4-萘醌 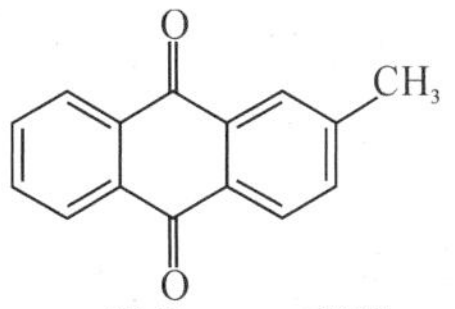　2-甲基-9,10-蒽醌

醌类化合物一般是具有颜色的固体，如对苯醌为黄色晶体、邻苯醌为红色晶体等，它们可由芳香族化合物制得。醌类化合物在自然界中分布也很广，不少具有特殊的功能和生物活性。如橘黄色的 2-羟基-1，4 萘醌、红色的茜素可用作染料，大黄素、维生素 K_1 具有生物活性。

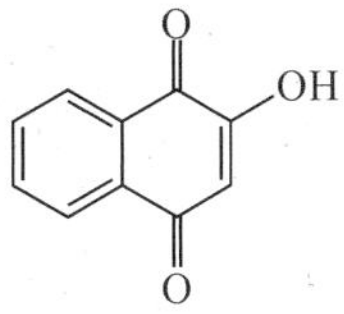

2-羟基-1,4-萘醌 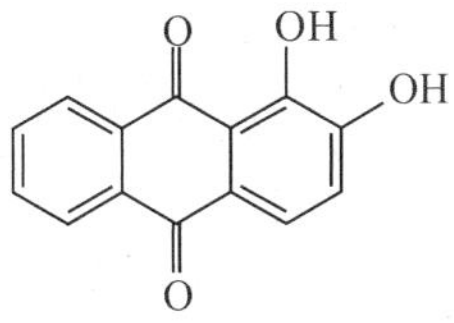　1,2-二羟基-9,10-蒽醌(茜素)

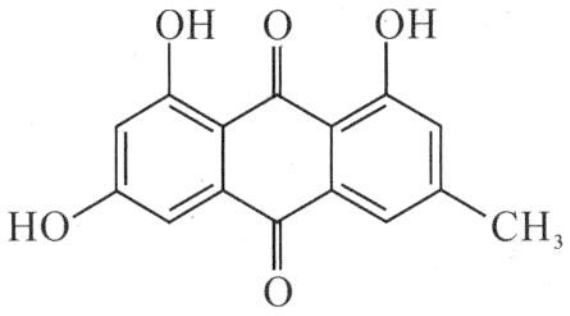

大黄素 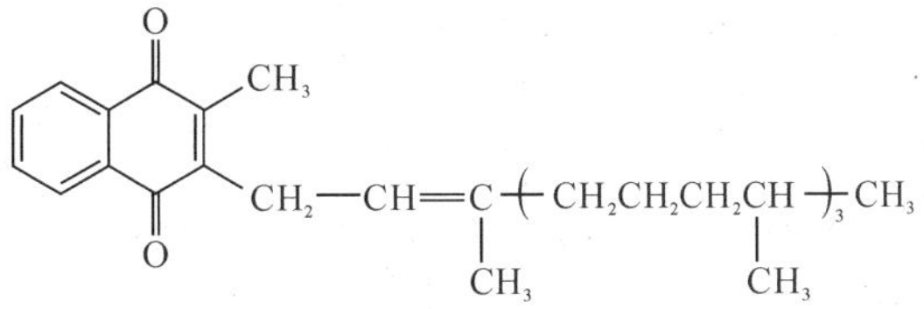　维生素K_1

12.7　醌的化学性质

因为醌分子中具有两个羰基、两个碳碳双键，所以它具有碳碳双键烯烃的性质和碳氧双键羰基的性质，同时又是共轭体系，还可以发生 1，4-加成反应。

(1)碳碳双键的亲电加成反应。醌中的 C═C 可发生亲电加成反应，如在乙酸溶液中，对苯醌与溴加成，生成二溴或四溴化合物。

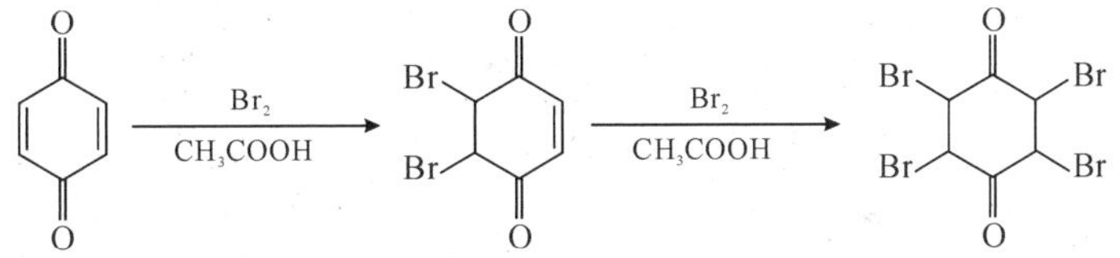

$$\xrightarrow[CH_3COOH]{Br_2} \quad \xrightarrow[CH_3COOH]{Br_2}$$

对苯醌中的 C═C 受两个羰基的影响，可以作为亲双烯体试剂，与共轭二烯烃发生双烯合成反应。

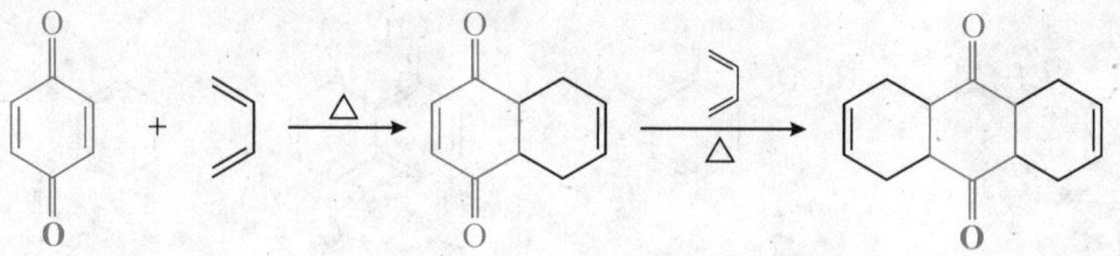

(2)羰基的亲核加成反应。醌中含有两个羰基，具有羰基典型的性质，如对苯醌与羟胺反应，生成对苯醌一肟或对苯醌二肟。

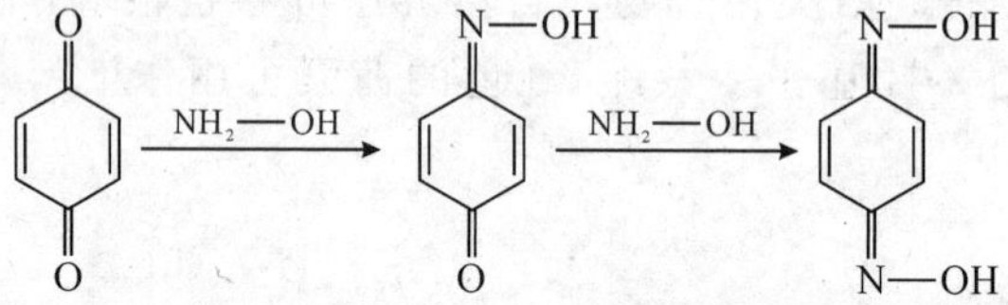

(3)1，4-加成反应。具有共轭体系的醌可以与 HCl、HBr、HCN 等发生 1，4-加成反应。如：

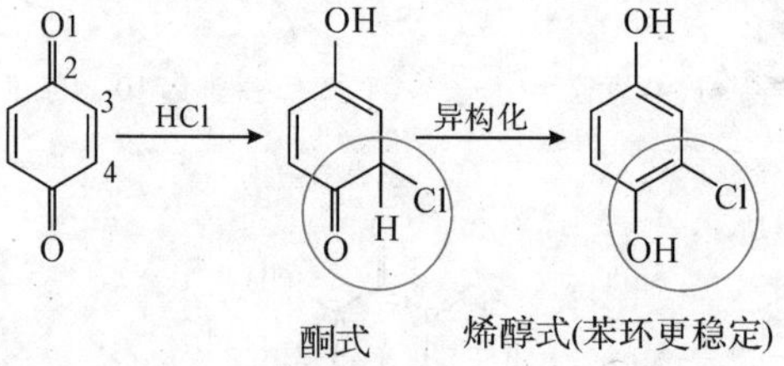

酮式　　烯醇式(苯环更稳定)

生成物是一种酮式结构，因为异构化为烯醇式时能芳构化成苯环，所以最后生成物是 2-氯-1，4-苯二酚。

(4)还原反应。对苯醌在亚硫酸钠水溶液中很容易被还原为对苯二酚，而对苯二酚也容易被氧化为对苯醌，两者可通过氧化还原反应相互转变。

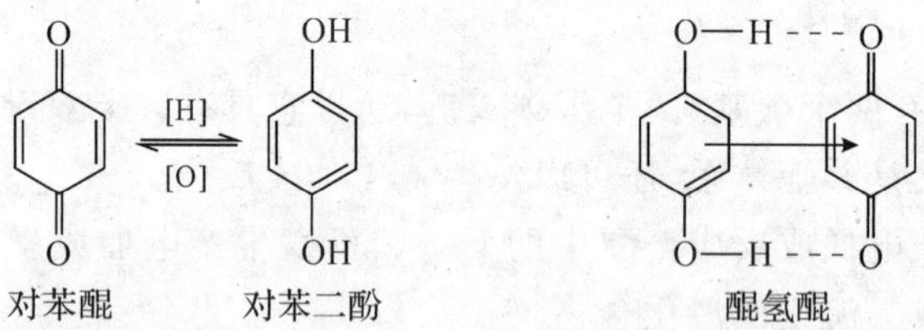

对苯醌　　对苯二酚　　醌氢醌

由于对苯醌的环是"缺电子"体系，而对苯二酚的环是"富电子"体系，所以将等量的对苯醌和对苯二酚两种溶液混合，可以形成暗绿色配合物"醌氢醌"晶体析出。实际上，在对苯醌还原为对苯二酚以及对苯二酚氧化成对苯醌的两个反应中，都会生成醌氢醌中间产物。醌氢醌的缓冲溶液可用作标准参比电极。

【重要知识小结】

1. 羰基(C═O)是醛、酮的官能团，由一个 σ 键和一个 π 键组成，碳带部分正电荷，氧带部分负电荷的极性基团，α-H 受羰基影响，具有一定的酸性。醛、酮化学性质如下：

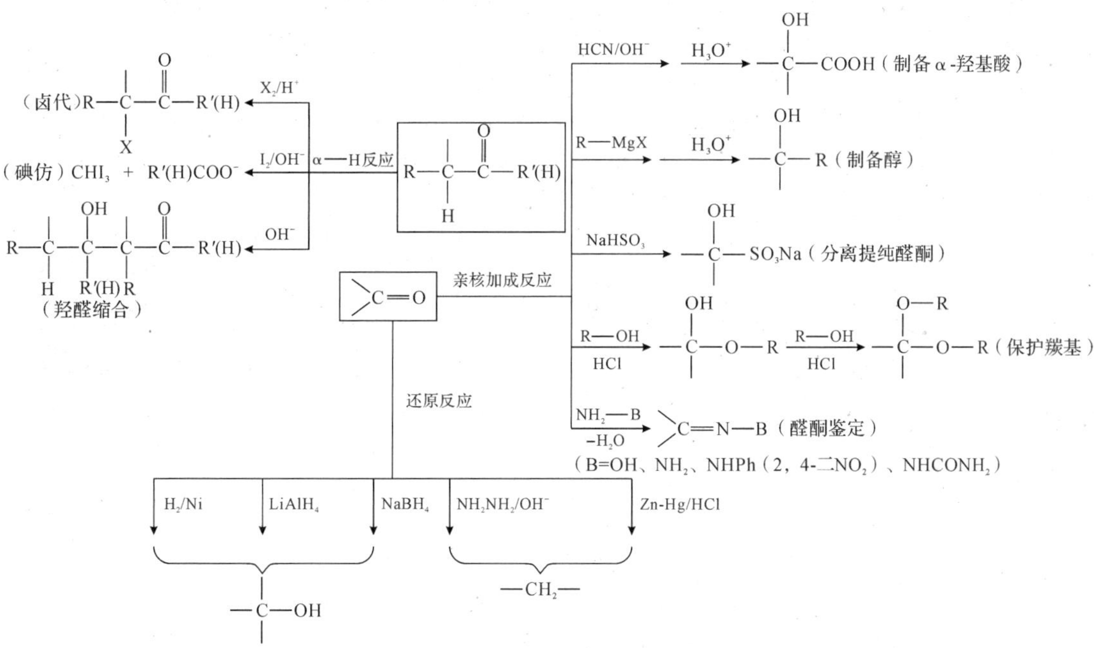

(1)羰基亲核加成活性主要取决于羰基碳的正电性和空间位阻大小，考虑到芳醛(酮)的共轭效应，一般情况下其活性为：醛＞酮，脂肪醛＞芳香醛，甲基酮＞非甲基酮，脂肪酮＞芳香酮。

(2)醛、脂肪族甲基酮及 C_8 以下的环酮与氢氰酸、饱和亚硫酸氢钠反应明显，格氏试剂、醇、氨的衍生物(羰基试剂)能与所有醛、酮反应。

(3)醛、酮与格氏试剂反应是制备各种碳原子数增加醇的重要方法，与醇反应生成缩醛是有机合成中保护羰基或羟基的方法。

(4)含有 α-H 的醛与另一分子醛在稀碱催化下，发生羟醛缩合反应，得到 β-羟基醛，易受热脱水生成 α，β-不饱和醛。含有甲基酮和甲基醇结构的分子，能发生碘仿反应。不含 α-H 的醛在浓碱作用下，则发生歧化反应。

(5)催化氢化和金属氢化物，将羰基还原为醇，而克莱门森和黄鸣龙法则可将羰基还原为亚甲基(CH_2)。

(6)醛用一般氧化剂和一些弱氧化剂就能氧化，酮用强氧化剂才能氧化。银镜反应可区别醛与酮，费林反应可区别脂肪醛与芳香醛，或脂肪醛与酮，而 2,4-二硝基苯肼可将醛、酮与其他非羰基化合物区别开来。

2. α,β-不饱和醛、酮有羰基碳原子和 β-碳原子两个亲核中心，与亲核试剂可以发生在羰基碳上(1,2-加成)，也可发生在 β-碳原子上(1,4-加成)。化学性质如下：

(1)HCl(亲电加成)、HCN、ROH、RNH_2、H_2O、R_2CuLi 等弱亲核试剂，发生1,4-共轭加成，先生成一个烯醇，然后互变为酮式，最后结果相当于在 C═C 上加成产物。

(2)强亲核试剂 R—MgX(格氏试剂)、RLi(有机锂)、NH_2OH 等，发生在羰基上的1,2-亲核加成。

(3)α,β-不饱和醛、酮用 Pd-C 催化加氢，只还原 C═C，用 $NaBH_4$ 或 $LiAlH_4$ 只还原羰基。

3. 醌是具有共轭环己二烯二酮结构特征的化合物，可发生烯键的亲电加成反应，也可以发生羰基的亲核加成反应，还可以发生 π-π 共轭的1,4-加成反应。

习　题

12-11

1. 用系统命名法命名下列化合物。

(1) $CH_3—CH(CH_3)—CH_2CHO$　　(2) $CH_3—C(=O)—CH_2—CH(CH_3)—CH_3$　　(3) $CH_3CH═CH—CHO$

(4) $CH_3CH_2CH═CH—C(=O)—CH_3$　　(5) $(H_3C)_2C_6H_{10}$—CHO（4,4-二甲基环己基—CHO）　　(6) H_3C—环戊酮（3-位甲基）

(7) 环己基—C(=O)—CH_2CH_3　　(8) 苯基—CHO　　(9)

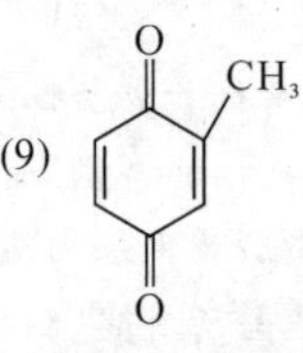

(10) 4-CH_3 环己-2,5-二烯-1,2-二酮结构　　(11) CH_3、CH_3 取代萘醌结构　　(12)

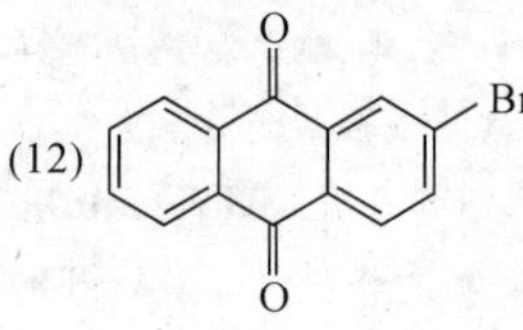

2. 写出丙醛与下列试剂反应的主要产物。

(1)①HCN；②H_3O^+　　(2)$NaHSO_3$

(3)①CH_3MgBr；②H_3O^+　　(4)CH_3CH_2OH/HCl

(5)$HOCH_2CH_2OH/HCl$　　(6)$PhNHNH_2$

(7)①$LiAlH_4$；②H_2O　　(8)Zn-Hg/HCl

(9)①稀 OH^-；②加热　　(10)C_6H_5CHO/稀 OH^-

3. 用简单化学方法区别下列各组化合物。

(1)苯酚、苄醇、苯乙酮、苯甲醛　　(2)2-戊酮、3-戊酮、苯甲醛、戊醛、2-戊醇、3-戊醇

4. 回答下列问题。

A. $(CH_3)_3CCOCH_3$　　B. $CH_3CH_2CH(OH)CH_2CH_3$　　C. CH_3CHO　　D. CH_3CH_2CHO

E. 苯基—CHO　　F.

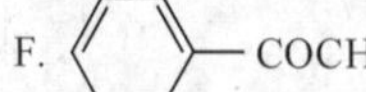

G.

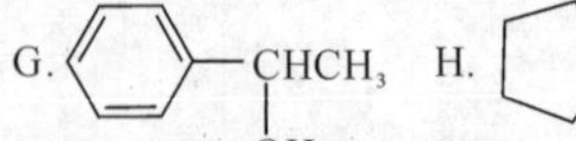

H. 环戊酮

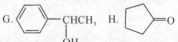

(1)能发生碘仿反应的是________　　(2)能发生银镜反应的是________

(3)能与 Fehling 试剂反应的是________　　(4)能与饱和亚硫酸氢钠反应的是________

(5)能与2,4-二硝基苯肼反应的是________　　(6)能发生康尼查罗反应的是________

5. 从强到弱排列下列化合物羰基亲核加成的反应活性。

(1) A. CH_3CHO B. HCHO C. $CH_3COCH_2CH_3$ D. CH_3COCH_3 E. C_6H_5CHO F. $C_6H_5COCH_3$

(2) A. C_6H_5CHO B. $p\text{-}CH_3C_6H_4CHO$ C. $p\text{-}CH_3OC_6H_4CHO$ D. $C_6H_5COCH_3$ E. $p\text{-}NO_2C_6H_4CHO$

6. 写出下列各步反应的主要产物。

(1) 环戊酮 $\xrightarrow{HCN/OH^-}$ $\xrightarrow{\triangle}$ $\xrightarrow{H_3O^+}$

(2) 甲苯 + 丁二酸酐 $\xrightarrow{AlCl_3}$ $\xrightarrow[HCl]{Zn\text{-}Hg}$

(3) $C_6H_5CHO + CH_3CHO \xrightarrow[②\triangle]{① OH^-} \xrightarrow[H_2O]{NaBH_4}$

(4) 环己烯 $\xrightarrow[② Zn\text{-}H_2O]{① O_3}$ $\xrightarrow[\triangle]{稀OH^-}$

(5) 丁二烯 + 丁烯醛（$CH_3CH=CHCHO$） $\xrightarrow{\triangle}$ $\xrightarrow[HCl]{2CH_3OH}$ $\xrightarrow[Ni]{H_2}$ $\xrightarrow{H_3O^+}$

(6) $CH_2=CH-\overset{O}{\overset{\|}{C}}-H \xrightarrow{HBr} \xrightarrow[HCl]{2C_2H_5OH} \xrightarrow[Et_2O]{Mg} \xrightarrow{PhCHO} \xrightarrow{H_3O^+}$

(7) 环戊酮 $\xrightarrow[②H_3O^+]{① CH_3CH_2MgCl/Et_2O}$ $\xrightarrow[\triangle]{H^+}$ $\xrightarrow[②H_2O_2/OH^-]{①B_2H_6}$ $\xrightarrow{CrO_3/吡啶}$

(8) $CH_3-\overset{O}{\overset{\|}{C}}-CH_2CH_2CH_2Cl + HOCH_2CH_2OH \xrightarrow{HCl(g)} \xrightarrow[②PhCHO]{① Mg/Et_2O} \xrightarrow{H_3O^+}$

7. 用指定的及不超过 C_3 的有机物为原料合成下列化合物。

(1) $HC\equiv CH \longrightarrow CH_3CH_2CH_2-\overset{O}{\overset{\|}{C}}-CH_2CH_3$

(2) $CH_2=CH_2 \longrightarrow CH_3CH_2CH_2CH_2OH$

(3) $C_2H_5OH \longrightarrow H_3C-\underset{\text{环氧}}{HC-CH}-CH(OC_2H_5)_2$（HC与CH间以O桥连成环氧）

(4) $CH_3CH=CH_2$、$CH_3-\overset{O}{\overset{\|}{C}}-CH_2CH_3$ $\longrightarrow$ $(H_3C)_2C=C(CH_3)CH_2CH_3$

(5) $C_6H_6 \longrightarrow C_6H_5-C(OH)(CH_3)-CH_3$

(6) $BrCH_2CH_2CHO \longrightarrow CH_3CH_2-\overset{O}{\overset{\|}{C}}-CH_2CH_2CHO$

(7) $CH_2=CHCHO \longrightarrow \underset{OH}{CH_2}-\underset{OH}{CH}-CHO$

(8) 1-甲基环己烯 $\longrightarrow$ 环己烷-1,2-二甲酸（COOH, COOH）

8.结构推导

(1)某化合物 A($C_5H_{12}O$)，氧化后得 B($C_5H_{10}O$)，B 能和苯肼反应，也能发生碘仿反应。A 和浓硫酸共热得 C(C_5H_{10})，C 经氧化得到丙酮和乙酸。试推测 A～C 的结构，并用反应式表示推断过程。

(2)化合物 A($C_9H_{10}O_2$)能溶于氢氧化钠溶液，能与溴水、2,4-二硝基苯肼反应，不能发生银镜反应。A 经 $LiAlH_4$ 还原生成化合物 B($C_9H_{12}O_2$)，A、B 均能发生碘仿反应。A 经克莱门森还原得 C($C_9H_{12}O$)，C 与NaOH 反应后再与碘甲烷作用得 D($C_{10}H_{14}O$)，将 D 用 $KMnO_4$ 溶液氧化得到对甲氧基苯甲酸。试推测 A～D 的结构式。

(3)化合物 A($C_6H_{12}O_3$)在 $1710cm^{-1}$ 处有强的吸收峰。A 用 $I_2/NaOH$ 处理得黄色沉淀，与托伦试剂不发生银镜反应，若 A 用稀 H_2SO_4 处理，然后再与托伦试剂作用则有银镜产生。A 的^1HNMR 数据如下：δ 2.1(3H)单峰，δ 2.6(2H)二重峰，δ 3.2(6H)单峰，δ 4.7(1H)三重峰。试推测 A 的结构。

(4)化合物 A($C_{11}H_{12}O_2$)可由芳醛与丙酮在碱作用下得到，在 $1675cm^{-1}$ 处有一强吸收峰，A 催化加氢生成 B，B 在 $1715cm^{-1}$ 有强吸收峰。A 发生碘仿反应得到 C($C_{10}H_{10}O_3$)，B 和 C 进一步氧化均得到酸 D($C_8H_8O_3$)，将 D 与氢碘酸作用得到邻羟基苯甲酸。试推测 A～D 的结构。

➢ PPT 课件

➢ 自测题

➢ 黄鸣龙——首例以中国科学家命名的有机反应

12-12

第 13 章　羧酸及羧酸衍生物

【知识点与要求】

- ✧ 了解羧酸的结构、物理性质和命名方法。
- ✧ 掌握羧酸的酸性，电子效应对羧酸酸性强弱的影响。
- ✧ 掌握羧酸的化学性质(羧酸衍生物生成、α-H 卤代、脱羧及还原反应)。
- ✧ 掌握不同二元羧酸的受热反应及羧酸的制备方法。
- ✧ 了解羧酸衍生物的结构和命名方法。
- ✧ 掌握羧酸衍生物的水解、醇解、氨解、还原反应，掌握碱催化下的亲核取代机理及反应活性差异。
- ✧ 掌握酯缩合反应和酰胺的特性。

羧酸是分子中含有羧基(—COOH)的化合物，用通式 RCOOH 表示。羧酸分子中羧基上的—OH 被—X、—OR、—OCOR、—NH_2(或—NHR、—NR_2)取代后形成的化合物分别称为酰卤、酯、酸酐、酰胺，统称为羧酸衍生物。

Ⅰ. 羧酸

13.1　羧酸的结构、分类和命名

13.1.1　羧基的结构

羧基是羧酸的官能团。羧基是羟基和羰基直接相连，羧基中的碳原子为 sp^2 杂化。羧基碳氧双键上的 π 电子与羟基氧原子上的一对未共用的 p 电子形成 p-π 共轭体系(见图 13-1)。

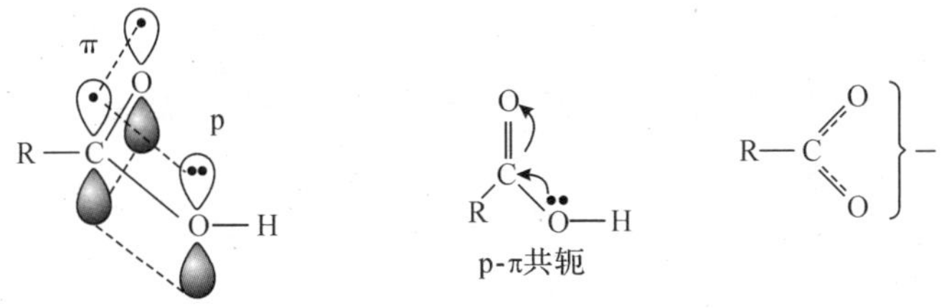

图 13-1　羧基和羧酸根离子的结构

p-π 共轭的结果，一方面降低了羰基碳的正电性，不利于发生亲核加成反应，另一方面增加了 O—H 的极性，易解离出 H^+，表现为较强的酸性。在羧基解离 H^+ 后形成的羧酸根负离子结构中，p-π 共轭效应更强，C—O 完全平均化，即 C═O 和 C—O 没有区别，负电荷离域于三个原子之间(见图 13-1)。

13.1.2 羧酸的分类和命名

根据烃基的种类不同，羧酸分为饱和脂肪酸、不饱和脂肪酸、脂环酸和芳香酸，其中脂环酸要求羧基直接与脂环相连，芳香酸要求羧基直接与苯环相连。根据分子中的羧基数目，羧酸分为一元羧酸、二元羧酸及多元羧酸。

许多羧酸可直接从自然界中得到，因此不少羧酸都有根据来源命名的俗名，如蚁酸（甲酸）、醋酸（乙酸）、琥珀酸（丁二酸）、月桂酸（十二碳酸）等。羧酸的系统命名要点如下。

1. 饱和脂肪酸

选择含羧基碳的最长碳链为主链，按主链碳原子数目命名为某酸，如主链碳原子数>10，则命名为某碳酸。从羧基碳开始编号，也可用 α、β、γ、δ 等来编号，其中直接连羧基的碳为 α 位。如：

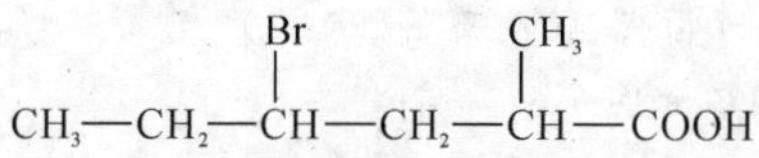

$CH_3—CH_2—CH(Br)—CH_2—CH(CH_3)—COOH$

2-甲基-4-溴己酸
(α-甲基-γ-溴己酸)

$CH_3(CH_2)_{16}COOH$

十八碳酸
(硬脂酸)

2. 不饱和脂肪酸

主链为含羧基和不饱和键在内的最长碳链，称为某烯（炔）酸，从羧酸碳开始编号，标出不饱和键的位置。如：

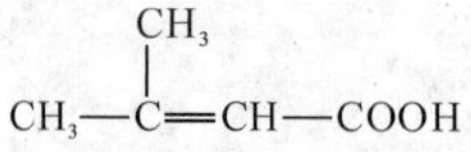

$CH_3—C(CH_3)═CH—COOH$

3-甲基-2-丁烯酸

$CH_3(CH_2)_7(H)C═C(H)(CH_2)_7COOH$

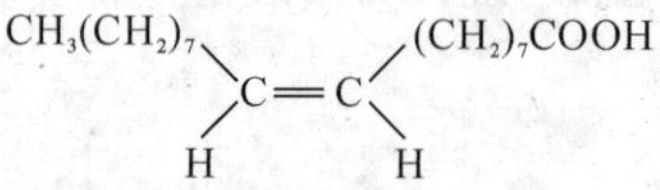

(顺)-9-十八碳烯酸(油酸)

3. 脂环酸与芳香酸

将脂环和苯环作为取代基来命名。如：

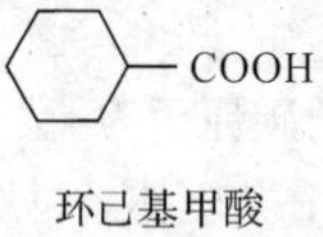

$C_6H_{11}—COOH$

环己基甲酸

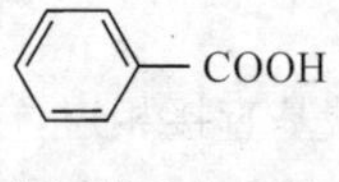

$C_6H_5—COOH$

苯甲酸(安息香酸)

$C_6H_5—CH═CHCOOH$

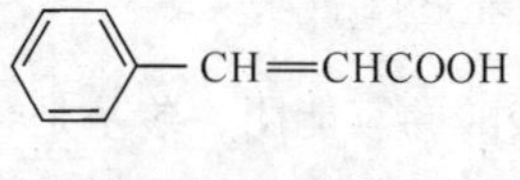

3-苯基-2-丙烯酸(肉桂酸)

4. 多元羧酸

选择含有两个羧基在内的最长碳链为主体，命名为某二酸，其他与一元酸方法相同。如：

$HOOC—COOH$

乙二酸(草酸)

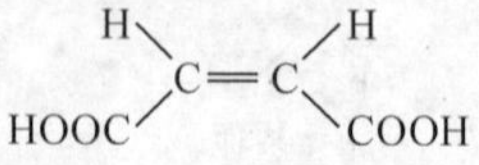

$(H)(HOOC)C═C(H)(COOH)$

(顺)-2-丁烯二酸(马来酸)

$(H)(HOOC)C═C(COOH)(H)$

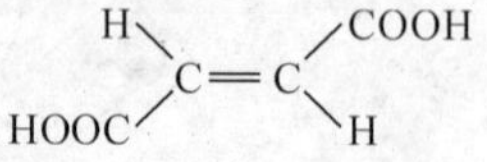

(反)-2-丁烯二酸(富马酸)

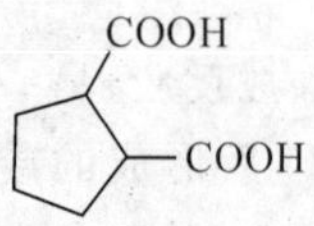

环戊基-1,2-二甲酸

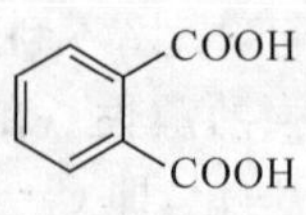

邻苯二甲酸

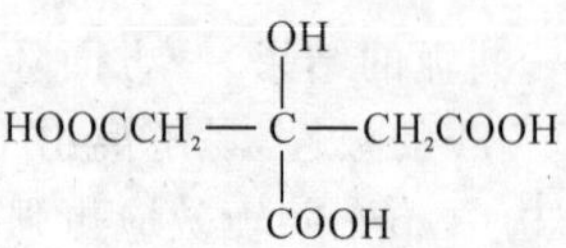

$HOOCCH_2—C(OH)(COOH)—CH_2COOH$

3-羧基-3-羟基戊二酸(柠檬酸)

13.2　羧酸的制备

13-1

13.2.1　烃氧化法

烯烃、炔烃和含 α-H 的芳烃都可作为原料，用强氧化剂（如 $KMnO_4/H^+$）氧化生成羧酸。如：

$$CH_3CH_2CH{=}CHCH_3 \xrightarrow{KMnO_4/H^+} CH_3CH_2COOH + CH_3COOH$$

$$\text{环己烯} \xrightarrow{KMnO_4/H^+} HOOC(CH_2)_4COOH$$

$$CH_3CH(CH_3){-}C{\equiv}C{-}CH_3 \xrightarrow{KMnO_4/H^+} CH_3CH(CH_3)COOH + CH_3COOH$$

$$(H_3C)_3C{-}C_6H_4{-}CH_2CH_3 \xrightarrow{KMnO_4/H^+} (H_3C)_3C{-}C_6H_4{-}COOH$$

13.2.2　伯醇和醛氧化法

伯醇和醛可被氧化剂氧化生成碳原子数不变的羧酸，常用氧化剂有 $KMnO_4/H^+$、$K_2Cr_2O_7/H^+$、HNO_3 等。

$$RCH_2OH \xrightarrow{[O]} RCOOH$$

$$RCHO \xrightarrow{[O]} RCOOH$$

13.2.3　腈水解法

腈在酸性条件下水解，得到羧酸。而腈通常由伯卤代烃与 NaCN 反应得到，用此方法可以制备较原卤代烃多一个碳原子的羧酸。如：

$$C_6H_5CH_2Br \xrightarrow[C_2H_5OH]{NaCN} C_6H_5CH_2CN \xrightarrow[\triangle]{H_2O/H^+} C_6H_5CH_2COOH$$

$$ClCH_2CH_2Cl \xrightarrow[C_2H_5OH]{NaCN} NCCH_2CH_2CN \xrightarrow[\triangle]{H_2O/H^+} HOOCCH_2CH_2COOH$$

注意，能采用腈水解法制备羧酸的只能是伯卤代烃。因为仲、叔卤代烃在碱（NaCN）中易发生消除反应生成烯烃。仲、叔卤代烃要制备多一个碳的羧酸应用格氏试剂与 CO_2 反应。

13.2.4　格氏试剂与二氧化碳反应法

格氏试剂与 CO_2 先发生亲核加成反应，然后加成产物酸性水解得到多一个碳的羧酸。如：

$$R{-}MgX + O{=}C{=}O \longrightarrow R{-}\overset{\overset{\large O}{\|}}{C}{-}OMgX \xrightarrow[\triangle]{H_2O/H^+} R{-}COOH$$

制备格氏试剂的卤代烃可以是伯、仲、叔卤代烃，还可以是不活泼的乙烯型卤代烃。如不活泼的溴苯不能通过亲核取代反应生成腈的方法来制备苯甲酸，可通过格氏试剂与 CO_2 反应的方法来实现。

$$C_6H_5-Br \xrightarrow{NaCN} \times$$

$$C_6H_5-Br \xrightarrow[\text{无水乙醚}]{Mg} C_6H_5-MgBr \xrightarrow[\text{②} H_2O/H^+]{\text{①} CO_2} C_6H_5-COOH$$

知识点达标题 13-1　根据指定原料合成下列化合物。

(1) $CH_3CH{=}CH_2 \longrightarrow CH_3CH_2CH_2COOH$　(2) $(CH_3)_2C{=}CH_2 \longrightarrow (CH_3)_3CCOOH$

(3) $C_6H_5-CH_2OH \longrightarrow C_6H_5-CH_2CH_2COOH$

13-2

13.3　羧酸的物理性质与波谱特征

1. 状态与溶解性

$C_1 \sim C_3$ 脂肪酸是具有强刺激性酸味的液体，溶于水；$C_4 \sim C_9$ 脂肪酸是具有难闻酸腐臭味的油状液体（如丁酸脚臭味），难溶于水；C_9 以上脂肪酸是无味或微味的蜡状固体，不溶于水。芳香酸大多为结晶固体，在水中溶解度不大。

2. 沸点

羧酸的沸点比相对分子质量相近的醇要高，这是因为两分子羧酸的羧基与羧基之间形成两个氢键组成二缔合体。羧酸在液态和固态时主要以二缔合体形式存在。

$$R-C\begin{matrix}{=}O\cdots H-O\\-O-H\cdots O{=}\end{matrix}C-R$$

二缔合体

常见羧酸的物理常数如表 13-1 所示。

表 13-1　常见羧酸的物理常数

化合物	熔点/℃	沸点/℃	溶解度/[(g·100g H_2O)$^{-1}$]	pK_a(25℃)
甲酸	8.4	100.5	互溶	3.77
乙酸	6.6	118	互溶	4.76
丙酸	−21	141	互溶	4.88
丁酸	−5	162.5	互溶	4.82
戊酸	−34	187	4.97	4.81
己酸	−3	205	0.968	4.85
庚酸	−8	223.5	微溶	4.89

续表

化合物	熔点/℃	沸点/℃	溶解度/[(g · 100g H_2O)$^{-1}$]	pK_a(25℃)
十六碳酸	62.9	221.5	不溶	6.46
十八碳酸	70	383	不溶	6.37
苯甲酸	122	249	0.34	4.17
苯乙酸	76	266	微溶	4.31
乙二酸	189.5	100	9	1.46
丙二酸	135	140	74	2.80
丁二酸	187	235	5.8	4.17

3. 波谱特征

红外光谱：由于羧酸一般以氢键缔合成二缔合体，因此在羧酸的红外光谱图中观察到的是二缔合体的羰基和羟基的特征吸收峰。1695～1725cm^{-1} 是 C═O 的强伸缩振动吸收峰，2500～3300cm^{-1} 是—OH 宽而强的伸缩振动吸收峰，925cm^{-1} 附近是羟基弯曲振动吸收峰；1250cm^{-1} 附近是羧酸的 C—O 伸缩振动吸收峰。

核磁共振氢谱：羧基上的质子受到氧原子的诱导效应和 p-π 共轭效应的影响，外层电子屏蔽作用大大降低，化学位移出现在低场，δ 为 10～13。α-碳原子上的氢受羧基吸电子作用的影响，化学位移 δ 为 2～3。

1695~1725cm^{-1} ← C═O　　2500~3300cm^{-1}

—C—C—O—H

δ=2~3 → H　　δ=10~13

13.4 羧酸的化学性质

羧酸中由于羰基和羟基的相互影响，所以它的化学性质不是羰基和羟基的简单相加，而是具有特有的性质。羧酸的化学性质根据不同的断键位置有不同的反应类型（见图 13-2）。

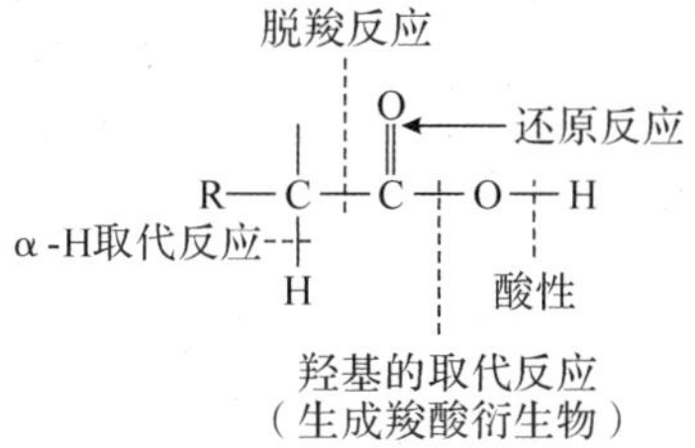

图 13-2　羧酸断键位置与反应类型

13.4.1 羧酸的酸性

13-3

羧酸在水溶液中容易电离出氢离子，具有明显的酸性。

$$RCOOH \rightleftharpoons RCOO^- + H^+$$

羧酸的酸性弱于盐酸、硫酸等无机强酸，但强于碳酸和苯酚。

$$\mathbf{HCl, H_2SO_4 > RCOOH > H_2CO_3 > PhOH}$$

因此，羧酸除了与 NaOH 反应外，还可以与 Na_2CO_3、$NaHCO_3$、PhONa 反应，生成可溶性的羧酸钠盐。如：

$$RCOOH + NaHCO_3 \longrightarrow RCOONa + CO_2 + H_2O$$

由于苯酚能与 NaOH 反应，不与 $NaHCO_3$ 反应，因此用碳酸氢钠溶液，可以区别或分离羧酸与酚。

羧酸的酸性强弱与羧酸的分子结构有关。对于脂肪酸，酸性强弱主要由烃基诱导效应决定，吸电子诱导效应使羧酸的酸性增强，供电子诱导效应使羧酸的酸性减弱，且诱导效应随着碳链的传递而迅速减弱。如：

	HCOOH	CH_3COOH	CH_3CH_2COOH	
pK_a	3.77	4.76	4.88	
	CH_3COOH	$ClCH_2COOH$	$Cl_2CHCOOH$	Cl_3CCOOH
pK_a	4.76	2.86	1.26	0.64
	$CH_3CH_2CH_2COOH$	$ClCH_2CH_2CH_2COOH$	$CH_3CHClCH_2COOH$	$CH_3CH_2CHClCOOH$
pK_a	4.82	4.52	4.06	2.84

芳香酸的酸性强弱主要与苯环上取代基的诱导效应和共轭效应有关。如果取代基位于间位，只考虑诱导效应对酸性的影响，吸电子基的酸性增强，供电子基的酸性减弱。如：

	间甲基苯甲酸 (COOH, CH_3)	苯甲酸 (COOH)	间氯苯甲酸 (COOH, Cl)	间硝基苯甲酸 (COOH, NO_2)
pK_a	4.27	4.20	3.83	3.49

如果取代基位于对位或邻位，则要同时考虑诱导效应和共轭效应对酸性的影响，一般取代基共轭效应>诱导效应，而卤素是共轭效应<诱导效应。如：

	对硝基苯甲酸 (COOH, NO_2)	对氯苯甲酸 (COOH, Cl)	苯甲酸 (COOH)	对甲基苯甲酸 (COOH, CH_3)	对甲氧基苯甲酸 (COOH, OCH_3)
pK_a	3.42	3.97	4.20	4.38	4.47
	(−I, −C)	(−I > +C)		(+I)	(+C > −I)

在邻位取代基中，如果分子内能与羧基形成氢键的，则酸性增强。如：

	邻羟基苯甲酸	间羟基苯甲酸	苯甲酸	对羟基苯甲酸
pK_a	2.98	4.08 (−I)	4.20	4.57 (+C>−I)

邻羟基苯甲酸能在分子内形成氢键，有利于羧基解离出氢离子，故酸性增强。

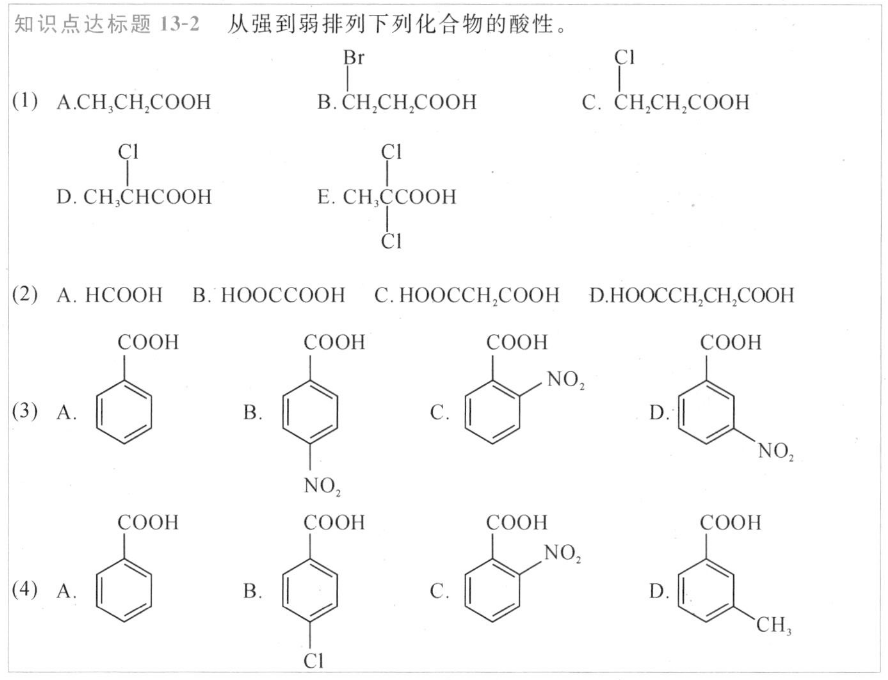

知识点达标题 13-2 从强到弱排列下列化合物的酸性。

(1) A. CH_3CH_2COOH B. $BrCH_2CH_2COOH$ C. $ClCH_2CH_2COOH$ D. $CH_3CHClCOOH$ E. CH_3CCl_2COOH

(2) A. HCOOH B. HOOCCOOH C. $HOOCCH_2COOH$ D. $HOOCCH_2CH_2COOH$

(3) A. 苯甲酸 B. 对硝基苯甲酸 C. 邻硝基苯甲酸 D. 间硝基苯甲酸

(4) A. 苯甲酸 B. 对氯苯甲酸 C. 邻硝基苯甲酸 D. 间甲基苯甲酸

13-2

13.4.2 羟基被取代的反应

13-4

羧酸中的羟基可以被其他基团所取代，生成羧酸衍生物。

1. 酰卤的生成

羧酸与卤化剂反应，羟基被卤素取代生成酰卤。酰卤中以酰氯最为重要，常用氯化剂有 PCl_3、PCl_5、$SOCl_2$ 等。

$$RCOOH + \begin{cases} PCl_3\ (\text{沸点}75℃) \\ PCl_5\ (\text{沸点}166℃) \\ SOCl_2\ (\text{沸点}77℃) \end{cases} \longrightarrow \underset{\text{酰氯}}{RCOCl} + \begin{cases} H_3PO_3\ (\text{沸点}200℃)\quad(\text{制备低沸点的酰氯}) \\ POCl_3 + HCl\ (\text{沸点}107℃)\quad(\text{制备高沸点的酰氯}) \\ SO_2 + HCl\quad(\text{制备任意沸点的酰氯}) \end{cases}$$

酰氯通常用蒸馏方法进行提纯，因此制备酰氯时选用哪种氯化剂，必须先考虑反应物和生成的酰氯及副产物之间有较大沸点差，沸点差越大，产物越容易分离。如：

$$CH_3CH_2CH_2COOH + \underset{(沸点75℃)}{PCl_3} \longrightarrow \underset{(沸点98\sim102℃)}{CH_3CH_2CH_2COCl} + \underset{(沸点200℃)}{H_3PO_3}$$

$$C_6H_5COOH + \underset{(沸点166℃)}{PCl_5} \longrightarrow \underset{(沸点197℃)}{C_6H_5COCl} + \underset{(沸点107℃)}{POCl_3} + HCl$$

2. 酸酐的生成

除甲酸外，一元酸在脱水剂（如 P_2O_5、乙酸酐等）存在下加热，两分子羧酸的羧基与羧基之间脱去一分子水，生成酸酐。

$$R-\overset{O}{\overset{\|}{C}}-OH + R-\overset{O}{\overset{\|}{C}}-OH \xrightarrow[\triangle]{P_2O_5} \underset{酸酐}{R-\overset{O}{\overset{\|}{C}}-O-\overset{O}{\overset{\|}{C}}-R} + H_2O$$

两种不同羧酸组成的混合酸酐，不能采用羧酸与羧酸之间脱水的方法来制备，因为它们可以生成三种酸酐混合物，不易分离。可用酰氯与无水羧酸盐反应来制备。如：

$$CH_3CH_2\overset{O}{\overset{\|}{C}}-Cl + CH_3\overset{O}{\overset{\|}{C}}-ONa \xrightarrow{\triangle} CH_3CH_2\overset{O}{\overset{\|}{C}}-O-\overset{O}{\overset{\|}{C}}-CH_3 + NaCl$$

3. 酯的生成

羧酸与醇在酸催化下加热脱水生成酯的反应称为酯化反应，常用的酸催化剂有浓硫酸、浓磷酸和苯磺酸等。

$$R-\overset{O}{\overset{\|}{C}}-OH + R'-OH \underset{\triangle}{\overset{H^+}{\rightleftharpoons}} R-\overset{O}{\overset{\|}{C}}-O-R' + H_2O$$

醇不同，反应机理和脱水方法也不同。

(1)羧酸与伯醇或仲醇酯化。羧酸与伯醇或仲醇酯化，羧酸脱羟基，醇脱氢。反应机理为：

$$R-\overset{O}{\overset{\|}{C}}-OH \overset{H^+}{\rightleftharpoons} \underset{质子化酸}{R-\overset{+OH}{\overset{\|}{C}}-OH} \overset{HOR'}{\rightleftharpoons} \underset{四面体中间体}{R-\overset{OH}{\overset{|}{\underset{R'-\overset{+}{O}-H}{\underset{|}{C}}}}-OH} \overset{质子转移}{\rightleftharpoons} R-\overset{OH}{\overset{|}{\underset{R'-O}{\underset{|}{C}}}}-\overset{+}{O}H_2 \overset{-H_2O}{\rightleftharpoons} \underset{质子化酯}{R-\overset{+OH}{\overset{\|}{\underset{R'-O}{\underset{|}{C}}}}} \overset{-H^+}{\rightleftharpoons} R-\overset{O}{\overset{\|}{C}}-OR'$$

羧酸的羰基氧先被酸质子化，增加了羰基碳的正电性，然后醇的羟基氧作为亲核试剂进攻羰基碳形成四面体的中间体，这一步反应慢，是定速步骤。再经过质子转移、脱去水形成质子化的酯，最后消去质子生成酯。

从反应机理可以看出，形成四面体中间体的反应速率与羧酸及醇烃基的体积大小有关，烃基 R 上的取代基越多、体积越大，越不利于亲核加成生成中间体，酯化反应难。

对于同一羧酸，不同醇的酯化反应速率为：

$$CH_3OH > RCH_2OH > R_2CHOH > R_3COH$$

对于同一醇，不同羧酸的酯化反应速率为：

$$HCOOH > RCH_2COOH > R_2CHCOOH > R_3CCOOH$$

(2)羧酸与叔醇酯化。羧酸与叔醇酯化,羧酸脱氢,醇脱羟基。反应机理为:

$$R_3C-OH \underset{}{\overset{H^+}{\rightleftharpoons}} R_3C-\overset{+}{O}H_2 \overset{-H_2O}{\rightleftharpoons} R_3C^+ \xrightarrow{R-\overset{O}{\overset{\|}{C}}-OH} R-\overset{O}{\overset{\|}{C}}-\overset{H}{\overset{|}{\underset{+}{O}}}-CR_3 \overset{-H^+}{\rightleftharpoons} R-\overset{O}{\overset{\|}{C}}-O-CR_3$$

(叔碳正离子)

叔醇先被酸质子化脱水形成叔碳正离子中间体,然后羧基中的羟基氧与碳正离子结合生成烷氧键,最后失去质子生成酯。

4. 酰胺的生成

羧酸与碱性的氨气或胺(RNH_2、R_2NH)反应在低温下先生成铵盐,然后铵盐加热发生分子内脱水生成酰胺。

$$R\overset{O}{\overset{\|}{C}}OH + NH_3 \rightleftharpoons R\overset{O}{\overset{\|}{C}}\overset{-}{O}\overset{+}{N}H_4 \overset{\triangle}{\rightleftharpoons} R\overset{O}{\overset{\|}{C}}-NH_2 + H_2O$$

酰胺

$$R\overset{O}{\overset{\|}{C}}OH + R'NH_2 \rightleftharpoons R\overset{O}{\overset{\|}{C}}\overset{-}{O}\overset{+}{N}H_3R' \overset{\triangle}{\rightleftharpoons} R\overset{O}{\overset{\|}{C}}-NHR' + H_2O$$

N-烃基酰胺

由于是可逆反应,必须在较高温度下,并不断移去生成的水,才能得到较高产率的酰胺。

13.4.3　脱羧反应

在加热条件下,从羧基中脱去 CO_2 的反应称为脱羧反应。一元饱和脂肪酸一般条件下难以脱羧,但当 α-碳原子上连有卤素、硝基、羰基、羧基等吸电子基时,加热下容易发生脱羧反应。如:

$$CH_3-\overset{O}{\overset{\|}{C}}-CH_2-COOH \xrightarrow{\triangle} CH_3-\overset{O}{\overset{\|}{C}}-CH_3 + CO_2$$

$$\text{(环己烷-1,1-二甲酸)}\ C_6H_{10}(COOH)_2 \xrightarrow{\triangle} C_6H_{11}-COOH + CO_2$$

芳香酸比脂肪酸容易脱酸,尤其是邻、对位上连有吸电子基的芳香酸更容易发生脱羧反应。

亨斯狄克(Hunsdiecker)反应是有机合成上非常有用的脱羧反应。用羧酸的银盐在无水溶剂(如 CCl_4、苯等)中,与溴分子加热反应,脱去二氧化碳,生成少一个碳原子的溴代烃。如:

$$CH_3CH_2CH_2CH_2COOAg \xrightarrow[CCl_4]{Br_2} CH_3CH_2CH_2CH_2Br$$

$$C_6H_5-COOAg \xrightarrow[CCl_4]{Br_2} C_6H_5-Br$$

13.4.4　羧基还原反应

羧基比较稳定,一般还原剂如催化氢化、$NaBH_4$ 等难还原,只有用强还原剂 $LiAlH_4$ 才能还原,生成伯醇。用 $LiAlH_4$ 还原羧基产率高,同时对 C=C 与 C≡C 不影响。如:

$$C_6H_5-CH=CH-COOH \xrightarrow[\text{无水乙醚}]{LiAlH_4} C_6H_5-CH=CH-CH_2OH$$

13.4.5 α-H 的卤代反应

由于羧基的吸电子能力小于羰基，所以羧酸的α-H 活性比醛、酮要弱，需要催化剂（如三卤化磷或少量红磷）催化下，才能与氯或溴单质反应，生成α-卤代酸。如：

$$CH_3CH_2COOH + Cl_2 \xrightarrow{PCl_3} CH_3CH(Cl)COOH + HCl$$

$$C_6H_5-CH_2COOH + Br_2 \xrightarrow{P} C_6H_5-CH(Br)COOH + HBr$$

α-卤代酸是很有用的中间体，利用卤代烃性质可制备α-羟基酸、α,β-不饱和酸、取代丙二酸、α-氨基酸等多种有机化合物。

$$RCH(X)COOH \xrightarrow{NaOH/H_2O} RCH(OH)COONa \xrightarrow{H^+} RCH(OH)COOH \text{（α-羟基酸）}$$

$$RCH(X)COOH \xrightarrow{NaOH/\text{醇}} RCH=CHCOONa \xrightarrow{H^+} RCH=CHCOOH \text{（α, β-不饱和酸）}$$

$$RCH(X)COOH \xrightarrow{NaCN} RCH(CN)COONa \xrightarrow{H_3O^+} RCH(COOH)COOH \text{（取代丙二酸）}$$

$$RCH(X)COOH \xrightarrow{NH_3} RCH(NH_2)COOH \text{（α-氨基酸）}$$

> **知识点达标题 13-3** 写出异丁酸与下列试剂反应的主要产物。
> (1)$SOCl_2$ (2)Br_2/P (3)$NH_3/\triangle$ (4)$LiAlH_4/H_2O$ (5)Ag_2O/Br_2

13-2

13.4.6 二元羧酸的受热反应

二元羧酸因两个羧基之间距离不同，受热时发生反应的方式也不同，反应规律如下。

13-5

1. 1,2-与 1,3-二元羧酸

两个羧基直接相连的 1,2-二元羧酸或隔一个碳原子的 1,3-二元羧酸，受热时发生脱羧反应，生成少一个碳原子的羧酸。如：

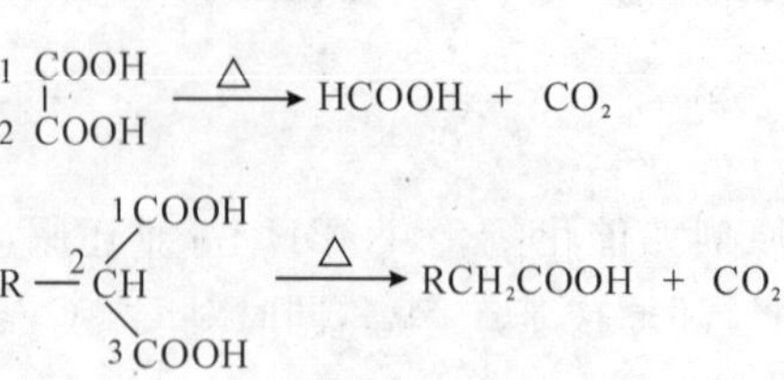

$$\underset{2}{COOH}-\underset{1}{COOH} \xrightarrow{\triangle} HCOOH + CO_2$$

$$R-\overset{2}{C}H(\overset{1}{C}OOH)(\overset{3}{C}OOH) \xrightarrow{\triangle} RCH_2COOH + CO_2$$

2. 1,4-与 1,5-二元羧酸

两个羧基处于 1,4 或 1,5 位置的二元羧酸，受热时分子内发生羧基与羧基之间的脱水反应，生成稳定的五元或六元环的酸酐。如：

$$\overset{1}{\mathrm{COOH}}{-}\overset{2}{\mathrm{CH_2}}{-}\overset{3}{\mathrm{CH_2}}{-}\overset{4}{\mathrm{COOH}} \xrightarrow{\triangle} \begin{matrix} \mathrm{H_2C{-}C(=O)} \\ | \qquad \quad \mathrm{O} \\ \mathrm{H_2C{-}C(=O)} \end{matrix} + \mathrm{H_2O}$$

$$\begin{matrix} \overset{2}{\mathrm{CH_2}}{-}\overset{1}{\mathrm{COOH}} \\ \overset{3}{\mathrm{CH_2}} \\ \underset{4}{\mathrm{CH_2}}{-}\underset{5}{\mathrm{COOH}} \end{matrix} \xrightarrow{\triangle} \begin{matrix} \mathrm{H_2C{-}C(=O)} \\ \mathrm{H_2C} \qquad \quad \mathrm{O} \\ \mathrm{H_2C{-}C(=O)} \end{matrix} + \mathrm{H_2O}$$

3. 1,6-与 1,7-二元羧酸

两个羧基处于 1,6 或 1,7 位置的二元羧酸，受热时分子内发生既脱水又脱羧反应，生成少一个碳原子的环酮。如：

$$\overset{1}{\mathrm{COOH}}{-}\overset{2}{\mathrm{CH_2}}{-}\overset{3}{\mathrm{CH_2}}{-}\overset{4}{\mathrm{CH_2}}{-}\overset{5}{\mathrm{CH_2}}{-}\overset{6}{\mathrm{COOH}} \xrightarrow{\triangle} \text{环戊酮}{=}\mathrm{O} + \mathrm{CO_2} + \mathrm{H_2O}$$

$$\overset{1}{\mathrm{COOH}}{-}\overset{2}{\mathrm{CH_2}}{-}\overset{3}{\mathrm{CH_2}}{-}\overset{4}{\mathrm{CH_2}}{-}\overset{5}{\mathrm{CH_2}}{-}\overset{6}{\mathrm{CH_2}}{-}\overset{7}{\mathrm{COOH}} \xrightarrow{\triangle} \text{环己酮}{=}\mathrm{O} + \mathrm{CO_2} + \mathrm{H_2O}$$

4. 1,8-及以上二元羧酸

两个羧基处于 1,8 及以上位置的二元羧酸，受热时发生分子间脱水反应，生成高分子的酸酐。如：

$$n\ \mathrm{HOOC{-}(CH_2)_6{-}COOH} \xrightarrow{\triangle} \left[\mathrm{\overset{O}{\overset{\|}{C}}{-}(CH_2)_6{-}\overset{O}{\overset{\|}{C}}{-}O}\right]_n + n\,\mathrm{H_2O}$$

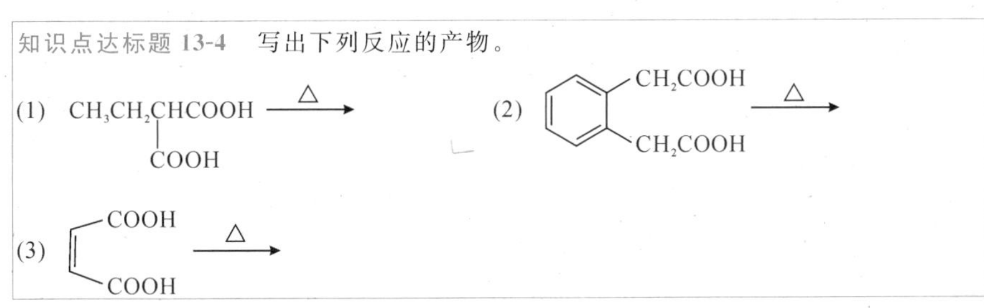

13-2

Ⅱ. 羧酸衍生物

13.5 羧酸衍生物的结构和命名

13-6

13.5.1 羧酸衍生物的结构

酰卤、酸酐、酯和酰胺分子中都含有相同的酰基，可用通式 RCOL 表示。L 中与羰基碳直接相连的原子（X、O、N）上都有孤对 p 电子，它与羰基上的 π 电子形成 p-π 共轭结构。

$R-\overset{O}{\overset{\|}{C}}-OH$ → 酰基（$R-\overset{O}{\overset{\|}{C}}-$）

- $R-\overset{O}{\overset{\|}{C}}-X$（酰卤）
- $R-\overset{O}{\overset{\|}{C}}-OR'$（羧酸酯）
- $R-\overset{O}{\overset{\|}{C}}-O-\overset{O}{\overset{\|}{C}}-R'$（酸酐）
- $R-\overset{O}{\overset{\|}{C}}-NH_2$ 伯酰胺（酰胺）
- $R-\overset{O}{\overset{\|}{C}}-NHR'$ 仲酰胺（酰胺）
- $R-\overset{O}{\overset{\|}{C}}-NR'R''$ 叔酰胺（酰胺）

通式 $R-\overset{O}{\overset{\|}{C}}-L$

$R-\overset{O}{\overset{\|}{C}}-\ddot{L}$　p-π 共轭

13.5.2 羧酸衍生物的命名

1. 酰基的命名

酰基是由羧基去掉羟基后留下的部分，命名时将相应羧酸名称中的酸改成酰基即可。如：

$CH_3-\overset{O}{\overset{\|}{C}}-$　乙酰基

$C_6H_5-\overset{O}{\overset{\|}{C}}-$　苯甲酰基

$C_6H_5-\overset{O}{\overset{\|}{\underset{\underset{O}{\|}}{S}}}-$　苯磺酰基

2. 酰卤和酰胺的命名

酰卤和酰胺可根据酰基名称，命名为某酰卤和某酰胺。其中，酰胺中 N 上有一个烃基的仲酰胺和有两个烃基的叔酰胺，命名时以某酰胺为母体，用 N 来表示烃基位置。如：

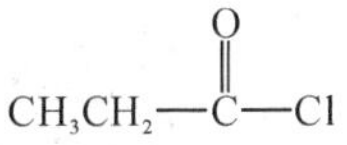

$CH_3CH_2-\overset{O}{\overset{\|}{C}}-Cl$　　丙酰氯

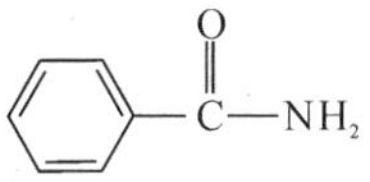

$C_6H_5-\overset{O}{\overset{\|}{C}}-NH_2$　　苯甲酰胺

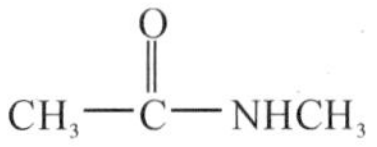

$CH_3-\overset{O}{\overset{\|}{C}}-NHCH_3$　　N-甲基乙酰胺

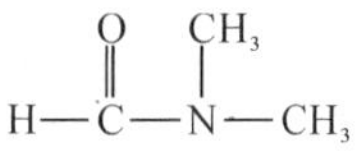

$H-\overset{O}{\overset{\|}{C}}-N(CH_3)-CH_3$　　N,N-二甲基甲酰胺 (DMF)

N 上有两个酰基的称为酰亚胺，环状酰胺称为内酰胺。如：

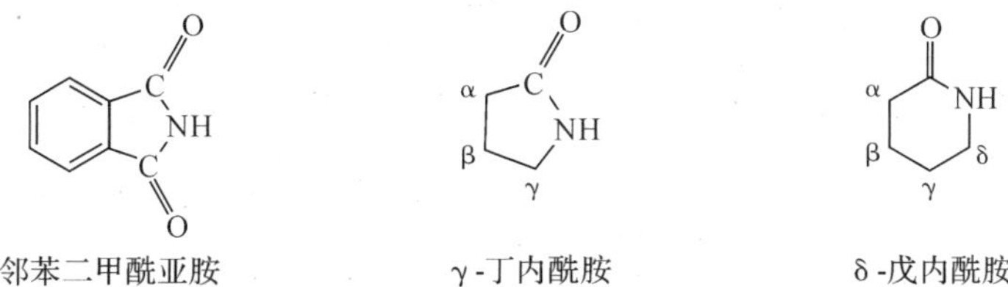

邻苯二甲酰亚胺　　γ-丁内酰胺　　δ-戊内酰胺

3. 酸酐的命名

由相同羧酸形成的酸酐叫单酐，由不同羧酸形成的酸酐叫混酐。它们都是根据羧酸的名称＋酐字，命名为某酸酐和某酸某酸酐。如：

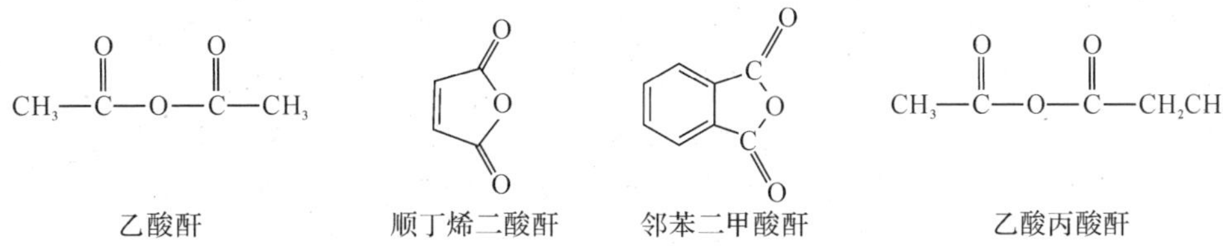

乙酸酐　　顺丁烯二酸酐　　邻苯二甲酸酐　　乙酸丙酸酐

4. 酯的命名

酯是根据形成酯的酸和醇名称来命名的的，一元醇酯命名为某酸某酯（将“醇”字换成“酯”）。如：

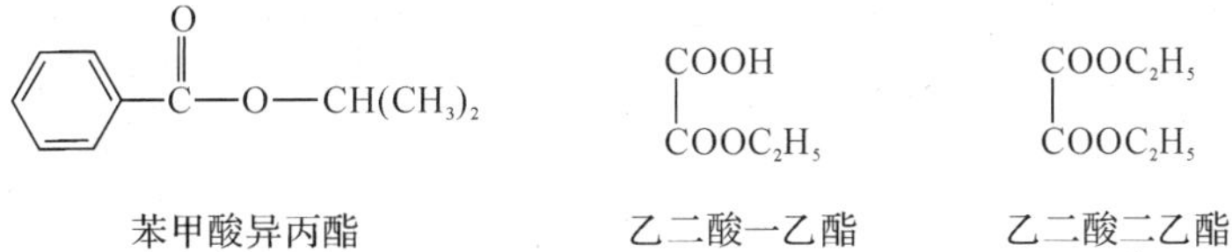

苯甲酸异丙酯　　乙二酸一乙酯　　乙二酸二乙酯

多元醇的酯，醇名称在前面、酸名称在后面，命名为某醇某酸酯。如：

$CH_3-\overset{O}{\overset{\|}{C}}-OCH_2CH_2OH$　　乙二醇乙酸酯

$CH_3-\overset{O}{\overset{\|}{C}}-OCH_2CH_2O-\overset{O}{\overset{\|}{C}}-CH_3$　　乙二醇二乙酯

CH_2ONO_2
$CHONO_2$
CH_2ONO_2
甘油三硝酸酯

环状酯称为内酯，命名时用“内酯”二字代替“酸”字，并标明羟基的位置。如：

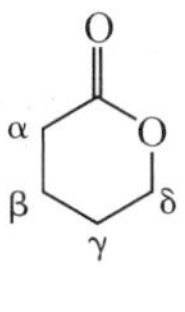

δ-戊内酯 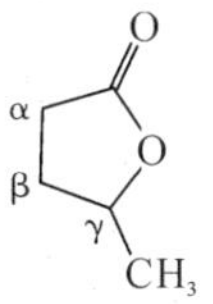　　γ-戊内酯

知识点达标题 13-5　命名下列化合物。

(1) Cl—C₆H₄—C(=O)—Cl　(2) CH_3—C(=O)—NH—C₆H₅　(3) $COOCH_3$—C₆H₄—$COOCH_3$

(4)　(5) H_3C　(6) H_3C NH

13-2

知识点达标题 13-6　写出下列化合物的结构式。

(1)2-甲基丙烯酸甲酯　(2)N-甲基丁二烯酰亚胺　(3)δ-己内酯　(4)对甲基苯磺酰氯

13.6　羧酸衍生物的物理性质与波谱特征

1. 状态与溶解性

低级酰氯和酸酐都是具有刺激性气味的无色液体，高级的为固体，不溶于水，但遇水剧烈水解。酯多为无色液体，高级酯为蜡状固体，低级酯具有水果香味，如乙酸异戊酯有香蕉味、戊酸异戊酯有苹果香味等，酯在水中溶解度较小，能溶于有机溶剂。酰胺中除甲酰胺和N,N-二甲基甲酰胺(DMF)外，多数为固体，低级酰胺能溶于水，如甲酰胺、N-甲基甲酰胺和DMF都能与水混溶。

2. 沸点和相对密度

酰卤、酸酐和酯不能形成分子间氢键，因此，酰卤的沸点比相应的羧酸低，酸酐的沸点高于相应的羧酸，但低于相对分子质量相近的羧酸，酯的沸点低于相应的羧酸和醇，与碳原子数相同的醛、酮相近。酰胺分子间可以通过氮原子上的氢以氢键缔合，其沸点都高于相应的羧酸，当氮原子上的氢都被烷基取代后的叔酰胺，因分子间不能形成氢键，沸点降低。多数酯相对密度小于1，而酰氯、酸酐和酰胺的相对密度均大于1。常见羧酸衍生物的物理常数如表13-2所示。

表 13-2　常见羧酸衍生物的物理常数

化合物	熔点/℃	沸点/℃	化合物	熔点/℃	沸点/℃
乙酰氯	−112	51	乙酸乙酯	−83	77
丙酰氯	−94	80	乙酸异戊酯	−78	142
正丁酰氯	−89	102	苯甲酸乙酯	−32.7	213
苯甲酰氯	−1	197	丙二酸二乙酯	−50	199
乙酸酐	−73	140	乙酰乙酸乙酯	−45	180.4
丙酸酐	−45	169	甲酰胺	3	200(分解)
丁二酸酐	119.6	261	乙酰胺	82	221

续表

化合物	熔点/℃	沸点/℃	化合物	熔点/℃	沸点/℃
顺丁烯二酸酐	60	202	苯甲酰胺	130	290
邻苯二甲酸酐	131	284	N,N-二甲基甲酰胺	−61	153
甲酸甲酯	−100	30	邻苯二甲酰亚胺	238	升华

3. 波谱特征

红外光谱：羧酸衍生物的红外光谱在 1630～1850cm^{-1} 有羰基的伸缩振动的强吸收峰，通常吸收峰的频率为酰卤＞酸酐＞酯＞酰胺。其伸缩振动频率如表 13-3 所示。

表 13-3　羧酸衍生物中羰基的红外吸收谱

化合物	$>$C=O 伸缩振动频率/cm^{-1}	化合物	$>$C=O 伸缩振动频率/cm^{-1}
R—C(=O)—OH	1710～1780	R—C(=O)—O—C(=O)—R′	1800～1850(强) 1740～1790(弱)
R—C(=O)—Cl	1795～1815	Ar—C(=O)—O—C(=O)—Ar	1780～1830 1730～1770
Ar—C(=O)—Cl	1740～1785	R—C(=O)—NH_2	1660～1690
R—C(=O)—OR′	1735～1750	R—C(=O)—NHR′	1630～1680
Ar—C(=O)—OR′	1715～1740	R—C(=O)—NR'_2	1640～1670

另外，酸酐中的 C—O 伸缩振动在 1045～1310cm^{-1}，酯的 C—O 伸缩振动在 1050～1300cm^{-1}，N—H 伸缩振动在 3100～3600cm^{-1}，N 上两个氢原子的伯酰胺产生两个峰，N 上一个氢原子的仲酰胺产生一个峰。

核磁共振氢谱：羧酸衍生物中的 α-碳原子上的 H 化学位移与醛、酮的 α-H 相近，其吸收峰略向低场移动，δ 为 2～3。酯的烷氧基中，直接与氧原子相连碳原子上的 H 的 δ 为 3.7～4.1。酰胺中 N 上 H 的 δ 为 5～8。

13.7　羧酸衍生物的化学性质

13-7

13.7.1　亲核取代反应

酰卤、酸酐、酯和酰胺含有相同的酰基，酰基碳带正电荷容易受亲核试剂的进攻，发生亲核取代反应。如水解、醇解、氨(胺)解反应(简称"三解")，结果是—X、

—OCOR、—OR、—NH_2(—NHR、NR_2)被亲核试剂取代。反应通式如下：

$$R-\overset{O}{\overset{\|}{C}}-\mathbf{L} + H-\mathbf{Nu} \longrightarrow R-\overset{O}{\overset{\|}{C}}-\mathbf{Nu} + H\mathbf{L}$$

L=X、OCOR、OR、NH_2、NHR、NR_2

Nu=OH、OR、NH_2、NHR、NR_2

1. 反应机理

羧酸衍生物在碱催化下的亲核取代反应机理分两步进行。首先亲核试剂进攻带正电荷的羰基碳原子，发生加成反应，生成四面体的氧负离子中间体，然后 L 带着一对电子离开，重新恢复 C═O 生成取代产物，即反应机理经过加成-消去过程。

$$R-\overset{O}{\overset{\|}{C}}-\mathbf{L} + \mathbf{Nu}^- \xrightleftharpoons{\text{亲核加成}} \left[R-\overset{O^-}{\overset{|}{\underset{\mathbf{Nu}}{\underset{|}{C}}}}-\mathbf{L} \right] \xrightleftharpoons{\text{消去}L^-} R-\overset{O}{\overset{\|}{C}}-\mathbf{Nu} + \mathbf{L}^-$$

氧负离子中间体

从反应机理可知，亲核取代反应活性与试剂 Nu 的亲核性强弱和 L 的离去能力有关。

(1)试剂 Nu 亲核性。试剂 Nu 的亲核性越强，反应活性越大。水解(HOH)、醇解(HOR)和氨解(HNH_2)试剂的亲核性为：

$$OH^- < RO^- < NH_2^-$$

所以同一羧酸衍生物“三解”反应活性为：

水解＜醇解＜氨解

(2)L 离去能力。L 负离子越易离去，反应活性越大。因为负离子的离去能力与碱性强弱相反，即碱性越弱，越易离去，反应活性越大。L 负离子的碱性强弱为：

$$X^- < RCOO^- < RO^- < NH_2^-$$

所以不同羧酸衍生物“三解”反应活性为：

酰卤＞酸酐＞酯＞酰胺

2.“三解”反应

(1)水解反应。酰卤、酸酐、酯和酰胺都能发生水解，生成相应的羧酸。

$$R-\overset{O}{\overset{\|}{C}}-Cl + H_2O \xrightarrow{\text{室温}} R-\overset{O}{\overset{\|}{C}}-OH + HCl$$

$$R-\overset{O}{\overset{\|}{C}}-O-\overset{O}{\overset{\|}{C}}-R' + H_2O \xrightarrow{\triangle} R-\overset{O}{\overset{\|}{C}}-OH + R'-\overset{O}{\overset{\|}{C}}-OH$$

$$R-\overset{O}{\overset{\|}{C}}-OR' + H_2O \xrightarrow[\triangle]{H^+\text{或}OH^-} R-\overset{O}{\overset{\|}{C}}-OH + R'OH$$

$$R-\overset{O}{\overset{\|}{C}}-NH_2 + H_2O \xrightarrow[\text{回流}]{H^+\text{或}OH^-} R-\overset{O}{\overset{\|}{C}}-OH + NH_3$$

其中，酰卤活性最高，在室温下激烈反应；酸酐在加热下能发生水解；酯较稳定，在酸性或碱性催化下加热才能水解；酰胺活性最差，需要在酸或碱催化下，经长时间加热回流才能水解。

(2)醇解反应。酰卤、酸酐和酯能发生醇解反应，生成酯。

$$R-\overset{O}{\overset{\|}{C}}-Cl + R''OH \longrightarrow R-\overset{O}{\overset{\|}{C}}-OR'' + HCl$$

$$R-\overset{O}{\overset{\|}{C}}-O-\overset{O}{\overset{\|}{C}}-R' + R''OH \xrightarrow{\triangle} R-\overset{O}{\overset{\|}{C}}-OR'' + R'-\overset{O}{\overset{\|}{C}}-OH$$

$$R-\overset{O}{\overset{\|}{C}}-OR' + R''OH \underset{\triangle}{\overset{H^+\text{或}R''O^-}{\rightleftharpoons}} R-\overset{O}{\overset{\|}{C}}-OR'' + R'OH$$

其中，酰卤和酸酐反应较快，常用于一些难以用酸和醇直接酯化合成的酯(如酚酯)。

酯的醇解需要在酸或碱催化下进行，生成新酯和新醇，酯的醇解又称为酯交换反应。其本质是醇的交换，由于是可逆反应，如果将生成的低沸点的醇蒸出，可用来制备高沸点复杂醇组成的酯。如工业上，合成纤维中产量最大的聚酯纤维"的确良"，就是用对苯二甲酸二甲酯与乙二醇进行酯交换反应，蒸出甲醇使之完全转化为二乙二醇对苯二甲酸酯，再在 Sb_2O_3 催化下高温缩聚。

$$CH_3OOC-C_6H_4-COOCH_3 + 2HOCH_2CH_2OH \xrightarrow{Zn(OAc)_2} HOCH_2CH_2OOC-C_6H_4-COOCH_2CH_2OH + 2CH_3OH$$

二乙二醇对苯二甲酸酯

$$n\ HOCH_2CH_2OOC-C_6H_4-COOCH_2CH_2OH \xrightarrow{Sb_2O_3} \left[OCH_2CH_2O-\overset{O}{\overset{\|}{C}}-C_6H_4-\overset{O}{\overset{\|}{C}}\right]_n + (n-1)\ \underset{OH}{CH_2}-\underset{OH}{CH_2}$$

涤纶(的确良)

(3)氨解反应。酰卤、酸酐和酯都能发生氨解反应生成酰胺。

$$R-\overset{O}{\overset{\|}{C}}-Cl + NH_3 \xrightarrow{NaOH} R-\overset{O}{\overset{\|}{C}}-NH_2 + HCl$$

$$R-\overset{O}{\overset{\|}{C}}-O-\overset{O}{\overset{\|}{C}}-R' + NH_3 \xrightarrow{NaOH} R-\overset{O}{\overset{\|}{C}}-NH_2 + R'-\overset{O}{\overset{\|}{C}}-OH$$

$$R-\overset{O}{\overset{\|}{C}}-OR' + NH_3 \longrightarrow R-\overset{O}{\overset{\|}{C}}-NH_2 + R'OH$$

其中，酰卤和酸酐与氨反应是制备酰胺的重要方法。由于有盐酸和羧酸生成，为了减少反应物氨的消耗，通常在 NaOH、K_2CO_3、吡啶和三乙胺等碱性条件下进行。酯、酰胺氨解反应较慢。

13.7.2 还原反应

1. $LiAlH_4$ 还原

羧酸衍生物比羧酸容易还原，用 $LiAlH_4$ 可以将酰卤还原为醇，酸酐和酯还原为两分子醇，酰胺还原为胺。

$$R-\overset{O}{\overset{\|}{C}}-Cl \xrightarrow[Et_2O]{LiAlH_4} RCH_2OH$$

$$R-\overset{O}{\overset{\|}{C}}-O-\overset{O}{\overset{\|}{C}}-R' \xrightarrow[Et_2O]{LiAlH_4} RCH_2OH + R'CH_2OH$$

$$R-\overset{O}{\overset{\|}{C}}-OR' \xrightarrow[Et_2O]{LiAlH_4} RCH_2OH + R'OH$$

$$R-\overset{O}{\overset{\|}{C}}-NH_2 \xrightarrow[Et_2O]{LiAlH_4} RCH_2NH_2$$

2. 催化氢化

除酰胺外，酰卤、酸酐和酯可以发生催化氢化生成醇。

$$R-\overset{O}{\overset{\|}{C}}-Cl \xrightarrow[Pd/C]{H_2} RCH_2OH$$

$$R-\overset{O}{\overset{\|}{C}}-O-\overset{O}{\overset{\|}{C}}-R' \xrightarrow[Pd/C]{H_2} RCH_2OH + R'CH_2OH$$

$$R-\overset{O}{\overset{\|}{C}}-OR' \xrightarrow[Pd/C]{H_2} RCH_2OH + R'OH$$

$$R-\overset{O}{\overset{\|}{C}}-NH_2 \xrightarrow[Pd/C]{H_2} NR$$

3. 酰氯和酯的特殊还原

酰氯在 Pd-$BaSO_4$ 催化下加氢还原，生成醛，这一反应称为酰氯的罗森孟德(Rosenmund)还原。酯可被金属钠和无水乙醇直接还原生成伯醇，这一反应称为酯的鲍维特-布兰克(Bouveault-Blaanc)还原。

$$C_6H_5-\overset{O}{\overset{\|}{C}}-Cl \xrightarrow[Pd\text{-}BaSO_4]{H_2} C_6H_5-\overset{O}{\overset{\|}{C}}-H$$

$$CH_2{=}CHCOOC_2H_5 \xrightarrow{Na+C_2H_5OH} CH_2{=}CHCH_2OH + C_2H_5OH$$

13.7.3　与格氏试剂反应

酰氯和酯能与格氏试剂反应。先与 1mol 格氏试剂发生亲核加成反应，经过中间产物酮，然后酮继续与格氏试剂亲核加成，酸性水解最后得到叔醇。

$$\mathrm{R{-}\overset{\overset{\displaystyle O}{\|}}{C}{-}Cl} + \mathrm{R'MgCl} \xrightarrow{\text{无水乙醚}} \mathrm{R{-}\underset{\underset{\displaystyle R'}{|}}{\overset{\overset{\displaystyle OMgCl}{|}}{C}}{-}Cl} \xrightarrow{-\mathrm{MgCl_2}} \mathrm{R{-}\overset{\overset{\displaystyle O}{\|}}{C}{-}R'}$$

$$\xrightarrow{\mathrm{R'MgCl}} \mathrm{R{-}\underset{\underset{\displaystyle R'}{|}}{\overset{\overset{\displaystyle OMgCl}{|}}{C}}{-}R'} \xrightarrow{\mathrm{H_2O,H^+}} \mathrm{R{-}\underset{\underset{\displaystyle R'}{|}}{\overset{\overset{\displaystyle OH}{|}}{C}}{-}R'}$$

$$\mathrm{R{-}\overset{\overset{\displaystyle O}{\|}}{C}{-}OR''} + \mathrm{R'MgCl} \xrightarrow{\text{无水乙醚}} \mathrm{R{-}\underset{\underset{\displaystyle R'}{|}}{\overset{\overset{\displaystyle OMgCl}{|}}{C}}{-}OR''} \xrightarrow{-\mathrm{R''OMgCl}} \mathrm{R{-}\overset{\overset{\displaystyle O}{\|}}{C}{-}R'}$$

$$\xrightarrow{\mathrm{R'MgCl}} \xrightarrow{\mathrm{H_2O,H^+}} \mathrm{R{-}\underset{\underset{\displaystyle R'}{|}}{\overset{\overset{\displaystyle OH}{|}}{C}}{-}R'}$$

因为生成的叔醇中两个烷基相同，并且都来自格氏试剂，所以在有机合成中可用酰氯或酯与格氏试剂反应，来制备两个烃基相同的叔醇。

知识点达标题 13-7　写出下列各步转化的主要试剂。

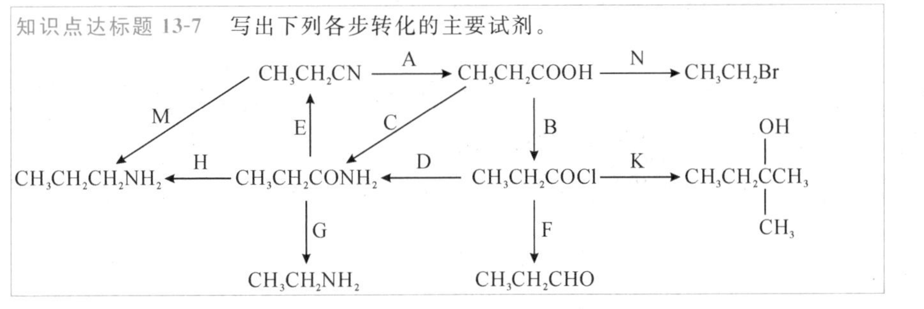

13-2

13.7.4　酯缩合反应

13-8

含有 α-H 的酯在强碱（如乙醇钠）作用下，与另一分子酯作用，脱去醇，生成 β-酮酸酯的反应，称为酯缩合反应，或称为克莱森（Claisen）酯缩合反应。如：

$$\mathrm{CH_3{-}\overset{\overset{\displaystyle O}{\|}}{C}{-}OC_2H_5} + \mathrm{H{-}CH_2{-}\overset{\overset{\displaystyle O}{\|}}{C}{-}OC_2H_5} \xrightarrow{\mathrm{C_2H_5ONa}} \mathrm{CH_3{-}\overset{\overset{\displaystyle O}{\|}}{C}{-}CH_2{-}\overset{\overset{\displaystyle O}{\|}}{C}{-}OC_2H_5} + \mathrm{CH_3CH_2OH}$$

β-丁酮酸乙酯
（乙酰乙酸乙酯）

反应形式相当于一分子酯的乙酰基取代另一分子酯的 α-C 上的一个氢。

1. 反应机理

首先强碱乙氧负离子进攻酯的酸性 α-H，生成 α-碳负离子，然后 α-碳负离子作为亲核试剂进攻另一分子酯的羰基碳发生亲核加成反应，形成氧负离子中间体，最后中间体消去乙氧负离子生成乙酰乙酸乙酯。整个反应过程也是加成-消去机理。

$$H-CH_2-\overset{O}{\overset{\|}{C}}-OC_2H_5 \xrightarrow[-C_2H_5OH]{C_2H_5O^-} \overset{-}{C}H_2-\overset{O}{\overset{\|}{C}}-OC_2H_5 \xrightarrow{CH_3-\overset{O}{\overset{\|}{C}}-O-C_2H_5} CH_3-\underset{OC_2H_5}{\underset{|}{\overset{O^-}{\overset{|}{C}}}}-CH_2-\overset{O}{\overset{\|}{C}}-OC_2H_5$$

α-碳负离子　　　　氧负离子中间体

$$\xrightarrow{-C_2H_5O^-} CH_3-\overset{O}{\overset{\|}{C}}-CH_2-\overset{O}{\overset{\|}{C}}-OC_2H_5$$

2. 酯缩合反应类型

(1)相同酯缩合。含有 α-H 的羧酸酯在乙醇钠催化下，分子间缩合生成 β-酮酸酯。如：

$$CH_3CH_2-\overset{O}{\overset{\|}{C}}-OC_2H_5 + H-\underset{CH_3}{\underset{|}{CH}}-\overset{O}{\overset{\|}{C}}-OC_2H_5 \xrightarrow{C_2H_5ONa} CH_3CH_2-\overset{O}{\overset{\|}{C}}-\underset{CH_3}{\underset{|}{CH}}-\overset{O}{\overset{\|}{C}}-OC_2H_5 + CH_3CH_2OH$$

(2)二元酯分子内缩合。含有 α-H 的二元羧酸酯可发生分子内酯缩合反应，生成五元环或六元环的 β-酮酸酯。如：

$$C_2H_5OOC-(CH_2)_3-CH_2-COOC_2H_5 \xrightarrow{C_2H_5ONa} \text{(环戊酮-2-基)}CH-COOC_2H_5 + C_2H_5OH$$

(3)交叉酯缩合。交叉酯缩合是指两种不同酯之间的缩合，如果两种酯都含有 α-H，则有四种缩合产物，在有机合成上没有价值，有价值的是一种酯有 α-H，另一种酯没有 α-H 的酯缩合反应。如：

$$C_6H_5-\overset{O}{\overset{\|}{C}}-OC_2H_5 + CH_3COOC_2H_5 \xrightarrow{C_2H_5ONa} C_6H_5-\overset{O}{\overset{\|}{C}}-CH_2COOC_2H_5 + C_2H_5OH$$

(4)酮与酯缩合。因为酮的 α-H 酸性强于酯，所以酮能提供碳负离子与酯发生缩合反应。如：

$$H-\overset{O}{\overset{\|}{C}}-OC_2H_5 + \text{环己酮} \xrightarrow{C_2H_5ONa} H-\overset{O}{\overset{\|}{C}}-\text{(环己酮-2-基)} + C_2H_5OH$$

$$C_6H_5-\overset{O}{\overset{\|}{C}}-OC_2H_5 + CH_3-\overset{O}{\overset{\|}{C}}-CH_3 \xrightarrow{C_2H_5ONa} C_6H_5-\overset{O}{\overset{\|}{C}}-CH_2-\overset{O}{\overset{\|}{C}}-CH_3 + C_2H_5OH$$

知识点达标题 13-8 写出下列缩合反应主要产物。

(1) $2CH_3CH_2CH_2COOC_2H_5 \xrightarrow{C_2H_5ONa}$

(2) $CH_3CH_2COOC_2H_5 + HCOOC_2H_5 \xrightarrow{C_2H_5ONa}$

(3) $CH_3COOC_2H_5 + H_5C_2OC(=O)—C(=O)OC_2H_5 \xrightarrow{C_2H_5ONa}$

(4) $H_2C(CH_2CH_2COOC_2H_5)_2 \xrightarrow{C_2H_5ONa}$

13-2

13.7.5 酰胺的特殊性质

1. 酸碱性

酰胺中 N 原子上一对未共用 p 电子与羰基 π 键形成 p-π 共轭，使 N 原子上的电子云密度降低，使氨基的碱性减弱，实际酰胺呈中性。羰基上连两个氨基的尿素则为一元弱碱，能与酸反应。而酰亚胺分子中的 N 原子上连有两个酰基，使 N 原子上的电子云密度大大降低，呈现明显的弱酸性，能与 NaOH 或 KOH 反应生成盐。

$H_2N—C(=O)—\ddot{N}H_2$ 弱碱性　　$R—C(=O)—\ddot{N}H_2$ 中性　　邻苯二甲酰亚胺 弱酸性

$$H_2N—\overset{O}{\overset{\|}{C}}—NH_2 + HNO_3 \longrightarrow H_2N—\overset{O}{\overset{\|}{C}}—NH_2 \cdot HNO_3$$

$$\text{邻苯二甲酰亚胺(NH)} + KOH \longrightarrow \text{邻苯二甲酰亚胺}(N^-K^+) + H_2O$$

2. 霍夫曼降解反应

伯酰胺在 Br_2/NaOH 或 NaOBr 作用下，脱去羰基生成少一个碳的伯胺，这一反应称为霍夫曼(**Hofmann**)降解反应。如：

$$C_6H_5—\overset{O}{\overset{\|}{C}}—NH_2 \xrightarrow[\text{或NaOBr}]{Br_2/NaOH} C_6H_5—NH_2$$

该反应在有机合成中用于制备少一个碳的伯胺。

【重要知识小结】

1. 羧酸通式为 RCOOH，—COOH 是官能团，羧酸的酸性强于 H_2CO_3，而弱于强酸，分子结构中的电子效应、空间效应及分子内氢键影响羧酸的酸性强弱。主要化学性质如下：

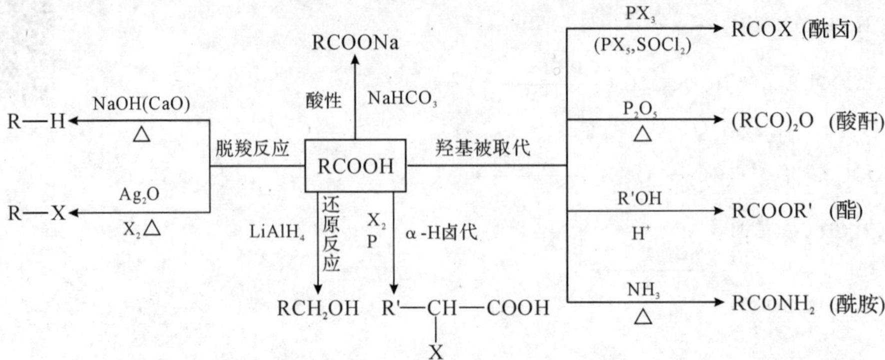

2. 二元羧酸中两个羧基之间的距离不同，加热时发生反应的方式也不同，反应规律如下：

$HOOC—(CH_2)_n—COOH \xrightarrow{\triangle}$

- $n=0,1$，脱羧 → $HCOOH\ (CH_3COOH)$ (少一个碳的酸)
- $n=2,3$，脱水 → 丁二酸酐（戊二酸酐）(环状酸酐)
- $n=4,5$，脱水又脱羧 → 环戊酮（环己酮）(少一个碳的环酮)
- $n\geq6$，脱水 → $\left[\overset{O}{\overset{\|}{C}}—(CH_2)_n—\overset{O}{\overset{\|}{C}}—O \right]_n$ (聚酸酐)

3. 酰卤、酸酐、酯和酰胺是常见的羧酸衍生物，可以发生水解、醇解、氨解和还原反应，亲核取代反应活性为酰卤＞酸酐＞酯＞酰胺，氨解＞醇解＞水解。它们之间的相互转化关系如下：

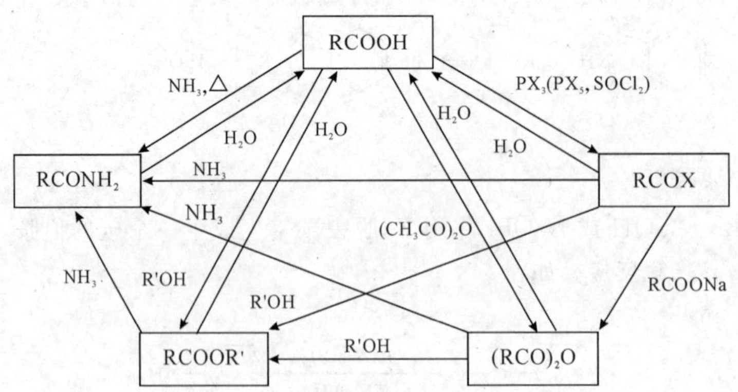

4. 酰卤和酯能与格氏试剂反应，生成两个烃基相同的叔醇，含有 α-H 的酯与另一分子酯在乙醇钠催化下，发生酯缩合反应生成 β-酮酸酯。

5. 伯酰胺呈中性，可发生霍夫曼降解反应生成少一个碳的伯胺，酰亚胺呈弱酸性，能溶于碱。

习　　题

13-9

(一)羧酸

1. 命名下列化合物。

(1) $HOCH_2CH{=}CHCOOH$　(2) H_3CO—C_6H_4—$CH(CH_3)COOH$　(3) CH_3—CO—$CH(CH_3)CH_2COOH$

(4) O═(环己基)—COOH　(5) 邻-CHO 苯基 CH_2COOH　(6) 环戊烷-1,1-二(COOH)

2. 比较化合物的酸性强弱。

(1) A. CH_3COOH　B. $ClCH_2COOH$　C. $Cl_2CHCOOH$　D. $BrCH_2COOH$

E. $BrCH_2CH_2COOH$　F. CH_3CH_2COOH

(2) A. CH_3CH_2OH　B. C_6H_5OH　C. CH_3COOH　D. $C_6H_5CH_2COOH$　E. H_2O

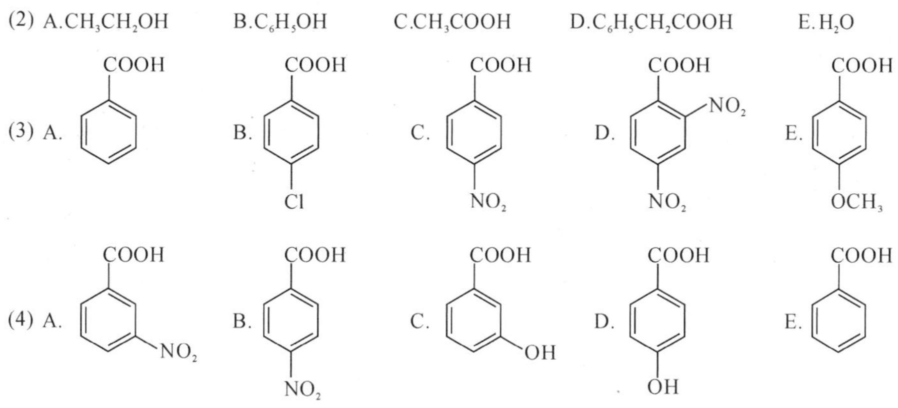

(5) A. HOOC—COOH　B. HCOOH　C. $HOOCCH_2COOH$　D. $HOOCCH_2CH_2COOH$

3. 卤代烷可通过腈水解法和格氏试剂加 CO_2 法制备增加一个碳原子的羧酸，下列制备方法，哪种方法好？为什么？

(1) $CH_3CH_2Br \longrightarrow CH_3CH_2COOH$　(2) $(CH_3)_3CBr \longrightarrow (CH_3)_3CCOOH$

(3) $(CH_3)_3CCH_2Cl \longrightarrow (CH_3)_3CCH_2COOH$　(4) $ClCH_2CH_2Cl \longrightarrow HOOCCH_2CH_2COOH$

(5) $HOCH_2CH_2Cl \longrightarrow HOCH_2CH_2COOH$　(6) CH_3—$\overset{O}{\overset{\|}{C}}$—$CH_2CH_2Br \longrightarrow CH_3$—$\overset{O}{\overset{\|}{C}}$—$CH_2CH_2COOH$

4. 写出下列反应的主要产物。

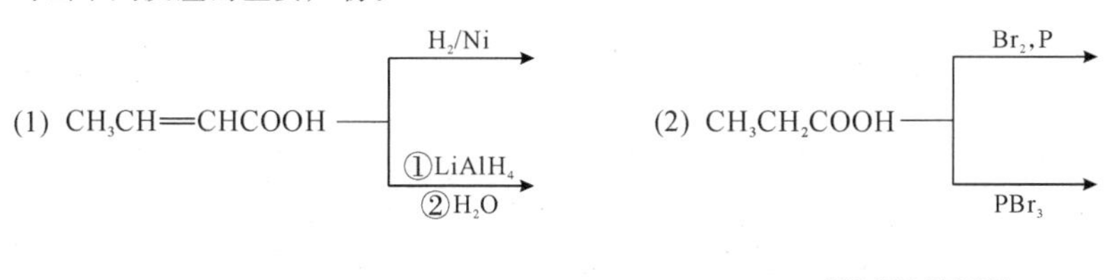

(3) (环己基)—COOH $\xrightarrow[\triangle]{NH_3}$　(4) 环己烷-1-CH_2CH_2COOH-2-CH_2COOH $\xrightarrow[\triangle]{(CH_3CO)_2O}$

(5) 1,1-环己烷二甲酸（环己基上连 COOH、COOH） $\xrightarrow{\triangle}$

(6) $\underset{HOOC}{\overset{H}{C}}=\underset{COOH}{\overset{H}{C}}$ $\xrightarrow{\triangle}$

(7) $CH_3CH_2CONH_2 \xrightarrow[\triangle]{P_2O_5}$

(8) $CH_3COOH \xrightarrow[P]{Cl_2} \xrightarrow{NaCN/OH^-} \xrightarrow[2C_2H_5OH]{H_2SO_4}$

(9) $C_6H_5CHO \xrightarrow[OH^-,\triangle]{CH_3CHO} \xrightarrow{NaBH_4} \xrightarrow{PCl_3} \xrightarrow[Et_2O]{Mg} \xrightarrow[②H_3O]{①CO_2}$

5.由指定的原料合成下列化合物(无机试剂任选)。

(1) $CH_3CH_2OH \longrightarrow CH_3CH_2COOH$

(2) 亚甲基环己烷（环己基$=CH_2$） $\longrightarrow$ 环己基$-CH_2COOH$

(3) 环戊酮（环戊基$=O$） $\longrightarrow$ 3-环戊烯甲酸（环戊烯基$-COOH$）

(4) $CH_3CH_2CH_2COOH \longrightarrow CH_3CH_2CH(COOH)_2$

(5) $CH_3CH(CH_3)CH_2COOH \longrightarrow CH_3CH(CH_3)CH_2Br$

6.结构推导。

(1)化合物 A(C_9H_{16}),催化加氢生成 B(C_9H_{18})。A 经臭氧氧化-还原水解反应生成C($C_9H_{16}O_2$),C 经银镜反应生成 D($C_9H_{16}O_3$),D 与 NaOI 作用生成碘仿和 E($C_8H_{14}O_4$),E 加热得到 4-甲基环己酮。试推断 A～E 的结构式,并写出各步反应。

(2)化合物 A($C_6H_{12}O$),与 NaOI 在碱中产生黄色沉淀,母液酸化后得酸 B,B 在红磷存在下与 Br_2 作用,只形成一种单溴化合物 C,C 用 NaOH 的醇溶液处理得 D,D 能使 Br_2 褪色。写出 A～E 的结构式,并用反应式表示推断过程。

(二)羧酸衍生物

1.命名下列化合物。

(1) $CH_3CH(CH_3)-\overset{O}{\overset{\|}{C}}-Br$

(2) $H_3C-C_6H_4-\overset{O}{\overset{\|}{\underset{\underset{O}{\|}}{S}}}-Cl$

(3) $CH_3-\overset{O}{\overset{\|}{C}}-NH-C_6H_5$

(4) $H-\overset{O}{\overset{\|}{C}}-N(CH_3)_2$

(5) $C_6H_5-\overset{O}{\overset{\|}{C}}-N(CH_3)-CH_2CH_3$

(6) 邻苯二甲酰亚胺（苯环并五元环：C(=O)-NH-C(=O)）

(7) $CH_3-\overset{O}{\overset{\|}{C}}-O-\overset{O}{\overset{\|}{C}}-CH_3$

(8) 3-甲基呋喃-2,5-二酮（H_3C 取代的五元环酸酐，环上两个 C=O 与 O）

(9) $CH_3-\overset{O}{\overset{\|}{C}}-O-\overset{O}{\overset{\|}{C}}-CH_2CH_3$

(10) 邻羟基苯基$-\overset{O}{\overset{\|}{C}}-OCH_3$（苯环上 OH 与 $\overset{O}{\overset{\|}{C}}-OCH_3$ 处于邻位）

(11) $CH_3-\overset{O}{\overset{\|}{C}}-OCH_2CH_2O-\overset{O}{\overset{\|}{C}}-CH_3$

(12) 对苯二甲酸二甲酯（苯环对位上两个 $COOCH_3$）

2. 按指定的性质从大到小排列。

(1)碱性水解反应速率：

A. $HCOOCH_3$　B. $CH_3COOC_2H_5$　C. $CH_3COOCH(CH_3)_2$　D. $CH_3COOC(CH_3)_3$

(2)氨解反应速率：

A. $CH_3-\overset{O}{\overset{\|}{C}}-Cl$　B. $CH_3-\overset{O}{\overset{\|}{C}}-OCH_3$　C. $CH_3-\overset{O}{\overset{\|}{C}}-O-\overset{O}{\overset{\|}{C}}-CH_3$　D. $CH_3COOC_6H_5$

(3)与乙醇酯化反应速率：

A. 苯甲酸（C_6H_5COOH）　B. 对氯苯甲酸（COOH、Cl 对位）　C. 对甲基苯甲酸（COOH、CH_3 对位）　D. 对硝基苯甲酸（COOH、NO_2 对位）

(4)水解反应速率：

A. 马来酸酐（五元环酸酐，含 C=C）　B. $CH_3-\overset{O}{\overset{\|}{C}}-NH_2$　C. $C_2H_5-O-\overset{O}{\overset{\|}{C}}-O-C_2H_5$　D. 环己基$-\overset{O}{\overset{\|}{C}}-Cl$

(5)碱性：

A. NH_3　B. $NH_2-\overset{O}{\overset{\|}{C}}-NH_2$　C. $CH_2CH_2-\overset{O}{\overset{\|}{C}}-NH_2$　D. 丁二酰亚胺（五元环，含 NH 及两个 C=O）

3. 写出下列各步反应的主要产物。

(1) $CH_3COCl + C_2H_5MgCl$（过量）$\xrightarrow[\text{② } H_3O^+]{\text{① } Et_2O}$

(2) 环己烯-4-基$-COCl \xrightarrow[Pd\text{-}BaSO_4]{H_2}$

(3) $C_6H_5COCl + CH_3CH_2CH_2OH \longrightarrow$

(4) $CH_3-\overset{O}{\overset{\|}{C}}-O-\overset{O}{\overset{\|}{C}}-CH_3$ + 邻羟基苯甲酸（HOOC、HO 邻位）$\xrightarrow{\triangle}$

(5) 邻苯二甲酸酐 $+ C_2H_5OH \xrightarrow{\triangle} \xrightarrow[H^+]{C_2H_5OH}$

(6) $CH_3\overset{O}{\overset{\|}{C}}OCH_2CH_3 + C_2H_5MgCl$（过量）$\xrightarrow[\text{② } H_3O^+]{\text{① } Et_2O}$

(7) 对苯二甲酸二甲酯（两个 $COOCH_3$ 对位）$\xrightarrow[H^+, \triangle]{2C_4H_9OH}$

(8) $CH_3-\overset{O}{\overset{\|}{C}}-Cl + C_6H_5-NH_2 \xrightarrow{OH^-}$

(9) 丁二酸酐 $+ (CH_3)_2NH \xrightarrow{OH^-}$

(10) γ-丁内酯 $\xrightarrow[Et_2O]{LiAlH_4} \xrightarrow{H^+}$

(11) $2CH_3CH_2—\overset{O}{\overset{\|}{C}}—OC_2H_5 \xrightarrow{C_2H_5ONa}$

(12) 己二酸二乙酯（$C(=O)OC_2H_5$ 与 $CH_2COOC_2H_5$ 经 CH_2CH_2 相连）$\xrightarrow{C_2H_5ONa}$

(13) $C_6H_5—\overset{O}{\overset{\|}{C}}—OC_2H_5 + CH_3COOC_2H_5 \xrightarrow{C_2H_5ONa}$

(14) $NH_2—\overset{O}{\overset{\|}{C}}—NH_2 + H_2O \longrightarrow$

(15) 邻苯二甲酰亚胺 $\xrightarrow{KOH} \xrightarrow{(CH_3)_2CHCl} \xrightarrow{OH^-/H_2O}$

(16) 环己基$—\overset{O}{\overset{\|}{C}}—NH_2 \xrightarrow{Br_2/NaOH}$

4. 由指定及化合物、C_3 以下有机物为原料，合成下列化合物。

(1) $C_6H_5—CH_3 \longrightarrow C_6H_5—NH_2$

(2) $CH_3COOC_2H_5 \longrightarrow CH_3CH=CHCOOH$

(3) 环己烯 $\longrightarrow$ 2-氧代环戊烷甲酸（环戊酮-2-COOH）

(4) 邻苯二甲酰亚胺，$CH_3CH=CH_2 \longrightarrow CH_2=CHCH_2NH_2$

5. 推导结构式。

(1)化合物 A($C_9H_{16}O_4$)，水解后得到二元酸 B($C_6H_{10}O_4$)，加热 B 得到环戊酮。试推测 A、B 的结构式。

(2)化合物 A($C_5H_6O_3$)与 C_2H_5OH 作用得到 B 和 C，B 和 C 互为同分异构体，B 和 C 分别与 $SOCl_2$ 作用后，再加入 C_2H_5OH 生成同一化合物 D。试确定 A～D 的结构式。

➢ PPT 课件

➢ 自测题

➢ 屠呦呦——2015 年诺贝尔生理学或医学奖得主，青蒿素发现者

13-10

第 14 章　取代羧酸

【知识点与要求】

- ✧ 了解取代羧酸的分类和命名。
- ✧ 掌握卤代酸、羟基酸、羰基酸及β-酮酸酯的化学性质。
- ✧ 掌握β-二羰基化合物的酸性和烯醇负离子的稳定规律，掌握碳负离子的烃基化和酰基化反应。
- ✧ 掌握乙酰乙酸乙酯和丙二酸二乙酯在有机合成上的应用。
- ✧ 掌握麦克尔加成反应及其在有机合成上的应用。

取代羧酸是指羧酸分子中烃基上的氢原子被其他官能团取代后所形成的化合物，常见取代羧酸有卤代酸、羟基酸、羰基酸和氨基酸。取代羧酸是双官能团化合物，性质上除了具有各自官能团的典型反应外，还有官能团之间相互影响表现的特殊反应。本章学习羟基酸和羰基酸。

14.1　羟基酸

14.1.1　羟基酸的分类和命名

分子中含有羟基和羧基的化合物称为羟基酸。羟基酸有两种：一种是羟基连在脂肪烃基上的，称为醇酸；另一种是羟基直接连在苯环上的，称为酚酸。

无论是醇酸还是酚酸，在系统法命名时，都是以羧酸为母体，将羟基作为取代基，羟基所在位次可用 1，2，3，…或用 α，β，γ，…表示。有些羟基酸根据来源而用俗名称呼。如：

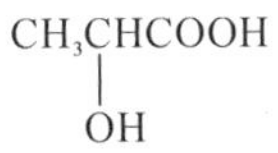

$CH_3CH(OH)COOH$
2-羟基丙酸
（乳酸）

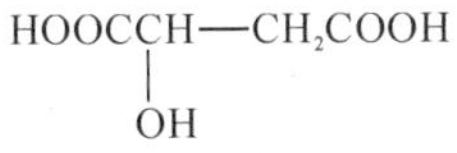

$HOOCCH(OH)—CH_2COOH$
2-羟基丁二酸
（苹果酸）

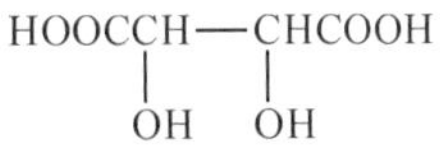

$HOOCCH(OH)—CH(OH)COOH$
2，3-二羟基丁二酸
（酒石酸）

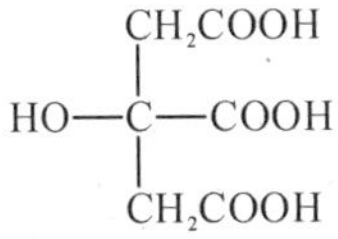

$HO—C(CH_2COOH)_2—COOH$
3-羟基-3-羧酸戊二酸
（柠檬酸）

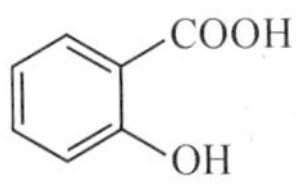

邻羟基苯甲酸
（水杨酸）

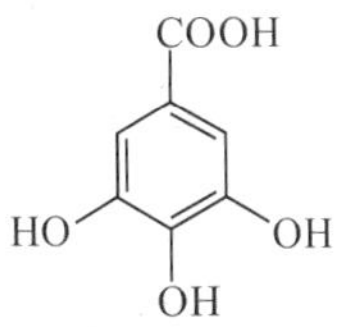

3，4，5-三羟基苯甲酸
（没食子酸）

知识点达标题 11-1　用系统命名法命名下列化合物。

（1）$CH_3CH_2CH(CH_3)CH(OH)COOH$　　（2）$C_6H_5CH(OH)COOH$

（3）3,4-二羟基苯甲酸 $(HO)_2C_6H_3COOH$　　（4）$HO-CH(COOH)-CH(COOH)-CH_2COOH$

14-1

14.1.2　羟基酸的制备

14-2

1. 卤代酸水解

卤代酸在碱性条件下水解，卤素被羟基取代先生成羟基酸盐，然后酸化生成碳原子数不变的醇酸。如：

$$CH_3-\underset{\large Cl}{\underset{|}{C}H}-COOH \xrightarrow{NaOH/H_2O} CH_3-\underset{OH}{\underset{|}{C}H}-COONa \xrightarrow{H^+} CH_3-\underset{OH}{\underset{|}{C}H}-COOH$$

2. 氰醇水解

醛或酮中的羰基与 HCN 发生亲核加成生成 α-羟基氰，后者酸性水解得到增加一个碳的 α-羟基酸。

$$R-\overset{O}{\overset{\|}{C}}-R(H) \xrightarrow{HCN} R-\underset{CN}{\underset{|}{\overset{OH}{\overset{|}{C}}}}-R(H) \xrightarrow{H_3O^+} R-\underset{COOH}{\underset{|}{\overset{OH}{\overset{|}{C}}}}-R(H)$$

α-羟基氰

3. 瑞弗尔马斯基反应

α-卤代酸酯在锌粉作用下与醛、酮中的羰基发生加成反应，然后加成产物再水解，生成 β-羟基酸的反应称为瑞弗尔马斯基(Reformatsky)反应。

$$R-\overset{O}{\overset{\|}{C}}-R(H) + \underset{Br}{\underset{|}{C}H_2}-COOC_2H_5 \xrightarrow{Zn} R-\underset{CH_2COOC_2H_5}{\underset{|}{\overset{OZnBr}{\overset{|}{C}}}}-R(H) \xrightarrow{H_3O^+} R-\underset{CH_2COOH}{\underset{|}{\overset{OH}{\overset{|}{C}}}}-R(H)$$

这是制备碳原子数增加的 β-羟基酸的重要方法。第一步加成类似于醛(酮)与格氏试剂反应，这里用锌不用镁，是因为镁形成的格氏试剂很活泼，能与分子内的酯反应，锌的活性低，不会与酯反应，只与醛(酮)反应。

4. 科尔伯-施密特反应

科尔伯-施密特(Kolbe-Schmidt)反应工业上用于制备水杨酸。它是用苯酚钠在加压、加热条件下与 CO_2 作用，得到水杨酸钠，然后酸化生成水杨酸。

$C_6H_5ONa + CO_2 \xrightarrow[0.4\sim0.7MPa]{120\sim140℃}$ 邻-HOC_6H_4COONa $\xrightarrow{H_3O^+}$ 邻-HOC_6H_4COOH（水杨酸）

如果用苯酚钾在 190～200℃下加压，主要产物则为对羟基苯甲酸。

$C_6H_5OK + CO_2 \xrightarrow[0.4\sim0.7MPa]{190\sim200℃}$ 对-HOC_6H_4COOK $\xrightarrow{H_3O^+}$ 对-HOC_6H_4COOH（对羟基苯甲酸）

14.1.3　羟基酸的化学性质

14-3

羟基酸含有羟基和羧基两个官能团，所以具有醇、酚和羧酸的典型反应。如醇羟基可以被卤代、酯化、消去、氧化，酚羟基有弱酸性、Fe^{3+} 显色反应，羧基的酸性、羟基被取代、成酯、脱羧、还原等。此外由于羟基和羧基之间相互影响，还具有羟基酸特殊的性质。

1. 酸性

醇酸的酸性强弱只与诱导效应有关，因为羟基是吸电子基，所以醇酸的酸性强于相应的羧酸，且羟基离羧基越近，酸性越强。如：

	CH_3CH_2COOH	$CH_2(OH)CH_2COOH$	$CH_3CH(OH)COOH$
pK_a	4.87	4.51	3.86

酚酸的酸性与羟基的吸电子诱导效应、供电子共轭效应以及羟基与羧基之间位置有关。一般规律如下：

(1)间位时，只考虑羟基对羧酸的吸电子诱导效应，酸性增强，高于苯甲酸。

(2)对位时，羟基的供电子共轭效应大于吸电子诱导效应，酸性减弱，低于苯甲酸。

(3)邻位时，因羟基与羧基形成分子内氢键，使羧基氢更容易电离，酸性增强明显。

	邻羟基苯甲酸（分子内氢键）	间羟基苯甲酸	苯甲酸	对羟基苯甲酸
pK_a	3.00	4.12	4.17	4.54

2. 醇酸的氧化反应

醇酸中的羟基比醇的羟基更容易氧化，如稀 HNO_3 不能氧化醇，但能氧化醇酸，托伦试剂能氧化 α-羟基酸，产物均羰基酸。如：

$$CH_3\underset{\displaystyle|}{\overset{\displaystyle OH}{C}}HCH_2COOH \xrightarrow{\text{稀 }HNO_3} CH_3-\overset{\displaystyle O}{\overset{\|}{C}}-CH_2COOH$$

$$CH_3\overset{\displaystyle OH}{C}HCOOH \xrightarrow{Ag(NH_3)_2OH} CH_3-\overset{\displaystyle O}{\overset{\|}{C}}-COOH$$

3. α-醇酸的分解反应

α-醇酸与稀硫酸一起加热,分解为甲酸、醛或酮。

$$R-\underset{\displaystyle R'(H)}{\overset{\displaystyle OH}{C}}-COOH \xrightarrow[\triangle]{\text{稀 }H_2SO_4} R-\overset{\displaystyle O}{\overset{\|}{C}}-R'(H)+HCOOH$$

4. 醇酸的脱水反应

醇酸在加热条件下,很容易发生脱水反应,根据羟基与羧酸之间相对位置不同,有四种脱水方式。

(1)α-羟基酸。两分子间交叉脱水酯化,生成环状交酯。如:

$$2\,CH_3CH(OH)COOH \xrightarrow{\triangle} \text{丙交酯}$$

丙交酯

(2)β-羟基酸。分子内脱水消去,生成 α,β-不饱和羧酸。如:

$$CH_3-\underset{\displaystyle OH}{CH}-\underset{\displaystyle H}{CH}-COOH \xrightarrow{\triangle} CH_3-CH=CH-COOH+H_2O$$

(3)γ,δ-羟基酸。分子内脱水酯化,生成五元、六元环状内酯。如:

$$\underset{\displaystyle OH}{CH_2}CH_2CH_2\overset{\displaystyle O}{\overset{\|}{C}}-OH \xrightarrow{\triangle} \text{γ-丁内酯} + H_2O$$

γ-丁内酯

$$\underset{\displaystyle OH}{CH_2}CH_2CH_2CH_2\overset{\displaystyle O}{\overset{\|}{C}}-OH \xrightarrow{\triangle} \text{δ-戊内酯} + H_2O$$

δ-戊内酯

(4)ε-及以上羟基酸。多分子间脱水酯化,生成链状聚酯。如:

$$\underset{\displaystyle OH}{CH_2}(CH_2)_4COOH \xrightarrow{\triangle} \left[OCH_2(CH_2)_4\overset{\displaystyle O}{\overset{\|}{C}}\right]_n + nH_2O$$

聚6-羟基己酸酯

知识点达标题 14-2 写出下列反应的产物。

(1) 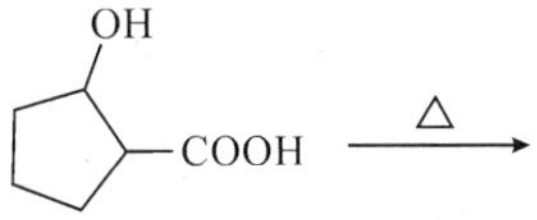 2-羟基环戊烷甲酸（OH、COOH） $\xrightarrow{\triangle}$

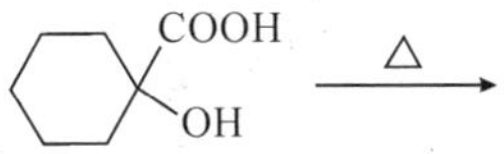

(2) 1-羟基环己烷甲酸（COOH、OH） $\xrightarrow{\triangle}$

(3) 邻羟甲基苯甲酸（CH_2OH、COOH） $\xrightarrow{\triangle}$

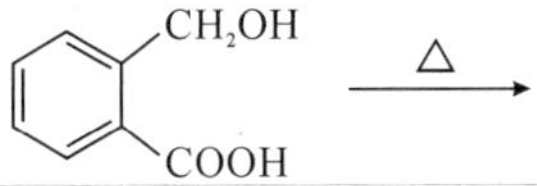

14-1

14.2 羰基酸

14-4

14.2.1 羰基酸的分类和命名

分子中同时含有羰基和羧基的化合物称为羰基酸，根据羰基所处位置不同，有醛酸和酮酸两种。

羰基酸命名时，以羧酸为母体、羰基为取代基，用1，2，3，…或α，β，γ，…标记羰基的位置，个别酮酸用习惯名称。如：

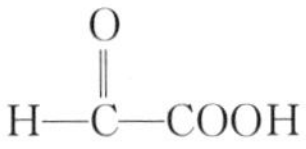

$H-\overset{O}{\overset{\|}{C}}-COOH$	$CH_3-\overset{O}{\overset{\|}{C}}-COOH$	$CH_3-CH_2-\overset{O}{\overset{\|}{C}}-COOH$
2-羰基乙酸 （乙醛酸）	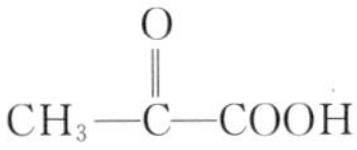 2-羰基丙酸 （丙酮酸）	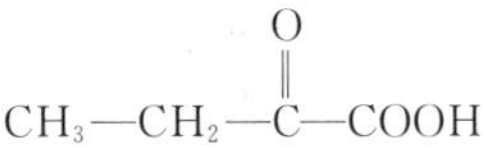 2-羰基丁酸 （α-丁酮酸）
$CH_3-\overset{O}{\overset{\|}{C}}-CH_2-COOH$	$HOOC-\overset{O}{\overset{\|}{C}}-CH_2-COOH$	$HOOC-\overset{O}{\overset{\|}{C}}-CH_2-CH_2-COOH$
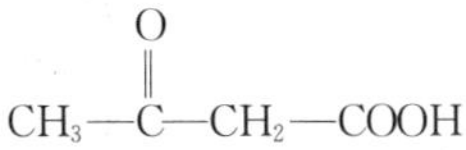 3-羰基乙酸 （β-丁酮酸，乙酰乙酸）	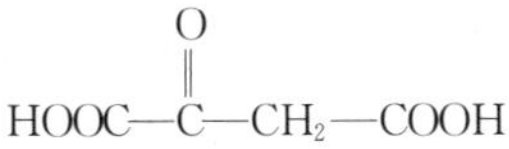 2-羰基丁二酸 （草酰乙酸）	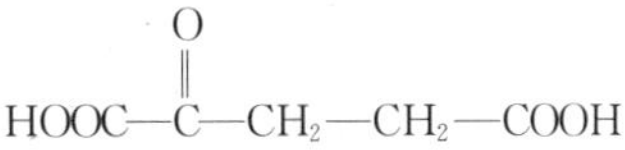 2-羰基戊二酸 （α-酮戊二酸）

14.2.2 羰基酸的化学性质

羰基酸具有羰基和羧酸的典型反应，如羰基能与氢气、饱和亚硫酸氢钠溶液、氢氰酸、醇、苯肼等发生亲核加成反应。由于羰基与羧酸之间相互影响，羰基酸还有一些特殊的性质。

1. α-酮酸的分解反应

α-酮酸在稀硫酸作用下加热，发生脱羧基反应，生成少一个碳的醛。而在浓硫酸存在下加热，则发生脱羰基反应，生成少一个碳的酸。如：

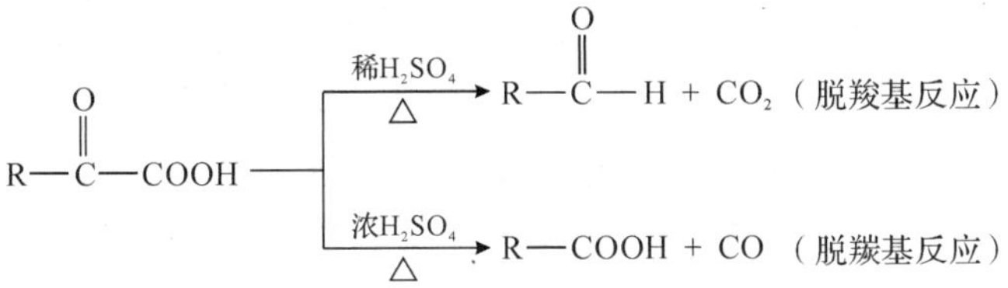

$$R-\overset{O}{\overset{\|}{C}}-COOH \xrightarrow[\triangle]{稀H_2SO_4} R-\overset{O}{\overset{\|}{C}}-H + CO_2 \text{（脱羧基反应）}$$

$$R-\overset{O}{\overset{\|}{C}}-COOH \xrightarrow[\triangle]{浓H_2SO_4} R-COOH + CO \text{（脱羰基反应）}$$

2. β-酮酸的分解反应

β-酮酸只在低温下稳定，在受热时容易发生脱羧基反应生成少一个碳的酮。

$$R-\overset{\overset{O}{\|}}{C}-CH_2-COOH \xrightarrow{\triangle} R-\overset{\overset{O}{\|}}{C}-CH_3 + CO_2$$

因为生成了酮，所以该反应称为β-酮酸的酮式分解。

如果β-酮酸在浓碱(如40% NaOH)作用下，则发生α,β-碳碳键断裂，生成羧酸钠盐，用强酸酸化，得到乙酸和另一分子酸。这一反应称为β-酮酸的酸式分解。

$$R-\overset{\overset{O}{\|}}{C}+CH_2-COOH \xrightarrow[\triangle]{40\%\ NaOH} \left\{\begin{array}{c} R-\overset{\overset{O}{\|}}{C}ONa \\ + \\ CH_3COONa \end{array}\right. \xrightarrow{H^+} \left\{\begin{array}{c} R-\overset{\overset{O}{\|}}{C}-OH \\ + \\ CH_3COOH \end{array}\right.$$

14.3 β-二羰基化合物

β-二羰基化合物是指两个羰基被一个亚甲基相间隔的化合物。β-二羰基化合物主要有β-二酮、β-羰基酸及其酯、β-二元羧酸及其酯等，重要的有乙酰丙酮、乙酰乙酸乙酯和丙二酸二乙酯。

$$\underset{\text{2,4-戊二酮（乙酰丙酮）}}{CH_3-\overset{\overset{O}{\|}}{C}-CH_2-\overset{\overset{O}{\|}}{C}-CH_3} \quad \underset{\text{乙酰乙酸乙酯}}{CH_3-\overset{\overset{O}{\|}}{C}-CH_2-\overset{\overset{O}{\|}}{C}-OC_2H_5} \quad \underset{\text{丙二酸二乙酯}}{C_2H_5O-\overset{\overset{O}{\|}}{C}-CH_2-\overset{\overset{O}{\|}}{C}-OC_2H_5}$$

14.3.1 酮式-烯醇式互变异构

14-5

在β-二羰基结构中，由于两个羰基的吸电子作用，使亚甲基上的氢具有较强的酸性，通过分子内的质子转移能形成烯醇式结构，两者在常温下达到动态平衡。如乙酰乙酸乙酯的酮式与烯醇式互变平衡。

$$\underset{\text{酮式(92.5\%)}}{CH_3-\overset{\overset{O}{\|}}{C}-CH_2-\overset{\overset{O}{\|}}{C}-OC_2H_5} \rightleftharpoons \underset{\text{烯醇式(7.5\%)}}{CH_3-\overset{\overset{OH}{|}}{C}=CH-\overset{\overset{O}{\|}}{C}-OC_2H_5}$$

其中酮式含量为92.5%，烯醇式含量为7.5%。所以乙酰乙酸乙酯同时具有酮和烯醇两种化合物的性质。如，乙酰乙酸乙酯能与饱和 $NaHSO_3$ 作用形成白色沉淀，与2,4-二硝基苯肼反应生成黄色沉淀，与NaOI发生碘仿反应，也能与金属钠放出氢气，使 Br_2/CCl_4 褪色，与 $FeCl_3$ 溶液显色，等等。

简单的含α-H的醛(酮)也存在酮式与烯醇式互变，但烯醇式含量极少。如：

$$\underset{100\%}{CH_3-\overset{\overset{O}{\|}}{C}-H} \rightleftharpoons \underset{\text{极少量}}{CH_2=\overset{\overset{OH}{|}}{C}-H}$$

$$\underset{>99\%}{CH_3-\overset{\overset{O}{\|}}{C}-CH_3} \rightleftharpoons \underset{0.00015\%}{CH_3-\overset{\overset{OH}{|}}{C}=CH_2}$$

乙酰乙酸乙酯的烯醇式异构体之所以含量较高且较为稳定，一方面是因为烯醇式的羟基氧原子上的一对p电子与C═C和C═O形成共轭体系，另一方面是因为烯醇式的羟基氢原子与羰基氧通过分子内氢键形成一个稳定的六元环。

$$CH_3-\overset{OH}{\overset{|}{C}}=CH-\overset{O}{\overset{\parallel}{C}}-OC_2H_5 \rightleftharpoons CH_3-\overset{O-H\cdots O}{\overset{|\qquad\quad\parallel}{C=CH-C}}-OC_2H_5$$

酮式与烯醇式互变异构是含羰基化合物的普遍现象，多数情况下酮式是主要存在形式。但随着 α-H 的酸性增强，氢原子解离后形成的碳负离子的稳定性增大，烯醇式在平衡体系中的相对含量也随之增加。一些化合物的烯醇式含量如表 14-1 所示。

表 14-1　一些化合物的烯醇式含量

酮式	烯醇式	烯醇式含量/%
$CH_3-\overset{O}{\overset{\parallel}{C}}-CH_3$	$CH_2=\overset{OH}{\overset{|}{C}}-CH_3$	0.00015
$C_2H_5O-\overset{O}{\overset{\parallel}{C}}-CH_2-\overset{O}{\overset{\parallel}{C}}-OC_2H_5$	$C_2H_5O-\overset{OH}{\overset{|}{C}}=CH-\overset{O}{\overset{\parallel}{C}}-OC_2H_5$	0.1
$CH_3-\overset{O}{\overset{\parallel}{C}}-CH_2-\overset{O}{\overset{\parallel}{C}}-OC_2H_5$	$CH_3-\overset{OH}{\overset{|}{C}}=CH-\overset{O}{\overset{\parallel}{C}}-OC_2H_5$	7.5
$CH_3-\overset{O}{\overset{\parallel}{C}}-CH_2-\overset{O}{\overset{\parallel}{C}}-CH_3$	$CH_3-\overset{OH}{\overset{|}{C}}=CH-\overset{O}{\overset{\parallel}{C}}-CH_3$	80.0
$C_6H_5-\overset{O}{\overset{\parallel}{C}}-CH_2-\overset{O}{\overset{\parallel}{C}}-CH_3$	$C_6H_5-\overset{OH}{\overset{|}{C}}=CH-\overset{O}{\overset{\parallel}{C}}-CH_3$	90.0
$C_6H_5-\overset{O}{\overset{\parallel}{C}}-CH_2-\overset{O}{\overset{\parallel}{C}}-C_6H_5$	$C_6H_5-\overset{OH}{\overset{|}{C}}=CH-\overset{O}{\overset{\parallel}{C}}-C_6H_5$	96.0

从表 14-1 可知，酮基比酯基更有利于烯醇式形成，共轭链越长，烯醇式越稳定。

知识点达标题 14-3　用化学方法鉴别乙酰乙酸乙酯、丙二酸二乙酯、丙酮、3-戊酮。

14-1

14.3.2　乙酰乙酸乙酯在有机合成中的应用

1. 酮式和酸式分解

乙酰乙酸乙酯在稀碱溶液中酯基发生水解，水解产物经酸化生成乙酰乙酸(β-丁酮酸)，β-丁酮酸不稳定，加热发生脱羧反应生成酮，称为乙酰乙酸乙酯的酮式分解反应。

14-6

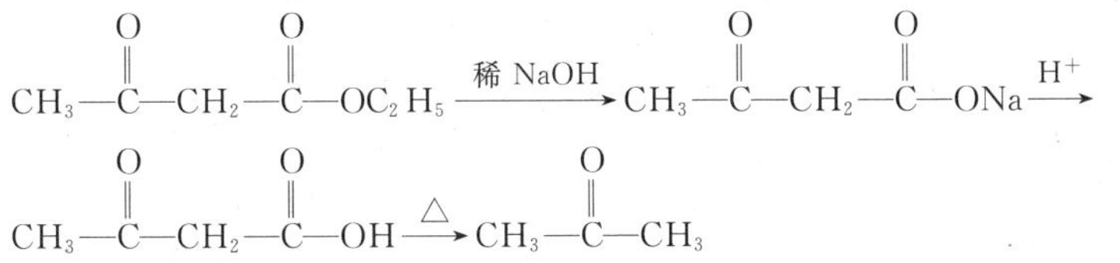

$$CH_3-\overset{O}{\overset{\parallel}{C}}-CH_2-\overset{O}{\overset{\parallel}{C}}-OC_2H_5 \xrightarrow{\text{稀 NaOH}} CH_3-\overset{O}{\overset{\parallel}{C}}-CH_2-\overset{O}{\overset{\parallel}{C}}-ONa \xrightarrow{H^+}$$

$$CH_3-\overset{O}{\overset{\parallel}{C}}-CH_2-\overset{O}{\overset{\parallel}{C}}-OH \xrightarrow{\triangle} CH_3-\overset{O}{\overset{\parallel}{C}}-CH_3$$

乙酰乙酸乙酯在浓碱(40% NaOH)中加热，α 和 β 的 C—C 键断裂，生成两分子乙酸，称为乙酰乙酸乙酯的酸式分解反应。

$$CH_3-\overset{O}{\overset{\|}{C}}-CH_2-\overset{O}{\overset{\|}{C}}-OC_2H_5 \xrightarrow[\triangle]{40\%\ NaOH} \xrightarrow{H^+} 2CH_3COOH+C_2H_5OH$$

2. 亚甲基上的烃基化

乙酰乙酸乙酯分子中的亚甲基上的氢具有明显的酸性，在强碱乙醇钠作用下形成碳负离子，碳负离子是很好的亲核试剂，可与卤代烃反应，生成一烃基化产物，后者发生酮式分解生成一取代甲基酮，发生酸式分解则生成一取代乙酸。

$$CH_3-\overset{O}{\overset{\|}{C}}-CH_2-\overset{O}{\overset{\|}{C}}-OC_2H_5 \xrightarrow{C_2H_5ONa} CH_3-\overset{O}{\overset{\|}{C}}-\overset{-}{C}H-\overset{O}{\overset{\|}{C}}-OC_2H_5 \xrightarrow{RX}$$

$$\underset{\text{一烃基化产物}}{CH_3-\overset{O}{\overset{\|}{C}}-\underset{R}{\underset{|}{C}H}-\overset{O}{\overset{\|}{C}}-OC_2H_5} \begin{cases} \xrightarrow[\text{(酮式分解)}]{\text{稀NaOH}} \xrightarrow[\triangle]{H^+} \underset{\text{一取代甲基酮}}{CH_3-\overset{O}{\overset{\|}{C}}-\underset{R}{\underset{|}{C}H_2}} \\ \xrightarrow[\text{(酸式分解)}]{\text{浓NaOH}} \xrightarrow[\triangle]{H^+} \underset{\text{一取代乙酸}}{RCH_2COOH} \end{cases}$$

由于一烃基化产物中还有一个亚甲基氢，所以可以继续与乙醇钠反应，再与卤代烃反应，生成二烃基化产物，二烃基化产物经酮式分解生成二取代甲基酮，经酸式分解生成二取代乙酸。

$$\underset{\text{一烃基化产物}}{CH_3-\overset{O}{\overset{\|}{C}}-\underset{R}{\underset{|}{C}H}-\overset{O}{\overset{\|}{C}}-OC_2H_5} \xrightarrow{C_2H_5ONa} \xrightarrow{R'X} \underset{\text{二烃基化产物}}{CH_3-\overset{O}{\overset{\|}{C}}-\underset{R}{\underset{|}{\overset{R'}{\overset{|}{C}}}}-\overset{O}{\overset{\|}{C}}-OC_2H_5} \begin{cases} \xrightarrow[\text{(酮式分解)}]{\text{稀NaOH}} \xrightarrow[\triangle]{H^+} \underset{\text{二取代甲基酮}}{CH_3-\overset{O}{\overset{\|}{C}}-\overset{R'}{\overset{|}{C}H}-R} \\ \xrightarrow[\text{(酸式分解)}]{\text{浓NaOH}} \xrightarrow[\triangle]{H^+} \underset{\text{二取代乙酸}}{R-\overset{R'}{\overset{|}{C}H}-\overset{O}{\overset{\|}{C}}-OH} \end{cases}$$

1mol 乙酰乙酸乙酯与 1mol 二卤代烃反应，酮式分解可得到乙酰环烷烃，酸式分解则得到甲酸环烷烃。如：

$$CH_3-\overset{O}{\overset{\|}{C}}-CH_2-\overset{O}{\overset{\|}{C}}-OC_2H_5 \xrightarrow{C_2H_5ONa} \xrightarrow{Br(CH_2)_4Br} CH_3-\overset{O}{\overset{\|}{C}}-\underset{(CH_2)_4Br}{\underset{|}{C}H}-\overset{O}{\overset{\|}{C}}-OC_2H_5$$

$$CH_3-\overset{O}{\overset{\|}{C}}-\underset{\text{(环戊烷)}}{C}-\overset{O}{\overset{\|}{C}}-OC_2H_5 \begin{cases} \xrightarrow[\text{(酮式分解)}]{\text{稀NaOH}} \xrightarrow{\triangle} \underset{\text{乙酰环戊烷}}{CH_3-\overset{O}{\overset{\|}{C}}-C_5H_9} \\ \xrightarrow[\text{(酸式分解)}]{\text{浓NaOH}} \xrightarrow{\triangle} \underset{\text{甲酸环戊烷}}{C_5H_9-COOH} \end{cases}$$

2mol 乙酰乙酸乙酯与 1mol 二卤代烃反应，酮式分解可得到含两个 CH_3COCH_2 的二酮类化合物，酸式分解则得到含两个 CH_2COOH 的二元酸类化合物。如：

$$CH_3COCH_2COOC_2H_5 \xrightarrow[]{C_2H_5ONa} \xrightarrow[]{BrCH_2CH_2Br} CH_3COCH(CH_2CH_2Br)COOC_2H_5 \xrightarrow{CH_3COCH^-COOC_2H_5}$$

$$[CH_3COCH(COOC_2H_5)](CH_2)_2[CH(COOC_2H_5)COCH_3] \begin{cases} \xrightarrow[\text{（酮式分解）}]{\text{稀NaOH}} \xrightarrow[\triangle]{H^+} CH_3COCH_2(CH_2)_2CH_2COCH_3 \quad \text{二酮类} \\ \xrightarrow[\text{（酸式分解）}]{\text{浓NaOH}} \xrightarrow[\triangle]{H^+} HOOCCH_2(CH_2)_2CH_2COOH \quad \text{二元酸类} \end{cases}$$

例 14-1 用乙酰乙酸乙酯和必要的有机原料合成下列化合物。

$$CH_3COCH(C_2H_5)CH_2C_6H_5$$

［解析］ 目标物是二取代甲基酮，引入的烃基分别是乙基和苄基对应的卤代烃。这两个烃基哪个先引入？考虑到亲核取代反应空间位阻因素，应先引入体积较大的苄基，后引入体积较小的乙基。合成路线为如下：

$$CH_3COCH_2COOC_2H_5 \xrightarrow{C_2H_5ONa} \xrightarrow{C_6H_5CH_2Br} CH_3COCH(CH_2C_6H_5)COOC_2H_5 \xrightarrow{C_2H_5ONa}$$

$$\xrightarrow{C_2H_5Br} CH_3COC(C_2H_5)(CH_2C_6H_5)COOC_2H_5 \xrightarrow{NaOH/H_2O} \xrightarrow[\triangle]{H^+} CH_3COCH(C_2H_5)CH_2C_6H_5$$

综上所述，可知：

①1mol 乙酰乙酸乙酯与 1mol 卤代烃反应，可制备一取代甲基酮或一取代乙酸；

②1mol 乙酰乙酸乙酯与两种不同卤代烃反应，可制备二取代甲基酮或二取代乙酸；

③1mol 乙酰乙酸乙酯与 1mol 二卤代烃反应，可制备乙酰环烷烃或甲酸环烷烃；

④2mol 乙酰乙酸乙酯与 1mol 二卤代烃反应，可制备含两个 CH_3COCH_2 的二酮类化合物或含两个 CH_2COOH 的二元酸类化合物。

值得注意的是，乙酰乙酸乙酯烃基化所用的卤代烃应是伯卤代烃或仲卤代烃，叔卤代烃在此条件下容易消除卤化氢生成烯烃。不活泼的乙烯型卤代烃和芳卤不能用作烃基化试剂。

知识点达标题 14-4　用乙酰乙酸乙酯法合成下列化合物。
(1)3-乙基-2-戊酮　(2)甲基环丁基甲酮　(3)2,7-辛二酮

14-1

3. 亚甲基上的酰基化

乙酰乙酸乙酯碳负离子也可与酰卤反应，生成酰基化取代物，然后酮式

分解，生成 1,3-二酮（酰基化丙酮）。

$$CH_3-\overset{O}{\overset{\|}{C}}-CH_2-\overset{O}{\overset{\|}{C}}-OC_2H_5 \xrightarrow{C_2H_5ONa} CH_3-\overset{O}{\overset{\|}{C}}-\overset{-}{C}H-\overset{O}{\overset{\|}{C}}-OC_2H_5 \xrightarrow{R-\overset{O}{\overset{\|}{C}}-Cl}$$

$$CH_3-\overset{O}{\overset{\|}{C}}-\underset{O=C-R}{\underset{|}{CH}}-\overset{O}{\overset{\|}{C}}-OC_2H_5 \xrightarrow[\text{（酮式分解）}]{\text{稀 NaOH}} \xrightarrow[\triangle]{H^+} \underset{\text{1,3-二酮}}{CH_3-\overset{O}{\overset{\|}{C}}-CH_2-\overset{O}{\overset{\|}{C}}-R}$$

14.3.3 丙二酸二乙酯在有机合成中的应用

14-7

丙二酸二乙酸可以从氯乙酸钠盐制备。

$$\underset{Cl}{\underset{|}{CH_2COONa}} \xrightarrow[OH^-]{NaCN} \underset{CN}{\underset{|}{CH_2COONa}} \xrightarrow[\text{（水解、酯化同时进行）}]{C_2H_5OH,\ H_2SO_4} CH_2(COOC_2H_5)_2$$

$$\underset{CN}{\underset{|}{CH_2COONa}} \xrightarrow{H_3O^+} \underset{COOH}{\underset{|}{CH_2COOH}} \xrightarrow[H^+]{C_2H_5OH} CH_2(COOC_2H_5)_2$$

丙二酸二乙酯中亚甲基上的氢受到两个酯基吸电子的影响，具有较强的酸性，反应性能与乙酰乙酸乙酯相似。在乙醇钠作用下，生成碳负离子，碳负离子与卤代烃反应，可以生成一取代或二取代产物，酯经碱性水解、酸化，得到 1,3-二元酸，加热则发生脱羧，生成一取代乙酸或二取代乙酸。

$$CH_2(COOC_2H_5)_2 \xrightarrow{C_2H_5ONa} \overset{-}{C}H(COOC_2H_5)_2 \xrightarrow{RX}$$

$$R-CH(COOC_2H_5)_2 \xrightarrow{OH^-} \xrightarrow{H^+} R-CH(COOH)_2 \xrightarrow[-CO_2]{\triangle} \underset{\text{一取代乙酸}}{R-CH_2COOH}$$

$$R-CH(COOC_2H_5)_2 \xrightarrow{C_2H_5ONa} \xrightarrow{R'X} RR'C(COOC_2H_5)_2 \xrightarrow{OH^-} \xrightarrow{H^+} \xrightarrow[-CO_2]{\triangle} \underset{\text{二取代乙酸}}{RR'CH-COOH}$$

如果 1mol 丙二酸二乙酯与 1mol 二卤代烃反应，先烃基化，再分子内成环，最后经碱性水解、酸化、加热脱羧，得到甲酸环烷烃。如：

$$CH_2(COOC_2H_5)_2 \xrightarrow{C_2H_5ONa} \overset{-}{C}HNa^+(COOC_2H_5)_2 \xrightarrow{BrCH_2CH_2Br} BrCH_2CH_2-CH(COOC_2H_5)_2$$

$$\xrightarrow{C_2H_5ONa} \triangleright C(COOC_2H_5)_2 \xrightarrow{OH^-} \xrightarrow{H^+} \xrightarrow[-CO_2]{\triangle} \underset{\text{甲酸环丙烷}}{\triangleright CH-COOH}$$

如果 2mol 丙二酸二乙酯与 1mol 二卤代烃作用，最后则生成含两个 CH_2COOH 的二元酸。如：

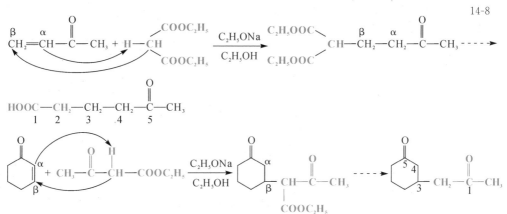

$$CH_2(COOC_2H_5)_2 \xrightarrow{C_2H_5ONa} \overset{-}{C}H(COOC_2H_5)_2Na^+ \xrightarrow{BrCH_2CH_2Br} BrCH_2CH_2-CH(COOC_2H_5)_2$$

$$\xrightarrow{\overset{-}{C}H(COOC_2H_5)_2Na^+} (C_2H_5OOC)_2CH-CH_2CH_2-CH(COOC_2H_5)_2 \xrightarrow{OH^-} \xrightarrow{H^+} \xrightarrow[-CO_2]{\triangle} \begin{matrix} CH_2-CH_2COOH \\ | \\ CH_2-CH_2COOH \end{matrix}$$

知识点达标题 14-5　用丙二酸二乙酯法合成下列化合物。

(1)2-甲基丁酸　　(2)3-甲基己二酸

14-1

14-8

14.3.4 麦克尔反应

麦克尔(Michael)反应是指在碱作用下，能提供碳负离子的化合物与 α，β-不饱和羰基化合物发生加成反应。其中碳负离子加到 β 碳原子上，而 α 碳原子上则加上一个 H 离子。如：

$$\overset{\beta}{C}H_2=\overset{\alpha}{C}H-\overset{O}{\overset{\|}{C}}-CH_3 + H-CH(COOC_2H_5)_2 \xrightarrow[C_2H_5OH]{C_2H_5ONa} (C_2H_5OOC)_2CH-\overset{\beta}{C}H_2-\overset{\alpha}{C}H_2-\overset{O}{\overset{\|}{C}}-CH_3 \dashrightarrow$$

$$\underset{1}{HOOC}-\underset{2}{CH_2}-\underset{3}{CH_2}-\underset{4}{CH_2}-\underset{5}{\overset{O}{\overset{\|}{C}}}-CH_3$$

$$\text{2-环己烯酮}(\alpha,\beta) + CH_3-\overset{O}{\overset{\|}{C}}-\overset{H}{CH}-COOC_2H_5 \xrightarrow[C_2H_5OH]{C_2H_5ONa} \text{环己酮-}\beta\text{-}CH(COOC_2H_5)-\overset{O}{\overset{\|}{C}}-CH_3 \dashrightarrow \text{环己酮-3-}CH_2-\overset{O}{\overset{\|}{\underset{1}{C}}}-CH_3$$

加成产物经水解、酸化、脱羧，则生成 1，5-二羰基化合物。因此，麦克尔反应是制备 1，5-二羰基化合物的重要方法。

麦克尔反应常用强碱乙醇钠为催化剂，与乙醇钠作用形成碳负离子的化合物，除了丙二酸二乙酯、乙酰乙酸乙酯外，常见的还有 β-二酮、硝基化合物和一般的酮。其中酮与碱反应时，含 H 少的 α-C 提供碳负离子。

$$R-\overset{O}{\overset{\|}{C}}-CH_2-\overset{O}{\overset{\|}{C}}-R \qquad R-CH_2-NO_2 \qquad \text{2-甲基环己酮}$$

β-二酮　　硝基化合物　　酮

常见的 α，β-不饱和羰基化合物有 α，β-不饱和醛、α，β-不饱和酮、α，β-不饱和酯及 α，β-不饱和腈等。

$$R-CH=CH-CHO \qquad R-CH=CH-\overset{O}{\overset{\|}{C}}-R \qquad R-CH=CH-COOC_2H_5 \qquad CH_2=CH-CN$$

α，β-不饱和醛　　α，β-不饱和酮　　α，β-不饱和酯　　α，β-不饱和腈

知识点达标题 14-6 写出下列各步反应的主要产物。

$$CH_2(COOC_2H_5)_2 \xrightarrow[②C_6H_5CH_2Cl]{①C_2H_5ONa} \xrightarrow[(CH_3)_3COK]{CH_2{=}CH{-}\overset{O}{\overset{\|}{C}}{-}CH_3} \xrightarrow[②H^+,\triangle]{①NaOH/H_2O} \xrightarrow{NaBH_4} \xrightarrow[\triangle]{H^+}$$

14-1

【重要知识小结】

1. 羟基酸是分子中同时含有羟基和羧基的双官能团化合物，具有醇和羧酸的典型性质。羟基酸的酸性较相应的羧酸强，羟基酸的羟基较醇易氧化。加热时，α-醇酸发生两分子间的脱水酯化生成交酯，β-醇酸发生分子内的脱水消去生成α,β-不饱和羧酸，γ-醇酸和δ-醇酸发生分子内脱水酯化生成五元环和六元环的内酯。

2. 羟基酸常用卤代酸水解、氰醇水解来制备，β-醇酸可用瑞弗尔马斯基反应来获得，酚钠和二氧化碳在一定条件下可制得邻羟基苯甲酸。

3. 羰基酸也是分子中同时含有羰基和羧基的双官团化合物，具有羰基(醛基或酮基)和羧酸典型的反应。羰基酸的酸性强于相应的羧酸，β-酮酸不稳定，易发生脱羧反应生成酮，在浓碱溶液中，则发生α,β的C—C键断裂，生成两分子酸。

4. 乙酰乙酸乙酯和丙二酸二乙酯是具有活泼亚甲基氢的β-二羰基化合物，存在烯醇式和酮式互变异构的动态平衡，在强碱乙醇钠作用下能形成碳负离子。乙酰乙酸乙酯与卤代烃反应后的产物经水解、酸化、酮式分解，可用来制备取代甲基酮，丙二酸二乙酯与卤代烃反应后的产物经水解、酸化、脱羧，可用来制备取代乙酸。

5. 在强碱作用下，能形成碳负离子的化合物与α,β-不饱和醛或酮发生加成反应，称为麦克尔反应。麦克尔反应可制备1,5-二羰基化合物。

习　题

14-9

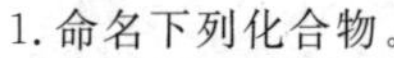

1. 命名下列化合物。

(1) $CH_3-\underset{OH}{\underset{|}{CH}}-COOH$

(2) $HOOC-CH_2-\underset{OH}{\underset{|}{CH}}-COOH$

(3) $HOOC-\underset{OH}{\underset{|}{CH}}-\underset{OH}{\underset{|}{CH}}-COOH$

(4) $C_2H_5OOC-CH_2-COOC_2H_5$

(5) 邻位带 OH 与 COOH 的苯环（OH、COOH）

(6) $H-\overset{O}{\overset{\|}{C}}-CH_2CH_2COOH$

(7) $CH_3-\overset{O}{\overset{\|}{C}}-COOH$

(8) $CH_3-\overset{O}{\overset{\|}{C}}-CH_2-COOC_2H_5$

(9) $CH_3-\overset{O}{\overset{\|}{C}}-CH_2-\overset{O}{\overset{\|}{C}}-CH_3$

2. 排列下列化合物烯醇式含量的高低。

A. $C_2H_5O-\overset{O}{\overset{\|}{C}}-CH_2-\overset{O}{\overset{\|}{C}}-OC_2H_5$

B. $CH_3-\overset{O}{\overset{\|}{C}}-CH_2-\overset{O}{\overset{\|}{C}}-OC_2H_5$

C. $CH_3—\overset{O}{\overset{\|}{C}}—CH_2—\overset{O}{\overset{\|}{C}}—CH_3$　　　D. $C_6H_5—\overset{O}{\overset{\|}{C}}—CH_2—\overset{O}{\overset{\|}{C}}—CH_3$

3. 写出下列反应的主要产物。

(1) $CH_3\underset{}{\overset{OH}{\overset{|}{C}}}H—COOH \xrightarrow[\triangle]{稀\ H_2SO_4}$　　　(2) $CH_3\overset{OH}{\overset{|}{C}}HCH_2COOH \xrightarrow{稀\ HNO_3}$

(3) $CH_3\overset{OH}{\overset{|}{C}}H—COOH \xrightarrow{\triangle}$　　　(4) $CH_3\overset{OH}{\overset{|}{C}}HCH_2COOH \xrightarrow{\triangle}$

(5) $\underset{OH}{\underset{|}{C}}H_2CH_2CH_2COOH \xrightarrow{\triangle}$　　　(6) $\underset{OH}{\underset{|}{C}}H_2CH_2CH_2CH_2COOH \xrightarrow{\triangle}$

(7) 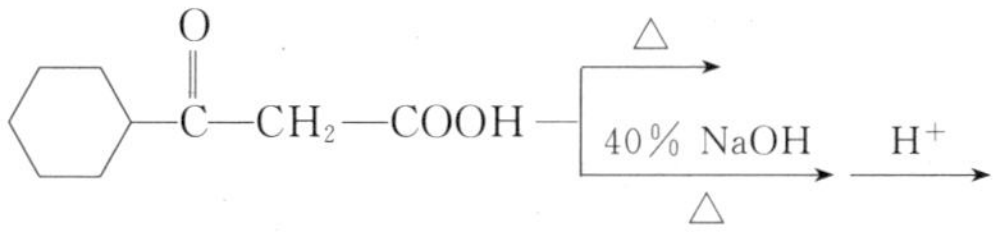 环己基$—\overset{O}{\overset{\|}{C}}—CH_2—COOH$ $\begin{cases} \xrightarrow{\triangle} \\ \xrightarrow[\triangle]{40\%\ NaOH} \xrightarrow{H^+} \end{cases}$

(8) $CH_2{=}CH—\overset{O}{\overset{\|}{C}}—CH_3 + CH_2(COOC_2H_5)_2 \xrightarrow[C_2H_5OH]{C_2H_5ONa}$

(9) 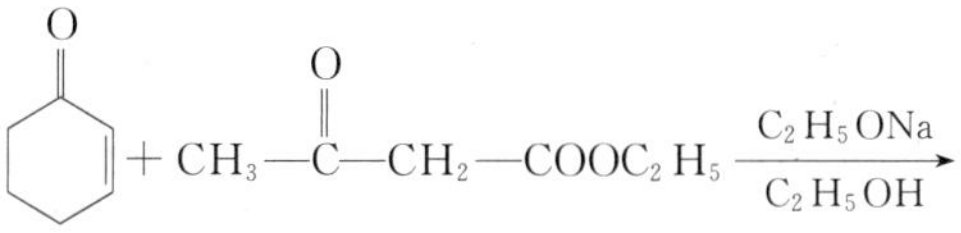 2-环己烯-1-酮 $+ CH_3—\overset{O}{\overset{\|}{C}}—CH_2—COOC_2H_5 \xrightarrow[C_2H_5OH]{C_2H_5ONa}$

4. 用简单的化学方法区别下列各组化合物。

(1)苯甲酸、3-苯基丙烯酸、邻羟基苯甲酸　　　(2)乙酰乙酸乙酯、苯酚、邻羟基苯甲酸

(3)乙酰乙酸乙酯、乙酸乙酯、β-丁酮酸

5. 写出下列各步反应的主要产物。

(1) $CH_2(COOC_2H_5)_2 \xrightarrow{C_2H_5ONa} \xrightarrow{CH_3CH_2Cl} \xrightarrow{OH^-,H_2O} \xrightarrow{H_3O^+} \xrightarrow{\triangle}$

(2) $CH_2(COOC_2H_5)_2 \xrightarrow{C_2H_5ONa} \xrightarrow{BrCH_2CH_2Br} \xrightarrow{C_2H_5ONa} \xrightarrow{OH^-,H_2O} \xrightarrow{H_3O^+} \xrightarrow{\triangle}$

(3) $CH_3—\overset{O}{\overset{\|}{C}}—CH_2COOC_2H_5 \xrightarrow{C_2H_5ONa} \xrightarrow{CH_3CH_2Cl} \xrightarrow{OH^-,H_2O} \xrightarrow{H_3O^+} \xrightarrow{\triangle}$

(4) $CH_3—\overset{O}{\overset{\|}{C}}—CH_2COOC_2H_5 \xrightarrow{C_2H_5ONa} \xrightarrow{BrCH_2CH_2Br} \xrightarrow{C_2H_5ONa} \xrightarrow{OH^-,H_2O} \xrightarrow{H_3O^+} \xrightarrow{\triangle}$

(5) 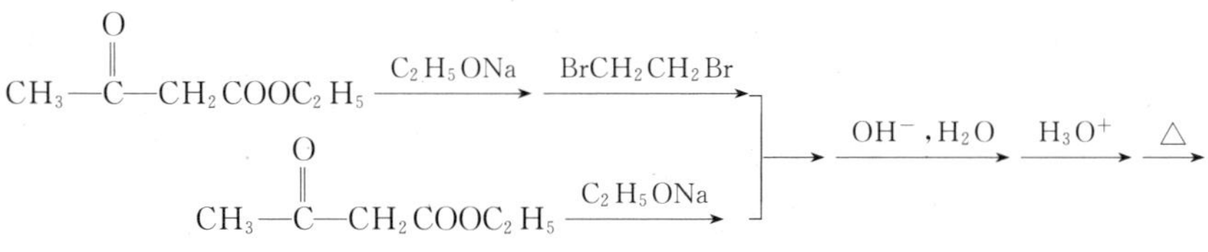 $CH_3—\overset{O}{\overset{\|}{C}}—CH_2COOC_2H_5 \xrightarrow{C_2H_5ONa} \xrightarrow{BrCH_2CH_2Br}$
$CH_3—\overset{O}{\overset{\|}{C}}—CH_2COOC_2H_5 \xrightarrow{C_2H_5ONa}$
$\longrightarrow \xrightarrow{OH^-,H_2O} \xrightarrow{H_3O^+} \xrightarrow{\triangle}$

6. 由乙酰乙酸乙酯、C_3 及以下的有机原料和必要的无机试剂合成下列化合物。

(1) 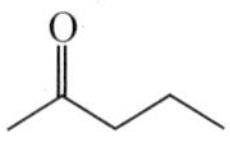 2-戊酮（键线式）　　　(2) Ph—CH_2—CH(C_2H_5)—CO—CH_3（键线式）

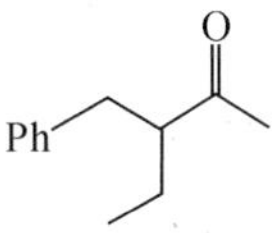

(3) 环戊基甲基酮（键线式）　　　(4) 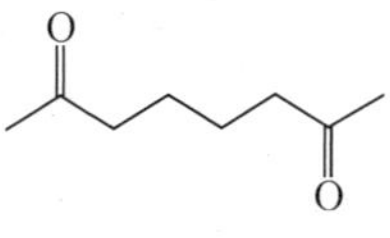 2,7-辛二酮（键线式）

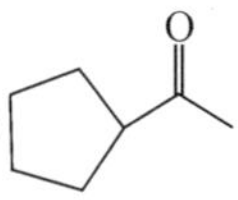

7. 由丙二酸二乙酯、C_3 及以下的有机原料和必要的无机试剂合成下列化合物。

(1) COOH　　(2) COOH

(3) —COOH　　(4) HOOC　COOH

8. 推断化合物结构。

(1)化合物 A($C_4H_8O_3$)有旋光性，能溶于 $NaHCO_3$ 溶液。A 经加热生成化合物B($C_4H_6O_2$)，B 也能溶于 $NaHCO_3$ 溶液。A 氧化后再加热得到化合物 C(C_3H_6O)，C 能发生碘仿反应。试推测化合物 A～C 的结构式。

(2)某光学活性化合物 A($C_5H_{10}O_3$)可与 $NaHCO_3$ 溶液反应放出 CO_2。A 加热脱水得 B，B 存在两种构型，但无光学活性。B 经酸性 $KMnO_4$ 氧化后，得乙酸和 C，C 也能与 $NaHCO_3$ 溶液作用放出 CO_2，同时 C 还能发生碘仿反应。试推断 A～C 的结构式。

(3)酯 A($C_5H_{10}O_2$)用乙醇钠的乙醇溶液处理，得到另一酯 B($C_8H_{14}O_3$)。B 能使溴水褪色，将 B 用乙醇钠的乙醇溶液处理后，再与碘乙烷反应，又得到酯 C($C_{10}H_{18}O_3$)。C 不能使溴水褪色，用稀碱处理 C 后酸化、加热得到一个酮 D($C_7H_{14}O$)。D 不发生碘仿反应，用 Zn-Hg/HCl 还原 D 则生成 3-甲基己烷。试推测 A～D 的结构。

➢ PPT 课件

➢ 自测题

➢ 伍德沃德——现代有机合成之父

14-10

第15章　含氮有机化合物

【知识点与要求】

- ✧ 了解硝基化合物、胺的结构与物理性质，掌握胺的命名方法。
- ✧ 掌握硝基化合物的还原反应与 α-H 酸性，掌握硝基对苯环亲核与亲电取代反应的影响。
- ✧ 理解胺的碱性、影响因素及强弱比较，掌握胺的烷基化、酰化、磺酰化、亚硝酸及过氧化氢氧化等反应，了解伯、仲、叔胺分离和区别方法，掌握芳香胺苯环上的亲电取代反应。
- ✧ 掌握叔胺氧化物和季铵碱热消除反应、立体化学。
- ✧ 掌握胺制备方法。
- ✧ 掌握重氮盐的制备及其重氮盐的取代、偶联和还原反应，并能熟练应用于芳香族化合物的合成。

分子中含有氮元素的有机化合物统称为含氮有机化合物。含氮有机化合物种类繁多，如硝基化合物、胺、腈、异腈酸酯、重氮化合物和偶氮化合物等，在有机合成化学、天然有机化学和生命科学中占有重要的地位，很多化合物在药物和功能材料中应用广泛。本章主要讨论硝基化合物、胺、季铵碱、季铵盐、重氮化合物及偶氮化合物。

Ⅰ.硝基化合物

15.1　硝基化合物的分类、命名和结构

15.1.1　硝基化合物的分类和命名

烃分子中的氢原子被硝基（—NO_2）取代后形成的化合物称为硝基化合物。根据烃基不同，分为脂肪族和芳香族硝基化合物；根据硝基所连的碳原子不同，分为伯、仲、叔硝基化合物；根据硝基的数目，分为一硝基和多硝基化合物。

硝基化合物的命名和卤代烃相似，命名时，以烃为母体，硝基作为取代基。如：

CH_3NO_2　硝基甲烷

$CH_3CH(NO_2)CH_3$　2-硝基丙烷

$O_2N-C_6H_4-CH_3$　对硝基甲苯

$C_6H_4(NO_2)_2$　间二硝基苯

15.1.2　硝基化合物的结构

硝基中 N 和 O 原子均为 sp^2 杂化，N 原子三个 sp^2 杂化轨道分别与 C 原子和两个 O 原

子形成三个 σ 键，键角接近 120°。N 原子上未杂化的 p 轨道中的一对电子与两个 O 原子中未杂化的 p 轨道中的一个电子，相互从侧面重叠形成一个三中心四电子的共轭 π 键，两个 N—O 键长发生平均化而相等，硝基负电荷平均分配在两个 O 原子上(见图 15-1)。

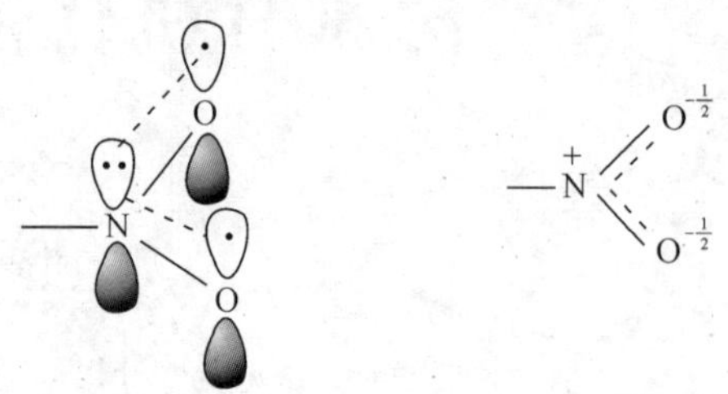

图 15-1　硝基的三中心四电子共轭 π 键

硝基结构常用下列共振式表示：

$$R-N(=O)\rightarrow O \equiv \left[R-\overset{+}{N}(=O)-O^{-} \longleftrightarrow R-\overset{+}{N}(-O^{-})=O \right]$$

15.2　硝基化合物的物理性质与波谱特征

1. 物理性质

脂肪族硝基化合物是无色而具有香味的液体，难溶于水，易溶于有机溶剂。芳香族硝基化合物大多为淡黄色、高沸点液体或固体，难溶于水。芳香族一硝基化合物具有苦杏仁味，多硝基化合物受热易分解而发生爆炸，如 2,4,6-三硝基甲苯(TNT)和 2,4,6-三硝基苯酚(苦味酸)等可用作炸药。

硝基为强极性基团，所以硝基化合物具有较高的沸点，如硝基甲烷介电常数大(37)，是常用强极性溶剂，但蒸馏时不能蒸干，以防爆炸。一些硝基化合物的物理常数如表 15-1 所示。

表 15-1　一些硝基化合物的物理常数

名称	熔点/℃	沸点/℃	名称	熔点/℃	沸点/℃
硝基甲烷	−29	101	间二硝基苯	90	291
硝基乙烷	−90	115	邻硝基甲苯	−4	222
1-硝基丙烷	−108	130	对硝基甲苯	55	238
2-硝基丙烷	−93	120	2,4-二硝基甲苯	71	300
硝基苯	5.7	211	2,4,6-三硝基甲苯	82	240

硝基化合物的相对密度均大于 1，大多数有剧毒，能通过皮肤而进入人体，对肝、肾、中枢神经和血液系统有害，使用时应注意安全。

2. 波谱特征

红外光谱：硝基化合物 N—O 有两个强伸缩振动吸收峰，其中脂肪族伯和仲硝基化合物在

$1545 \sim 1565cm^{-1}$ 和 $1360 \sim 1385cm^{-1}$，叔硝基化合物在 $1530 \sim 1545cm^{-1}$ 和 $1340 \sim 1360cm^{-1}$，芳香族硝基化合物在 $1510 \sim 1550cm^{-1}$ 和 $1335 \sim 1365cm^{-1}$。

核磁共振氢谱：直接与硝基相连的 α-H，受硝基强吸电子的影响，化学位移出现在较低场，δ 为 4.28～4.37。

15.3 硝基化合物的化学性质

15-1

15.3.1 α-H 的酸性

由于硝基的强吸电子作用，使 α-H 具有较强的极性，进攻硝基氧原子，形成烯醇式(酸式)，存在互变异构。

$$R-CH(H)-N(=O)\rightarrow O \rightleftharpoons R-CH=N(OH)\rightarrow O$$

烯醇式(酸式)

因此，含有 α-H 的伯、仲硝基化合物具有一定酸性，能溶于 NaOH 溶液生成钠盐。如：

$$CH_3-N(=O)\rightarrow O \rightleftharpoons CH_2=N(OH)\rightarrow O \xrightarrow{NaOH} CH_2=N(O^-Na^+)\rightarrow O$$

含有 α-H 的硝基化合物在碱作用下，形成碳负离子，可以与羰基化合物发生亲核加成反应生成 β-羟基化合物，后者容易脱水，最终得到 α,β-不饱和硝基化合物。如：

$$C_6H_5-CHO + CH_3NO_2 \xrightarrow{NaOH} C_6H_5-CH(OH)-CH_2-NO_2 \xrightarrow[-H_2O]{\triangle} C_6H_5-CH=CH-NO_2$$

叔硝基化合物没有 α-H，因此不具有酸性，不能溶于碱。

15.3.2 还原反应

硝基化合物可以被多种还原剂还原，还原剂不同，还原产物也不同。如芳香族硝基化合物在酸性中用 Fe、Zn 或 Sn 还原，或用 Ni、Pt 催化氢化，$-NO_2$ 被还原为$-NH_2$。

$$C_6H_5NO_2 \xrightarrow[HCl]{Fe、Zn或Sn} C_6H_5NH_2$$

$$m\text{-}C_6H_4(NO_2)_2 \xrightarrow{Ni,H_2} m\text{-}C_6H_4(NH_2)_2$$

硝基苯如果用中性还原剂 Zn-H_2O 还原，生成亚硝基苯；用弱酸性还原剂 Zn-NH_4Cl 还原，生成 N-羟基苯胺；用碱性还原剂 Zn-NaOH 还原，在强极性溶剂水中，生成偶氮苯，在弱极性溶剂乙醇中，则生成氢化偶氮苯。

$$\ce{C6H5-NO2} \begin{cases} \xrightarrow{Zn-H_2O} C_6H_5-NO \quad 亚硝基苯 \\ \xrightarrow{Zn-NH_4Cl} C_6H_5-NH-OH \quad N\text{-羟基苯胺} \\ \xrightarrow[H_2O]{Zn-NaOH} C_6H_5-N=N-C_6H_5 \quad 偶氮苯 \\ \xrightarrow[C_2H_5OH]{Zn-NaOH} C_6H_5-NH-NH-C_6H_5 \quad 氢化偶氮苯 \end{cases}$$

对于多硝基化合物，如果用 Na_2S、$NaHS$、$(NH_4)_2S$、NH_4HS 等硫化物还原，可以选择性地还原其中一个硝基成为氨基。如：

$$m\text{-}C_6H_4(NO_2)_2 \xrightarrow{NaHS} m\text{-}O_2N-C_6H_4-NH_2$$

15.3.3 硝基对苯环的影响

当硝基连在苯环上时，因硝基的吸电子诱导效应和吸电子共轭效应的协同作用，使苯环的电子云密度大大降低，亲电取代变得更加困难，但硝基可使其邻、对位碳的正电性增加。

1. 增强邻、对位卤原子的亲核取代反应活性

氯苯分子中的氯原子并不活泼，但当氯苯的邻、对位存在硝基时，氯原子比较活泼，可以发生水解、氨解等亲核取反应。如：

$$o\text{-}O_2N-C_6H_4-Cl \xrightarrow[130℃]{Na_2CO_3} o\text{-}O_2N-C_6H_4-OH$$

$$2,4,6\text{-}(O_2N)_3C_6H_2-Cl \xrightarrow[微热]{Na_2CO_3} 2,4,6\text{-}(O_2N)_3C_6H_2-OH$$

如果氯苯的间位存在硝基，它只有吸电子诱导效应，且作用弱，对氯原子亲核取代活性的影响不显著。

2. 增强酚类和芳香酸类的酸性

硝基对酚羟基酸性的影响与它在苯环上的相对位置有关。当硝基处于羟基的邻、对位时，存在吸电子诱导效应和吸电子共轭效应，酸性增强明显；当硝基与羟基处于间位时，只存在吸电子诱导效应，酸性增加不明显。其中硝基处于羟基对位时，增加更为显著，可能是邻位硝基与羟基形成分子内氢键，使羟基氢难以电离。

	对硝基苯酚	邻硝基苯酚	间硝基苯酚	苯酚
pK_a	7.15	7.22	8.30	10.0

与硝基苯酚的酸性增强相似，在苯甲酸的苯环上引入硝基后，其酸性同样增强。如：

	邻硝基苯甲酸	对硝基苯甲酸	间硝基苯甲酸	苯甲酸
pK_a	2.17	3.42	3.49	4.20

其中，硝基处于羧基邻位时的酸性增加更多，可能是硝基与羧基距离近，吸电子诱导效应作用较强。

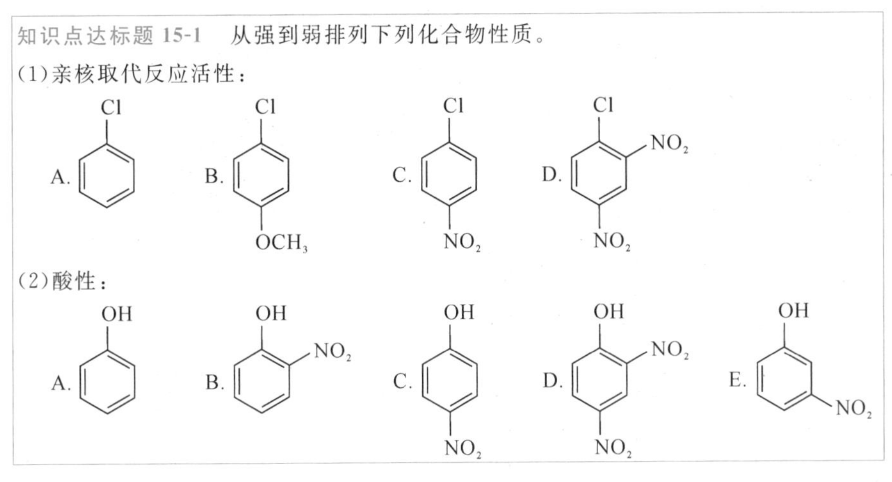

知识点达标题 15-1 从强到弱排列下列化合物性质。
(1)亲核取代反应活性：
A. B. C. D.
(2)酸性：
A. B. C. D. E.

15-2

Ⅱ. 胺

15.4 胺的分类、命名和结构

15-3

15.4.1 胺的分类和命名

1. 分类

NH_3 去掉一个 H 原子为—NH_2(氨基)，去掉两个 H 原子为—NH—(亚氨基)，去掉三个氢原子为 $-\overset{|}{N}-$(次氨基)，这三种氨基分别与烃基相连所形成的化合物统称为胺。其中，N 上连有一个烃基的为伯胺，连有两个烃基的为仲胺，连有三个烃基的为叔胺，如果 N 原子直接与苯环相连的称为芳香胺，其余均为脂肪胺。

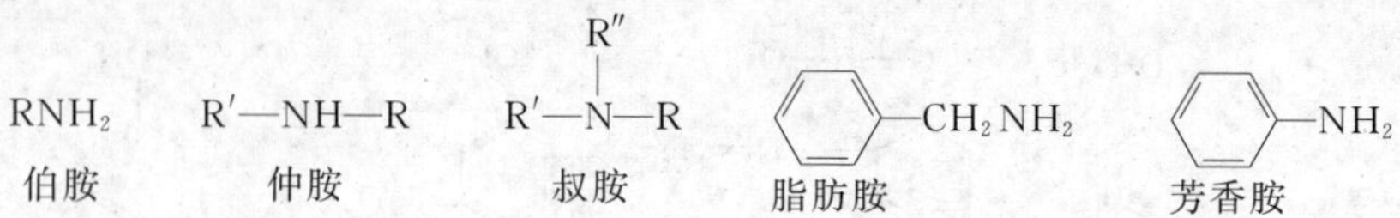

伯胺　仲胺　叔胺　脂肪胺　芳香胺

值得注意的是，伯、仲、叔胺的含义与醇不同，它们分别是由 N 原子上所连的烃基数目而定的，与连接氨基的碳原子是否为伯、仲、叔无关。如叔丁醇是叔醇，而叔丁胺却是伯胺。

$(CH_3)_3C-OH$　　$(CH_3)_3C-NH_2$

叔丁醇（叔醇）　叔丁胺（伯胺）

将铵根离子（NH_4^+）中的四个氢原子均换成四个烃基，称为季铵阳离子，季铵阳离子与酸根结合为季铵盐，与氢氧根结合则为季铵碱。

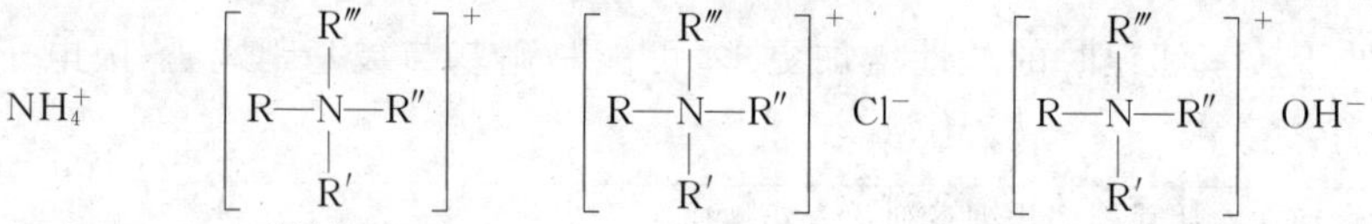

NH_4^+　$[R_4N]^+$（R, R', R'', R'''）　$[R_4N]^+Cl^-$　$[R_4N]^+OH^-$

铵根离子　季铵阳离子　季铵盐　季铵碱

2. 命名

简单的脂肪胺，根据烃基名称，命名为“某胺”。如：

CH_3NH_2　$C_6H_{11}-NH_2$　$CH_3CH_2NHCH_3$　$(C_2H_5)_3N$

甲胺　环己胺　甲乙胺　三乙胺

芳香仲胺和芳香叔胺，以苯胺为母体，其余为取代基，用 N 表示取代基位置。如：

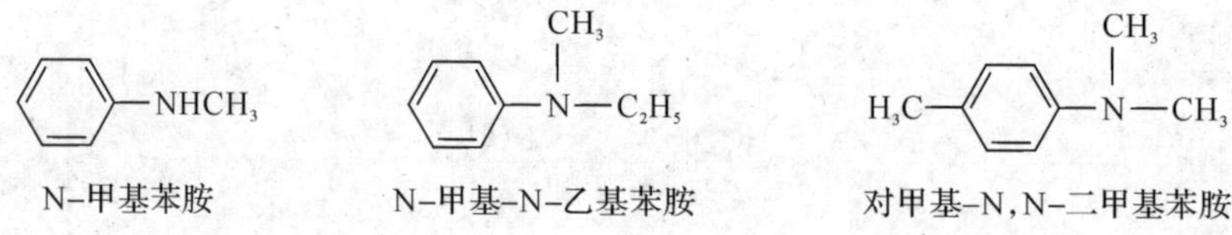

N-甲基苯胺　N-甲基-N-乙基苯胺　对甲基-N,N-二甲基苯胺

复杂烷基的胺，将氨基作为取代基来命名。如：

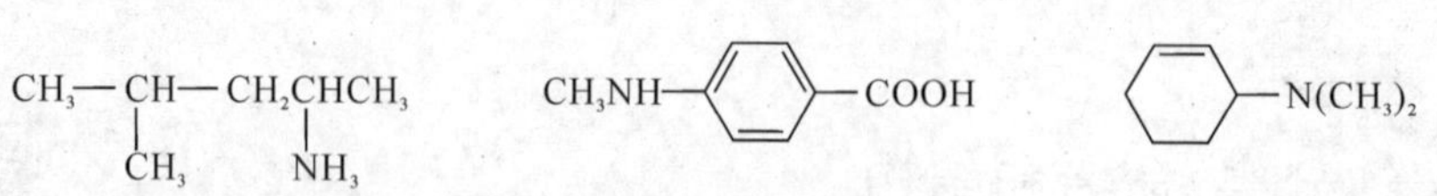

$CH_3-CH(CH_3)-CH_2CH(NH_2)CH_3$　$CH_3NH-C_6H_4-COOH$　$C_6H_9-N(CH_3)_2$

2-甲基-4-氨基戊烷　对甲氨基苯甲酸　3-二甲氨基环己烯

季铵盐、季铵碱命名，与铵盐、氧氧化铵相似。如：

$(CH_3)_4N^+Cl^-$　$(CH_3)_4N^+OH^-$　$C_6H_5CH_2N^+(C_2H_5)_3Br^-$

氯化四甲铵　氢氧化四甲铵　溴化三乙基苄基铵

知识点达标题 15-2　命名下列化合物。

(1) $CH_3CHCH_2NH_2$（CH_3 连于第二个碳上）　(2) $CH_2{=}CHCH_2NHCH_2CH_3$　(3) 环己基—$N(CH_3)_2$

(5) $HOCH_2CH_2NHCH_3$　(5) O_2N—苯环—$N(CH_3)_2$　(6) $[C_6H_5CH_2—N^+(CH_3)_2—CH_2CH_3]OH^-$

15-2

15.4.2　胺的结构

胺的结构与 NH_3 相似，N 原子是 sp^3 杂化，锥形结构，三个 H 原子位于锥底部，孤对电子位于锥顶部，将 H 原子换成烃基即为胺的结构。如：

NH_3　　CH_3NH_2　　$(CH_3)_2NH$　　$(CH_3)_3N$

当 N 原子上连有三个不同基团时，理论上应有手性，但在室温下两种构型转化的速率达到 10^3～10^5 次/秒，因而无法分离得到它们的对映体。

四个基团都不相同的季铵盐或季铵碱则是手性分子，可以被拆分成一对对映体。

苯胺结构比较特别，N 原子杂化类型介于 sp^2 和 sp^3 之间，N 原子上未杂化的 p 轨道成分比脂肪胺（sp^3 杂化）高，可与苯环形成 p-π 共轭（见图 15-2），结果使苯环上的电子云密度增加，而 N 原子上的电子云密度则比脂肪胺低。

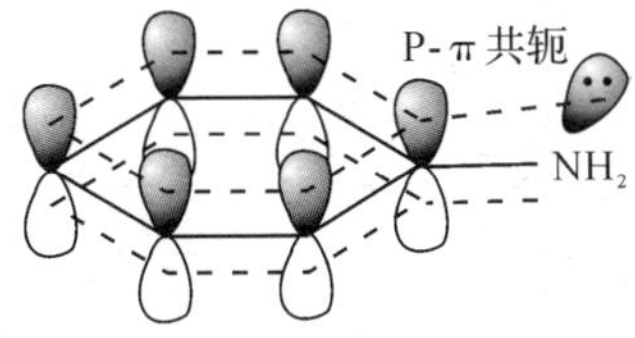

图 15-2　苯胺的 p-π 共轭

15.5 胺的制备

15-4

15.5.1 硝基化合物还原

硝基化合物还原是制备芳香伯胺的重要方法。因为芳香族硝基化合物很容易得到，还原剂常用 Fe、Zn、Sn 和 HCl 或催化加氢。如：

$$m\text{-}O_2N-C_6H_4-\overset{O}{\overset{\|}{C}}-CH_3 \xrightarrow[\text{或}Sn+HCl]{Fe+HCl} m\text{-}H_2N-C_6H_4-\overset{O}{\overset{\|}{C}}-CH_3$$

$$m\text{-}O_2N-C_6H_4-\overset{O}{\overset{\|}{C}}-CH_3 \xrightarrow{H_2/Pd\text{-}C} m\text{-}H_2N-C_6H_4-\overset{OH}{\overset{|}{C}H}-CH_3$$

$$m\text{-}O_2N-C_6H_4-\overset{O}{\overset{\|}{C}}-CH_3 \xrightarrow{Zn\text{-}Hg/HCl} m\text{-}H_2N-C_6H_4-CH_2CH_3$$

15.5.2 腈、酰胺和肟的还原

1. 腈还原

卤代烃与氰化钠发生亲核取代，很容易得到腈，而腈用催化加氢或氢化铝锂还原，生成较卤代烃多一个碳的伯胺。

$$R-X \xrightarrow{NaCN} R-C\equiv N \xrightarrow[\text{或 }LiAlH_4/Et_2O]{H_2/Ni} R-CH_2-NH_2$$

2. 酰胺还原

酰胺在无水乙醚中用氢化铝锂还原，羰基还原为亚甲基，伯酰胺生成伯胺，仲酰胺生成仲胺，叔酰胺得到叔胺。

$$\left.\begin{matrix} R-\overset{O}{\overset{\|}{C}}-NH_2 \\ R-\overset{O}{\overset{\|}{C}}-NHR' \\ R-\overset{O}{\overset{\|}{C}}-\underset{R''}{\underset{|}{N}}-R' \end{matrix}\right] \xrightarrow{LiAlH_4/Et_2O} \left[\begin{matrix} R-CH_2-NH_2 \\ R-CH_2-NH-R' \\ R-CH_2-\underset{R''}{\underset{|}{N}}-R' \end{matrix}\right.$$

3. 肟还原

醛、酮与羟胺反应生成肟，肟可被氢化铝锂、钠＋乙醇及催化加氢等还原剂还原生成相应的伯胺。

$$\left.\begin{matrix} R-CHO \\ R-CO-R' \end{matrix}\right] \xrightarrow{NH_2OH} \left[\begin{matrix} R-CH{=}NOH \\ R-C(R'){=}NOH \end{matrix}\right. \xrightarrow{LiAlH_4} \left[\begin{matrix} R-CH_2-NH_2 \\ R-CH(R')-NH_2 \end{matrix}\right.$$

15.5.3　氨的烷基化

氨是亲核试剂，可与卤代烃反应，生成伯胺，伯胺中的氮原子亲核性更强，可继续与卤代烃反应，生成仲胺、叔胺及季铵盐，因此，氨的烷基化反应得到的是多种胺的混合物。

$$R-Cl+NH_3 \longrightarrow \underset{\text{伯胺}}{R-NH_2} \xrightarrow{R-Cl} \underset{\text{仲胺}}{R-NH-R} \xrightarrow{R-Cl} \underset{\text{叔胺}}{R_3N} \xrightarrow{R-Cl} \underset{\text{季铵盐}}{[R_4N]^+Cl^-}$$

如果氨大大过量，则伯胺为主要产物。如：

$$C_6H_5-CH_2Br+NH_3\text{（过量）} \longrightarrow C_6H_5-CH_2NH_2+NH_4Br$$

15.5.4　霍夫曼降解反应

伯酰胺在 NaOCl 或 NaOBr 作用下，脱去羰基，生成少一个碳的伯胺，此为酰胺的霍夫曼降解反应。如：

$$m\text{-}Br-C_6H_4-CO-NH_2 \xrightarrow[\text{或}NaOBr]{Br_2+NaOH} m\text{-}Br-C_6H_4-NH_2$$

15.5.5　盖布瑞尔合成法

邻苯二甲酰亚胺氮原子上的氢具有酸性，能与碱，如 KOH 反应生成钾盐，作为亲核试剂与卤代烃反应生成 N-烃基邻苯二甲酰亚胺，再水解得到伯胺，这种方法称为盖布瑞尔(Gabriel)合成法。

$$C_6H_4(CO)_2NH \xrightarrow{KOH} C_6H_4(CO)_2N^-K^+ \xrightarrow{R-Cl} C_6H_4(CO)_2N-R \xrightarrow{OH^-/H_2O} C_6H_4(COO^-)_2 + R-NH_2$$

盖布瑞尔合成法是由卤代烃制备各种伯胺的好方法。

知识点达标题 15-3　以苄醇为原料合成下列化合物。

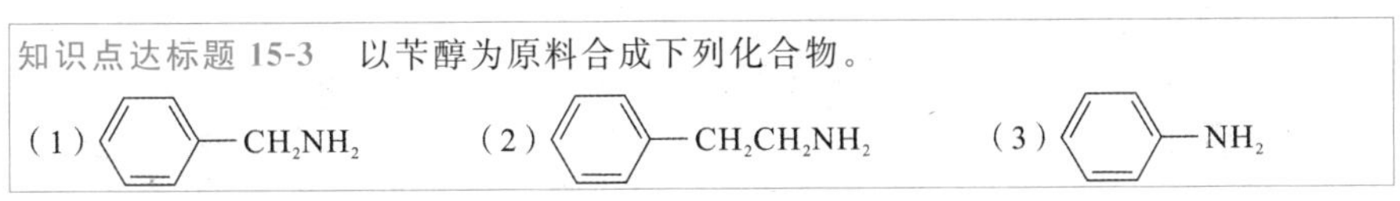

15-2

15.6 胺的物理性质与波谱特征

1. 胺的物理性质

在常温下，脂肪胺中，甲胺、二甲胺、三甲胺和乙胺是气体，其他为液体或固体；芳香族胺为高沸点的液体或低熔点的固体。

低级胺有特殊的臭味和毒性。如三甲胺有鱼腥味，1,4-丁二胺（腐胺）、1,5-戊二胺（尸胺）具有恶臭味，高级胺几乎没有气味。芳香胺毒性很大，能通过皮肤和呼吸道进入人体引起中毒。苯胺、联苯胺、α-萘胺、β-萘胺等芳香胺都有致癌作用。

伯胺、仲胺能形成分子间氢键，沸点比相对分子质量相近的烷烃要高，但 N—H…N 的氢键比 O—H…O 氢键弱，所以伯、仲胺的沸点低于醇，叔胺 N 上没有氢原子，不能形成分子间氢键，沸点与烷烃相近。

$C_1 \sim C_5$ 的胺能溶于水，其他胺微溶或难溶于水，所有胺都能溶于醇、醚、苯等有机溶剂。常见胺的物理常数如表 15-2 所示。

表 15-2 常见胺的物理常数

名称	熔点/℃	沸点/℃	溶解度/[$g \cdot (100g\ H_2O)^{-1}$]	名称	熔点/℃	沸点/℃	溶解度/[$g \cdot (100g\ H_2O)^{-1}$]
甲胺	−93.5	−6.3	易溶	正丁胺	−49	77.8	易溶
二甲胺	−93	6.9	易溶	乙二胺	8.5	118	易溶
三甲胺	−117	4	91	苯胺	−6	184	3.7
乙胺	−81	16.6	易溶	苄胺	10	185	微溶
二乙胺	−48	56.3	易溶	N-甲基苯胺	−57	196	3.7
三乙胺	−114.7	89.3	14	N,N-二甲基苯胺	2.5	194	1.4
正丙胺	−83	48.7	易溶	二苯胺	54	302	难溶

2. 胺的波谱特征

红外光谱：脂肪族和芳香族伯胺的 N—H 在 3300～3500cm^{-1} 有两个伸缩振动吸收峰，仲胺在这一区域只有一个伸缩振动吸收峰，而叔胺氮原子上没有氢原子，在此区域没有吸收峰。伯胺在 1590～1650cm^{-1} 有一个 N—H 弯曲振动吸收峰，可用于鉴定，仲胺 N—H 弯曲振动很弱，不能用于鉴定。脂肪族胺的 C—N 伸缩振动在 1020～1220cm^{-1}。芳香族胺的 C—N 伸缩振动在 1250～1360cm^{-1}，其中伯芳胺在 1250～1340cm^{-1}，仲芳胺在 1280～1360cm^{-1}，叔芳胺在 1310～1360cm^{-1}。

核磁共振氢谱：N—H 上质子的化学位移受溶剂、浓度和温度影响变化较大，δ 为 0.6～3ppm，N 的 α-C 上质子化学位移为 2.5～3.0ppm，β-C 上质子化学位移为 1.1～1.7ppm。

15.7 胺的化学性质

15-5

15.7.1 胺的弱碱性

胺的化学性质与氨相似，能结合水中质子具有弱碱性，与酸反应生成铵盐。

$$NH_3 + H—OH \rightleftharpoons NH_4^+ + OH^- \qquad NH_3 + HCl \longrightarrow NH_4^+Cl^-$$

$$RNH_2 + H—OH \rightleftharpoons RNH_3^+ + OH^- \qquad RNH_2 + HCl \longrightarrow RNH_3^+Cl^-$$

铵盐如果用强碱处理，重新释放出有机胺。利用这些性质，可将胺与其他不溶于酸的有机化合物分离开来。

$$RNH_3^+Cl^- + NaOH \longrightarrow RNH_2 + NaCl + H_2O$$

如分离苯与苯胺：

$$\left.\begin{array}{l}C_6H_6\\ C_6H_5—NH_2\end{array}\right] \xrightarrow[\text{分液}]{HCl} \left[\begin{array}{l}\text{有机层 } C_6H_6\\ \text{水层 } C_6H_5—NH_3^+Cl^- \xrightarrow[\text{分液}]{NaOH} \left[\begin{array}{l}\text{有机层 } C_6H_5—NH_2\\ \text{水层NaCl}\end{array}\right.\end{array}\right.$$

1. 影响胺碱性强弱的因素

胺碱性的强弱与胺结构中的电子效应、空间效应和溶剂化效应有关。

(1)电子效应。N 原子上电子云密度越大，结合质子能力越强，则碱性越强。

(2)空间效应。N 原子上烃基数目越多，体积越大，空间阻力大，质子不易靠近 N 原子，则碱性越弱。

(3)溶剂化效应。N 原子上所连的氢原子越多，与质子结合生成铵盐与水形成氢键的数目越多，则铵盐越稳定，相应胺的碱性越强。

$$RN^+H_3\cdots(OH_2)_3 \qquad R_2N^+H_2\cdots(OH_2)_2 \qquad R_3N^+H\cdots OH_2$$

2. 胺的碱性强弱比较

(1)不同胺类的碱性。对于不同类型的胺，碱性强弱主要考虑电子效应，即 N 原子上电子云密度越高，碱性越强。脂肪族胺中烷基供电子，N 上电子云密度增加，碱性强于 NH_3，芳香胺中 N 与苯环形成的 p-π 共轭，部分电子云偏向苯环，N 上电子云密度降低，碱性较 NH_3 弱。季铵碱是典型的离子化合物，类似于 NaOH、KOH，是强碱。所以不同胺碱性强弱次序为：

季铵碱＞脂肪族胺＞NH_3＞芳香胺

(2)芳香胺的碱性。当氨基的邻、对位上连有—OH、—OR、OCOR 等第一类(邻、对位)定位基时，由于它们供电子的共轭效应比吸电子诱导效应强，总的电子效应使苯环上电子云密度增加，相应芳香胺的碱性增强。当这些基团位于氨基的间位时，只有吸电子的诱导效应起作用，碱性反而减弱。如：

	对甲氧基苯胺	苯胺	间甲氧基苯胺
pK_a	4.52 (+C＞−I)	4.63	4.23 (−I)

当氨基的邻、对位上连有吸电子基(如—NO_2)时，吸电子共轭效应和吸电子诱导效应协同作用，使氨基的碱性明显减弱，硝基处在间位时，只通过吸电子诱导效应使氨基碱性减弱。如：

	邻硝基苯胺	对硝基苯胺	间硝基苯胺	苯胺
pK_a	−0.26 (−C,−I)	1.00 (−C,−I)	2.47 (−I)	4.63

(3)脂肪胺的碱性。在伯、仲、叔三种脂肪胺结构中，从电子效应分析，碱性强弱为叔胺＞仲胺＞伯胺，从空间效应和溶剂化效应分析，则碱性强弱为伯胺＞仲胺＞叔胺，三种因素单独作用碱性强弱比较不一致。综合三种因素结果，低级脂肪胺的碱性强弱为仲胺＞叔胺＞伯胺。如：

	NH_3	$CH_3CH_2NH_2$	$(CH_3CH_2)_3N$	$(CH_3CH_2)_2NH$
pK_a	9.26	10.64	10.76	10.99

知识点达标题 15-4 从强到弱排列下列化合物的碱性。

(1) A. NH_3 B. CH_3NH_2 C. $C_6H_5NH_2$ D. $C_6H_5CONH_2$ E. $(CH_3)_4N^+OH^-$

(2) A. C_6H_5—NH_2 B. C_6H_5—CH_2NH_2 C. C_6H_5—$NHCH_3$ D. $(C_2H_5)_2NH$ E. $(C_2H_5)_3N$ F. C_6H_5—NH—C_6H_5

(3) A. 对甲氧基苯胺（NH_2，OCH_3） B. 对氯苯胺（NH_2，Cl） C. 苯胺（NH_2） D. 对硝基苯胺（NH_2，NO_2） E. 对甲基苯胺（NH_2，CH_3）

15-2

15.7.2 胺的烷基化反应

与氨相似，因为胺的 N 原子上有孤对电子，可作为亲核试剂与卤代烃发生亲核取代反应生成仲胺，仲胺继续与卤代烃反应生成叔胺及季铵盐。

$$R—\ddot{N}H_2 + R'—Cl \longrightarrow R—\ddot{N}H—R' \xrightarrow{R'—Cl} R—\ddot{N}(R')—R' \xrightarrow{R'—Cl} \left[R—N(R')_2—R'\right]^+ Cl^-$$

如果氨大大过量，可制备伯胺；如果卤代烃过量，可制备季铵盐。因为胺烷基化反应还有酸性物质卤化氢生成，为了减少胺的用量，反应时用碱中和生成的卤化氢。如：

$$CH_3CH_2CH_2CH_2NH_2 + 3CH_3I \xrightarrow{Na_2CO_3} CH_3CH_2CH_2CH_2\overset{+}{N}(CH_3)_3I^-$$

15.7.3 胺的酰化反应

15-6

伯胺、仲胺与酰化剂（酰氯、酸酐）反应，氨基上的氢被酰基取代生成酰胺的反应称为胺的酰化反应。

$$RNH_2 + CH_3-\overset{O}{\overset{\|}{C}}-Cl \longrightarrow CH_3-\overset{O}{\overset{\|}{C}}-NHR + HCl$$

$$R-\underset{R}{\underset{|}{N}}H + CH_3-\overset{O}{\overset{\|}{C}}-O-\overset{O}{\overset{\|}{C}}-CH_3 \longrightarrow CH_3-\overset{O}{\overset{\|}{C}}-\underset{R}{\underset{|}{N}}-R + CH_3COOH$$

由于叔胺 N 原子上没有氢原子，因此不能发生酰化反应。生成的酰胺在酸性或碱性水溶液中可以水解，释放出胺，所以在有机合成中，利用胺的酰化反应来保护氨基。

例 15-1 以苯胺为原料合成对硝基苯胺。

［解析］ 如果苯胺直接硝化，苯胺容易被氧化，生成羟胺、硝基苯、亚硝基苯、对苯醌等氧化产物，得不到目标产物对硝基苯胺。合理方案是用酰化剂（如乙酸酐）先将氨基转化成酰胺进行保护，然后再硝化，最后碱性水解释放出氨基，得到对硝基苯胺。

$$C_6H_5NH_2 \xrightarrow{(CH_3CO)_2O} C_6H_5NH-\overset{O}{\overset{\|}{C}}-CH_3 \xrightarrow[H_2SO_4]{HNO_3} p\text{-}O_2N-C_6H_4-NH-\overset{O}{\overset{\|}{C}}-CH_3 \xrightarrow{OH^-/H_2O} p\text{-}O_2N-C_6H_4-NH_2$$

苯磺酰氯或对甲基苯磺酰氯也是常见的酰化基，可以与伯胺、仲胺发生酰化反应生成相应的磺酰胺固体沉淀，叔胺 N 原子上没有氢不发生酰化反应，没有沉淀。

$$H_3C-C_6H_4-\overset{O}{\overset{\|}{\underset{O}{\underset{\|}{S}}}}-Cl \;(\text{对甲基苯磺酰氯}) + \begin{cases} RNH_2 \longrightarrow H_3C-C_6H_4-\overset{O}{\overset{\|}{\underset{O}{\underset{\|}{S}}}}-NHR\downarrow \xrightarrow{NaOH溶液} H_3C-C_6H_4-\overset{O}{\overset{\|}{\underset{O}{\underset{\|}{S}}}}-\overset{Na^+}{N^-}R \;(\text{溶解}) \\ RNHR \longrightarrow H_3C-C_6H_4-\overset{O}{\overset{\|}{\underset{O}{\underset{\|}{S}}}}-\underset{R}{\underset{|}{N}}-R\downarrow \xrightarrow{NaOH溶液} \text{不溶解} \\ R_3N \longrightarrow \text{没有沉淀} \end{cases}$$

由于磺酰基是强的吸电子基，伯磺酰胺 N 上的氢原子具有一定的酸性，能溶于碱，仲磺酰胺 N 上没有氢原子，不溶于碱。因此，伯胺、仲胺和叔胺与对甲基苯磺酰氯及碱性溶液反应现象不同，这一反应称为兴斯堡(Hinsberg)反应。该反应可以鉴别伯胺、仲胺和叔胺。

知识点达标题 15-5　用化学方法区别邻甲基苯胺、N-甲基苯胺和 N,N-二甲基苯胺。

15-2

15.7.4　与亚硝酸反应

亚硝酸不稳定，在反应时，用 $NaNO_2 + HCl$ 或 $NaNO_2 + H_2SO_4$ 来代替。胺的类别不同，与亚硝酸反应的产物也不同。

1. 伯胺与亚硝酸反应

15-7

脂肪族伯胺与亚硝酸反应，先生成极不稳定的脂肪族重氮盐，马上分解放出 N_2，并形成碳正离子，然后碳正离子与溶液中的负离子结合生成醇或卤代烃，碳正离子也可消去邻位碳上的氢得到烯烃。

$$RNH_2 \xrightarrow{NaNO_2+HCl} R\overset{+}{N}\equiv NCl^- \longrightarrow R^+ + N_2 + Cl^-$$

脂肪族重氮盐(极不稳定)　　$R^+ \longrightarrow$ 烯+醇+氯代烃等

如：

$$CH_3CH_2CH(NH_2)CH_3 \xrightarrow{NaNO_2+HCl} CH_3CH_2CH(N_2^+Cl^-)CH_3 \xrightarrow{-N_2} CH_3CH_2\overset{+}{C}HCH_3 \begin{cases} \xrightarrow{Cl^-} CH_3CH_2CH(Cl)CH_3 \\ \xrightarrow{H_2O} CH_3CH_2CH(OH)CH_3 \\ \xrightarrow{-H^+} CH_3CH{=}CHCH_3 \end{cases}$$

芳香族伯胺与亚硝酸反应，也生成芳香族重氮盐，芳香族重氮盐在低温(0～5℃)下比较稳定，该反应称为重氮化反应。如：

$$C_6H_5NH_2 \xrightarrow[0\sim5℃]{NaNO_2+HCl} C_6H_5\overset{+}{N}\equiv NCl^-$$

氯化重氮苯

$$C_6H_5\overset{+}{N}\equiv NCl^- \xrightarrow{>5℃} C_6H_5OH + C_6H_5Cl + N_2$$

如果温度高于 5℃，则氯化重氮苯发生分解放出 N_2，生成苯酚、氯苯。

2. 仲胺与亚硝酸反应

脂肪族仲胺和芳香族仲胺与亚硝酸反应，都生成难溶于水的黄色 N-亚硝基胺。如：

$$R_2NH \xrightarrow{NaNO_2+HCl} R_2N{-}NO$$

$$C_6H_5NHCH_3 \xrightarrow{NaNO_2+HCl} C_6H_5N(NO){-}CH_3$$

N-亚硝基胺具有强烈的致癌作用，腌制及罐头食品中常含有少量的亚硝酸盐，在胃酸作用下产生亚硝酸，与人体内某些仲胺类化合物反应生成致癌的 N-亚硝基胺。

3. 叔胺与亚硝酸反应

脂肪族叔胺与亚硝酸，起酸碱中和反应，生成不稳定的亚硝酸盐。芳香族叔胺与亚硝酸反应，在苯环上发生亚硝基化反应，引入亚硝基，生成对亚硝基芳香族胺，如果对位已有取代基，则亚硝基在邻位取代。如：

$$R_3N + HNO_2 \longrightarrow R_3\overset{+}{N}HNO_2^-$$

$$C_6H_5-N(CH_3)_2 \xrightarrow{NaNO_2+HCl} ON-C_6H_4-N(CH_3)_2$$

$$H_3C-C_6H_4-N(CH_3)_2 \xrightarrow{NaNO_2+HCl} H_3C-C_6H_3(NO)-N(CH_3)_2$$

15.7.5　胺的氧化反应

胺容易被常见的氧化剂氧化，其中脂肪族伯、仲胺的氧化产物复杂，但叔胺用过氧化氢或过氧酸氧化，产物为氧化叔胺。如：

$$C_6H_5-N(CH_3)_2 \xrightarrow[\text{或过氧酸}]{H_2O_2} C_6H_5-\overset{+}{N}(O^-)(CH_3)_2$$

$$C_6H_{11}-CH_2-N(CH_3)_2 \xrightarrow[\text{或过氧酸}]{H_2O_2} C_6H_{11}-CH_2-\overset{+}{N}(O^-)(CH_3)_2$$

当氧化叔胺含 β-H 时，加热分解生成烯烃和羟胺，这一反应称为科普(Cope)消除反应。如：

$$C_6H_{10}(H)_\beta-CH_2-\overset{+}{N}(O^-)(CH_3)_2 \xrightarrow{\triangle} C_6H_{10}=CH_2 + (CH_3)_2NOH$$

如果氧化叔胺中有两个 β-H，加热时有两种烯烃，其中主要产物是霍夫曼消除规则的烯烃，即脱去含 H 多的 β-H 或得到双键上支链少的烯烃。如：

$$CH_3\underset{\beta}{C}H_2CH_2-\overset{+}{N}(CH_3)(O^-)-CH_2\underset{\beta}{C}H(CH_3)CH_3 \xrightarrow{\triangle} CH_3CH=CH_2 + HON(CH_3)CH_2CH(CH_3)CH_3$$

> 知识点达标题 15-6　写出下列反应主要产物。
>
> (1) $C_6H_{11}-NHCH_3 \xrightarrow{HNO_2}$　　(2) H_3C-(N-甲基吡咯烷-3-基)$N-CH_3 \xrightarrow{H_2O_2} \xrightarrow{\triangle}$

15-2

15.7.6　芳香胺苯环上的亲电取代反应

因为—NH_2 是强活化的邻、对位定位基团，所以芳香胺苯环上的亲电取代反应活性很高，表现为反应条件低和多取代。

15-8

1. 卤代反应

苯胺容易与氯或溴发生亲电取代反应，邻位和对位上的氢被取代，生成 2,4,6-三卤代物。如：

$$C_6H_5NH_2 \xrightarrow{Br_2/H_2O} \text{2,4,6-}Br_3C_6H_2NH_2 \downarrow \text{白色沉淀}$$

该反应可用于苯胺的定性鉴别和定量分析。

如果想得到一卤代物，可将氨基转化为酰胺，降低它的活化能力。如以苯胺为原料制备对溴苯胺，先用乙酸酐将氨基转化为乙酰胺，然后与溴水反应，对位上去一个溴，最后碱性水解把乙酰基去掉，得到目标产物。

$$C_6H_5NH_2 \xrightarrow{(CH_3CO)_2O} C_6H_5NHCOCH_3 \xrightarrow{Br_2/H_2O} p\text{-}BrC_6H_4NHCOCH_3 \xrightarrow{OH^-/H_2O} p\text{-}BrC_6H_4NH_2$$

若要制备邻溴苯胺，同样可将氨基转化为乙酰胺，溴代前先与硫酸发生磺化反应，磺酸基占据对位，然后再溴代、稀酸水解去掉磺酸基，碱性水解恢复氨基。

$$C_6H_5NH_2 \xrightarrow{(CH_3CO)_2O} C_6H_5NHCOCH_3 \xrightarrow{H_2SO_4} p\text{-}HO_3SC_6H_4NHCOCH_3 \xrightarrow{Br_2/H_2O} \text{2-Br-4-}HO_3SC_6H_3NHCOCH_3 \xrightarrow[\text{②}OH^-/H_2O]{\text{①稀}H_2SO_4} o\text{-}BrC_6H_4NH_2$$

2. 硝化反应

因硝酸是强氧化剂，若直接硝化，则得到多种氧化产物，所以苯胺在硝化之前，先将氨基用酰胺方法加以保护。如制备邻硝基苯胺，保护了氨基的酰胺先用磺酸基占据对位，然后硝化，最后酸解、碱性水解。

$$C_6H_5NH_2 \xrightarrow{(CH_3CO)_2O} C_6H_5NHCOCH_3 \xrightarrow{H_2SO_4} p\text{-}HO_3SC_6H_4NHCOCH_3 \xrightarrow{HNO_3} \text{2-}NO_2\text{-4-}HO_3SC_6H_3NHCOCH_3 \xrightarrow[\text{②}OH^-/H_2O]{\text{①稀}H_2SO_4} o\text{-}O_2NC_6H_4NH_2$$

若要制备间硝基苯胺，应先将苯胺溶于浓硫酸，生成苯胺的硫酸氢盐，因为铵盐阳离子是钝化的间位基，所以再硝化时，得到间硝基取代物，最后用强碱处理铵盐，即可得到间硝基苯胺。

$$C_6H_5NH_2 \xrightarrow{\text{浓}H_2SO_4} C_6H_5\overset{+}{N}H_3HSO_4^- \xrightarrow{HNO_3} m\text{-}O_2NC_6H_4\overset{+}{N}H_3HSO_4^- \xrightarrow{OH^-/H_2O} m\text{-}O_2NC_6H_4NH_2$$

3. 磺化反应

苯胺与浓硫酸反应，先生成硫酸氢盐，然后在 180～190℃高温下，重排得到对氨基苯磺酸。

$$C_6H_5NH_2 \xrightarrow[\text{常温}]{\text{浓}H_2SO_4} C_6H_5\overset{+}{N}H_3HSO_4^- \xrightarrow[\triangle]{180\sim190℃} p\text{-}H_2N\text{-}C_6H_4\text{-}SO_3H$$

4. 酰基化与烷基化反应

若在苯胺的对位引入乙酰基，可先将氨基转变为酰胺保护，然后在无水氯化铝催化下与乙酰氯或乙酸酐反应，在对位引入乙酰基，最后碱性水解去保护得目标产物。

$$C_6H_5NH_2 \xrightarrow{(CH_3CO)_2O} C_6H_5NHCOCH_3 \xrightarrow[AlCl_3]{CH_3COCl} p\text{-}CH_3CONH\text{-}C_6H_4\text{-}COCH_3 \xrightarrow{OH^-/H_2O} p\text{-}H_2N\text{-}C_6H_4\text{-}COCH_3$$

若在苯胺的对位引入乙基，因为氨基与卤代烷反应生成仲胺、叔胺及季铵盐混合物，所以先将氨基保护，然后与氯乙烷反应，苯环上引入乙基，最后去保护得到产物。

$$C_6H_5NH_2 \xrightarrow{(CH_3CO)_2O} C_6H_5NHCOCH_3 \xrightarrow[AlCl_3]{C_2H_5Cl} p\text{-}CH_3CONH\text{-}C_6H_4\text{-}C_2H_5 \xrightarrow{OH^-/H_2O} p\text{-}H_2N\text{-}C_6H_4\text{-}C_2H_5$$

15.7.7 季铵盐和季铵碱

1. 季铵盐

15-9

(1)制备。用叔胺和卤代烷反应来制备季铵盐。

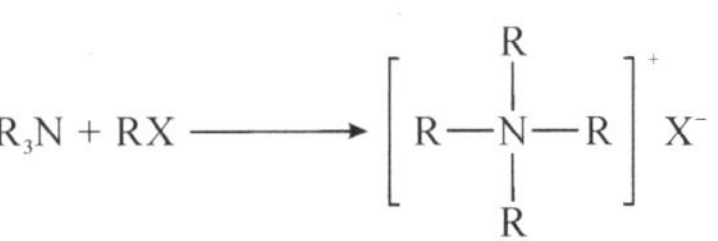

$$R_3N + RX \longrightarrow [R_4N]^+X^-$$

季铵盐是离子型化合物，具有盐类性质，能溶于水，不溶于非极性的有机溶剂。

(2)主要用途。含有长链烷基的季铵盐可作为阳离子表面活性剂。如溴化二甲基十二烷基苄基铵(新洁尔灭)和溴化二甲基十二烷基(2-苯氧乙基)铵(度米芬)等既是具有去污能力的表面活性剂，也是具有较强杀菌能力的消毒剂。

$$\left[CH_3-\underset{C_2H_5}{\overset{CH_3}{N}}-(CH_2)_{11}CH_3\right]^+Br^-$$

新洁尔灭

$$\left[PhOCH_2CH_2-\underset{CH_3}{\overset{CH_3}{N}}-(CH_2)_{11}CH_3\right]^+Br^-$$

度米芬

含长链烷基的季铵盐，还常用作相转移催化剂。如氯化三乙基苄基铵(TEBA)和卤化四丁基铵(TBA)是常用的相转移催化剂，相转移反应具有反应速度快、操作简便、产率高等优点。

$$\left[\begin{array}{c} C_2H_5 \\ | \\ C_2H_5—N—CH_2C_6H_5 \\ | \\ C_2H_5 \end{array}\right]^+ Cl^- \qquad (CH_3CH_2CH_2CH_2)_4N^+X^-$$

TEBA　　　　TBA

2. 季铵碱

(1)制备。季铵盐与湿的氧化银反应来制备季铵碱。因为生成卤化银沉淀,使反应向季铵碱方向移动。

$$R_4N^+Cl^- + Ag_2O + H_2O \longrightarrow R_4N^+OH^- + AgCl\downarrow$$

(2)性质。季铵碱是一种强碱,溶于水,碱性与 NaOH、KOH 相当。季铵碱受热则不稳定,容易分解。

①含有 β-H 的季铵碱,受热时,分解生成霍夫曼规则烯烃、叔胺和水。如:

$$\left[H_3C—\overset{CH_3}{\underset{CH_3}{N}}—CH_2\underset{\beta}{C}H_2CH_3\right]^+ OH^- \xrightarrow{\triangle} CH_2═CHCH_3 + H_3C—\overset{CH_3}{\underset{CH_3}{N}} + H_2O$$

$$\left[H_3C—\overset{CH_3}{\underset{CH_3}{N}}—\overset{\overset{\beta}{CH_3}}{C}H\underset{\beta}{C}H_2CH_3\right]^+ OH^- \xrightarrow{\triangle} CH_2═CHCH_2CH_3 + H_3C—\overset{CH_3}{\underset{CH_3}{N}} + H_2O$$

注意,若能形成共轭二烯烃,产物不符合霍夫曼规则。如:

$$\left[H_3C—\overset{CH_3}{\underset{CH_2\underset{\beta}{C}H_3}{N}}—CH_2\overset{\beta}{C}H—C_6H_5\right]^+ OH^- \xrightarrow{\triangle} C_6H_5—CH═CH_2 + H_3C—\overset{CH_3}{\underset{CH_2CH_3}{N}} + H_2O$$

②没有 β-H 的季铵碱,受热时,分解生成叔胺和醇。如:

$$\left[H_3C—\overset{CH_3}{\underset{CH_3}{N}}—CH_3\right]^+ OH^- \xrightarrow{\triangle} H_3C—\overset{CH_3}{\underset{CH_3}{N}} + CH_3OH$$

知识点达标题 15-7　写出下列反应各步产物。

(1) 1-甲基环己胺（环己烷 C-1 上连 CH_3、NH_2） $\xrightarrow{CH_3I(过量)}$ $\xrightarrow[H_2O]{Ag_2O}$ $\xrightarrow{\triangle}$

(2) 2-甲基四氢吡咯（N-H，CH_3） $\xrightarrow{CH_3I(过量)}$ $\xrightarrow[H_2O]{Ag_2O}$ $\xrightarrow{\triangle}$ $\xrightarrow{CH_3I(过量)}$ $\xrightarrow[H_2O]{Ag_2O}$ $\xrightarrow{\triangle}$

15-2

Ⅲ. 重氮和偶氮化合物

15.8　重氮和偶氮化合物的结构与命名

重氮和偶氮化合物都含有$-N_2-$官能团。$-N_2-$一端与碳原子（氰基除外）相连，另一端与非碳原子相连的化合物称为重氮化合物，可用通式 $R-N_2-A$ 表示，其中 A 为非碳原子基团（通常为酸根离子），R 为脂肪烃基或芳香烃基。$-N_2-$两端都和碳原子（氰基除外）相连的化合物称为偶氮化合物，可用通式 $R-N_2-R$ 表示。

脂肪族重氮和偶氮化合物均不稳定，芳香族重氮和偶氮化合物比较稳定，所以重氮和偶氮化合物常指芳香族类化合物。

重氮化合物命名时，以重氮盐为主体，苯环上的支链从重氮基开始编号；偶氮化合物命名时，以偶氮苯为主体，以偶氮基相连的碳为 1 号与 1′号，分别对两个苯环进行编号。如：

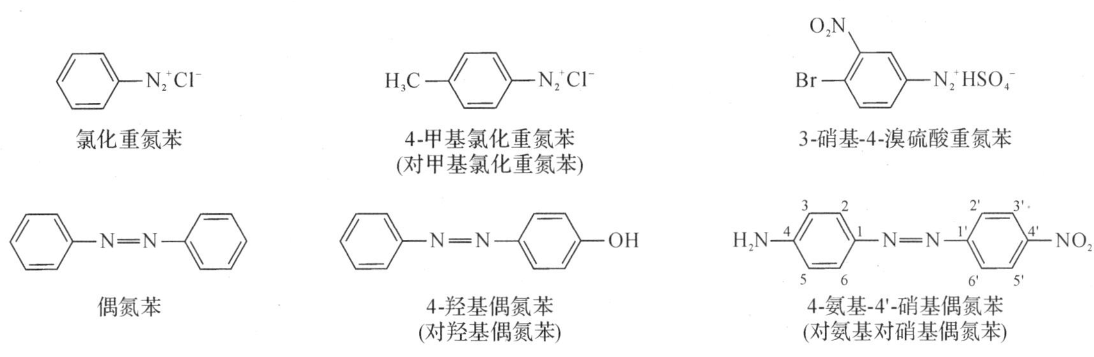

氯化重氮苯　4-甲基氯化重氮苯（对甲基氯化重氮苯）　3-硝基-4-溴硫酸重氮苯

偶氮苯　4-羟基偶氮苯（对羟基偶氮苯）　4-氨基-4'-硝基偶氮苯（对氨基对硝基偶氮苯）

15.9　芳香族重氮盐的制备

芳香族重氮盐是通过芳香伯胺与亚硝酸在低温下发生重氮化反应来制备的。如：

$$C_6H_5-NH_2 + NaNO_2 + 2HCl \xrightarrow{0\sim5℃} C_6H_5-N_2^+Cl^- + NaCl + 2H_2O$$

一般是将芳胺溶解或悬浮在过量的稀盐酸中，在 0～5℃下加入亚硝酸钠溶液，反应很快进行，重氮盐定量生成。如果芳胺的苯环上有吸电基，反应温度可提高至 40～60℃。重氮盐溶液比较稳定，重氮盐固体容易爆炸，在有机合成中一般不需要将重氮盐分离出来，而是直接在溶液中进行下一步反应。

在制备重氮盐时还需要注意：

(1)无机酸（盐酸或硫酸）要大大过量。如果酸量不足，生成的重氮盐可与未反应的芳胺作用，生成偶氮化合物，一般酸物质的量为芳胺的 2.5 倍以上。

(2)亚硝酸钠不能过量。因为过量的亚硝酸钠会促使重氮盐分解，可用 KI-淀粉试纸是否变蓝来检验。如果试纸变蓝，可用尿素除去过量亚硝酸钠。

(3)制备后的重氮盐应尽快使用。因为温度升高或光照会使重氮盐分解。

15.10 重氮盐的性质及应用

重氮盐是很活泼的化合物，可发生多种反应，归纳来说有重氮基被取代的放氮反应和保留氮原子反应两类，这两类反应在有机合成上有广泛的用途。

15-10

15.10.1 重氮基被取代的反应

重氮基被取代的反应，又称放氮反应，是指重氮盐在一定条件下重氮基被—X、—CN、—OH、—H 等取代，放出氮气，生成卤代芳烃、芳腈、酚和芳烃等化合物。

1. 被卤素或氰基取代

在 CuCl/HCl、CuBr/HBr、CuCN/KCN 作用下，重氮盐分解放出 N_2，重氮基被—Cl、—Br、—CN 取代。如：

$$C_6H_5N_2^+Cl^- \xrightarrow[\triangle]{CuCl/HCl} C_6H_5Cl + N_2\uparrow$$

$$C_6H_5N_2^+Cl^- \xrightarrow[\triangle]{CuBr/HBr} C_6H_5Br + N_2\uparrow$$

$$C_6H_5N_2^+Cl^- \xrightarrow[\triangle]{CuCN/KCN} C_6H_5CN + N_2\uparrow$$

碘离子亲核性强，不用 CuI 催化，直接加 KI 即可生成相应的碘化物。氟离子亲核性弱，加氟硼酸(HBF_4)于重氮盐溶液中，先生成氟硼酸重氮盐沉淀，分离干燥后缓和加热，得到氟代芳烃。

$$C_6H_5N_2^+Cl^- \xrightarrow[\triangle]{KI} C_6H_5I$$

$$C_6H_5N_2^+Cl^- \xrightarrow{HBF_4} C_6H_5N_2^+BF_4^- \xrightarrow{\triangle} C_6H_5F$$

氰基水解生成羧基。因此，在有机合成中，利用重氮盐可以将—NH_2（或—NO_2）转换为—X 和—COOH。

例 15-2 以苯为原料合成间氟碘苯。

［解析］ 在苯环上引入氟和碘，不能直接用卤代反应，应采用重氮基取代来制备。引入的氟和碘是不同的卤原子，可用重氮基分步取代来实现。

$$C_6H_6 \xrightarrow{发烟HNO_3} m\text{-}C_6H_4(NO_2)_2 \xrightarrow{(NH_4)_2S} m\text{-}H_2NC_6H_4NO_2 \xrightarrow[0\sim5℃]{NaNO_2+HCl} m\text{-}Cl^-N_2^+C_6H_4NO_2 \xrightarrow[\triangle]{HBF_4} m\text{-}FC_6H_4NO_2$$

$$\xrightarrow{Fe+HCl} m\text{-}FC_6H_4NH_2 \xrightarrow[0\sim5℃]{NaNO_2+HCl} m\text{-}FC_6H_4N_2^+Cl^- \xrightarrow[\triangle]{KI} m\text{-}FC_6H_4I$$

2. 被羟基取代

将重氮盐在强酸性水溶液中加热，羟基取代重氮基生成酚，并放出 N_2。如：

$$C_6H_5-N_2^+HSO_4^- + H_2O \xrightarrow{\triangle} C_6H_5-OH + H_2SO_4 + N_2\uparrow$$

注意，重氮化反应时最好制成硫酸重氮盐等强酸性溶液，一方面可防止重氮基被氯取代生成氯代芳烃，另一方面可避免生成的酚与未反应的重氮盐发生偶合反应。利用重氮基被羟基取代的反应，在有机合成中可以将—NH_2（或—NO_2）转换为—OH。

例 15-3　以苯为原料合成间硝基苯酚。

[解析]　苯环上引入羟基可采用重氮基来取代，因硝基和羟基处于间位，先合成间二硝基苯，然后选择性还原其中一个硝基为氨基。

$$C_6H_6 \xrightarrow{\text{发烟}HNO_3} m\text{-}C_6H_4(NO_2)_2 \xrightarrow{(NH_4)_2S} m\text{-}NO_2C_6H_4NH_2 \xrightarrow[0\sim5℃]{NaNO_2+H_2SO_4} m\text{-}NO_2C_6H_4N_2^+HSO_4^- \xrightarrow[\triangle]{H_3O^+} m\text{-}NO_2C_6H_4OH$$

3. 被氢原子取代

重氮盐在次磷酸、乙醇或硼氢化钠作用下，重氮基被氢原子取代生成芳烃，并放出 N_2。如：

$$C_6H_5-N_2^+HSO_4^- \xrightarrow{H_3PO_2 \;/\; C_2H_5OH \;/\; NaBH_4} C_6H_5-H + H_2SO_4 + N_2\uparrow$$

这是还原脱氨反应，即可以脱去苯环上的—NH_2 或—NO_2。这一反应在有机合成中很重要，因为可以借助氨基是强的邻、对位定位基效应，通过在芳环上引入氨基的方法来合成一些用其他方法难以得到的芳香族化合物，然后脱去氨基来实现。

例 15-4　以苯为原料合成 1,3,5-三溴苯。

[解析]　很明显不能用苯直接溴代的方法来合成，但苯胺很容易与溴水反应，得到 2,4,6-三溴苯胺，然后将氨基重氮化，再用次磷酸去除重氮基即可得到目标产物。

$$C_6H_6 \xrightarrow[H_2SO_4]{HNO_3} C_6H_5NO_2 \xrightarrow{Fe+HCl} C_6H_5NH_2 \xrightarrow{Br_2-H_2O} 2,4,6\text{-}Br_3C_6H_2NH_2 \xrightarrow[0\sim5℃]{NaNO_2+HCl} 2,4,6\text{-}Br_3C_6H_2N_2^+Cl^- \xrightarrow[\triangle]{H_3PO_2} 1,3,5\text{-}Br_3C_6H_3$$

例 15-5 以甲苯为原料合成间溴甲苯。

［解析］ 因甲基是邻、对位定位基，正常溴代的主要产物不是间位。如果在甲基的对位引入氨基，则在氨基的两个邻位很容易引入两个溴，现要引入一个溴，只要将氨基酰化降低其活性，再溴代，然后将酰胺水解恢复氨基，最后将氨基去除即可得到目标产物。

$$C_6H_5CH_3 \xrightarrow[H_2SO_4]{HNO_3} p\text{-}CH_3C_6H_4NO_2 \xrightarrow{Fe+HCl} p\text{-}CH_3C_6H_4NH_2 \xrightarrow{(CH_3CO)_2O} p\text{-}CH_3C_6H_4NHCOCH_3 \xrightarrow{Br_2\text{-}H_2O} \text{(2-Br)}\ CH_3C_6H_3(Br)NHCOCH_3$$

$$\xrightarrow{OH^-/H_2O} CH_3C_6H_3(Br)NH_2 \xrightarrow[0\sim5^\circ C]{NaNO_2+HCl} CH_3C_6H_3(Br)N_2^+Cl^- \xrightarrow[\triangle]{H_3PO_2} m\text{-}CH_3C_6H_4Br$$

知识点达标题 15-8 完成下列合成。

(1) $C_6H_5CH_3 \longrightarrow$ 3,5-$Br_2C_6H_3CH_3$ (2) $C_6H_5CH_3 \longrightarrow m\text{-}CH_3C_6H_4NO_2$ (3) $p\text{-}CH_3C_6H_4NH_2 \longrightarrow p\text{-}HOOCC_6H_4COOH$

15-2

15.10.2 保留氮的反应

15-11

1. 还原反应

重氮盐在 $Zn+HCl$、$SnCl_2+HCl$、Na_2SO_3 等还原剂作用下，重氮基被还原为芳基肼。如：

$$C_6H_5N_2^+Cl^- \xrightarrow{SnCl_2+HCl} C_6H_5NHNH_2$$

2. 偶联反应

重氮盐与芳胺或酚类化合物作用，生成有颜色的偶氮化合物的反应称为偶联反应。如：

$$C_6H_5N_2^+Cl^- + C_6H_5OH \xrightarrow{pH=7\sim9} C_6H_5N{=}N\text{-}C_6H_4\text{-}OH$$

对羟基偶氮苯(橘黄色)

$$C_6H_5N_2^+Cl^- + C_6H_5N(CH_3)_2 \xrightarrow{pH=5\sim7} C_6H_5N{=}N\text{-}C_6H_4\text{-}N(CH_3)_2$$

对二甲氨基偶氮苯(黄色)

偶联反应是亲电取代反应，重氮阳离子作为亲电试剂，进攻芳环上电子云密度较大、空间位阻小的碳原子而发生的取代反应，即偶联反应主要发生在对位，当对位被占据时，则发生在邻位。

偶联反应中重氮盐称为重氮组分，与其偶联的酚和芳胺称为偶联组分。若重氮组分苯环上的电子云密度越低，偶联组分苯环上的电子云密度越高，则偶联反应活性越高。

重氮盐与酚偶联反应要在弱碱性(pH=7～9)溶液中进行，因为碱性条件下酚生成酚氧负离子，使苯环活化，有利于重氮阳离子的进攻。但碱性太强(pH>10)，重氮盐与碱作用生成不能进行偶合的重氮酸根负离子。

$$C_6H_5-N_2^+Cl^- \underset{}{\overset{+OH^-}{\rightleftharpoons}} C_6H_5-N_2^+OH^- \overset{+OH^-}{\rightleftharpoons} C_6H_5-N_2^+O^-$$

重氮酸　　重氮酸根负离子

重氮盐与芳胺偶联反应要在弱酸性(pH=5～7)溶液中进行，弱酸性条件的作用是增加芳胺在水中的溶解度，若酸性太强，芳胺与酸作用转变为铵盐，使苯环钝化，不利于偶联反应进行。

重氮盐与萘酚或萘胺类化合物反应时，偶联发生在羟基或氨基的所连的苯环(同环)，对于α-萘酚和α-萘胺，偶联发生在同环4位，若4位被占据，则发生在2位。而β-萘酚和β-萘胺，偶联发生在同环1位，若1位被占据，则不能发生偶联反应。如

OH(NH$_2$)　　OH(NH$_2$)　　OH(NH$_2$)

CH$_3$

OH(NH$_2$)　　OH(NH$_2$)　　CH$_3$ OH(NH$_2$)

CH$_3$

不能发生偶联反应

知识点达标题 15-9　指出下列偶氮化合物的重氮组分和偶联组分。

(1) $O_2N-C_6H_4-N{=}N-C_6H_4-OH$　(2) $NaO_3S-C_6H_4-N{=}N-C_{10}H_6-N(CH_3)_2$

15-2

15.11 偶氮化合物和偶氮染料

芳香族偶氮化合物大多具有颜色，且性质稳定，广泛用于染料和指示剂。因分子结构中含有偶氮基，又称为偶氮染料。偶氮染料是目前品种最多(约占50%)，颜色最全的染料，广泛应用于棉、麻等纤维素的染色和印花，也可用于塑料、食品、皮革、橡胶和化妆品等产物的着色。如，对位红染料、酸性大红G染料及甲基橙、刚果红指示剂结构。

HO

$O_2N-C_6H_4-N{=}N-$

对位红

OH NH$_2$

$C_6H_5-N{=}N-$

NaO$_3$S　SO$_3$Na

酸性大红G

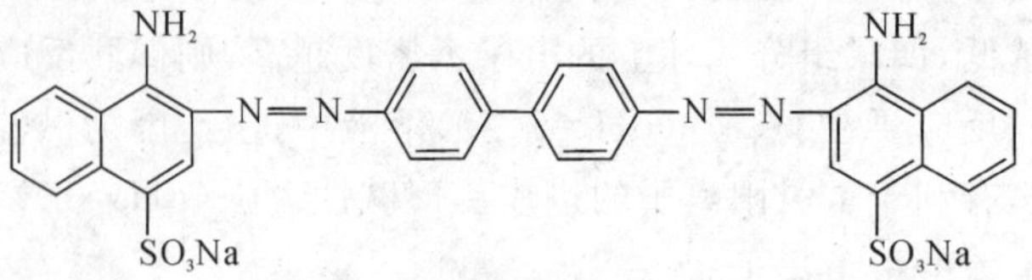

刚果红

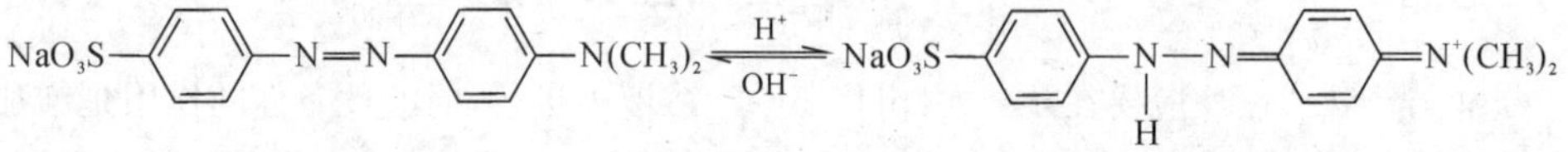

甲基橙(黄色) ⇌ 甲基橙(红色)

$NaO_3S-C_6H_4-N=N-C_6H_4-N(CH_3)_2 \underset{OH^-}{\overset{H^+}{\rightleftharpoons}} NaO_3S-C_6H_4-N(H)-N=C_6H_4=N^+(CH_3)_2$

【重要知识小结】

1. 烃中的氢原子被硝基取代得到硝基化合物，脂肪族硝基化合物的 α-H 具有酸性，在碱作用下形成的碳负离子能与羰基化合物发生缩合反应。芳环上的硝基可被酸性、中性、碱性还原剂还原，其中催化加氢和酸性条件还原为氨基，Na_2S、NaHS、$(NH_4)_2S$、NH_4HS 等硫化物还原剂可选择性还原多硝基中的一个硝基。硝基是强的吸电子基，能降低苯环上的电子云密度，以硝基的邻、对位电子云密度降低更为明显。主要化学性质如下：

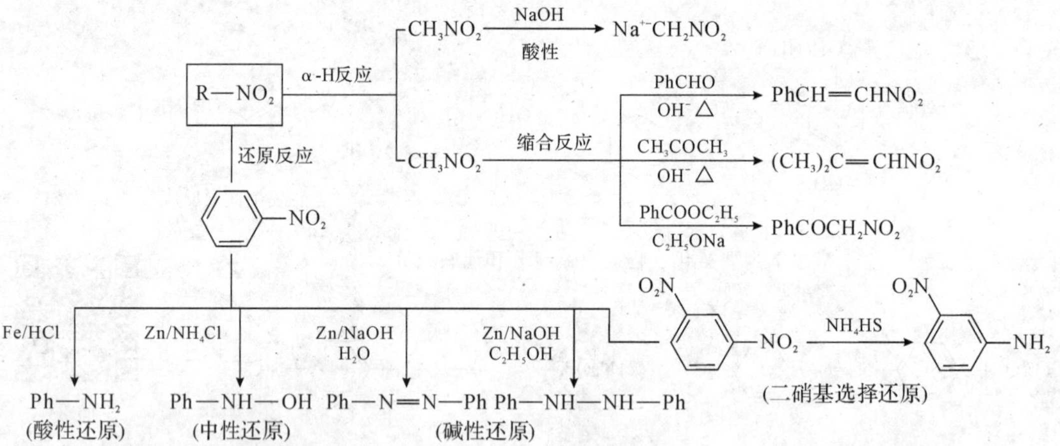

$R-NO_2$ α-H反应：

$CH_3NO_2 \xrightarrow[\text{酸性}]{NaOH} Na^{+-}CH_2NO_2$

CH_3NO_2 缩合反应：

$\xrightarrow[OH^-\ \triangle]{PhCHO} PhCH=CHNO_2$

$\xrightarrow[OH^-\ \triangle]{CH_3COCH_3} (CH_3)_2C=CHNO_2$

$\xrightarrow[C_2H_5ONa]{PhCOOC_2H_5} PhCOCH_2NO_2$

还原反应：$C_6H_5NO_2$

$\xrightarrow{Fe/HCl} Ph-NH_2$ (酸性还原)

$\xrightarrow{Zn/NH_4Cl} Ph-NH-OH$ (中性还原)

$\xrightarrow[H_2O]{Zn/NaOH} Ph-N=N-Ph$

$\xrightarrow[C_2H_5OH]{Zn/NaOH} Ph-NH-NH-Ph$ (碱性还原)

$m-O_2N-C_6H_4-NO_2 \xrightarrow{NH_4HS} m-O_2N-C_6H_4-NH_2$ (二硝基选择还原)

2. 氨中的氢原子被烃基取代称为胺，胺具有弱碱性，碱性强弱为脂肪胺＞氨＞芳香胺，对于脂肪胺水溶液，碱性强弱为仲胺＞叔胺＞伯胺，季铵碱为强碱。氮上有氢的胺可与酰化剂发生酰化反应生成酰胺，用对甲基苯磺酰氯和氢氧化钠可鉴别伯胺、仲胺和叔胺。胺与过量的卤代烃生成季铵盐，季铵盐与湿的氧化银反应得到季铵碱，季铵碱和氧化叔胺在加热条件下，发生霍夫曼消去反应，生成双键上取代基较少的烯烃。主要化学性质如下：

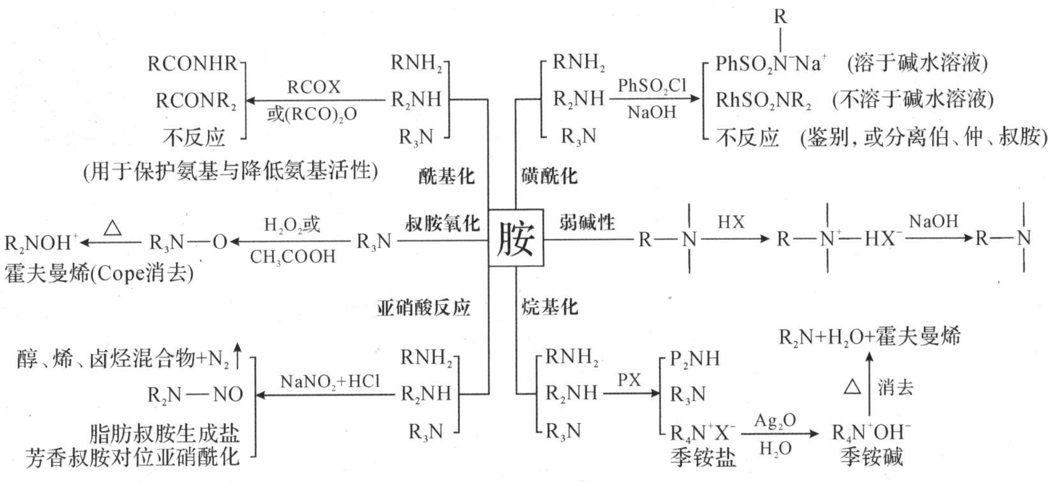

3. 氨基是强活化苯环的邻、对位定位基，通过形成酰胺不但可降低其活化能力，也能保护氨基。

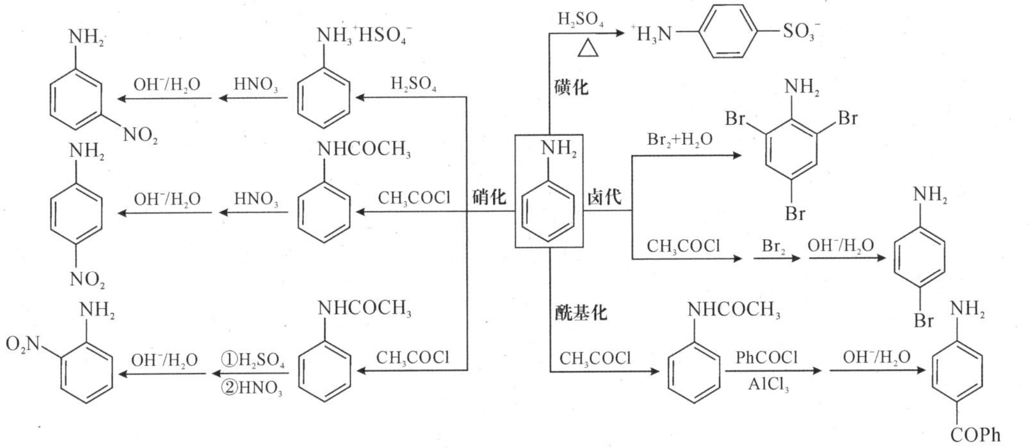

4. 芳香族伯胺与亚硝酸在低温下生成重氮盐，重氮盐可以发生放氮反应，将—NH_2 或—NO_2 转换成—X、—CN、—OH、H，也可以与酚或芳胺发生偶联反应生成偶氮化合物。

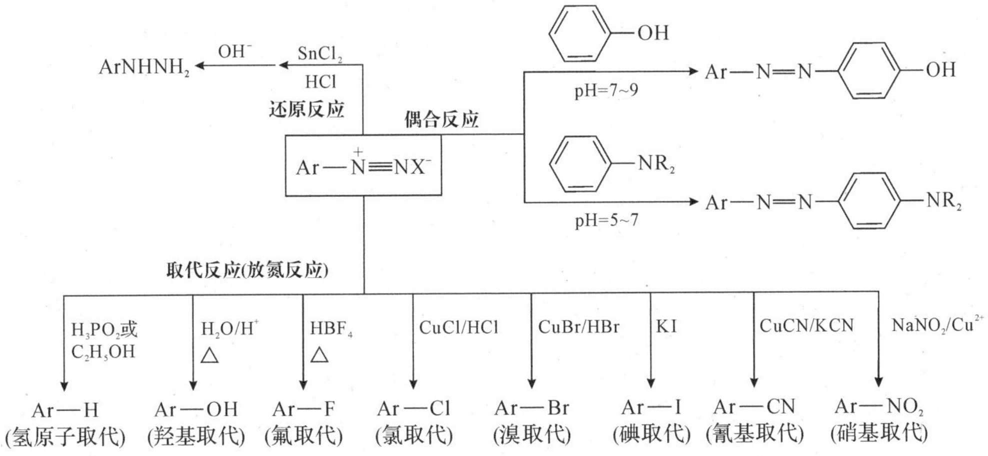

习　题

15-12

1.命名下列化合物。

(1) $CH_3CH_2NO_2$　　(2) $CH_3CH_2C(CH_3)_2—NO_2$　　(3) $CH_3CH_2NHCH_3$

(4) $(C_2H_5)_3N$　　(5) —NH_2　　(6) —CH_2NH_2

(7) —NHC_2H_5　　(8) O_2N— —$N(CH_3)_2$　　(9) CH_3NH— —COOH

(10) $(CH_3)_4N^+OH^-$　　(11) $C_6H_5CH_2\overset{+}{N}(CH_3)_3Br^-$

2.从强到弱排列下列化合物的碱性大小。

(1) A. NH_3　B. $CH_3CH_2NH_2$　C. $C_6H_5NH_2$　D. CH_3CONH_2　E. $(CH_3)_4N^+OH^-$

(2) A. NH_2 / OCH_3　B. NH_2 / Cl　C. NH_2　D. NH_2 / NO_2　E. NH_2 / CH_3

(3) A. —NH_2　B. —NH—　C. —$NHCH_3$　D. —CH_2NH_2

(4) A. CH_3NH_2　B. CH_3NHCH_3　C. $CH_3—N(CH_3)—CH_3$　D. NH_3　E. —NH_2

3.用化学方法分离硝基苯、苯酚、苯甲酸和苯胺混合物。

4.用简便的化学方法鉴别下列各组化合物。

(1)苯胺、苯酚、环己醇、环己酮　　(2)苯胺、N-甲基苯胺、N,N-二甲基苯胺

5.以 CH_3CH_2COOH 为有机原料(无机试剂任选),合成下列化合物。

(1)$CH_3CH_2CH_2NH_2$　　(2)$CH_3CH_2NH_2$　　(3)$CH_3CH_2CH_2CH_2NH_2$

6.以苯胺为有机原料(无机试剂选任),合成下列化合物。

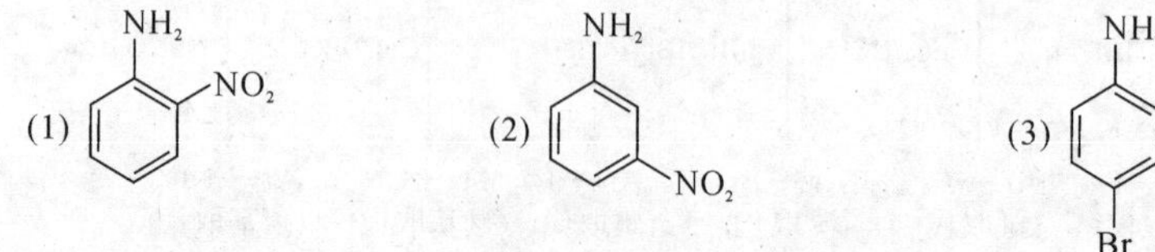

7. 写出下列反应的主要产物。

(1) 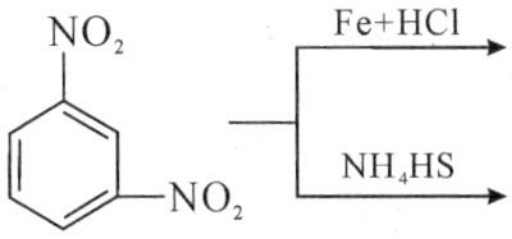 间二硝基苯（1,3-二硝基苯）$\xrightarrow{Fe+HCl}$；$\xrightarrow{NH_4HS}$

(2) Cl—C₆H₃(NO₂)—Cl（2,4-二氯硝基苯）$\xrightarrow[\triangle]{NaOH}$

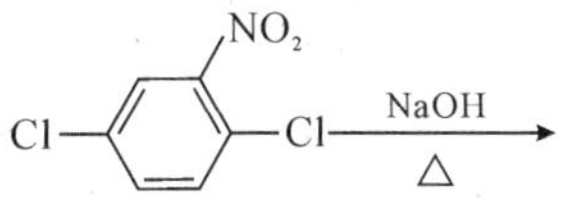

(3) C_6H_5—$CHO+CH_3NO_2 \xrightarrow{OH^-} \xrightarrow{\triangle}$

(4) $CH_3—\overset{O}{\overset{\|}{C}}—NHCH_3 \xrightarrow{LiAlH_4/Et_2O}$

(5) 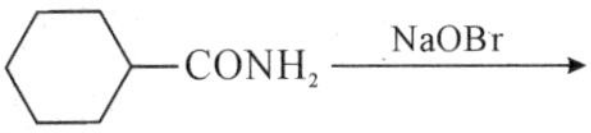 环己基—$CONH_2 \xrightarrow{NaOBr}$

(6) $(CH_5)_2NH + CH_3COCl \longrightarrow$

(7) 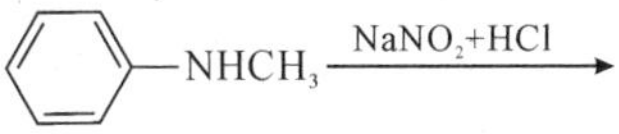 C_6H_5—$NHCH_3 \xrightarrow{NaNO_2+HCl}$

(8) 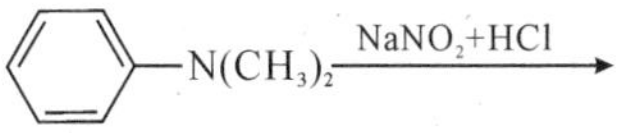 C_6H_5—$N(CH_3)_2 \xrightarrow{NaNO_2+HCl}$

(9) $CH_3CH_2N(CH_3)_2 \xrightarrow{H_2O_2}$

(10) $(CH)_3N + CH_3Cl \longrightarrow \xrightarrow{Ag_2O,H_2O}$

(11) 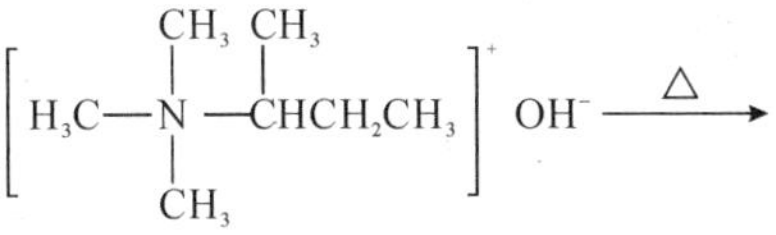 $\left[H_3C—\overset{CH_3}{\underset{CH_3}{N}}—\overset{CH_3}{CH}CH_2CH_3\right]^+ OH^- \xrightarrow{\triangle}$

(12) 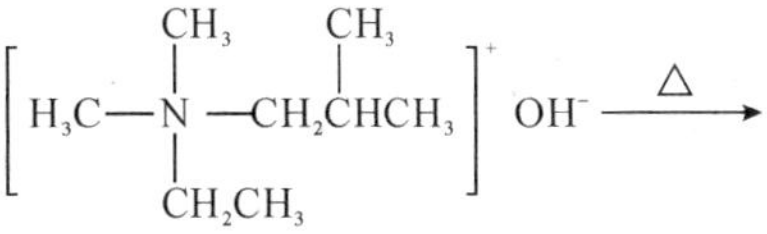 $\left[H_3C—\overset{CH_3}{\underset{CH_2CH_3}{N}}—CH_2\overset{CH_3}{CH}CH_3\right]^+ OH^- \xrightarrow{\triangle}$

(13) 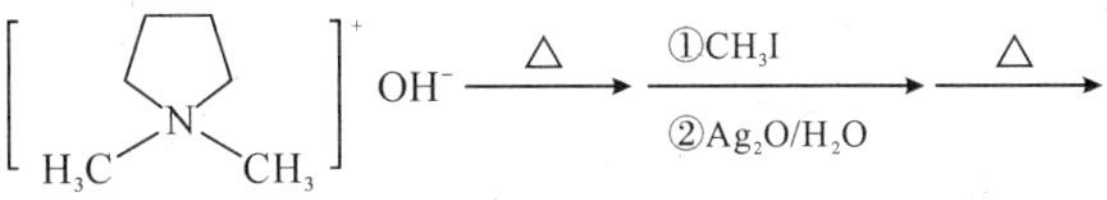 [N,N-二甲基吡咯烷鎓（H_3C, CH_3）]$^+$ $OH^- \xrightarrow{\triangle} \xrightarrow[②Ag_2O/H_2O]{①CH_3I} \xrightarrow{\triangle}$

8. 写出下列各步反应的主要产物。

(1) 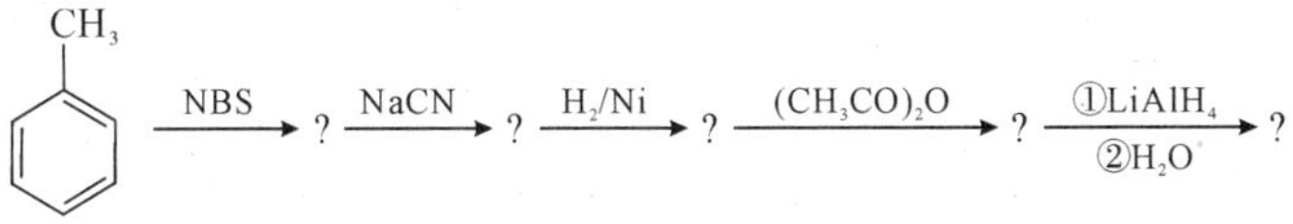 甲苯（CH_3—C_6H_5）$\xrightarrow{NBS}$? $\xrightarrow{NaCN}$? $\xrightarrow{H_2/Ni}$? $\xrightarrow{(CH_3CO)_2O}$? $\xrightarrow[②H_2O]{①LiAlH_4}$?

(2) C_6H_5—$COOH \xrightarrow{PCl_3}$? $\xrightarrow{NH_3}$? $\xrightarrow{Br_2+OH^-}$?

(3) 邻苯二甲酸酐 $\xrightarrow[\triangle]{NH_3}$? $\xrightarrow{KOH}$? $\xrightarrow{CH_2=CHCH_2Cl}$? $\xrightarrow{OH^-/H_2O}$?

(4) [1,1,2-三甲基吡咯烷鎓（H_3C, CH_3, CH_3）]$^+$ $OH^- \xrightarrow{\triangle}$? $\xrightarrow[②Ag_2O/H_2O]{①CH_3I}$? $\xrightarrow{\triangle}$

(5) 苯 $\xrightarrow{?}$ 硝基苯（NO_2）$\xrightarrow{?}$ 苯胺（NH_2）$\xrightarrow{(CH_3CO)_2O}$? $\xrightarrow{HNO_3}$? $\xrightarrow{OH^-/H_2O}$?

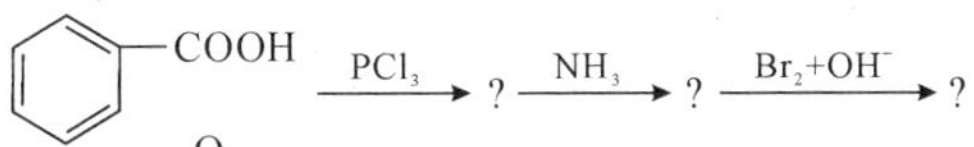

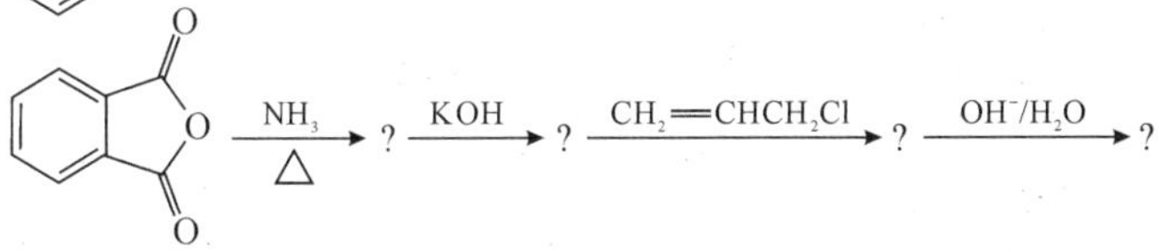

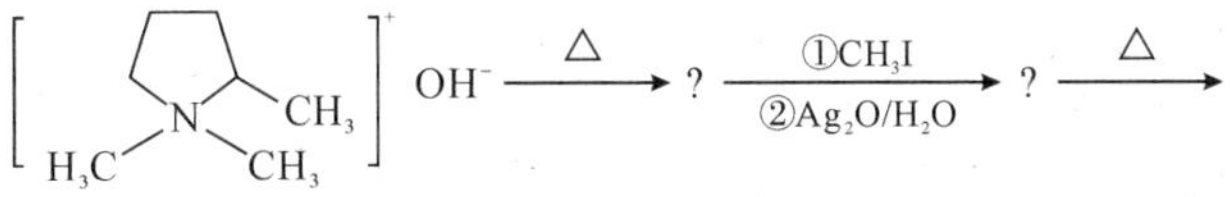

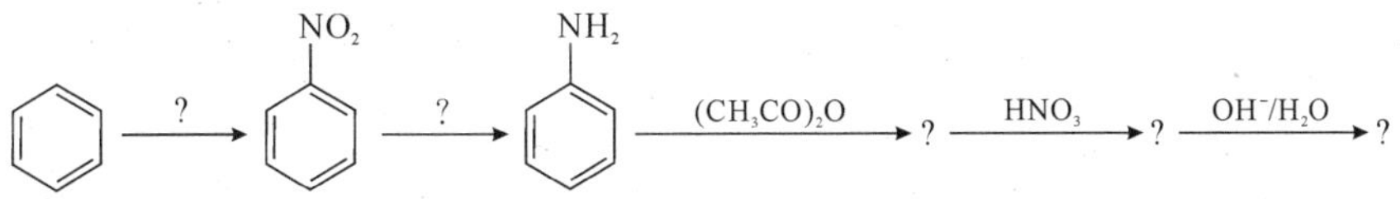

9. 结构推断题。

(1)化合物 A($C_5H_{11}O_2N$)具有旋光性，用稀碱处理发生水解生成 B 和 C。B 也有旋光性，B 既能和酸反应生成盐，也能和碱反应生成盐，与 HNO_2 反应放出 N_2。C 没有旋光性，能与金属钠反应放出 H_2，也能发生碘仿反应。试推断 A～C 的结构式。

(2)化合物 A($C_8H_{17}N$)与过量 CH_3I 作用得到 B($C_9H_{20}NI$)。B 用湿 Ag_2O 处理并加热生成 C($C_9H_{19}N$)。C 与过量 CH_3I 作用并用湿 Ag_2O 处理加热得到 D(C_7H_{12})和$(CH_3)_3N$。D 经氧化生成 2,4-戊二酮。试推测 A～D 的结构式。

➢ **PPT** 课件

➢ 自测题

➢ 有机化学史上四位著名的霍夫曼

15-13

第 16 章　杂环化合物

【知识点与要求】

- ✧ 了解杂环化合物的类型，掌握杂环化合物的命名方法。
- ✧ 理解呋喃、吡咯、噻吩、吡啶环的结构、芳香性和亲电活性强弱。
- ✧ 掌握呋喃、吡咯、噻吩的亲电取代反应、还原反应及鉴别方法，掌握吡咯的酸性。
- ✧ 掌握吡啶的碱性、亲电取代、亲核取代、还原和氧化反应。
- ✧ 掌握吲哚、喹啉、异喹啉的碱性、亲电取代、亲核取代、氧化反应、还原反应及制备方法。

杂环化合物是指环状结构中除了碳原子外，至少含有一个杂原子的化合物，常见杂原子有 O、S、N。杂环化合物分为非芳香性杂环和芳香性杂环，如环醚、内酯、内酰胺、环状酸酐等非芳香性杂环化合物的性质与一般的脂肪族化合物性质相似，容易通过开环反应变成链状化合物，通常不将这些化合物归在杂环化合物的范围内讨论。本章要讨论的是那些环比较稳定，且都具有芳香性的杂环化合物。

杂环化合物种类繁多，数量巨大，约占全部已知有机化合物的 1/3，并且广泛存在于自然界中。如植物中的叶绿素、动物血液中的血红素，对核酸活性起决定作用的嘌呤、嘧啶及其衍生物，抗菌药物青霉素、头孢菌素、喹诺酮类，抗癌药物紫杉醇、喜树碱及抗溃疡药物赛克、埃美拉唑等都是含有杂环的化合物。现在，许多天然杂环化合物，甚至是结构极其复杂的杂环分子（如维生素 B_{12}）都已实现人工合成，并且还能合成许多自然界不存在的，可用作药物、杀虫剂、染料、香料、高分子材料等的杂环化合物。

16.1　杂环化合物的分类和命名

16-1

16.1.1　杂环化合物的分类

杂环化合物按环的数目不同分为单环杂环和稠杂环。单环杂环按环的大小分为五元杂环和六元杂环。稠杂环可分为由苯环与单环杂环稠合而成的苯并稠杂环和由单环杂环之间稠合而的杂稠杂环。

- 杂环化合物
  - 单环杂环
    - 五元杂环
    - 六元杂环
  - 稠环杂环
    - 苯并稠杂环
    - 杂稠杂环

16.1.2 杂环化合物的命名

杂环化合物的命名采用其英文名称的译音，选用同音汉字加"口"字旁作为杂环的名称。如含有一个杂原子的五元环：

呋喃(furan)　吡咯(pyrrole)　噻吩(thiophene)

含有两个杂原子的五元环：

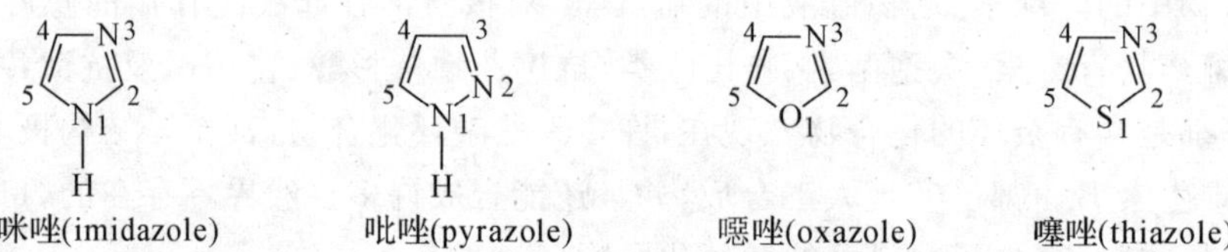

咪唑(imidazole)　吡唑(pyrazole)　噁唑(oxazole)　噻唑(thiazole)

含有一种杂原子的六元环：

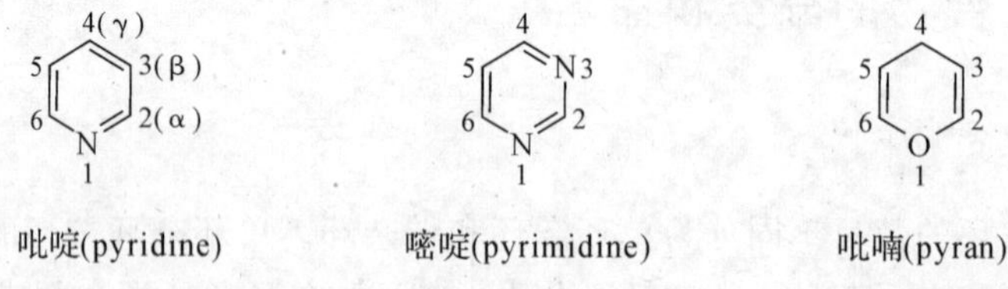

吡啶(pyridine)　嘧啶(pyrimidine)　吡喃(pyran)

稠环杂环：

喹啉(quinoline)　异喹啉(isoquinoline)　吲哚(indole)　嘌呤(purine)

当杂环上连有—X、—NO_2、—NO、—OH、—NH_2、简单烷基侧链时，以杂环为母体、侧链为取代基；连其他侧链时，以侧链为主体、杂环为取代基。编号时，单个杂原子，从杂原子开始编号，并使取代基位次最小，也可以用 α，β，γ 表示位置，其中离杂原子最近的碳为 α 碳。如：

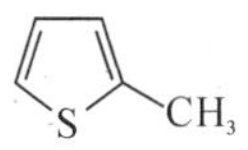

2-甲基噻吩（α-甲基噻吩）　3-甲基吡咯（β-甲基吡咯）　4-硝基吡啶（γ-硝基吡啶）　8-羟基喹啉

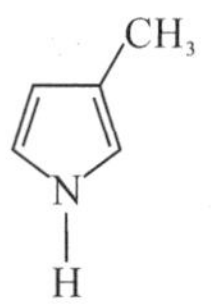

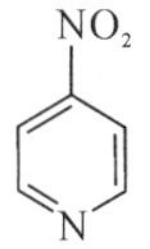

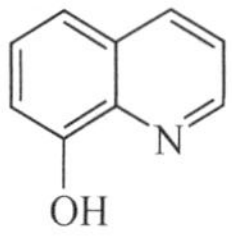

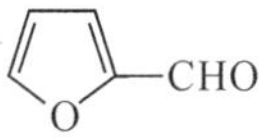

2-呋喃甲醛（α-呋喃甲醛）　3-噻吩甲酸甲酯（β-噻吩甲酸甲酯）　3-吡啶甲酸（β-吡啶甲酸）　3-吲哚乙酸（β-吲哚乙酸）

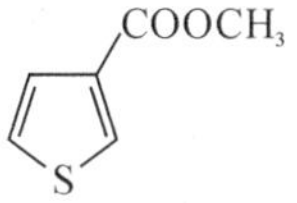

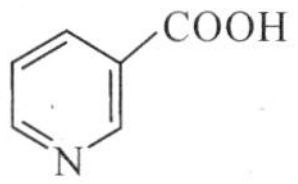

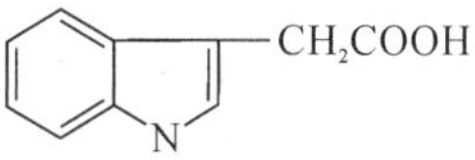

多个杂原子编号，若杂原子相同，从带氢杂原子开始编号，使各杂原子的位次最小；若杂原子不相同，按 O、S、N 次序，排在前面的编号最小。如：

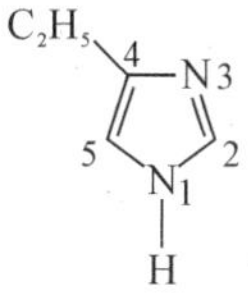

4-乙基咪唑 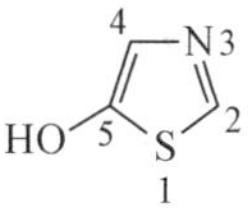　5-羟基噻唑 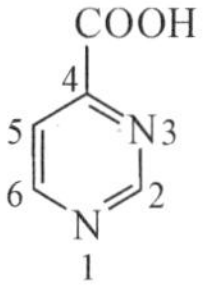　4-嘧啶甲酸

知识点达标题 16-1　命名下列化合物。

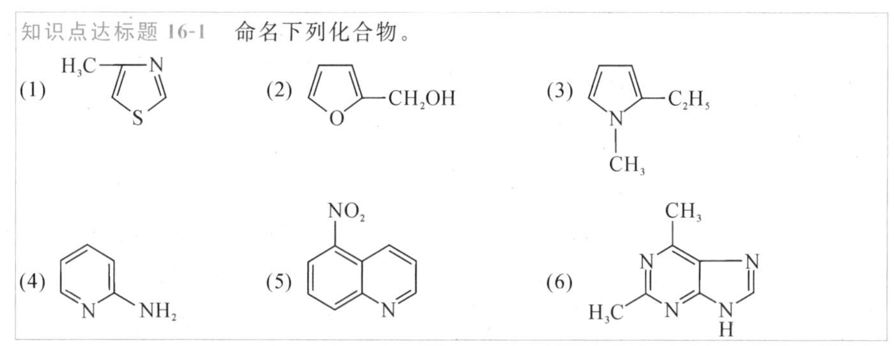

16-2

16.2 五元和六元杂环化合物的结构

16-3

16.2.1 五元杂环化合物的结构

吡咯、呋喃、噻吩为常见的五元杂环化合物（见图 16-1）。环上四个碳原子和一个杂原子都是 sp^2 杂化，相邻原子之间均以 σ 键构成同平面的五元环，环上每个原子上还有一个未杂化的 p 轨道。其中四个碳原子的 p 轨道各有一个未配对的电子，而杂原子的 p 轨道上有一对未成键电子，这些 p 轨道相互平行且垂直于环所在的平

面，从侧面相互重叠，形成一个五个原子、六个电子的闭合共轭大 π 键，π 电子数符合休克尔的 $4n+2$ 规则，所以，吡咯、呋喃、噻吩都是具有芳香性的杂环化合物。

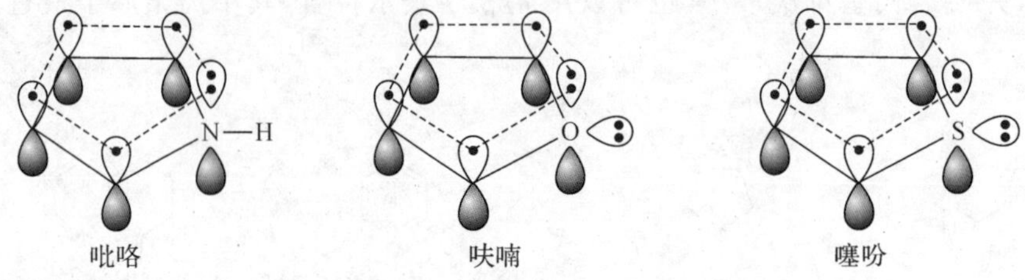

图 16-1 呋喃、吡咯和噻吩的结构

吡咯、呋喃、噻吩中，杂原子各提供一对电子参与环的共轭，具有供电子共轭效应，使环上的电子云密度增大，同时由于杂原子的电负性都大于碳原子，还具有吸电子诱导效应，使环上的电子云密度降低，因为供电子共轭效应大于吸电子诱导效应，所以，三种杂环上的电子云密度都比苯高，发生亲电取代反应的活性都比苯容易。吡咯、呋喃、噻吩、苯环上的电子云密度大小次序为吡咯＞呋喃＞噻吩＞苯，即亲电取代反应活性次序为：

吡咯＞呋喃＞噻吩＞苯

这可能是在形成共轭大 π 键的 p 轨道中，S 是 3p，O、N、C 是 2p，轨道能量 3p＞2p，成键时能量相同或相近的轨道之间重叠程度高，能量相差大的轨道之间重叠程度低或不重叠。所以，噻吩环电子云密度最低，呋喃环电子云密度小于吡咯环，是由于电负性 O＞N。

因为杂原子的电负性 O＞N＞S＞C，共轭大 π 键的电子云密度分布不均匀，键长平均化程度也不同。其中电子云密度 α 位＞β 位，因此，亲电取代主要发生在 α 位上。电子云密度和键长平均化程度越高，环的芳香性和稳定性就越好，所以，芳香性和稳定性次序为：

苯＞噻吩＞吡咯＞呋喃

16.2.2 六元杂环化合物的结构

吡啶是最典型的六元杂环化合物，吡啶环相当于苯环上的一个碳原子换成氮原子。环上五个 C 和一个 N 原子均为 sp^2 杂化，相邻原子之间以 σ 键构成同平面的六元环，N 原子未成键的一对电子位于 sp^2 杂化轨道中，与环同平面，伸向环外。C 和 N 原子未杂化的 p 轨道上各有一个未配对的电子，这些 p 轨道相互平行且垂直于环所在的平面，从侧面相互重叠，形成一个六个原子、六个电子的闭合共轭大 π 键，π 电子数符合休克尔的 $4n+2$规则（见图 16-2）。因此，吡啶也是具有芳香性的杂环化合物。

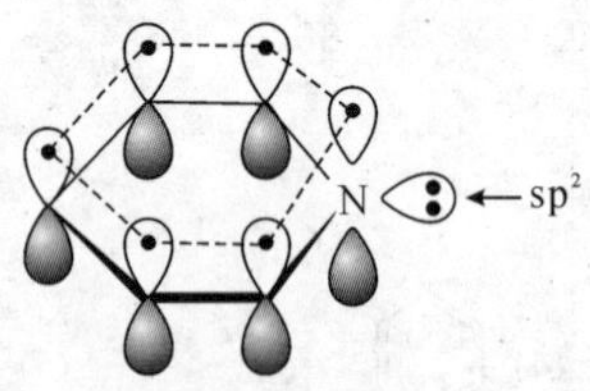

图 16-2 吡啶的结构

由于氮的电负性大于碳，氮原子的吸电子共轭效应和吸电子诱导效应使氮原子上的电子云密度增加，而使环上的电子云密度降低。因此，吡啶亲电取代反应活性和芳香性都比苯差，其中电子云密度 β 位＞α 位，亲电取代主要发生在 β 位上，而亲核取代则发生在 α 位上。

16.3　五元和六元杂环化合物的物理性质与波谱特征

1. 物理性质

呋喃主要存在于松木焦油中，是一种无色液体，具有类似氯仿的气味，沸点 32℃，难溶于水，易溶于有机溶剂。呋喃有麻醉作用，吸入后会引起头晕、恶心等症状。

吡咯存在于煤焦油和骨焦油中，是一种无色油状液体，有类似苯胺的气味，沸点 131℃，难溶于水，易溶于醇和醚。

噻吩存在于煤焦油和页岩油中，是一种无色并有难闻臭味的液体，沸点 82.4℃，不溶于水，可溶于有机溶剂。

吡啶存在于煤焦油中，是一种无色或微黄色具有特殊臭味的液体，沸点 115.3℃，能与水、乙醇、乙醚等溶剂互溶。吡啶是良好的有机溶剂，能溶解大多数极性及非极性有机化合物，甚至可以溶解某些无机盐。

2. 波谱特征

红外光谱：芳香杂环化合物的红外光谱与苯相类似，在 $3020\sim3070cm^{-1}$ 处有 C—H 伸缩振动吸收峰，在 $1500\sim1600cm^{-1}$ 处有芳环的 C═C 伸缩振动吸收峰，在 $700\sim900cm^{-1}$ 处还有芳氢的弯曲振动。

核磁共振氢谱：呋喃、吡咯、噻吩为“五中心六电子”的富电子环，环上氢的化学位移略小于苯环氢（$\delta=7.27$）。其中，呋喃 $\delta(\alpha\text{-H})=7.40ppm$，$\delta(\beta\text{-H})=6.30ppm$；吡咯 $\delta(\alpha\text{-H})=6.62ppm$，$\delta(\beta\text{-H})=6.15ppm$，$\delta(\text{N—H})=7.25ppm$；噻吩 $\delta(\alpha\text{-H})=7.19ppm$，$\delta(\beta\text{-H})=7.04ppm$。

吡啶环的共轭 π 键电子云密度小于苯环，所以吡啶氢的化学位移大于苯环氢（$\delta=7.27$），其中 $\delta(\alpha\text{-H})=8.60ppm$，$\delta(\beta\text{-H})=8.60ppm$，$\delta(\gamma\text{-H})=8.60ppm$。

16.4　五元和六元杂环化合物的化学性质

16.4.1　五元杂环化合物的化学性质

16-4

1. 亲电取代反应

因为呋喃、吡咯、噻吩环中的 π 键是五中心六电子的富电子环，所以亲电取代反应均比苯容易，取代基主要进入 α 位。亲电取代反应活性次序为：吡咯＞呋喃＞噻吩＞苯。

（1）卤代反应。五元杂环亲电取代的活性较高，与氯或溴反应时，大多得到多取代的产物。为了得到一取代的产物，必须在低温及溶剂稀释的条件下进行。如：

$$\text{呋喃} \xrightarrow[\text{1,4-二氧六环稀释}]{Br_2,0℃} \text{2-溴呋喃}$$

$$\text{噻吩} \xrightarrow[CH_3COOH]{Br_2\text{室温}} \text{2-溴噻吩}$$

吡咯亲电取代活性最高，即使在低温及溶剂稀释的条件下，也生成四取代产物。如：

$$\text{吡咯} \xrightarrow[CH_3COOH]{Br_2,\ 0℃} \text{2,3,4,5-四溴吡咯}$$

(2)硝化反应。呋喃、吡咯和噻吩在酸性条件下不稳定，所以不能用硝酸或混酸直接硝化，用乙酸酐和硝酸反应制备的乙酰硝酸酯作为温和硝化剂，在低温下进行硝化反应。如：

$$CH_3-\overset{O}{\overset{\|}{C}}-O-\overset{O}{\overset{\|}{C}}-CH_3 + HONO_2 \longrightarrow \underset{\text{乙酰硝酸酯}}{CH_3-\overset{O}{\overset{\|}{C}}-ONO_2} + CH_3COOH$$

$$\text{吡咯} \xrightarrow[-10℃,\ (CH_3CO)_2O]{CH_3-\overset{O}{\overset{\|}{C}}-ONO_2} \text{2-硝基吡咯}$$

$$\text{呋喃} \xrightarrow[-30\sim-5℃,\ \text{吡啶}]{CH_3-\overset{O}{\overset{\|}{C}}-ONO_2} \text{2-硝基呋喃}$$

$$\text{噻吩} \xrightarrow[0℃,\ (CH_3CO)_2O,\ CH_3COOH]{CH_3-\overset{O}{\overset{\|}{C}}-ONO_2} \text{2-硝基噻吩}$$

(3)磺化反应。吡咯和呋喃遇硫酸易发生开环，需用温和磺化剂吡啶与三氧化硫加合物(N-吡啶磺酸)来促成磺化反应。如：

$$\text{吡啶} + SO_3 \xrightarrow[\text{室温}]{CH_2Cl_2} C_5H_5N^+-SO_3^-$$

$$\text{吡咯} \xrightarrow[100℃]{C_5H_5N^+-SO_3^-} \xrightarrow{HCl} \text{2-吡咯磺酸}(SO_3H)$$

$$\text{呋喃} \xrightarrow[ClCH_2CH_2Cl]{C_5H_5N^+-SO_3^-} \xrightarrow{HCl} \text{2-呋喃磺酸}(SO_3H)$$

噻吩在室温下可用浓硫酸直接进行磺化，而苯不能在室温下磺化，利用这一反应差异，可用浓硫酸来除去苯中含有的少量噻吩。

$$\text{噻吩} \xrightarrow[25℃]{H_2SO_4} \text{2-噻吩磺酸}(SO_3H)$$

(4)酰化反应。吡咯、呋喃、噻吩与酰氯或酸酐可顺利发生酰基化反应，得到 α 位酰化产物。如：

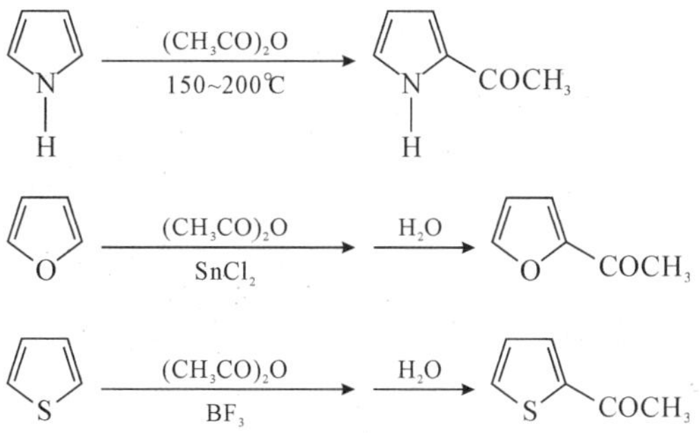

$$\text{吡咯} \xrightarrow[150\sim200℃]{(CH_3CO)_2O} \text{2-}COCH_3\text{吡咯}$$

$$\text{呋喃} \xrightarrow[SnCl_2]{(CH_3CO)_2O} \xrightarrow{H_2O} \text{2-}COCH_3\text{呋喃}$$

$$\text{噻吩} \xrightarrow[BF_3]{(CH_3CO)_2O} \xrightarrow{H_2O} \text{2-}COCH_3\text{噻吩}$$

其中，吡咯酰化反应时不需要 Lewis 酸催化剂。

2. 加成反应

π 键电子云密度平均化程度越高，芳香性越强，环越稳定，所以加成反应难易次序为：苯＜噻吩＜吡咯＜呋喃，呋喃表现出明显的不饱和化合物的性质。

(1)催化加氢。呋喃、吡咯用 Pd 催化与 H_2 加成，生成四氢呋喃、四氢吡咯。噻吩用 MoS_2 催化，因为 S 容易使 Pd 催化剂中毒。

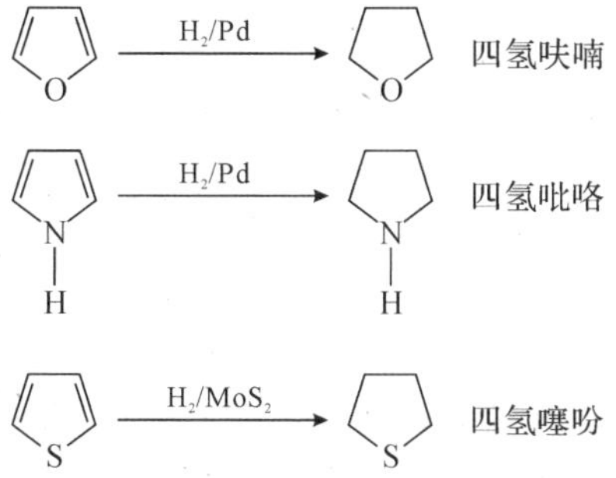

$$\text{呋喃} \xrightarrow{H_2/Pd} \text{四氢呋喃}$$

$$\text{吡咯} \xrightarrow{H_2/Pd} \text{四氢吡咯}$$

$$\text{噻吩} \xrightarrow{H_2/MoS_2} \text{四氢噻吩}$$

(2)双烯合成反应。不饱和性最高的呋喃可以作为双烯体与顺丁烯二酸酐发生双烯合成反应，生成相应的环状产物。

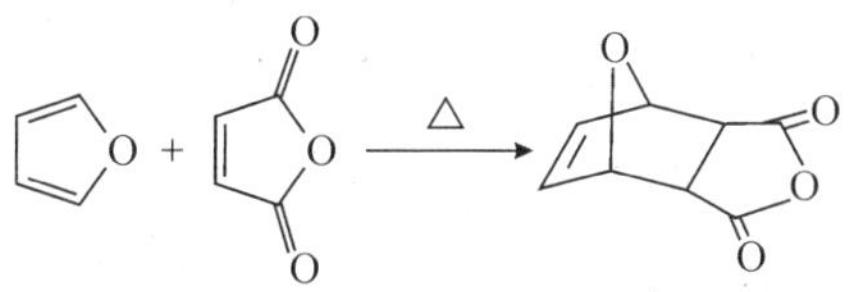

$$\text{呋喃} + \text{顺丁烯二酸酐} \xrightarrow{\triangle} \text{加成产物}$$

噻吩芳香性较强，一般不发生双烯合成反应。

3. 吡咯的特殊性质

(1)弱酸性。由于吡咯 N 原子上一对电子参与共轭 π 键的形成，N 原子上没有未成对电子，所以没有碱性，而 N 原子上的 H 原子则表现出弱酸性，能与强碱反应生成吡咯盐。如：

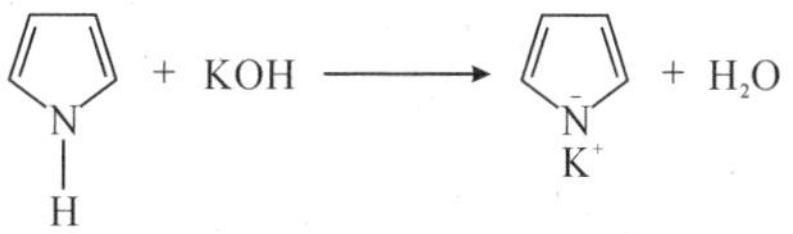

$$\text{吡咯} + KOH \longrightarrow \text{吡咯}N^-K^+ + H_2O$$

吡咯负离子可作为亲核试剂，与卤代烃或酰卤发生亲核取代反应，生成 N-乙基吡咯或 N-乙酰基吡咯。

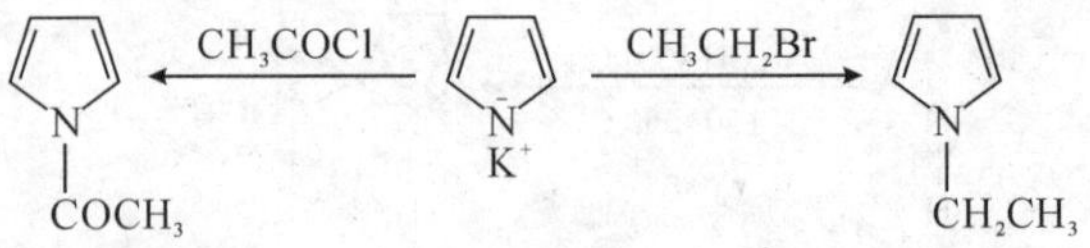

CH_3COCl　　K^+　　CH_3CH_2Br

$COCH_3$　　CH_2CH_3

N-乙酰基吡咯　　N-乙基吡咯

(2)偶联反应。由于吡咯环芳香性较强，环上电子云密度较高，与苯酚、苯胺相似，可以与重氮盐发生偶联反应生成偶氮化合物。如：

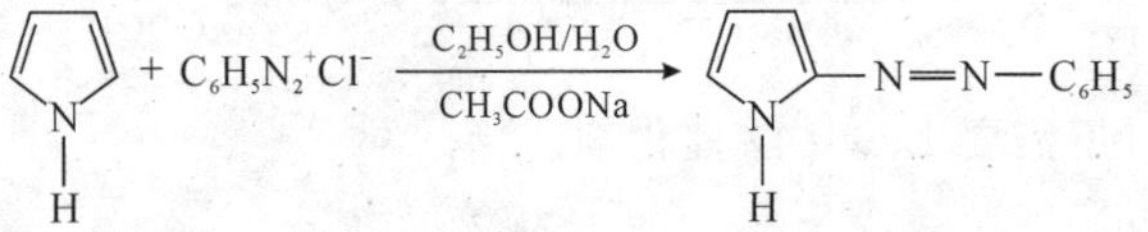

$+ C_6H_5N_2^+Cl^- \xrightarrow[CH_3COONa]{C_2H_5OH/H_2O}$ $-N{=}N-C_6H_5$

知识点达标题 16-2　写出下列反应的主要产物。

(1) 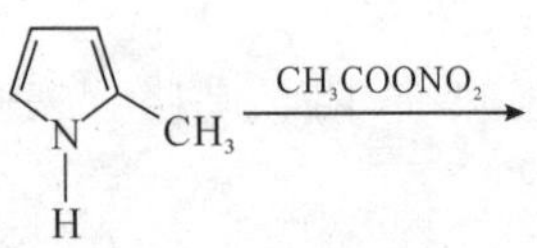 CH_3 $\xrightarrow{CH_3COONO_2}$　　(2) H_3C $\xrightarrow{(CH_3CO)_2O}$

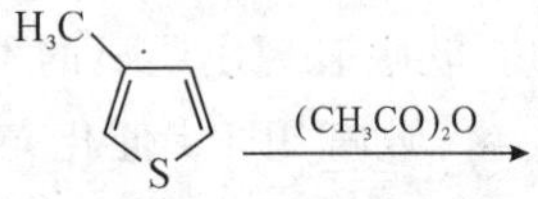

(3) $\xrightarrow{?}$ $-SO_3H$

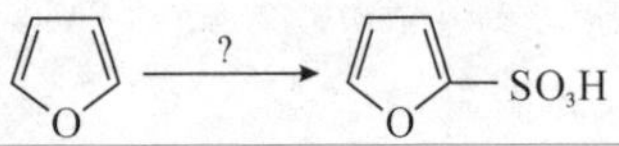

16-2

16.4.2 六元杂环化合物的化学性质

16-5

1. 亲电取代反应

与苯环相比，吡啶环电子云密度低，分布不均匀，亲电取代活性小于苯，反应活性与硝基苯相当。吡啶不能发生傅-克反应，卤代、硝化、磺化反应条件高，产率低，取代基主要进入β位。如：

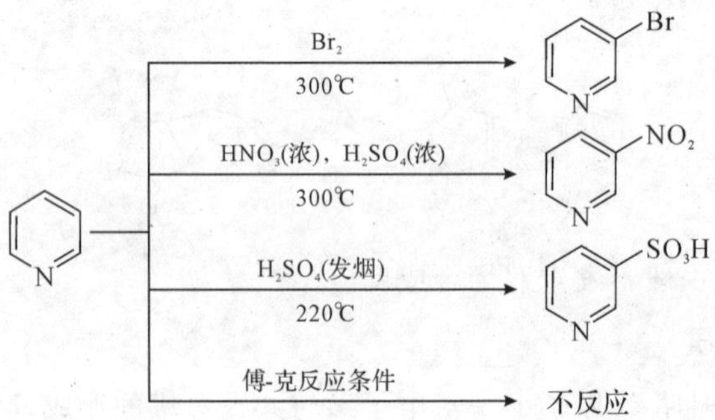

$\xrightarrow[300℃]{Br_2}$ Br

$\xrightarrow[300℃]{HNO_3(浓),\ H_2SO_4(浓)}$ NO_2

$\xrightarrow[220℃]{H_2SO_4(发烟)}$ SO_3H

$\xrightarrow{傅-克反应条件}$ 不反应

2. 亲核取代反应

与硝基苯相类似，吡啶环的α、γ位电子云密度低，容易发生亲核取代反应。如：

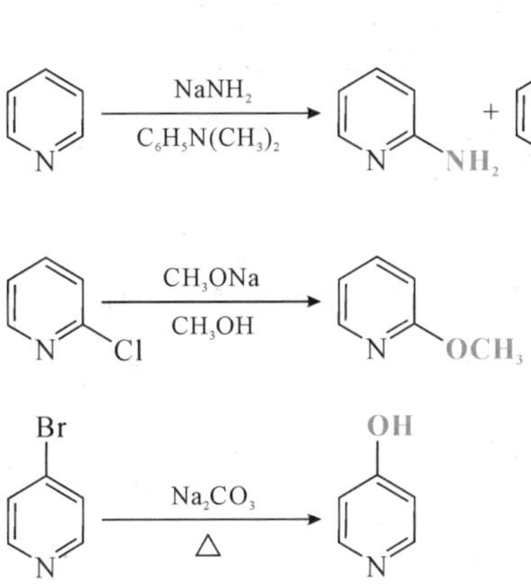

$$\text{吡啶} \xrightarrow[C_6H_5N(CH_3)_2]{NaNH_2} \text{2-氨基吡啶} + \text{4-氨基吡啶}$$

$$\text{2-氯吡啶} \xrightarrow[CH_3OH]{CH_3ONa} \text{2-甲氧基吡啶}$$

$$\text{4-溴吡啶} \xrightarrow[\triangle]{Na_2CO_3} \text{4-羟基吡啶}$$

3. 氧化与还原反应

(1)氧化反应。由于吡啶环电子云密度比苯低,不易被氧化剂氧化。当与强氧化剂作用时,总是吡啶环上的侧链被氧化,生成相应的吡啶甲酸。如:

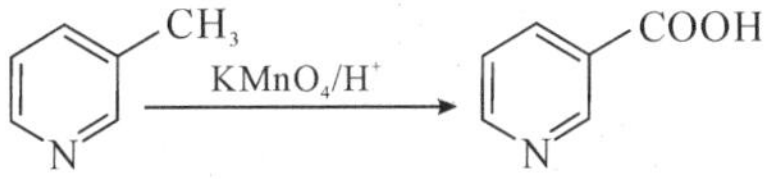

$$\text{3-甲基吡啶} \xrightarrow{KMnO_4/H^+} \text{3-吡啶甲酸}$$

4-苯基吡啶被 $KMnO_4$ 氧化时,产物是4-吡啶甲酸,而不是苯甲酸,这也说明吡啶环较苯环稳定。

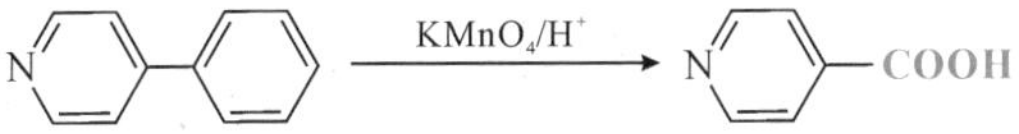

$$\underset{\text{4-苯基吡啶}}{} \xrightarrow{KMnO_4/H^+} \underset{\text{4-吡啶甲酸}}{COOH}$$

4-苯基吡啶　　4-吡啶甲酸

吡啶用过氧化氢或过氧乙酸氧化,生成 N-氧化吡啶。

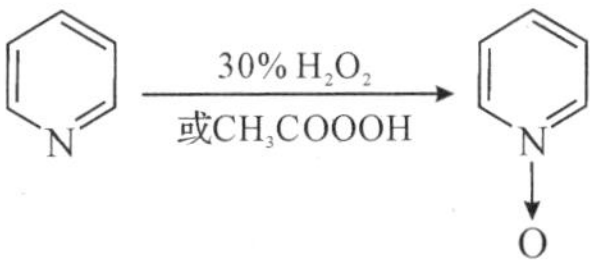

$$\text{吡啶} \xrightarrow[\text{或}CH_3COOOH]{30\%\ H_2O_2} N\rightarrow O$$

N-氧化吡啶

(2)还原反应。吡啶环比苯环容易还原,用乙醇和钠或催化加氢,生成六氢吡啶。

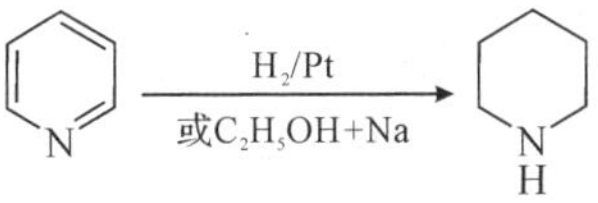

$$\text{吡啶} \xrightarrow[\text{或}C_2H_5OH+Na]{H_2/Pt} \text{六氢吡啶}$$

六氢吡啶

六氢吡啶又称哌啶,为无色具有特殊臭味的液体,熔点−7℃,沸点106℃,易溶于水和有机溶剂,其碱性与脂肪胺相近,较吡啶强,化学性质与脂肪胺相似,常用作溶剂及有机合成原料。

4. 碱性与亲核性

(1)弱碱性。吡啶环N原子上有一对未共用电子,具有碱性,可以和强酸反应生成盐。如:

$$\text{吡啶} + HCl \longrightarrow \text{吡啶}\overset{+}{N}\text{-H}\ Cl^-$$

吡啶盐酸盐

基于这一性质，可用吡啶来吸收反应过程中所生成的酸，称作强酸捕获剂。吡啶容易和 SO_3 结合形成 N-吡啶磺酸，N-吡啶磺酸可作为温和的磺化剂。

$$\text{吡啶} + SO_3 \longrightarrow \text{吡啶}\overset{+}{N}\text{-}SO_3^-$$

N-吡啶磺酸

值得注意的是，吡啶的碱性（pK_a=5.2）强于苯胺（pK_a=4.7），而弱于脂肪胺和氨。

（2）亲核性。与叔胺相似，吡啶 N 原子有亲核性，可与卤代烃反应，生成相当于季铵盐的产物。如：

$$\text{吡啶} + CH_3I \longrightarrow \text{吡啶}\overset{+}{N}\text{-}CH_3\ I^-$$

碘化N-甲基吡啶

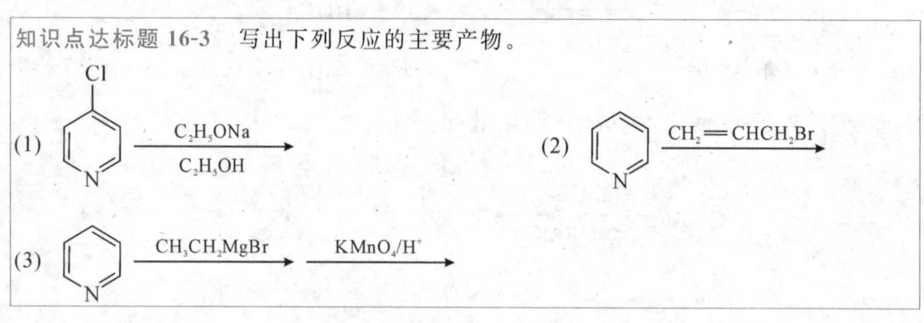

16-2

16.5 常见五元和六元杂环化合物

16.5.1 常见五元杂环化合物

1. 呋喃

呋喃为无色液体，其蒸气遇浓盐酸浸湿过的松木片时，呈绿色，称为松木片反应，可用于鉴定呋喃的存在。工业上用呋喃甲醛（糠醛）在高温、催化剂作用下，脱羰基来制备呋喃。

$$\text{呋喃-}CHO + H_2O \xrightarrow[400\sim450^\circ C]{ZnO\text{-}Cr_2O_3\text{-}MnO_2} \text{呋喃} + CO_2 + H_2$$

实验室则采用呋喃甲酸(糠酸)在铜催化、喹啉介质中脱羧基来制备呋喃。

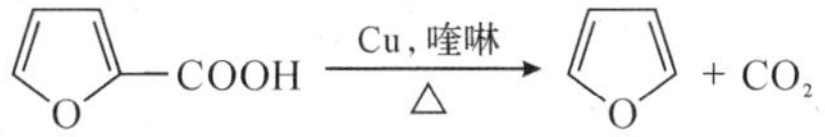

$$\text{呋喃-2-COOH} \xrightarrow[\triangle]{\text{Cu, 喹啉}} \text{呋喃} + CO_2$$

2. 糠醛

糠醛为无色液体，沸点162℃，可溶于水和醇，在空气中通常氧化为黑褐色。含有多聚戊糖的农副产物，如米糠、麦秆、玉米芯、花生壳等与稀硫酸共热可制取糠醛。

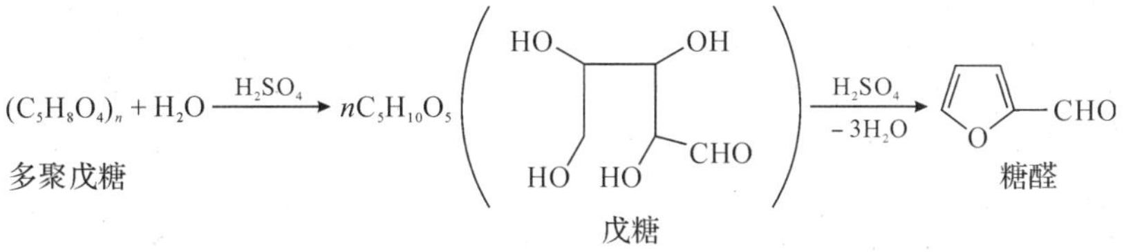

$$\underset{\text{多聚戊糖}}{(C_5H_8O_4)_n} + H_2O \xrightarrow{H_2SO_4} nC_5H_{10}O_5\ \underset{\text{戊糖}}{\left(\text{HOCH}_2\text{-CH(OH)-CH(OH)-CH(OH)-CHO}\right)} \xrightarrow[-3H_2O]{H_2SO_4} \underset{\text{糠醛}}{\text{呋喃-2-CHO}}$$

糠醛具有一般醛的性质，可以发生银镜反应，由于糠醛不含α-H，在浓碱条件下可发生康尼查罗反应，生成呋喃甲酸盐和呋喃甲醇。

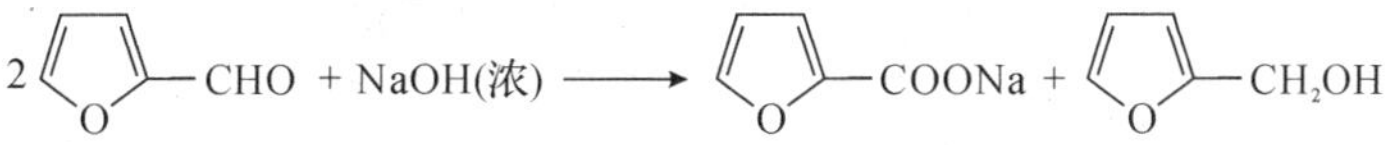

$$2\ \text{呋喃-2-CHO} + \text{NaOH(浓)} \longrightarrow \text{呋喃-2-COONa} + \text{呋喃-2-}CH_2OH$$

3. 吡咯

吡咯为无色液体，其蒸气能使浓盐酸浸过的松木片显红色。工业上，吡咯用呋喃和氨在催化剂作用下，通过高温气相反应来制备，也可以用乙炔和氨高温反应生成。

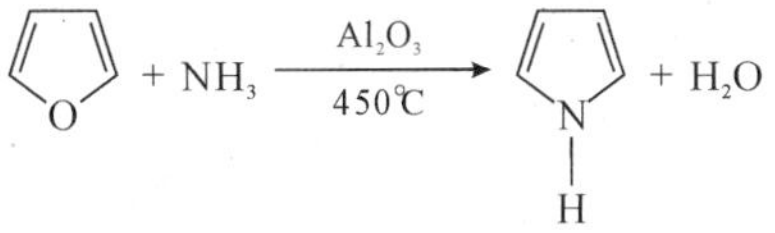

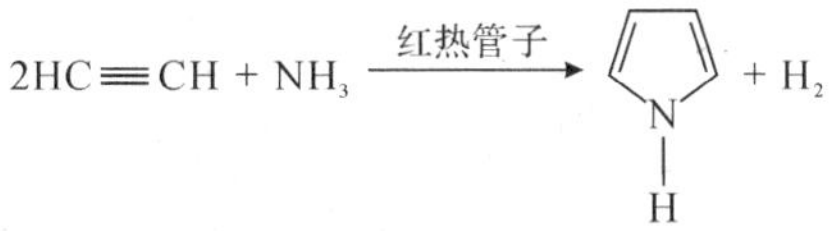

$$\text{呋喃} + NH_3 \xrightarrow[450℃]{Al_2O_3} \text{吡咯(N-H)} + H_2O$$

$$2HC{\equiv}CH + NH_3 \xrightarrow{\text{红热管子}} \text{吡咯(N-H)} + H_2$$

实验室则采用1,4-二羰基化合物与氨反应来制备。如：

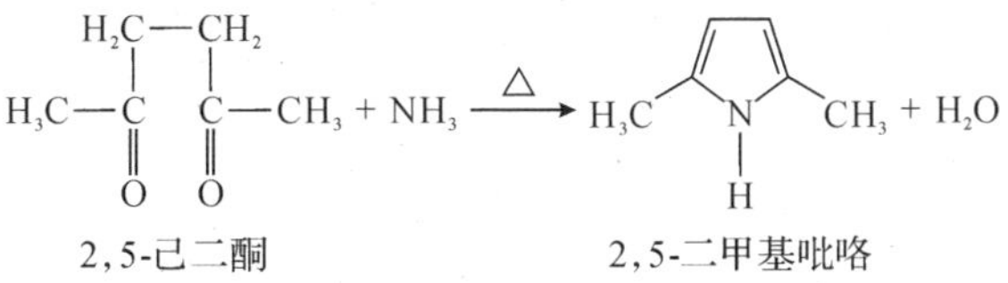

$$\underset{\text{2,5-己二酮}}{H_3C-CO-CH_2-CH_2-CO-CH_3} + NH_3 \xrightarrow{\triangle} \underset{\text{2,5-二甲基吡咯}}{\text{2,5-}(CH_3)_2\text{-吡咯(N-H)}} + H_2O$$

吡咯衍生物在自然界分布很广，叶绿素和血红素的基本结构都是由4个吡咯环的α-C通过4个次甲基连接成的大环共轭体系，称为卟吩，其取代物称为卟啉。卟吩本身在自然界中并不存在，卟啉环系却广泛存在，一般是和金属形成配合物。如血红素中的金属是铁，叶绿素中的金属是镁。

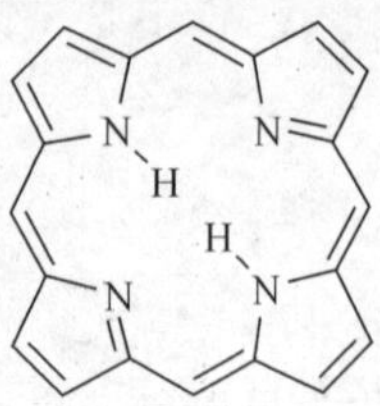

叶吩

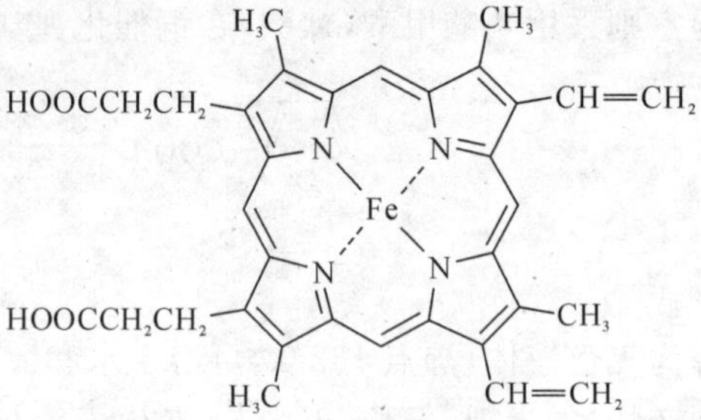

血红素

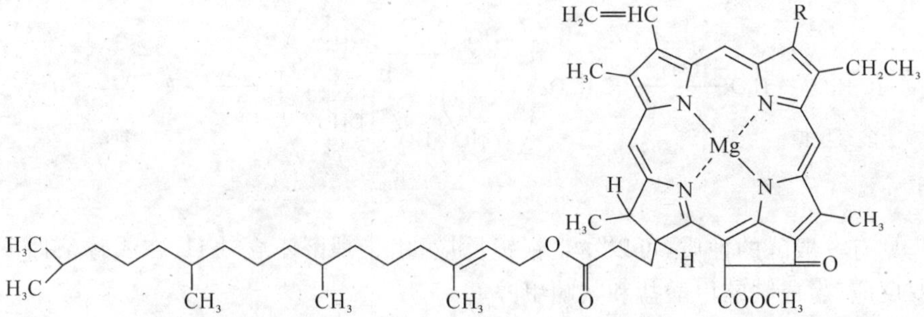

叶绿素(R=CH_3，叶绿素a；R=CHO，叶绿素b)

4. 噻吩

噻吩为无色液体，在浓硫酸存在下，噻吩与靛红一起加热显蓝色，可用于噻吩的检验。工业上，噻吩用4个碳的丁烷、丁烯或丁二烯与硫在高温下反应来制备；也可以用乙炔与硫化氢在催化剂存在下，高温反应来制备。

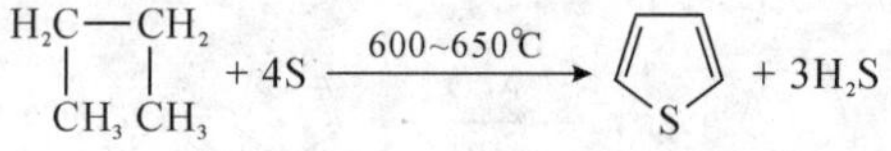

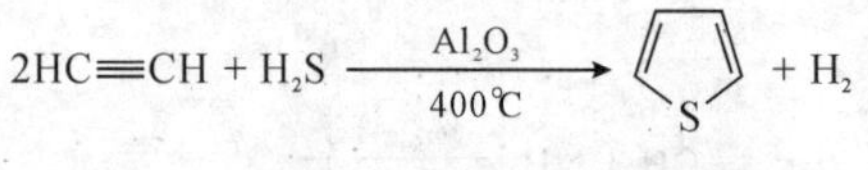

$$CH_3CH_2CH_2CH_3 + 4S \xrightarrow{600\sim650℃} \text{噻吩} + 3H_2S$$

$$2HC\equiv CH + H_2S \xrightarrow[400℃]{Al_2O_3} \text{噻吩} + H_2$$

实验室则用丁二酸钠盐或1,4-二羰基化合物与P_2S_3加热得到。如：

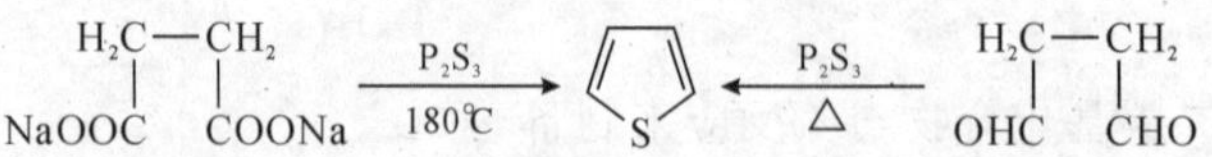

$$NaOOC-CH_2-CH_2-COONa \xrightarrow[180℃]{P_2S_3} \text{噻吩} \xleftarrow[\triangle]{P_2S_3} OHC-CH_2-CH_2-CHO$$

噻吩的衍生物中有许多是重要的药物，如维生素H(又称生物素)、先锋霉素等。

维生素H

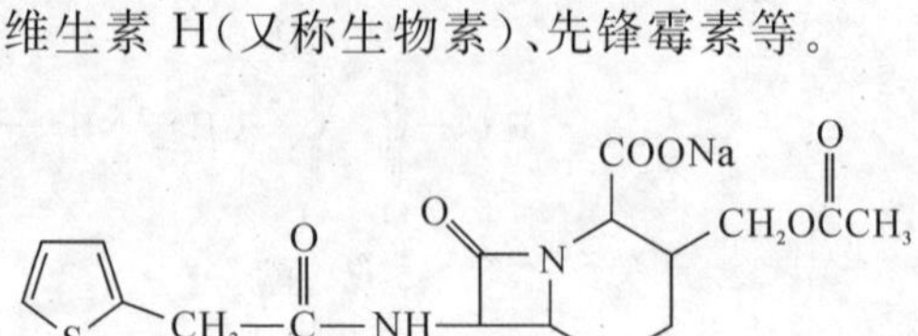

先锋霉素

16.5.2 常见六元杂环化合物

1. 嘧啶及其衍生物

嘧啶是含有两个氮原子的六元杂环化合物，无色晶体，熔点22℃，沸点124℃，易溶于水，碱性（$pK_a = 1.3$）较吡啶弱（$pK_a = 5.2$）。嘧啶衍生物广泛分布于生物体内，在生理和药理上都具有重要的作用。含有嘧啶环的碱性化合物称为嘧啶碱，如尿嘧啶、胸腺嘧啶和胞嘧啶，它们都是核酸的重要组成部分。

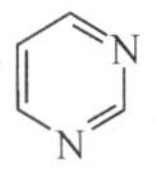

嘧啶 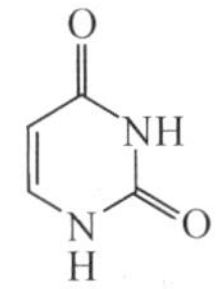　　尿嘧啶 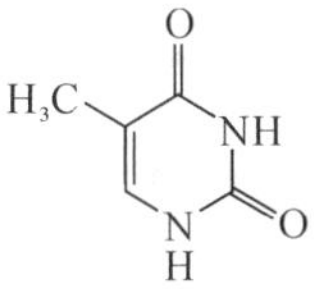　　胸腺嘧啶 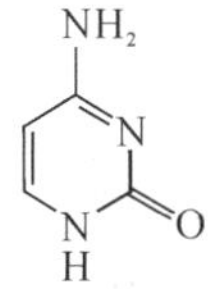　　胞嘧啶

2. 嘌呤及其衍生物

嘌呤是由一个嘧啶环和一个咪唑环稠合而成的杂环化合物，为无色晶体，熔点 216～217℃，易溶于水，其水溶液呈中性，但能和酸或碱反应生成盐。嘌呤本身不存在于自然界中，但被氨基和羟基取代后的嘌呤衍生物（又称嘌呤碱）在自然界分布很广。如腺嘌呤和鸟嘌呤是核酸的组成部分。

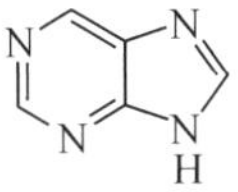

嘌呤 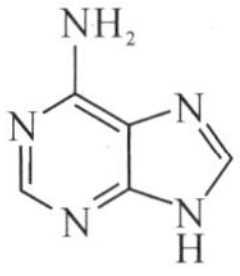　　腺嘌呤 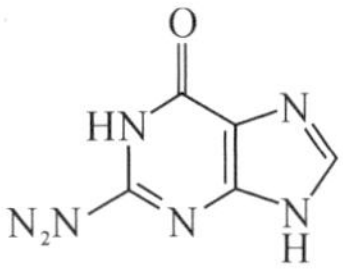　　鸟嘌呤

尿酸和咖啡因也是常见的嘌呤衍生物。尿酸是人体和高等动物核酸的代谢产物，存在于尿液中。茶叶和咖啡中含有咖啡因，咖啡因对人体有兴奋、利尿等功效，也是退热药复方阿司匹林（APC）的成分之一。

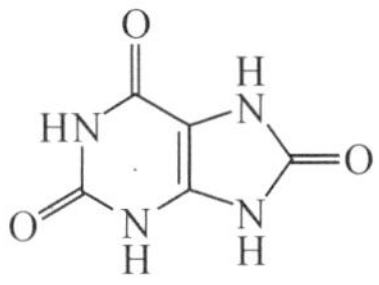

尿酸 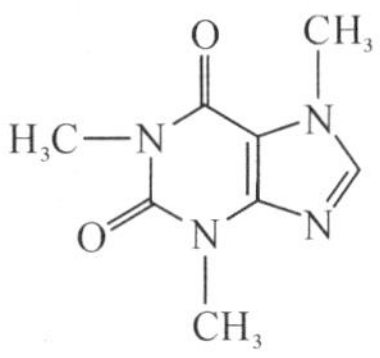　　咖啡因

16.6　稠杂环化合物

16-6

16.6.1　吲哚及其衍生物

吲哚是苯环和吡咯环稠合而成的杂环化合物，为无色晶体，熔点 52℃，沸点 253℃，存在于煤焦油和茉莉油中。实验室由邻甲基苯胺与甲醛反应来制备，先是氨基与甲醛亲核加成、脱水，然后在碱作用下分子内缩合、脱水生成吲哚。

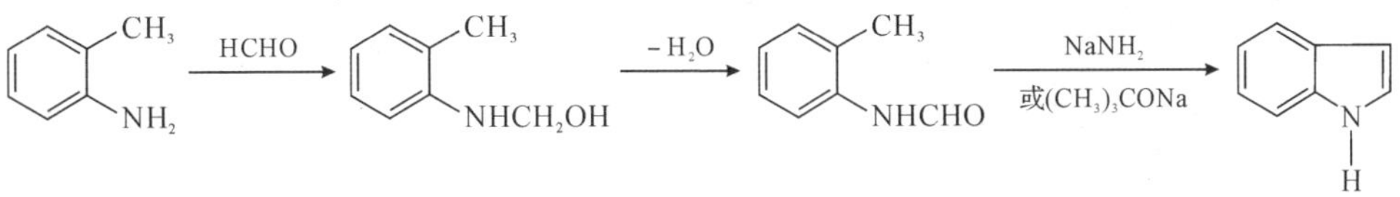

$$\text{邻甲基苯胺} \xrightarrow{HCHO} \text{(邻甲基)}C_6H_4NHCH_2OH \xrightarrow{-H_2O} \text{(邻甲基)}C_6H_4NHCHO \xrightarrow[\text{或}(CH_3)_3CONa]{NaNH_2} \text{吲哚}$$

因吡咯是比较活泼的富电子环，所以吲哚的亲电取代反应发生在吡咯环上，主要生成的是β位产物。如：

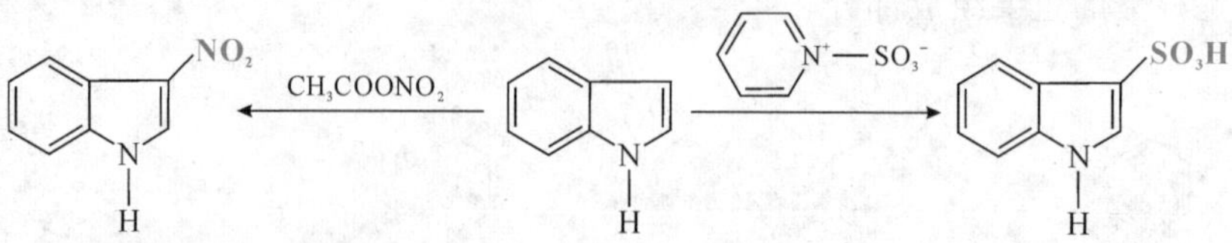

CH_3COONO_2　SO_3^-　NO_2　SO_3H

自然界中吲哚衍生物非常多，大多具有重要的生理作用。如色氨酸是人体必需的一种氨基酸，3-吲哚乙酸是一种植物生长调节激素，那拉曲担（naratriptan）可用于治疗偏头痛等。

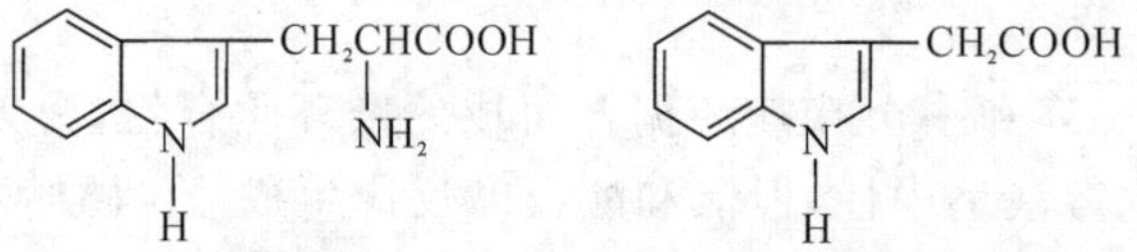

色氨酸　3-吲哚乙酸

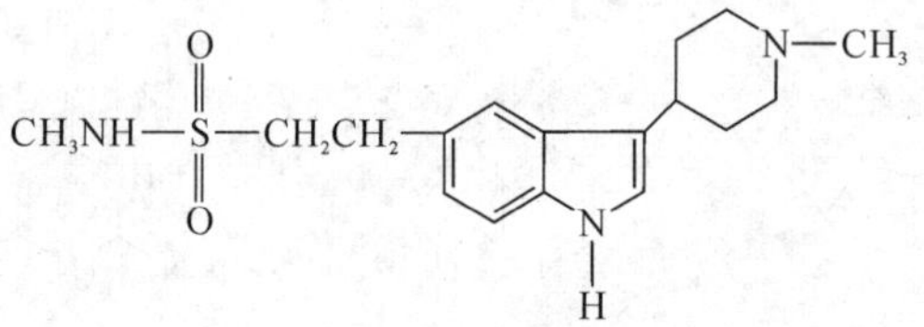

那拉曲担

16.6.2　喹啉和异喹啉

喹啉和异喹啉是苯环与吡啶环稠合而成的杂环化合物，两者是同分异构体。喹啉为无色油状液体，有特殊臭味，熔点−15.6℃，沸点238℃。异喹啉为有香味的固体，熔点25℃，沸点243℃。两者都难溶于水，易溶于有机溶剂。与吡啶相似，两者都是弱碱，异喹啉的碱性（$pK_a=5.4$）比喹啉（$pK_a=4.9$）强，这是因为异喹啉相当于苄胺的衍生物，而喹啉可认为是苯胺的衍生物。喹啉和异喹啉的性质与吡啶环和苯环相似。

1. 化学性质

（1）亲电取代反应。因为苯环的电子云密度比吡啶环高，所以喹啉和异喹啉的亲电取代反应主要发生在苯环上，得到5位和8位的取代产物。如：

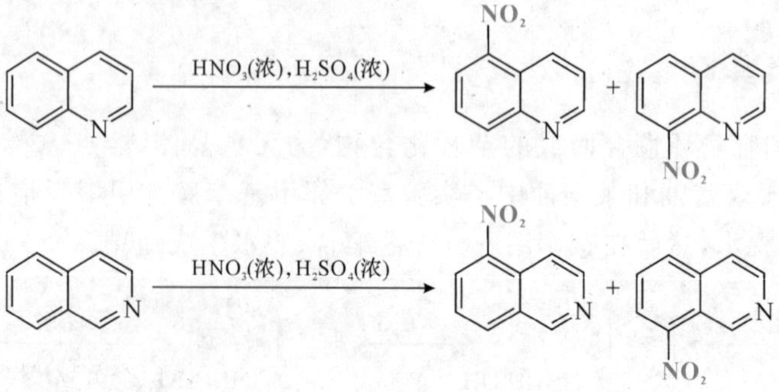

HNO_3(浓)，H_2SO_4(浓)

HNO_3(浓)，H_2SO_4(浓)

(2)亲核取代反应。喹啉和异喹啉的亲核取代反应主要发生在电子云密度低的吡啶环,喹啉为 2 位取代,异喹啉为 1 位取代。如:

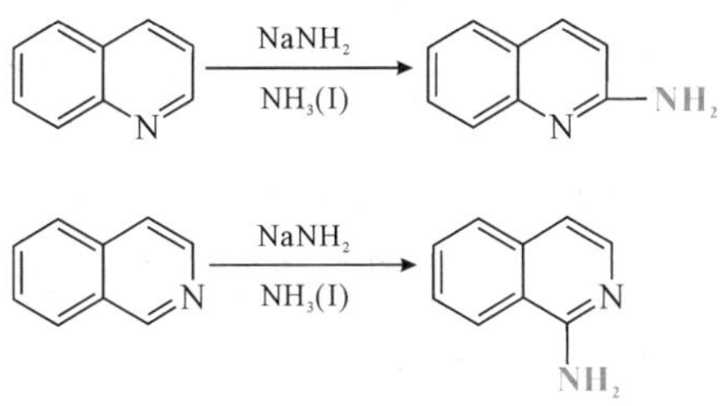

$NaNH_2$ / $NH_3(l)$

(3)氧化与还原反应。因为富电子环易被氧化,缺电子环易被还原,所以喹啉和异喹啉的苯环被氧化,而吡啶环则被还原。如:

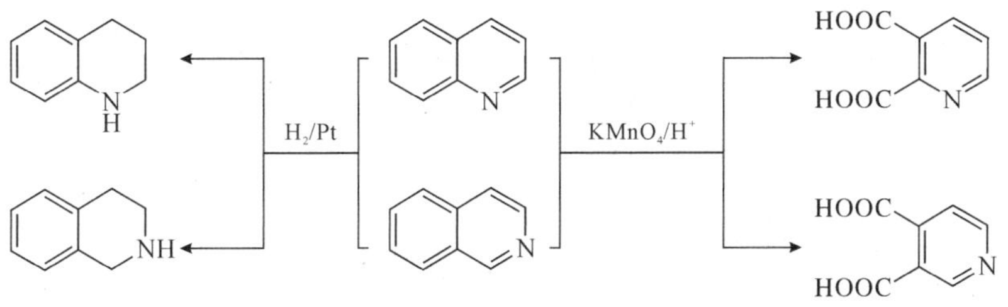

H_2/Pt　　$KMnO_4/H^+$

HOOC　HOOC　N　NH　H

2. 制备方法

喹啉及其衍生物常用斯克洛浦(Skraup)合成法,即用苯胺、甘油、浓硫酸和氧化剂(硝基苯或 As_2O_5)共热制得喹啉。反应过程可能是甘油在浓硫酸作用下脱水形成丙烯醛,然后和苯胺发生加成,生成 β-苯氨基丙醛,经过烯醇式,脱水环化生成二氢喹啉,最后被硝基苯或氧化砷氧化去氢,生成喹啉。

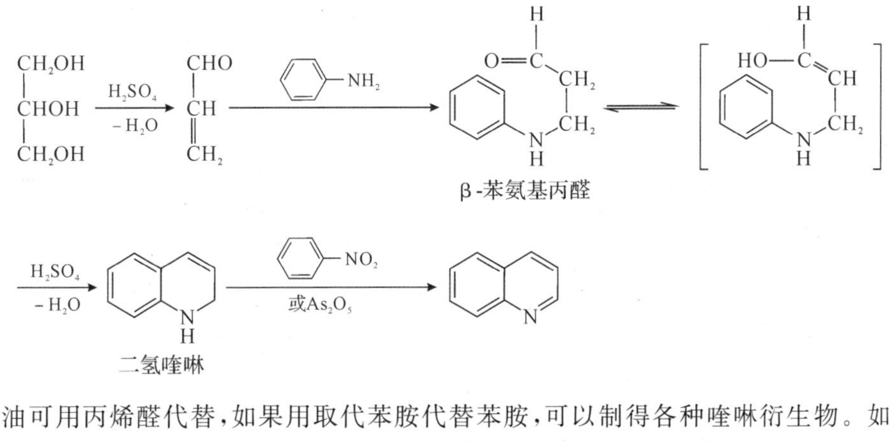

CH_2OH—CHOH—CH_2OH $\xrightarrow[-H_2O]{H_2SO_4}$ CHO—CH=CH_2 → β-苯氨基丙醛 ⇌ [烯醇式]

β-苯氨基丙醛

$\xrightarrow[-H_2O]{H_2SO_4}$ 二氢喹啉 $\xrightarrow{\text{硝基苯 或}As_2O_5}$ 喹啉

二氢喹啉

甘油可用丙烯醛代替,如果用取代苯胺代替苯胺,可以制得各种喹啉衍生物。如:

(1)用邻位取代苯胺代替苯胺,反应时氨基与另一邻位环化,生成 8-取代喹啉。

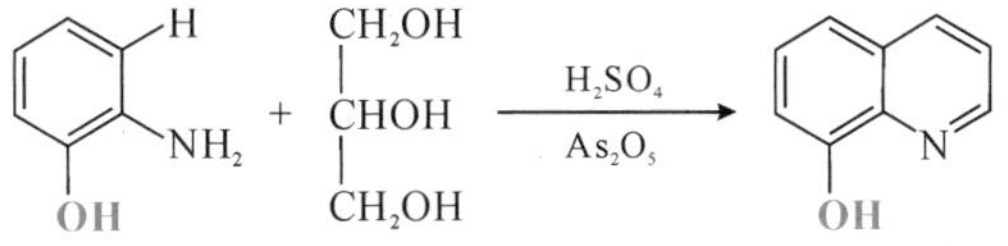

H_2SO_4 / As_2O_5

8-羟基喹啉

(2)用对位取代苯胺代替苯胺,反应时氨基与任一邻位环化,生成6-取代喹啉。

6-溴喹啉

(3)对于间位取代苯胺代替苯胺,氨基与哪个邻位环化,这和邻位氢的酸性强弱有关,酸性强的邻位氢易脱水环化。如间甲基苯胺,甲基的供电子诱导效应使甲基对位的氢酸性强于邻位,所以氨基与甲基对位氢环化,生成7-取代喹啉。

7-甲基喹啉

又如间硝基苯胺,硝基的吸电子共轭和吸电子诱导效应使硝基邻位氢的酸性强于对位,所以氨基与硝基邻位氢环化,生成5-取代喹啉。

5-硝基喹啉

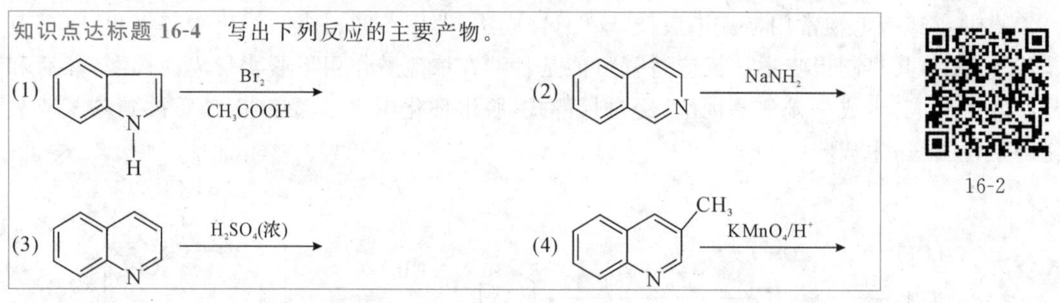

【重要知识小结】

1. 呋喃、吡咯、噻吩是含一个杂原子的五元杂环化合物,具有"五中心六电子"共轭 π 键,与苯环相比,属于富电子的芳香杂环。芳香性强弱次序为苯>噻吩>吡咯>呋喃,杂环上亲取代反应活性强弱次序为吡咯>呋喃>噻吩>苯,亲电取代主要发生在 α 位。乙酰硝酸酯与吡啶-三氧化硫加合物为温和的硝化剂与磺化剂。呋喃具有较高的不饱和性,能发生双烯合成反应,吡咯氮原子上的氢具有弱酸性。

2. 吡啶为缺电子的六元芳香杂环化合物,具有弱碱性。吡啶环较难发生亲电取代反应,在较强条件下,主要得到 β 位取代产物,较易发生亲核取代反应,主要生成 α 位或 γ 位的取代产物。缺电子的吡啶环对氧化剂较苯稳定,而对还原剂则较苯活泼。

3. 喹啉和异喹啉是由苯环与缺电子的吡啶环稠合而成的同分异构体,具有苯环和吡啶环的性质,碱性强弱为异喹啉>喹啉。

习　题

16-7

1. 命名下列化合物。

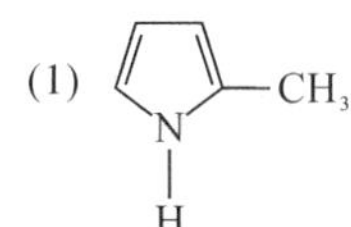

(1) CH_3 N H　(2) CHO O　(3) Br S　(4) 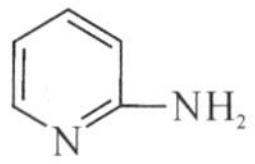 NH_2 N

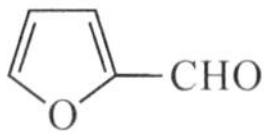

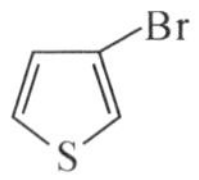

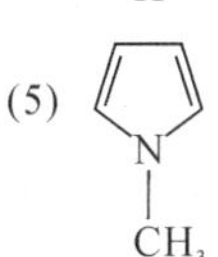

(5) N CH_3　(6)  O　(7) 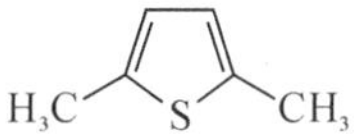 H_3C S CH_3　(8) 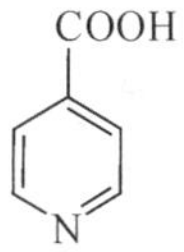 COOH N

(9) 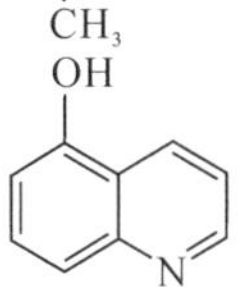 OH N　(10) 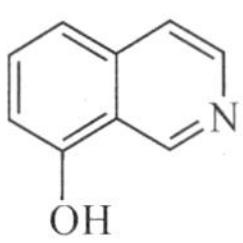 N OH　(11) 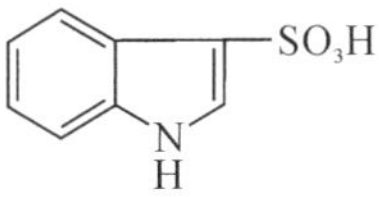 SO_3H N H　(12) 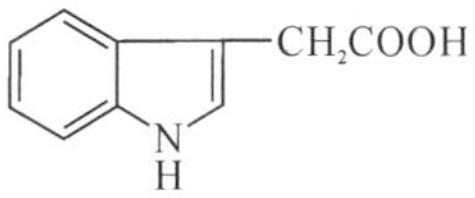 CH_2COOH N H

2. 回答下列问题。

(1)用适当的化学方法将混合物中的杂质除去：

①苯中混有少量的噻吩　　②甲苯中混有少量的吡啶

③吡啶中混有少量的六氢吡啶

(2)用简单的化学方法区别下列各组化合物：

①呋喃、噻吩、吡咯　　②吡啶、六氢吡啶和 8-羟基喹啉

(3)按指定性质从强到弱排序：

①亲电取代活性：

A. 呋喃　B. 噻吩　C. 吡咯　D. 吡啶　E. 苯

②碱性：

A. 甲胺　B. 苯胺　C. 吡咯　D. 吡啶　F. 六氢吡啶

③芳香性：

A. 呋喃　B. 噻吩　C. 吡咯　D. 苯

3. 写出下列反应主要产物或所需试剂。

(1) 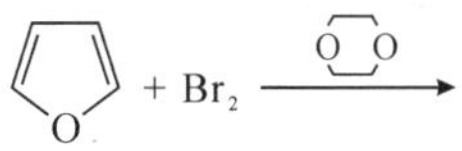 O + Br_2 $\xrightarrow{\text{二氧六环}}$　　(2) S $\xrightarrow{?}$ S NO_2

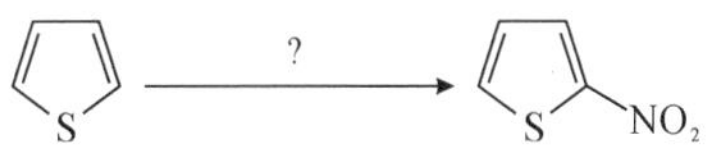

(3) 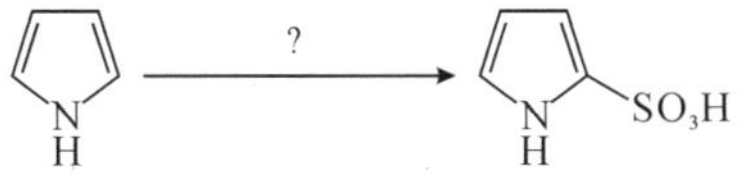 N H $\xrightarrow{?}$ N H SO_3H　　(4) S $\xrightarrow{H_2SO_4}$

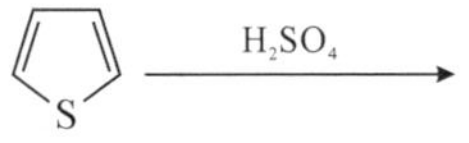

(5) 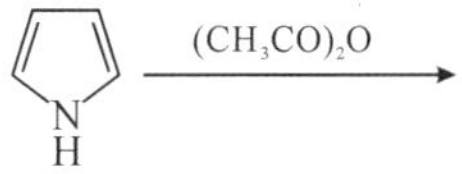 N H $\xrightarrow{(CH_3CO)_2O}$　　(6) 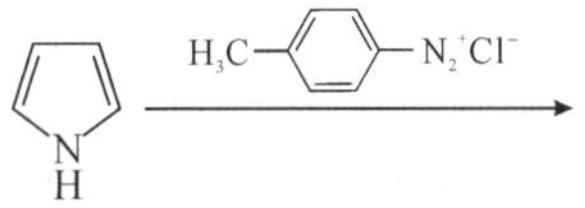 N H $\xrightarrow{H_3C-C_6H_4-N_2^+Cl^-}$

(7) 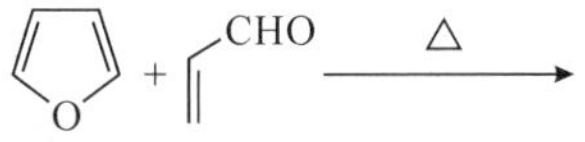 O + CHO $\xrightarrow{\triangle}$　　(8) 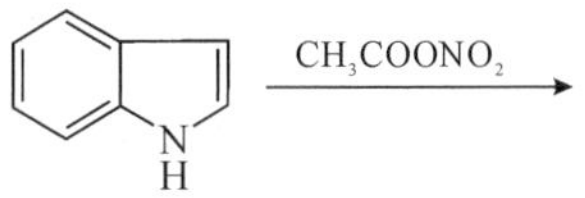 N H $\xrightarrow{CH_3COONO_2}$

(9) 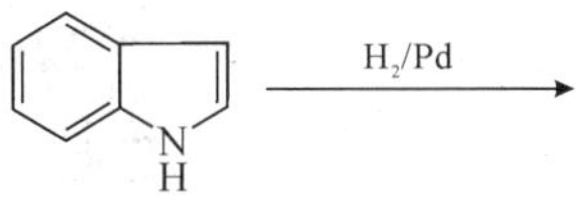 N H $\xrightarrow{H_2/Pd}$　　(10) 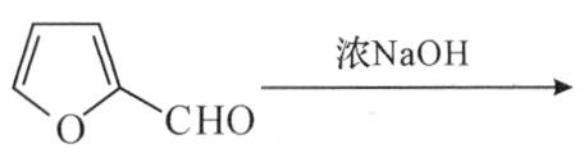 O CHO $\xrightarrow{\text{浓NaOH}}$

4. 完成下列反应。

(1) 吡啶 $\xrightarrow[300℃]{Br_2}$

(2) 吡啶 $\xrightarrow{?}$ 3-硝基吡啶（NO_2）

(3) 吡啶 $\xrightarrow{NaNH_2}$

(4) 3-甲基吡啶（CH_3） $\xrightarrow{KMnO_4/H^+}$

(5) 4-氯吡啶（Cl） $\xrightarrow{CH_3ONa}$

(6) 吡啶 $\xrightarrow{CH_3I}$

(7) 喹啉 $\xrightarrow{H_2SO_4}$

(8) 异喹啉 $\xrightarrow{NaNH_2}$

(9) 喹啉 $\xrightarrow{KMnO_4/H^+}$

(10) 喹啉 $\xrightarrow{H_2/Pd}$

(11) 邻氨基苯酚（NH_2，OH） + CH_2OH—CHOH—CH_2OH $\xrightarrow{H_2SO_4}$ $\xrightarrow{C_6H_5NO_2}$

(12) 2-氨基-6-硝基苯酚（O_2N，NH_2，OH） + CH_2OH—CHOH—CH_2OH $\xrightarrow{H_2SO_4}$ $\xrightarrow{C_6H_5NO_2}$

5. 写出下列各步反应的主要产物。

(1) 2-甲基噻吩（S，CH_3） $\xrightarrow[SnCl_4]{CH_3CH_2COCl}$ $\xrightarrow[②H_3O^+]{①CH_3MgCl}$

(2) 呋喃（O）—CHO + CH_3CHO $\xrightarrow{稀OH^-}$ $\xrightarrow{\triangle}$

(3) 4-甲基吡啶（CH_3） $\xrightarrow{KMnO_4/H^+}$ $\xrightarrow[H^+]{C_2H_5OH}$ $\xrightarrow[C_2H_5ONa]{CH_3COOC_2H_5}$ $\xrightarrow[②H_3O^+,\triangle]{①OH^-}$

(4) 2-乙基吡啶（C_2H_5） $\xrightarrow{KMnO_4/H^+}$ $\xrightarrow{PCl_5}$ $\xrightarrow{NH_3}$ $\xrightarrow{Br_2,NaOH}$

(5) 吡咯（N—H） $\xrightarrow{KOH}$ $\xrightarrow{CH_3Cl}$ $\xrightarrow{(CH_3CO)_2O}$

6. 杂环化合物 A($C_5H_4O_2$)，经氧化生成羧酸 B($C_5H_4O_3$)。B 转化为钠盐再与碱石灰作用，生成C(C_4H_4O)，C 与金属钠不作用，也不具有醛和酮的性质。试推测 A～C 的结构式。

➢ PPT 课件

➢ 自测题

➢ 纪育沣——中国嘧啶化学家

16-8

第 17 章　糖类

【知识点与要求】

✧ 掌握葡萄糖、核糖的开链结构、Harwoth 结构，及葡萄糖的构象、变旋光现象，并以此了解其他单糖（果糖、甘露糖、半乳糖等）的开链、环状结构及变旋光现象。

✧ 掌握葡萄糖在碱性溶液中的差向异构化反应。

✧ 掌握单糖的氧化（Br_2/H_2O、HNO_3、HIO_4、托伦试剂、费林试剂）、还原、成脎、成苷、成醚和成酯反应。

✧ 了解二糖（蔗糖、麦芽糖、乳糖、纤维二糖）、多糖（淀粉、纤维素）的结构特征与化学性质。

糖类也称碳水化合物，它们是自然界分布最广、数量最多的天然有机化合物，几乎存在于所有生物体中。葡萄糖、果糖、蔗糖、淀粉、纤维素等都属于糖类。糖类与人类生活密切相关，它们是动植物体的重要组成部分，也是生物体维持生命活动所需能量的主要来源，有些糖类具有特殊的生理活性，如肝脏中的肝素有抗凝血作用，人的血型是由红细胞表面的寡糖类型决定的，核糖和脱氧核糖是遗传物质核酸的重要组分。糖类是基础有机化学中含有多个官能团的代表，也是立体化学的综合体现。因此对糖类的学习和研究具有极其重要的理论和实际意义。

17.1　糖的概念和分类

17.1.1　糖的概念

因最初发现的糖都是由 C、H、O 三种元素组成的，而且它们的分子式均可用 $C_n(H_2O)_m$ 表示，如葡萄糖 $C_6(H_2O)_6$、蔗糖 $C_{12}(H_2O)_{11}$，因此将糖类称为碳水化合物。后来发现，有些糖的组成不符合碳水通式，如鼠李糖（$C_6H_{12}O_5$）、脱氧核糖（$C_5H_{10}O_4$），还有些化合物的组成符合碳水通式，但结构和性质与糖完全不同，如乙酸（$C_2H_4O_2$）、乳酸（$C_3H_6O_3$）等。显然，碳水化合物这一名称不十分确切，但沿用已久，现仍在使用。

从结构上看，糖是多羟基醛或多羟基酮，以及水解后能生成多羟基醛或多羟基酮的一类化合物。

17.1.2　糖的分类

根据结构和性质不同，糖类分为单糖、低聚糖和多糖三类。

（1）单糖。单糖是指不能水解生成多羟基醛或多羟酮的糖，如葡萄糖、果糖、核糖等。单糖一般是无色晶体，能溶于水，大多有甜味。

（2）低聚糖。低聚糖又称寡糖，是指水解后能生成 2～10 个单糖的糖，如蔗糖、乳糖、麦芽糖、棉籽糖等，其中能水解生成两分子单糖的称为二糖或双糖。低聚糖一般也是晶体，溶于水，大多具有甜味。

(3)多糖。多糖是指水解时能生成 10 个以上单糖的糖，如淀粉、纤维素、糖原等。多糖一般是无定形固体，难溶于水，没有甜味。

17.2 单糖的结构

单糖是多羟基的醛或多羟基的酮。根据羰基的类型，单糖可分为醛糖和酮糖。根据碳原子数目，单糖又可分为三碳糖、四碳糖、五碳糖和六碳糖，自然界以五碳糖和六碳糖最为普遍。

丙醛糖	丙酮糖	丁醛糖	丁酮糖
CHO	CH_2OH	CHO	CH_2OH
CHOH	C=O	CHOH	C=O
CH_2OH	CH_2OH	CHOH	CHOH
		CH_2OH	CH_2OH

戊醛糖	戊酮糖	己醛糖	己酮糖
CHO	CH_2OH	CHO	CH_2OH
CHOH	C=O	CHOH	C=O
CHOH	CHOH	CHOH	CHOH
CHOH	CHOH	CHOH	CHOH
CH_2OH	CH_2OH	CHOH	CHOH
		CH_2OH	CH_2OH

17.2.1 单糖的开链结构

己醛糖中含有 4 个不同手性碳原子，有 $2^4=16$ 种异构体，葡萄糖是己醛糖，是 16 个异构体中的一种。己酮糖含有 3 个不同手性碳原子，有 $2^3=8$ 种异构体，果糖是己酮糖 8 个异构体之一。

17-1

单糖的开链结构一般用费歇尔投影式表示。在己醛糖中，C_3 羟基在费歇尔投影式左边，其余羟基均在右边的是葡萄糖；己酮糖中，C_2 是酮基，C_3 羟基在费歇尔投影式左边，其余羟基均在右边的是果糖；羟基均在费歇尔投影式左边的戊醛糖是核糖，其中脱去 C_2 羟基上的氧的为 2-脱氧核糖。

葡萄糖	果糖	核糖	2-脱氧核糖
CHO	CH_2OH	CHO	CHO
H—OH	C=O	H—OH	H—H
HO—H	HO—H	H—OH	H—OH
H—OH	H—OH	H—OH	H—OH
H—OH	H—OH	CH_2OH	CH_2OH
CH_2OH	CH_2OH		

为了书写方便，手性碳原子上的氢可略去不写，羟基可以用一短横线表示，甚至可以进一步简化，用“△”表示醛基（—CHO），用“○”表示末端羟甲基（—CH_2OH）。如葡萄糖开链结构的几种简写方法：

对于含有多个手性碳原子的糖类，用 R/S 标记构型比较麻烦，也不直观，因此常用 D/L 来标记构型。规定甘油醛中，羟基在费歇尔投影式右边的为 D 构型，左边的为 L 构型。在糖中，以编号最大的手性碳原子(离羰基最远)来决定构型，羟基在右边的为 D 构型，左边的为 L 构型。自然界存在的单糖大多数为 **D-构型糖**。C_3～C_6 所有 D 型醛糖的费歇尔投影式和名称见图 17-1。

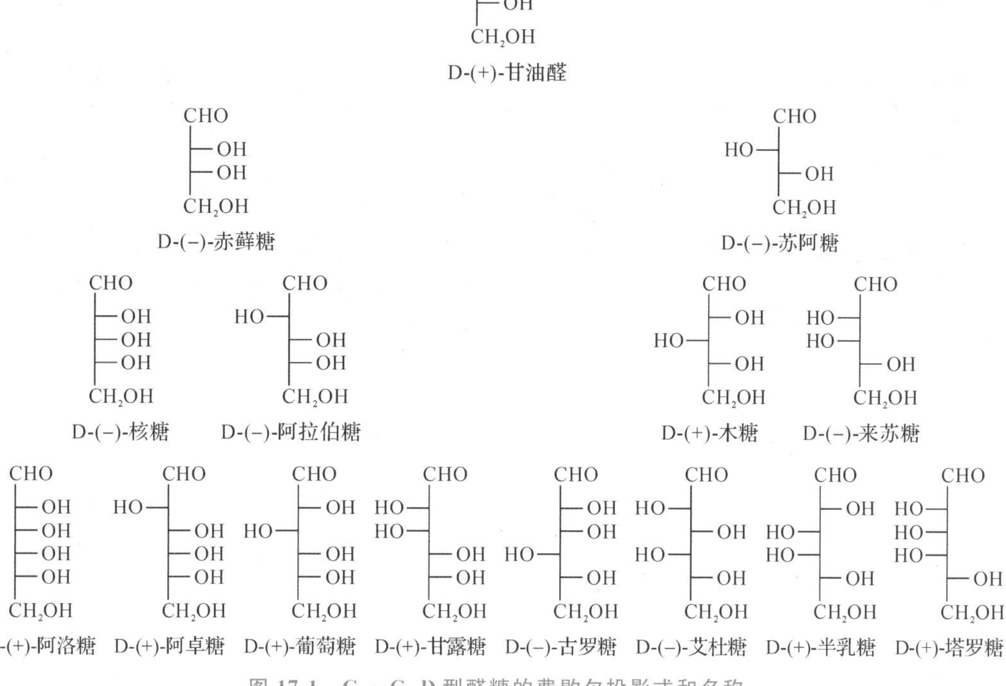

图 17-1 C_3～C_6 D 型醛糖的费歇尔投影式和名称

17.2.2 单糖的环状结构

1. 葡萄糖的环状结构

17-2

葡萄糖开链结构中含有醛基和多个羟基，但葡萄糖有一些化学性质却无法用开链结构来解释。如：

(1)红外光谱中，1700cm^{-1} 附近没有观察到羰基特征吸收峰，核磁共振谱中也没有观察到醛基质子信号。

(2)与饱和 $NaHSO_3$ 溶液混合，没有沉淀生成。

(3)只能与一分子醇反应，生成缩醛。

(4)有两种不同的葡萄糖晶体。用乙醇结晶得到的葡萄糖熔点为 146℃，比旋光度为＋112°；用吡啶结晶得到的葡萄糖熔点为 150℃，比旋光度为＋18.7°。将两种葡萄糖分别配成水溶液，发现乙醇结晶的葡萄糖比旋光度逐渐下降，吡啶结晶的葡萄糖比旋光度逐渐上升，最后都恒定在+52.7°。这种比旋光度自行改变的现象称为变旋光现象，即葡萄糖有变旋光现象。

葡萄糖只能与一分子醇生成缩醛，说明葡萄糖在形成缩醛之前，分子内醛基与羟基形成了半缩醛，实验已证明是 C_5 上的羟基与醛基形成六元环的半缩醛。

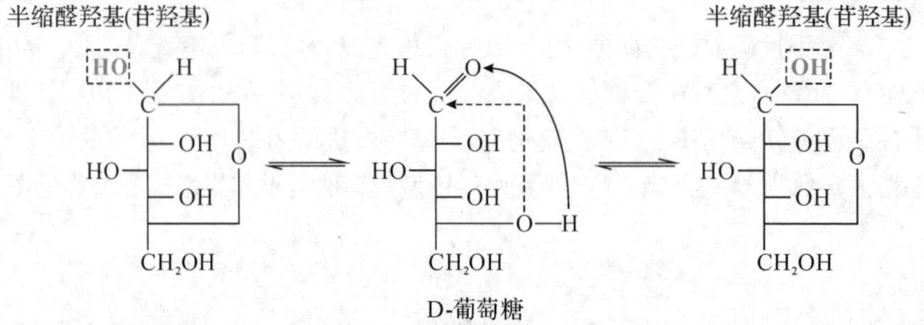

半缩醛羟基(苷羟基)　　　　半缩醛羟基(苷羟基)

D-葡萄糖

其中半缩醛羟基又称为苷羟基。在形成六元环的半缩醛时，原来的醛基碳原子转变为手性碳原子，因此，葡萄糖有两种环状结构。

费歇尔投影式表示的葡萄糖环状结构不能直观地反映出原子和基团的空间相互关系，为了更直观地反映单糖环状结构，通常用霍沃斯(Haworth)投影式来表示。

由葡萄糖开链结构改写成霍沃斯结构的步骤如下：首先将开链结构(A)顺时针旋转 90°成水平放置(B)，然后将(B)碳骨架水平向内弯成六元环状结构(C)，将(C)的 C_5 沿 C_4—C_5 键逆时针旋转 120°(D)，使 C_5 上的羟基与醛基处于同一平面，最后 C_5 上的羟基与醛基加成形成半缩醛。如果羟基从醛基平面的上方进攻加成，得到环状结构(E)；如果羟基从醛基平面下方进攻加成，则得到环状结构(F)。

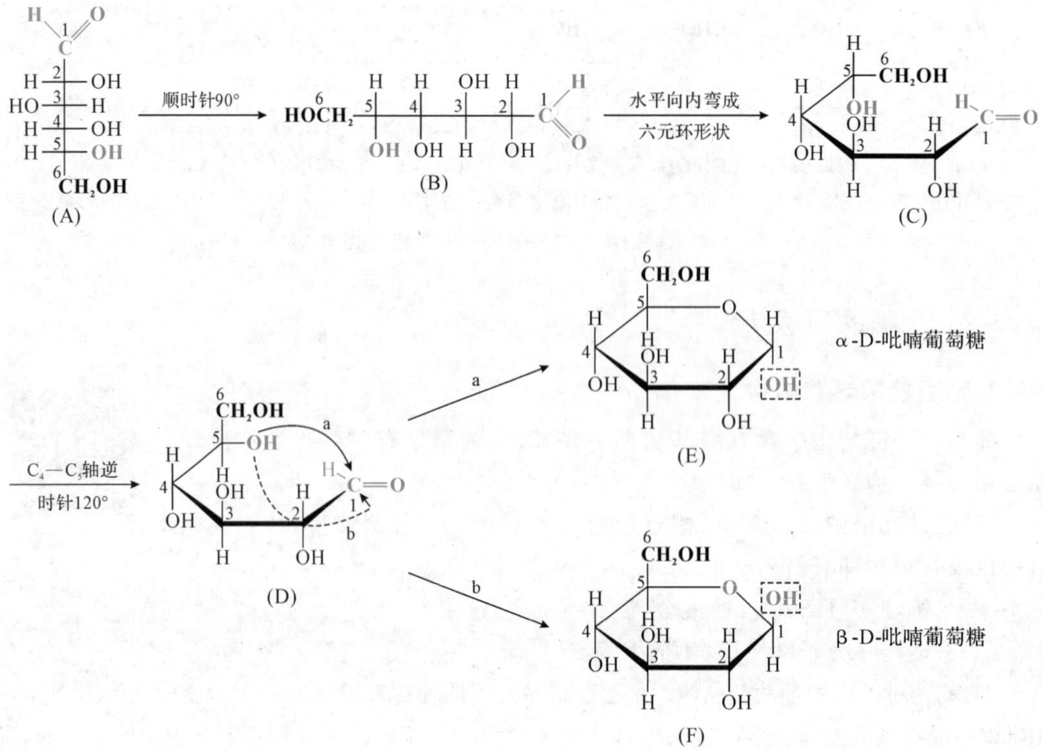

(A) —顺时针90°→ (B) —水平向内弯成六元环形状→ (C)

—C_4—C_5轴逆时针120°→ (D)

(E) α-D-吡喃葡萄糖

(F) β-D-吡喃葡萄糖

(E)中半缩醛羟基与 C_5 上羟甲基($—CH_2OH$)处于环平面的异侧，称为 **α-D-**葡萄糖，(F)中半缩醛羟基与 C_5 上羟甲基处于环平面的同侧，称为 **β-D-**葡萄糖。由于六元的氧杂环己烷与吡喃环相似，把具有六元环结构的糖称为吡喃糖，因此 α-D-葡萄糖又称 **α-D-**吡喃葡萄糖，β-D-葡萄糖又称 **β-D-**吡喃葡萄糖。

与环己烷构象相似，葡萄糖六元环的稳定构象是椅式，C_2、C_3、C_4、C_5 上的大基团均位于 e 键上，α-葡萄糖半缩醛羟基与羟甲基是异侧，位于 a 键位置，β-葡萄糖半缩醛羟基与羟甲基是同侧，位于 e 键位置，因此 **β-D-**葡萄糖比 **α-D-**葡萄糖要稳定。

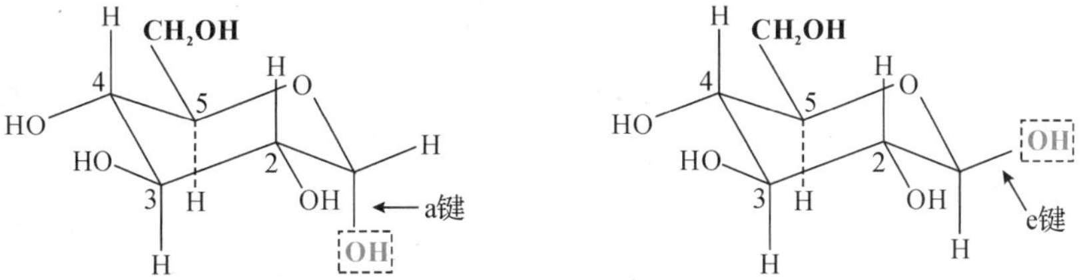

α-D-吡喃葡萄糖　　β-D-吡喃葡萄糖

在葡萄糖溶液中，开链结构和 α，β-霍沃斯环状结构存在动态平衡，其中 α-D-吡喃葡萄糖约占 37%、β-D-吡喃葡萄糖约占 63%，而开链葡萄糖约占 0.1%。所以在红外光谱中，$1700cm^{-1}$ 附近观察不到羰基特征吸收峰，与饱和 $NaHSO_3$ 溶液作用，没有沉淀，只能与一分子醇反应，生成缩醛。α 与 β 两种葡萄糖可以相互转变，存在变旋光现象，达到平衡后，比旋光度恒定在 +52.7°。

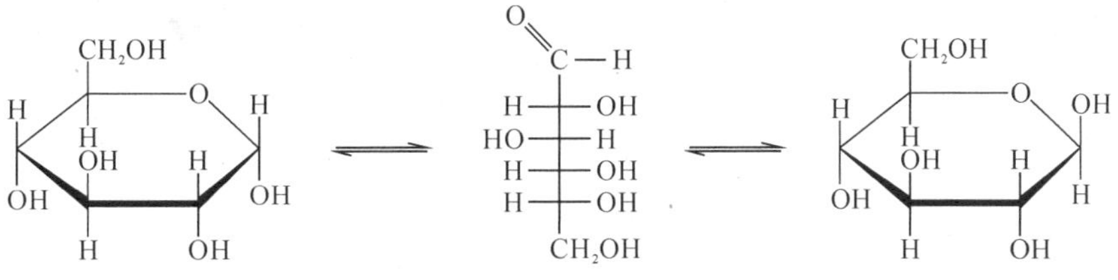

α-D-吡喃葡萄糖 约37%，+112°　　D-葡萄糖(开链)　　β-D-吡喃葡萄糖 约63%，18.7°

2. 果糖的环状结构

与葡萄糖相类似，D-果糖也有开链和环状结构，果糖的环状结构是 C_5 上的羟基与 C_2 羰基形成的五元环半缩酮，有两种构型，在水溶液中达到动态平衡，有变旋光现象。

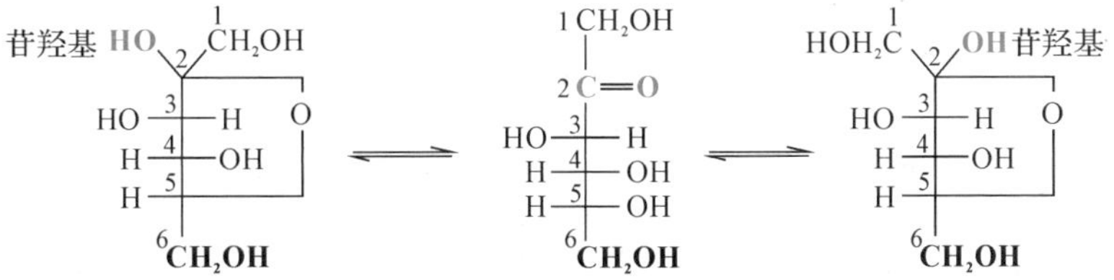

D-果糖

果糖的霍沃斯投影式书写方法如下：五元呋喃环水平放置，氧原子伸向纸内，左边为 C_5，所连的羟甲基(6 号碳)在环的上方，下方是氢，右边是 C_2，所连是 1 号碳(羟甲基)和苷羟基。与葡萄糖相似，如果苷羟基与 C_5 上羟甲基同侧为 **β-D-**呋喃果糖，异侧为 **α-D-**呋喃果糖，

C_3、C_4 上的基团位置与开链果糖水平顺时针旋转 90°后的上、下位置相同。

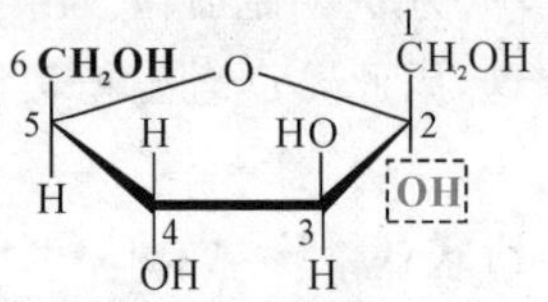

α-D-呋喃果糖 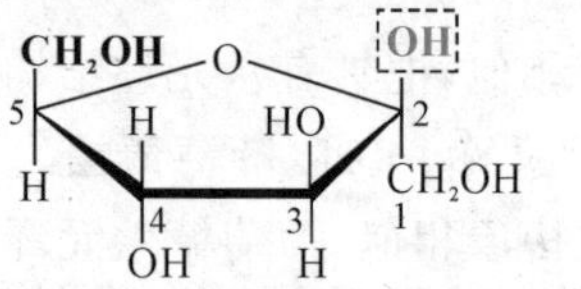　　β-D-呋喃果糖

其他单糖与葡萄糖或果糖相似，存在开链结构与环状结构的动态平衡，有变旋光现象。六元环按葡萄糖的方法书写霍沃斯环结构，五元环按果糖环的方法书写霍沃斯环结构。

知识点达标题 17-1　写出 β-D-甘露糖和 α-D-核糖的开链和霍沃斯环结构式。

17.3 单糖的化学性质

17-3

单糖是多羟基的醛或酮，具有醛、酮和醇的反应，为了方便表示糖的化学性质，对于糖的差向异构化、氧化反应、还原反应和成脎反应，用糖的开链结构来表示，对于糖的成苷反应、成酯反应和成醚反应，用糖的霍沃斯环结构来表示。

17.3.1 差向异构化

17-4

在碱性条件下，与羰基相邻的 α-碳氢原子酸性较强，可进攻羰基氧原子形成烯醇式中间体。烯醇式不稳定可重新转化为酮式，如果 1 号的羟基氢从平面外(a)进攻 2 号碳，则转变为 D-葡萄糖，从平面内(b)进攻 2 号碳，则转变为 D-甘露糖。同样，2 号羟基的烯醇结构也可以转化为酮式，2 号羟基氢进攻 1 号碳(c)，则形成 D-果糖。

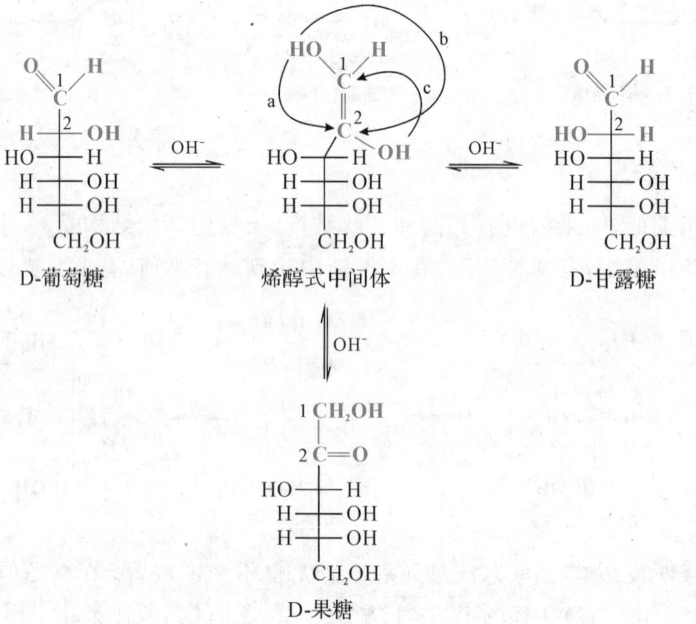

D-葡萄糖　　烯醇式中间体　　D-甘露糖

D-果糖

D-葡萄糖与 D-甘露糖是 2 号手性碳构型不同的转化，D-葡萄糖与 D-果糖是醛糖与酮糖之间的转化，这三种单糖通过烯醇式中间体可以相互转化。这种在碱性条件下，通过烯醇式中间体，完成一个手性碳原子构型不同的糖或醛糖与酮糖之间相互转化的作用，叫作差向异构化。其中，D-葡萄糖与 D-甘露糖，只有一个手性碳原子(C_2)构型不同，其他碳原子构型相同，这种异构体称为差向异构体。

17.3.2 氧化反应

17-5

单糖可以被多种氧化剂所氧化，氧化剂不同，氧化生成的产物也不同。

1. 用托伦、费林和本尼迪特试剂氧化

托伦(Tollen)试剂、费林(Fehling)试剂和本尼迪特(Benedict)试剂均为弱氧化剂，醛糖中的醛基被这三种弱氧化剂氧化生成羧基阴离子，托伦试剂还原为银镜，费林试剂和本尼迪特试剂还原为砖红色的 Cu_2O 沉淀。

$$\text{H—C(CHO)(R)—OH} \xrightarrow[\text{托伦试剂}]{Ag(NH_3)_2OH} \text{H—C(COONH}_4\text{)(R)—OH} + Ag\downarrow$$

$$\text{H—C(CHO)(R)—OH} \xrightarrow[\text{费林或本尼迪特试剂}]{Cu(OH)_2/OH^-} \text{H—C(COO}^-\text{)(R)—OH} + Cu_2O\downarrow$$

临床上用本尼迪特试剂来检验尿液中是否有葡萄糖，其中本尼迪特试剂是由 $CuSO_4$、Na_2CO_3 和柠檬酸钠配成的蓝色溶液。

因为酮糖与醛糖在碱性条件下能差向异构化，可相互转化，所以所有单糖(酮糖和醛糖)都能被弱氧化剂所氧化。把能被弱氧化剂所氧化的糖称为还原性糖，不能氧化的糖则称为非还原性糖。还原性糖在结构中含有半缩醛羟基，非还原性糖在结构中不含半缩醛羟基。

2. 用硝酸氧化

醛糖在稀硝酸作用下，醛基和末端的羟甲基都被氧化为羧基，生成糖二酸。如：

$$\underset{\text{D-葡萄糖}}{CHO\text{—}(CHOH)_4\text{—}CH_2OH} \xrightarrow{\text{稀硝酸}} \underset{\text{D-葡萄糖二酸}}{COOH\text{—}(CHOH)_4\text{—}COOH} \xrightarrow{-2H_2O} \text{D-葡萄糖二酸二内酯}$$

糖二酸容易分子内脱水生成 D-葡萄糖二酸二内酯。D-葡萄糖二酸二内酯药名“肝泰乐”，有解毒作用，常用于治疗肝炎等。

醛糖或酮糖与浓硝酸作用，碳链断裂，生成小分子的羧酸混合物。

3. 用溴水氧化

溴水能将醛糖的醛基氧化生成羧基，溴水颜色褪去。如：

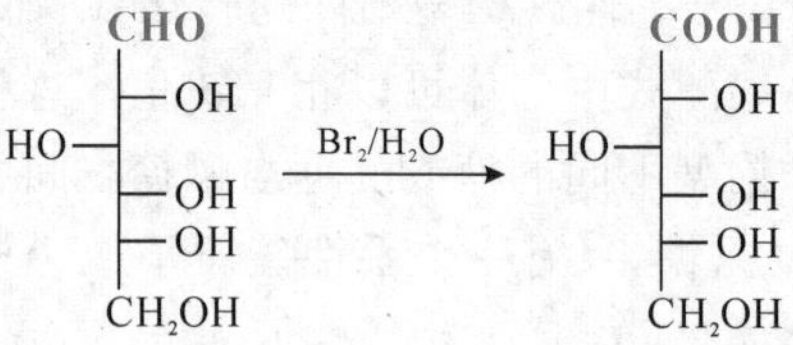

D-葡萄糖 $\xrightarrow{Br_2/H_2O}$ D-葡萄糖酸

因为在酸性条件下，单糖之间不发生差向异构化，所以酮糖不能被溴水氧化，因此用溴水可以鉴别酮糖和醛糖。

4. 用高碘酸氧化

高碘酸能将邻二醇和 α-羰基醇的 C—C 键氧化断裂。用高碘酸氧化时，每断裂一个 C—C 键，消耗一分子高碘酸，反应是定量的，该反应在测定糖的结构中很有用。如 1mol 葡萄糖氧化时，消耗 5mol HIO_4，生成 5mol 甲酸和 1mol 甲醛。

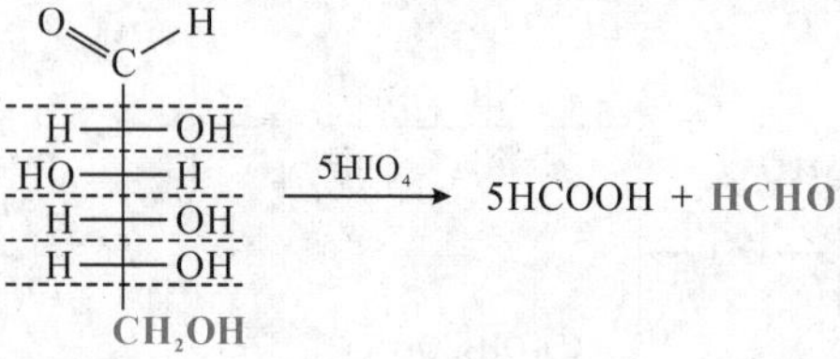

$\xrightarrow{5HIO_4}$ 5HCOOH + HCHO

17.3.3 还原反应

糖的醛基和酮基都可以用催化加氢或金属氢化物法还原，生成糖醇。如：

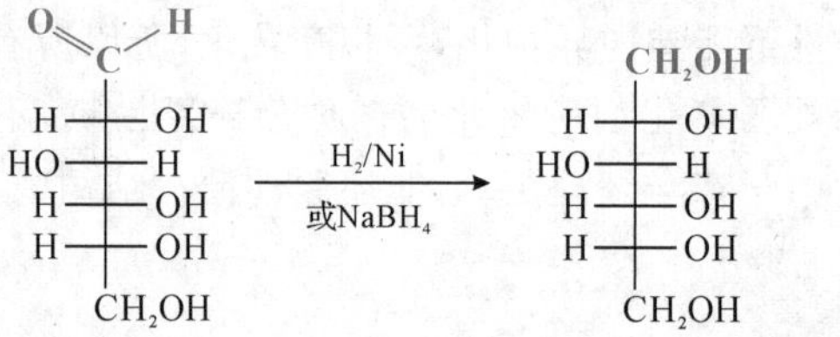

D-葡萄糖 $\xrightarrow[\text{或}NaBH_4]{H_2/Ni}$ D-葡萄糖醇(D-山梨糖醇)

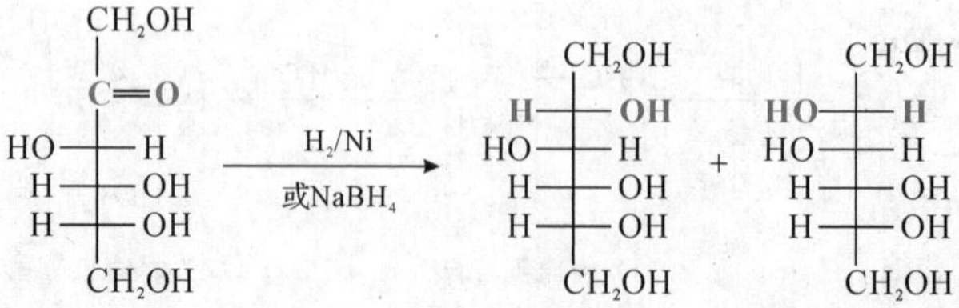

D-果糖 $\xrightarrow[\text{或}NaBH_4]{H_2/Ni}$ D-葡萄糖醇 + D-甘露糖醇

糖醇可以用作食品添加剂和糖的替代物。葡萄糖醇俗名山梨糖醇，是常用的糖替代物和制备维生素 C 的起始原料。

知识点达标题 17-2　D-戊醛糖(A)氧化后生成具有旋光性的糖二酸(B)。A 通过碳链缩短反应得到丁醛糖(C)，C 氧化后生成没有旋光性的糖二酸(D)。试写出 A～D 的开链结构。

17-3

17.3.4 成脎反应

17-6

1mol 醛糖或酮糖与 3mol 苯肼作用，在 C_1、C_2 位上生成二苯腙的反应称为成脎反应。首先，单糖的醛基或酮基与苯肼加成脱水生成苯腙，然 α-羟基被另一分子苯肼氧化生成羰基，最后羰基继续与苯肼加成脱水又生成腙，这种 C_1、C_2 二苯腙结构称为糖脎。如：

D-葡萄糖 $\xrightarrow{NH_2NH-C_6H_5}$ C_1苯腙 $\xrightarrow{NH_2NH-C_6H_5}$ $\xrightarrow{NH_2NH-C_6H_5}$ D-葡萄糖脎（C_1、C_2二苯腙）

酮糖与过量苯肼反应也是在 C_1、C_2 位上分别生成二苯腙的糖脎。如：

$\xrightarrow{3NH_2NH-C_6H_5}$ D-葡萄糖脎

由此可见，糖脎反应只发生在 C_1 和 C_2 位上，不涉及其他碳原子，因此，只要 C_3、C_4、C_5 构型相同的糖与过量苯肼反应，生成的是同一种糖脎。如：

D-葡萄糖 D-甘露糖 D-果糖 $\xrightarrow{3NH_2NH-C_6H_5}$ D-葡萄糖脎

糖脎都是不溶于水的黄色晶体，不同糖脎的晶形和熔点不同，生成糖脎的速率也不同。因此，可根据糖脎的晶形、熔点和成脎反应时间来定性鉴定糖。

知识点达标题 17-3　有三种单糖和过量的苯肼反应生成同一种脎，脎的结构如下：

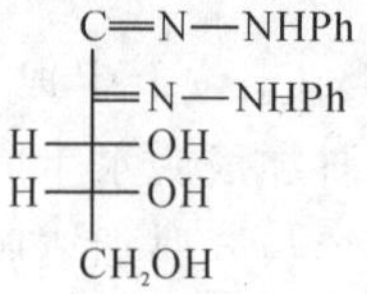

C═N—NHPh
═N—NHPh
H—OH
H—OH
CH_2OH

试写出三种单糖的费歇尔投影式。

17-3

17.3.5　成苷反应

单糖环状结构中含有半缩醛羟基，在干燥的 HCl 催化下与醇反应脱水生成的缩醛产物称为糖苷。如：

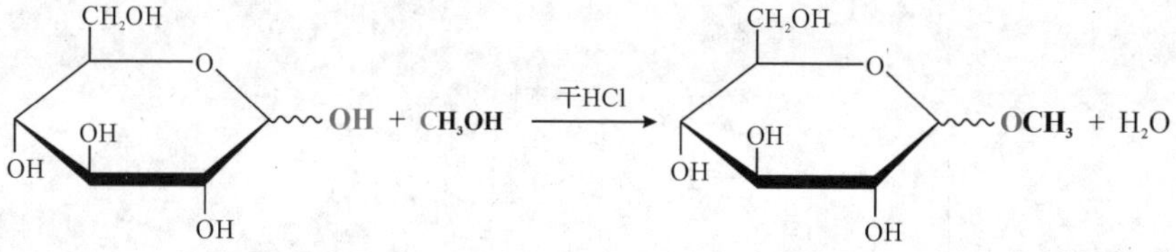

CH_2OH …OH + CH_3OH —干HCl→ CH_2OH …OCH_3 + H_2O

α(β)-D-葡萄糖　　α(β)-甲基-D-葡萄糖苷

在糖苷中，甲基是非糖部分称为配基，配基与糖之间的键称为苷键。糖苷结构中没有苷羟基，不能再转变成开链结构而产生醛基，所以糖苷没有还原性，也没有变旋光现象。

与缩醛相似，糖苷比较稳定，遇碱、氧化剂、还原剂不反应，但在酸性条件下，容易水解，生成糖和醇。如：

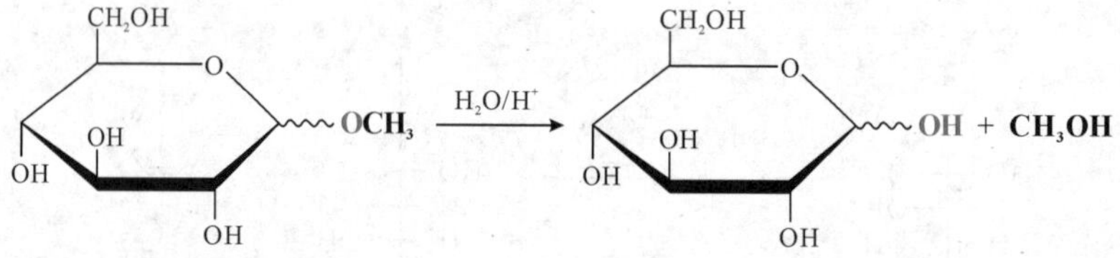

CH_2OH …OCH_3 —H_2O/H^+→ CH_2OH …OH + CH_3OH

α(β)-甲基-D-葡萄糖苷　　α(β)-D-葡萄糖

知识点达标题 17-4　用简单的化学方法区别下列各组化合物。
(1)D-半乳糖和 D-果糖　　(2)D-葡萄糖、α-甲基-D-葡萄糖苷和葡萄糖二酸

17-3

17.3.6　成酯和成醚反应

葡萄糖中含有四个醇羟基和一个半缩醛羟基，与醇一样可以生成酯和醚。如与乙酸酐反应，五个羟基都被酯化，生成五乙酸-D-葡萄糖酯；在碱存在下与甲基化试剂硫酸二甲酯，或碘甲烷、氧化银反应，五个羟基都形成甲氧基，生成 2,3,4,6-四甲氧基-α(β)-甲基-D-葡萄糖苷。

α(β)-D-葡萄糖 $\xrightarrow[\text{吡啶，}0℃]{(CH_3CO)_2O}$ 五乙酸-α(β)-D-葡萄糖

α(β)-D-葡萄糖 $\xrightarrow[(CH_3)_2SO_4,\ NaOH]{}$（或 CH_3I、Ag_2O）2,3,4,6-四甲氧基-α(β)-甲基-D-葡萄糖苷

2,3,4,6-四甲氧基-α(β)-甲基-D-葡萄糖苷 $\xrightarrow{H_2O/H^+}$ 2,3,4,6-四甲氧基-α(β)-D-葡萄糖 + CH_3OH

其中，在2,3,4,6-四甲氧基-α(β)-甲基-D-葡萄糖苷中，四个是一般的醚键、一个是苷键，如果发生酸性水解，醚键比较稳定，而苷键则发生水解，释放出半缩醛羟基，生成具有还原性和变旋光现象的2,3,4,6-四甲氧基-α(β)-D-葡萄糖。

17.4 重要的单糖衍生物

17.4.1 脱氧糖

脱氧糖是指单糖中的一个或几个羟基被氢原子代替的糖。如D-核糖 C_2 上的羟基被氢原子代替后得到D-2-脱氧核糖。

D-核糖　D-2-脱氧核糖　α-D-2-脱氧核糖　β-D-2-脱氧核糖

17.4.2 氨基糖

氨基糖是指单糖分子中的羟基(苷羟基除外)被一个氨基取代的糖。大多数天然的氨基糖是己醛糖分子中的 C_2 上的羟基被氨基取代的衍生物。如2-氨基-β-D-葡萄糖是壳聚糖的基本组成单位，而其氨基乙酰化后的2-乙酰氨基-β-D-葡萄糖则是甲壳质的基本组成单位。

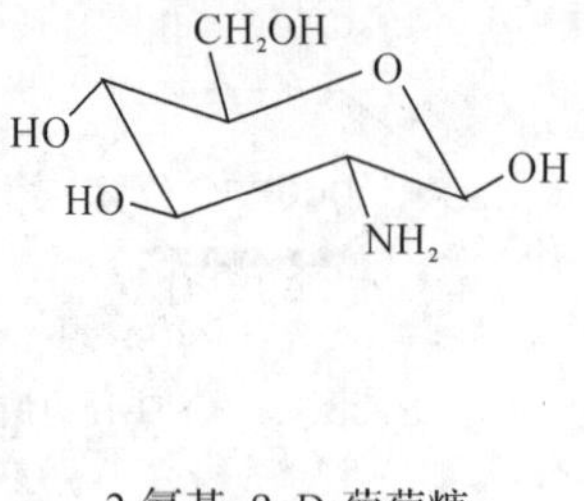

2-氨基-β-D-葡萄糖 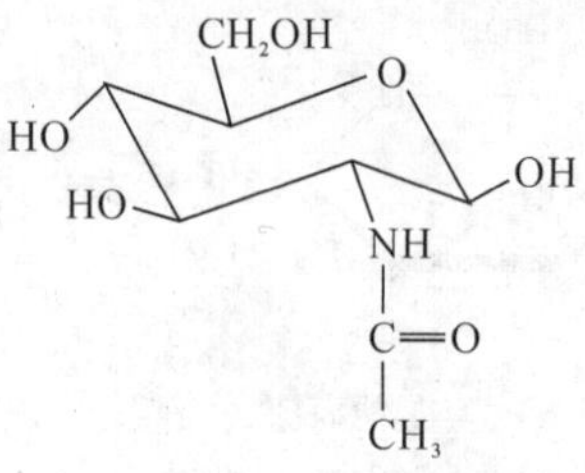　　2-乙酰氨基-β-D-葡萄糖

17.4.3 维生素C

维生素C不属单糖，但它是由D-葡萄糖来制备的，而且在结构上可以视为不饱和的糖酸内酯，所以常将维生素C作为单糖的衍生物。

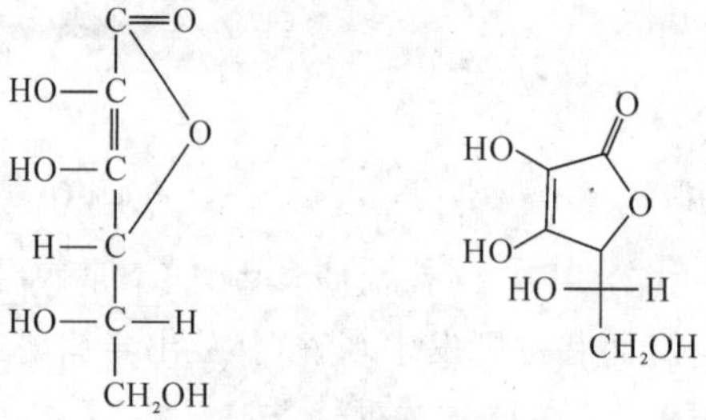

维生素C(L-抗坏血酸)

维生素C存在于新鲜蔬菜和水果中，人体如果缺乏维生素C会出现牙龈出血、伤口难以愈合等症状，称为坏血病，所以维生素C又称为抗坏血酸。

维生素C含有两个烯醇结构，具有酸性和易被氧化的还原性，是一种很好的天然抗氧剂，在生物体内，维生素C可阻止自由基引起的氧化反应，有抗衰老的功效。

17.5 二糖

17-7

二糖是指能够水解生成两个单糖，或由两个单糖脱去一分子水缩合成的化合物。根据两个单糖脱水缩合方式的不同，二糖分为非还原性二糖和还原性二糖。

17.5.1 非还原性二糖

非还原性二糖是由两分子单糖的半缩醛羟基与半缩醛羟基之间脱去一分子水而形成的。如蔗糖由一分子α-D-葡萄糖半缩醛羟基和β-D-果糖半缩醛羟基脱水形成的糖苷，蔗糖分子结构中没有半缩醛羟基，不能变成开链结构，因此蔗糖没有变旋光现象，不能与苯肼反应生成脎，也不能与托伦试剂、费林试剂和本尼迪特试剂反应，没有还原性。

蔗糖是右旋糖，比旋光度为+66.5°，水解后生成的葡萄糖的比旋光度为+52°、果糖的比旋光度为−95°，所以水解得到等量葡萄糖和果糖混合物的旋光方向与果糖相同，是左旋。即蔗糖水解前后旋光方向发生了转变，因此把蔗糖的水解过程称为转化反应，水解后生成的混合物称为转化糖。

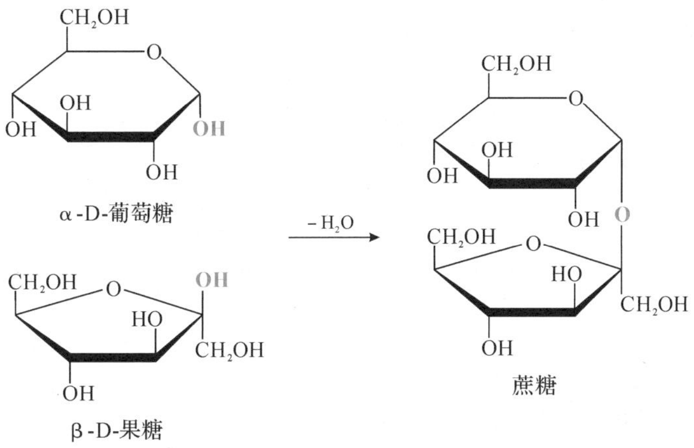

α-D-葡萄糖　β-D-果糖　$\xrightarrow{-H_2O}$　蔗糖

17.5.2 还原性二糖

还原性二糖由一分子单糖的半缩醛羟基与另一分子单糖的醇羟基脱水而成，二糖分子结构中还保留着一个半缩醛羟基，能形成开链结构，有变旋光现象，能与苯肼反应生成脎，也能与托伦试剂、费林试剂和本尼迪特试剂反应，具有还原性。如麦芽糖、乳糖和纤维二糖都是还原性二糖。

1. 麦芽糖

麦芽糖又称饴糖，为无色片状结晶，是淀粉在淀粉酶作用下的部分水解产物。麦芽糖是由一分子 α-D-葡萄糖的半缩醛羟基和另一分子 D-葡萄糖 C_4 上的羟基脱水，通过**α-1,4′-苷键**连接而成的 α-糖苷。

α-D-葡萄糖 + α(β)-D-葡萄糖 $\xrightarrow{-H_2O}$ α(β)-麦芽糖（α-1,4′-苷键）

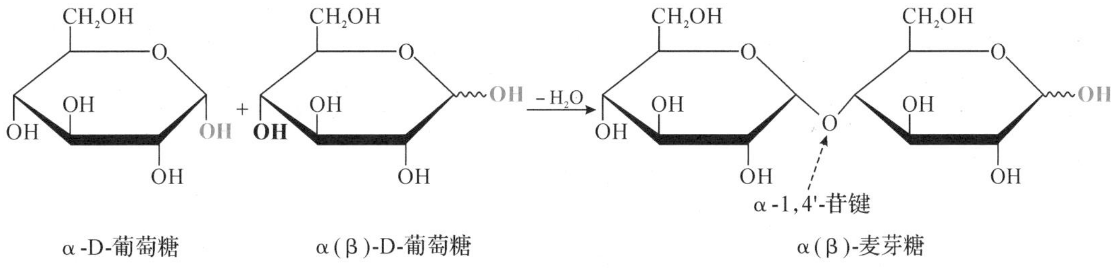

提供 C_4 上羟基的葡萄糖有 α 和 β 两种构型，且该糖还保留着半缩醛羟基，所以麦芽糖也有 α 和 β两种构型，属于还原性二糖。

2. 乳糖

乳糖为白色粉末，存在于哺乳动物的乳汁中。乳糖是由一分子 β-D-半乳糖半缩醛羟基和另一分子 D-葡萄糖 C_4 上的羟基脱水，通过**β-1,4′-苷键**连接而成的 β-糖苷。乳糖分子结构中仍有半缩醛羟基，有 α 和 β 两种构型，是还原性二糖，有变旋光现象。

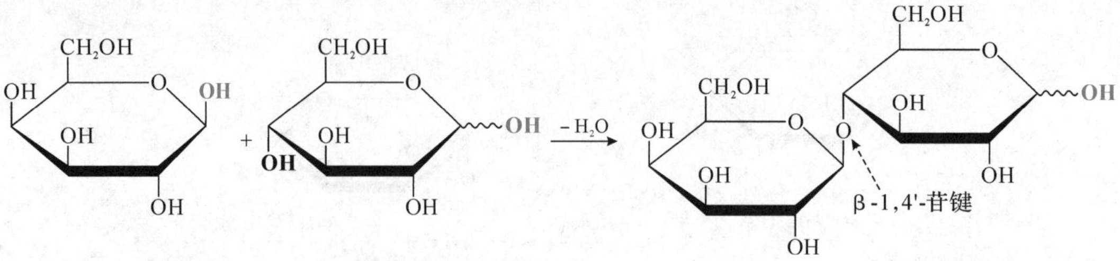

β-D-半乳糖　　α(β)-D-葡萄糖　　α(β)-乳糖

3. 纤维二糖

纤维二糖是纤维素在纤维素酶的作用下部分水解的产物，由一分子β-D-葡萄糖半缩醛羟基和另一分子D-葡萄糖C_4上的羟基脱水，通过**β-1,4′-苷键**连接而成的β-糖苷。与麦芽糖一样，也有α和β两种异构体，有变旋光现象，能发生成脎反应。

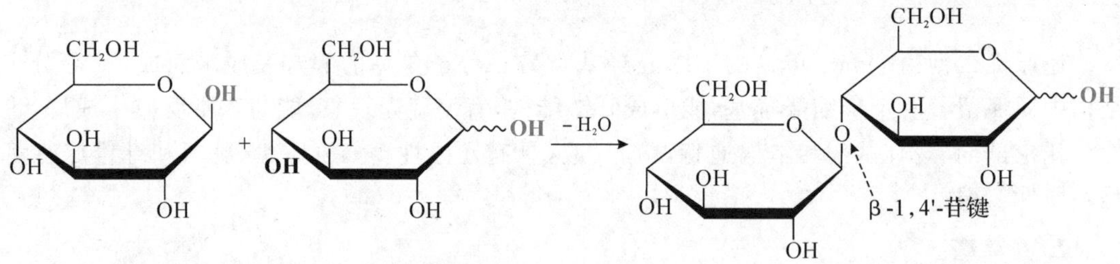

β-D-葡萄糖　　α(β)-D-葡萄糖　　α(β)-纤维二糖

知识点达标题 17-5　海藻二糖是自然界分布较广的非还原性二糖，没有变旋光现象，用酸水解只得到D-葡萄糖。海藻二糖能被α-葡萄糖苷酶水解，但不能被β-葡萄糖苷酶水解。试写出海藻二糖的霍沃斯结构式。

知识点达标题 17-6　某二糖分子式为$C_{12}H_{22}O_{11}$，能与费林试剂反应，有变旋光现象，也能与苯肼作用生成脎。用稀酸水解得到β-D-葡萄糖。若将此二糖用$(CH_3)_2SO_4$-NaOH甲基化，然后水解，则得到2,3,4,6-四-O-甲基-D-葡萄糖和2,3,4-三-O-甲基-D-葡萄糖。试写出该二糖的结构。

17-3

17.6　多糖

多糖是由许多单糖分子的苷羟基和醇羟基脱水缩合而成的高分子化合物。由同一种单糖组成的多糖称为均多糖，如淀粉、纤维素、糖原等，它们都是由D-葡萄糖组成的。由不同单糖或其衍生物所组成的多糖称为杂多糖，如阿拉伯胶是由戊糖和半乳糖组成的，肝素、透明质酸等黏多糖是由D-葡萄糖醛酸与氨基糖或其衍生物组成的。多糖性质与单糖、二糖不同，没有还原性和变旋光现象，大多数多糖不溶于水，个别与水只能形成胶体溶液。

17.6.1　淀粉

1. 直链淀粉

直链淀粉在玉米、马铃薯等淀粉中占10%～30%，能溶于热水。直链淀粉是由**α-D-葡萄糖**之间通过**α-1,4′-苷键**缩合而成的链状化合物。

α-1,4'-苷键

直链淀粉并非直线形分子，而是呈逐渐弯曲，并借分子内氢键卷曲成螺旋状，每一圈螺旋约含有 6 个葡萄糖单体，螺旋空隙正好可容纳碘分子形成一种络合物(见图 17-2)。这种络合物呈深蓝色，故用碘可检验淀粉的存在。

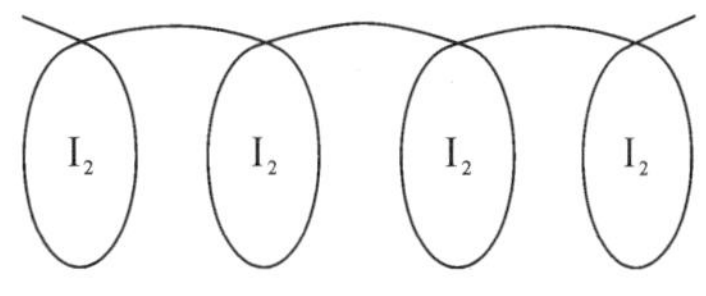

图 17-2 碘和淀粉络合示意图

2. 支链淀粉

支链淀粉是一种不溶性淀粉，占淀粉总量的 70%～90%。支链淀粉也是由 α-D-葡萄糖之间通过 α-1,4′-苷键缩合形成长链，每 20～30 个葡萄糖单元就会出现一个分支点，分支点处通过 α-1,6′-苷键与主链相连，形成树枝状的结构(见图 17-3)。

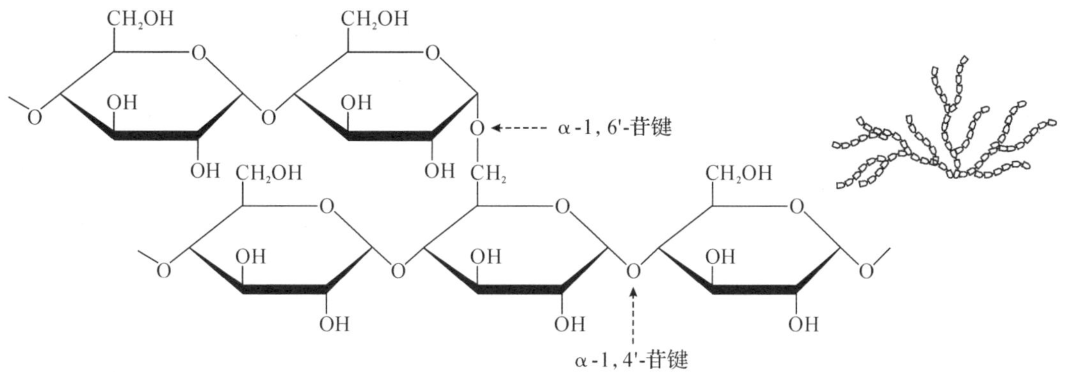

图 17-3 支链淀粉的结构

17.6.2 纤维素

纤维素是自然界中最丰富的多糖。棉花含纤维素 90%以上，木材含纤维素 50%～70%，亚麻含纤维素约 80%。纤维素是由 β-D-葡萄糖之间通过 C_1 苷羟基与 C_4 羟基脱水形成的多糖。

β-1,4'-苷键

纤维素是没有分支的链状分子，链与链之间借助羟基的分子间氢键结合在一起，形成纤维束，多个纤维束像麻绳一样绞合成坚硬而不溶于水的纤维。人体内没有能水解 β-1,4′-苷键的纤维素酶，因此，纤维素不能作为人类的营养物质被消化吸收，但纤维素具有刺激胃肠蠕动、促进排便及保持胃肠道微生物平衡等作用。食草动物牛、马、羊等的消化道中的微生物产生的纤维素水解酶能水解纤维素成葡萄糖，所以它们能以纤维素为食，从中获取营养。

17.6.3 糖原

糖原存在于动物的肝脏和肌肉中，是动物体内多余葡萄糖的贮存形式。糖原是 α-D-葡萄糖之间通过 α-1,4′-苷键和 α-1,6′-苷键连接成的多糖，结构与支链淀粉相似，但分支更多、更短，每条支链含 12～18 个葡萄糖单位，相对分子质量高达 1×10^8（见图 17-4）。

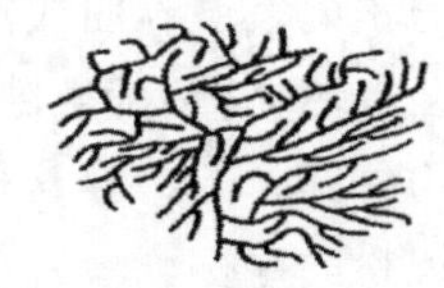

图 17-4 糖原的分支状

糖原以小体积的颗粒形式储存于细胞内，且不会干扰细胞的渗透平衡。当生物体内不能从外界获得营养物质时，储存的糖原在酶的作用下释放出葡萄糖，以供生物体能量消耗的需要。

17.6.4 甲壳素

甲壳素又称甲壳质，存在于甲壳类动物（虾、蟹等）的外壳及节肢动物（金龟子等）的表皮等生物组织中，是继淀粉、纤维素之后开发的第三大生物资源，自然界中生物每年合成甲壳素量达 1000 亿吨。甲壳素是以 2-乙酰氨基-β-D-葡萄糖为单体，通过 β-1,4′苷键连接而成的直链多糖。

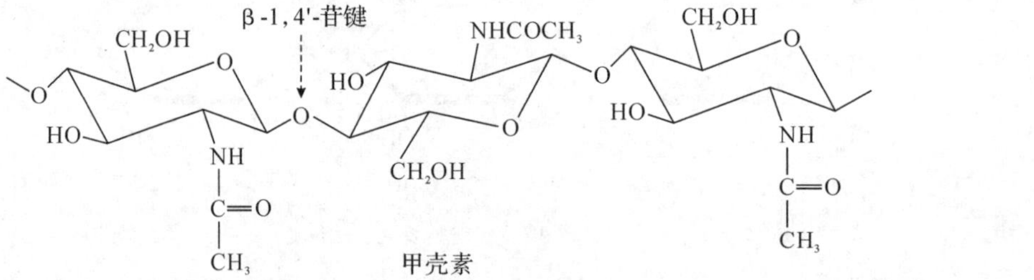

甲壳素

甲壳素脱乙酰基后生成的物质称为壳聚糖。壳聚糖的生物相容性良好，在生物医学和制药等方面应用广泛。如壳聚糖可用作烧伤敷料及伤口愈合剂，包扎纱布用壳聚糖处理后，伤口愈合速度可提高 75%；用壳聚糖制成的可吸收手术缝线，机械强度高，能被组织降解吸收，免除拆线；壳聚糖能抑制胃酸和溃疡，具有降解胆固醇及甘油三酯的作用；等等。目前对壳聚糖的研究和开发利用已成为多糖研究的一个热点。

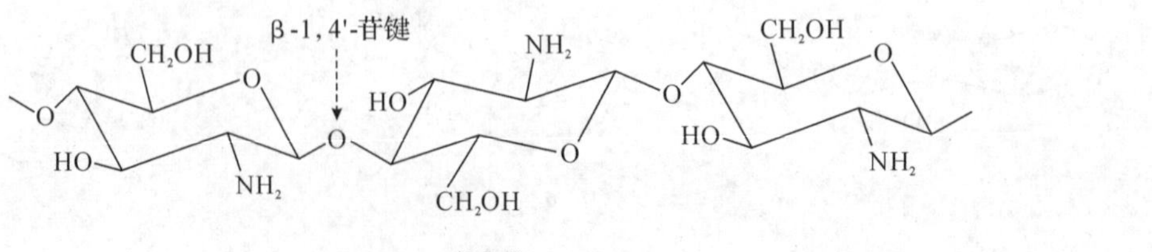

壳聚糖

【重要知识小结】

1. 单糖是多羟基的醛(或酮),构型常用 D/L 标记,D-葡萄糖、D-半乳糖、D-甘露糖、D-果糖和 D-核糖是重要的单糖。

2. 单糖有开链和环状结构,开链结构用费歇尔投影式表示,环状结构用霍沃斯结构表示,五元为呋喃型,六元为吡喃型,环状结构半缩醛羟基与 C_5 上的羟甲基同侧为 β 型。异侧为 α 型,在水溶液中环状与开链结构达到动态平衡,其中环状结构占绝对优势含量。

3. 在碱性条件下,醛糖与酮糖能通过烯醇式产生互变异构,故所有单糖都是还原性糖,能被托伦试剂、费林试剂和本尼迪特试剂氧化,能与苯肼形成糖脎,半缩醛羟基与醇形成糖苷,所有羟基能与烷基化试剂及酰基化试剂生成醚和酯。高碘酸能使邻二羟基和 α-羰基醇中的 C—C 断裂,溴水只氧化醛糖而不氧化酮糖。

4. 麦芽糖、纤维二糖、乳糖是还原性二糖。麦芽糖、纤维二糖是由 D-葡萄糖分别通过 α-1,4′苷键和 β-1,4′苷键相连的二糖,乳糖是由 β-D-半乳糖与 D-葡萄糖以 β-1,4′苷键相连的二糖。蔗糖是 α-D-葡萄糖和 β-D-果糖以苷羟基-苷羟基脱水的非还原性二糖。

5. 淀粉、纤维素和糖原都是以 D-葡萄糖为基本结构单位的多糖。淀粉和糖原含有 α-1,4′苷键和 α-1,6′,纤维素含有 β-1,4′苷键,它们都是生物体的结构物质和能量物质。

习 题

17-8

1. 按要求完成下列各题。

(1)写出 β-D-吡喃葡萄糖甲苷的霍沃斯结构式;

(2)写出 α-D-吡喃葡萄糖的稳定构象;

(3)写出 α-D-吡喃果糖的霍沃斯结构式;

(4)标出下列糖结构的 α、β 构型,并写出其链状费歇尔投影式并标记 D/L 构型。

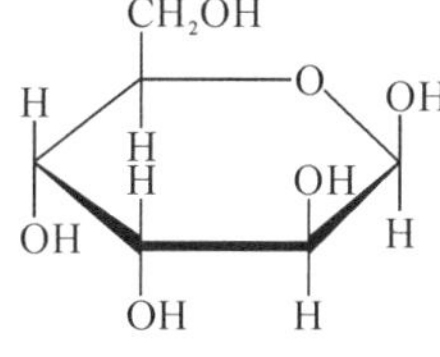

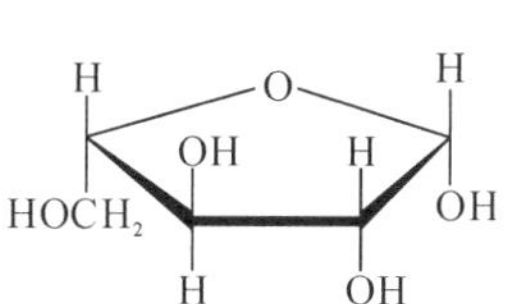

2. 写出 D-葡萄糖与下列试剂反应的产物。

(1)Br_2/H_2O　(2)HNO_3　(3)托伦试剂　(4)HIO_4　(5)$NaBH_4$

(6)$PhNHNH_2$　(7)CH_3OH/HCl　(8)$(CH_3)_2SO_4/OH^-$　(9)CH_3COCl

3. 写出符合下列条件糖的费歇尔投影式。

(1)D-丁醛糖还原后生成具有光学活性的 D-糖醇;

(2)D-戊醛糖,用 HNO_3 氧化生成没有光学活性的糖二酸;

(3)六碳糖与过量的苯肼作用生成 D-葡萄糖脎,但不能被溴水氧化。

4. 根据下列糖的结构回答问题。

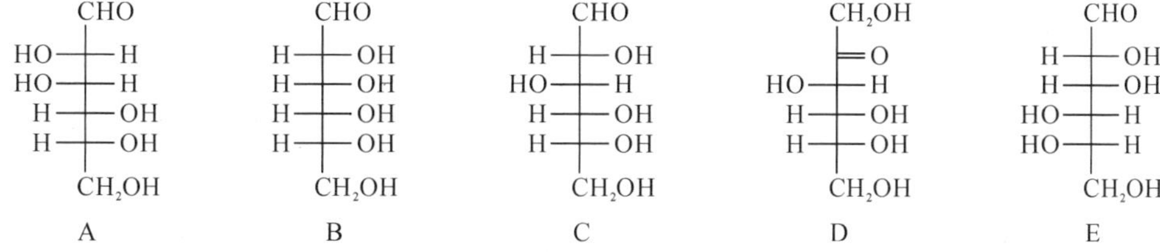

(1)指出单糖的名称,A是________,C是________,D是________;

(2)构型为D-型糖的是________,L-型糖的是________;

(3)差向异构体是________和________、________和________,对映异构体是________和________;

(4)与苯肼反应能生成相同糖脎的是________、________和________;

(5)用 HNO_3 氧化后生成物有旋光性的是________,没有旋光性的是________,内消旋体的是________,等量混合后为外消旋体的是________。

5. 回答下列各问题。

A. D-甘露糖　B. 淀粉　C. 蔗糖　D. 纤维二糖

E. α-D-葡萄糖甲苷　F. D-葡萄糖　G. 麦芽糖　H. 乳糖

I. 果糖　J. 纤维素　K. 脱氧核糖

(1)属于还原性单糖的是________,属于还原性二糖的是________;

(2)属于非还原性二糖的是________,属于多糖的是________;

(3)本身没有还原性,水解后有还原性的低分子化合物是________。

6. 用简单的化学方法区别下列各组化合物。

(1)葡萄糖、葡萄糖二酸、果糖、蔗糖　　(2)α-D-葡萄糖甲苷、麦芽糖、淀粉

7. 推断题。

(1)有A、B两种D-戊醛糖,与过量的苯肼反应得到相同的糖脎C。A还原得到没有光学活性的糖醇D。B降解得到D-丁醛糖E,E用 HNO_3 氧化得到内消旋体的糖二酸F。试写出A~F的费歇尔投影式。

(2)有一二糖分子式为 $C_{12}H_{22}O_{11}$,能发生银镜反应,在β-葡萄糖苷酶作用下水解为2分子葡萄糖。若将二糖甲基化后再水解,则得到等量的2,3,4,6-四-O-甲基-D-吡喃葡萄糖和2,3,4-三-O-甲基-D-吡喃葡萄糖。试推断该二糖的结构。

➢ PPT课件

➢ 自测题

➢ 管华诗院士与中国"蓝色药库"

➢ 张俐娜院士与多糖高分子材料

17-9

第 18 章　含硫、磷和硅有机化合物

【知识点与要求】

✧ 了解常见含硫、磷、硅化合物的结构和命名。

✧ 了解硫醇、硫酚的酸性、氧化反应与亲核性，了解硫醚的氧化与成盐反应。

✧ 掌握三烃基膦与卤代烃和环氧化合物的反应，掌握磷叶立德与醛酮反应，掌握亚磷酸酯与卤代烃反应。

✧ 了解有机硅的水解与醇解反应。

硫、磷和硅是第三周期元素，分别与氧、氮和碳属于同一主族，因此硫与氧、磷与氮、硅与碳之间有相似之处，它们不仅能形成结构相似的无机化合物，也能形成一系列结构相似的有机化合物。但是第三周期元素原子的电子层结构较第二周期元素多一层，所以形成的化合物与对应的第二周期的化合物在某些方面又有明显的区别。

18.1　含硫有机化合物

18.1.1　含硫有机化合物的结构、分类和命名

18-1

1. 结构和分类

硫和氧最外层价电子构型相同，均为 s^2p^4，所以硫与氧相似，能形成二价化合物，如硫醇、硫酚和硫醚。在含有 C═S 的化合物中，由于硫的原子半径比氧大，两个原子核之间距离较远，硫的 3p 轨道与碳的 2p 轨道相互重叠较差，因此，C═S 中的 π 键不稳定，硫醛和硫酮很少存在。但硫代羧酸及其衍生物等是稳定的，这是由于 C═S 中的 π 键与邻位原子(氧或氮)上的未共用电子对形成 p-π 共轭体系，分子内能降低所致。

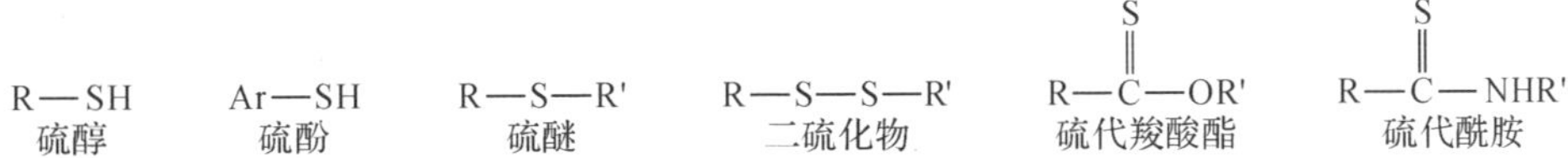

硫价电子在第三层，离原子核较远，受原子核的吸引较小，所以硫的电负性小于氧，而且硫具有空的 3d 轨道，能量相近的 3s、3p 电子可以进入 3d 轨道，因此与氧不同，硫还可以形成四价或六价的化合物，这一类没有相应的含氧类似化合物，它们可以看作亚硫酸或硫酸的衍生物。如：

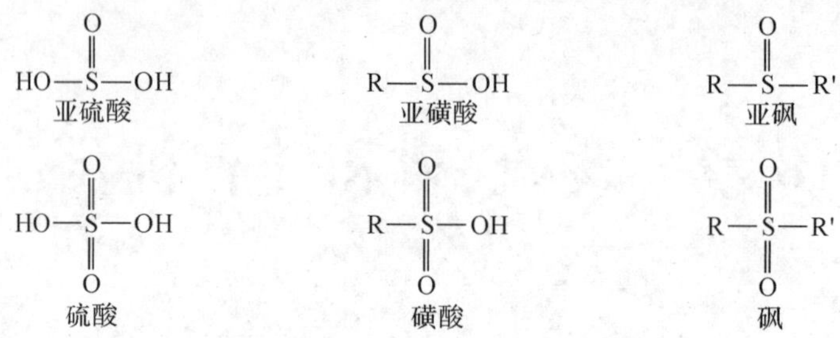

2. 命名

硫醇、硫酚、硫醚，命名时在相应含氧化合物名称的官能团前加“硫”；硫代羧酸及衍生物，在相应氧化合物名称前加“硫代”。如：

$CH_3CH(SH)CH_3$ 异丙硫醇　　$H_3C—C_6H_4—SH$ 对甲基苯硫酚　　$C_6H_5—S—CH_3$ 苯甲硫醚

$CH_3—C(=S)—OH$ 硫代乙酸　　$CH_3—C(=S)—OC_2H_5$ 硫代乙酸乙酯　　$CH_3—C(=S)—NHCH_3$ N-甲基硫代乙酰胺

命名二硫化物、亚砜、砜、磺酸化合物时，以它们为主官能团，其他为取代基。如：

$CH_3—S—S—C_2H_5$ 甲基乙基二硫　　$CH_3—S(=O)—CH_3$ 二甲亚砜(DMSO)　　$C_6H_5—CH_2—S(=O)_2—CH_3$ 甲基苄基砜　　$CH_3CH_2SO_3H$ 乙磺酸

对于复杂化合物，命名时可将含硫基团作为取代基，常见有—SH（巯基）、—SR（烷硫基）。如：

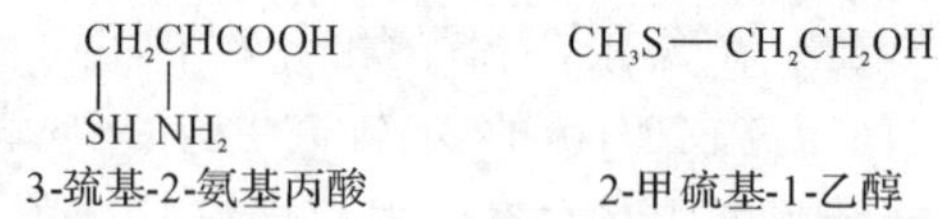

3-巯基-2-氨基丙酸　　2-甲硫基-1-乙醇

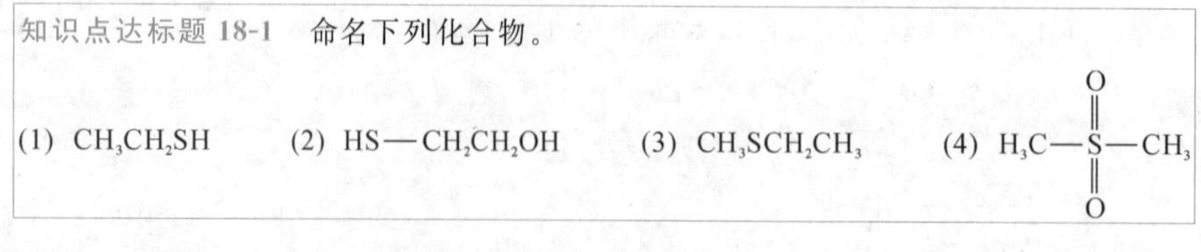
知识点达标题 18-1　命名下列化合物。

(1) CH_3CH_2SH　　(2) $HS—CH_2CH_2OH$　　(3) $CH_3SCH_2CH_3$　　(4) $H_3C—S(=O)_2—CH_3$

18-2

18.1.2 硫醇、硫酚、硫醚的制备

卤代烷与硫氢化钾经亲核取代反应可制得硫醇。

$$R—X + KHS \longrightarrow R—SH + KX$$

硫酚可以在酸性条件下，用锌还原苯磺酰氯来制取。

$$C_6H_5—SO_2Cl \xrightarrow{Zn-H_2SO_4} C_6H_5—SH$$

简单的硫醚可由硫化钠或硫化钾与卤代烷制备；混合硫醚由硫醇盐与卤代烃来制备。如：

$$2CH_3I + K_2S \longrightarrow CH_3—S—CH_3 + 2KI$$

$$C_6H_5SNa + CH_3I \longrightarrow C_6H_5—S—CH_3 + 2NaI$$

18.1.3　硫醇、硫酚、硫醚的性质

1. 物理性质

因为硫的电负性小于氧，硫醇、硫酚之间及与水难以形成氢键，所以硫醇、硫酚的沸点及在水中溶解度比相应的醇、酚低。如乙醇沸点为 78.5℃，可与水任意比混溶，乙硫醇沸点为 37℃，在水中溶解度仅为 1.5g/100mL。

低级硫醇和硫酚具有难闻的臭味，即使量很少，气味也很明显。如乙硫醇具有强烈的蒜臭味，在空气中浓度达到 10^{-10}mol/L 时，即可闻到臭味，常将痕量的乙硫醇加到有毒或危险的气体（如天然气）中，以便人们能及时发现漏气。

除甲硫醚外，低级硫醚都是无色液体，有臭味，但气味没有硫醇强烈，如大蒜头和葱头中含有乙硫醚和烯丙硫醚等。硫醚不溶于水，易溶于有机溶剂，沸点比相应的醚高。如乙醚沸点为 36℃，而乙硫醚沸点为 92℃。

2. 化学性质

18-3

（1）弱酸性。硫的半径大于氧，原子核对外层电子的束缚作用较弱，外层电子可极化性大，使得 S—H 比 O—H 容易解离，因此硫醇和硫酚的酸性比相应的醇和酚强。如 C_2H_5OH 的 pK_a 为 15.9，C_6H_5OH 的 pK_a 为 10，而 C_2H_5SH 的 pK_a 为 10.5、C_6H_5SH 的 pK_a 为 7.8。

硫醇和硫酚溶于 NaOH 或 KOH 溶液生成相应的钠盐或钾盐。

$$R—SH + NaOH \longrightarrow R—SNa + H_2O$$

在石油炼制过程中常用 NaOH 溶液洗涤以除去所含的硫醇。

硫醇和硫酚也能与重金属（如 Hg、Pb、Cu、Ag、Cd 等）氧化物或盐作用，生成稳定的不溶于水的盐。如：

$$2C_2H_5SH + PbO \longrightarrow (C_2H_5S)_2Pb\downarrow + H_2O$$

临床上利用硫醇这一性质，常用 2,3-二巯基丙醇（也称巴尔，BAL）作为重金属中毒的解毒剂。

$$\underset{\displaystyle SH}{CH_2}—\underset{\displaystyle SH}{CH}—\underset{\displaystyle OH}{CH_2} + Hg^{2+} \longrightarrow \underset{\displaystyle S\diagdown Hg \diagup S}{CH_2—CH}—\underset{\displaystyle OH}{CH_2}\downarrow$$

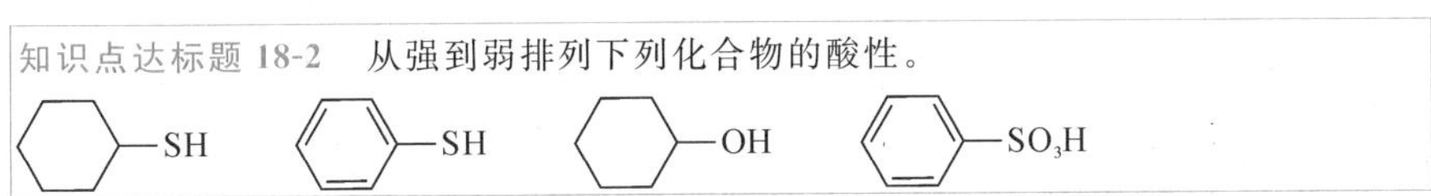

知识点达标题 18-2　从强到弱排列下列化合物的酸性。
SH
SH
OH
SO3H

18-2

（2）氧化反应。硫醇可以被弱氧化剂（如 O_2、H_2O_2、I_2、NaOI 等）氧化生成二硫化物，而二硫化物在弱还原剂（如 $NaHSO_3$，Zn 与酸等）作用下，被还原为

硫醇。在强氧化剂(如 HNO_3、$KMnO_4$ 等)作用下,硫醇、硫酚和二硫化物被氧化为磺酸。

$$R-SH \underset{[H]}{\overset{[O]}{\rightleftharpoons}} \underset{\text{二硫化物}}{R-S-S-R} \xrightarrow{[O]} \underset{\text{磺酸}}{R-SO_3H}$$

硫醚也易于被氧化,可被弱氧化剂氧化为亚砜,强氧化剂可将亚砜继续氧化为砜。如:

$$CH_3-S-CH_3 \xrightarrow{H_2O_2} \underset{\text{二甲亚砜}}{CH_3-\overset{O}{\overset{\|}{S}}-CH_3} \xrightarrow{HNO_3} \underset{\text{二甲砜}}{CH_3-\underset{O}{\underset{\|}{\overset{O}{\overset{\|}{S}}}}-CH_3}$$

二甲亚砜(DMSO)是无色具有较强极性、低毒的液体,沸点 188℃,与水混溶,两个甲基又兼有良好的脂溶性,因此,二甲亚砜是既能溶解有机物又能溶解无机物的优良非质子极性溶剂。

3. 芥子气

芥子气是一种硫醚类毒剂,化学名为 β,β′-二氯二乙硫醚,为无色油状液体,具有芥末的气味,故称为芥子气。沸点 217℃,熔点 14℃,不溶于水,易溶于乙醇、苯等有机溶剂。芥子气可由乙烯和二氯化二硫反应制得。

$$2CH_2=CH_2 + S_2Cl_2 \longrightarrow S\begin{matrix}CH_2CH_2Cl\\CH_2CH_2Cl\end{matrix} + S$$

芥子气沾在皮肤上可引起难以治愈的溃疡。它的蒸气能透过衣服,会损害人的黏膜组织及呼吸器官。当空气中的浓度为 3mg/L 时,5min 可致人死亡;当浓度为 0.001mg/L 时,3h 可使士兵失去战斗力,被称为“毒剂之王”。

在热水及碱性介质中,芥子气可以发生水解,漂白粉能与芥子气发生氧化和氯化作用,使芥子气变为毒性较小的产物。

$$S\begin{matrix}CH_2CH_2Cl\\CH_2CH_2Cl\end{matrix} \xrightarrow{NaOH} S\begin{matrix}CH=CH_2\\CH=CH_2\end{matrix}$$

$$S\begin{matrix}\overset{Cl}{\overset{|}{C}}HCH_2Cl\\CH_2CH_2Cl\end{matrix} \xleftarrow{Cl_2} S\begin{matrix}CH_2CH_2Cl\\CH_2CH_2Cl\end{matrix} \xrightarrow{[O]} O=S\begin{matrix}CH_2CH_2Cl\\CH_2CH_2Cl\end{matrix}$$

18.1.4 磺酸及其衍生物的性质

1. 物理性质

脂肪族磺酸为黏稠液体,芳香族磺酸都是固体。磺酸与硫酸一样是强酸,溶于水,不溶于一般的有机溶剂。芳磺酸及钠、钾、钡、钙、铅盐均溶于水,因此,在有机化合物中引入磺酸基可显著提高其水溶性,这在染料、制药工业和表面活性剂的合成中具有重要的价值。

2. 化学性质

磺酸的化学性质与羧酸类似,能生成盐、酯、磺酰卤和磺酰胺等。如:

$$C_6H_5-SO_3H + NaOH \longrightarrow C_6H_5-SO_3Na + H_2O$$

$$C_6H_5-SO_3H + C_2H_5OH \longrightarrow C_6H_5-SO_2OC_2H_5 + H_2O$$

$$C_6H_5-SO_3H + PCl_5 \longrightarrow C_6H_5-SO_2Cl + POCl_3 + H_2O$$

$$C_6H_5-SO_2Cl \xrightarrow{NH_3} C_6H_5-SO_2NH_2$$

$$C_6H_5-SO_2Cl \xrightarrow{RNH_2} C_6H_5-SO_2NHR$$

3. 磺胺类药物

磺胺类药物是对氨基苯磺酰胺类化合物，具有抗菌消炎作用。在青霉素问世之前，磺胺类药物是使用最广泛的抗菌药。如新诺明(SMZ)为人工合成的抗菌药，它性质稳定，既可注射又可口服，使用方便，在临床应用 60 多年。在有多种抗生素问世的今天，磺胺类药物在治疗细菌感染的疾病方面仍占重要地位。常见磺胺类药物如表 18-1 所示。

表 18-1 常见磺胺类药物

名称	代号	构造式
磺胺嘧啶	SD	$H_2N-C_6H_4-SO_2-HN-$(2-嘧啶基)
磺胺二甲嘧啶	SM_2	$H_2N-C_6H_4-SO_2-HN-$(4,6-二甲基-2-嘧啶基，含两个 CH_3)
磺胺噻唑	ST	$H_2N-C_6H_4-SO_2-HN-$(2-噻唑基)
磺胺咪(胍)	SG	$H_2N-C_6H_4-SO_2-HN-C(=NH)-NH_2$
磺胺甲基异噁唑(新诺明)	SMZ	$H_2N-C_6H_4-SO_2-HN-$(5-甲基-3-异噁唑基，含 CH_3)

知识点达标题 18-3 写出下列各步反应的主要产物。

(1) $C_6H_5-SH \xrightarrow{NaOH} \xrightarrow{CH_3Cl} \xrightarrow{H_2O_2} \xrightarrow{HNO_3}$

(1) $C_6H_{11}-SH \xrightarrow{HNO_3} \xrightarrow{PCl_3} \xrightarrow{CH_3CH_2NH_2}$

18-2

18.2 含磷有机化合物

18-4

18.2.1 含磷有机化合物的结构和命名

磷和氮为同一主族元素，化合价相同，性质相似，因此磷也能形成类似氮的有机化合物。其中，一类是 PH_3 中的氢原子分别被 1～4 个烃基取代后形成相应的伯膦、仲膦、叔膦和季鏻盐。

NH_3	RNH_2	R_2NH	R_3N	$R_4N^+X^-$
氨	伯胺	仲胺	叔胺	季铵盐
PH_3	RPH_2	R_2PH	R_3P	$R_4P^+X^-$
磷化氢	伯膦	仲膦	叔膦	季鏻盐

注意，“膦”表示含有 C—P 的化合物。另一类是磷酸分子中的羟基分别被烃基取代后，得到烃基膦酸、二烃基膦酸和三烃基膦酸。

$HO-P(=O)(OH)-OH$	$R-P(=O)(OH)-OH$	$R-P(=O)(R)-OH$	$R-P(=O)(R)-R$
磷酸	烃基膦酸	二烃基膦酸	三烃基膦酸

其中，烃基亚膦酸不稳定，易氧化成烃基膦酸。

膦和烃基膦酸的命名与相应的含氮化合物相似。如：

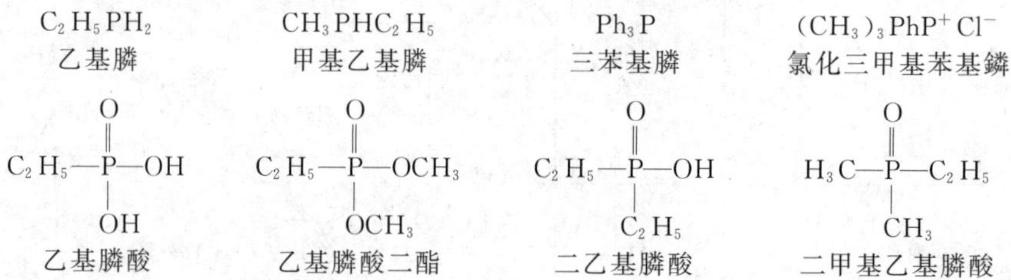

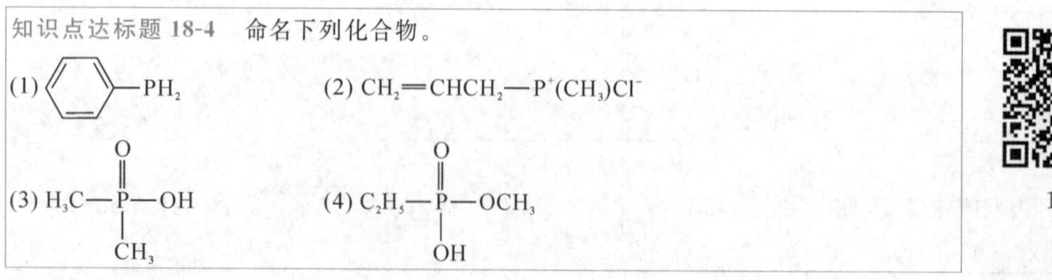
知识点达标题 18-4　命名下列化合物。

18-2

18.2.2 含磷有机化合物的性质

18-5

常温下，除甲膦是气体外，大多数膦是较低沸点的液体。膦类化合物均有强烈的臭味，且毒性很大，难溶于水而溶于有机溶剂，相对密度均小于 1。

1. 弱碱性

与胺相似，膦具有碱性，能与强酸生成盐，但碱性较胺弱，不能使石蕊试纸变色。如：

$$C_2H_5PH_2 + HCl \longrightarrow C_2H_5PH_3^+ Cl^-$$

2. 氧化反应

膦极易被氧化，较低级的膦在空气中迅速氧化而引起自燃。用一般氧化剂（如稀硝酸）氧化时，伯、仲、叔膦分别氧化成烃基膦酸、二烃基膦酸和三烃基膦酸。如：

$$PhPH_2 \xrightarrow{HNO_3} Ph-\overset{\overset{O}{\|}}{\underset{\underset{OH}{|}}{P}}-OH$$

$$PhPHCH_3 \xrightarrow{HNO_3} Ph-\overset{\overset{O}{\|}}{\underset{\underset{CH_3}{|}}{P}}-OH$$

$$Ph_3P \xrightarrow{HNO_3} Ph-\overset{\overset{O}{\|}}{\underset{\underset{Ph}{|}}{P}}-Ph$$

其中，烃基膦酸、二烃基膦酸都是结晶固体，呈强酸性，易溶于水。

3. 磷叶立德

与叔胺相似，叔膦与卤代烃作用，生成季𬭸盐。如果 α-C 上含有氢原子的季𬭸盐用强碱（一般用正丁基锂）处理，脱去质子生成磷叶立德。如：

$$Ph_3P + CH_3Cl \longrightarrow \underset{Cl^-}{Ph_3P^+}-CH_3 \xrightarrow{CH_3CH_2CH_2CH_2Li} Ph_3P^+-CH_2^- \longleftrightarrow \underset{\text{磷叶立德}}{Ph_3P=CH_2}$$

4. 维蒂希反应

磷叶立德与醛（或酮）反应，结果羰基氧转移到磷上，而亚甲基碳替换了羰基氧，这个反应称为维蒂希（Wittig）反应。

$$\begin{matrix}R'\\R''\end{matrix}\!\!>C=O + Ph_3P=C\!\!<\!\!\begin{matrix}R\\R\end{matrix} \longrightarrow \begin{matrix}R'\\R''\end{matrix}\!\!>C=C\!\!<\!\!\begin{matrix}R\\R\end{matrix} + Ph_3PO$$

其反应过程如下：

$$Ph_3P=C\!\!<\!\!\begin{matrix}R\\R\end{matrix} \longleftrightarrow Ph_3\overset{+}{P}-\overset{-}{C}\!\!<\!\!\begin{matrix}R\\R\end{matrix} + R'-\overset{\overset{O}{\|}}{C}-R'' \longrightarrow \begin{matrix}{}^-O-C(R'')(R')\\ \quad\;\;|\\ Ph_3\overset{+}{P}-C(R)(R)\end{matrix}$$

$$\longrightarrow \begin{matrix}O-C(R'')(R')\\ |\quad\;\;|\\ Ph_3P-C(R)(R)\end{matrix} \xrightarrow{-Ph_3P=O} \begin{matrix}R'\\R''\end{matrix}\!\!>C=C\!\!<\!\!\begin{matrix}R\\R\end{matrix}$$

维蒂希反应是制备烯烃的重要反应，生成烯烃的双键位置固定，不发生重排，当生成的烯烃有不同构型时，主要得到大基团处于双键不同侧的 E 构型产物。如：

$$CH_3CH_2CHO + Ph_3P{=}CH{-}CH_3 \longrightarrow \underset{H}{\overset{CH_3CH_2}{>}}C{=}C\underset{CH_3}{\overset{H}{<}} + Ph_3P{=}O$$

$$CH_3CH_2\overset{O}{\overset{\|}{C}}CH_3 + Ph_3P{=}\underset{CH_3}{\underset{|}{C}}{-}CH_2CH_3 \longrightarrow \underset{H_3C}{\overset{CH_3CH_2}{>}}C{=}C\underset{CH_2CH_3}{\overset{CH_3}{<}} + Ph_3P{=}O$$

知识点达标题 18-5　写出下列各步反应的主要产物。

$Ph_3P + (CH_3)_2CHBr \longrightarrow \xrightarrow{CH_3CH_2CH_2CH_2Li} \xrightarrow{\text{环戊酮}}$

18-2

18.2.3　有机磷农药

许多含磷的有机化合物具有毒性。如沙林(甲基异丙氧基磷酰氟)和梭曼(甲基氟膦酸3,3-二甲基-2-丁酯)均是神经麻痹性毒剂,它们能强烈地抑制生物体内的乙酰胆碱酯酶,使神经传导物质乙酰胆碱代谢紊乱,麻痹神经导致呼吸困难、四肢痉挛,直至神志不清,呼吸停止。沙林和梭曼溶于水,常温下水解慢,有碱存在时,水解速度快,生成无毒物质。

$$CH_3\overset{CH_3}{\overset{|}{C}}HO{-}\underset{CH_3}{\underset{|}{\overset{O}{\overset{\|}{P}}}}{-}F$$

沙林

$$F{-}\underset{CH_3}{\underset{|}{\overset{O}{\overset{\|}{P}}}}{-}O\overset{CH_3}{\overset{|}{C}}HC(CH_3)_3$$

梭曼

有机磷农药是一类毒性较小的化合物,多数为磷酸酯类和硫代磷酸酯类,少数为磷酸酯和磷酰胺类化合物。许多有机磷农药可被植物吸收,只要害虫吃进含有农药的植物就会被毒杀,这也导致植物体内残余的农药对人、畜的危害。

$$H_3C{-}O{-}\underset{OCH_3}{\underset{|}{\overset{O}{\overset{\|}{P}}}}{-}OCH{=}CCl_2$$

敌敌畏

$$H_3C{-}O{-}\underset{OCH_3}{\underset{|}{\overset{O}{\overset{\|}{P}}}}{-}\overset{OH}{\overset{|}{C}}HCCl_3$$

敌百虫

$$H_3C{-}O{-}\underset{OCH_3}{\underset{|}{\overset{S}{\overset{\|}{P}}}}{-}O{-}C_6H_4{-}NO_2$$

对硫磷(1605)

$$H_3C{-}O{-}\underset{OCH_3}{\underset{|}{\overset{S}{\overset{\|}{P}}}}{-}S{-}CH_2\overset{O}{\overset{\|}{C}}{-}NHCH_3$$

乐果

上述有机磷农药,遇碱容易水解而失去毒性,在使用和保存时应予注意。

18.3　含硅有机化合物

18-6

硅和碳位于周期表中ⅣA,都是四价元素,因此硅也能形成类似于碳结构的有机化合物。如:

CH_4	C_2H_6	CH_3Cl	CH_3OH
甲烷	乙烷	一氯甲烷	甲醇
SiH_4	Si_2H_6	SiH_3Cl	SiH_3OH
甲硅烷	乙硅烷	一氯甲硅烷	甲硅醇

与碳不同的是硅原子半径比较大，价电子离原子核较远，硅电负性较小，因此，Si—Si、Si—H 的键能均小于 C—C、C—H，所以硅原子不像碳原子那样能形成长链化合物（已知相对分子质量最高的硅烷为 Si_6H_{14}）。但 Si—O 的键能则大于 C—O，所以硅能通过…Si—O—Si—O…形成长链化合物。

18.3.1 硅烷、氯硅烷和烃基硅烷

硅与氢的化合物称为硅烷。将石英（SiO_2）粉末与镁高温得到的硅镁合金，溶解于盐酸或其他无机酸中，可得到各种硅烷的混合物，用低温分馏可将它们分离。

$$SiO_2 + 4Mg \xrightarrow{\text{高温}} Mg_2Si + MgO$$

$$Mg_2Si \xrightarrow{\text{无机酸}} SiH_4 + Si_2H_6 + Si_3H_8 + Si_4H_{10}$$

由于 Si—H 很弱，容易断裂，所以硅烷的性质很活泼，在空气中能自燃生成 SiO_2 和 H_2O；遇水可水解生成 SiO_2 和 H_2；与氯气发生氯代反应生成氯硅烷。如：

$$SiH_4 + 2H_2O \longrightarrow SiO_2 + 4H_2$$

$$SiH_4 \xrightarrow{Cl_2} SiH_3Cl \xrightarrow{Cl_2} SiH_2Cl_2 \xrightarrow{Cl_2} SiHCl_3 \xrightarrow{Cl_2} SiCl_4$$

氯硅烷和格氏试剂（RMgX）作用，得到烃基硅烷。如：

$$SiCl_4 + 4CH_3MgCl \longrightarrow \underset{\text{四甲基硅(TMS)}}{(CH_3)_4Si} + 4MgCl_2$$

四烃基硅化学性质稳定，耐热、不水解、不卤代等。

18.3.2 烃基氯硅烷、硅醇和烷基正硅酸酯

烃基氯硅烷包括一烃基三氯硅烷、二烃基二氯硅烷及三烃基一氯硅烷三种类型。$SiCl_4$ 与格氏试剂（RMgX）作用可生成烃基氯硅烷的混合物。

$$SiCl_4 \xrightarrow{RMgCl} RSiCl_3 \xrightarrow{RMgCl} R_2SiCl_2 \xrightarrow{RMgCl} R_3SiCl \xrightarrow{RMgCl} R_4Si$$

因为 Si—Cl 比较弱，易断裂，所以烃基氯硅烷性质比较活泼，容易发生水解、醇解等反应。如在碱性条件下水解产物为硅醇、硅二醇、硅三醇。

$$R_3SiCl \xrightarrow{H_2O/OH^-} R_3SiOH \quad \text{硅醇}$$

$$R_2SiCl_2 \xrightarrow{H_2O/OH^-} R_2Si(OH)_2 \quad \text{硅二醇}$$

$$RSiCl_3 \xrightarrow{H_2O/OH^-} RSi(OH)_3 \quad \text{硅三醇}$$

烃基氯硅烷的醇解产物为烃基正硅酸酯(或烃基烷氧基硅烷)。

$$R_3SiCl \xrightarrow{R'OH} R_3SiOR' \quad \text{三烃基正硅酸一酯}$$

$$R_2SiCl_2 \xrightarrow{R'OH} R_2Si(OR')_2 \quad \text{二烃基正硅酸二酯}$$

$$RSiCl_3 \xrightarrow{R'OH} RSi(OR')_3 \quad \text{一烃基正硅酸三酯}$$

18.3.3 多聚硅醚

硅二醇、硅三醇不稳定,容易发生分子间脱水,生成具有硅氧链的聚合物,称为聚硅醚或多缩硅醇。硅二醇分子间脱水形成线型结构的缩聚物,硅三醇则得到体型(网状)结构的缩聚物。

$$HO-SiR_2-OH + HO-SiR_2-OH + HO-SiR_2-OH \xrightarrow{-H_2O} -SiR_2-O-SiR_2-O-SiR_2-O-$$

线型

$$\begin{matrix} HO-Si(OH)(R)-OH + HO-Si(R)(OH)-OH + HO-Si(R)(OH)-OH \\ HO-Si(R)(OH)-OH + HO-Si(OH)(R)-OH + HO-Si(OH)(R)-OH \end{matrix} \xrightarrow{-H_2O} \text{网状 Si—O—Si 结构}$$

体型

多聚硅醚中 Si—O 的键能很大($452kJ \cdot mol^{-1}$),断裂 Si—O 需要很高的能量,硅氧主链的外层具有许多的烃基,而烃基是憎水基团,所以多聚硅醚具有良好的耐热、抗氧化、耐水、电绝缘等特性,在工业应用上,多聚硅醚占有相当重要的地位。根据多聚硅醚的结构和性质,可分为如下三类。

1. 硅油

硅油是无色透明的油状液体,不易燃烧,对金属没有腐蚀性,绝缘性和化学稳定性好,常用作精密仪器的润滑剂、高级变压器油和载热油。另外因硅油的表面张力小,它还是良好的消泡剂。

工业上产量最大的甲基硅油,通常是以$(CH_3)_2SiCl_2$和少量的$(CH_3)_3SiCl$为原料,一同水解缩聚形成的线型聚合物。

$$H_3C-Si(CH_3)_2-OH + n\,HO-Si(CH_3)_2-OH + HO-Si(CH_3)_2-CH_3 \xrightarrow{-H_2O} H_3C-Si(CH_3)_2-\left[O-Si(CH_3)_2\right]_n-O-Si(CH_3)_2-CH_3$$

硅油$n \approx 10$

因为水解产物中少量的三甲基硅醇只能和一分子其他硅醇进行脱水，所以聚合物的链的一端不能再继续增长，使链的长度受到限制。两种原料用量比例不同，得到硅油的相对分子质量也不同。

2. 硅橡胶

甲基硅橡胶是应用最为广泛的硅橡胶。一般用 99.98%高纯$(CH_3)_2SiCl_2$ 水解，得到的硅二醇经缩聚生成线型的高分子多缩硅醚。

$$(n+2)\ HO-\underset{CH_3}{\overset{CH_3}{\underset{|}{\overset{|}{Si}}}}-OH \xrightarrow{-H_2O} -O-\underset{CH_3}{\overset{CH_3}{\underset{|}{\overset{|}{Si}}}}-\left[O-\underset{CH_3}{\overset{CH_3}{\underset{|}{\overset{|}{Si}}}}\right]_n-O-\underset{CH_3}{\overset{CH_3}{\underset{|}{\overset{|}{Si}}}}-$$

聚合度在 2000 以上，相对分子质量在 40 万～50 万的硅橡胶是无色透明、软糖状的弹性物质。

硅橡胶在－100～300℃下仍能保持良好的弹性，是目前使用温度范围最宽的橡胶，用于制作飞机、航天器中的密封件、薄膜、胶管等。另外硅橡胶绝缘、无毒、无味，化学稳定性好，近年来用于制造人造心脏瓣膜和血管，是一种发展前途广泛的医用高分子材料。

3. 硅树脂

用$(CH_3)_2SiCl_2$ 和一定比例的 CH_3SiCl_3 进行水解，生成的甲基硅三醇与三分子其他硅醇进行分子间脱水，形成体型结构的高聚物称为甲基硅树脂。

$$\begin{array}{ccccccccc}
 & & CH_3 & & CH_3 & & CH_3 & \\
 & & | & & | & & | & \\
-O- & & Si & -O- & Si & -O- & Si & - \\
 & & | & & | & & | & \\
 & & CH_3 & & O & & CH_3 & \\
 & & CH_3 & & | & & CH_3 & \\
 & & | & & | & & | & \\
-O- & & Si & -O- & Si & -O- & Si & - \\
 & & | & & | & & | & \\
 & & O & & CH_3 & & CH_3 & \\
 & & | & & & & &
\end{array}$$

硅树脂具有耐热、抗油、抗水和高度的绝缘性能，广泛用于电器工业中的耐高温绝缘材料。

18-2

> 知识点达标题 18-6　指出下列硅化合物的类型并命名。
> (1) $PhCH_2Si(CH_3)_3$　(2) $(CH_3)_2SiCl_2$　(3) $(CH_3)_3Si-O-Si(CH_3)_3$
> (4) $(CH_3)_3SiOH$　(5) $(CH_3)_2Si(OCH_3)_2$

【重要知识小结】

1. 醇分子中的氧原子被硫原子代替所形成的化合物称为硫醇(R－SH)，官能团是巯基(－SH)。硫醇的沸点及在水中溶解度均较小相应的醇，低级硫醇有难闻的臭味。硫醇具有弱酸性，能与碱反应生成盐，也能与一些重金属氧化物或盐作用，生成不溶于水的硫醇盐，用于重金属离子解毒剂。硫醇与氧化剂作用，生成二硫化物或亚磺酸、磺酸。硫醚与氧化剂作用，生成亚砜或砜。磺酸的化学性质与羧酸相似，能形成磺酰卤、磺酰胺、磺酸酯等。

2. PH_3 分子中的氢原子被烃基代替所形成化合物称为膦，与氮相似，有伯膦、仲膦、叔膦和季鏻盐。磷酸$(O=P(OH)_3)$分子中的羟基被烃基代替形成的化合物称为烃基膦酸。

膦具有弱碱性，能与强酸反应生成盐，膦易被氧化生成烃基膦酸。叔膦与卤代烃反应生成季鏻盐，含α-H 的季鏻盐在正丁基锂(n-BuLi)作用下，生成磷叶立德。磷叶立德与醛(酮)反应，可直接制备烯烃。

3. 常见含硅化合物有烃基硅烷(R_2SiH_2)、烃基氯硅烷(R_2SiCl_2)、硅醇(R_3SiOH)、硅醚($R_3Si-O-SiR_3$)、烃基正硅酸酯($R_2Si(OR)_2$)。

习　题

18-7

1. 命名下列化合物。

(1) $CH_3CH_2CH_2CH_2SH$

(2) $C_6H_5-S-C_6H_5$

(3) $CH_3CH_2CH_2C(=S)CH_3$

(4) $CH_3CH_2S(=O)CH_2CH_3$

(5) $HOOC-CH(SH)-CH(SH)-COOH$

(6) $C_6H_{11}-S-S-C_6H_{11}$

(7) $CH_3CH_2SO_2-C_6H_4-NO_2$ (对位)

(8) $C_6H_{11}-SO_2-OCH_2CH_3$

(9) $(CH_3)_3\overset{+}{S}Cl^-$

(10) $CH_3CH_2PH_2$

(11) Ph_3P

(12) $(CH_3)_4\overset{+}{P}Cl^-$

(13) $(C_2H_5)_3P=O$

(14) $(C_2H_5O)_3P=O$

(15) $C_6H_5-P(=O)(OC_2H_5)_2$

(16) $(CH_3)_3SiCl$

(17) $(CH_3)_3SiOH$

(18) $C_2H_5O-Si(CH_3)_2-OC_2H_5$

2. 排列下列化合的酸性强弱。

A. $C_6H_{11}-OH$　B. C_6H_5-SH　C. $C_6H_{11}-SH$

D. $C_6H_{11}-COOH$　E. $C_6H_{11}-SO_2H$　F. $C_6H_{11}-SO_3H$

3. 完成下列反应式。

(1) $CH_3CH(CH_3)CH_2SH \xrightarrow{H_2O_2}$

(2) $CH_3CH_2CH_2SH \xrightarrow{NaOH} \xrightarrow{CH_3Br} \xrightarrow{HNO_3}$

(3) $C_6H_5-SH \xrightarrow{HNO_3} \xrightarrow{PCl_5} \xrightarrow{(CH_3)_2NH}$

(4) $C_6H_5-C(=O)-CH_3 + CH_3\overset{-}{C}H-\overset{+}{P}Ph_3$

(5) $Ph_3P + CH_3CH_2Br \longrightarrow \xrightarrow{CH_3CH_2CH_2CH_2Li} \xrightarrow{C_5H_9-CHO}$

(6) $SiCl_4 + 4CH_3MgCl \longrightarrow$

(7) $(C_2H_5)_2SiCl_2 \xrightarrow{H_2O}$

(8) $(C_2H_5)_3SiCl \xrightarrow{CH_3OH}$

4. 完成下列转换反应。

(1)　$CH_3CH_2Br \longrightarrow CH_3CH_2—SO_3H$　　(2) 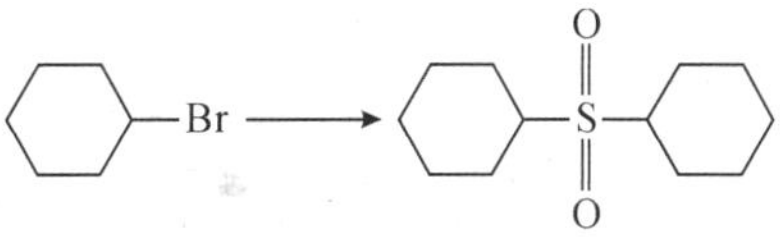　环己基—Br ⟶ 环己基—SO_2—环己基

5. 由指定原料和其他合适的试剂，用 Wittig 反应合成下列化合物。

(1) 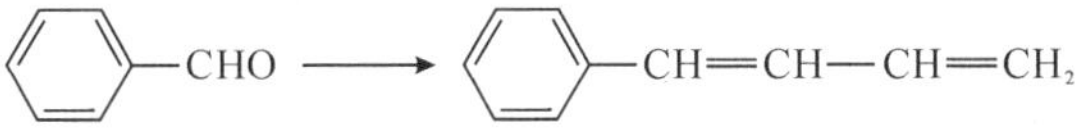　C_6H_5—CHO ⟶ C_6H_5—CH═CH—CH═CH_2

(2)　苯 ⟶ 1,4-二亚甲基-1,2,3,4-四氢萘（两个 $=CH_2$）

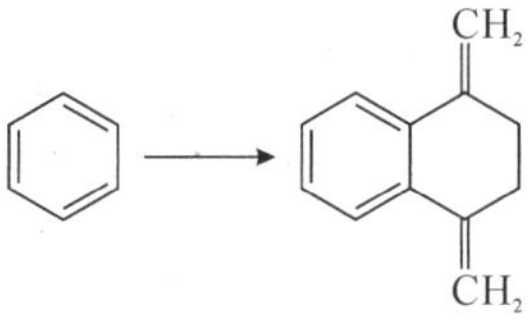

➢ PPT 课件

➢ 自测题

➢ 陈茹玉——中国合成农药化学家

18-8

第 19 章　氨基酸、多肽、蛋白质和核酸

【知识点与要求】

✧ 了解氨基酸的结构、分类和命名。

✧ 掌握氨基酸的化学性质(酸碱性、等电点、羧基性质、氨基性质及鉴别方法)。

✧ 掌握 α-氨基酸的制备方法。

✧ 了解多肽的结构、结构分析方法及合成方法。

✧ 了解蛋白质的一、二、三和四级结构。

✧ 了解核酸的组成，了解 DNA、RNA 的基本结构单位。

氨基酸是组成多肽和蛋白质的基本单位。肽是多种氨基酸按照一定的排列顺序，以肽键(酰胺键)连接的酰胺类化合物；蛋白质是多种氨基酸通过肽键连接的、具有特定空间构象和生物功能的大分子；核酸是由核苷酸连接起来的链状生物大分子。蛋白质、核酸、糖类、油脂等生物大分子共同构成生命物质基础。

19.1　氨基酸

19.1.1　氨基酸的结构、分类和命名

1. 结构

氨基酸是羧酸碳链上的氢原子被氨基取代后的化合物。根据氨基取代位置，有 α、β、γ、δ 等氨基酸，其中蛋白质水解得到的都是 **α-氨基酸**，且只有 20 种(见表 19-1)。除氨基乙酸外，氨基酸的 α-碳原子都是手性碳原子，构型通常用 D/L 表示，天然氨基酸多数是 **L-构型**。

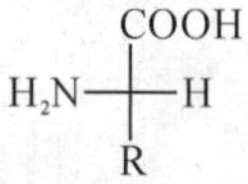

COOH
H_2N—┼—H
R
L-氨基酸

2. 分类

根据氨基酸中烃基 R 的不同，分为脂肪族氨基酸、芳香族氨基酸和杂环氨基酸；根据氨基酸中含有氨基和羧基的相对数目不同，分为中性氨基酸(一氨基一羧基)、酸性氨基酸(一氨基二羧基)和碱性氨基酸(二氨基一羧基)。根据氨基酸在人体内能否自身合成，分为非必需氨基酸(能自身合成)和必需氨基酸(不能自身合成或能自身合成，但不能满足正常需要，必须通过食物摄取，表 19-1 中带 * 号)。

3. 命名

氨基酸命名时，以羧酸为主体，氨基作为取代基。也可按其来源与性质用俗名来称呼。如：

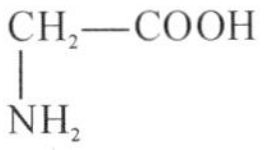

$\underset{\large NH_2}{CH_2}—COOH$

2-氨基乙酸
(甘氨酸)

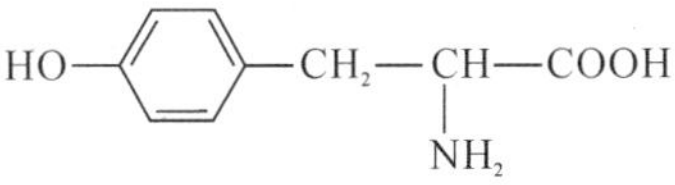

$HO—C_6H_4—CH_2—\underset{\large NH_2}{CH}—COOH$

3-(对羟基苯基)-2-氨基丙酸
(酪氨酸)

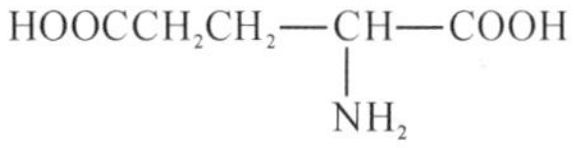

$HOOCCH_2CH_2—\underset{\large NH_2}{CH}—COOH$

2-氨基戊二酸
(谷氨酸)

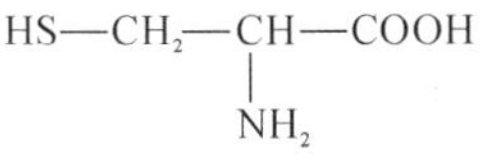

$HS—CH_2—\underset{\large NH_2}{CH}—COOH$

3-巯基-2-氨基丙酸
(半胱氨酸)

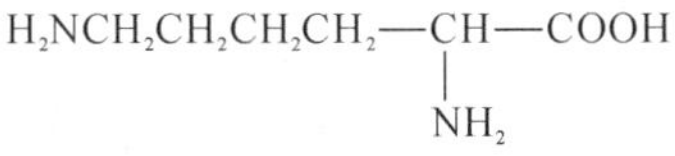

$H_2NCH_2CH_2CH_2CH_2—\underset{\large NH_2}{CH}—COOH$

2,6-二氨基己酸
(赖氨酸)

(吲哚-3-基)$—CH_2—\underset{\large NH_2}{CH}—COOH$

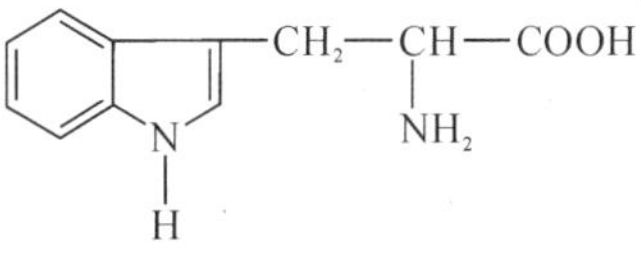

3-(β-吲哚)-2-氨基丙酸
(色氨酸)

20 种 α-氨基酸的结构、俗名及缩写等如表 19-1 所示。

表 19-1 20 种氨基酸俗名、结构及缩写

名称(英文缩写)	代号(中文)	结构	等电点
甘氨酸(Gly)	G(甘)	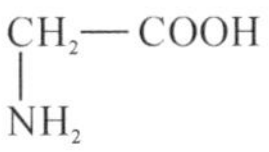 $\underset{\large NH_2}{CH_2}—COOH$	5.97
丙氨酸(Ala)	A(丙)	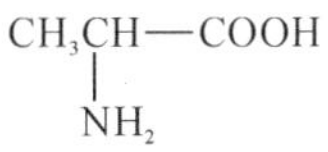 $CH_3\underset{\large NH_2}{CH}—COOH$	6.00
* 缬氨酸(Val)	V(缬)	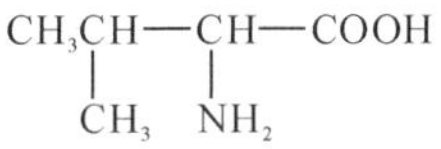 $CH_3\underset{\large CH_3}{CH}—\underset{\large NH_2}{CH}—COOH$	5.96
* 亮氨酸(Leu)	L(亮)	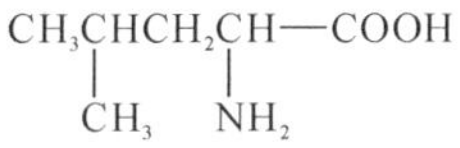 $CH_3\underset{\large CH_3}{CH}CH_2\underset{\large NH_2}{CH}—COOH$	5.98
* 异亮氨酸(Ile)	I(异亮)	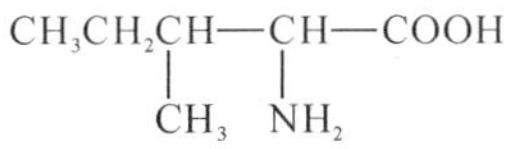 $CH_3CH_2\underset{\large CH_3}{CH}—\underset{\large NH_2}{CH}—COOH$	6.02
* 蛋氨酸(Met)	M(蛋)	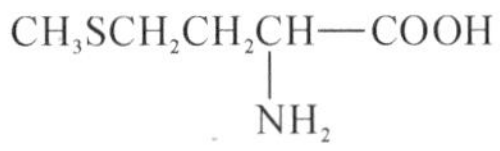 $CH_3SCH_2CH_2\underset{\large NH_2}{CH}—COOH$	5.74
脯氨酸(Pro)	P(脯)	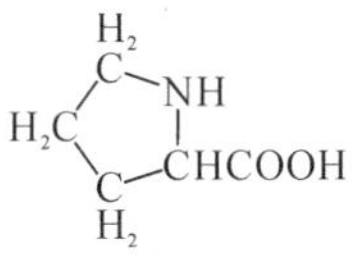 吡咯烷环:H_2C、$\overset{H_2}{C}$、NH、CHCOOH、$\underset{H_2}{C}$	6.30
* 苯丙氨酸(Phe)	F(苯丙)	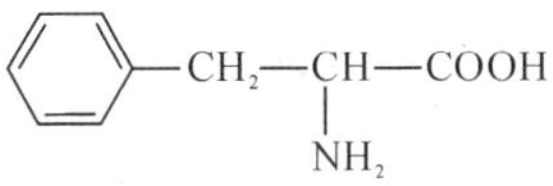 $C_6H_5—CH_2—\underset{\large NH_2}{CH}—COOH$	5.48

续表

名称(英文缩写)	代号(中文)	结构	等电点
*色氨酸(Trp)	W(色)	吲哚-3-基—CH_2—CH(—NH_2)—COOH	5.89
天冬酰胺(Asn)	N(天冬酰胺)	H_2N—$COCH_2CH$(—NH_2)—COOH	5.41
谷氨酰胺(Gln)	Q(谷酰胺)	H_2N—$COCH_2CH_2$—CH(—NH_2)—COOH	5.65
丝氨酸(Ser)	S(丝)	$HOCH_2CH$(—NH_2)—COOH	5.68
*苏氨酸(Thr)	T(苏)	CH_3CH(—OH)—CH(—NH_2)—COOH	5.60
酪氨酸(Tyr)	Y(酪)	HO—C_6H_4—CH_2—CH(—NH_2)—COOH	5.66
半胱氨酸(Cys)	C(半胱)	HS—CH_2—CH(—NH_2)—COOH	5.07
天冬氨酸(Asp)	D(天冬)	$HOOCCH_2CH$(—NH_2)—COOH	2.77
谷氨酸(Glu)	E(谷)	$HOOCCH_2CH_2$—CH(—NH_2)—COOH	3.22
*精氨酸(Arg)	R(精)	H_2N—C(=NH)—NH—$CH_2CH_2CH_2CH$(—NH_2)—COOH	10.76
*组氨酸(His)	H(组)	咪唑-4-基—CH_2—CH(—NH_2)—COOH	7.59
*赖氨酸(Lys)	K(赖)	$H_2NCH_2CH_2CH_2CH_2$—CH(—NH_2)—COOH	9.74

19.1.2　氨基酸的性质

氨基酸都是无色结晶，易溶于水，难溶于苯、乙醚等有机溶剂，熔点较高（一般 200℃ 以上），大多数在熔化时发生分解。氨基酸分子中既有羧基又有氨基，因此氨基酸既具有羧酸的性质，也有氨基的性质，此外，分子中羧基与氨基之间相互影响，又表现出一些特殊的性质。

1. 两性和等电点

氨基酸分子中具有碱性的氨基和酸性的羧基，自身可发生质子转移，生成同时具有阴离子和阳离子的两性离子，又称内盐。

19-1

$$\underset{\displaystyle NH_2}{R-\overset{}{CH}-COOH} \rightleftharpoons \underset{\displaystyle NH_3^+}{R-CH-COO^-}$$

两性离子(内盐)

氨基酸晶体以内盐形式存在，所以氨基酸易溶于水，难溶于非极性的有机溶剂。两性离子既可以与酸（H^+）作用生成阳离子，也可以与碱（OH^-）作用生成阴离子，在溶液中形成平衡状态。

$$\underset{\displaystyle NH_3^+}{R-CH-COOH} \underset{H^+}{\overset{OH^-}{\rightleftharpoons}} \underset{\displaystyle NH_3^+}{R-CH-COO^-} \underset{H^+}{\overset{OH^-}{\rightleftharpoons}} \underset{\displaystyle NH_2}{R-CH-COO^-}$$

阳离子　　两性离子　　阴离子

当在强酸性溶液中，平衡向左移动，氨基酸主要以阳离子形式存在，在电场中氨基酸向阴极移动；当在强碱性溶液中，平衡向右移动，氨基酸主要以阴离子形式存在，在电场中氨基酸向阳极移动；当溶液为某一 pH 时，使氨基酸的阴、阳离子浓度相等，净电荷为零，在电场中不发生定向移动，此时的 pH 称为氨基酸的等电点（isoelectric point），用 **pI** 表示。在等电点时，氨基酸主要以两性离子形式存在，此时，溶解度最小，容易析出氨基酸。

等电点是氨基酸的特征常数，不同氨基酸有不同的等电点，一般规律如下：①酸性氨基酸等电点为 2.8～3.2（pI＜4）；②中性氨基酸等电点为 5.0～6.3（pI＜7）；③碱性氨基酸等电点为 7.6～10.8（pI＞7）。

中性氨基酸等电点偏酸（pI＜7）是由于羧基的酸式电离略大于氨基的碱式电离，当溶液 pH 略小于 7 时，抑制部分羧基电离，促进氨基电离，才能使两种电离程度相等。利用不同氨基酸有不同的等电点及等电点时溶解度最小的特性，可以通过调节溶液 pH，使等电点不同的氨基酸先后沉淀，以达到分离氨基酸混合物的目的。20 种氨基酸的等电点如表 19-1 所示。

知识点达标题 **19-1**　指出下列氨基酸在 pH＝6 溶液中，在电场中的移动方向。
(1)赖氨酸（pI＝9.74）　(2)谷氨酸（pI＝3.22）　(3)丙氨酸（pI＝6.00）

19-2

2. 氨基的反应

α-氨基酸中的氨基具有氨基典型的性质，能与亚硝酸、甲醛反应，也可以被酰基化和烃基化。

(1)与亚硝酸反应。α-氨基酸中的氨基是伯胺，与脂肪伯胺相似，与亚硝酸反应，生成

α-羟基酸并定量放出 N_2。

19-3

$$R-\underset{NH_2}{\underset{|}{CH}}-COOH + HNO_2 \longrightarrow R-\underset{OH}{\underset{|}{CH}}-COOH + H_2O + N_2\uparrow$$

该反应可用于氨基酸中氨基含量的测定，这种方法称为范斯奈克（van Slyke）氨基测定法。

（2）与甲醛反应。氨基与甲醛先加成后脱水，生成 C═N 化合物。

$$R-\underset{NH_2}{\underset{|}{CH}}-COOH + HCHO \longrightarrow R-\underset{N=CH_2}{\underset{|}{CH}}-COOH + H_2O$$

该反应可使氨基失去碱性，生成物只有酸性，这样可用碱滴定法测定氨基酸中羧基的含量。

（3）酰基化反应。氨基与酰化剂反应生成酰胺，用于保护氨基。在氨基酸中常用氯甲酸苄酯或氯甲酸叔丁酯作为酰化剂来保护氨基。如：

$$R-\underset{NH_2}{\underset{|}{CH}}-COOH + \underset{\text{氯甲酸苄酯}}{C_6H_5-CH_2O-\overset{O}{\overset{\|}{C}}-Cl} \longrightarrow \underset{\text{苄氧羰基}}{C_6H_5-CH_2O-\overset{O}{\overset{\|}{C}}}-NH-\underset{R}{\underset{|}{CH}}-COOH + HCl$$

$$\xrightarrow{H_2/Pd} C_6H_5-CH_3 + CO_2 + R-\underset{NH_2}{\underset{|}{CH}}-COOH$$

$$R-\underset{NH_2}{\underset{|}{CH}}-COOH + \underset{\text{氯甲酸叔丁酯}}{(CH_3)_3CO-\overset{O}{\overset{\|}{C}}-Cl} \longrightarrow \underset{\text{叔丁氧羰基}}{(CH_3)_3CO-\overset{O}{\overset{\|}{C}}}-NH-\underset{R}{\underset{|}{CH}}-COOH + HCl$$

$$\xrightarrow{CF_3COOH} (CH_3)_2C=CH_2 + CO_2 + R-\underset{NH_2}{\underset{|}{CH}}-COOH$$

其中，苄氧羰基可用催化加氢方法解除，释放出氨基；叔丁氧羰基可用三氟乙酸水解法解除保护。

（4）烃基化反应。氨基可以与卤代烃发生亲核取代反应生成胺，其中 2,4-二硝基氟苯（DNFB）与氨基酸反应，生成稳定的黄色固体产物，在多肽链结构测定中，可通过纸层析法鉴定 N-端氨基酸的种类。

$$\underset{\text{2,4-二硝基氟苯(DNFB)}}{2,4-(O_2N)_2C_6H_3-F} + R-\underset{NH_2}{\underset{|}{CH}}-COOH \longrightarrow 2,4-(O_2N)_2C_6H_3-NH-\underset{R}{\underset{|}{CH}}-COOH + HF$$

3. 羧基的反应

氨基酸中的羧基具有羧基典型的反应，可以生成酰卤、酯、酰胺等。如与氯化磷和醇反应：

$$R-\underset{NH_2}{\underset{|}{CH}}-COOH \xrightarrow{PCl_3} R-\underset{NH_2}{\underset{|}{CH}}-\overset{O}{\overset{\|}{C}}-Cl \xrightarrow{R-\underset{NH_2}{\underset{|}{CH}}-COOH} R-\underset{NH_2}{\underset{|}{CH}}-\overset{O}{\overset{\|}{C}}-NH-\underset{R}{\underset{|}{CH}}-COOH$$

二肽

$$R-\underset{NH_2}{\underset{|}{CH}}-COOH \xrightarrow{C_6H_5CH_2OH} R-\underset{NH_2}{\underset{|}{CH}}-\overset{O}{\overset{\|}{C}}-OCH_2-C_6H_5 \xrightarrow{H_2/Pd} R-\underset{NH_2}{\underset{|}{CH}}-COOH + H_3C-C_6H_5$$

生成的酰氯很容易与另一氨基酸的氨基发生酰化反应，生成二肽，用氯化磷将羧基酰化在肽合成中用于活化羧基。与苄醇酯化反应，生成苄氧羰基，用 H_2/Pd 还原，可释放出羧基，在肽合成中用于保护羧基。

4. 与水合茚三酮反应

α-氨基酸在碱性溶液中与水合茚三酮作用，生成蓝紫色的物质，是鉴别 α-氨基酸的灵敏的方法。

$$\text{茚三酮} \underset{}{\overset{H_2O}{\rightleftharpoons}} \text{水合茚三酮}$$

水合茚三酮

$$2\ \text{水合茚三酮} + R-\underset{NH_2}{\underset{|}{CH}}-COOH \longrightarrow \text{紫色产物} + RCHO + CO_2 + 3H_2O$$

紫色

5. 脱水成肽反应

一分子氨基酸的羧基与另一分子氨基酸的氨基之间脱水生成的化合物称为二肽。如：

$$R\underset{NH_2}{\underset{|}{CH}}COOH + H_2N\underset{R'}{\underset{|}{CH}}COOH \longrightarrow R\underset{NH_2}{\underset{|}{CH}}\overset{O}{\overset{\|}{C}}-NH-\underset{R'}{\underset{|}{CH}}COOH + H_2O$$

二肽分子的两端是羧基和氨基，可以继续与氨基酸反应生成三肽、四肽直至多肽。

知识点达标题 19-2　写出丙氨酸与下列试剂反应的主要产物。
(1)乙醇　(2)乙酸酐　(3)2,4-二硝基氟苯

19-2

19.1.3　α-氨基酸的制备

α-氨基酸可通过蛋白质水解和有机合成两种途径来制备，其中有机合成主要有 α-卤代酸的氨化和盖布瑞尔(Gabriel)法两种方法。

1. α-卤代酸的氨化

19-4

α-氯代或溴代羧酸与过量的氨气发生亲核取代反应是最早制备 α-氨基酸的方法之一。

$$RCH_2COOH \xrightarrow[\text{红P}]{X_2} \underset{\displaystyle X}{RCHCOOH}\ (X=Cl、Br) \xrightarrow{NH_3} R-\underset{\displaystyle NH_2}{CH}-COOH$$

由于 α-氨基酸中的氨基的碱性比氨小，亲核能力较弱，继续烷基化倾向小，很难生成多烷基化产物。

2. 盖布瑞尔法

用邻苯二甲酰亚胺钾与卤代酸酯或卤代丙二酸二乙酯反应可以制备不同的 α-氨基酸。如：

$$C_6H_4(CO)_2N^-K^+ + \underset{\displaystyle X}{RCHCOOCH_3} \xrightarrow{-KX} C_6H_4(CO)_2N-\underset{\displaystyle R}{CHCOOCH_3} \xrightarrow{H_2O}$$

$$C_6H_4(COOH)_2 + R-\underset{\displaystyle NH_2}{CH}-COOH + CH_3OH$$

$$C_6H_4(CO)_2N^-K^+ + BrCH(COOC_2H_5)_2 \xrightarrow{-KBr} C_6H_4(CO)_2N-CH(COOC_2H_5)_2 \xrightarrow{C_2H_5ONa} \xrightarrow{RX}$$

$$CH_2(COOC_2H_5)_2 \xrightarrow{Br_2/CCl_4} BrCH(COOC_2H_5)_2$$

$$C_6H_4(CO)_2N-\underset{\displaystyle R}{C}(COOC_2H_5)_2 \xrightarrow{OH^-/H_2O} \xrightarrow{\triangle} C_6H_4(COOH)_2 + R-\underset{\displaystyle NH_2}{CH}-COOH + CO_2 + 2C_2H_5OH$$

知识点达标题 19-3　用丙二酸二乙酯和 $CH_2{=}CHCN$ 为原料合成下列化合物。

(1) $HOOCCH_2CH_2\underset{\displaystyle NH_2}{CH}COOH$　谷氨酸

(2) $H_2NCH_2CH_2CH_2\underset{\displaystyle NH_2}{CH}COOH$　鸟氨酸

19-2

19.2 肽

19.2.1 肽的结构和命名

肽是氨基酸分子之间羧基与氨基脱水，通过酰胺键连接而成的化合物。如：

$$\underset{\text{丙氨酸}}{H_2NCH(CH_3)\overset{O}{\overset{\|}{C}}\text{—}OH} + \underset{\text{甘氨酸}}{H\text{—}NHCH_2\overset{O}{\overset{\|}{C}}\text{—}OH} \longrightarrow \underset{\text{二肽}}{H_2NCH(CH_3)\text{—}\underbrace{\overset{O}{\overset{\|}{C}}\text{—}\overset{H}{\overset{|}{N}}}_{\text{肽键}}\text{—}CH_2\text{—}\overset{O}{\overset{\|}{C}}\text{—}OH} + H_2O$$

其中酰胺键—CONH—又称肽键。由两个氨基酸之间脱水形成的化合物叫二肽，由多个氨基酸之间脱水连接而成的化合物叫多肽。在多肽结构中，一端还保留着氨基，叫 N 端，另一端保留着羧酸，叫 C 端。

$$\underset{\text{N端}}{H_2N}\text{—}\underset{R}{\underset{|}{CH}}\text{—}\overset{O}{\overset{\|}{C}}\left[\text{—}NH\text{—}\underset{R}{\underset{|}{CH}}\text{—}\overset{O}{\overset{\|}{C}}\right]_n\text{—}NH\text{—}\underset{R}{\underset{|}{CH}}\text{—}\underset{\text{C端}}{COOH}$$

多肽

多肽的命名是以含 C 端的氨基酸为母体，从 N 端开始，将“氨基酸”名称改成“氨基酰”，依次排列在母体的前面。如：

$$H_2N\underset{CH_3}{\underset{|}{CH}}\overset{O}{\overset{\|}{C}}\text{—}NH\text{—}CH_2\text{—}\overset{O}{\overset{\|}{C}}\text{—}OH$$

丙氨酰甘氨酸
(丙–甘)

$$H_2N\underset{CH_3}{\underset{|}{CH}}\overset{O}{\overset{\|}{C}}\text{—}NH\text{—}CH_2\text{—}\overset{O}{\overset{\|}{C}}\text{—}NH\text{—}\underset{\underset{Ph}{|}}{\underset{CH_2}{\underset{|}{CH}}}\text{—}COOH$$

丙氨酰甘氨酰苯丙氨酸
(丙–甘–苯丙)

多肽名称可用较简单的缩写来表示，如丙氨酰甘氨酰苯丙氨酸，简写为丙-甘-苯丙。

知识点达标题 **19-4**　写出五肽苯丙-甘-丙-丙-半胱的结构简式。

19-2

19.2.2　多肽结构的测定

确定多肽结构需要测定多肽中含有氨基酸的种类、数目及氨基酸的排列次序。

19-5

1. 氨基酸种类和数目的测定

测定多肽中包含的氨基酸种类和数目，常采用水解法。将多肽与 6mol/L 盐酸在 110～120℃ 中加热 24～72h，使多肽完全水解，得到氨基酸的混合液，然后用适当的方法，如电泳法、层析法、氨基酸分析仪等，确定氨基酸的种类和数目。

2. 氨基酸排列次序的测定

多肽中氨基酸的排列次序是通过末端分析法来确定的，即用适当的化学方法使多肽链末端(C 端或 N 端)的氨基酸断裂下来，然后通过分析可以推测多肽链的两端是哪种氨基酸。

(1)C 端氨基酸分析。用羧肽酶为催化剂，因为羧肽酶只能使多肽链的 C 端氨基酸断裂下来，对 N-端氨基酸不影响。当羧肽酶催化多肽链水解时，首先断裂下 C 端的氨基酸，并得到C端少一个氨基酸的多肽链，然后继续催化水解，又从肽链C端断裂下第二个氨基酸，如此不断水解。因此，通过对不同时间段水解液中氨基酸的分析，了解不同氨基酸出现的先后时间，可以推断C端氨基酸的排列顺序。实际操作时，此法一般只可以准确测定出C端的3～4个氨基酸的顺序，对于长链多肽的测定用处不大。

(2)N端氨基酸分析。① 2,4-二硝基氟苯法：2,4-二硝基氟苯(DNFB)与多肽链的N端氨基发生亲核取代反应，生成DNP-多肽，然后酸水解DNP-多肽，除了N端的氨基酸生成黄色沉淀DNP-氨基酸外，其余均为游离氨基酸混合物，其中DNP-氨基酸可用层析法来确定是哪一种氨基酸。桑格(Sanger)首先将2,4-二硝基氟苯用于多肽及蛋白质的N端氨基酸分析，因此该分析法称为桑格法，2,4-二硝基氟苯也称为桑格试剂。

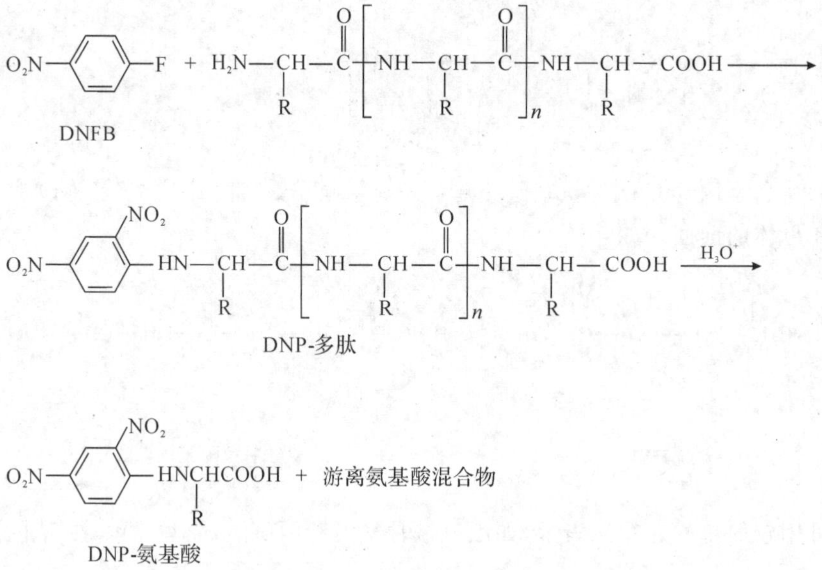

$$O_2N-C_6H_4-F + H_2N-CH(R)-CO\left[NH-CH(R)-CO\right]_n NH-CH(R)-COOH \longrightarrow$$

DNFB

$$(O_2N)_2C_6H_3-HN-CH(R)-CO\left[NH-CH(R)-CO\right]_n NH-CH(R)-COOH \xrightarrow{H_3O^+}$$

DNP-多肽

$$(O_2N)_2C_6H_3-HNCH(R)COOH + \text{游离氨基酸混合物}$$

DNP-氨基酸

② 异硫氰酸酯法：用异硫氰酸苯酯与多肽的N端氨基酸的氨基反应，生成苯氨基硫代甲酸衍生物，然后在有机溶剂中经无水氯化氢作用，发生关环反应，生成苯基乙内酰脲衍生物，从肽链上断裂下来，分析N端氨基酸，回收少一个氨基酸的多肽，再重复操作，即可确定多肽的氨基酸种类和连接顺序，该方法称为埃德曼法(Edman)。

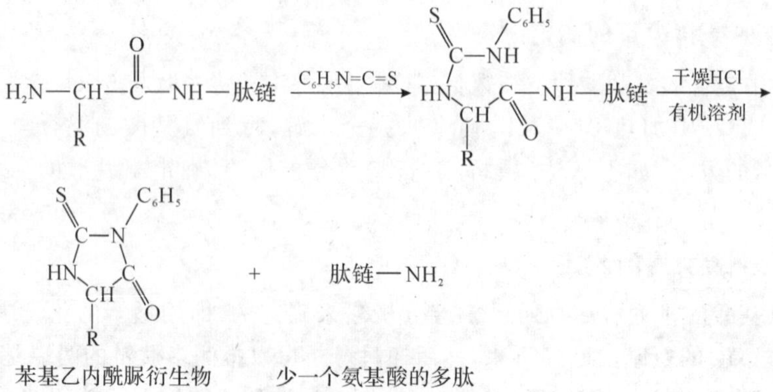

$$H_2N-CH(R)-CO-NH-\text{肽链} \xrightarrow{C_6H_5N=C=S} C_6H_5NH-C(=S)-NH-CH(R)-CO-NH-\text{肽链} \xrightarrow[\text{有机溶剂}]{\text{干燥HCl}}$$

$$\text{苯基乙内酰脲衍生物（含 }C=S\text{、}N-C_6H_5\text{、}HN\text{、}CH(R)\text{、}C=O\text{ 的五元环）} + \text{肽链}-NH_2$$

苯基乙内酰脲衍生物　　少一个氨基酸的多肽

知识点达标题 19-5　有一五肽，用 2，4-二硝基氟苯处理，经完全水解，得到(2，4-二硝苯基)-苯丙、酪、亮、甘、丝，控制部分水解，可分出酪-苯丙、亮-甘、酪-甘和亮-丝四种二肽。试写出该五肽的结构。

19-2

19.2.3　多肽的合成

19-6

多肽的合成是将氨基酸按一定顺序通过肽键连接起来。合成前，先将一个氨基酸的氨基和另一个氨基酸的羧基分别加以保护，如果不保护，氨基酸之间会以多种不同顺序加以连接。如甘氨酸与丙氨酸脱去一个水形成二肽，有四种脱水方式，分别生成甘-丙、丙-甘、甘-甘、丙-丙四种二肽。

$$\underset{\text{甘氨酸}}{H_2NCH_2\overset{O}{\overset{\|}{C}}-OH} + \underset{\text{丙氨酸}}{H_2NCH(CH_3)\overset{O}{\overset{\|}{C}}-OH} \xrightarrow{-H_2O} \begin{cases} H_2NCH_2-\overset{O}{\overset{\|}{C}}-NH-CH_2-\overset{O}{\overset{\|}{C}}-OH & \text{甘-甘} \\ H_2NCH(CH_3)\overset{O}{\overset{\|}{C}}-NH-CH(CH_3)-\overset{O}{\overset{\|}{C}}-OH & \text{丙-丙} \\ H_2NCH_2\overset{O}{\overset{\|}{C}}-NH-CH(CH_3)-\overset{O}{\overset{\|}{C}}-OH & \text{甘-丙} \\ H_2NCH(CH_3)\overset{O}{\overset{\|}{C}}-NH-CH_2-\overset{O}{\overset{\|}{C}}-OH & \text{丙-甘} \end{cases}$$

1. 氨基的保护

用氯甲酸苄酯或氯甲酸叔丁酯与氨基酸反应生成酰胺来保护氨基酸的氨基。其中，用氯甲酸苄酯试剂保护的，以钯催化加氢来解除保护；用氯甲酸叔丁酯保护的，以三氟乙酸水解来解除保护。如：

$$\underset{\text{氯甲酸苄酯}}{C_6H_5-CH_2O-\overset{O}{\overset{\|}{C}}-Cl} + H_2NCH_2\overset{O}{\overset{\|}{C}}-OH \xrightarrow{OH^-} C_6H_5-CH_2O-\overset{O}{\overset{\|}{C}}-NH-CH_2COOH$$

$$\underset{\text{氯甲酸叔丁酯}}{(CH_3)_3CO-\overset{O}{\overset{\|}{C}}-Cl} + H_2NCH(CH_3)\overset{O}{\overset{\|}{C}}-OH \xrightarrow{OH^-} (CH_3)_3CO-\overset{O}{\overset{\|}{C}}-NHCH(CH_3)COOH$$

2. 羧基的保护

用苄醇或叔丁醇生成酯来保护氨基酸的羧基。如：

$$H_2NCH_2\overset{\overset{\displaystyle O}{\|}}{C}-OH + C_6H_5-CH_2OH \longrightarrow H_2NCH_2\overset{\overset{\displaystyle O}{\|}}{C}-OCH_2-C_6H_5$$

苄醇

$$H_2N\underset{\underset{\displaystyle CH_3}{|}}{CH}\overset{\overset{\displaystyle O}{\|}}{C}-OH + (CH_3)_3C-OH \longrightarrow H_2N\underset{\underset{\displaystyle CH_3}{|}}{CH}\overset{\overset{\displaystyle O}{\|}}{C}-OC(CH_3)_3$$

叔丁醇

其中苄酯结构用钯催化加氢的方法来解除保护,叔丁酯结构则用三氟乙酸水解的方法来解除保护。

3. 肽的生成

肽合成的步骤是:

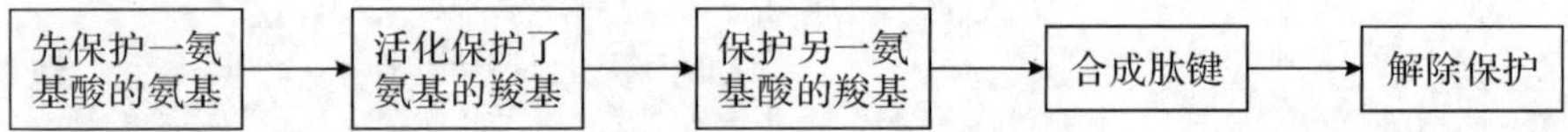

如合成丙氨酰甘氨酸二肽,合成步骤可设计为:先用氯甲酸苄酯保护丙氨酸的氨基,再用氯化磷形成酰氯活化羧基,用苄醇保护甘氨酸的羧基,然后形成肽键,最后去保护得到丙-甘二肽。

$$C_6H_5-CH_2O-\overset{\overset{\displaystyle O}{\|}}{C}-Cl + H_2N\underset{\underset{\displaystyle CH_3}{|}}{CH}\overset{\overset{\displaystyle O}{\|}}{C}-OH \longrightarrow C_6H_5-CH_2O-\overset{\overset{\displaystyle O}{\|}}{C}-NH\underset{\underset{\displaystyle CH_3}{|}}{CH}\overset{\overset{\displaystyle O}{\|}}{C}-OH \xrightarrow{PCl_3}$$

$$\left.\begin{array}{l} C_6H_5-CH_2O-\overset{\overset{\displaystyle O}{\|}}{C}-NH\underset{\underset{\displaystyle CH_3}{|}}{CH}\overset{\overset{\displaystyle O}{\|}}{C}-Cl \\ H_2NCH_2\overset{\overset{\displaystyle O}{\|}}{C}-OH + C_6H_5-CH_2OH \longrightarrow H_2NCH_2\overset{\overset{\displaystyle O}{\|}}{C}-OCH_2-C_6H_5 \end{array}\right\} \longrightarrow$$

$$C_6H_5-CH_2O-\overset{\overset{\displaystyle O}{\|}}{C}-NH\underset{\underset{\displaystyle CH_3}{|}}{CH}\overset{\overset{\displaystyle O}{\|}}{C}-HNCH_2\overset{\overset{\displaystyle O}{\|}}{C}-OCH_2-C_6H_5 \xrightarrow[Pd]{H_2} H_2N\underset{\underset{\displaystyle CH_3}{|}}{CH}\overset{\overset{\displaystyle O}{\|}}{C}-NH-CH_2-\overset{\overset{\displaystyle O}{\|}}{C}-OH$$

丙-甘

19.3 蛋白质

蛋白质与多肽相似,都是由许多氨基酸通过肽键形成的高分子化合物,它们之间没有明显的界线,通常将相对分子质量在1万以上的多肽称为蛋白质,1万以下的则称为多肽。

19.3.1 蛋白质的组成和分类

元素分析表明,组成蛋白质的主要元素是C、H、O、N、S,少数蛋白质含有P、Fe、Cu、Zn、Mn,个别蛋白质还含有I或其他元素。组成蛋白质的成分有单纯蛋白和结合蛋白。单纯蛋白是指完全水解后只生成多种 α-氨基酸，如卵蛋白、血清蛋白等；结合蛋白是指完全水解后，除生成多种 α-氨基酸外，还有非蛋白质（如糖、脂肪、含磷化合物等）生成，如核蛋白、血红蛋白等。其中，非蛋白质部分称为辅基。

蛋白质种类繁多，一般按形状和溶解性，将蛋白质分为纤维蛋白和球蛋白。纤维蛋白的分子为细长形，不溶于水，如指角、毛发、蚕丝等；球蛋白呈球形或椭圆形，一般能溶于水形成蛋白质的胶体溶液，如酶、血红蛋白、蛋白激素等。

19.3.2　蛋白质的结构

组成蛋白质的氨基酸只有 20 多种，但蛋白质的种类繁多，结构相当复杂，蛋白质结构分为一级、二级、三级和四级结构。

19-7

1. 一级结构

蛋白质一级结构是指蛋白质分子中多肽链的条数、每条肽链氨基酸的种类和排列顺序、多肽链之间或多肽链内二硫键的数目和位置。如牛胰岛素分子是由 51 个氨基酸组成，分 A、B 两条多肽链，A 链有 21 个氨基酸，B 链有 30 个氨基酸，A、B 两条肽链之间通过两个二硫键相互连接，A 链内部 6 位和 11 位两个半胱氨酸之间通过一个二硫键连接（见图 19-1）。

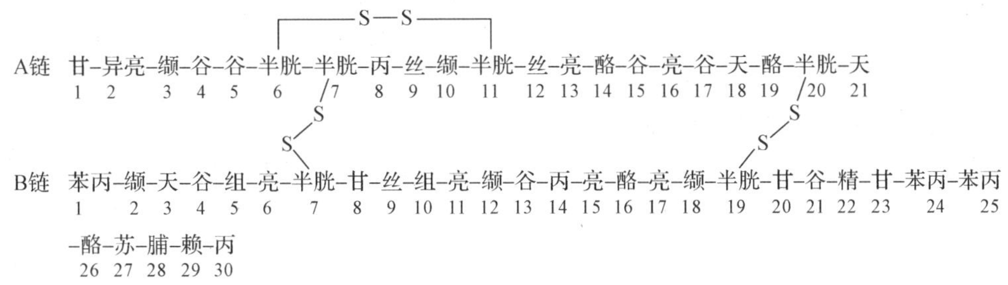

图 19-1　牛胰岛素的一级结构

1965 年，我国化学家采用液相合成法在世界上首次人工合成了结晶牛胰岛素，开辟了人工合成蛋白质的新时代。

2. 二级结构

蛋白质二级结构是指在一级结构基础上，肽链内或肽链之间通过氢键作用，使肽链骨架产生的空间构象关系。最主要的二级结构有 α-螺旋和 β-折叠。

（1）α-螺旋。α-螺旋结构是肽链骨架中肽键氮原子上的 H 与它后面第 4 个氨基酸残基上羰基上的 O 之间形成氢键，使肽链围绕中心轴盘绕成的螺旋形构象。每一圈螺旋约含 3.6 个氨基酸残基，侧烃 R 基团位于螺旋的外侧，大多数蛋白质是 α-右手螺旋的结构（见图 19-2）。

（2）β-折叠。β-折叠结构是平行排列的两条多肽链之间靠氢键形成扇形的折叠面。肽链排列时可以是同向平行排列，也可以是逆向平行排列（见图 19-3）。

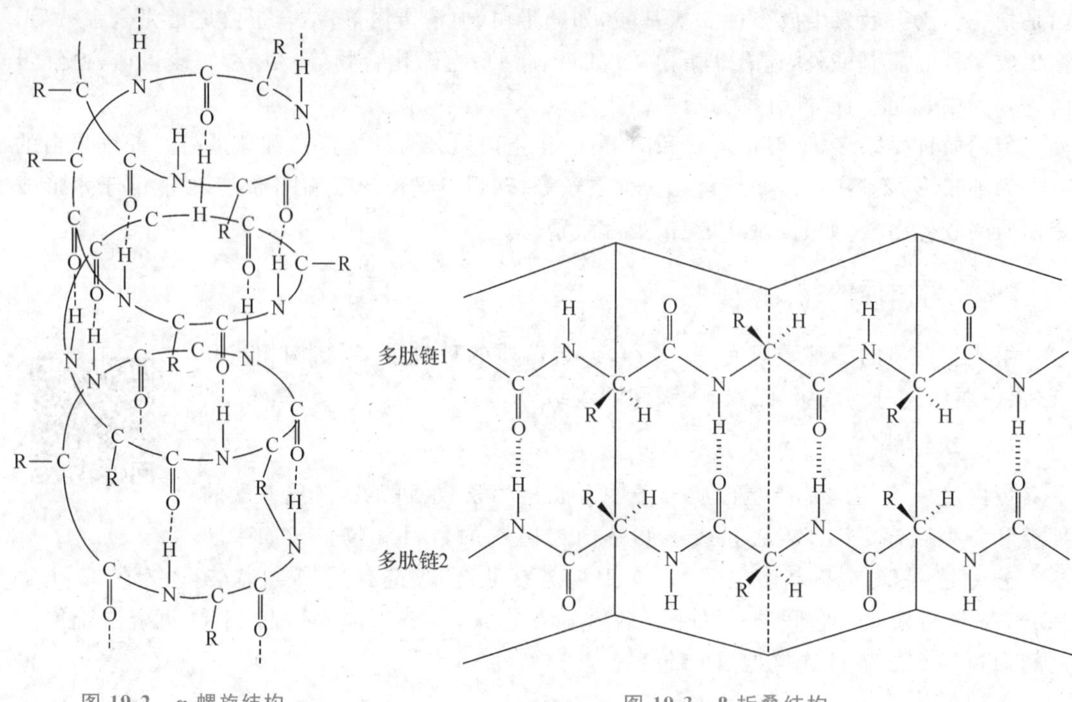

图 19-2 α-螺旋结构

图 19-3 β-折叠结构

3. 三级结构

蛋白质三级结构是指在二级结构基础上，多肽链经过进一步卷曲、折叠而构成的一种不规则的、特定的、更复杂的空间结构，维系三级结构的作用力主要是氢键、离子键、疏水键等。如肌红蛋白三级结构(见图 19-4)。

4. 四级结构

蛋白质四级结构是指具有三级结构的蛋白质分子(称为亚基)之间通过疏水键作用，形成有序排列的特定空间结构。如血红蛋白是由两条 α-多肽链(每条含有 141 个氨基残基)和两条 β-多肽链(每条含有 146 个氨基残基)组成的一个球状分子，即由四个亚基组成，这些亚基在空间具有特定的排列方式，每个亚基都卷曲成球状，构成一个空穴，可容纳一个含亚铁离子的血红素，四个亚基靠氢键和八个盐键维系着血红蛋白分子的四级空间结构(见图 19-5)。

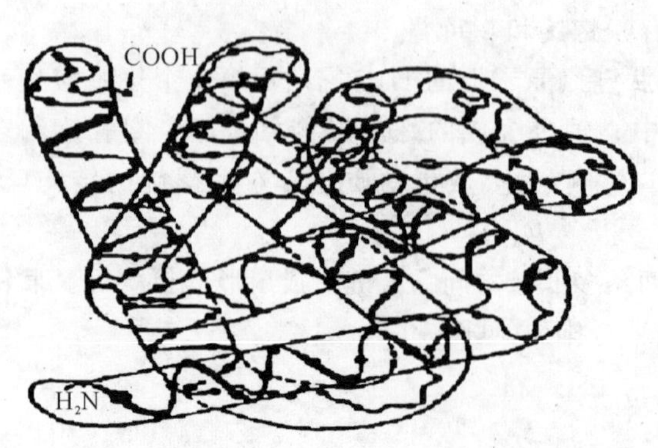

图 19-4 肌红蛋白三级结构

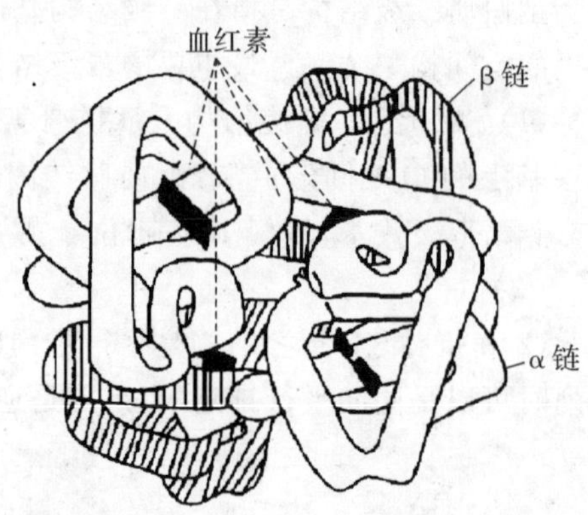

图 19-5 血红蛋白四级结构

19.3.3　蛋白质的性质

1. 胶体性质

蛋白质分子直径通常为 $10^{-9}\sim10^{-7}$ m，含有大量的—COOH、—NH_2、—OH、—SH 等极性基团。蛋白质溶液是一种稳定的亲水性胶体，具有胶体的性质，如布朗运动、丁达尔现象、不能透过半透膜等。

2. 两性电离和等电点

蛋白质分子中有游离的氨基和羧基，与氨基酸相似，具有两性和等电点。在等电点时，蛋白质主要以两性离子存在，pH<pI 时，主要以阳离子形式存在，pH>pI 时，主要以阴离子形式存在。在等电点时，蛋白质溶解度最小，易形成沉淀，不同蛋白质等电点不同，据此可用于蛋白质的分离。

3. 盐析

蛋白质溶液中加入大量的中性无机盐（如硫酸铵、氯化钠），使蛋白质沉淀析出的过程称为盐析。盐析过程是可逆的，沉淀后的蛋白质能溶于水，且性质不变，不同蛋白质盐析所需盐的浓度不同，利用这种性质可以分离不同的蛋白质。

4. 变性

在物理（如加热、紫外光照射、剧烈搅拌与振荡、超声波等）或化学因素（如强酸、强碱、强氧化剂、重金属盐、乙醇等）作用下，蛋白质分子内氢键、盐键等次级键被破坏，蛋白质的空间结构发生改变（一级结构不变），从而失去原来的生理活性，并引起理化性质变化的现象，称为蛋白质的变性。蛋白质的二级结构或化学键发生变化的变性过程，是不可逆的。

5. 颜色反应

有些试剂与蛋白质分子中的酰胺键或不同的氨基酸残基反应，生成特有的颜色，可用于蛋白质的鉴定。常见颜色反应如表 19-2 所示。

表 19-2　蛋白质的颜色反应

反应名称	试剂	现象	结构条件
缩二脲反应	$CuSO_4$ 碱性溶液	紫色溶液	两个及以上的酰胺键
蛋白黄反应	浓硝酸与氨水	黄色沉淀	氨基酸残基含有苯环
茚三酮反应	水合茚三酮	蓝紫色溶液	α-游离氨基

6. 水解反应

在酸、碱或酶作用下，蛋白质分子中的酰胺键发生断裂水解，最终产物生成 α-氨基酸。

知识点达标题 19-6　某蛋白质溶于 pH=7 的水中，得到 pH=8 的蛋白质溶液，该蛋白质的等电点________8（填“<、=、>”），若要使蛋白质向阴极移动，应加________（填“酸、碱”）。

19-2

19.4　核酸

核酸对遗传信息的储存和蛋白质的合成起着决定性作用，是一类非常重要的生物大分子。

19.4.1 核酸的组成和分类

核酸是由许多核苷酸通过磷酸二酯键相连的生物大分子，核苷酸是它组成的基本单位。核苷酸是由核苷和磷酸组成，而核苷则由戊糖和杂环碱组成，其中戊糖有 β-D-核糖和 β-D-2-脱氧核糖两种；杂环碱有嘌呤碱和嘧啶碱两类，嘌呤碱有腺嘌呤（A）、鸟嘌呤（G），嘧啶碱有尿嘧啶（U）、胸腺嘧啶（T）和胞嘧啶（C）。

根据组成的戊糖不同，核酸分为核糖核酸（RNA）和脱氧核糖核酸（DNA）两种。核糖核酸的核苷由 β-D-核糖、腺嘌呤、鸟嘌呤、胞嘧啶、尿嘧啶组成，脱氧核糖核酸的核苷由 β-D-2-脱氧核糖、腺嘌呤、鸟嘌呤、胞嘧啶、胸腺嘧啶组成。

- 核酸
  - 核糖核酸（RNA）→ 核苷酸
    - 核苷
      - 戊糖（β-D-核糖）
      - 嘌呤碱（A、G）
      - 嘧啶碱（C、U）
    - 磷酸
  - 脱氧核糖核酸（DNA）→ 核苷酸
    - 磷酸
    - 核苷
      - 戊糖（β-D-2-脱氧核糖）
      - 嘌呤碱（A、G）
      - 嘧啶碱（C、T）

19.4.2 核苷和核苷酸的结构

1. 核苷的结构

19-8

核苷是核糖或脱氧核糖的 C_1 半缩醛羟基（苷羟基）与嘌呤环 N_9 上的 H 或嘧啶环 N_1 上的 H 脱水生成的 β-糖苷。如组成 DNA 的脱氧腺嘌呤核苷（脱氧腺苷）、脱氧鸟嘌呤核苷（脱氧鸟苷）、脱氧胞嘧啶核苷（脱氧胞苷）和脱氧胸腺嘧啶核苷（脱氧胸苷）的四种脱氧核苷结构分别为：

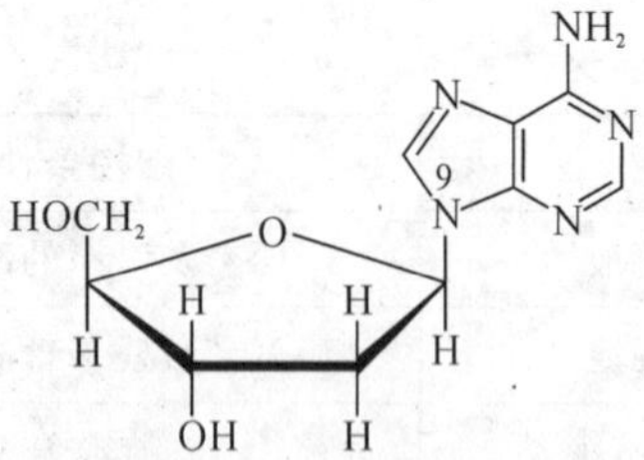

脱氧腺嘌呤核苷(脱氧腺苷)

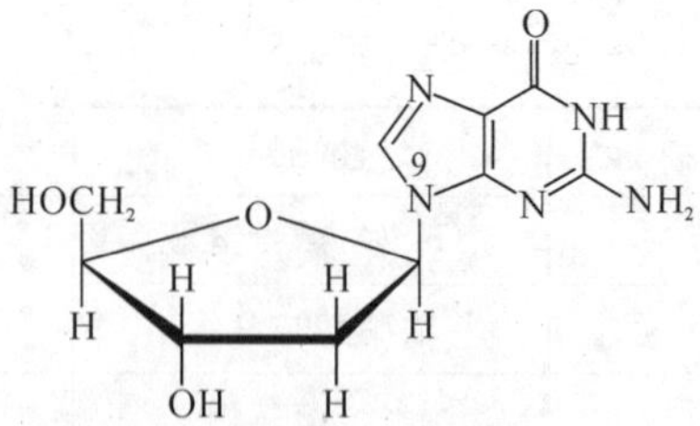

脱氧鸟嘌呤核苷(脱氧鸟苷)

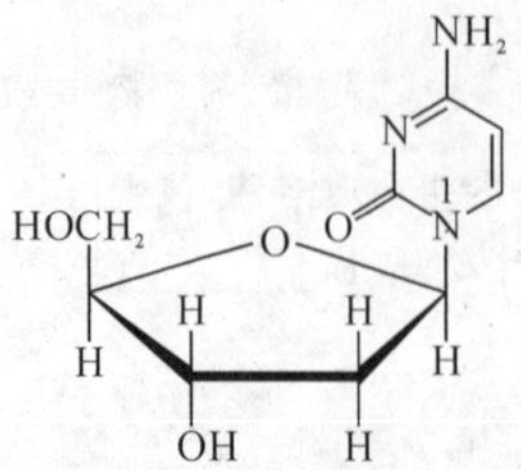

脱氧胞嘧啶核苷(脱氧胞苷)

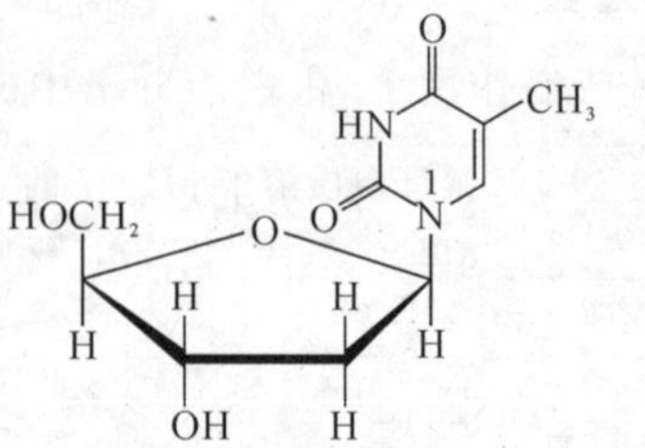

脱氧胸腺嘧啶核苷(脱氧胸苷)

组成 RNA 的鸟嘌呤核苷(鸟苷)、腺嘌呤核苷(腺苷)、胞嘧啶核苷(胞苷)和尿嘧啶核苷(尿苷)的四种核苷结构分别为：

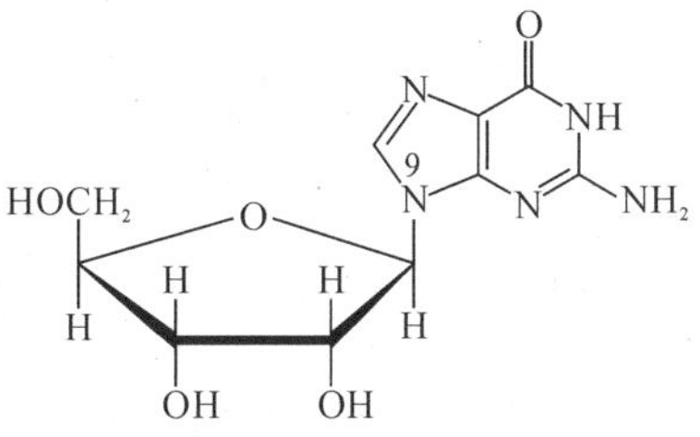

鸟嘌呤核苷(鸟苷) 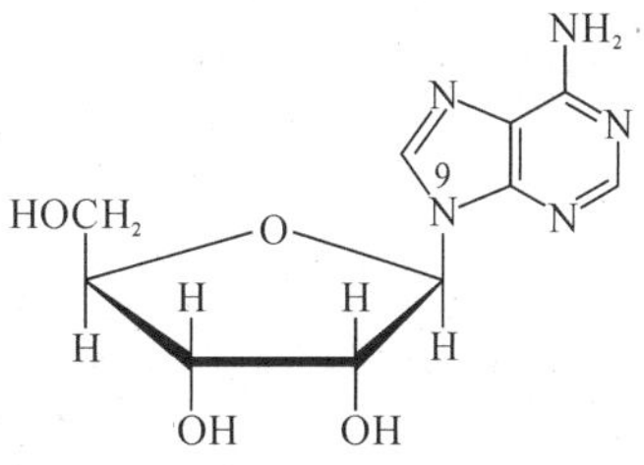　　腺嘌呤核苷(腺苷)

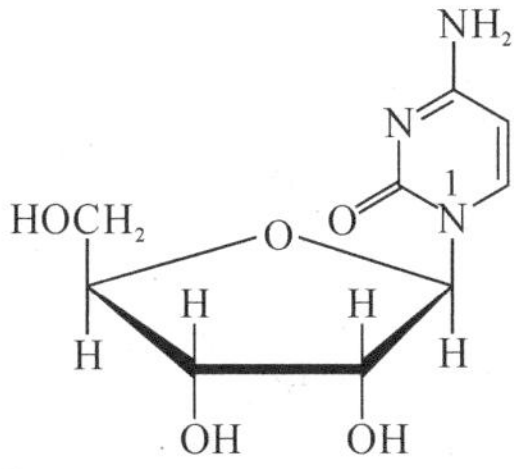

胞嘧啶核苷(胞苷) 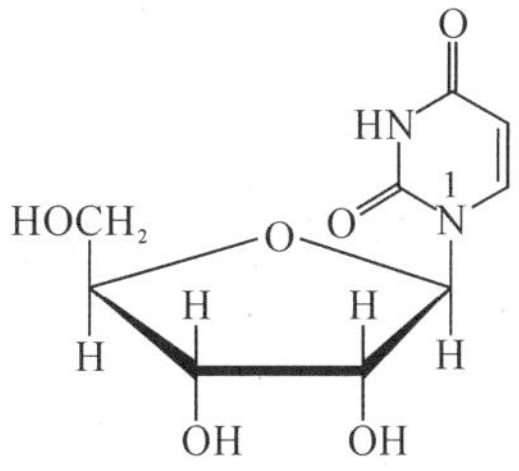　　尿嘧啶核苷(尿苷)

2. 核苷酸的结构

核苷酸是核苷或脱氧核苷中糖的 C_3 或 C_5 上的羟基与磷酸脱水形成的磷酸酯，游离的核苷酸主要以 5-磷酸酯形式存在。如腺嘌呤核苷酸和胞嘧啶脱氧核苷酸的结构分别为：

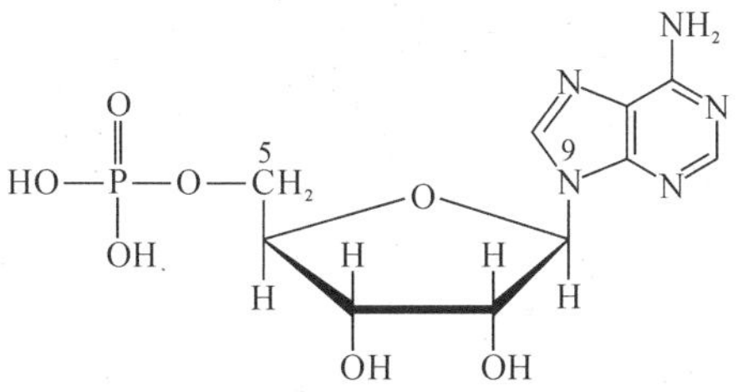

腺嘌呤核苷酸 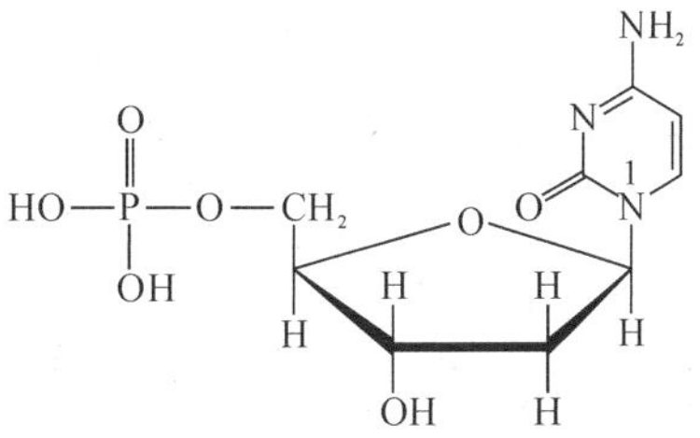　　胞嘧啶脱氧核苷酸

19.4.3 核酸的结构

1. 核酸的一级结构

多个核苷酸之间通过 C_5 上的磷酸及 C_3 上羟基的磷酸二酯键相连形成的生物大分子则为核酸的一级结构。如核糖核酸的部分结构片段：

5'端

腺苷酸A

胞苷酸C

鸟苷酸G

尿苷酸U

3'端

2. 核酸的二级结构

1953 年，美国的沃森(Watson)和英国的克里克(Crick)根据 DNA 晶体的 X 射线衍射及分子模型的研究结果，提出 DNA 双螺旋结构模型，认为 DNA 是由两条反向平行排列的脱氧核糖核酸链通过右手螺旋方式相互缠绕形成，两条链通过嘌呤和嘧啶之间的氢键结合固定，其中 A ═T 两个氢键，G≡C 三个氢键，形成互补的结构(见图 19-6)。

大多数 RNA 是单链结构，单链的部分区域发生自身回折盘绕，回折区内碱基以 A ═U、G≡C 配对，形成短的不规则的双螺旋区，非回折区碱基不配对(见图 19-7)。

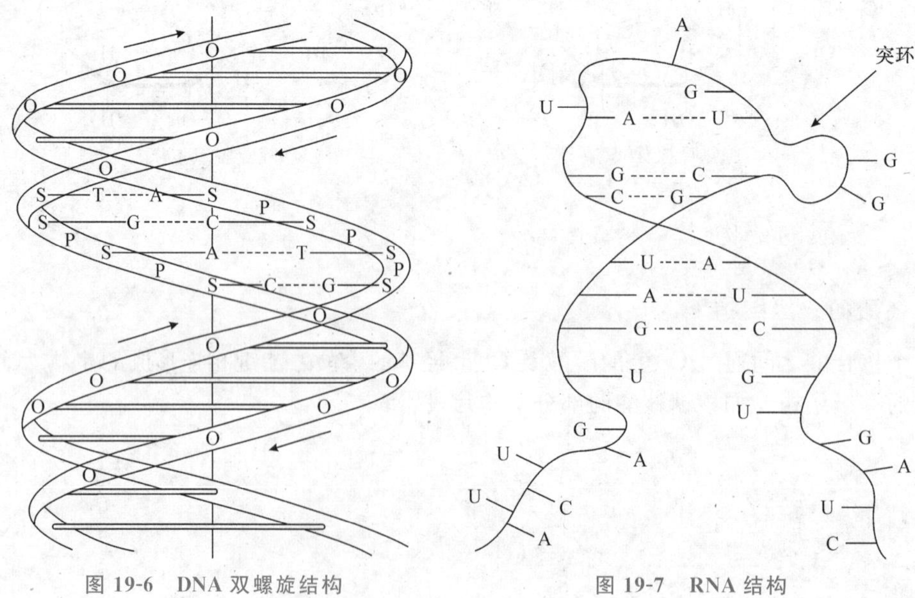

图 19-6　DNA 双螺旋结构　　　　图 19-7　RNA 结构

19.4.4　核酸的功能

核酸是生物遗传的物质基础，以核蛋白形式存在于生物体内。DNA 主要存在于细胞核中，它是遗传信息的携带者，DNA 的结构决定生物合成蛋白质的特定结构，并保证把这种特性遗传给下一代。RNA 主要存在于细胞质中，它们是以 DNA 为模板而形成的，并直接参加蛋白质的生物合成过程，即 DNA 是 RNA 的模板，而 RNA 又是蛋白质的模板。这样，存在于 DNA 分子上的遗传信息就通过这种方式由 DNA 传递给 RNA，再传递给蛋白质。

【重要知识小结】

1. 氨基酸是组成多肽和蛋白质的基本单元。天然存在的 20 种氨基酸均为 α-氨基酸（甘氨酸外）。氨基酸有酸性、碱性、中性及必需氨基酸之分。

2. 氨基酸具有酸性羧基和碱性氨基的性质，分子内可发生质子转移生成两性离子。当氨基酸的酸式电离和碱式电离程度相等时，氨基酸净电荷为 0，此时溶液的 pH 值称为氨基酸的等电点 pI，此时氨基酸主要以两性离子形式存在，当 pH＞pI 时，氨基酸主要以阴离子形式存在，当 pH＜pI 时，氨基酸主要以阳离子形式存在。α-氨基酸与水合茚三酮的显蓝紫色反应可作为 α-氨基酸的鉴定方法。

3. α-氨基酸可用 α-卤代酸氨解和以邻苯二甲酰亚胺钾和卤代酸酯或卤代丙二酸二乙酯为原料的盖布瑞尔法来合成。

4. 多肽分子中氨基酸的排列顺序可以利用端基分析法来确定。

5. 蛋白质结构可以分为一级、二级、三级和四级结构，一级结构是指多肽链中氨基酸残基的连接方式和排列顺序，二级结构是指多肽链的主链骨架中若干肽段在空间的伸展方式，主要有 α-螺旋和 α-折叠。

6. 核酸分为核糖核酸（RNA）和脱氧核糖核酸（DNA），核苷酸是它们的基本单元。核苷酸由磷酸、戊糖和碱基组成，许多核苷酸通过 3，5-磷酸二酯相连成生物大分子。

习　题

19-9

1. 有一氨基酸可完全溶于 pH＝7 的纯水中，所得的氨基酸溶液的 pH＝6，试推测该氨基酸的等电点________6（填“＜、＞、＝”）。

2. 不查表，指出下列氨基酸相对应的等电点及等电点时的存在形式，并解释氨基酸在水中的溶解度为什么在等电点时最小？

（脯氨酸）（吡咯烷-2-基）—COOH　　$HOOCCH_2CH(NH_2)COOH$（天冬氨酸）

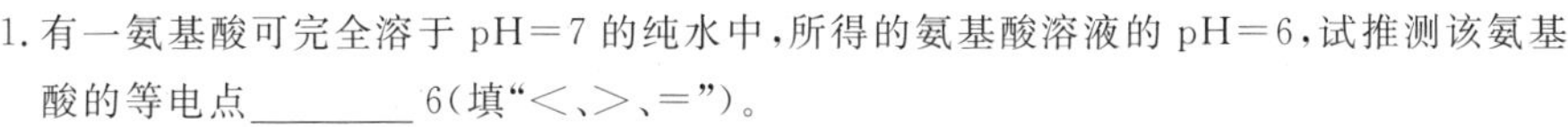

$H_2NC(=NH)NH(CH_2)_3CH(NH_2)COOH$（精氨酸）　　$HSCH_2CH(NH_2)COOH$（半胱氨酸）

等电点：pI＝2.95；pI＝10.76；pI＝5.07；pI＝6.30。

3. 试比较下列反应的速率大小，并解释其原因。

（1）与乙酸酐酰化反应生成酰胺：甘氨酸与乙胺

（2）与乙醇酯化反应生成酯：丙氨酸与丙酸

4. 用简单的化学方法区别下列各组化合物。

(1) $C_6H_5CH_2CH(NH_2)COOH$ 与 $C_6H_5CH_2CH(NHCOCH_3)COOH$

(2) $CH_3CH(OH)CH(NH_2)COOH$ 与 $HOCH_2CH(NH_2)COOH$

(3) $HOOCCH_2CH(NH_2)COOH$ 与 $HO-C_6H_4-CH_2CH(NH_2)COOH$

5. 有一种抗生素，是由十个氨基酸以肽键构成的环状结构。完全水解得到缬氨酸、亮氨酸、脯氨酸、苯丙氨酸和鸟氨酸，其比例为 1∶1∶1∶1∶1，部分水解得到下列多肽：亮-苯丙、苯丙-脯、亮-鸟、鸟-缬、苯丙-脯-缬和亮-鸟-缬。试推测该环状十肽的结构。

6. 用丙二酸二乙酯通过盖布瑞尔法合成下列氨基酸。

(1) $CH_3CH(CH_3)CH_2CH(NH_2)COOH$ (亮氨酸)

(2) $HOOCCH_2CH(NH_2)COOH$ (天冬氨酸)

(3) $CH_2(OH)CH(NH_2)COOH$ (丝氨酸)

(4) $HO-C_6H_4-CH_2CH(NH_2)COOH$ (酪氨酸)

(5) $CH_3SCH_2CH_2CH(NH_2)COOH$ (蛋氨酸)

(6) 吡咯烷-2-COOH（环中 N—H） (脯氨酸)

7. 写出甘氨酰-丙氨酰-苯丙氨酸的合成步骤。

8. 写出下列反应的主要产物。

(1) $NH_2CH_2COOH + PhCHO \longrightarrow$

(2) $CH_3CH(NH_2)COOH \xrightarrow[HCl]{C_2H_5OH}$

(3) $H_2N(CH_2)_4CH(NH_2)COOH \xrightarrow{(CH_3CO)_2O}$

(4) $O_2N-C_6H_3(NO_2)-F + H_2NCH_2CONHCH_2COOH \longrightarrow$

(5) $C_6H_5CH_2CH(NH_2)COOH \xrightarrow{NaNO_2+HCl}$

(6) $CH_3CH(NH_2)COOH + CH_3I$(过量) $\longrightarrow$

(7) $(CH_3)_2CHCHO \xrightarrow{NH_3} \xrightarrow{HCN} \xrightarrow{OH^-} \xrightarrow{H_3O^+}$

(8) $C_6H_5-N=C=S + H_2N-CH(CH_3)CO-NHCH_2CO-NHCH(C_6H_5)COOH \xrightarrow{OH^-} \xrightarrow{H_3O^+}$

➢ PPT 课件

➢ 自测题

➢ 王序——中国药物化学家

➢ 人工合成胰岛素的曲折艰苦历程

19-10

第 20 章　油脂和类脂化合物

【知识点与要求】

✧ 熟悉油脂和常见高级脂肪酸的结构，了解油脂、蜡和磷脂的性质及用途。

✧ 掌握甾族化合物的基本骨架及其编号，了解常见甾族化合物的性能。

✧ 掌握萜类化合物的概念、分类及异戊二烯规则，了解常见萜类化合物的性能。

油脂是甘油和脂肪酸形成的酯，包括油和脂肪。类脂是指物理性质与油脂类似的一类化合物，包括蜡、磷脂、甾族和萜类化合物。类脂化合物在组成、结构和化学性质上差别很大，它们是细胞内原生质的必要成分。油脂和类脂化合物具有重要的生理功能，如：油脂是储存能量的主要形式，磷脂是构成细胞膜的重要物质，某些萜类和甾族化合物具有维生素和激素等功能活性。

20.1　油脂

20.1.1　油脂的组成、结构和命名

20-1

油脂是油和脂肪的总称，通常把在常温下为液体的称为油，如菜籽油、花生油等，为固体或半固体的称为脂肪，如猪油、牛油等。天然油脂因来源不同其组成也不尽相同，但其主要成分是三分子的直链高级脂肪酸与甘油形成的酯。

$$
\begin{array}{l}
CH_2-O-\overset{\overset{\displaystyle O}{\|}}{C}-R \\
| \\
CH-O-\overset{\overset{\displaystyle O}{\|}}{C}-R' \\
| \\
CH_2-O-\overset{\overset{\displaystyle O}{\|}}{C}-R''
\end{array}
$$

式中，R、R′、R″完全相同的为单甘油酯，R、R′、R″不完全相同的为混甘油酯。天然油脂多为混合甘油酯，且是与其他组分形成的复杂混合物。

组成天然油脂的高级脂肪酸有很多种，目前已发现的脂肪酸有八九十种，它们在组成和结构上具有以下共同特点：

(1)绝大多数是直链的含偶数碳的高级脂肪酸，一般为 $C_{12}\sim C_{20}$；

(2)不少脂肪酸是含有 1～3 个 C═C 的不饱和脂肪酸，C═C 为顺式构型，多个双键之间一般不构成共轭体系，植物中不饱和脂肪酸含量高于饱和脂肪酸；

(3)脂肪酸中不饱和键数目越多，熔点越低。

油脂中常见脂肪酸如表 20-1 所示。

表 20-1 油脂中常见脂肪酸

类别	系统名称	俗名	结构简式	熔点/℃
饱和脂肪酸	十二碳酸	月桂酸	$CH_3(CH_2)_{10}COOH$	44
	十四碳酸	豆蔻酸	$CH_3(CH_2)_{12}COOH$	58.5
	十六碳酸	软脂酸	$CH_3(CH_2)_{14}COOH$	63
	十八碳酸	硬脂酸	$CH_3(CH_2)_{16}COOH$	69
	二十碳酸	花生酸	$CH_3(CH_2)_{18}COOH$	75
不饱和脂肪酸	(9Z)-十六碳烯酸	棕榈油酸	$CH_3(CH_2)_5CH{=}CH(CH_2)_7COOH$	0.5
	(9Z)-十八碳烯酸	油酸	$CH_3(CH_2)_7CH{=}CH(CH_2)_7COOH$	13
	(9Z,12Z)-十八碳二烯酸	亚油酸	$CH_3(CH_2)_4(CH{=}CHCH_2)_2(CH_2)_6COOH$	−5
	(9Z,12Z,15Z)-十八碳三烯酸	亚麻酸	$CH_3CH_2(CH{=}CHCH_2)_3(CH_2)_6COOH$	−11
	(5Z,8Z,11Z,14Z)-二十碳四烯酸	花生四烯酸	$CH_3(CH_2)_4(CH{=}CHCH_2)_4(CH_2)_2COOH$	−48.5

多数天然脂肪酸可在体内合成，但亚油酸、亚麻酸在体内不能自身合成，花生四烯酸虽然在体内可以合成，但数量太少。这些人体内不能合成或合成数量不足，必须由食物供给的不饱和脂肪酸称为必需脂肪酸。如果人体缺少必需脂肪酸，会导致脂质代谢紊乱，血脂升高、动脉硬化，进而诱发心脑血管疾病。

油脂按多元醇酯的命名法命名为“三某酸甘油酯”，也可以将醇名放在前，命名为“甘油三某酸酯”。如果是混甘油酯，则需要将脂肪酸的位次标出。如：

$$\begin{array}{l} CH_2-O-\overset{O}{\overset{\|}{C}}-C_{17}H_{35} \\ | \\ CH-O-\overset{O}{\overset{\|}{C}}-C_{17}H_{35} \\ | \\ CH_2-O-\overset{O}{\overset{\|}{C}}-C_{17}H_{35} \end{array}$$

三硬脂酸甘油酯
(甘油三硬脂酸酯)

$$\begin{array}{l} \alpha\ CH_2-O-\overset{O}{\overset{\|}{C}}-C_{15}H_{31} \\ \quad | \\ \beta\ CH-O-\overset{O}{\overset{\|}{C}}-C_{17}H_{35} \\ \quad | \\ \gamma\ CH_2-O-\overset{O}{\overset{\|}{C}}-(CH_2)_7CH{=}CH(CH_2)_7CH_3 \end{array}$$

α-软脂酸-β-硬脂酸-γ-油酸甘油酯

20.1.2 油脂的物理性质

一般来说，不饱和脂肪酸或低碳数脂肪酸的含量较高的油脂在室温下呈液体，饱和脂肪酸含量较高的油脂在室温下呈固体或半固体。如：液态棉籽油的甘油酯中，不饱和脂肪酸含量约占 75%，而半固态牛油的甘油酯中，饱和脂肪酸含量占 60%～70%。

不饱和脂肪酸含量高的甘油酯在室温下之所以呈液态，与 C═C 的构型有关。由于天然油脂中不饱和脂肪酸多为顺式构型，其碳链不能像饱和脂肪酸那样呈规则的锯齿状，而是弯成一定角度，这样羧酸的链与链之间就不能紧密接触，分子间接触面小，分子间作用力弱，所以油的“熔点”降低。

十六碳酸　　(9Z)-十六碳烯酸

油脂不溶于水，易溶于乙醇、乙醚、氯仿等弱极性有机溶剂，相对密度小于 1。由于天然油脂都是由多种混甘油酯与其他组分形成的复杂混合物，所以没有固定的熔点和沸点。

知识点达标题 20-1　为什么日常的食用油如菜籽油、大豆油、花生油、茶油等均为液态，而猪油、牛油为固态或半固态？

20-2

20.1.3　油脂的化学性质

1. 皂化

将油脂与氢氧化钠(或氢氧化钾)水溶液混合进行水解，生成甘油和高级脂肪酸钠盐(或钾盐)。

20-3

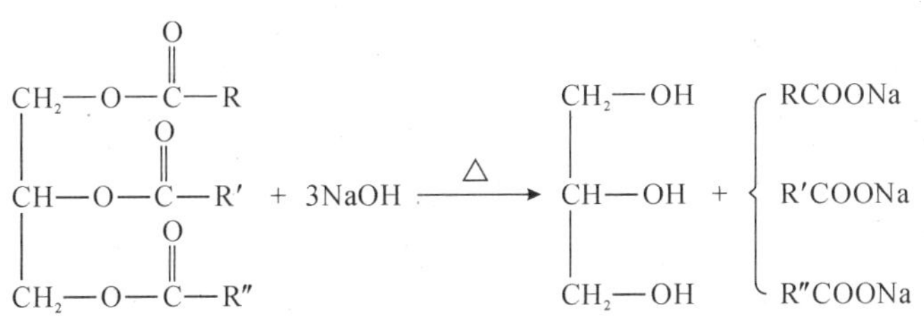

高级脂肪酸盐俗称肥皂，高级脂肪酸钠盐为普通肥皂，高级脂肪酸钾盐为软肥皂。因此，将油脂在碱性溶液中的水解反应称为皂化反应。工业上，将 1g 油脂完全皂化所需要的氢氧化钾的质量(mg)称为皂化值。皂化值的大小，可以判断油脂中所含甘油酯的平均相对分子质量。皂化值越大，所含甘油酯的平均相对分子质量越小。

2. 加成

含有不饱和脂肪酸的油脂，分子中的 C═C 可以与氢气、卤素等发生加成反应。

(1)氢化。含不饱和脂肪酸的油脂，在金属催化下，C═C 与氢气加成，得到饱和脂肪酸较多的油脂，从而使液态的油变为半固态或固态的脂肪，这一过程称为油脂的氢化或油脂的硬化。氢化后的油脂不仅熔点提高，且不容易变质，有利于保存和运输。人造食用黄油就是将植物油部分氢化而成的。不过，油脂在氢化过程中，还可能发生脱氢反应生成较为稳定的含反式脂肪酸的油脂。近期的研究表明，摄入较多的反式脂肪酸可能会增加血液中低密度脂蛋白胆固醇的含量，加大患心脏病的风险。

(2)加碘。含不饱和脂肪酸的油脂可以与碘发生加成反应。100g 油脂所能吸收碘的质量(单位:g)称为碘值。碘值可用来判断油脂的不饱和程度，碘值越大，油脂的不饱和程度越高。由于碘与 C═C 的加成反应速率较慢，实验测定时常用氯化碘(ICl)或溴化碘(IBr)的冰醋酸溶液代替碘。

(3)酸败。油脂在空气中放置过久，会产生难闻的气味，这种现象叫作油脂的酸败。油脂酸败是空气中的氧气、水分和微生物作用的结果。油脂中的不饱和脂肪酸在空气中的氧作用下，C═C 断裂，生成具有难闻气味的低级醛和酸等。而油脂中的饱和脂肪酸在微生物作用下，羧酸的 β-C 被氧化羰基，生成 β-酮酸，β-酮酸进一步分解则产生不愉快气味的酮或羧酸。

油脂的酸败程度用酸值来表示。中和 1g 油脂中的游离脂肪酸所需氢氧化钾的质量(单位:mg)称为油脂的酸值。酸值越高,说明其中游离的脂肪酸的含量越多,酸败越严重。当酸值大于 6.0 时,油脂就不能食用。

知识点达标题 20-2 人造食用黄油为什么反式脂肪酸的油酯含量会升高?反式脂肪酸对人体健康有何影响?

20-2

20.2 蜡

蜡通常是指一类油腻而不溶于水,具有可塑性和易熔化特性的物质。它存在于许多海洋浮游生物中,某些动物的毛皮、鸟的羽毛、昆虫的外壳及植物的叶和果实的保护层中也含有蜡。

蜡的主要成分是由高级脂肪酸和高级伯醇形成的一元酯,此外还含有少量的游离高级脂肪酸、高级醇和烃。其中脂肪酸和脂肪醇均由大于 16 的偶数个碳原子组成。最常见的高级脂肪酸是软脂酸和二十六碳酸,脂肪醇是十六碳醇、二十六碳醇及三十碳醇。常见蜡如表 20-2 所示。

表 20-2 常见蜡成分与熔点

名称	主要成分	熔点/℃
虫蜡	$C_{25}H_{51}COOC_{26}H_{53}$	81.3～84
蜂蜡	$C_{15}H_{31}COOC_{30}H_{61}$	62～65
鲸蜡	$C_{15}H_{31}COOC_{16}H_{33}$	42～45
巴西棕榈蜡	$C_{25}H_{51}COOC_{30}H_{61}$	83～86

蜡比油脂硬而脆,性质比较稳定,在空气中不易变质,难以皂化。蜡一般用作上光剂、防水剂、地板蜡、鞋油、蜡纸、药膏的基质等,虫蜡、羊毛脂等还适用于配制化妆品。

值得注意的是,石蜡是从石油或页岩油中分离得到的含有 20～30 个碳原子的高级烷烃的混合物,因而不是酯类。

20.3 磷脂

20-4

磷脂是含有磷酸酯类结构的类脂化合物,它广泛存在于动物的脑、肝脏和蛋黄以及植物的种子和微生物中,是构成细胞膜的基本成分。根据与磷酸成酯的醇不同,磷脂分为磷酸甘油酯和神经鞘磷脂。

20.3.1 磷酸甘油酯

磷酸甘油酯与油脂相类似,只是甘油 C_3 上的羟基被磷酸酯化,而 C_2 构型都是 L(或 R)构型,通常 R 为饱和脂肪烃基,R′为不饱和脂肪烃基。

$$
\begin{array}{l}
\qquad\qquad\qquad\quad CH_2-O-\overset{\overset{\displaystyle O}{\|}}{C}-R \\
R'-\overset{\overset{\displaystyle O}{\|}}{C}-O-\overset{|}{\underset{|}{C}}-H \\
\qquad\qquad\qquad\quad CH_2-O-\overset{\overset{\displaystyle O}{\|}}{\underset{\underset{\displaystyle OH}{|}}{P}}-OH
\end{array}
$$

磷酸甘油酯中的磷酸与含羟基的物质酯化，以磷酸二酯键形成不同的磷脂，最常见的是卵磷脂和脑磷脂。

1. 卵磷脂

卵磷脂广泛存在于各种动物的组织和器官中，脑、神经、心、肝、肾上腺及红细胞中含量较多，其中蛋黄中含量最高，占 8%～10%，故称卵磷脂。卵磷脂结构中与磷酸酯化的醇为胆碱［$HOCH_2CH_2N^+(CH_3)_3OH^-$］。

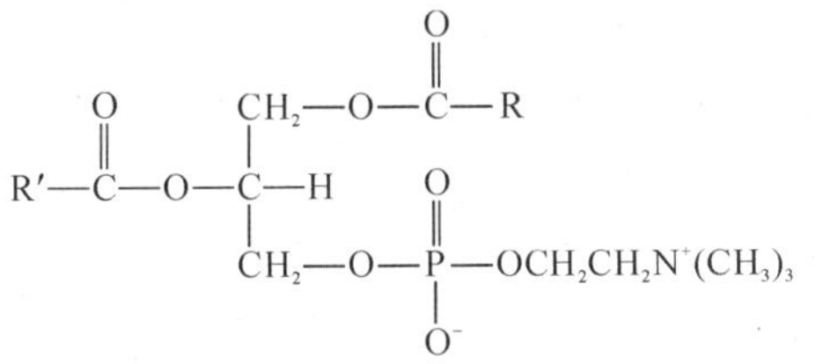

```
                        O
                        ‖
      O          CH₂—O—C—R
      ‖          |
R′—C—O—C—H       O
                 |          ‖
                 CH₂—O—P—OCH₂CH₂N⁺(CH₃)₃
                        |
                        O⁻
```

2. 脑磷脂

脑磷脂与卵磷脂同时存在于机体各组织及器官中，在脑组织中含量较多，故称脑磷脂。脑磷脂结构中与磷酸酯化的醇为胆胺［$HOCH_2CH_2NH_2$］。

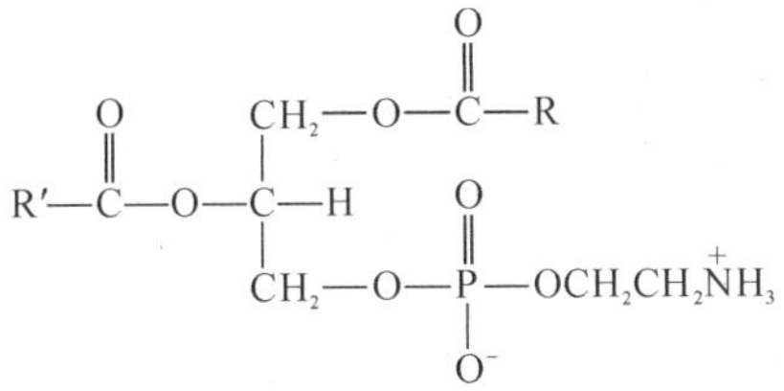

```
                        O
                        ‖
      O          CH₂—O—C—R
      ‖          |
R′—C—O—C—H       O
                 |          ‖             +
                 CH₂—O—P—OCH₂CH₂NH₃
                        |
                        O⁻
```

在磷脂分子结构中，偶极离子部分是亲水基，羧酸的长链部分是疏水基，这种双亲结构使其在水中时，它的亲水部分指向水相，而长链的疏水部分聚在一起形成双分子层的中心疏水区。磷脂的这种结构和特性，作为细胞膜的主要成分在细胞膜功能中起着重要的作用。

20.3.2 神经鞘磷脂

神经鞘磷脂的组成、结构与卵磷脂、脑磷脂明显不同，它是神经氨醇的衍生物，不是甘油的衍生物。神经氨醇中的氨基与脂肪酸以酰胺键相连，C_1 上的羟基与磷酸成酯，而磷酸又与胆碱以酯的形式相结合构成神经鞘磷脂。

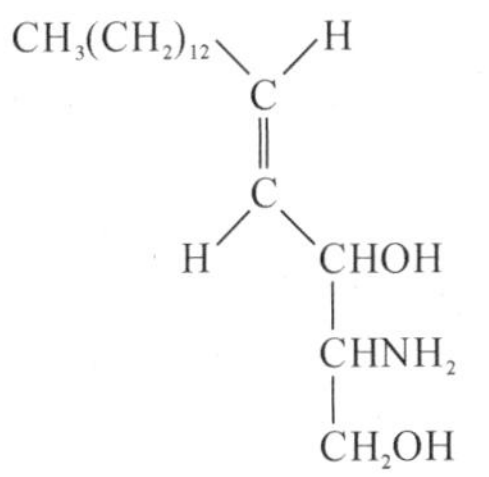

```
CH₃(CH₂)₁₂    H
          \  /
           C
           ‖
           C
          / \
         H   CHOH
             |
             CHNH₂
             |
             CH₂OH
```

神经氨醇

```
           CH₃(CH₂)₁₂    H
                     \  /
                      C
                      ‖
                      C
      O              / \
      ‖             H   CHOH
R—C—NH ———— CH       O
                        |          ‖            +
                        CH₂O—P—OCH₂CH₂N(CH₃)₃
                               |
                               O⁻
```

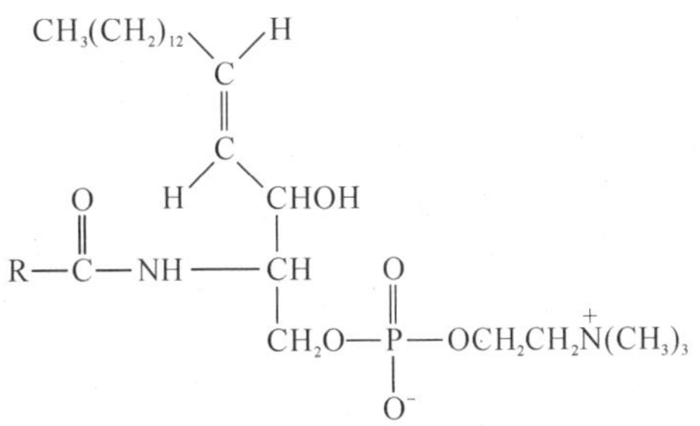

神经鞘磷脂

其中的脂肪酸为软脂酸、硬脂酸、二十四碳酸、15-二十四碳烯酸。神经鞘磷脂大量存在于脑和神经组织中，是神经鞘的主要成分，也是细胞膜的重要成分之一。

知识点达标题 **20-3**　说出油脂、脑磷脂、卵磷脂、神经鞘磷脂完全水解的产物分别是什么？

20-2

20.4　甾族化合物

甾族化合物又称类固醇化合物，包括甾醇、麦角固醇、胆汁酸、肾上腺皮质激素及性激素等，广泛存在于动植物体内。其含量虽少，但生命活动中起着十分重要的作用。

20-5

20.4.1　甾族化合物的结构

甾族化合物是环戊烷全氢菲的衍生物，它含有四个环（用 A、B、C、D 表示）及 3 个侧链（R_1、R_2、R_3），形象地称为“甾”。

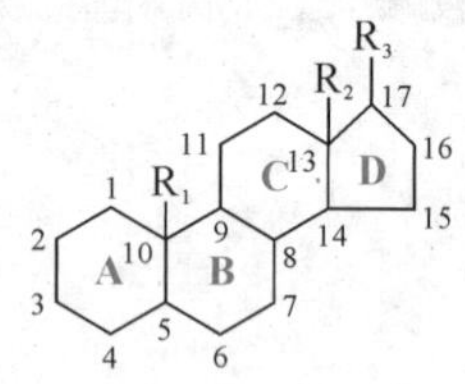

通常 R_1、R_2 为甲基，称为角甲基，R_3 为不同碳原子的碳链或取代基。

甾族化合物的四个环中，每两个环间都可以有如十氢萘的顺、反两种构型，但实际上自然的甾族化合物中 B、C 及 C、D 环之间，绝大多数以反式并联，只有 A、B 两环间存在顺、反两种构型。

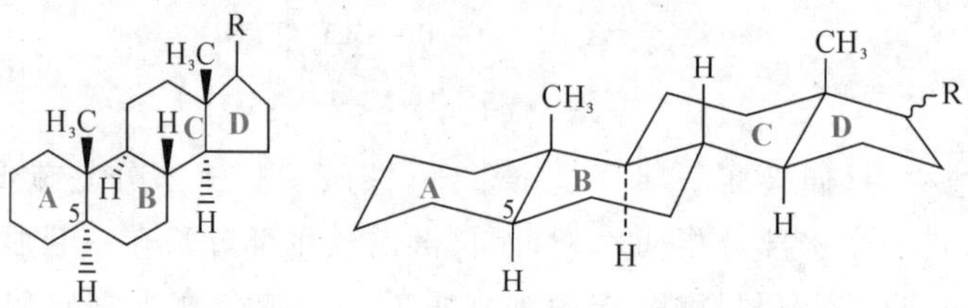

A，B反式(5α 系)

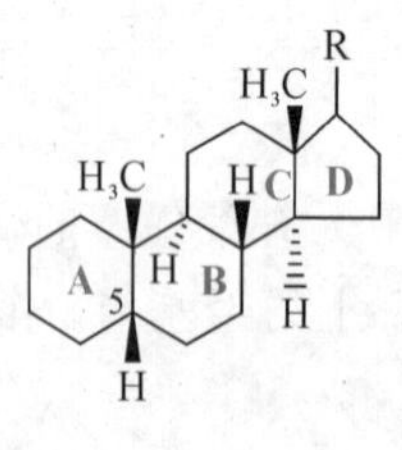

A，B顺式(5β 系)

其中 C_5 上的氢原子与角甲基在环平面的异侧称为 5α 系，同侧的称为 5β 系。

20.4.2　常见甾族化合物

1. 胆固醇

胆固醇存在于动物的血液、脂肪、脑髓及神经组织等中，为无色或略带黄色的结晶，因胆结石几乎完全是由胆固醇组成而得名。

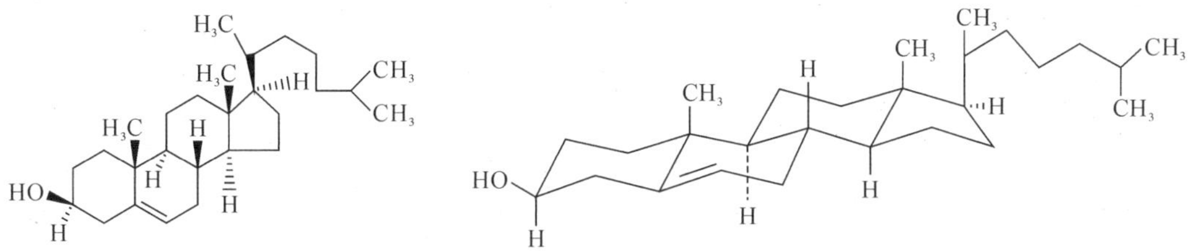

胆固醇在人体肝脏中可被生物合成，它是体内其他甾族化合物（如甾族激素、胆酸等）生物合成的前体。人体内胆固醇含量过高会引起胆结石，从而使胆结石沉积于血管内壁进而使动脉粥样硬化、变窄，影响心脏供血，导致心脏病。近年也有文献报道，人体内胆固醇长期偏低会诱发癌症。

2. 麦角固醇

麦角固醇存在于酵母和某些植物中，属于植物固醇，经紫外光照射时，B 环开环生成维生素 D_2。

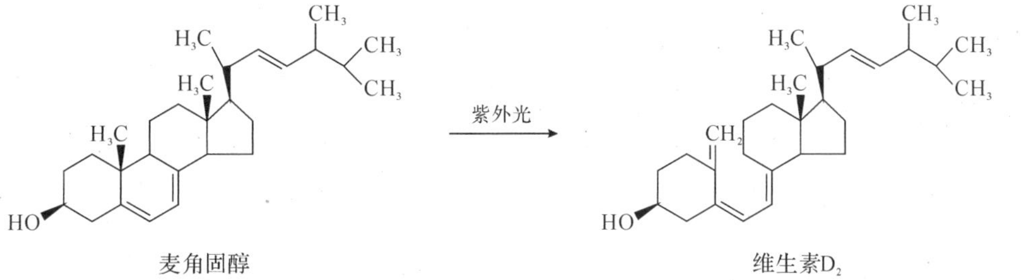

紫外光

麦角固醇　　维生素D_2

7-脱氢胆固醇是存在于人体皮肤中的一种动物固醇，在紫外光照射下，B 环开环转化为维生素 D_3。

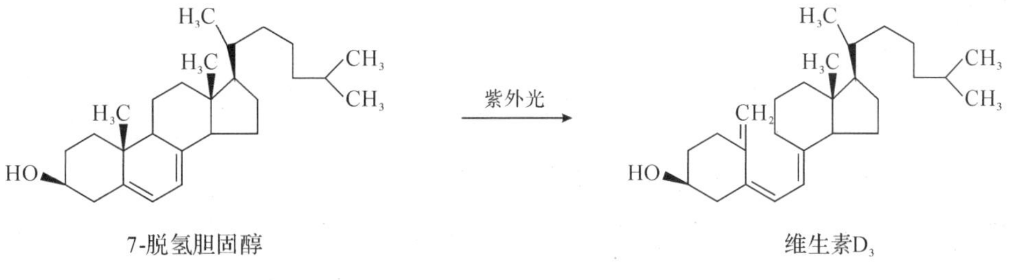

紫外光

7-脱氢胆固醇　　维生素D_3

维生素 D 目前已经分离出维生素 D_2、维生素 D_3、维生素 D_4、维生素 D_5 四种（不存在维生素 D_1），其中以维生素 D_2、维生素 D_3 活性最强。维生素 D 的重要生理功能是促进人体对钙离子的吸收，但维生素 D 本身并不具备这种生理功能，而是它分别在肝、肾中进行两次羟基化后的产物，才能增加肠道对钙离子的吸收，促进骨骼钙化。缺乏维生素 D 会引起软骨病，但过多会使软组织钙化。

3. 胆酸

大部分脊椎动物的胆汁中含有几种结构与胆固醇相似的酸，统称为胆汁酸，其中最重要的是胆酸。

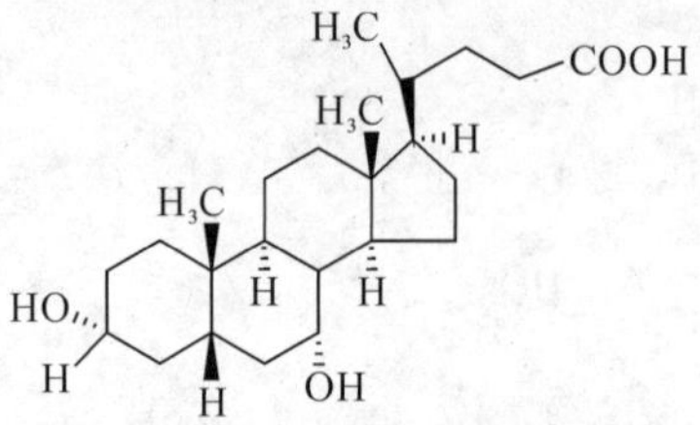

胆酸

胆酸在胆汁中通常与甘氨酸或牛磺酸的钠盐以酰胺形式存在。结构中含有亲水和疏水两种基团，使油脂乳化促进水解，便于机体消化吸收油脂。

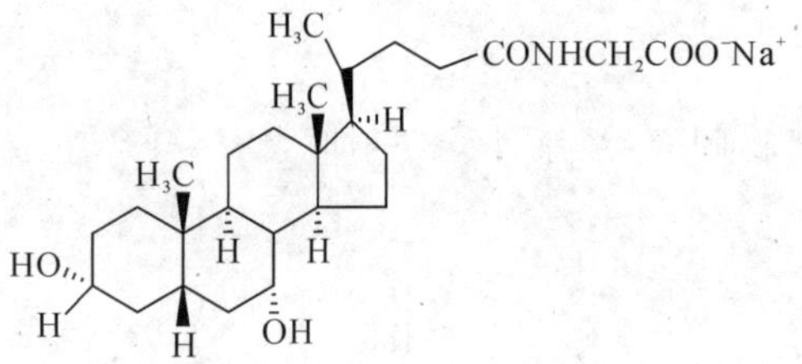

甘氨胆酸 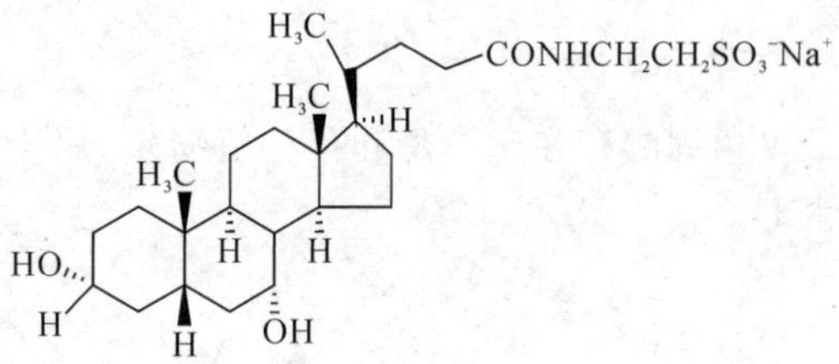　　　　牛磺胆酸

4. 甾族激素

甾族激素根据来源分为肾上腺皮质激素和性激素两类，它们在结构上的特点是 C_{17} 没有长的碳链。

(1)肾上腺皮质激素。肾上腺皮质激素是产生于肾上腺皮质部分的一类激素，已分离出 30 余种。它们有多种生理功能，其中最重要的是调节无机盐代谢，保持体液中电解质平衡，以及调节糖、脂肪及蛋白质的代谢。如可的松是用于治疗类风湿关节炎、气喘及皮肤过敏性炎症的药物。

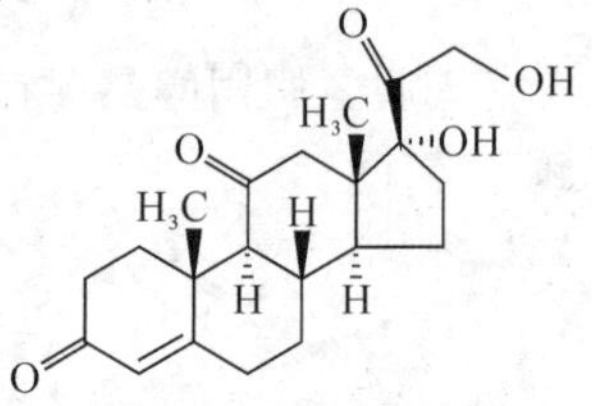

可的松

(2)性激素。性激素分为雄性激素和雌性激素两类，它们是性腺(睾丸或卵巢)的分泌物，有促进动物性器官成熟并维持第二性征的作用。雄酮和睾酮是雄性激素，结构中 A 环为脂环，C_{10} 位具有角甲基。雄性激素还具有增强记忆、保护神经、促进蛋白质合成，以及促进钠离子、氯离子和水的吸收等生理作用。

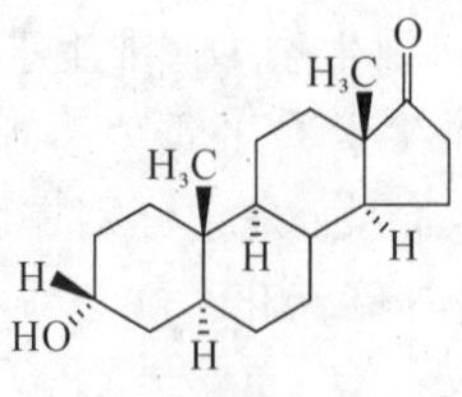

雄酮 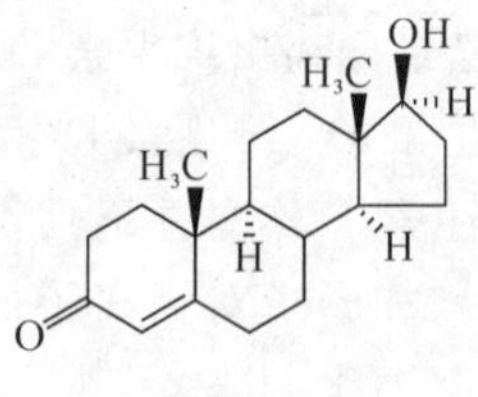　　　　睾酮

雌二醇、雌三醇和雌酮是动物体内非常重要的三种雌性激素，结构中 A 环为苯环，C_{10} 位没有角甲基。雌性激素还具有降低血中胆固醇含量、增加钙的骨沉积和保护神经的作用。

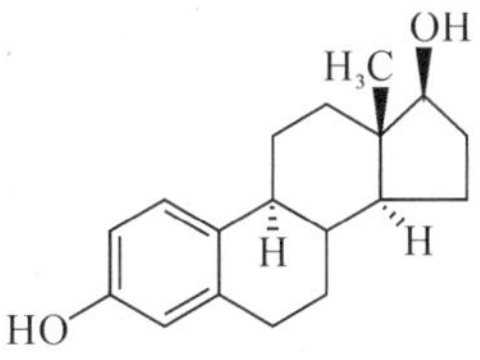

雌二醇 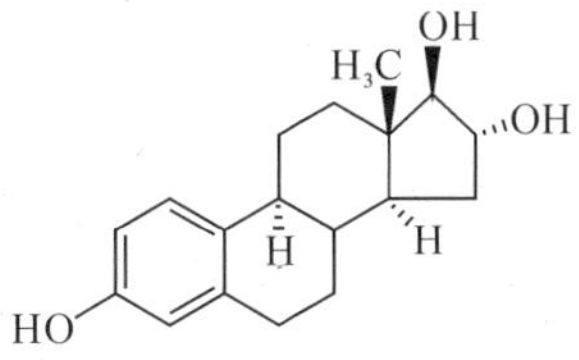　　雌三醇 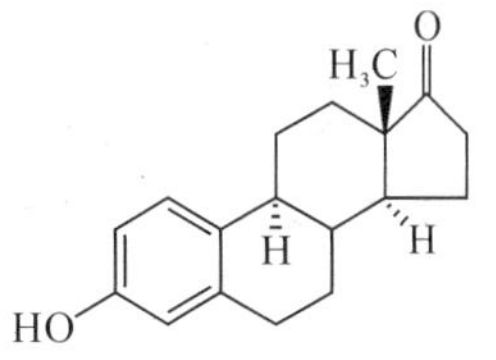　　雌酮

知识点达标题 20-1　说出胆固醇、维生素 D、胆酸在人体中的作用。

20-2

20.5　萜类化合物

萜类化合物在自然界中广泛存在，从植物的叶、花和果实中提取的某些香精油，动植物中的某些色素等都含有萜类化合物。

20.5.1　萜类化合物的结构与分类

20-6

萜类化合物是以异戊二烯为基本碳骨架单元，由两个或多个异戊二烯首尾相连而成的聚合物及衍生物，碳架可以是开链，也可以是环状。如：

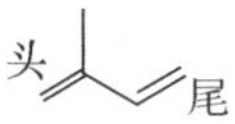

头　尾　　尾　头

异戊二烯 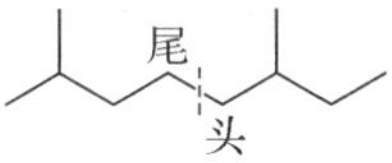 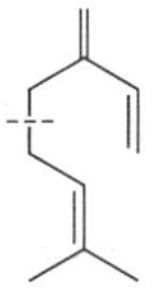　　月桂烯 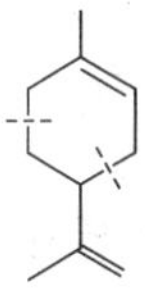　　柠檬烯

月桂烯可看作是两个异戊二烯相连的开链化合物，柠檬烯则为环状化合物。绝大多数萜类化合物中碳原子为异戊二烯的整数倍，即 5 的整数倍，称为“异戊二烯规则”，用通式$(C_5H_8)_n$ $(n>1)$表示，仅发现个别例外。

萜类化合物按分子中含异戊二烯单元的数目进行分类，含 2，3，4，6，8，…个异戊二烯单元的分别称为单萜、倍半萜、二萜、三萜、四萜等。

20.5.2　单萜

1. 开链单萜

开链单萜是由两个异戊二烯单元结合而成的开链化合物。许多珍贵的香料是开链单萜，如橙花醇、香叶醇、柠檬醛等，它们存在于玫瑰油、橙花油和柠檬草油中，是无色有玫瑰香气或柠檬香气的液体，可用于配制香精。

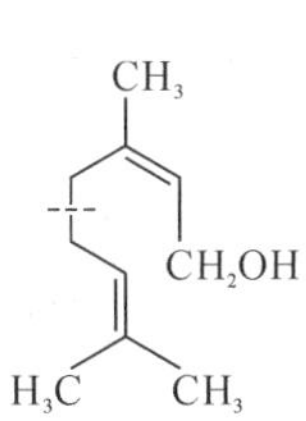

橙花醇 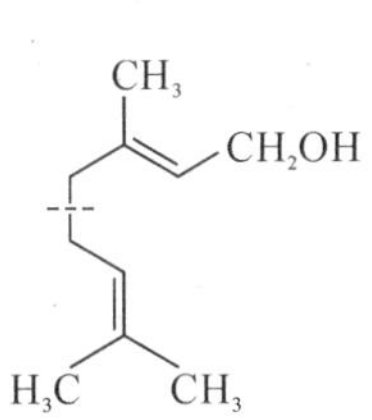　　香叶醇 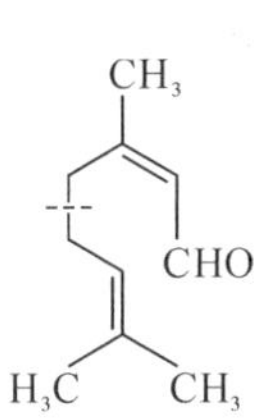　　β-柠檬醛 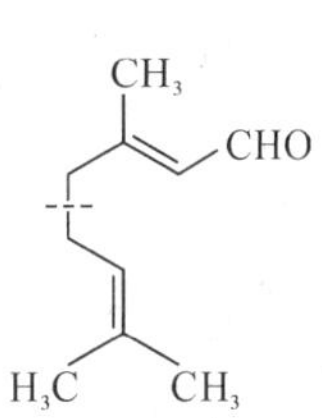　　α-柠檬醛

2. 单环单萜

单环单萜含有一个六元碳环，可看作是1-甲基-4-异丙基环己烷的衍生物，比较重要的单环单萜化合物有苧烯、薄荷醇和薄荷酮等。

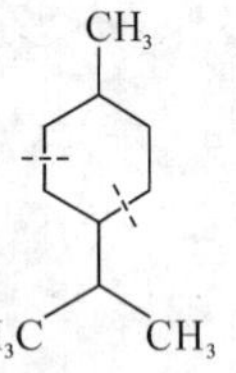

1-甲基-4-异丙基环己烷 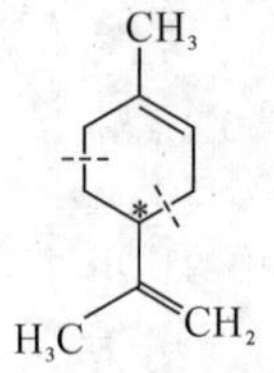　　苧烯 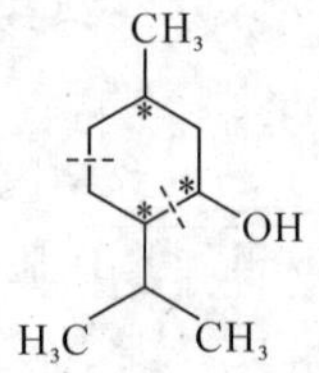　　薄荷醇 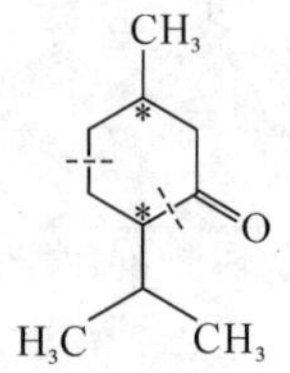　　薄荷酮

薄荷醇又称薄荷脑，它有3个手性碳原子，有8个异构体，在自然界中主要以左旋薄荷醇形式存在，是薄荷油的主要成分，有薄荷香气，可作香料，也可制造清凉油、人丹和皮肤止痒搽剂，还可用于牙膏、糖果、饮料和化妆品中。

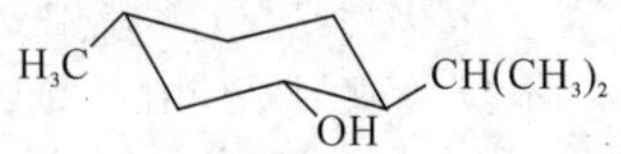

左旋薄荷醇

3. 双环单萜

双环单萜是由一个六元环分别与三元、四元或五元环共用两个或多个碳原子构成的桥环化合物。自然界存在较多且较重要有α-蒎烯、β-蒎烯和樟脑。

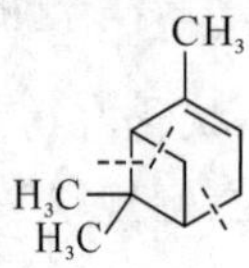

α－蒎烯 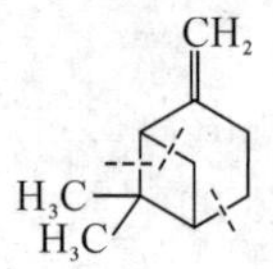　　β－蒎烯 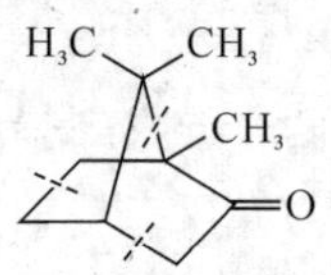　　樟脑

α-蒎烯和β-蒎烯两种异构体共存于松节油中，其中α-蒎烯在松节油中含量达80%。樟脑存在于樟树根、枝干和叶中，樟脑有强烈的樟木气味，可用作防蛀剂，在医药上具有强心、兴奋中枢神经系统等作用。

20.5.3 倍半萜、二萜

金合欢醇、青蒿素等是含有3个异戊二烯单位的倍半萜。金合欢醇又称法尼醇，存在于玫瑰油、茉莉花油、金合欢油及橙花油等中，具有类似百合花的香气，但含量较低，是一种珍贵的香料，用于配制高档香精。

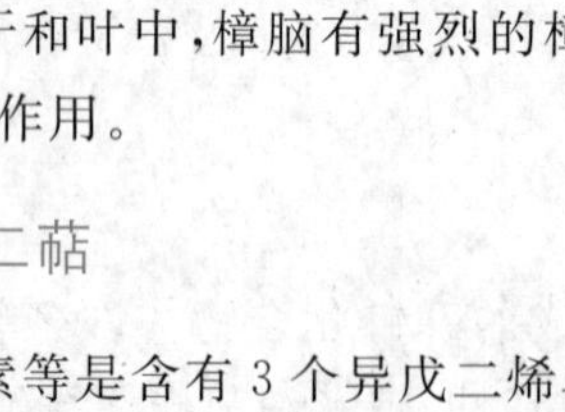

金合欢醇 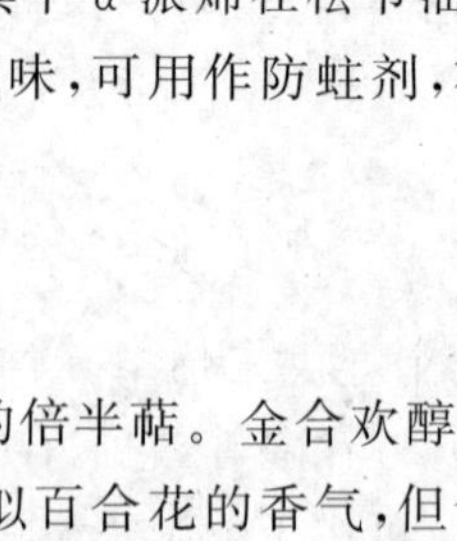　　青蒿素

青蒿素是我国科学家屠呦呦等从传统中草药青蒿叶中分离得到的一种抗疟疾药，由于具有低毒、高效、抗耐药性的特点，在国内外抗疟疾病中得到广泛使用。屠呦呦于 2015 年获得诺贝尔生理学或医学奖。

维生素 A 和紫杉醇等是含有 4 个异戊二烯单位的二萜。维生素 A 主要存在于蛋黄、奶油和鱼肝油中。人和其他哺乳动物缺乏维生素 A 会导致暗视觉丧失的夜盲症，特别是婴幼儿，还会影响发育和免疫能力。维生素 A 有 A_1、A_2 两种，A_1 的生理活性较 A_2 强。

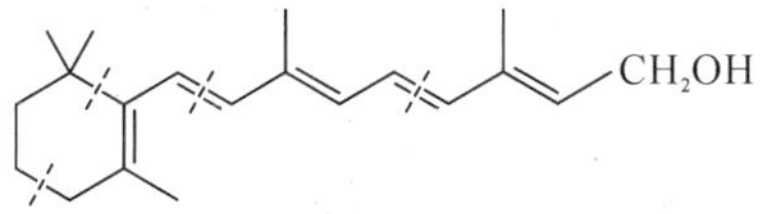

维生素A_1 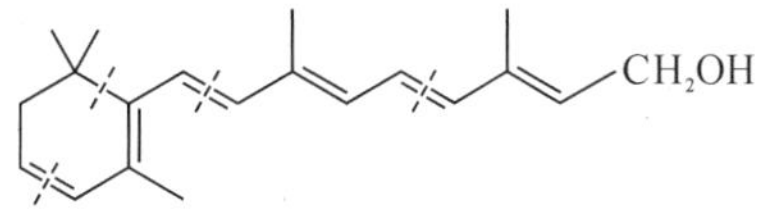　　　　维生素A_2

紫杉醇是 1964 年美国化学家 M. Wall（沃尔）从红豆杉树皮中分离得到的一种化合物，后来发现它具有极高的抗癌活性，1992 年成为上市的抗癌新药。

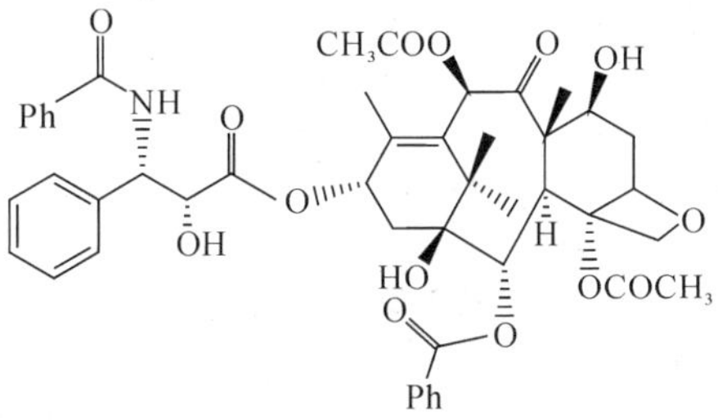

紫杉醇

20.5.4 三萜、四萜

角鲨烯是含有 6 个异戊二烯单位的重要三萜，大量存在于鲨鱼的肝脏和人体的皮脂中，也存于橄榄油和米糠油中。角鲨烯可用作杀菌剂和某些医药的中间体。

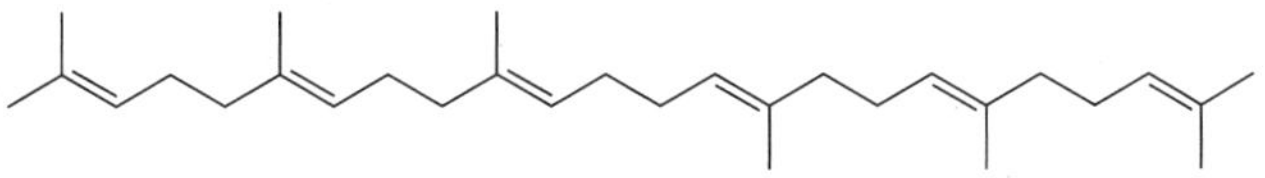

角鲨烯

胡萝卜素和番茄红素都是重要的含有 8 个异戊二烯单位的四萜。胡萝卜素有三种异构体，以 β-胡萝卜素最为重要。β-胡萝卜素不仅存在于胡萝卜中，也广泛存在于水果、蔬菜和动物肝脏、乳汁脂肪中。β-胡萝卜素在动物体内酶的作用下能转变为维生素 A_1。

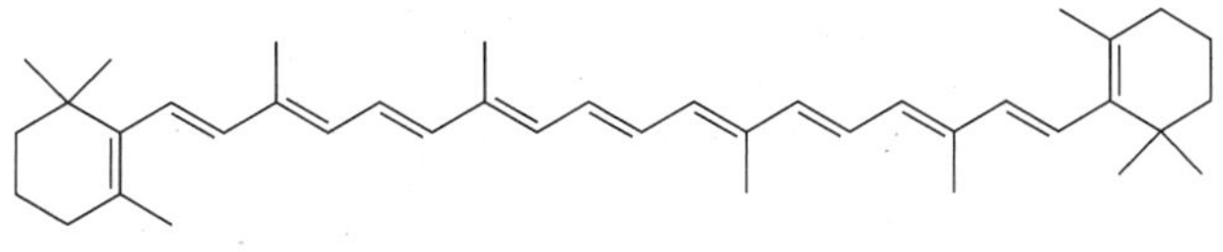

β-胡萝卜素

番茄红素是植物中所含有的一种天然色素，主在存在于番茄和水果中。番茄红素具有抗氧化能力，其抗氧化性能远强于维生素 E 和胡萝卜素。

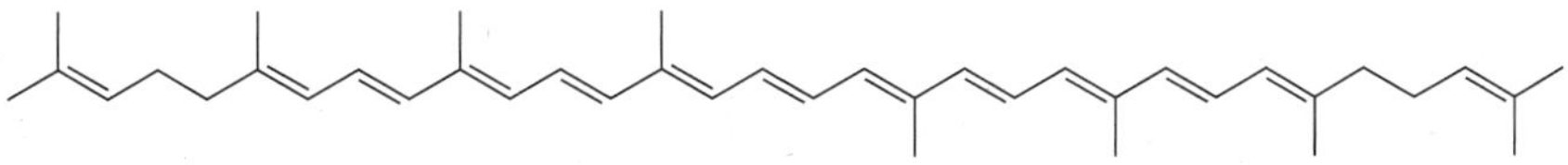

番茄红素

知识点达标题 **20-5** 指出下列化合物各属于几萜化合物，并标出其中的异戊二烯单位。

(1) 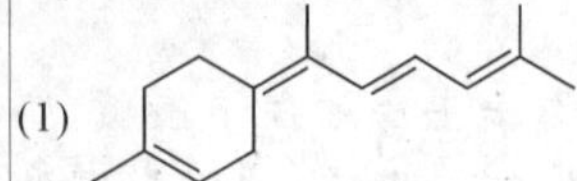

(2) 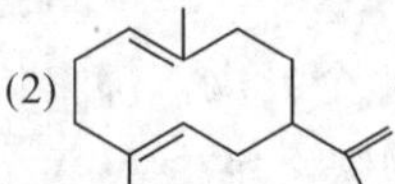

20-2

【重要知识小结】

1. 油和脂肪统称为油脂，是由三分子高级脂肪酸与甘油形成的酯。

2. 蜡是高级脂肪酸和高级伯醇构成的酯，磷脂是含有磷酸酯结构的类脂化合物。

3. 甾族化合物的结构特点是含有一个环戊烷并多氢或全氢菲的母核结构，一般情况下，母核的 C_{10}、C_{13} 和 C_{17} 位含有三个支链。

4. 萜类化合物大多具有“异戊二烯单位”整数倍的碳原子数，在萜类化合物的骨架中，“异戊二烯单位”大多以“头—尾”相接的形式相互连成开链的或环状的结构。

20-7

习 题

1. 指出下列化合物各属于几萜化合物，并划出其中的异戊二烯单位。

(1) 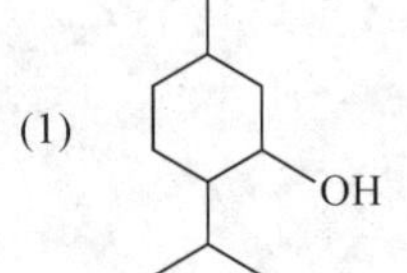

(2) 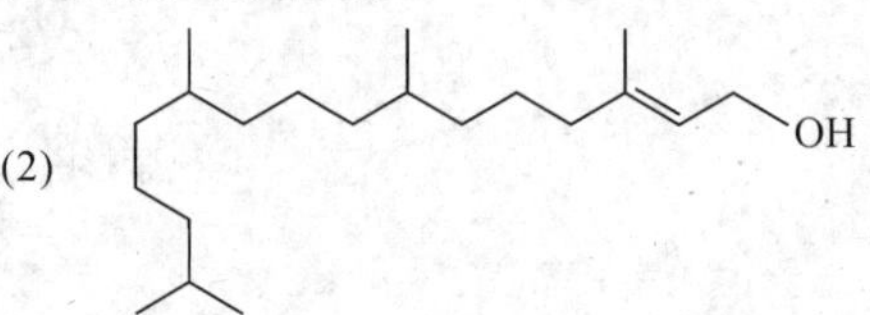

(3) 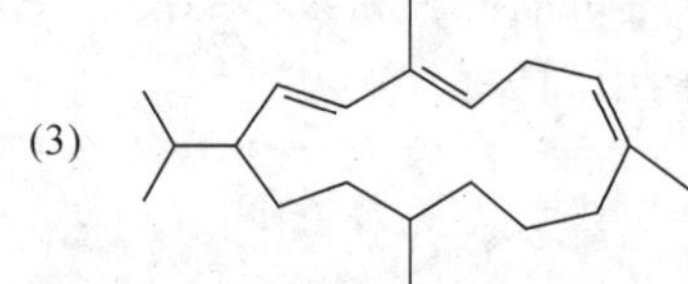

(4) 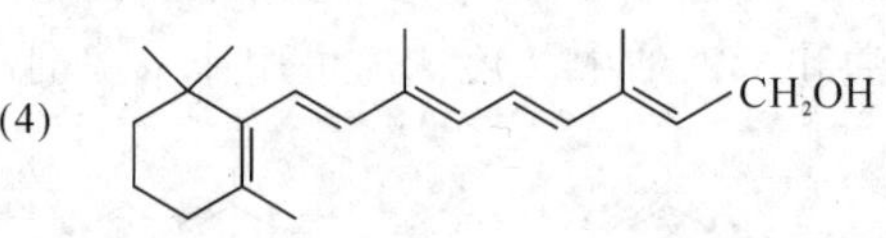

2. 写出下列化合物的结构通式。

(1)油脂 (2)蜡 (3)卵磷脂 (4)脑磷脂 (5)甾族化合物

3. 从月桂油中可分出一个萜烯($C_{10}H_{16}$)，它吸收 3mol 氢气生成 $C_{10}H_{22}$，经臭氧氧化后，在 Zn 存在下水解产生 CH_3COCH_3、2HCHO、$HCOCH_2CH_2COCHO$。试推测该萜的结构。

4. 写出下列反应的形成过程。

CHO $\xrightarrow{H^+}$ OH

➢ PPT 课件

➢ 自测题

➢ 周维善——中国甾体和萜类化学家

➢ 庄长恭——中国甾体化学的先驱者

20-8

第 21 章　周环反应

【知识点与要求】

- ✧ 了解周环反应的类型和特点。
- ✧ 了解分子轨道对称守恒原理和前线轨道理论，能用前线轨道理论解释电环化反应、环化加成反应和 σ 迁移反应的轨道“允许”与“禁阻”，了解反应的立体化学特征。
- ✧ 掌握 $4n$ 和 $(4n+2)$ 共轭体系电环化反应条件、关环和开环规律以及产物的立体化学特征。
- ✧ 掌握[2+2]和[4+2]加成反应的条件及产物的立体化学特征。
- ✧ 掌握 σ[1,5]、σ[1,3]和 σ[3,3]迁移反应的条件及产物的立体化学特征。

有机反应中，大部分是通过旧键断裂，先形成离子型或自由基的活性中间体，然后通过一步或多步反应历程形成产物。而有些反应，如双烯合成，反应过程是经过一个环状过渡态，旧键的断裂和新键的生成是同时发生且协同进行的，这类反应称为周环反应。

周环反应过程不产生自由基，也不产生离子型中间体，不受酸、碱、催化剂、溶剂极性和自由基引发剂或抑制剂的影响，反应只要在加热或光照的条件下就可以进行，而且在加热条件与光照条件下反应有不同的立体选择性，生成的产物也不同。

根据反应特点，周环反应主要分为电环化反应、环加成反应和 σ 迁移三类。

21.1　分子轨道对称守恒原理

1965 年有机化学家伍德沃德(Woodward R B)和量子化学家霍夫曼(Hoffmann R)在大量实验事实和理论研究的基础上进行了总结，提出了协同反应中分子轨道对称守恒原理。分子轨道对称守恒原理认为，化学反应是分子轨道进行重新组合的过程，在协同反应中，由反应物到产物，分子轨道的对称性始终不变，分子轨道的对称性控制着反应能否进行以及产物的立体选择性。

21.1.1　π 分子轨道对称性

21-1

π 分子轨道可用波函数 ψ 表示，也可用几何图形表示。如图 21-1 所示，乙烯分子中，两个 p 轨道组合成 2 个 π 分子轨道 ψ_1 和 ψ_2，其中一个是 π 成键轨道(ψ_1)，另一个是 π^* 反键轨道(ψ_2)，π^* 反键轨道有一个节面。1,3-丁二烯的四个 p 轨道组合成 4 个 π 分子轨道 ψ_1、ψ_2、ψ_3 和 ψ_4，其中 π_1、π_2 是成键轨道(ψ_1、ψ_2)，π_3^*、π_4^* 是反键轨道(ψ_3、ψ_4)。π_2 有一个节面，π_3^* 有二个节面，π_4^* 有三个节面。同样 1,3,5-己三烯的六个 p 轨道组合成 6 个分子轨道(ψ_1、ψ_2、ψ_3、ψ_4、ψ_5 和 ψ_6)，三个成键 π 轨道 π_1、π_2、π_3，三个反键 π^* 轨道 π_4^*、π_5^*、π_6^*。分子轨道中的节面数随着 p 轨道数的增多而增加。

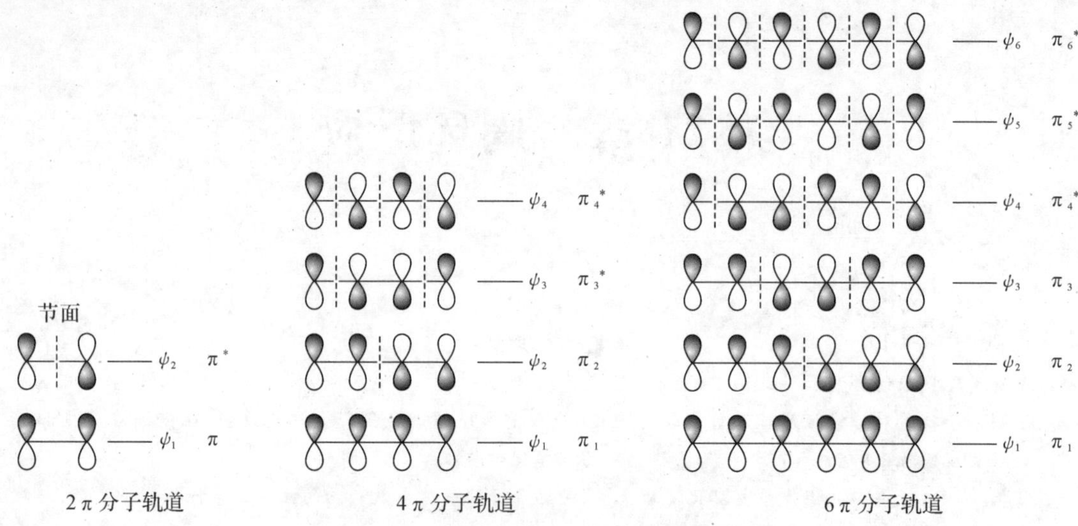

图 21-1 p 轨道为偶数的分子轨道与对称性

在图 21-2 中，三个 p 轨道组合成 3 个 π 分子轨道 ψ_1、ψ_2 和 ψ_3，π_1、π_2 是成键轨道(ψ_1、ψ_2)，π_3^* 是反键轨道(ψ_3)。五个 p 轨道组合成 5 个 π 分子轨道 ψ_1、ψ_2、ψ_3、ψ_4 和 ψ_5，π_1、π_2、π_3 是成键轨道(ψ_1、ψ_2、ψ_3)，π_4^*、π_5^* 是反键轨道(ψ_4、ψ_5)。

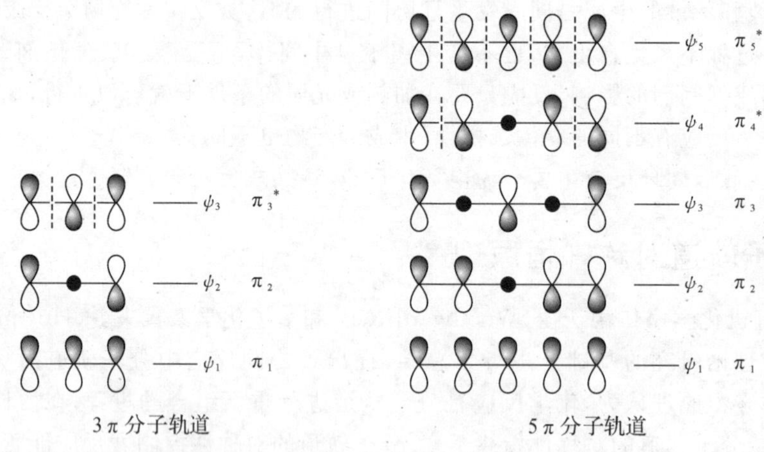

图 21-2 p 轨道为奇数的分子轨道与对称性

由图 21-1、图 21-2 可以看出，不同数目 π 分子轨道两端碳原子的 p 轨道对称性有如下规律：奇数能级分子轨道 ψ_1，ψ_3，ψ_5，…两端碳原子的 p 轨道位相相同(p 同相)，偶数能级分子轨道 ψ_2，ψ_4，ψ_6，…两端碳原子的 p 轨道位相相反(p 异相)。

21.1.2 前线轨道理论

21-2

前线轨道理论是 1952 年日本化学家福井谦一提出的，该理论通俗易懂。以 1,3-丁二烯为例来阐述前线轨道理论。

1,3-丁二烯 π 的分子轨道如图 21-3 所示。在基态时，两个 π 电子占据 π_1 轨道，另两个 π 电子占据 π_2 轨道。π_2 在此时是能量最高的电子已占有的分子轨道，叫作最高占有轨道(HOMO)。反键轨道 π_3^* 是能量最低的电子未占有的分子轨道，称为最低未占轨道(LUMO)。

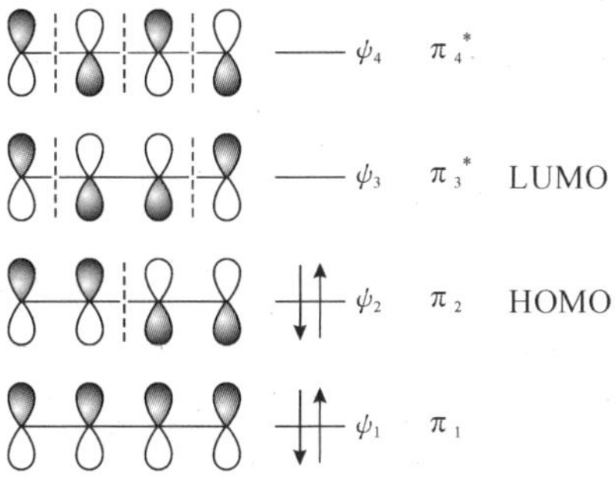

ψ_4 π_4^*

ψ_3 π_3^* LUMO

ψ_2 π_2 HOMO

ψ_1 π_1

图 21-3　1,3-丁二烯的 π 分子轨道

HOMO 中的电子能量最高，所受束缚力最小，最活泼，容易变动，LUMO 为能量最低空轨道，最容易接受电子，因此将 HOMO 和 LUMO 称为前线轨道。当两个分子相互作用时，关键是 HOMO 中的 π 电子。

21.1.3 顺旋、对旋、对称允许和对称禁阻

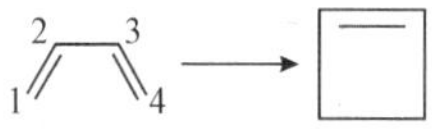

在 1,3-丁二烯变为环丁烯的反应过程中，C_1 与 C_4 之间形成新的 σ 键，两端碳原子的 p 轨道转化为 sp^3 杂化轨道，并且杂化轨道沿 C_1—C_2 和 C_4—C_3 的键轴旋转一定角度后才能“头碰头”形成新的 σ 键而成闭合环。旋转方式有两种，一种是 C_1—C_2 和 C_4—C_3 键轴按同一个方向旋转，叫作顺旋；另一种是 C_1—C_2 和 C_4—C_3 键轴按互为相反的方向旋转，叫作对旋。

在加热条件下，1,3-丁二烯仍处于基态(见图 21-3)，HOMO 是 ψ_2，偶数能级两端碳原子的 p 轨道位相相反，它的环合反应只能通过 C_1—C_2 和 C_4—C_3 键轴顺旋(同一方向)，才能使 C_1 和 C_4 的 p 轨道位相相同发生重叠，体系能量降低而成键，称为对称允许(见图 21-4)。如果是对旋(相反方向)，则由于 C_1 和 C_4 的 p 轨道位相不同，相互排斥，不能成键，称为对称禁阻。

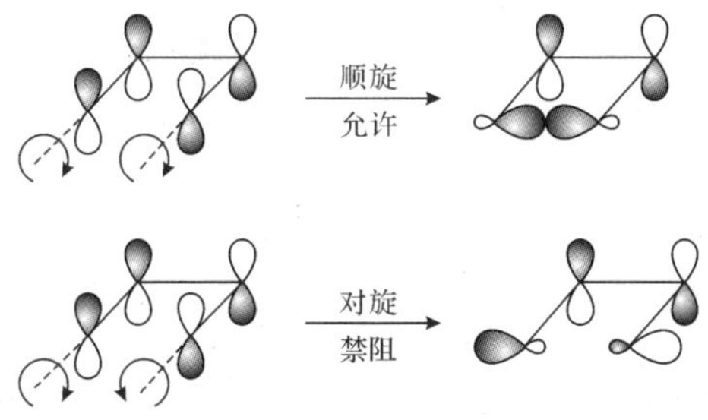

图 21-4　加热时，1,3-丁二烯环合反应顺旋对称允许

在光的作用下，光的激发使 1,3-丁二烯基态的 ψ_2 轨道中的一个电子跃迁到轨道 ψ_3 中，此时 ψ_3 是 HOMO，奇数能级两端碳原子的 p 轨道位相相同，它的环合反应只能通过 C_1—C_2 和 C_4—C_3 键轴对旋(相反方向)，才能成键(对称允许)，而顺旋则对称禁阻(见图 21-5)。

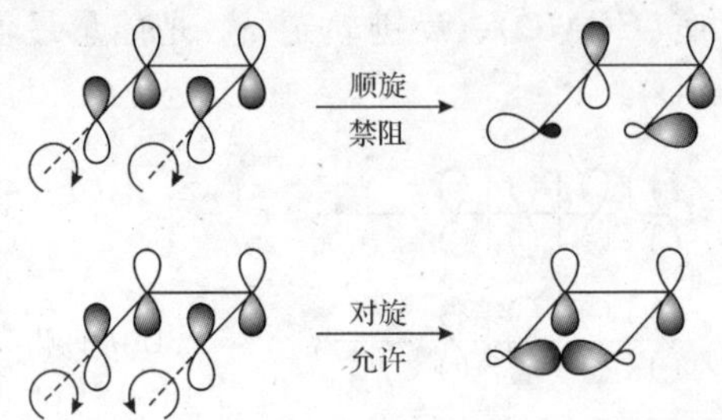

图 21-5　光照时,1,3-丁二烯环合反应对旋对称允许

21.2　电环化反应

在光或热作用下,线型共轭多烯烃的两个末端碳原子上 π 电子环合成一个新的 σ 键,生成比原来分子少一个 π 键、多一个 σ 键的环烯烃的反应或其逆反应称为电环化反应。电环化反应的立体化学与线型共轭体系中参加反应的 π 电子数有关。根据 π 电子数不同,电环化反应分为 $4n$ 共轭体系和 $4n+2$ 共轭体系($n=0,1,2,3,\cdots$)。

21.2.1　4*n* 共轭体系

在 1,3-丁二烯及取代的共轭二烯烃中,π 电子数为 4($n=1$),属于 $4n$ 共轭体系。在21.1.3 中已说明 1,3-丁二烯在光或热作用下,通过顺旋或对旋都生成环丁烯,没有立体异构现象。对于反,反-2,4-己二烯,在光或热作用下,电环化反应的结果是生成不同的立体异构体。

顺-3,4-二甲基环丁烯 ⇌(光照) 反,反-2,4-己二烯 ⇌(加热) 反-3,4-二甲基环丁烯

21-3

与 1,3-丁二烯相似,在加热条件下,反,反-2,4-己二烯基态不变,ψ_2 是 HOMO,偶数能级两端碳原子的 p 轨道位相相反,通过顺旋方式,使 p 轨道位相相同,重叠成键是允许的,生成反-3,4-二甲基环丁烯,对旋方式,p 轨道位相相反,重叠成键是禁阻的。而在光照条件下,ψ_2 轨道上的一个电子被激发跃迁到 ψ_3 轨道上,ψ_3 是 HOMO,奇数能级两端碳原子的 p 轨道位相相同,通过对旋方式,使 p 轨道位相相同,重叠成键是允许的,生成顺-3,4-二甲基环丁烯,而顺旋方式是禁阻的(见图 21-6)。

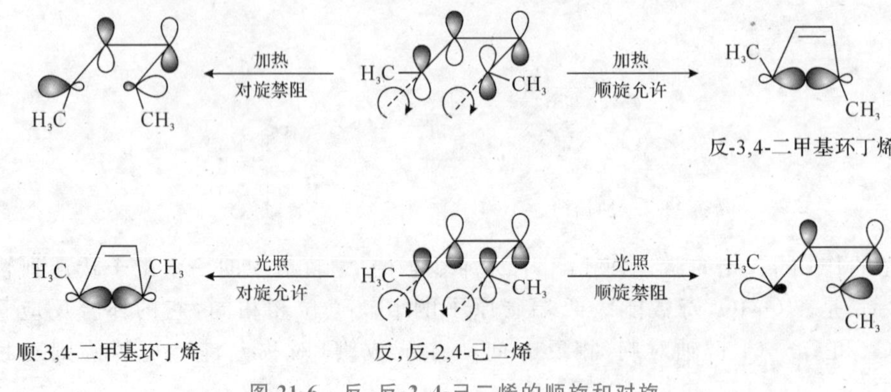

图 21-6　反,反-2,4-己二烯的顺旋和对旋

知识点达标题 21-1　写出顺,反-2,4-己二烯在光照和加热条件下的电环化反应产物。

光照　　CH$_3$　H　CH$_3$　H　　加热

顺,反-2,4-己二烯

21-4

21.2.2　4n+2 共轭体系

21-5

1,3,5-己三烯及取代的共轭三烯烃中,π 电子数为 6(n=1),属于 4n+2 共轭体系。用反,顺,反-2,4,6-辛三烯为例,说明在加热条件下生成顺-5,6-二甲基-1,3-环己二烯,在光照条件下,生成反-5,6-二甲基-1,3-环己二烯的过程。

CH$_3$ H H CH$_3$　光照　CH$_3$ CH$_3$　加热　CH$_3$ H CH$_3$ H

反-5,6-二甲基-1,3-环己二烯　　反,顺,反-2,4,6-辛三烯　　顺-5,6-二甲基-1,3-环己二烯

2,4,6-辛三烯的 π 分子轨道与 1,3,5-己三烯的相似(见图 21-1),6 个 π 电子占据在 ψ_1、ψ_2、ψ_3 中。加热条件下,基态不变,ψ_3 是 HOMO,奇数能级两端碳原子的 p 轨道位相相同,通过对旋方式,p 轨道才能同相位重叠,生成顺-5,6-二甲基-1,3-环己二烯是允许的。而在光照条件下,ψ_3 中的一个 π 电子激发跃迁到 ψ_4 上,此时,HOMO 是 ψ_4,偶数能级两端碳原子的 p 轨道位相相反,只有通过顺旋方式,p 轨道才能同相位重叠,故生成反-5,6-二甲基-1,3-环己二烯是允许的(见图 21-7)。

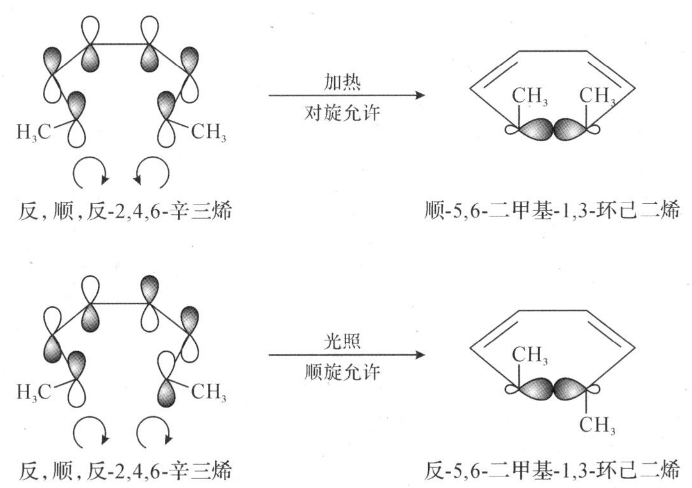

图 21-7　反,顺,反-2,4,6-辛三烯的顺旋和对旋

知识点达标题 21-2　写出顺,反,反-2,4,6-辛三烯在光照和加热条件下的电环化反应产物。

21-4

21.3 环加成反应

在加热或光照作用下，两分子烯烃或共轭多烯烃由于 π 键的相互作用，通过两个 σ 键连接成一个环状化合物的反应，称为环加成反应。按参加反应的两个分子的 π 电子数不同，分为[2+2]环加成和[4+2]环加成。

前线轨道理论认为，当两个分子发生环加成反应时，π 电子从一个分子的 HOMO 进入另一个分子的 LUMO，从而生成两个 σ 键。因此，HOMO 和 LUMO 的对称性起决定作用，只有 p 轨道位相相同时，才能相互之间发生重叠，生成环状化合物。

21.3.1 [2+2]环加成

21-6

[2+2]环加成又称 2π+2π 环加成。两分子乙烯聚合生成环丁烷是最简单的[2+2]环加成反应。

|| + || —光照→ □

在加热条件下，乙烯分子基态时 π 电子的分布如图 21-8 所示。

基态时，ψ_1 是 HOMO，ψ_2 是 LUMO。在加热条件下，乙烯的基态不变，一分子乙烯的 HOMO 与另一分子的 LUMO 的 p 位相相反，不能重叠成键，所以，在加热作用下，乙烯的二聚反应即[2+2]环加成反应是对称禁阻的。

ψ_2 π^* LUMO；ψ_1 π HOMO；基态 —加热→ LUMO / HOMO，p位相相反 —对称禁阻→ 不反应

图 21-8 加热下，乙烯分子轨道对称禁阻

在光照条件下，乙烯的一个电子被激发到 ψ_2 轨道上（见图 21-9），此时 ψ_2 轨道为 HOMO，它将与另一基态分子乙烯的 LUMO 作用，这两个轨道 p 位相相同，可以同面-同面重叠成键，反应生成环丁烷，所以[2+2]环加成反应在光照作用下是对称允许的。

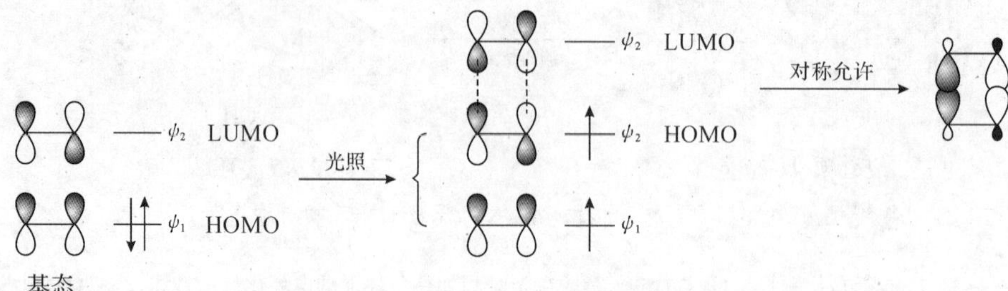

图 21-9 光照下，乙烯分子轨道对称允许

21.3.2　[4+2]环加成

21-7

[4+2]环加成又称 $4\pi+2\pi$ 环加成。双烯合成反应是典型的[4+2]环加成反应，如 1,3-丁二烯与乙烯在加热条件下生成环己烯。

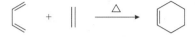

1,3-丁二烯和乙烯基态时 π 电子的分布如图 21-10 所示。

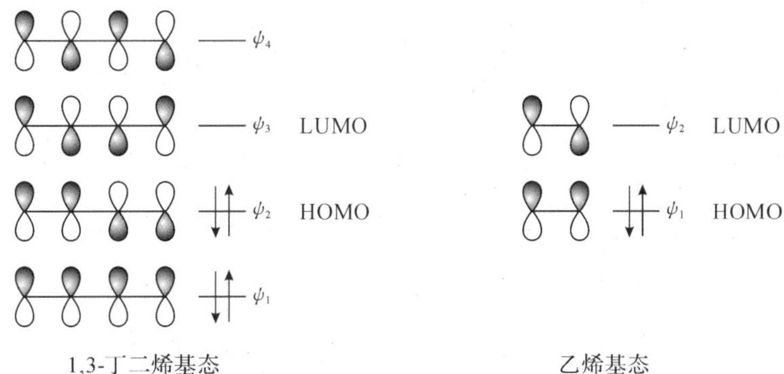

图 21-10　1,3-丁二烯和乙烯基态时的 HOMO 和 LUMO

由图 21-10 可以看出，基态时，1,3-丁二烯的 HOMO 和乙烯的 LUMO，或者乙烯的 HOMO 和 1,3-丁二烯的 LUMO 两端 p 轨道的位相都是相同的，对称允许，可以在同面-同面相互重叠成键（见图 21-11）。即在加热条件下[4+2]环加成反应是对称允许的，可以顺利进行反应。

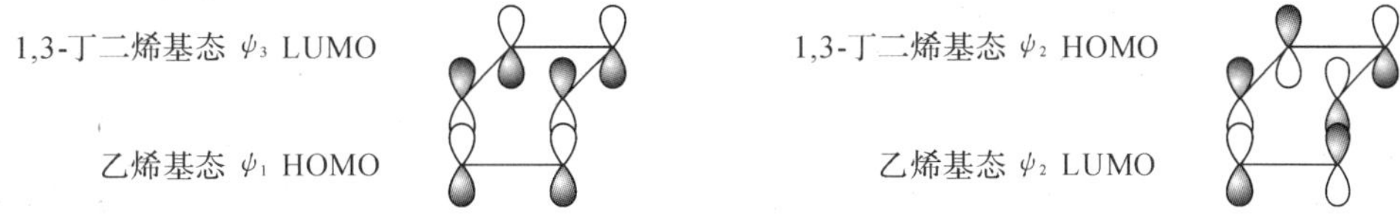

图 21-11　加热时，1,3-丁二烯和乙烯轨道对称允许

在光照条件下，无论是 1,3-丁二烯激发态的 HOMO(ψ_3)和乙烯基态时的 LUMO(ψ_2)，还是乙烯激发态的 HOMO(ψ_2)和 1,3-丁二烯基态时的 LUMO(ψ_3)，两端 p 轨道的位相都不相同，对称禁阻（见图 21-12）。即在光照条件下[4+2]环加成反应是对称禁阻的，不能反应。

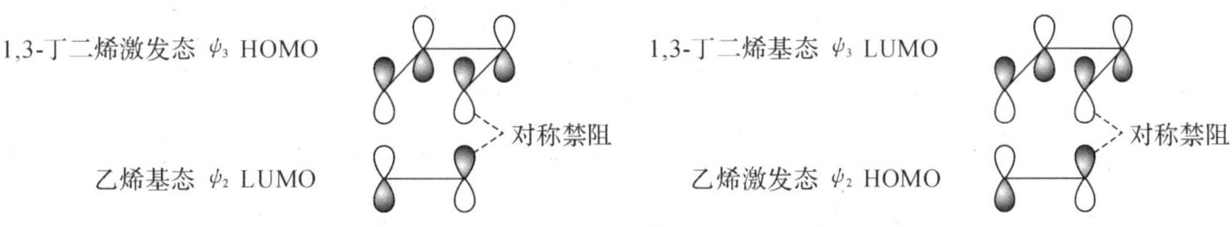

图 21-12　光照时，1,3-丁二烯和乙烯轨道对称禁阻

双烯合成通常是由共轭二烯烃提供 HOMO，亲二烯体提供 LUMO，反应时电子从 HOMO“流入”LUMO。因此，当共轭二烯烃上连有供电子基，亲二烯体上连有吸电子基时，

有利于双烯合成反应的进行。

双烯合成反应是立体专一性的顺式加成反应，在反应产物中，共轭二烯烃和亲二烯体保持原来的立体构型，共轭二烯烃以顺双烯构象参与反应。如：

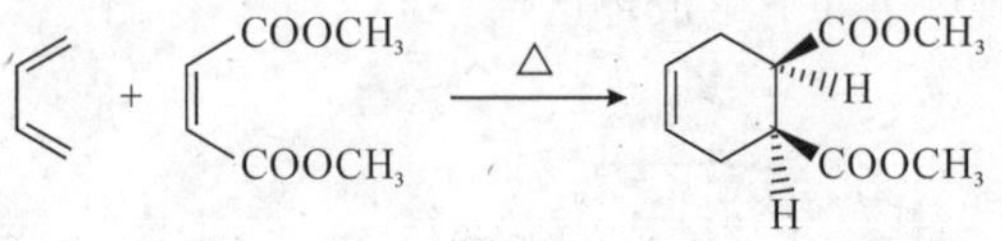

(亲二烯体构型不变)

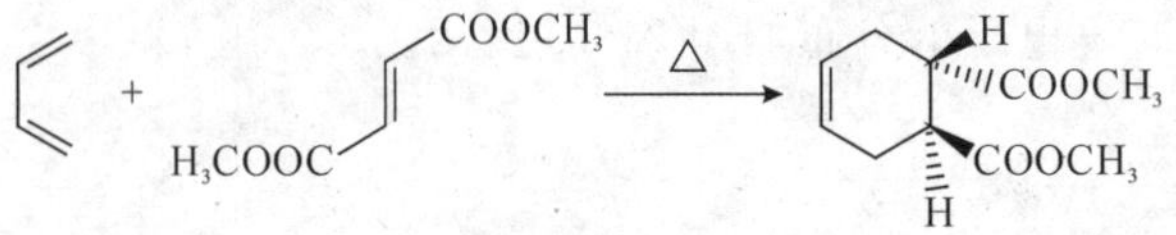

(亲二烯体构型不变)

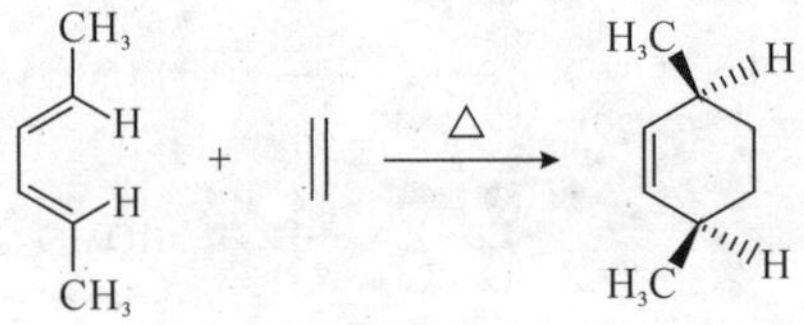

(共轭二烯烃构型不变)

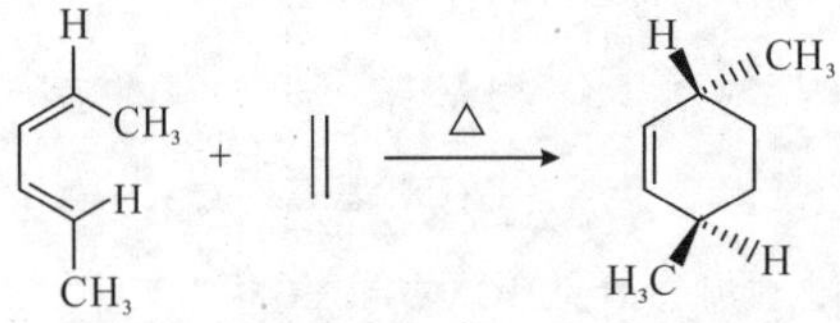

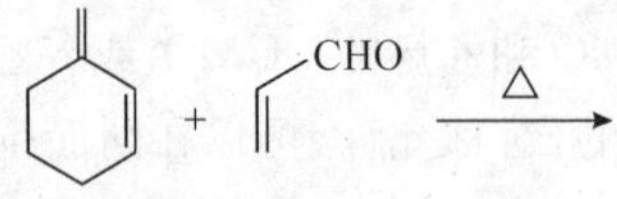

(共轭二烯烃构型不变)

不反应

共轭二烯烃反式

知识点达标题 21-3　写出下列反应的产物。

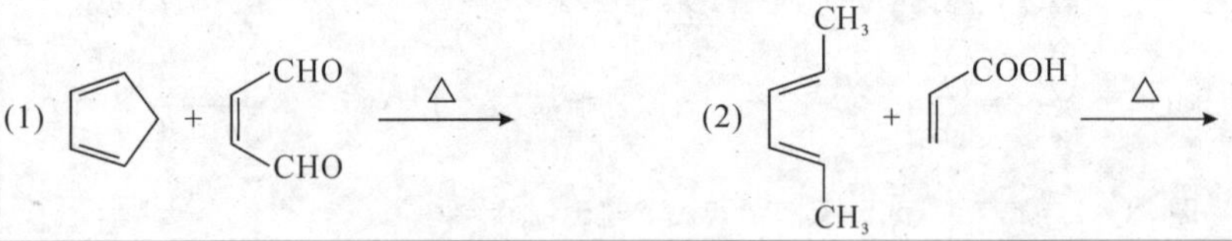

(1)　　(2)

21-4

21.4　σ 迁移反应

在加热或光照条件下，一个以 σ 键相连的原子或基团，从共轭体系的一端(一般是烯丙基位)迁移到共轭体系的另一端，同时伴随着 π 键转移的协同反应称为 σ 迁移反应。如：

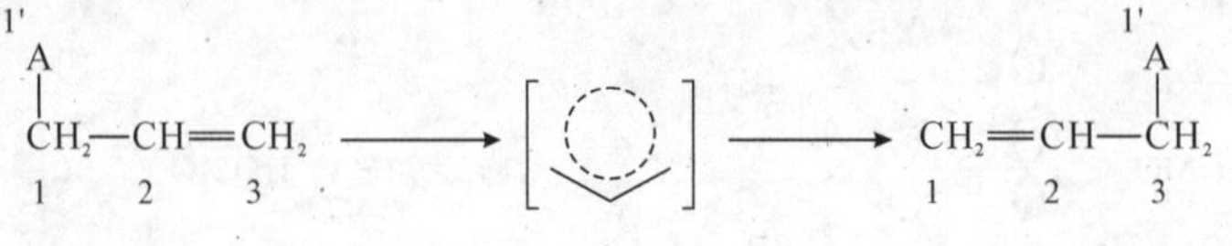

$$\underset{1}{\overset{\overset{1'}{A}}{CH_2}}-\underset{2}{CH}=\underset{3}{CH_2} \longrightarrow [\ \ ] \longrightarrow \underset{1}{CH_2}=\underset{2}{CH}-\underset{3}{\overset{\overset{1'}{A}}{CH_2}} \quad (1)$$

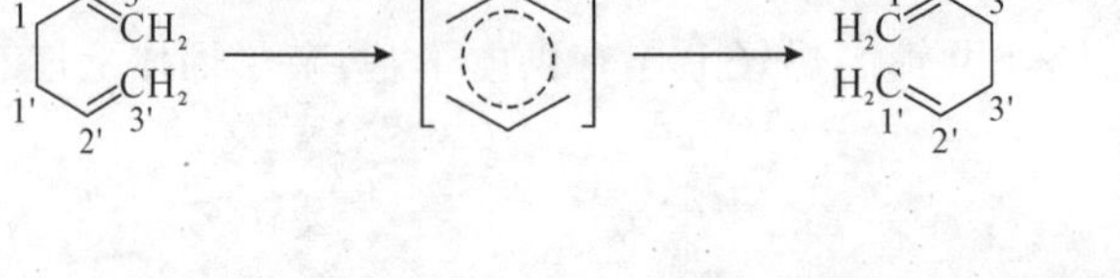

(2)

反应(1)中，C_1—A 发生 σ 键断裂，A 迁移到 C_3 上，生成 C_3—A 新 σ 键，同时 π 键发生相应的转移。反应(2)中，C_1—$C_{1'}$ σ 键迁移到 C_3—$C_{3'}$ 中。

为了说明反应中 σ 键的迁移位置，通常把共轭体系的碳原子和迁移的原子或基团都加以标号。如反应(1)称为[1,3]迁移，反应(2)称为[3,3]迁移。

21.4.1 σ[1,3]和 σ[1,5]迁移

21-8

σ 键迁移反应是通过环状过渡态进行的周环反应，反应过程也符合分子轨道对称守恒原理。以 σ[1,3]氢迁移和 σ[1,5]氢迁移的对比来说明。

在加热条件下，丙烯 σ[1,3]氢异面迁移是对称允许的；在光照条件下，丙烯 σ[1,3]氢同面迁移是对称允许的。

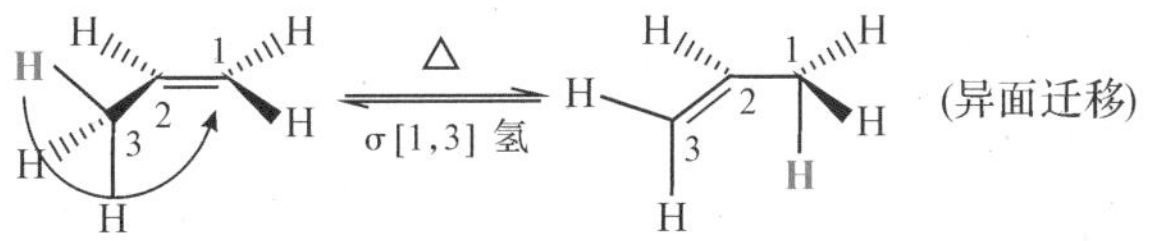

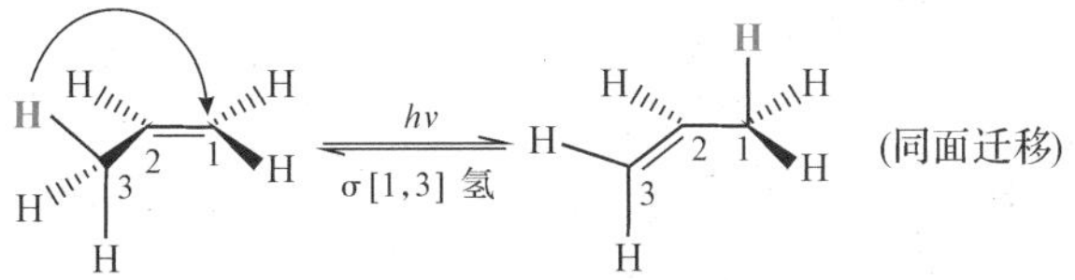

发生 σ[1,3]迁移时，σ 均裂氢原子离开，余下烯丙基自由基。烯丙基自由基是 3 个 p 电子的 π 分子体系，其分子轨道如图 21-13 所示。

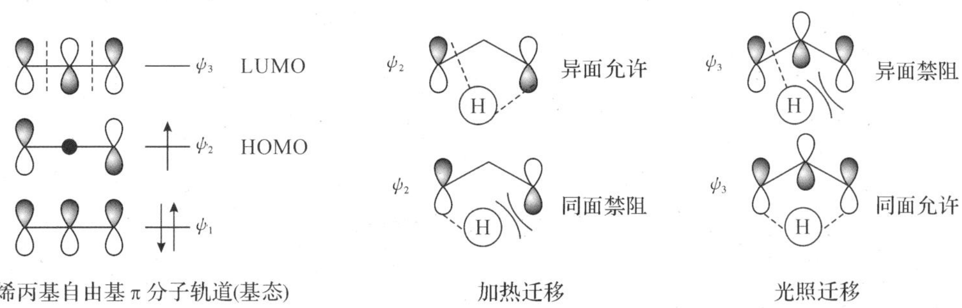

图 21-13 烯丙基自由基的 π 分子轨道和 σ[1,3]氢迁移反应

由图 21-13 可以看出，基态时，烯丙基自由基中 ψ_2 是 HOMO，由于 ψ_2 两端 p 轨道的位相不同，因此，在加热条件下，氢原子的 s 轨道通过同面迁移，不能与不同位相的两个 p 轨道重叠成键，只能通过异面迁移方式，与位相相同的 p 轨道重叠成键。

在光照条件下，由于 ψ_2 的电子激发到 ψ_3 上，ψ_3 是 HOMO，ψ_3 两端 p 轨道的位相相同，因此，氢原子的 s 轨道通过同面迁移，能与位相相同的 p 轨道重叠成键，而异面迁移，则不能成键。

同样方法，可以分析 1,3-戊二烯的 σ[1,5]氢迁移反应(见图 21-14)。

图 21-14 戊二烯自由基的 π 分子轨道和 σ[1,5]氢迁移反应

由图 21-14 可以看出，基态时，戊二烯自由基中 ψ_3 是 HOMO，由于 ψ_3 两端 p 轨道的位相相同，因此，在加热条件下，氢原子的 s 轨道通过同面迁移与相同位相的两个 p 轨道重叠成键。在光照条件，ψ_4 是 HOMO，氢原子通过异面迁移与位相不同的两个 p 轨道重叠成键。

例如，下列化合物在加热条件下，发生 σ[1,5]氢同平面迁移反应。

知识点达标题 21-4 写出下列反应的产物。

(1) (2)

21-4

21.4.2 σ[3,3]迁移

最典型的 σ[3,3]迁移反应是柯普(Cope)重排和克莱森(Claisen)重排。

1. 柯普(Cope)重排

由碳-碳 σ 键发生的[3,3]迁移反应称为柯普(Cope)重排。如 1,5-己二烯的加热反应：

21-9

σ[3,3]迁移可看作分子首先发生 σ 键均裂，生成两个烯丙基自由基，然后两个自由基相互作用形成新的 σ 键。因为烯丙基自由基（见图 21-13），其分子轨道 HOMO 两端 p 位相相反，两个烯丙基自由基可以相互匹配，因此在加热条件下可以顺利发生同平面的 σ[3,3]迁移反应。

2. 克莱森(Claisen)重排

克莱森重排则是烯醇或酚的烯丙基醚在加热条件下，通过 σ[3,3]迁移完成的。如：

$$CH_3-\overset{2}{C}(-\overset{1}{O}-\overset{1'}{CH_2}\overset{2'}{CH}=\overset{3'}{CH_2})=\overset{3}{CH}-CH_3 \xrightarrow[\sigma[3,3]迁移]{\triangle} CH_3-\overset{2}{C}(=\overset{1}{O})-\overset{3}{CH}(-\overset{3'}{CH_2}\overset{2'}{CH}=\overset{1'}{CH_2})-CH_3$$

$$C_6H_5-O-CH_2CH=CH_2 \xrightarrow[\sigma[3,3]迁移]{\triangle} \text{6-}(CH_2CH=CH_2)\text{-环己-2,4-二烯酮} \xrightarrow{异构化} \text{2-}(CH_2CH=CH_2)C_6H_4OH$$

其中酚的烯丙基醚发生 σ[3,3]迁移，生成环己二烯酮的衍生物不稳定，经酮-烯醇互变异构转化为最终的产物。

在酚的烯丙基醚重排反应中，烯丙基迁移到邻位碳原子上。若两个邻位被占据，先 σ[3,3]迁移到邻位，然后再 σ[3,3]迁移到对位，即发生两次 σ[3,3]迁移。如：

$$C_6H_5-\overset{1}{O}\overset{1'}{CH_2}\overset{2'}{CH}=\overset{3'}{CH}-CH_3 \xrightarrow[\sigma[3,3]迁移]{\triangle} \text{2-}[\overset{3'}{CH}(CH_3)-\overset{2'}{CH}=\overset{1'}{CH_2}]C_6H_4OH$$

$$2,6\text{-}(CH_3)_2C_6H_3-OCH_2CH=\overset{*}{CH_2} \xrightarrow[\sigma[3,3]迁移]{\triangle} \text{6-}CH_3\text{-6-}(\overset{*}{CH}-CH=CH_2)\text{环己二烯酮} \xrightarrow[\sigma[3,3]迁移]{\triangle} \text{4-}(CH_2-CH=\overset{*}{CH_2})\text{-2,6-二甲基环己二烯酮} \xrightarrow{异构化} \text{4-}(CH_2-CH=\overset{*}{CH_2})\text{-2,6-}(CH_3)_2C_6H_2OH$$

知识点达标题 21-5 写出下列反应的产物。

(1) $CH_2{=}C(CH_3){-}O{-}CH_2{-}CH{=}CH_2 \xrightarrow[\sigma[3,3]迁移]{\triangle}$

(2) $C_6H_5{-}O{-}CH(CH_3){-}CH{=}CH_2 \xrightarrow[\sigma[3,3]迁移]{\triangle}$

21-4

【重要知识小结】

1. 周环反应是由分子轨道控制的协同反应，反应过程中分子轨道对称守恒，反应时旧键的断裂和新键的生成同时进行。

2. 周环反应中不产生自由基，也不产生离子型的活性中间体，反应不受酸、碱、催化剂和溶剂极性的影响，也不受自由基引发剂或抑制剂的影响，反应只要在光照或加热条件下就可以进行。但光照或加热条件下的反应产物则不同，产物具有高度的立体选择性。

3. 周环反应主要有电环化反应、环加成反应和 σ 迁移反应。

4. 电环化反应的选择性规律如下：

共轭体系 π 电子数	加热（基态）	光照（激发态）
$4n$	顺旋允许，对旋禁阻	顺旋禁阻，对旋允许
$4n+2$	顺旋禁阻，对旋允许	顺旋允许，对旋禁阻

5. 环加成反应的选择性规律如下：

π 电子数	加热（基态）	光照（激发态）
[2+2]	禁阻	允许
[4+2]	允许	禁阻

6. σ 迁移反应的选择性规律如下：

σ 迁移类型	加热
σ[1,3]氢迁移	同面禁阻
σ[1,5]氢迁移	同面允许
σ[3,3]迁移	同面-同面允许

习　题

21-10

1. 画出下列共轭体系的分子轨道图，并分别指出其基态和激发态时的 HOMO 和 LUMO。

(1)乙烯　　(2)烯丙自由基　　(3)1,3-丁二烯

(4)1,3-戊二烯自由基　　(5)1,3,5-己三烯

2.指出下列反应在什么条件下发生了何种类型的协同反应。

(1)

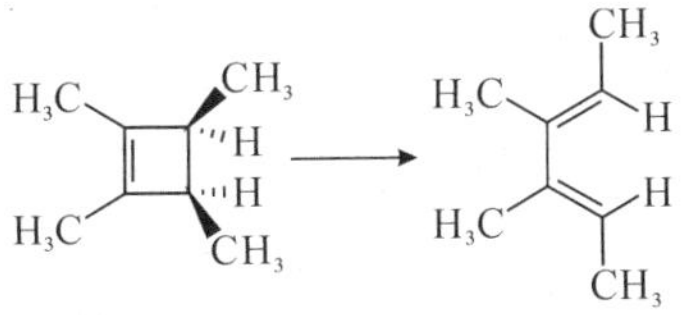

(2)

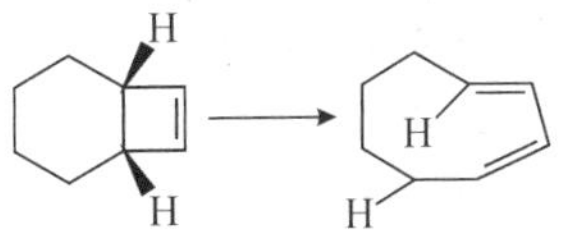

(3)

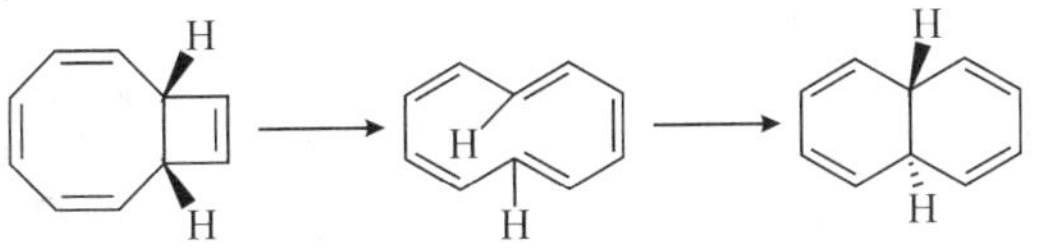

3.如何通过光照或加热来实现下列转化反应。

(1)

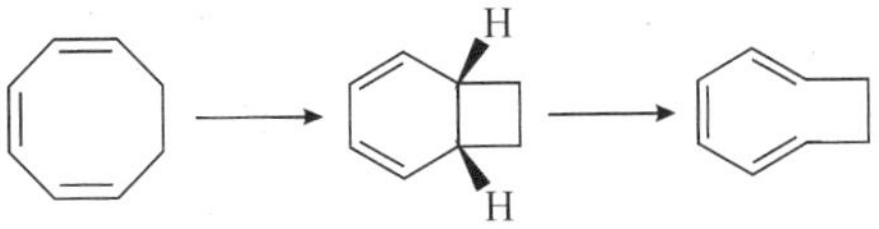

(2)

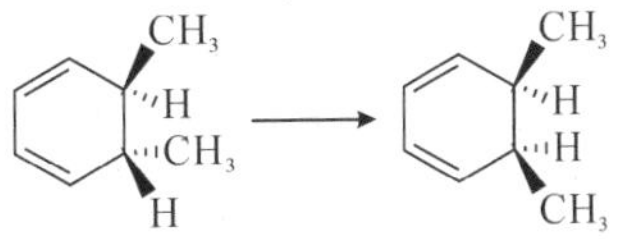

(3)

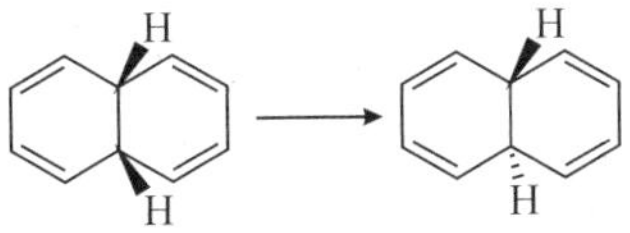

4.指出下列协同反应的类型。

(1)

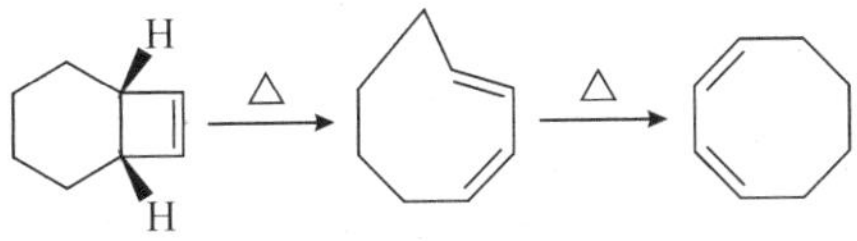

(2)

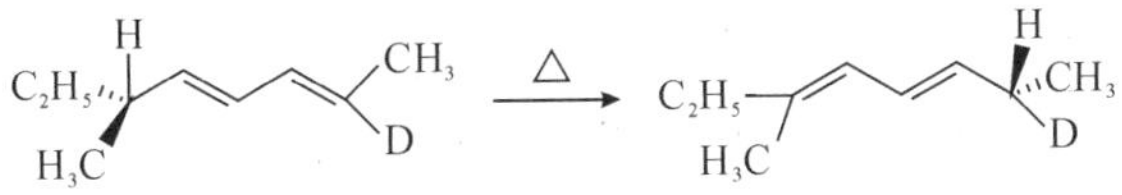

(3)

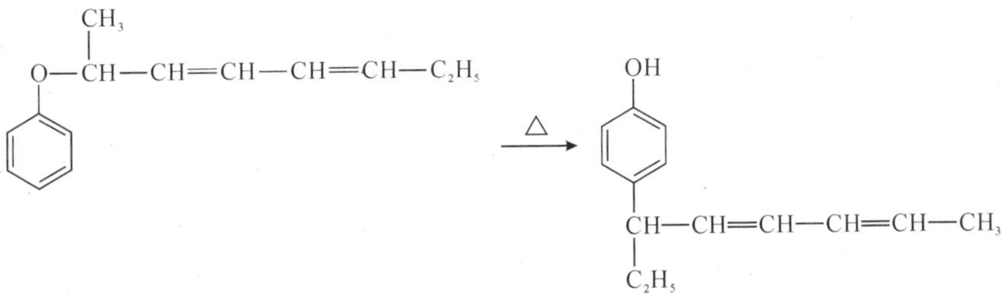

5.完成下列反应。

(1)

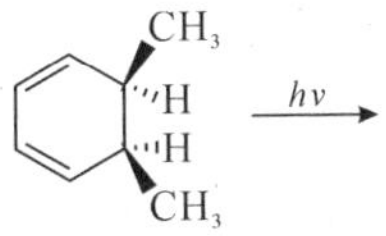

(2) 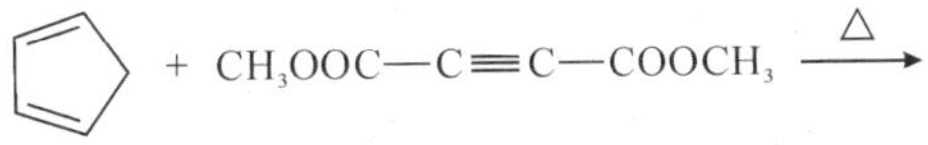 $+ CH_3OOC—C\equiv C—COOCH_3 \xrightarrow{\triangle}$

(3)

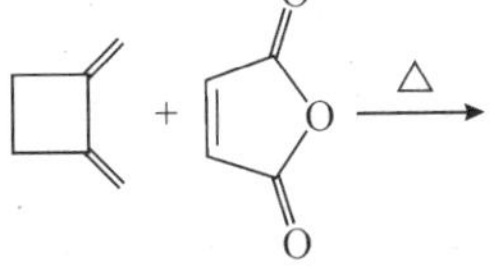

(4)

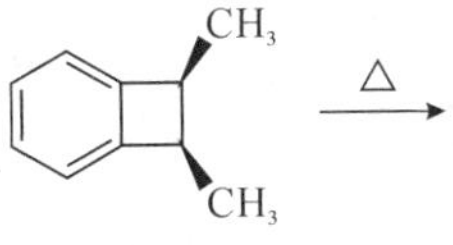

(5) OH $CH=CH_2$ $CH=CH_2$ $\xrightarrow{\triangle}$

(6) $OCH_2CH=CH-Ph$ H_3C $\xrightarrow{\triangle}$

(7) $O\overset{*}{C}H_2CH=CH_2$ H_3C CH_3 $\xrightarrow{\triangle}$

➢ PPT 课件

➢ 自测题

➢ 汪猷——中国生物有机化学家

21-11

参考文献

[1] Clayden J P, Greeves N, Warren S, et al. Organic Chemistry [M]. Oxford: Oxford University Press,2009

[2] McMurry J. Organic Chemistry [M]. 8th ed. New York: Brooks/Cole, Cengage Learning,2012

[3] Wade Jr L G. Organic Chemistry[M]. 7th ed. New York:Pearson Education Inc,2010

[4] 冯骏材,朱成建,俞寿云.有机化学原理[M].北京:科学教育出版社,2015

[5] 高鸿宾.有机化学[M].4 版.北京:高等教育出版社,2005

[6] 高占先.有机化学[M].2 版.北京:高等教育出版社,2007

[7] 古练权,汪波,黄志纾,等.有机化学[M].北京:高等教育出版社,2008

[8] 郭书好,李毅群.有机化学[M].北京:清华大学出版社,2007

[9] 胡宏纹.有机化学[M].3 版.北京:高等教育出版社,2006

[10] 李艳梅,赵圣印,王兰英.有机化学[M].2 版.北京:科学教育出版社,2014

[11] 汪小兰.有机化学[M].4 版.北京:高等教育出版社,2005

[12] 王积涛,王永梅,张宝申,等.有机化学[M].天津:南开大学出版社,2009

[13] 邢其毅,裴伟伟,徐瑞秋,等.基础有机化学[M].3 版.北京:高等教育出版社,2005

[14] 徐寿昌.有机化学[M].2 版.北京:高等教育出版社,1993

[15] 张生勇,何炜.有机化学[M].4 版.北京:科学教育出版社,2015

[16] 邹建平,王璐,曾润生.有机化合物结构分析[M].北京:科学教育出版社,2005